GRUNDZÜGE

DER

BERGBAUKUNDE

EINSCHLIESSLICH

AUFBEREITUNG UND BRIKETTIEREN

VON

DR· ING. E. H. EMIL TREPTOW

GEHEIMER BERGRAT, PROFESSOR I. R. DER BERGBAUKUNDE
AN DER BERGAKADEMIE FREIBERG, SACHSEN.

SECHSTE, VERMEHRTE UND VOLLSTÄNDIG UMGEARBEITETE AUFLAGE

II. BAND. AUFBEREITUNG UND BRIKETTIEREN

MIT 324 IN DEN TEXT GEDRUCKTEN ABBILDUNGEN
UND XI TAFELN

Springer Fachmedien Wiesbaden GmbH
1925

ISBN 978-3-7091-9782-0 ISBN 978-3-7091-5043-6 (eBook)
DOI 10.1007/978-3-7091-5043-6

Softcover reprint of the hardcover 6th edition 1925

Additional material to this book can be downloaded from http://extras.springer.com.

Vorwort.

Erfreulicherweise ist es der Verlagsbuchhandlung gelungen, den ebenfalls seit längerer Zeit vergriffenen zweiten Band der Grundzüge bald auf den ersten folgen zu lassen. Der Inhalt wurde sorgfältig durchgesehen und erheblich vermehrt. Im besonderen mußte die Schwimmaufbereitung ihrer großen Wichtigkeit entsprechend unter Berücksichtigung der amerikanischen Literatur wesentlich ausführlicher behandelt und durch Beschreibung ausgeführter Anlagen, und zwar für Erze und Kohlen erläutert werden. Aber auch sonst ist die Anzahl der beschriebenen Aufbereitungsanlagen und der zugehörigen Stammbäume ganz erheblich gewachsen. Außer den Salzen, Kohlen und Erzen wurden auch die anderen Mineralien berücksichtigt, so Diamant, Talk, Asbest, Graphit und Kaolin.

Von sonstigen Einfügungen seien hervorgehoben: die Zerkleinerungsmaschinen Scheibenmühle, Titanbrecher und Kolloidmühle. Im Abschnitt Sieben wurde die Siebanalyse besprochen, die Einrichtungen für das Abläutern wurden vervollständigt. Bei der Herdarbeit wurden der Rheolaveur und die Fettherde behandelt. Auch an manchen anderen Stellen wird der aufmerksame Leser Bereicherungen des Inhaltes, andererseits aber auch Kürzungen des Veralteten finden. Der Umfang stieg von 17 auf 21 Bogen, die Zahl der Abbildungen wurde um 35 vermehrt, einige veraltete erneuert.

Im Nachtrag konnten einige während des Druckes erschienene neuere Veröffentlichungen Berücksichtigung finden und das beim nordamerikanischen Anthrazitbergbau zur Anwendung gelangte Sandschwimmverfahren erwähnt werden.

Auch für den zweiten Band der Grundzüge erbitte ich eine freundliche Aufnahme und nachsichtige Beurteilung seitens der Herren Fachgenossen.

Freiberg, im Mai 1925.

Dr. Emil Treptow.

Inhaltsverzeichnis.

Die Aufbereitung.

Inhaltsverzeichnis. V

Das Brikettieren.

Nachtrag.

Verzeichnis der Stammbäume.

Verzeichnis der Tafeln:

Literatur für Aufbereitung.

Lehrbücher.

Gaetzschmann, M. F.: Die Aufbereitung. 2 Bände mit einem Atlas von 68 Tafeln. Leipzig 1864 und 1872.

Rittinger, P. v.: Lehrbuch der Aufbereitungskunde in ihrer neuesten Entwicklung und Ausbildung. Berlin 1867. Dazu I. und II. Nachtrag, 1870 und 1873. Zusammen mit Atlas von 49 Tafeln.

Linkenbach, C.: Die Aufbereitung der Erze, mit 24 Tafeln. Berlin 1887.

Lamprecht, R.: Die Kohlenaufbereitung, mit 36 Tafeln. Leipzig 1887.

Bilharz, O.: Die mechanische Aufbereitung von Erzen und mineralischer Kohle in ihrer Anwendung auf typische Vorkommen. I. Bd. Die Aufbereitung der Erze, mit 45 Tafeln, 1896. II. Bd. Die Aufbereitung der mineralischen Kohle, mit 12 Tafeln, 1898.

Kirschner, Ludwig: Grundriß der Erzaufbereitung. Wien 1898 bis 1899.

Schennen und Jüngst: Lehrbuch der Erz- und Steinkohlenaufbereitung. Stuttgart 1913.

Jungeboldt und Eschenbruch: Die Kohlenaufbereitung. Essen 1915.

Ratel, C.: Préparation mécanique des minerais. Mit 11 Tafeln. Paris 1908.

Richards, B. H.: Ore dressing. 4 Bde. 2. Aufl. New-York 1908 und 1909.

Finkey, Josef: Die wissenschaftlichen Grundlagen der nassen Erzaufbereitung. (Aus dem ungarischen Manuskript übersetzt von Johann Pocsubay.) Sopron, Ungarn 1924.

Truscott, S. J. A Text-Book of Ore Dressing. London 1923.

Jahrbücher und Zeitschriften.

	Benützte Abkürzungen.
Jahrbuch für das Berg- und Hüttenwesen im Königreiche Sachsen. Freiberg, seit 1827.	S. J.
Zeitschrift für das Berg-, Hütten- und Salinenwesen im preußischen Staate, Berlin, seit 1853.	Pr. Z.
Essener Glückauf. Essen, seit 1864.	E. G. A.
Zeitschrift des Vereines deutscher Ingenieure, Berlin, seit 1856.	Z. V. d. I.
Braunkohle. Halle a. S., seit 1903.	Brkhle.
Zeitschrift des oberschlesischen Berg- und Hüttenmännischen Vereines. Kattowitz, seit 1861.	Oberschl. Z.
Metall und Erz. Berlin, seit 1912.	M. u. E.
Österreichische Zeitschrift für Berg- und Hüttenwesen. Wien, von 1853 bis 1914.	Ö. Z.
Berg- und Hüttenmännisches Jahrbuch, Wien und Berlin, seit 1841.	B. H. J.
Die Montanistische Rundschau. Berlin-Wien, seit 1909.	Mont. R.
Bergbau und Hütte. Wien, seit 1915.	B. u. H.
Annales des mines. Paris, seit 1795.	A. d. M.
Revue universelle des mines, de la metallurgie etc., Lüttich, seit 1857.	R. d. M.
Mining Journal. London, seit 1850.	M. J.
The Engineering and Mining Journal. New York, seit 1862. Seit 1922 (Bd. 113) unter dem Titel Engineering and Mining Journal-Press.	E. M. J. / E. M. J. Pr.

X. Die Aufbereitung.

Einleitung.

Die Erzeugnisse, welche der Bergbau liefert (Rohgut, Fördergut), können nur selten sofort zum höchsten erzielbaren Preise verkauft oder hüttenmännisch verwertet werden.

Selbst reine Mineralien bedürfen zuweilen vor dem Verkauf einer gewissen Vorbereitung. So werden Steinsalz und Kalisalze von den Gruben fast immer gemahlen verkauft und müssen daher zerkleinert werden, denn die Landwirtschaft verwendet die Kalisalze als Streusalze und die chemischen Fabriken, welche Steinsalz oder Kalisalze verarbeiten, sind auf die Zerkleinerung der Salze nicht eingerichtet. Übrigens ist die Probenahme durch die Zerkleinerung wesentlich erleichtert und die Bezahlung erfolgt nach dem Gehalt an Na Cl oder K Cl oder $K^2 O$.

Man verlangt ganz allgemein, daß marktfähige K o h l e nach der K o r n g r ö ß e gesondert ist. Einmal würden beim Aufgeben von Förderkohle auf den Rost die kleinsten Stücke unverbrannt durch die Rostspalten fallen, anderseits würde der Durchgang der Verbrennungsluft wesentlich erschwert werden, weil die kleinen Stücke die Zwischenräume der größeren verlegen. Daher muß auch reine Förderkohle, um den höchsten Marktpreis zu erzielen, durch S i e b e n nach Korngrößen getrennt, also aufbereitet werden.

Ferner soll die Kohle frei von B e r g e n sein, denn ihr Heizwert sinkt, je mehr aschegebende Bestandteile sie enthält. Auch für die Verkokung und das Brikettieren der Kleinkohle ist dieser Gesichtspunkt von Bedeutung. Kohle, welche Berge enthält, muß daher durch Aufbereitung (S e t z a r b e i t) von diesen befreit werden.

Für die Verwertung der R o h e r z e ist der jeweilige Stand der Hüttenprozesse und der chemischen Industrie maßgebend. Es gibt zwar gewisse Erze, z. B. Eisenerze, Manganerze, Schwefelkies, welche in der Natur in großen Mengen so rein gefunden werden, daß nur ein Auslesen (t r o c k e n e A u f b e r e i t u n g) stattfindet und dann eine sofortige Verhüttung möglich ist; im allgemeinen aber sind reine Erze selten, es bilden vielmehr arme Erze die Hauptmenge aller Vorkommen.

Nur selten können derartige Erze ohne wesentliche Vorbereitung verhüttet werden, so die Kupferschiefer im Mansfeldschen, obgleich der Kupfergehalt nur etwa $2\frac{1}{2}\%$ beträgt, dazu kommt allerdings ein Silbergehalt von etwa 5 *kg* je Tonne Kupfer, ebenso manche arme Silbererze und Goldvorkommen, bei Metallgehalten, die weit unter $^1/_{10}\%$ liegen, falls deren hüttenmännische Verarbeitung auf nassem Wege erfolgen kann.

Dagegen ist bei armen Blei-, Zink- und Zinnerzen eine Verhüttung nicht möglich, weil der darin enthaltene Metallwert den Aufwand bei der Verhüttung (Hüttenkosten) nicht decken würde, sie sind nicht schmelzwürdig. Solche Erze müssen durch Aufbereitung von den Bergarten getrennt und dadurch der Metallwert der Gewichtseinheit erhöht werden. Inwieweit das notwendig ist, hängt von dem jeweiligen Stande der betreffenden Hüttenprozesse ab.

Auch der Fall, daß Erze mehrerer Metalle auf einer Lagerstätte miteinander verwachsen vorkommen, ist außerordentlich häufig. Hier entscheidet ebenfalls der Stand der hüttenmännischen Technik darüber, ob aus ihnen die verschiedenen Metalle unmittelbar dargestellt werden können, oder ob die Erze vorher durch Aufbereitung getrennt werden müssen. So werden z. B. aus silber- und goldhaltigen Bleierzen mit Vorteil die drei Metalle hüttenmännisch gewonnen, auch das Vorhandensein von Wismut würde das Verfahren nicht erheblich erschweren. Das Blei dient beim Rohschmelzen als Ansammlungsmittel für die anderen Metalle. Ist außer den genannten Metallen auch noch Kupfer in größeren Mengen in den Erzen enthalten, so wird der Hüttenprozeß dadurch schwieriger, denn beim Schmelzen erfolgt einerseits Werkblei, anderseits Kupferstein, die Trennung ist jedoch keine vollkommene, da immer etwas Kupfer in das Werkblei und umgekehrt etwas Blei in den Kupferstein übergeht. Auch Silber und Gold werden z. T. vom Werkblei, z. T. vom Kupferstein aufgenommen. Es ist aus diesen Gründen vorteilhaft, wenn die Blei- und die Kupfererze durch die Aufbereitung getrennt und dann gesondert verhüttet werden können.

Dagegen ist kein Hüttenprozeß bekannt, um aus zinkhaltigen Bleierzen beide Metalle, das Zink und das Blei, vollständig zu gewinnen. Beim Schmelzprozeß verflüchtigt sich ein Teil des Zinkes und gelangt in den Flugstaub, der andere bildet eine strengflüssige Schlacke und geht verloren. Dazu kommt, daß das sich verflüchtigende Zink auch zur Verflüchtigung von Silber mit beiträgt. Anderseits wirkt bei der Zinkdarstellung durch den Muffelprozeß das Blei schädlich, indem es mit der Muffelmasse leicht schmelzbare Verbindungen bildet und die Muffeln frühzeitig zerstört. Sollen daher zusammen vorkommende Blei- und Zinkerze wirklich gut verwertet werden, so müssen sie vor der Verhüttung durch die Aufbereitung tunlichst in reine Bleierze und in Zinkerze getrennt werden. Das Gleiche gilt von den häufig zusammen auf einer Lagerstätte einbrechenden Mineralien Eisenspat und Zinkblende und von Zinnerz und Woframit.

Auch die Gangarten, welche mit den Erzen vorkommen, hat die Aufbereitung zu berücksichtigen. Q u a r z z. B. erschwert die Schmelzung der Erze und ist daher tunlichst durch Aufbereitung zu entfernen, während anderseits F l u ß s p a t und die K a r b o n a t e beim Schmelzen eine leichtflüssige Schlacke bilden und daher mit den Erzen zusammen angeliefert werden können.

Diese Beispiele beweisen, daß die bergmännischen Rohprodukte sehr oft zu arm oder nicht rein genug sind, um ohne weiteres verwertet zu werden, sie bedürfen vielmehr der vorherigen Aufbereitung zur Überführung in verkäufliche Ware und zur Erhöhung ihres Wertes. So ergibt sich die folgende Begriffserklärung: A u f b e r e i t u n g i s t d i e V e r a r b e i t u n g b e r g m ä n n i s c h e r R o h p r o d u k t e z u v e r k ä u f l i c h e n P r o d u k t e n.

Es wird in der Aufbereitung das nach Korngröße oder chemischer Zusammensetzung Verschiedenartige getrennt und dabei das Gleichartige vereinigt. Wenn, wie beim Herstellen der Korngrößen in der Kohlenaufbereitung die Trennung im Vordergrunde steht, spricht man auch von S e p a r a t i o n; wenn, z. B. in der Erzaufbereitung, die Vereinigung der gleichartigen Bestandteile mehr hervortritt, ist auch die Bezeichnung A n r e i c h e r u n g oder K o n z e n t r a t i o n üblich. Da im übrigen sehr häufig die nasse Aufbereitung (unter Benützung des W a s s e r s) in den Vordergrund tritt, so sind auch die Begriffe W a s c h e n und Aufbereiten und W ä s c h e und Aufbereitungsanlage gleichbedeutend.

Tritt bei der Aufbereitung die Z e r k l e i n e r u n g in den Vordergrund, so spricht man von M ü h l e (engl. mill), auf den Goldgruben kurzweg, auf den Salzgruben von S a l z m ü h l e, bei der Anthrazitaufbereitung in den Vereinigten Staaten von Nordamerika von B r e c h e r (engl. breaker)[1].

Die Verfahren der Aufbereitung.

Je nach dem V o r k o m m e n (derb, durchwachsen, grob oder fein eingesprengt) und dem W e r t e der Mineralien, auch nach den ö r t l i c h e n V e r h ä l t n i s s e n des Bergbaues, muß die geeignetste Art der Aufbereitung gewählt werden; je wertvoller das Gut ist, desto eher wird man sich entschließen, teuere Verfahren, z. B. Scheidearbeit in Anwendung zu bringen.

Die Trennung der g r ö ß t e n S t ü c k e sucht man nach dem bloßen Augenschein durch Auslesen (K l a u b e n), auch durch Zerschlagen einzelner Stücke unter Zuhilfenahme eines Hammers (S c h e i d e n) zu erreichen. Man faßt diese Arbeiten unter dem Gesamtnamen t r o c k e n e A u f b e r e i t u n g zusammen. Das bereits bei der Gewinnung in der Grube unter eine gewisse Grenze zerkleinerte Gut, das G r u b e n k l e i n (Kohlenklein), wird vorher durch Siebe von den größeren Stücken getrennt, um den später zu erwähnenden mechanischen Aufbereitungsverfahren zugewiesen zu werden.

Der trockenen Aufbereitung muß ein Abwaschen (A b l ä u t e r n) der Stücke vorausgehen, falls deren Oberfläche bei der Gewinnung oder Förderung so weit verunreinigt worden ist, daß die mineralogische Beschaffenheit sich nicht mehr hinreichend gut erkennen läßt.

Schon in der trockenen Aufbereitung wird wie bei allen weiteren Verfahren grundsätzlich eine Teilung des Gutes in mindestens drei Posten durchgeführt, nämlich: f e r t i g e s G u t, welches bereits zum höchsten Preise verkäuflich ist, ferner B e r g e, auch t a u b e s Gestein genannt, d. s. völlig wertlose Massen, und endlich d u r c h w a c h s e n e s Gut, d. h. Stücke, in welchen verwertbare und wertlose Mineralien oder auch verschiedene verwertbare Mineralien, die voneinander getrennt werden müssen, in so kleinen Körnern vereinigt sind, daß eine Trennung mit dem Hammer nicht tunlich ist.

Grubenklein und durchwachsenes Gut werden den weiteren mechanischen Arbeiten der Aufbereitung unterworfen, zuvor jedoch muß das letztere, um die spätere Trennung zu ermöglichen, auf Z e r k l e i n e r u n g s m a s c h i n e n zerkleinert werden.

In den häufigen Fällen, in denen die s p e z i f i s c h e n Gewichte der zu trennenden Mineralien[2] erheblich verschieden sind und außerdem W a s s e r in ausreichender Menge zur Verfügung steht, wird die weitere Trennung durch die n a s s e A u f b e r e i t u n g bewirkt. Zum Verständnis derselben ist die Kenntnis der Gesetze über die Bewegung von festen Körpern im Wasser (T h e o r i e d e r n a s s e n A u f b e r e i t u n g) unerläßlich.

Die Apparate der nassen Aufbereitung lassen sich in die folgenden vier Gruppen trennen: S i e b e, S e t z m a s c h i n e n, S t r o m a p p a r a t e und H e r d e, von diesen finden die beiden zuerst genannten vornehmlich zur Aufbereitung des gröberen Kornes Verwendung, während die zuletzt erwähnten zur Verarbeitung der feinsten Massen dienen und daher der Aufbereitung der Erze eigentümlich sind. Übrigens trennen die Siebe und die Herde nach der K o r n g r ö ß e (Klassieren), die Setzmaschinen und die Stromapparate nach den F a l l g e s c h w i n d i g k e i t e n (Sortieren).

---

[1] E. G. A. 1918, S. 448.
[2] Vgl. die Zusammenstellung. S. 50.

Selten tritt der Fall ein, daß zwar ein genügend großer Unterschied in den spezifischen Gewichten der zu trennenden Mineralien vorhanden ist, aber Wasser zur Aufbereitung fehlt, wie in den trockenen Gebieten Westaustraliens, oder die Anwendung des Wassers wegen der Schwierigkeit seiner späteren Klärung vermieden werden soll, wie z. B. in der Aufbereitung mancher Feinkohle. Es ist dann die Trennung in einem bewegten Luftstrome (L u f t - oder W i n d s e p a r a t i o n) oder mittels Z e n t r i f u g a l k r a f t versucht worden.

Die genannten Verfahren können nicht zum Ziele führen, wenn die zu trennenden Mineralien nahezu gleiches spezifisches Gewicht haben, wie z. B. Zinkblende und Spateisenstein (die spezifischen Gewichte beider Mineralien betragen etwa 4,0) oder Zinnerz, Wolframit und Arsenikalkies (mit dem spezifischen Gewichte 7,0). In solchen Fällen kann je nach Umständen die A u f b e r e i t u n g a u f G r u n d b e s o n d e r e r p h y s i k a l i s c h e r o d e r c h e m i s c h e r E i g e n s c h a f t e n gute Dienste leisten. (Magnetismus, Verhalten beim Rösten oder gegenüber Säuren, Schwimmfähigkeit usw.)

Die nasse Aufbereitung hat den wesentlichen Vorzug, daß sie einen großen Teil des Gutes in Form von gröberen Körnern abscheidet, während alle übrigen Verfahren weitgehende Zerkleinerungsarbeit erfordern und das Gut in Pulverform liefern.

In den Aufbereitungswerkstätten sind die E i n r i c h t u n g e n f ü r d i e F ö r d e r u n g der Produkte und Zwischenprodukte von besonderer Wichtigkeit; auch haben die Hilfsmittel für die V e r l a d u n g der Produkte bei der steten Steigerung der Leistungsfähigkeit der Aufbereitungsanstalten immer weitere Ausbildung erfahren.

Es sei hier erwähnt, daß auch in anderen Industrien von den Verfahren der Aufbereitung Gebrauch gemacht wird. So wird in Gießereien und Maschinenfabriken der F o r m s a n d durch Waschen und Sieben sorgfältig vorbereitet, ferner werden die in dem gebrauchten Formsand verbliebenen E i s e n t e i l e durch magnetische Trennung mit Nutzen gewonnen. Auch Eisen- und Metallspäne werden magnetisch getrennt[1]).

Die in Kessel-, Ofen- und Generatorschlacken noch enthaltenen brennbaren Bestandteile — in West-Deutschland B r a s c h e n genannt — können nach erfolgter Zerkleinerung durch Setzarbeit oder durch magnetische Scheidung gewonnen werden[2]).

Die Zerkleinerungsmaschinen und Siebapparate werden in recht vielen Industrien benutzt.

Die F o r t s c h r i t t e d e r A u f b e r e i t u n g s t e c h n i k in den letzten Jahrzehnten bestehen nicht nur in der stetigen Vermehrung der verschiedenartigen Hilfsmittel durch Bau neuer Apparate und Ausbildung neuer Verfahren (Schwimmverfahren) ebenso wesentlich ist, daß in den neueren Aufbereitungen u n u n t e r b r o c h e n (k o n t i n u i e r l i c h) w i r k e n d e Maschinen angewendet werden, z. B. Setzmaschinen mit selbsttätigem Austrag, Spitzkästen, maschinell bewegte Leerherde usw., statt der älteren, mit Unterbrechungen (d i s k o n t i n u i e r l i c h) arbeitenden Vorrichtungen. Letztere mußten jedesmal nach Verarbeitung einer gewissen Menge Gut außer Betrieb gesetzt, mit der Hand entleert und wieder in Betrieb gesetzt werden, wie z. B. die Stauchsieb-Setzmaschinen, die Mehlführung, die Hand- und Vollherde. Es wird hierdurch ganz erheblich an Löhnen für den Betrieb gespart und die Leistung vergrößert.

---

[1]) Z. V. d. I. 1912, S. 1147 u. 1913, S. 476. — Stahl u. Eisen 1912, S. 2165.
[2]) N i t z s c h e. Die Rückgewinnung von Koks aus Kohlenschlacken. Z. V. d. I. 1921, S. 1283. — Z. V. d. I. 1922, S. 44. — S c h u l t e. E. G. A. 1922, S. 534. — Brennstoffrückgewinnung der Eukonomos-Werke. Z. V. d. I. 1923, S. 1105.

Überwachung der Aufbereitung, Gehaltsangaben.

Durch ständiges Verwiegen und Probieren des Rohgutes, der lieferbaren Produkte und auch der Berge ist der Gang der Aufbereitung ständig zu überwachen.

Die Gehaltsangaben werden gewöhnlich in Prozenten (v. H.) gemacht, z. B. 40% Blei, 25% Kupfer, bei Steinkohlen 6% Asche. Im Erzgebirge ist es üblich, den Silbergehalt der Erze nach Pfundteilen (1 Pfundteil = 0,01% Ag) anzugeben. 45 Pfundteile Silber bedeutet also 0,45% Ag.

Bei Gold- und Silbererzen werden, um Dezimalbrüche zu vermeiden, die Gehalte häufig als Gramm in der Tonne (1 g/t) bezeichnet, d. s. 0,0001%. Außerdem wird in den Vereinigten Staaten von Nordamerika auch der Wert der Gold- und Silbererze in Dollar, in England in Pfund Sterling auf die Tonne angegeben.

Der Silbergehalt der Blei- und Kupfererze wird statt zum Erzgewicht auch zum Blei- oder Kupferinhalt in Bezeichnung gebracht. So enthält 1 t Mansfelder Kupfer etwa 5 kg Silber. In dem Harzer Blei sind bis zu 0,5% Silber vorhanden. In beiden Fällen ist die Silberscheidung lohnend.

Die Erzbezahlung.

Die Erzbezahlung bezieht sich ganz allgemein auf Trockengewicht. Sie findet statt nach dem Metallinhalt, z. B. Blei und Silber unter Zugrundelegung der jeweiligen Marktpreise der Metalle. Bei der Berechnung werden aber gewisse Abzüge gemacht, u. zw.: Wegen der unvermeidlichen Metallverluste bei der Verhüttung und mit Rücksicht auf das Schwanken der Metallpreise, z. B. 5% beim Blei und 10% beim Silber bei niedrigen Metallgehalten. Ferner werden die erfahrungsgemäß erwachsenden Verhüttungskosten (Schmelzkosten), z. B. 4 bis 5 Mark auf je 100 kg Erz, in Abzug gebracht.

Beispiel. Der Ankaufspreis für 100 kg Bleierz mit 65% Blei und 30 g Silber in 100 kg Erz würde bei einem Bleipreis (Mitte März 1924) von 67 M für 100 kg und einem Silberpreise von 0,093 M das Gramm folgendermaßen zu berechnen sein: Der Bleiinhalt beträgt 65 kg Blei, in Rechnung zu stellen sind nur 0,95 · 65 kg, und bei dem Bleipreise von 0,67 M für das Kilogramm beträgt der

$$\text{Bleiwert} = 0,95 \cdot 65 \cdot 0,67 = 41{,}37 \; M.$$

In analoger Weise ergibt sich der

$$\text{Silberwert} = 0,9 \cdot 30 \cdot 0,093 = \underline{2{,}51 \; ,,}$$

$$\text{also Summe des Metallwertes} = 43{,}88 \; M.$$

Hiervon sind jedoch 4,5 M Schmelzkosten zu kürzen, so daß an Erzbezahlung verbleiben: *39,38 M.*

Bei besonders günstig zusammengesetzten, z. B. eisenhaltigen Bleierzen können Zuschläge bewilligt werden, jedoch werden bei ungünstig zusammengesetzten Erzen, z. B. bei mehr als 7% Zinkgehalt oder einem Gehalte an Arsen auch Abzüge zugestanden. Ferner sind unter Umständen die schlackenbildenden Bestandteile, SiO_2, FeO, CaO, Al_2O_3 zu berücksichtigen.

Diese Berechnungsweise hat auch formelmäßigen Ausdruck gefunden[1]:

Für das oben genannte Beispiel würde die allgemeine Formel lauten:

$$V = 0,95 \, \frac{P \cdot T}{100} + 0,9 \, \frac{p \cdot t}{1000} - x$$

---

[1] Schnaas. Der Handel mit Blei- und Zinkerzen in Deutschland. Met. u. Erz 1920, S. 27. — Paul. Über den Wert des Zinks in Erzen usw. Met. u. Erz 1920, S. 439. — Schlippenbach, von. Erzeinkäufe und ihre Kalkulation. Met. u. Erz. 1918, S. 199.

Es bedeuten: V Erzpreis für 100 kg Trockengewicht,
           P Metallpreis für 100 kg Blei,
           T Prozentgehalt des Erzes an Blei,
           p Metallpreis für 1 kg Silber,
           t Silbergehalt in Gramm auf 100 kg Erz,
           x die Verhüttungskosten für 100 kg Erz.

Die Berechnung ergibt den gleichen Wert wie weiter oben.

Für die Bewertung der Zinkerze gibt P a u l die Formel:

$$V = \frac{0{,}95\ P\ (T - 8)}{100} - x$$

in der die Buchstaben, auf Zink bezogen, die gleiche Bedeutung haben wie oben beim Blei. Wegen der höheren Zinkverluste beim Muffelprozeß werden hier noch 8% Abzug vom Gehalt zugestanden. Übrigens müssen über die Probenahme, die Ausführung der Proben — z. B. Bleiproben im schmiedeeisernen Tiegel, Kapellenprobe für Silber — über die zulässigen Differenzen bei den Proben, über Verpackung usw. besondere Vereinbarungen getroffen werden.

Naturgemäß ergibt die Rechnung, daß Erze, deren Metallgehalt unter einen gewissen Betrag sinkt, nicht mehr bezahlt werden können. Solche untere Grenzen sind etwa: 40% bei Bleierzen und 35% bei Zinkerzen. Unter Umständen werden derartige, aber nur günstig zusammengesetzte Bleierze von den Hütten gegen geringe Bezahlung als sogenannte Z u s c h l a g e r z e übernommen.

Im Inlande werden die Erze häufig von den Gruben unmittelbar an die Hütten verkauft, und zwar stets f r a n k o H ü t t e. Im Siegener Revier hat längere Zeit eine Versteigerung der Erze stattgefunden. Im Auslande werden die Erze gewöhnlich von Erzhandelsfirmen aufgekauft, und zwar entweder „fob", Abkürzung für F r e e o n b o r d, d. h. frei an Bord im nächsten Hafen, die Grube hat die Erze bis an Bord zu liefern, oder „cif", Abkürzung für c o s t, i n s u r a n c e, f r e i g h t, d. h. die Grube liefert die Erze bis in einen bestimmten Hafen. C i f H a m b u r g bedeutet also: Die Grube übernimmt die Kosten für die Seefracht, die Versicherung und das Umladen bis Hamburg.

V e r l u s t e.

V e r l u s t e an nutzbaren Mineralien sind bei der Aufbereitung nicht ganz zu vermeiden, sie steigen erfahrungsgemäß, je weiter das Gut zerkleinert werden muß und je höher die Anreicherung verlangt wird. Es bleiben in den Waschbergen und Bergeschlämmen haltige Teilchen zurück, deren Gewinnung mehr Kosten verursachen würde, als ihr Wert beträgt. Geringe Mengen Erz gehen wohl auch bei der Trockenzerkleinerung als Staub verloren.

Ferner sind für die Aufbereitung solche kleine Mineralmengen als Verluste zu betrachten, die mit anderen vorwiegenden Erzen im Liefergute verbleiben, z. B. Blei in Kupfererzen und umgekehrt, da sie von den Hütten nicht bezahlt werden können. Ja, es kann vorkommen, daß Beimengungen, welche den Hüttenprozeß stören, wie z. B. Zinkblende in Bleierzen, nicht nur unbezahlt bleiben, sondern sogar einen Abzug (Zinkstrafe) bei der Bezahlung der Bleierze veranlassen. In manchen Fällen läßt sich derartigen Verunreinigungen der Liefererze bis zu einem gewissen Grade durch eine sorgfältige trockene Aufbereitung vorbeugen.

Bei der nassen Aufbereitung betragen die Verluste gewöhnlich 10 bis 20%.

1. Die trockene Aufbereitung.

Die trockene Aufbereitung benützt in der Hauptsache die Handarbeit, ist also teuer. Es werden ihr daher nur größere Stücke und die wertvolleren Massen übergeben.

Sehr zweckmäßig kann die Aufbereitung durch das A u s h a l t e n i n d e r G r u b e bei der Gewinnung vorbereitet werden, indem dasjenige, was die Natur getrennt darbietet, auch gesondert gehalten und nicht zusammengeworfen wird. Dieses Aushalten vor Ort ist um so wichtiger, als der Häuer die beste Gelegenheit hat, die Mineralien in ihrem natürlichen Vorkommen zu sehen. Zuweilen werden Prämien für die ausgehaltenen Mengen gezahlt, um die Arbeiter anzuspornen.

So werden zuweilen S t ü c k k o h l e n und K l a r k o h l e n getrennt gefördert. Dadurch, daß das Stückkohlengedinge höher gestellt wird als das Klarkohlengedinge, sucht man die Häuer zur Schonung der wertvolleren Stückkohlen zu ermuntern. Das Auslesen erfolgt entweder allein mit der Hand oder unter Anwendung des K r ä h l s und der G a b e l (vgl. Bd. I, S. 94), falls noch verhältnismäßig kleines Korn, etwa bis 60 *mm* Durchmesser, ausgehalten werden soll.

Auch verschiedene auf demselben Flöze bankweise vorkommende Kohlenarten werden getrennt gefördert, so z. B. in Zwickau die Pechkohlen und die Rußkohlen. Die ersteren sind backende, gasreiche Kohlen, während die Rußkohlen zu den Sandkohlen gehören (vgl. Bd. I, S. 25). Auf Erzgruben hält man die E d e l e r z e und die D e r b e r z e aus, trennt auch wohl die übrigen Massen i n r e i c h e r e (g r o b e i n - g e s p r e n g t e) und ä r m e r e (f e i n e i n g e s p r e n g t e). Im letzteren Falle werden dann die drei Erzposten auch verschiedenen Arbeiten in der Aufbereitung zugewiesen, die Edelerze und Derberze der Scheidearbeit, die reicheren Massen dem Setzprozeß, die ärmeren dem Verwaschen auf Herden.

Bei der F r e i b e r g e r A u f b e r e i t u n g wurden nicht nur die auf Gangkreuzen zuweilen vorkommenden edlen Silbererze, sondern es wurde auch derber Bleiglanz in der Grube ausgehalten. Außerdem wurden tunlichst die schwefelkies-, zinkblende- und arsenkieshaltigen Gangmassen getrennt gehalten und auch getrennt aufbereitet; denn je weniger verschiedene Erze zu trennen sind, desto mehr vereinfacht sich die Aufbereitung, desto schneller und besser erreicht man das Ziel (vgl. auch den Stammbaum S. 10).

Eine weitere Vorbereitung für die Arbeiten der trockenen Aufbereitung im engeren Sinne, das Scheiden und Klauben, bietet das Trennen auf Sieben nach der K o r n g r ö ß e (vgl. Siebapparate). Die ungefähre untere Grenze für die Scheidearbeit liegt für Steinkohle etwa bei 100 *mm*, für Erze bei etwa 60 *mm* Korngröße, die untere Grenze für das Klauben für Steinkohle etwa bei 40 *mm*, für Erze etwa bei 25 *mm*. Noch kleineres Korn (K l e i n k o h l e, G r u b e n k l e i n) wird der nassen Aufbereitung übergeben.

Außerdem wird das Scheiden fester Erze gewöhnlich noch durch Zerkleinern der größten Stücke (W ä n d e genannt) auf etwa 60 *mm* Korngröße mittels S t e i n - b r e c h e r (vgl. S. 11) erleichtert.

Unter einfachen Verhältnissen kann auch das V o r s c h l a g e n durch Arbeiter mittels 6 bis 8 *kg* schwerer Fäustel an 0,8 bis 1,0 *m* langen Stielen stattfinden. Man rechnet für jeden Mann 4 *qm* Platzbedarf auf gepflasterter Sohle. Die Leistung eines Mannes in 10 Stunden beträgt 3 bis 4 Raummeter.

Beim S c h e i d e n bedient sich der Arbeiter des S c h e i d e e i s e n s (S c h e i d e - h a m m e r), das auf der einen Seite mit einer Schneide, auf der anderen mit einer Bahn versehen und 1 bis 2 *kg* schwer ist. Als Unterlage dient bei einfachen Verhältnissen ein fester größerer Stein, sonst die S c h e i d e p l a t t e aus Gußstahl, etwa

10 bis 15 *cm* stark und 25 bis 30 *cm* im Quadrat groß. Die letztere wird mittels Mauerung oder durch einen Holzklotz unterbaut und von einer tischartigen Plattform umgeben, man gibt dieser mindestens 0,85 *m* im Quadrat. Soll sie zu gleicher Zeit dazu dienen, größere Mengen von Vorrat aufzunehmen, so wird die Tiefe vergrößert. Die Höhe der Plattform über dem Boden beträgt 0,9 *m*. Ein derartiger Arbeitsplatz, vor dem wohl auch noch ein Sitz angebracht wird, heißt S c h e i d e o r t, eine Reihe solcher Plätze und auch das Gebäude, in dem diese untergebracht sind, heißt S c h e i d e b a n k. In Freiberg betrug die Leistung eines Arbeiters in der zehnstündigen Schicht 0,8 *cbm* Haufwerk, welches durch einen Steinbrecher vorgebrochen war.

Das K l a u b e n[1]) besteht in dem Auslesen des Kornes von mittlerer Größe. Die Arbeit findet entweder an festen Tischen (K l a u b e t i s c h e n) statt, dann liest jeder Arbeiter aus dem Vorrat die verschiedenen Posten der Reihe nach aus und verteilt sie in ebensoviele Gefäße. In Freiberg wurde die Arbeit in dieser Art ausgeführt, die Leistung eines Arbeiters in zehn Stunden betrug etwa 0,8 *cbm* Stufen (vgl. S. 15). Oder es wird auf bewegten Unterlagen (B a n d o h n e E n d e, r o t i e r e n d e r o d e r u m l a u f e n d e r K l a u b e t i s c h) ausgelesen. Hierbei wird das Gut vor einer Anzahl von Arbeitern langsam vorbeigeführt und jeder liest eine bestimmte Post aus. Bei der letzteren Arbeitsmethode ist es möglich, die geschicktesten Arbeiter mit dem Auslesen der wertvollsten Mineralien zu betrauen. Derjenige Posten, der in der größten Menge vorhanden ist, wird auf dem Bande belassen und am Ende abgetragen, in der Kohlenaufbereitung gewöhnlich die reine Kohle, in der Erzaufbereitung meistens das durchwachsene Gut. Auch mit einer letzten Durchsicht dieses Postens wird gewöhnlich ein erfahrener Arbeiter betraut.

Das Klauben an festen Tischen, wobei jeder Arbeiter das ihm zugeteilte Gut vollständig aufarbeitet, ist zweckmäßig für sehr edle oder mannigfaltig zusammengesetzte Erze, da in diesen Fällen die Arbeit besonders große Sorgfalt erfordert. Unter einfacheren Verhältnissen genügt auch das Klauben an rotierenden Tischen oder an Bändern.

E i n B a n d o h n e E n d e besteht aus Hanf- oder Drahtgeflecht oder aus Stabketten und aufgelegten Blechen, die sich an ihren Breitseiten überdecken, auch Bänder aus Gummistoff und Linoleum, in neuester Zeit aus Stahl[2]) werden verwendet. Es ist über zwei Rotationskörper geführt, deren Achsen wagrecht liegen, einer davon wird angetrieben, die Welle des anderen kann auf dem Rahmenwerk, welches das Ganze trägt, zum Auflegen und Spannen des Bandes verschoben werden. Beide Bandtrümer sind durch eingebaute Tragwalzen oder durch Gleitschienen zu unterstützen.

Das in den Abb. 1 bis 3 dargestellte Band ohne Ende[3]) besteht aus den beiden Stabketten *a* und den Querbolzen *b*, auf deren Enden zur Verminderung der Reibung die Röllchen *c* aufgesteckt sind. Auf den Bolzen *b* sind außerdem die Eisenblechtafeln *d* befestigt, welche die Bandfläche bilden. Das Band ist über zwei sechsseitige Prismen geführt; von diesen ist in den Abbildungen nur das eine, die Spanntrommel *E* gezeichnet, deren Lager durch die Stellvorrichtungen *st* zum Auflegen und Spannen des Bandes verschoben werden können. Am anderen Ende des Bandes befindet sich die Treibtrommel, deren Lager fest eingebaut sind. Ein Rahmenwerk, bestehend aus den Hauptquerschwellen *A,* den unteren Längsschwellen *B,* den oberen Querschwellen *C* und den oberen Längsschwellen *D* trägt und führt das Band, die Längsschwellen sind mit Leitschienen *f* von Winkeleisen belegt. Bei *S* wird das Gut abgetragen, das auf dem Bande liegengelassen wurde.

---

[1]) B ü r k l e i n. Die Wirtschaftlichkeit der Scheide- und Klaubearbeit in der Erzaufbereitung. E. G. A. 1921, S. 1171.

[2]) M i c h e l s o h n. Met. u. Erz 1921, S. 51.

[3]) L a m p r e c h t, Kohlenaufbereitung, Tafel **X**.

Wird das Klaubeband nur von einer Seite aus bedient, so erhält es 600 bis 800 *mm* Breite, bei Bedienung von beiden Seiten kann es entsprechend breiter sein. Die Länge des Bandes ist gewöhnlich durch die örtlichen Verhältnisse bedingt.

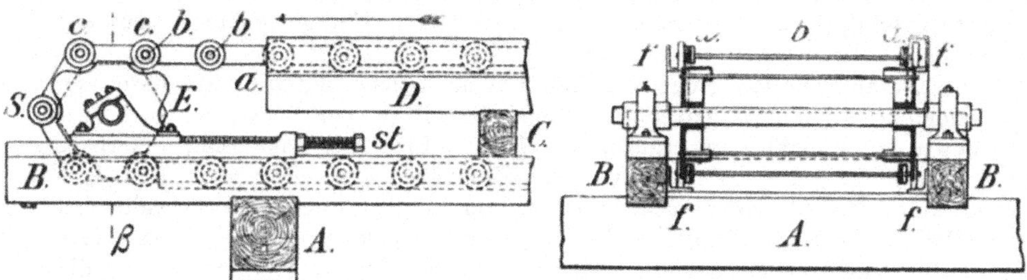

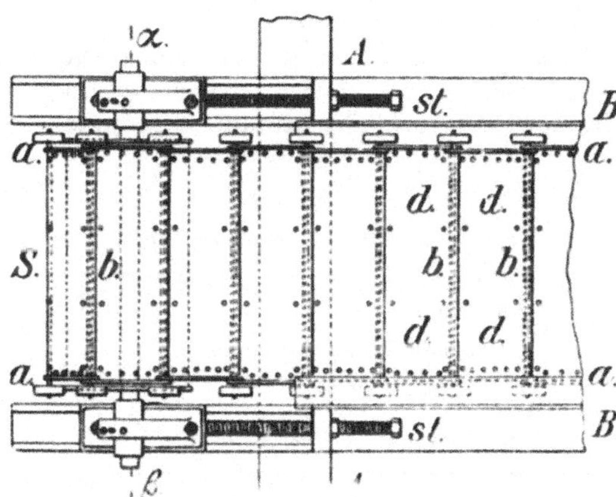

Abb. 1 bis 3. Band ohne Ende.

Die gleichen Einrichtungen dienen auch als Förderbänder in wagrechter oder wenig geneigter Richtung. Bei stärkerer Neigung werden auf die Förderbänder Querleisten aufgesetzt, um ein Herabrutschen des Gutes zu verhüten.

Die rotierenden Klaubetische sind kreisrund, bei kleineren Durchmessern (2 bis 3 *m*) sind die Tischflächen an einer stehenden Welle befestigt, die angetrieben wird. Wird größere Leistung und die Bedienung durch viele Arbeiter erforderlich, so werden die umlaufenden Klaubetische ringförmig etwa 1 *m* breit (Abb. 4) gebaut, sie laufen dann mittels Rädern auf kreisförmigem Gleise, der von unten angreifende Antrieb durch Zahn- oder Schneckenrad und Zahnkranz ist gewöhnlich unter der Klaubebühne angeordnet. Solche Klaubetische erhalten bis zu *6 m* Durchmesser und können von der Außen- und von der Innenseite her bedient werden.

Abb. 4. Rotierender Klaubetisch, Bauart Gröppel.

Klaubebänder und -tische können auch durch Mittelrippen geteilt werden und dann gleichzeitig zur Verarbeitung von zweierlei Gut, z. B. Reichgut und Armgut dienen, oder die eine Seite wird zur Ansammlung und Beförderung eines bestimmten

Postens verwendet. Das Gut, welches auf dem Tische liegen bleibt, wird durch einen schräg gestellten A b s t r e i c h e r abgetragen.

Das A b l ä u t e r n findet für das Scheiden und Klauben gewöhnlich vorher in A b l ä u t e r t r o m m e l n (vgl. S. 74), bei kleinen Verhältnissen wohl auch auf den Arbeitsplätzen selbst durch Überbrausen mit Wasser statt. Für geeigneten Abfluß des letzteren muß gesorgt werden.

Von der Zusammensetzung der Erze hängt es ab, welche und wie viele Erzposten beim Scheiden und Klauben getrennt werden. Die Erze der k i e s i g e n B l e i - f o r m a t i o n i n F r e i b e r g ergaben z. B. S t u f f e r z e, das heißt, lieferbare Erze, und zwar Bleiglanz, Schwefelkies und Zinkblende, zuweilen auch Arsenkies und Kupferkies; dann durchwachsene Massen, und zwar je nach dem vorwaltenden Minerale bleiische, schwefelkiesige, zinkblendige und arsenkiesige Erze. Jeder dieser Posten wurde in der nassen Aufbereitung für sich verarbeitet. Endlich wurden die Berge getrennt gehalten.

Es wird also durch die trockene Aufbereitung das G r u b e n k l e i n für die nasse Aufbereitung abgeschieden und aus den Wänden und Stufen so viel V e r - w e r t b a r e s und anderseits so viel T a u b e s als tunlich ausgelesen, außerdem wird aber auch unter Umständen der nassen Aufbereitung durch Trennung des D u r c h w a c h s e n e n in mehrere, mineralogisch verschieden zusammengesetzte Posten vorgearbeitet.

Stammbaum 1

für die t r o c k e n e A u f b e r e i t u n g von Erzen der Freiberger Gruben.

1. A u s h a l t e n i n d e r G r u b e

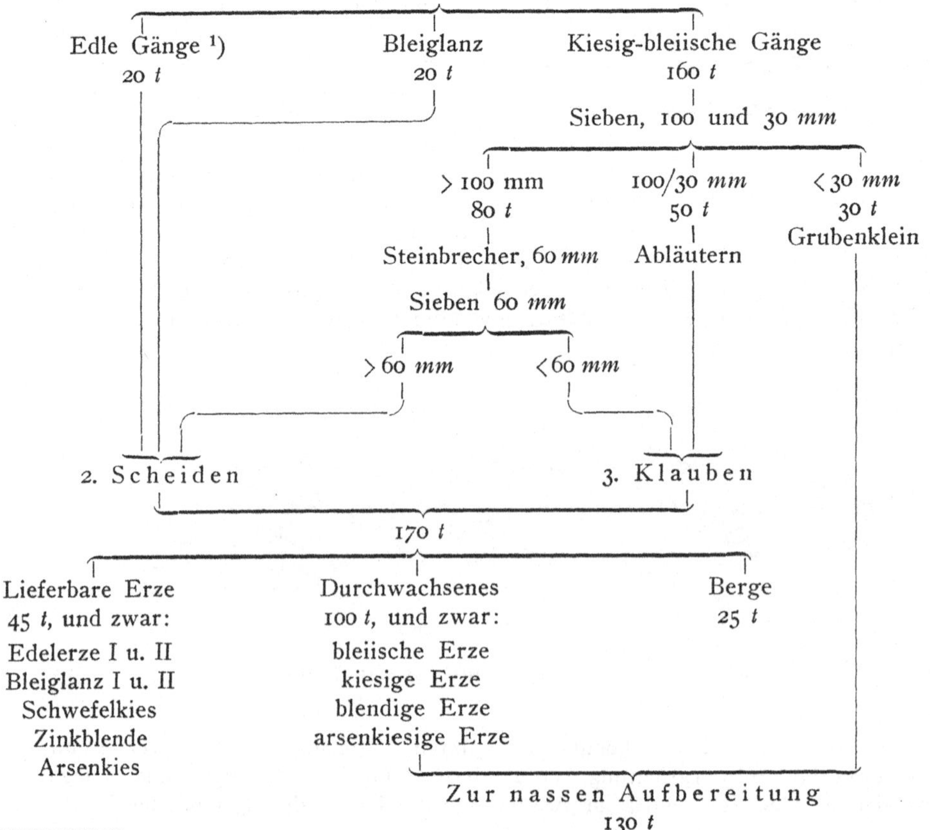

______

[1]) G ä n g e im Erzgebirge so viel wie G a n g m a s s e.

Besondere Hilfsmittel beim Klauben.

Auf den Zinn-Wolfram-Gruben des sächsisch-böhmischen Erzgebirges benutzt man zur Unterscheidung des dunklen Zinnerzes und des Wolframits wohl Strichtafeln aus weißem Biskuitporzellan, da Zinnerz lichtgelben, Wolframit dunkelbraunen Strich gibt.

Beim Kupferbergbau zu Sulitjelma in Norwegen und zu Mitterberg im Salzkammergut findet das Klauben bei Quecksilberdampflampen von 1000 Hefnerkerzen statt, nachdem festgestellt worden war, daß sich in diesem grünlichblauen Licht — besser als im Tageslicht oder im elektrischen Glüh- oder Bogenlicht — der Kupferkies besonders gut von den begleitenden Mineralien unterscheiden läßt[1]).

Das Klauben bei der Mansfeld A. G. für Bergbau und Hüttenbetrieb[2]).

Recht zweckentsprechend durchgebildet sind die Anlagen für die ausgedehnte Klaubearbeit beim Mansfelder Kupferschieferbergbau. Die Hunde mit den geförderten Schiefern und gültigen Dachbergen (das sind hangende Schichten) werden auf einer Bühne 16 m über der Abfuhrsohle abgezogen, gewogen und durch selbsttätige Wipper in Siebtrommeln gestürzt, von denen vier vorhanden sind. Hier werden die Stücke > 52 mm und die Kläre oder das Feinerz < 52 mm getrennt. Das letztere wird unmittelbar zu den Hütten befördert. Die Stücke werden auf einer Bühne H in 10,6 m Höhe zu den Schieferställen befördert (Abb. 5) und in

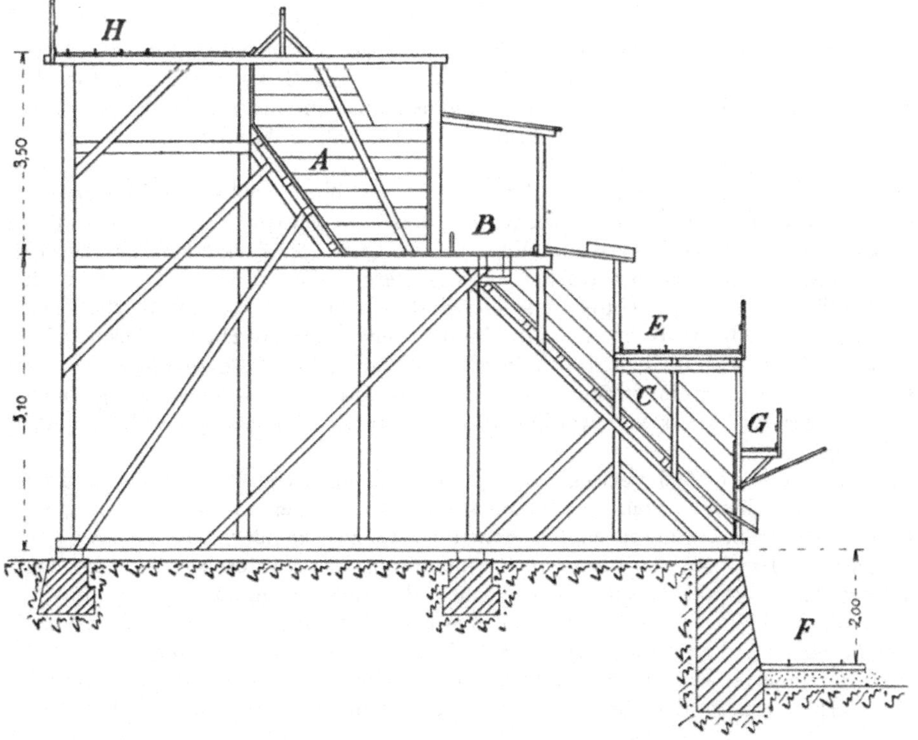

Abb. 5. Schieferstall der Mansfeld A. G. (Senkrechter Schnitt.)

---

[1]) Met. u. Erz 1924, S. 2.
[2]) Nach Unterlagen der Mansfeld A. G.

die Bunker *A* gestürzt. Jede Kameradschaft hat ihre besondere Nummer und ihren Schieferstall. Aus dem Bunker entnehmen die auf der Bühne *B* sitzenden Klauber (hier Kläuber genannt) die einzelnen Stücke und trennen sie nach dem Augenschein, indem sie die größeren Stücke zerschlagen, in gültige Schiefer mit etwa 2,5% Kupfergehalt und in ungültige Lagen (A u s s c h l ä g e). Die Schiefer werden in die Bunker *C* geworfen und auf der Bahn *F* abgefahren, während die Ausschläge auf der Bühne *E* zur Halde gestoßen werden. Der Gang *G* dient zur Bedienung der Schieber für die Bunker *C*. Auch können von hier aus etwaige Verstopfungen in den Bunkern beseitigt werden.

Die neueste Anlage bei dem Wolfschachte umfaßt 120 solcher Schieferställe, in zwei Reihen angeordnet, jeder ist 2 *m* breit. Die Erfahrung hat gelehrt, daß sie am zweckmäßigsten aus gut mittels Karbolineum imprägniertem Holz auf Fundamenten aus armiertem Schlackenbeton erbaut werden, da sich dann Ausbesserungen am leichtesten ausführen lassen. Falls man Eisen anwendet, leidet es namentlich in den Bunkern bald durch die sich aus den Schiefern entwickelnde Säure.

2. Die Zerkleinerung[1]).

A l l g e m e i n e s.

Die Zerkleinerung bezweckt entweder die Überführung der fertigen Aufbereitungsprodukte in Mehlform als Vorbereitung für die Verhüttung, für die Verarbeitung in chemischen Fabriken, bei Kohlen auch für das Brikettieren oder für die Verkokung und steht dann nur in losem Zusammenhange mit der Aufbereitung. Als Zerkleinerungsmaschinen dienen in diesem Falle gewöhnlich das T r o c k e n p o c h - w e r k oder eine M ü h l e (s. weiter unten).

Oder die Zerkleinerung dient als Vorbereitung der durchwachsenen Massen für die weitere Aufbereitung. Man· spricht in diesem zweiten Falle vom A u f - s c h l i e ß e n des Haufwerkes, d. i. eine so weitgehende Zerkleinerung durchwachsener Massen, daß tunlichst Körner erzeugt werden, von denen jedes nur noch aus einem Minerale besteht. Gute Beispiele sind das bekannte Mineralvorkommen aus den Zillertaler Alpen: Kristalle von Magneteisenerz bis zu Haselnußgröße eingewachsen in Chloritschiefer und die rheinischen Knottenerze, Bleiglanzkörnchen von etwa 1 *mm* Durchmesser, eingewachsen in Sandstein. Durch die Zerkleinerung sollen die Kristalle oder Erzkörner frei werden, ihre weitere Zerkleinerung würde unnötig und nachteilig sein.

Dieses theoretische Ziel verfolgt man jedoch nur bei sehr fein eingesprengten Erzen, z. B. den Golderzen von Johannesburg oder den Zinnerzen von Altenberg im Erzgebirge. Bei gröber eingesprengten Erzen ist es zweckmäßig, s t u f e n w e i s e zu zerkleinern, indem man für die erste Zerkleinerung den mittleren vorkommenden Durchmesser der eingewachsenen Mineralkörner als Maßstab nimmt. Hierauf unterwirft man das zerkleinerte Gut einer erstmaligen Trennung, welche v e r k ä u f - l i c h e s P r o d u k t, d u r c h w a c h s e n e K ö r n e r und B e r g e ergibt. Die jetzt wesentlich verringerte Menge an durchwachsenem Gut wird einer zweiten, weitergehenden Zerkleinerung und dann einer zweiten Trennung unterworfen. Auch bei

---

[1]) N a s k e. Zerkleinerungs-Vorrichtungen und Mahlanlagen. 3. Aufl. Leipzig 1922, mit 415 Abb. — G l o c k e m e i e r. Neuere Fortschritte auf dem Gebiete der Feinzerkleinerung. Met. u. Erz 1922, S. 285. — R ü h l. Zerkleinerung von Brennstoffen. 1923.

dieser erhält man wieder außer verkäuflichem Produkte und reinen Bergen noch durchwachsenes Gut (Z w i s c h e n p r o d u k t, M i t t e l g u t). Das letztere wird einer dritten, noch weitergehenden Zerkleinerung und einer dritten Trennung unterworfen[1]).

Man erreicht hierdurch eine wesentliche Verminderung der Zerkleinerungsarbeit und gewinnt einen erheblichen Teil der verwertbaren Produkte als grobes Korn, wodurch die A u f b e r e i t u n g s v e r l u s t e vermindert werden, denn diese wachsen erfahrungsgemäß, je feiner das aufzubereitende Korn ist.

Der beigefügte Stammbaum erläutert dies des näheren.

Neben der Untersuchung mit bloßem Auge und mit einer guten Lupe kann bei innig verwachsenen Mineralien auch die m i k r o s k o p i s c h e U n t e r s u c h u n g[2]) ein gutes Anhalten dafür geben, ob mit den verfügbaren Zerkleinerungsmaschinen die Aufschließung so weit getrieben werden kann, daß eine Trennung möglich ist. Die Untersuchungen werden außer im Dünnschliff auch an Anschliffen im auffallenden Lichte vorgenommen, z. T. nach erfolgter Ätzung.

Unter Z e r k l e i n e r u n g s g r a d n versteht man das Verhältnis des Korndurchmessers vor der Zerkleinerung d zum Durchmesser nach der Zerkleinerung s.

$$\frac{d}{s} = n$$

Werden z. B. Körner von 40 *mm* Durchmesser auf 8 *mm* zerkleinert, so ist der Zerkleinerungsgrad 5.

Die Größe der Z e r k l e i n e r u n g s a r b e i t ist außer von der M e n g e des in der Zeiteinheit zu zerkleinernden Gutes vom Z e r k l e i n e r u n g s g r a d e und der D r u c k f e s t i g k e i t abhängig, und zwar steht die Zerkleinerungsarbeit mit den drei genannten Größen etwa im geraden Verhältnisse. Bei den unregelmäßigen Formen der zu zerkleinernden Stücke und der Verschiedenartigkeit der sonstigen Verhältnisse (Spaltbarkeit, Lage der Spaltungsrichtungen zur Druckrichtung, Struktur) lassen sich jedoch bestimmte Zahlenwerte nicht angeben.

Nur zum angenäherten Vergleich sei hier nach R i t t i n g e r die D r u c k - f e s t i g k e i t einiger Mineralien bezogen auf 1 *qcm* angeführt:

Bleiglanz	45 *kg*	Zinkblende	100 *kg*
Eisenspat	70 *kg*	Quarz	} 200 bis 300 *kg*.
Eisenkies	90 *kg*	Hornstein	

Bei der Auswahl einer für bestimmte Verhältnisse passenden Zerkleinerungsmaschine sind die obgenannten Gesichtspunkte: Menge des Gutes, Zerkleinerungsgrad, außerdem die Korngröße vor und nach der Zerkleinerung und die Festigkeit maßgebend.

Verluste durch Verstäuben und die Belästigung der Arbeiter durch den Staub werden vermieden durch Befeuchten des Erzes bei der Zerkleinerung.

---

[1]) In England unterscheidet man: B r e a k i n g, Grobzerkleinerung oder Brechen; c r u s h i n g, Mittelzerkleinerung oder Schroten und g r i n d i n g, Feinzerkleinerung oder Mahlen (spr. bräking, crösching, greinding).

[2]) B e r g, Georg. Die mikroskopische Untersuchung der Erzlagerstätten. Berlin, 1915. — S c h n e i d e r h ö h n. Anleitung zur mikroskopischen Bestimmung und Untersuchung von Erzen und Aufbereitungsprodukten, besonders im auffallenden Licht. Berlin, 1922. — G r a n i g g. Met. u. Erz 1920, S. 57. — K r u s c h. Met. u. Erz 1921, S. 293. — S c o t t i, v., Met. u. Erz 1923, S. 1. — S e i l e r. Über die außergewöhnlichen Silberverluste bei der Aufbereitung von silberhaltigem Bleiglanz und ihre Verringerung auf mechanischem Wege. Dissertation Aachen, 1906.

Stammbaum 2.

Stufenweise Zerkleinerung und nasse Aufbereitung des durchwachsenen Erzes.

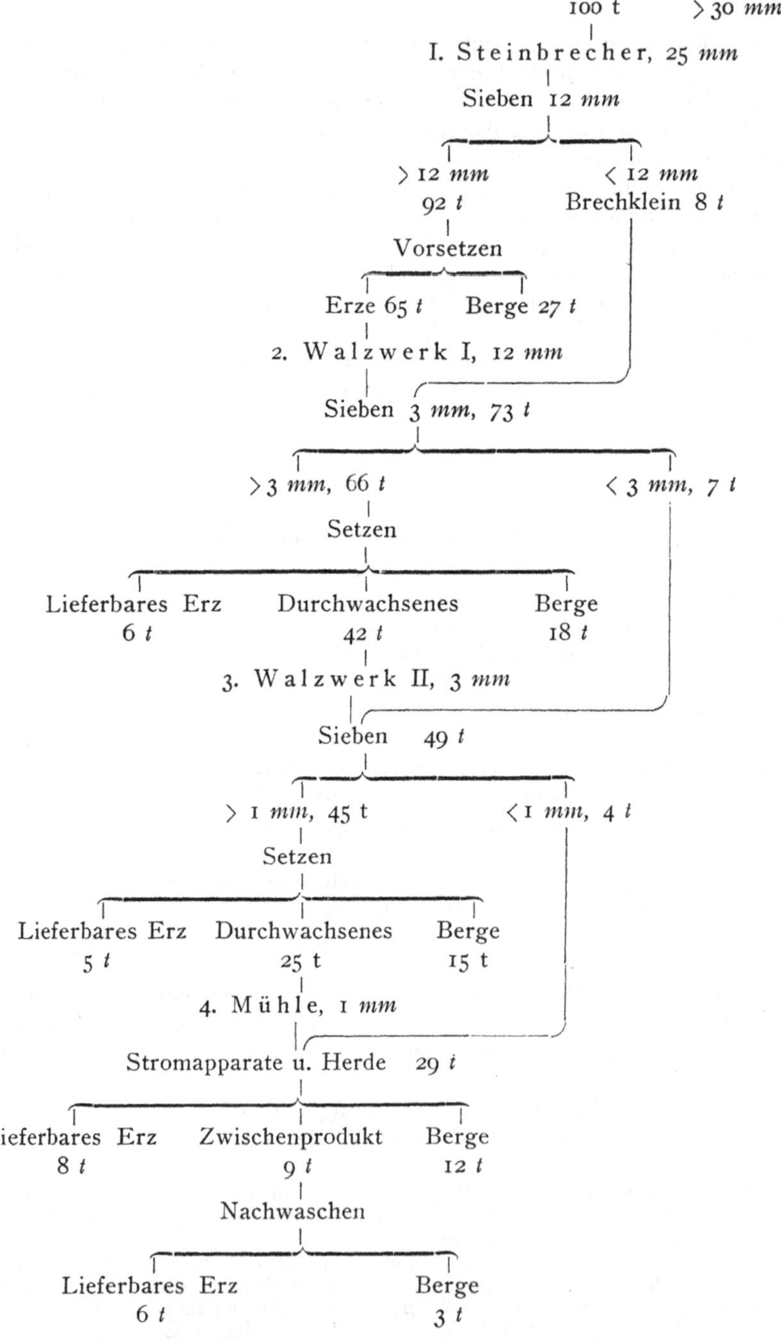

Anmerkung. Während der Steinbrecher 100 t zu zerkleinern hat, entfallen auf das Walzwerk I noch 65 t, auf das Walzwerk II noch 42 t und auf die Mühle nur noch 25 t. Dabei werden durch die Setzarbeit (einschließlich Vorsetzen) 11 t lieferbares Erz und 60 t Berge, durch die Herdarbeit 14 t lieferbares Erz und 15 t Berge abgeschieden.

Die Zerkleinerung erfolgt selten m i t   d e r   H a n d, meistens werden Zerkleinerungsmaschinen angewendet. Diese sind S t e i n b r e c h e r, W a l z w e r k e, P o c hw e r k e und M ü h l e n. Die Steinbrecher, Walzwerke, Pochwerke und diejenigen Mühlen, welche zerreibend und zerdrückend wirken, können für alle Arten von Gut, auch zur H a r t z e r k l e i n e r u n g (z. B. quarziges Gut) verwendet werden, während die abscherend und zerschlagend wirkenden Mühlen nur für W e i c h z e rk l e i n e r u n g (z. B. Kohlen und Salze) geeignet sind. Die letzteren würden bei der Hartzerkleinerung eine sehr schnelle Abnutzung der arbeitenden Teile erleiden.

Ganz ausnahmsweise wird von der n a t ü r l i c h e n   V e r w i t t e r u n g zur Zerkleinerung Gebrauch gemacht, z. B. bei der Aufbereitung des diamanthaltigen Gesteines von K i m b e r l e y in Südafrika. Wegen der leichten Spaltbarkeit der Diamanten muß die mechanische Zerkleinerung vermieden werden; die Massen werden auf großen gepflasterten Plätzen ausgebreitet, den Einflüssen der Atmosphäre überlassen und von Zeit zu Zeit gewendet, bis sie zu feinem Grus zerfallen sind.

In den Graphitgruben des südlichen Böhmen wird der reinste G r a p h i t[1]) vor Ort tunlichst ausgehalten. Der unreine Graphit wird mehrere Jahre lang auf den Halden dem Einfluß der Atmosphäre ausgesetzt, wodurch eine Zersetzung des Schwefelkieses eintritt und eine Verbesserung des Graphites erfolgt. Dann wird die Masse auf Naßkollergängen zerkleinert und durch Schlämmen von den sandigen Beimengungen getrennt.

D i e   B e n e n n u n g   d e r   K o r n g r ö ß e n.

Die Korngrößen bezeichnet man beim Erzbergbau folgendermaßen:

Wände sind			größer als	60	*mm*,	
Stufen	haben die Größe von		60	bis	20	*mm*,
Graupen	„	„	„	„ 20	„ 4	*mm*,
Sande[2])	„	„	„	„ 4	„ 1	*mm*,
Mehle	„	„	„	„ 1	„ 0,25	*mm*,
Schlämme	„	„	„	unter	0,25	*mm*.

Im Kohlenbergbau unterscheidet man wohl:

Stückkohlen über			100	*mm* Durchmesser,
Mittelkohlen	von 100 bis		50	*mm* „
Knörpelkohlen	„ 50	„	25	*mm* „
Nußkohlen	„ 25	„	8	*mm* „
Klarkohlen unter			8	mm „

Diese Einteilung entspricht im großen und ganzen der späteren Verarbeitung grob verwachsener Massen in der Aufbereitung. Beim Erzbergbau gelangen die Wände zum Scheiden, die Stufen werden geklaubt, Graupen werden auf Grobkornsetzmaschinen, Sande auf Feinkornsetzmaschinen verarbeitet, Mehle und Schlämme werden der Herdarbeit zugeführt.

Als Ü b e r k o r n wird dasjenige Korn bezeichnet, welches eine Zerkleinerungsmaschine oder ein Sieb größer als beabsichtigt verläßt. So gehen zuweilen dünne und flache, aber verhältnismäßig große Stücke, ohne daß sie zerkleinert werden, durch ein Walzwerk hindurch, auch weicht wohl beim Durchgange einer größeren Menge sehr harter und zäher Körner die bewegliche Walze aus. Bei den Kollergängen kommt es vor, daß einzelne Körner vor den Läufern seitlich ausweichen und vor genügender Zerkleinerung ausgetragen werden. Durch Stangensiebe, welche nur aus Längsstangen bestehen, fallen größere, plattenförmige Stücke leicht hindurch.

---

[1]) B r e i t k o p f. Ö. Z. 1910, S. 131.
[2]) Grieß bedeutet so viel wie feiner Sand.

Dagegen nennt man U n t e r k o r n — wovon sich bei jeder Zerkleinerung eine gewisse Menge ergibt — solche abspringenden Ecken und Kanten der Körner, die weiter als beabsichtigt zerkleinert werden. Auch bei Sieben, deren Fläche im Verhältnis zur Menge des aufgetragenen Gutes zu klein ist, bildet sich Unterkorn, indem kleine Körner, welche durch die Siebmaschen hindurchfallen sollten, von dem gröberen Korn über das Sieb mit fortgetragen werden.

Je weniger Über- und Unterkorn entsteht, desto besser arbeitet eine Zerkleinerungsmaschine; beide werden, falls sie den weiteren Gang der Aufbereitung stören, durch Sieben des Gutes abgesondert. Das Überkorn wird gewöhnlich auf die Zerkleinerungsmaschinen zurückgegeben, das Unterkorn wird mit der entsprechenden kleineren Korngröße vereinigt. (Vgl. den Stammbaum, S. 14.)

Über- und Unterkorn zusammen werden auch als F e h l k o r n bezeichnet.

Die Zerkleinerung für die Zwecke der nassen und auch der magnetischen Aufbereitung geht im allgemeinen kaum unter 0,25 mm hinaus. Auch bei dem sogenannten T o t p o c h e n (vgl. S. 25) wird nur ein kleiner Teil des Gutes weiter aufgeschlossen.

Erst die L a u g e v e r f a h r e n haben immer weitergehende Ansprüche an die Zerkleinerung gestellt, denen am besten durch die R o h r m ü h l e n mit nasser Mahlung (vgl. S. 33) entsprochen werden kann. Die Zerkleinerung kann etwa bis zu 0,1 mm getrieben werden. — Eine noch weitergehende Aufschließung dürfte unter Umständen die S c h w i m m a u f b e r e i t u n g notwendig machen. Auch die Farbenindustrie braucht Zerkleinerung bis zu 0,002 mm (0,001 mm = 1 μ). Vgl. K o l l o i d m ü h l e, S. 44.

Zur genauen Beurteilung der Güte der Zerkleinerungsarbeit einer Maschine, namentlich bei der Feinzerkleinerung dient die S i e b a n a l y s e, d. h. eine genaue Angabe über die Zusammensetzung des Gutes nach Korngrößen vor und nach der Zerkleinerung. Als Beispiel ist hier gekürzt die Siebanalyse der H a r d i n g e-M ü h l e (vgl. S. 35) nach Glockemeier wiedergegeben.

S i e b a n a l y s e, b e t r. S t a b m ü h l e.

Maschen-weite mm	Aufgabe		Austrag	
	% einzeln	% Summen	% einzeln	% Summen
> 6,5	4,8	4,8	—	—
6,5/2,8	27,6	32,4	0,3	0,3
2,8/1,2	48,7	81,1	30,2	30,5
1,2/0,6	15,1	96,2	30,5	61,0
0,6/0,3	1,3	98,5	14,2	75,2
0,3/0,14	0,6	99,1	8,1	83,3
< 0,14	0,9	100,0	16,7	100,0

D i e Z e r k l e i n e r u n g m i t d e r H a n d.

Diese wenig leistungsfähige Art der Zerkleinerung wird dort angewendet, wo Maschinen und Betriebskraft nicht zur Verfügung stehen. Nur bei sehr wertvollem Gut, z. B. reichen Golderzen ist die Zerkleinerung mit der Hand in Mörsern zum Zwecke der Amalgamation noch üblich, außerdem findet sie noch statt in den Laboratorien zur Vorbereitung des Gutes für das Probenehmen, unter Umständen für Aufbereitungsversuche im kleinen.

Das **Vorschlagen** zum Zerkleinern von Wänden zu Stufen als Vorarbeit für das Scheiden ist bereits S. 7 beschrieben worden.

Die **Pochschlage** (Abb. 6) ist ein 2 bis 2,5 *kg* schwerer Hammer mit breiter Bahn von 8 bis 20 *cm* im Quadrat, sie dient einerseits zur Zerkleinerung von Stufen zu Graupen auf einer ebenen, harten Unterlage. Der Arbeiter faßt die Pochschlage am Stiele mit einer Hand, mit der anderen führt er das grobe Material zu und beseitigt das zerkleinerte Gut. Anderseits kann man die Pochschlage auch zum Zerreiben von Erzproben zu feinem Mehl verwenden.

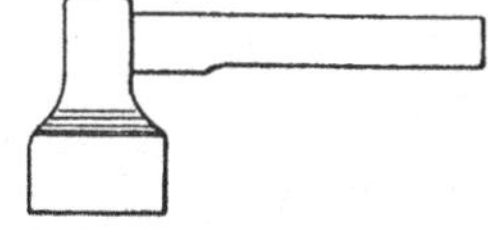

Abb. 6. Pochschlage.

Zur feinsten Zerkleinerung bedient man sich des **Mörsers** und der **Keule** (auch **Stößel** genannt). Man bedeckt den Mörser mit einem Tuche oder Deckel, hält dadurch das Gut zusammen und vermeidet Verluste. Die Keule wird stoßend gehandhabt, bis das Gut zu Sand zerkleinert ist, will man noch weiter zerkleinern, so wird mit der Keule gerieben. — Anwendung auch bei der Amalgamation von Freigold führenden Erzen.

Der **Schwunghammer.** Statt die Pochschlage (oder den Stößel) nur mit der Hand zu führen, kann man sie mittels eines starken Strickes, z. B. an einer dünnen und elastischen in zwei Punkten gestützten Stange so aufhängen, daß in der Ruhe die Unterlage nicht berührt wird. Stößt man dann den Stößel nieder, so schnellt er von selbst wieder in die Höhe; die Handarbeit wird hierdurch wesentlich erleichtert.

Die Zerkleinerung mittels Maschinen.

Der Steinbrecher.

Der **Steinbrecher,** auch **Backenquetsche** genannt (Abb. 7 und 8), dient zur Zerkleinerung der Wände zu Stufen. Er wurde im Jahre 1858 von dem Nordamerikaner **Blake** erfunden. Die arbeitenden Teile sind in eiem starken gußeisernen Rahmen *G,* der durch schmiedeeiserne Bänder verstärkt ist, verlagert. Das Gut wird zwischen zwei Brechbacken aus Hartguß zerdrückt, der eine Backen *a* ist fest eingebaut, der zweite *b* ist beweglich. Der letztere wird durch eine mittels Riemenscheibe *R* (R^1 Losscheibe) angetriebene Welle *W,* auf der zwei schwere Schwungräder *Sch* sitzen, in Schwingungen versetzt. Der Arm *c* wird mittels Exzenter auf und nieder bewegt und der Kniehebel *k,* k^1 gegen den beweglichen, um den Bolzen *i* drehbaren Brechbacken gepreßt. Eine Zugstange *z* nebst Feder *f* befördert das Zurückziehen des letzteren; der prismatische Raum zwischen den beiden Backen *B* heißt der **Rachen** oder das **Brechmaul;** die Innenwände des Rahmens sind durch eingesetzte Seitenkeile *S* aus Hartguß gegen Abnützung geschützt. Die zu zerkleinernden Stücke werden durch den Eintrag *E* in den Rachen hineingeworfen und allmählich zerdrückt, das gebrochene Gut fällt durch den unteren Schlitz heraus. Die Weite des letzteren ist durch Verschieben des Stützpunktes des linken Hebelarmes *k* verstellbar, indem das Keilstück *s* mittels der beiden Stellschrauben *st* gehoben oder gesenkt werden kann.

Der **Hartguß,** woraus die Brechbacken der Steinbrecher meistens hergestellt werden, ist von **Gruson** in die Technik eingeführt worden. Durch Gießen der Stücke in gußeisernen, offenen Formen (Coquillenguß) bildet sich infolge der schnellen Abkühlung der Oberfläche eine harte Schicht. Diese geht allmählich in langsamer abgekühlte, weichere Schichten über. In neuerer Zeit wird auch **Hartstahl** zu Brechbacken verwendet.

Am häufigsten werden Brechbacken benutzt, die mit stumpfen Längsrippen in solcher Anordnung versehen sind (Abb. 9), daß die Rippen der einen Backe den Lücken der anderen gegenüber stehen. Auf diese Weise werden die zu zerkleinernden Stücke auf Bruchfestigkeit in Anspruch genommen. Erfahrungsgemäß nutzen sich die Brechbacken in der unteren Hälfte am stärksten ab, sie können leicht herausgehoben und umgekehrt wieder eingesetzt werden.

Wählt man das Exzenter auf der Welle W so, daß die Stützpunkte der Kniehebel k, k^1 an der Stange c über die gestreckte Lage dieser Kniehebel nicht hinaufgeführt werden, so ist der Steinbrecher einfach wirkend; bei jeder Umdrehung der Welle W übt die bewegliche Backe einmal den Druck aus. Ist jedoch die Bewegung so angeordnet, daß die Stützpunkte sich ebenso hoch über wie unter die gestreckte Lage der Hebel k, k^1 bewegen, so ist der Steinbrecher doppeltwirkend, d. h. bei jeder Wellenumdrehung drückt der bewegliche Backen zweimal. Einfach-

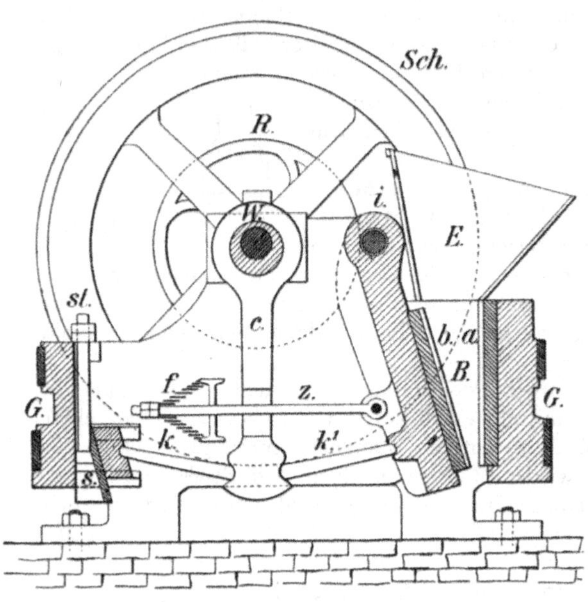

Längsschnitt.

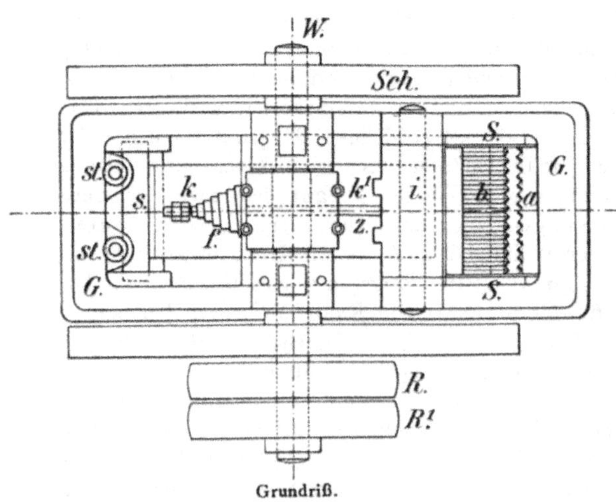

Grundriß.

Abb. 7 und 8. Steinbrecher.

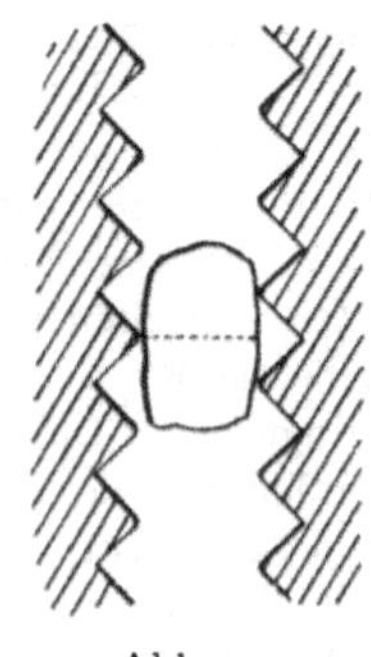

Abb. 9.

Form der Brechbacken.

wirkende Steinbrecher sind für gröberes Korn, doppeltwirkende für kleineres Korn üblich.

Wie die sämtlichen Zerkleinerungsmaschinen wird auch der Steinbrecher in verschiedenen Größen gebaut; mittels einer Pferdestärke zerkleinert man in einer

Stunde etwa 600 *kg* quarzige Wände von 30 auf 5—6 *cm* Korngröße. Die übliche Zahl der Umdrehungen in der Minute ist 250.

Bei Zerkleinerungsanlagen für Kalisalze haben die Steinbrecher gewöhnlich 1000 × 400 *mm* Maulgröße und 80 *mm* Spaltbreite. Bei 200 Spielen in der Minute und einem Arbeitsaufwande von 12 PS leisten sie 500 bis 600 *dz* in 1 St.[1]).

Das Eintragen in den Steinbrecher geschieht bei kleineren Bauarten mit der Hand, große Stücke werden dabei der Form des Brechmaules entsprechend gedreht. In die größten Steinbrecher kann das Gut mittels Wipper unmittelbar aus den Hunden gestürzt werden.

Für mittleres Gut, das sind Stücke von etwa 10 bis 20 *cm* Größe bedient man sich zweckmäßig eines A u f g a b e s c h u h e s (E i n t r a g s c h u h e s) *A* (Abb. 10), der unter einem Füllrumpf *F* auf Rollen hin- und herbewegt wird. Der Antrieb erfolgt durch die Riemenscheibe *R*, die Welle *W*, das Exzenter *e* und die Schubstange *t*. Das Gut rutscht durch die untere Öffnung des Fülltrichters bis auf den Aufgabeschuh und wird mit diesem vorgeschoben, während erneut Gut in den rück-

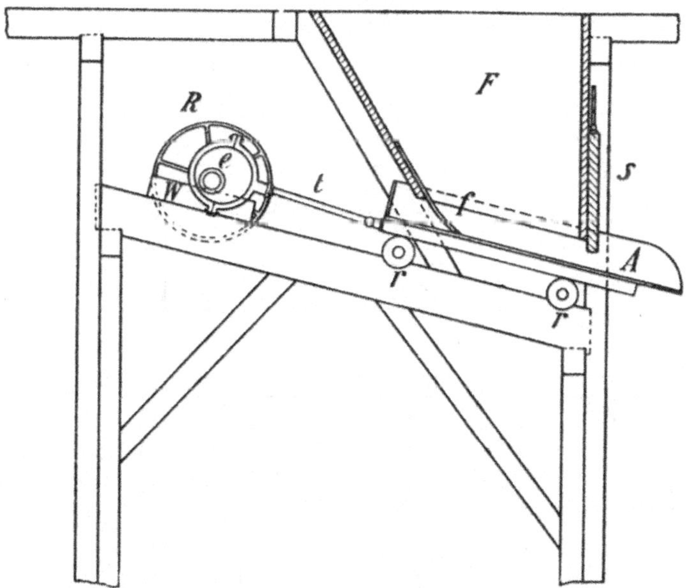

Abb. 10. Aufgabeschuh.

wärts freiwerdenden Raum nachrollt. Beim Zurückziehen des Aufgabeschuhes verhindert der Druck der Massen und das federnde Blech *f*, daß das Gut mit zurückgezogen wird, es fällt vielmehr vorn eine entsprechende Menge Gut in das Brechmaul des Steinbrechers. Durch Verstellen des Schiebers *s* aufwärts oder abwärts kann die Menge des eingetragenen Gutes der Leistung des Steinbrechers angepaßt werden. Verlängert man den Eintragschuh und gestaltet das vordere Stück als Sieb aus (gelochtes Blech), so kann etwaiges Unterkorn der weiteren Zerkleinerung entzogen werden.

---

[1]) L o e w e. Pr. Z. 1903, S. 330.

Das Walzwerk.

Zur Zerkleinerung von Stufen zu Graupen, auch von groben zu feinen Graupen, dient das Walzwerk, auch Walzenmühle genannt. Es besteht (Abb. 11 und 12) aus zwei gleich großen Walzen a und b, welche auf horizontalen Wellen in

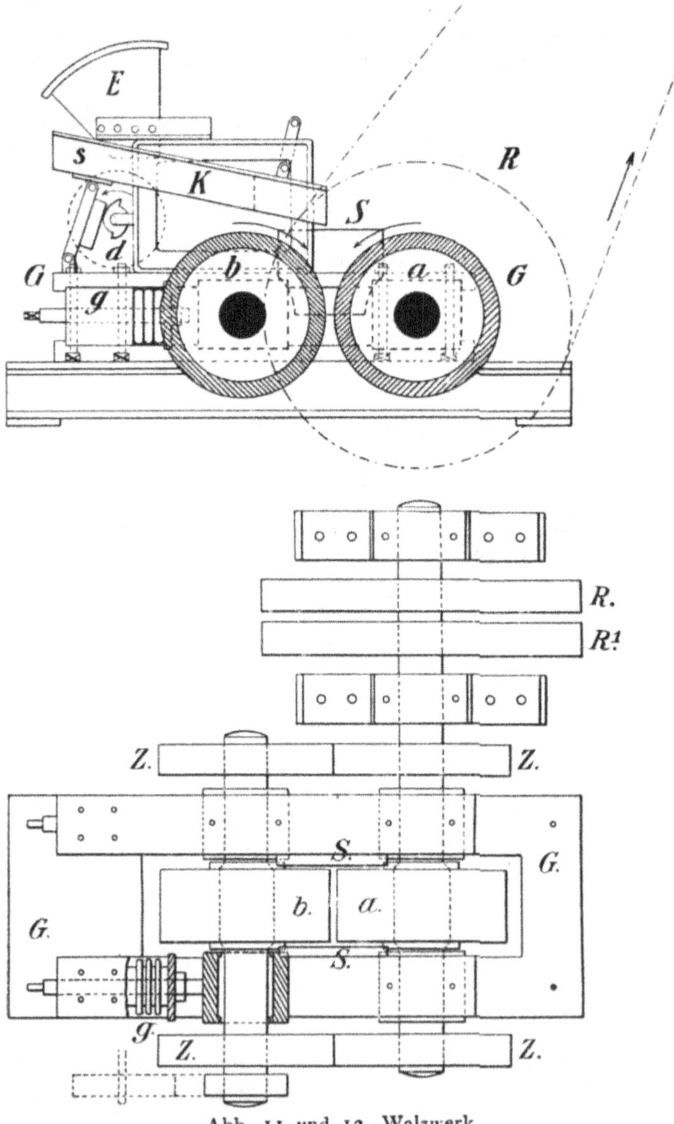

Abb. 11 und 12. Walzwerk.

einem eisernen Rahmen G, dem Walzenstuhle, verlagert sind; jede Walze (Abb. 13) besteht aus einem Hartgußmantel m, der auf einem gußeisernen Kerne k mittels des Ringes r und einiger Schrauben befestigt ist und leicht ausgewechselt werden kann. Durch Riemenübertragung auf eine der Walzenwellen und mittels der Stirnräder Z drehen sich die Walzen gegeneinander und zerquetschen das aufgegebene Erz bis zu einer Korngröße, die vom Abstande der Walzen abhängt. — Es kann auch jede Walze einzeln durch Riemen angetrieben und hierdurch eine höhere Umlaufzahl erreicht werden.

Aus dem **Eintragtrichter** E fällt das zu zerkleinernde Gut auf den **Rüttelschuh** s, welcher, an seinem oberen Ende auf zwei Stangen gestützt, am unteren Ende aufgehängt ist, er wird durch die Daumenwelle d nach links geschoben und fällt dann mit den seitlich angebrachten Stauchklötzen K gegen das Gestell, während ein Teil des Kornes zwischen die Walzen geschüttet wird. Auch hier ist der Walzenstuhl durch die Platten S gegen Abnützung geschützt.

Bei kleinerem Korn wird zum Eintragen auch die **Speisewalze**, auch **Zellenrad** genannt (Abb. 14), angewendet, um eine regelmäßige Zuführung des Gutes über die ganze Breite der Walzen zu erreichen.

Nur die eine Walze a hat feste Lager, während die der anderen b beweglich sind; letztere wird durch starke Gummipuffer g gegen die gewöhnliche Druckbeanspruchung

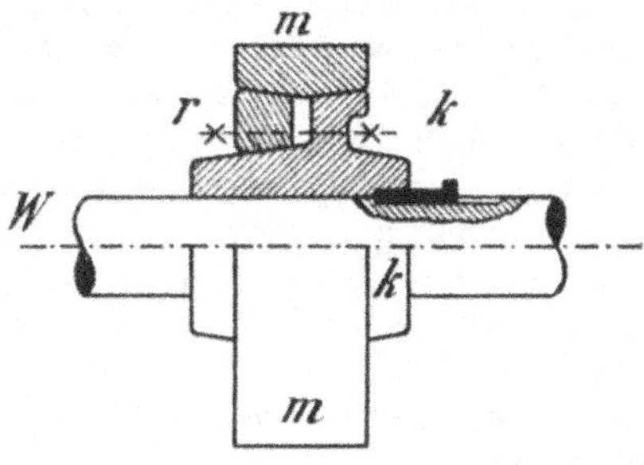

Abb. 13. Befestigung des Walzenmantels.

in ihrer Lage erhalten, kann aber ausweichen, falls ein fremder Körper zwischen die Walzen gelangt.

Die neueren Walzwerke sind so eingerichtet, daß eine Schleifvorrichtung (aus Schmirgel- oder Karborundumscheiben bestehend) angebracht werden kann, welche die durch die Abnutzung entstehenden Unebenheiten der Walzenmäntel wieder beseitigt.

Auch gibt man den beiden Walzen durch entsprechende Zahnräder etwas verschiedene Umlaufzahlen, es treten dann nicht immer dieselben Teile der Mäntel gegenseitig in Tätigkeit und die Abnutzung ist gleichmäßiger.

Der Durchmesser der Walzen muß um so größer sein,

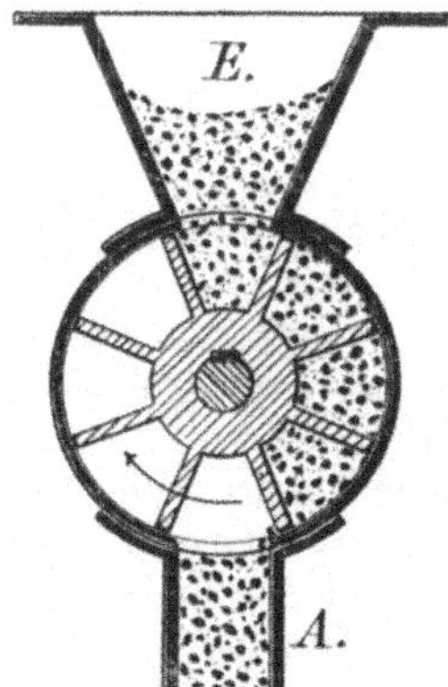

Abb. 14. Speisewalze.

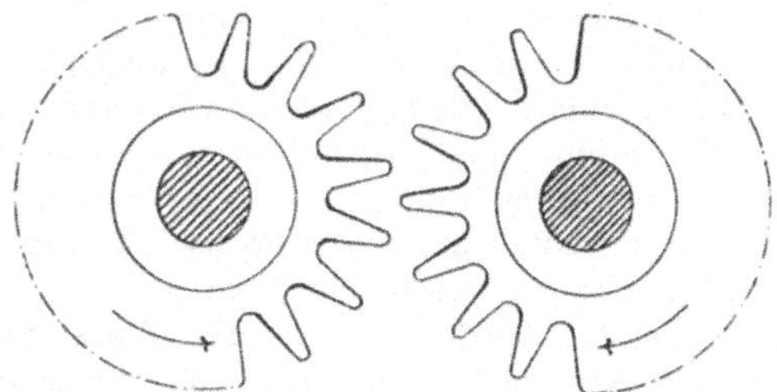

Abb. 15. Rippenwalzen.

je größer das zu zerkleinernde Korn ist, in der Erzaufbereitung im Mittel etwa 50 cm, die Breite beträgt etwa 30 cm, sie ist verhältnismäßig klein zu wählen, damit sich die Achsen nicht durchbiegen; die Zahl der Umdrehungen ist 60—80 in der Minute. Die Leistung auf die Pferdekraft und die Stunde beträgt bei quarzigen Erzen etwa 0,15 cbm bei dem Zerkleinerungsgrade 6.

Ist D der Walzendurchmesser, d die Korngröße vor der Zerkleinerung und s die Korngröße nach der Zerkleinerung, so ermittelt man nach Rittinger den Walzendurchmesser aus der Formel:

$$D > 18 \,(d - s).$$

Für $d = 36$ und $s = 12\,mm$ ergibt sich:

$$D > 18 \cdot 24 = 432\,mm.$$

Zur Zerkleinerung weicher Mineralien, z. B. des Steinsalzes, wurden früher Walzen verwendet, deren Zylinderfläche mit warzenähnlichen Hervorragungen versehen war, sogenannte P u c k e l w a l z e n. Zur Zerkleinerung der großen Stücke Anthrazit sind in Pennsylvanien (Abb. 15) Walzen mit starken, vorn abgerundeten Rippen (R i p p e n w a l z e n) in Gebrauch. Auch zur Zerkleinerung von Kok werden derartige Walzen verwendet. Sie werden aus einzelnen Ringen zusammengesetzt, so daß abgenutzte Teile leicht ersetzt werden können.

Die zum Vermahlen der Kalisalze von 25 auf 1 mm verwendeten Walzenmühlen bestehen gewöhnlich aus zwei übereinander verlagerten Walzenpaaren. Jede Walze erhält 20 cm Durchmesser und 1 m Länge, die Oberflächen sind mit feinen, parallel zur Achse verlaufenden Riefen versehen. Eine solche Walzenmühle leistet 150 dz in 10 Stunden.

In England wurde mehrfach die Beobachtung gemacht[1]), daß bei der Zerkleinerung t r o c k e n e r Nußkohlen zu Kokskohle, wohl infolge der eintretenden Erwärmung, ein Verlust von 0,4 bis 1,1% an flüchtigen Bestandteilen eintritt und der Arbeitsaufwand verhältnismäßig hoch ist. Daher wurden Versuche mit zwei übereinander in einem Stuhle eingebauten glatten Walzenpaaren (Doppelwalzen) gemacht. Sie bewährten sich für trockene, aber nicht für nasse Kohle. Hierfür wurden s c h r ä g   g e r i e f t e   D o p p e l w a l z e n eingeführt, die Walzen jedes Paares erhielten verschiedene Umdrehungen, z. B. die oberen Walzen 170 und 100 Umdrehungen in der Minute, die unteren 310 und 240, um zerreibend zu wirken. Jede Walze wurde mit einem verstellbaren Abstreichblech versehen. Diese haben sich sehr gut bewährt. Beim Vermahlen von Nußkohlen zu Kokskohlen und einer Leistung von 35 t/st wurden 47 PS verbraucht. Der Preis des Doppelwalzwerkes, jedoch ohne Motoren und Aufstellungskosten, betrug 32 000 M.

<h3 style="text-align:center">D i e   P o c h w e r k e.</h3>

Die Pochwerke dienen zur Zerkleinerung von S t u f e n   o d e r   G r a u p e n   z u   S a n d   u n d   M e h l. Die schweren P o c h s t e m p e l, an welchen unten P o c h s c h u h e mit ebener Bahn befestigt sind, werden in einem Gerüste, P o c h s t u h l genannt, senkrecht geführt und wiederholt auf eine bestimmte Höhe angehoben. Sie fallen auf das Gut nieder, welches auf einer harten Unterlage, der P o c h s o h l e, ausgebreitet ist und zerschlagen es. Die Pochwerke wurden im Anfange des 16. Jahrhunderts eingeführt. Man unterscheidet N a ß p o c h w e r k e und T r o c k e n p o c h w e r k e, je nachdem die Zerkleinerung unter Wasserzufluß oder trocken stattfindet. Die letzteren dienen nur zur Zerkleinerung fertiger Aufbereitungsprodukte, während die Naßpochwerke das fein eingesprengte Gut für das Setzen des Feinkorns und für die Herdarbeit weiter aufschließen.

Bei den älteren Pochwerken wog der Holzbau vor, die eisernen Pochschuhe hatten rechteckigen Querschnitt und fielen nach dem Anheben stets wieder in der gleichen Stellung nieder. In neuerer Zeit verwendet man mehr und mehr Pochwerke in Eisenbau, die Pochschuhe haben kreisrunden Querschnitt und werden beim jedesmaligen Anheben etwas gedreht, wodurch der Kraftverbrauch geringer und die Abnutzung der Pochschuhe gleichmäßiger wird. Die letztere Bauart ist unter dem Namen k a l i f o r n i s c h e s   P o c h w e r k bekannt und soll hier an der Hand von Abb. 16 bis 18 näher beschrieben werden.

----

[1]) T h a u. Eine neue Kokskohlenmühle. E. G. A. 1914, S. 1560.

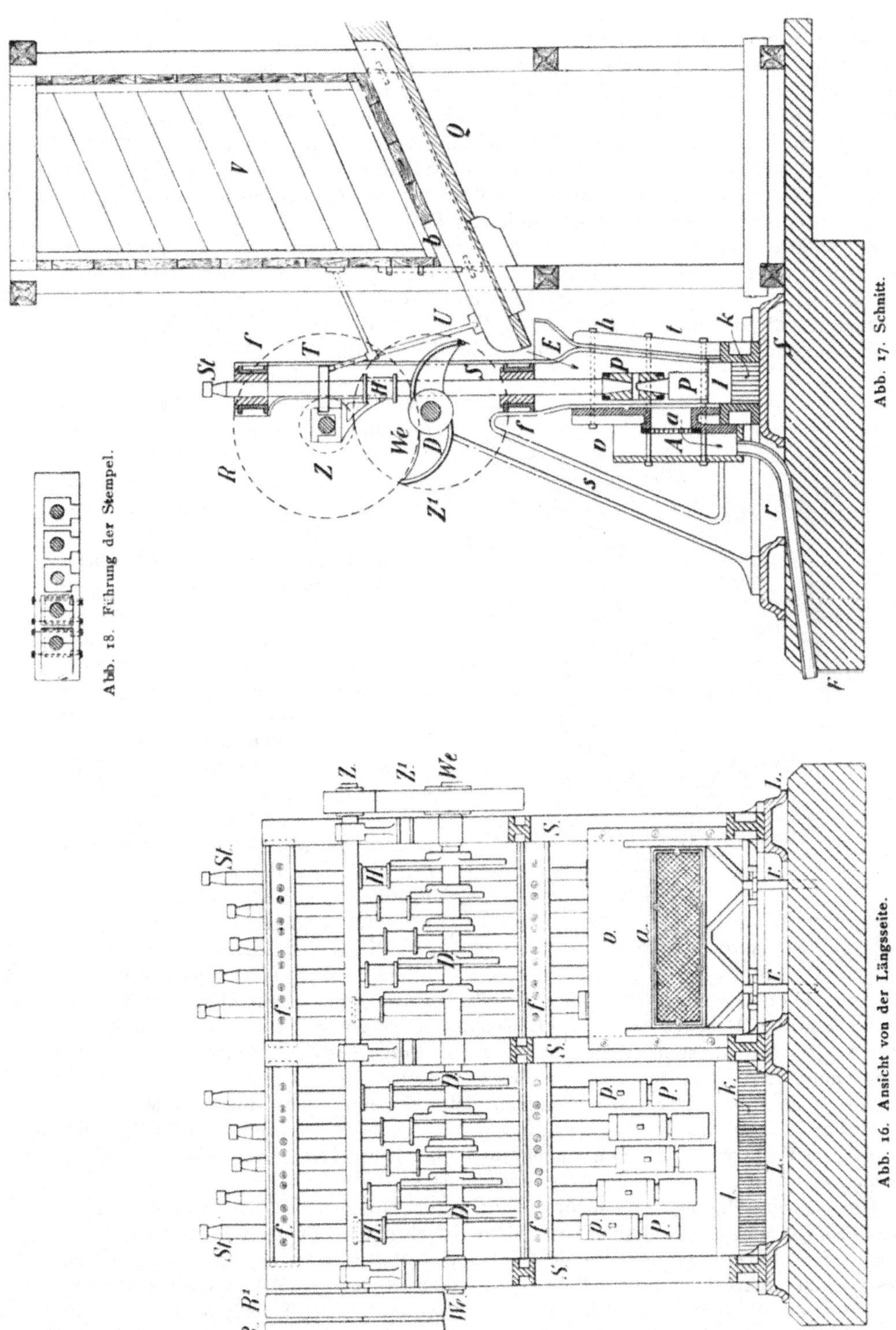

V
Q
b
St
r
T
U
R
Z
We
D
S
E
h
t
k
Z'
s
f
p
D
d
A a
P
l
r
S
F
Abb. 17. Schnitt.
Abb. 18. Führung der Stempel.
Z.
Z'
We
St.
H
S.
D
P
v
a.
f.
S.
P
k
l
i
r
r
R. R'
We
S.
F.
Abb. 16. Ansicht von der Längsseite.

Auf dem gußeisernen R a h m e n *L,* der mit dem gemauerten F u n d a m e n t *F* verschraubt ist, stehen die P o c h w e r k s s ä u l e n *S,* die mit den S t r e b e n *s* und den beiden F ü h r u n g e n *f* (die Einzelheiten der letzteren sind aus Abb. 18 ersichtlich) den P o c h s t u h l bilden. Dieser bietet hier Raum für zwei Sätze von je fünf S t e m p e l n; letztere bestehen aus dem gußstählernen P o c h s c h u h *P,* dem P o c h - k o p f *p* und dem S c h a f t e *St.* Sämtliche Teile haben kreisrunden Querschnitt. Der Pochkopf hat den Zweck, das Schlaggewicht zu vergrößern und ein mittleres Schlaggewicht zu erhalten, wenn der Pochschuh abgeführt ist. Die H e b l i n g e *H* sind so an den Schäften befestigt, daß sie entsprechend der Abnutzung der Pochschuhe der Höhe nach verstellt werden können. Die nach einer Kreisevolvente gekrümmten D ä u m l i n g e *D,* welche auf der mittels R i e m e n s c h e i b e *R* und V o r - g e l e g e *Z, Z^1* in Umdrehung gesetzten W e l l e *We* sitzen, greifen seitlich unter die Heblinge und drehen daher die Stempel bei jedem Hub. Die Welle ist zweihübig,

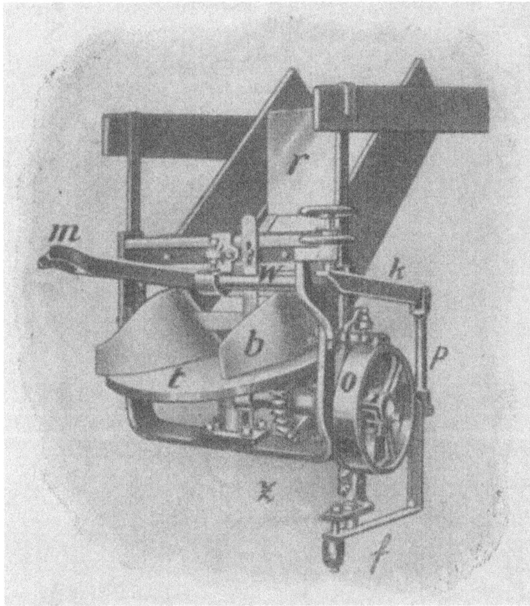

Abb. 19. Eintragvorrichtung von Hendy-Challenge.

d. h. für jeden Stempel sind zwei Däumlinge angeordnet, übrigens sind die letzteren am Umfange der Welle so verteilt, daß die Betriebsmaschine gleichmäßig beansprucht wird und die Stempel in bestimmter Reihenfolge niederfallen.

Je 3 oder 5 Pochstempel, welche zwischen zwei Pochsäulen stehen, nennt man einen S a t z. Die Bewegung der Stempel ist derart, daß zunächst der Mittelstempel niederfällt, unter den das Pochgut selbsttätig eingetragen wird, dann der links danebenstehende; darauf folgt der rechts vom Mittelstempel befindliche, erst dann fällt der äußerste linke und endlich der äußerste rechte; der Mittelstempel heißt auch der U n t e r s c h u r e r, weil er das Pochgut nach Bedarf dem Pochtroge (s. w. u.) zuführt.

Hinter dem Pochwerke (Abb. 17) befindet sich ein Vorratsraum *V* (P o c h r o l l e), der mit Pocherzen angefüllt ist. Das Gut rutscht durch die Bodenöffnung *b* in das P o c h g e r i n n e *Q,* welches unter 20⁰ geneigt ist und staut sich dort. An jedem Mittelstempel mündet bei *E* (Eintrag) aus der Pochrolle ein solches Pochgerinne. Erst wenn der Mittelstempel verhältnismäßig tief niederfällt, weil unter ihm nur noch wenig Pochgut vorhanden ist, erschüttert er mittels des A u f - k l o p f e r s *T* und des R o l l b o l z e n s *U* das Pochgerinne und es rollt frisches Gut in den Pochtrog. Zuweilen findet auch das Eintragen unter die sämtlichen Stempel, nicht nur unter den Mittelstempel statt.

Eine andere häufig gebrauchte Eintragvorrichtung ist die von H e n d y - C h a l l e n g e angegebene (Abb. 19). Sie wird ebenfalls von dem mittelsten Pochstempel eines Satzes betätigt. In der Gabel des Hebels *m* wird eine Bufferstange befestigt und senkrecht geführt. Fällt der Aufklopfer des Mittelstempels bis auf das obere Ende der Bufferstange nieder, so dreht diese mittels des Hebels *m* die Welle *w* und hebt durch den Gegenhebel *k* die Stange *p* an. Diese betätigt gegen den Druck der Blattfeder *f* das Gesperre *o,* auf dessen Einzelheiten hier nicht eingegangen zu werden braucht, und dreht mittels des Zahnrades z und eines nicht sichtbaren, an der Unterseite der schräg liegenden Aufgabescheibe t befestigten Zahnkranzes diese Scheibe. Letztere wird beständig aus der Rolle r beschickt und es wird daher bei ihrer Drehung durch das Abstreichblech b eine bestimmte Menge Gut in das Pochwerk eingetragen. Vermittels der Feder f wird der Hebel k wieder niedergezogen, ohne daß das Gesperre rückläufig gedreht wird.

Die P o c h s o h l e l (in Siebenbürgen auch S c h a b a t t e genannt) ist etwas breiter als die Pochschuhe, besteht gewöhnlich aus einer starken Gußstahlplatte und ruht auf kurzen Holzstöcken k; aus Quarz g e p o c h t e S o h l e n sind nur noch wenig in Gebrauch, lassen jedoch bei guter Wartung fast die gleiche Leistung erreichen wie die gußstählernen. Die P o c h s t e m p e l haben ein mittleres Gewicht von 150 kg, das jedoch zuweilen bis 1000 kg (Johannesburg, Südafrika) steigt, sie können zum Abstellen aufgeholt werden.

Der P o c h t r o g, auch P o c h l a d e genannt, umgibt bei den Naßpochwerken die Pochsohle und den unteren Teil der Stempel und besteht aus Eisenplatten oder starken Pfosten, h ist die Hinterwand, v die Vorderwand; er hat den Zweck, das Pochgut und das Wasser (L a d e n w a s s e r) bis zum Austragen zusammenzuhalten. Das

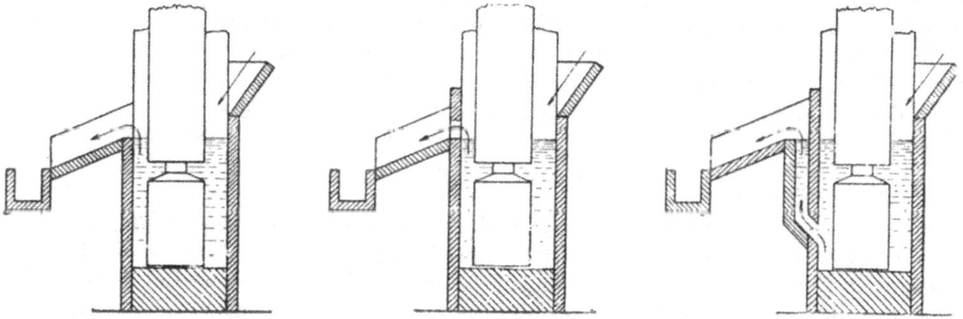

Abb. 20 bis 22. Austragen aus dem Pochwerk.

Gemenge von zerkleinertem Gut und Wasser, welches den Pochtrog verläßt, nennt man P o c h t r ü b e oder kurz T r ü b e. Das Austragen der Trübe erfolgt auf einer l a n g e n Seite des Pochtroges. Jedes Teilchen, das fein genug gepocht ist, soll bald Gelegenheit finden, den Pochtrog zu verlassen und somit weiterer Zerkleinerung entzogen werden. Die T i e f e der Pochlade muß etwas größer sein als die Hubhöhe der Stempel, die meistens 200—300 mm beträgt, damit letztere im Wasser spielen und sich nicht über die Wasseroberfläche erheben. Beim Aufschlagen der Stempel auf diese würde ein starkes Spritzen des Ladenwassers eintreten.

Das A u s t r a g e n kann am einfachsten ü b e r e i n e W a n d erfolgen, der Pochsatz heißt dann o f f e n e r Satz (Abb. 20). Die T i e f e der P o c h l a d e ist der senkrechte Abstand der Kante, über welche ausgetragen wird, von der Pochsohle. Sie richtet sich beim offenen Satz danach, ob man je nach der Aufschließung, die das Gut verlangt, r ö s c h (grob) oder z ä h (fein) pochen will. Beim Röschpochen ist die Pochlade weniger tief, die Menge an Ladenwasser größer, beim Zähpochen ist die Pochlade tiefer, die Wassermenge geringer. Soll die Korngröße etwa 1 mm betragen, so wird die Tiefe der Pochlade zu 400 mm genommen. Will man bei sehr fein eingesprengten Erzen sehr fein pochen (t o t p o c h e n), so beträgt die Tiefe bis zu 700 mm. Dem Austragen über eine Wand ist das Austragen durch einen wagrechten S p a l t sehr ähnlich (Abb. 21). In beiden Fällen werden die feineren Teile durch die Wasserbewegung, welche das Niederfallen der Pochstempel veranlaßt, in der Schwebe erhalten und von dem stetig zu- und abfließenden Ladenwasser mit fortgeführt, es kommt jedoch häufig vor, daß auch gröbere Teile mit ausgetragen werden. Diesem Übelstande hilft der S c h u b e r s a t z ab (Abb. 22), der ein gleichmäßiges Korn liefert. Die Trübe wird durch einen Spalt erst schräg und dann senkrecht aufwärts ausgetragen, hierbei ist die Korngröße außer durch das spezifische Gewicht durch die Geschwindigkeit des aufsteigenden Wasserstromes bestimmt; größere Körnchen, die mit in den Spalt gelangen, fallen wieder in den Pochtrog zurück (vgl. das Kapitel Theorie der nassen Aufbereitung). Um eine Verstopfung des Spaltes zu beseitigen, kann die innere Wand des Spaltes herausgenommen und wieder eingeschoben werden (daher Schubersatz).

Ferner hat man versucht, durch Anbringen eines S i e b e s oder G i t t e r s in der Vorderwand des Pochtroges zu große Körner zurückzuhalten, das Sieb versetzt sich jedoch durch den Wasserdruck leicht. Dieser Übelstand kann zweckmäßig dadurch abgestellt werden, daß das Wasser durch Vorsetzen einer geschlossenen Wand vor dem Siebe angestaut wird (Abb. 14), dadurch wird der Wasserdruck auf beiden Seiten des Siebes a gleich groß und die Öffnungen halten sich durch die Wasserbewegung offen. Die Trübe wird durch enge Rohre r ausgetragen. Dieser Satz heißt g e - s t a u t e r S i e b s a t z und eignet sich namentlich für Zähpochen. Die L a d e n - w a s s e r m e n g e für einen Stempel beträgt 10—25 l in der Minute.

Ein Pochstempel von 150 kg Gewicht erfordert bei 300 mm Hubhöhe und 60 Spielen in der Minute etwa ²/₃ Pferdestärken und pocht in 24 Stunden je nach der Feinheit des verlangten Kornes ¼ bis ¾ cbm Pochgut in Stufenform.

Beim Verpochen von Erzen, welche F r e i g o l d enthalten, nimmt man wohl zur Gewinnung desselben die A m a l g a m a t i o n zu Hilfe (vgl. das Kapitel C h e - m i s c h e Aufbereitung).

Das T r o c k e n p o c h w e r k dient zum Zerkleinern der gewonnenen lieferbaren Erze, es hat bis auf den Pochtrog dieselbe Einrichtung wie das Naßpochwerk. Die Zuführung des Ladenwassers fällt fort und der Pochtrog ist nur durch eine niedrige Rückwand gebildet, vorn ist er offen; der mit Eisenplatten belegte Fußboden schneidet mit der Oberkante der Pochsohle ab. Das Pochgut wird von einem Arbeiter mit einer Schaufel unter die Stempel gebracht (u n t e r g e s c h u r t), nach erfolgter Zer- kleinerung wieder mittels der Schaufel fortgefüllt und durch ein Sieb geworfen, worauf die G r ö b e nochmals unter die Stempel kommt.

Ganz abweichend von der beschriebenen Bauart sind die D a m p f p o c h - w e r k e, welche in den Aufbereitungen der Kupfergruben am Oberen See Verwendung finden. Es handelt sich dort um die Abscheidung des geschmeidigen gediegenen Kupfers, aus diesem Grunde können sehr große Schlaggewichte benutzt werden.

Diese Pochwerke sind nach Art der zum Schmieden großer Stücke dienenden Dampfhämmer gebaut. Es arbeitet ein Pochstempel im Gewichte von mehr als 2500 kg in einem Pochtroge von der Gestalt eines tiefen Mörsers. Oben schließt der Stempel- schaft an die Kolbenstange eines Dampfzylinders an, der auf einem entsprechenden Unterbau verlagert ist, zum Teil sind auch zwei Dampfzylinder, ein Hochdruck- und ein Niederdruckzylinder, übereinander vorhanden. Der Pochstempel führt etwa 100 Schläge in der Minute und zerkleinert in 24 Stunden 260 t Erze[1]).

H u s b a n d s p n e u m a t i s c h e s P o c h w e r k ist beim Zinnerzbergbau in C o r n w a l l in Anwendung. Der eigenartige Bau des Antriebes ist aus Abb. 23 er- sichtlich[2]). Der Zylinder C ist oben und unten mit röhrenförmigen Ansätzen r ver- sehen, an ihm ist die gegabelte Stange G befestigt, die ihrerseits mittels Schubstange

---

[1]) A l t h a n s, Pr. Z. 1878, S. 144 und Tf. III. — R i e d l e r. Zeitschrift des Ver- eines deutscher Ingenieure, 1893, S. 689 und 1318.

[2]) C u r t i s. Gold-Quarz-Reduktion. Proceedings of the Institution of Civil Engineers. London 1892, Abb. 15 und 16.

von einer gekröpften Welle aus in auf und nieder gehende Bewegung versetzt wird. Bei f sind zwei Geradführungen für die Zylinderbewegung angebracht. Im Zylinder befindet sich der Kolben K, der mit einer oberen und einer unteren Kolbenstange s und s^1 in den röhrenförmigen Fortsätzen r geführt ist. Ringdichtungen bewirken einen guten Abschluß. Im Zylinder sind zwei Reihen Öffnungen a von je etwa 1 cm Durchmesser angebracht. In der Abbildung befindet sich der Kolben K in der Mittellage, die untere Kolbenstange s^1 ist abgebrochen gezeichnet, daran befindet sich der stählerne Pochschuh. Bewegt sich der Zylinder aufwärts, so verdichtet sich, nachdem der Kolben K die untere Reihe der Öffnungen a verschlossen hat, die Luft unter ihm; auf dem Luftpolster wird er und damit auch der Pochschuh angehoben. Sodann bewegt sich der Zylinder abwärts, und zwar schneller als dem freien Falle des Kolbens entsprechen würde. Dadurch verdichtet sich nunmehr nach Verschluß der oberen Öffnungen durch den Kolben die Luft über demselben und beschleunigt seinen Niedergang. Gewöhnlich sind zwei derartige Stempel mit um 180° versetzten Kurbeln in einem Pochstuhl vereinigt. Aus dem Gesagten ergibt sich, daß der Kolbenweg etwas größer ist als der Kurbeldurchmesser.

Ein Husband-Stempel macht etwa 100—140 Spiele in der Minute und soll etwa sechsmal mehr leisten als ein gleich schwerer Stempel bei freiem Fall.

Die Mühlen.

Der Gesamtname Mühlen umfaßt eine große Anzahl Zerkleinerungsmaschinen von verschiedenartiger Wirkungsweise. Sie werden zweckmäßig eingeteilt in solche, die vorwiegend z e r r e i b e n d, z e r d r ü c k e n d, a b s c h e r e n d oder z e r s c h l a g e n d w i r k e n. Die Mühlen, welche zerreibend und zerdrückend wirken, werden auch zur H a r t z e r k l e i n e r u n g verwendet, diejenigen, welche abscherend und zerschlagend arbeiten, dienen nur zur W e i c h z e r k l e i n e r u n g, z. B. für Kohlen und Salze.

D i e M a h l g ä n g e (zerreibend wirkende Mühlen).

Die M a h l g ä n g e zerreiben das Gut zwischen den Endflächen zweier zylindrischer Steine. Je nachdem der untere Stein bewegt wird und der obere festliegt oder das umgekehrte stattfindet, unterscheidet man U n t e r l ä u f e r- und O b e r l ä u f e r m ü h l e n.

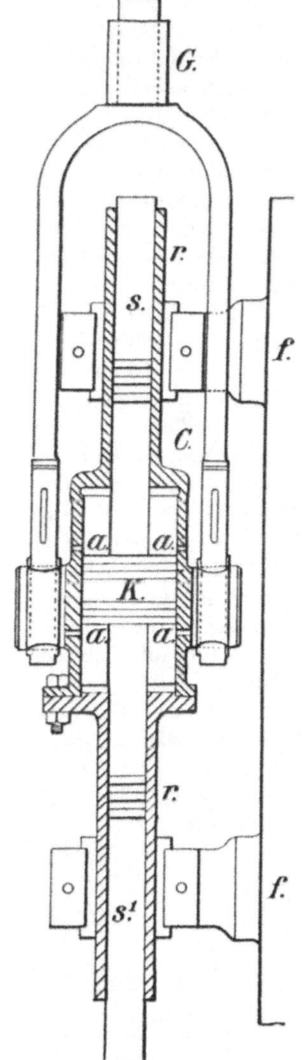

Abb. 23. Husbands pneumatisches Pochwerk.

Abb. 24 gibt den senkrechten Schnitt durch eine Unterläufermühle. Der U n t e r l ä u f e r U ruht auf der senkrechten W e l l e W, welche auf dem F u ß l a g e r L steht und durch die A r m e T in einem Halslager geführt wird. Die Arme bestehen mit dem G e h ä u s e G aus einem Stück, letzteres wird durch 3 S ä u l e n S und die F u n d a m e n t p l a t t e F getragen. Die stehende Welle W wird von einer vorgelegten wagrechten Welle aus durch die Riemenscheibe R und die Kegelräder Z, Z^1 in Umdrehung versetzt. Auf dem Gehäuse ruht mittels dreier Ansätze der obere f e s t e

S t e i n *O*, welcher in der Mitte eine Aussparung für den E i n t r a g *E* besitzt. Aus dem Trichter *E* gelangt das Gut in größerer oder geringerer Menge zwischen die Steine, je nachdem durch die E i n s t e l l u n g *st* (Handrad und Schraubenspindel) das unterste zylindrische Rohrstück mehr oder weniger gehoben wird. Das Gut bewegt sich zwischen den sich drehenden Steinen allmählich dem Umfange zu, wird dort zerkleinert ausgetragen und sammelt sich in dem unteren trichterförmigen Teile *A* des Gehäuses *G*. Um grob und fein zu mahlen und auch, um die Abnützung der Steine auszugleichen, kann das Fußlager *L* gehoben und gesenkt werden, und zwar mittels der S c h n e c k e *s* und des S c h n e c k e n r a d e s *r*, dessen Nabe eine Schraubenmutter ist und an den unteren, senkrecht geführten, als Schraubenspindel gearbeiteten Teil des Fußlagers angreift. Außerdem kann der Oberläufer durch Auswechseln der Unterlagsplatten *a* gehoben und gesenkt werden.

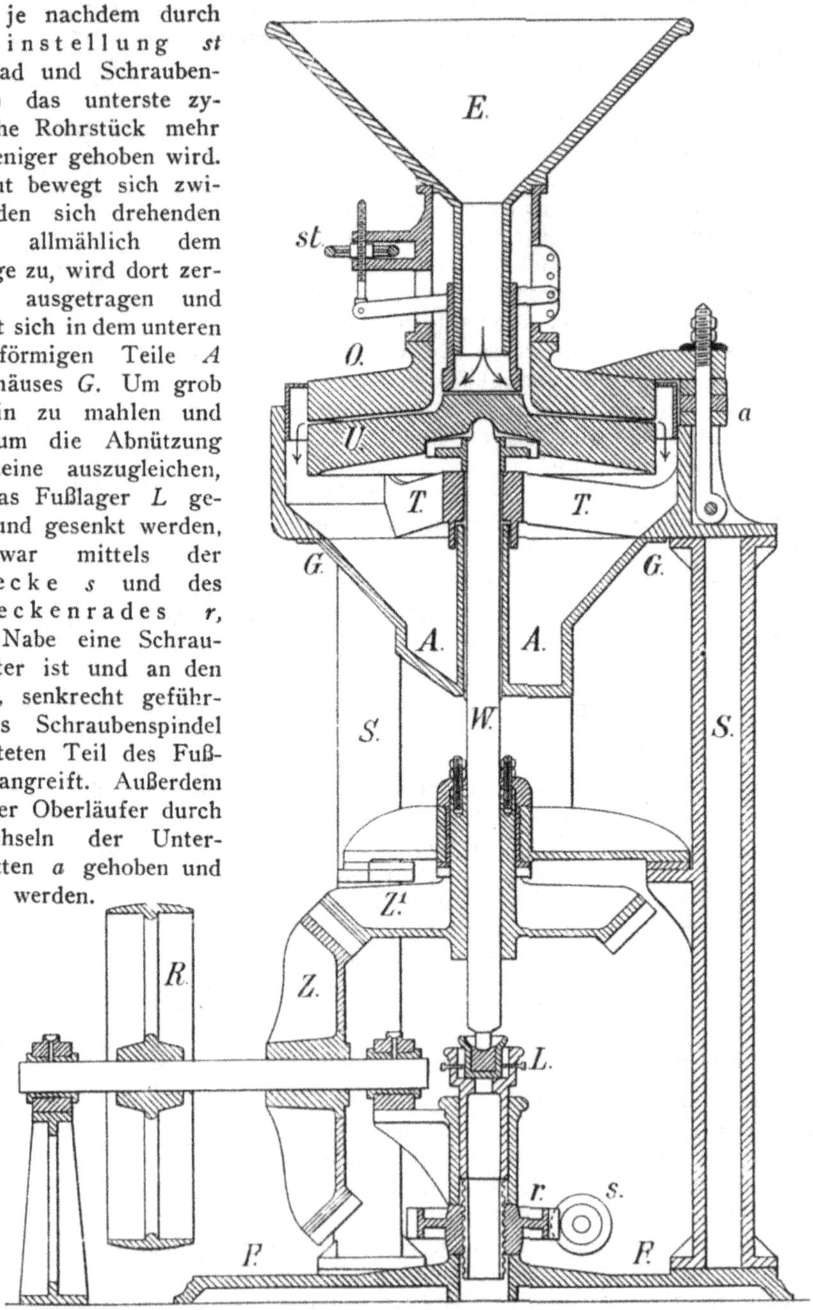

Abb. 24. Unterläufermühle.

Die M ü h l s t e i n e bestanden früher, wie die Bezeichnung es ausdrückt, tatsächlich aus Steinen, jetzt werden L ä u f e r und T i s c h häufig aus Hartguß hergestellt. Um sehr fein zu mahlen, werden glatte Steine verwendet, die Wirkung des Mahlganges ist dann eine rein zerreibende. Soll gröber gemahlen (g e s c h r o t e n) werden, so ist es zweckmäßig, die Mahlflächen mit Furchen zu versehen, oder Steine mit kavernöser Struktur (Traß, Mühlsteinlava) zu verwenden; hierdurch tritt zu der zerreibenden Wirkung noch die abscherende. Die Furchen müssen von Zeit zu Zeit erneuert, man sagt, die Steine müssen geschärft werden. In den Läufern aus Hartguß werden beim Guß tiefe Furchen ausgespart und dann mit Holz ausgekeilt. Da sich das Holz schneller abnutzt als der Hartguß, schärfen sich diese Läufer beständig.

Der Durchmesser der Steine beträgt gewöhnlich 0,6 bis 1,0 m, die Zahl der Umdrehungen in der Minute 100—200. Die Mahlgänge eignen sich am besten zur Zerkleinerung von Graupen zu Sand oder Mehl; es kann trocken oder naß gemahlen werden. Die Leistung auf 1 PS und 1 Stunde beträgt bei mittelhartem Gut etwa 50—60 kg.

Zu den Mahlgängen gehört im weiteren Sinne auch die A r r a s t r a, eine Mühle, die namentlich im ehemalig spanischen Amerika Verwendung zum Trockenvermahlen der Silbererze für die Amalgamation findet. Es ist eine Oberläufermühle; der Tisch erhält etwa 3 m Durchmesser und wird entweder aus Setzpflaster gebildet oder ist aus größeren Steinen zusammengefügt. Als Läufer dienen zwei schwere Steine in Form von Kreissektoren, welche an wagrechten Armen der senkrechten Welle mittels Ketten befestigt sind und bei Drehung der Welle über das Gut hinweg geschleift werden. Neben der zerreibenden Wirkung kommt hier auch das Zerdrücken zur Geltung, da auch das bedeutende Gewicht der Läufersteine wirkt. Das zerkleinerte Gut wird von den Läufern und entsprechend gestellten Rührern allmählich nach dem Umfange des Tisches zu gedrängt und an einer vertieften Stelle ausgetragen. Es wird gewöhnlich trocken gemahlen.

Ähnliche Mühlen sind unter dem Namen S c h l e p p m ü h l e n für das Naßvermahlen bis zu äußerster Feinheit auf den Hüttenwerken und in der chemischen Industrie eingeführt. Der Tisch ist in ein zylindrisches Faß eingebaut, es wird eine durch die Erfahrung bestimmte Menge Mahlgut zusammen mit der nötigen Menge Wasser eingetragen und nach der Zerkleinerung der Schlamm durch Spunde in Niederschlagskästen abgelassen. Die Läufer hängen mittels Schraubenbolzen an Armen und können angehoben und gesenkt werden.

D i e R o l l q u e t s c h e n[1]) (zerdrückend wirkende Mühlen).

D i e R o l l q u e t s c h e n wirken zerdrückend auf das Gut durch das Gewicht der darüber hinwegrollenden schweren Läufer. In Abb. 25 und 26 ist ein K o l l e r-

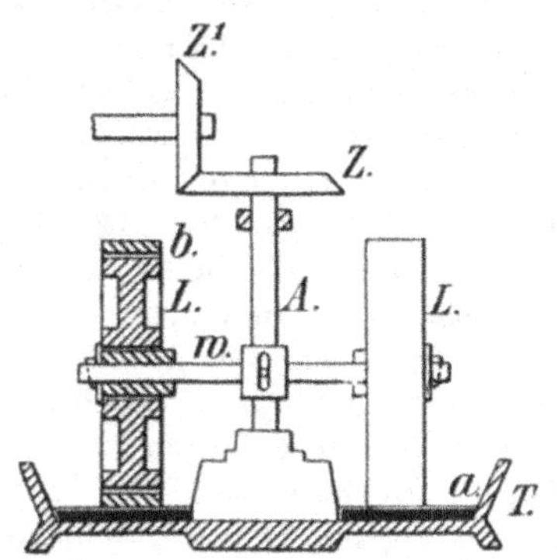

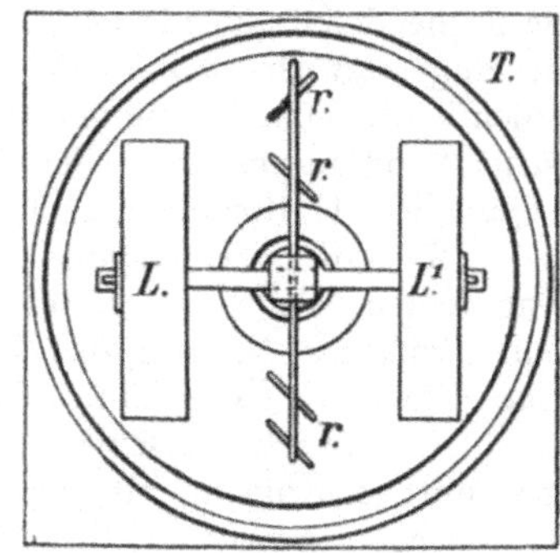

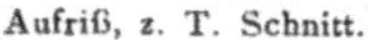

Aufriß, z. T. Schnitt.   Grundriß.

Abb. 25 und 26. Kollergang, Prinzipskizze.

[1]) G r a m m e l. Kurvenkreisel und Kollergang. Z. V. d. J. 1917, S. 572, enthält theoretische Betrachtungen.

g a n g mit oberem Antrieb dargestellt. Auf einem Tische *T*, der mit M a h l -
p l a t t e n *a* aus Hartguß belegt ist, werden von einer stehenden Welle *A*, an der eine
wagrechte Welle *w* angebracht ist, zwei zylindrische L ä u f e r *L*, mit auswechselbaren
Hartgußmahlringen *b* versehen, im Kreise herumgeführt und zerdrücken das aufgegebene Material. Die Drehbewegung ist rechtsinnig, dementsrechend sind die
R ü h r e r *r* gestellt. Die im oberen Teile des Grundrisses gezeichneten bringen das
seitlich ausweichende Gut wieder in die Bahn der Läufer, die im unteren Teile gezeichneten drängen das Gut an den äußeren Rand des Tisches. Von hier wird es beim
Trockenmahlen mittels Schaufel entfernt und durch ein Sieb geworfen, worauf die
Gröbe wieder auf den Kollergang kommt. Zum Teil ist auch am Umfang des Tisches
ein Austrag vorgesehen, durch den das Gut abrutscht. Übrigens muß die wagrechte
Welle *w* mit der stehenden Welle *A* derart verbunden sein, daß sich die Läufer, je
nachdem viel oder wenig Material auf dem Tische liegt, etwas heben und senken
können. Läufer von Zylinderform im Kreise herumzuführen, erfordert wesentlich
mehr Kraft, als wenn sie aus abgestumpften Kegeln bestehen, die, einmal in Bewegung
gesetzt, auf der Kreisbahn bleiben, während der zylindrische Läufer das Bestreben
hat, sich in gerader Linie fortzubewegen; es tritt auch bei kegelförmigen Läufern
die rein zerdrückende Wirkungsweise noch besser hervor. Die Kollergänge haben
Mahlbahnen von 200 bis 500 *mm* Breite bei einem Läufergewicht von 300 bis zu
mehreren tausend Kilogramm. Die Zahl der Umdrehungen beträgt 15 bis 40 in der
Minute, in der Stunde werden von jeder PS 50 bis 100 *kg* Stufen zu Sand zerkleinert.

Zur Grobzerkleinerung kommen auch Kollergänge vor, deren Mahlbahn ganz
oder z. T. aus starken gußeisernen Sieben mit quadratischen Öffnungen besteht, die
sich nach unten durch Abnehmen der Rippenstärke erweitern, um ein Verstopfen
zu verhüten.

Für sehr weitgehende Zerkleinerung werden auch n a ß m a h l e n d e K o l l e r -
g ä n g e verwendet, die Mahlbahn ist in ein entsprechend tiefes Faß eingebaut (vgl.
den Abschnitt Anlagen, Graphit).

Die S c h r a n z m ü h l e[1]) ist ein Kollergang mit flach-kegelförmigem Tische und
drei kegelförmigen Läufern. Der Tisch dreht sich unter den Läufern, deren Achsen
in einem Gestelle elastisch verlagert sind. Die Schranzmühle dient namentlich zum
Naßmahlen von Zwischenprodukten der Setzarbeit in der Erzaufbereitung.

Die H u n t i n g t o n m ü h l e[2]) (Abb. 27 und 28), welche zur Gruppe der P e n -
d e l m ü h l e n gehört, ist ein Kollergang, der gleichzeitig als Amalgamator für frei-
goldführende Erze dient (vgl. auch das Kapitel Chemische Aufbereitung). Der mit
Mahlplatten *a* belegte T i s c h *T* ruht auf einem aus Balken hergestellten Gerüste *G*,
er bildet eine flache Schale, in die am Umfange ein senkrechter M a h l k r a n z *o* in
solcher Höhe eingesetzt ist, daß in die Mühle eine dünne Schicht Quecksilber eingetragen werden kann, ohne daß sie von den Läufern berührt wird. Auf den Tisch ist
ein zylindrischer Rand aufgesetzt, in den der Eintrag für das Erz *E* eingebaut ist; auf
der entgegengesetzten Hälfte des Umfanges der Mühle, bei *A* wird die entgoldete
Trübe durch ein Sieb in ein Gerinne *g* ausgetragen. Die stehende Welle *W*, welche
von einer wagrechten Welle aus mittels des Zahnräderpaares *Z* angetrieben wird,
trägt oben ein Armkreuz *N*. Auf den Enden der unter einem rechten Winkel gegabelten Arme ruhen vier wagrechte Achsen, an ihnen sind die unten verstärkten
Tragstangen *s* der schwach-konischen Läufer *b* befestigt. Letztere laufen auf den
Verstärkungen mittels Kugeln, sie sind durch längere Büchsen an den etwas
geneigten Tragstangen geführt und werden durch ihre eigene Schwere und bei
der Umdrehung der Welle *W* auch durch die Fliehkraft gegen den Mahlkranz

[1]) L i n k e n b a c h, C. Die Aufbereitung der Erze. Berlin 1887, S. 40.
[2]) S c h u l z, W. Zeitschrift des Vereines deutscher Ingenieure. Berlin 1892, S. 7. —
S c h n a b e l. Dieselbe Zeitschrift 1894, S. 52. — V o l k m a n n. Ö. Z. 1894, S. 4.

gedrückt, an dem sie entlang rollen. Die Mahlkränze der Läufer können leicht ausgewechselt werden.

Das Erz, welches mit Wasser eingetragen wird, gelangt ebenfalls durch die Fliehkraft an den Umfang und zwischen die mahlenden Flächen. Die R ü h r e r r streichen

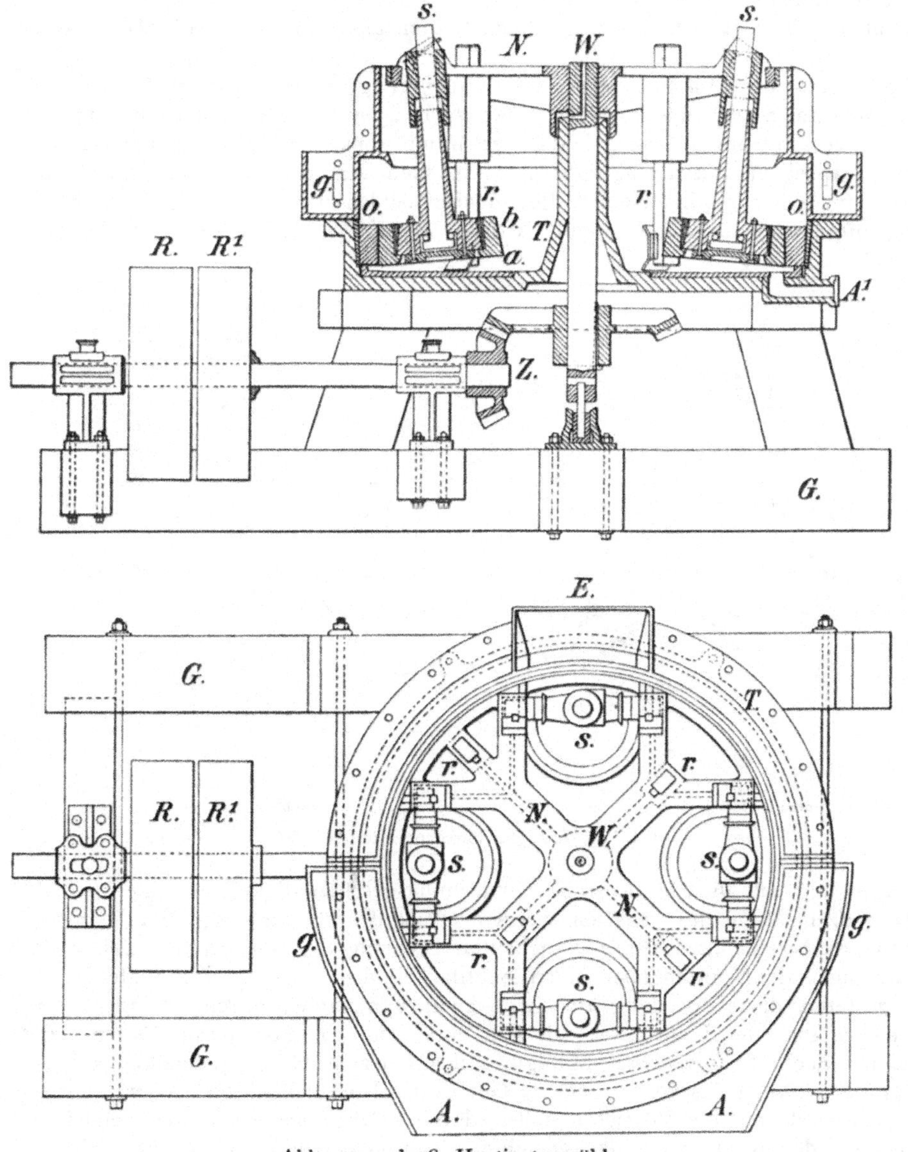

Abb. 27 und 28. Huntingtonmühle.

über das Quecksilberbad hinweg, um das Erz in innige Berührung mit dem Quecksilber zu bringen. Das fein zerkleinerte Gut verläßt nach erstmaliger Entgoldung die Mühle durch das oben erwähnte Sieb und wird auf amalgamierten Kupferplatten, Schüttelherden u. dgl. weiter behandelt. Das goldhaltige Quecksilber kann durch die gewöhnlich verschraubte Öffnung A^1 von Zeit zu Zeit abgelassen werden.

Die Mühlen werden in Größen bis zu 1,5 *m* Durchmesser des Mahlkranzes gebaut, die stehende Welle macht 70 bis 90 Umdrehungen in der Minute. Bei einem Arbeitsaufwande von 8 PS werden in 24 Stunden 12 *t* Erz verarbeitet, das auf einem Steinbrecher bis zu etwa 50 *mm* vorgebrochen ist; das Sieb für das Austragen des Gutes hat Öffnungen von 0,3 *mm*.

Ähnlich gebaut jedoch nur mit einem Läufer ausgestattet, ist die G r i f f i n - M ü h l e[1]).

Die K e n t - oder M a x e c o n m ü h l e (Abkürzung von M a x imum E c o n omy) auch R i n g w a l z e n m ü h l e oder D r e i w a l z e n m ü h l e[2]) (Abb. 29 und 30) besteht aus dem frei umlaufenden Mahlringe *M* mit konkaver Mahlbahn und den drei federnd angepreßten Walzen *a, b, c* mit konvexen Mahlringen. Von diesen wird nur die eine Walze *a* angetrieben, die anderen beiden werden lediglich durch die Reibung mitgenommen. Das Mahlgut wird bei *E* auf die Innenseite des Mahlringes

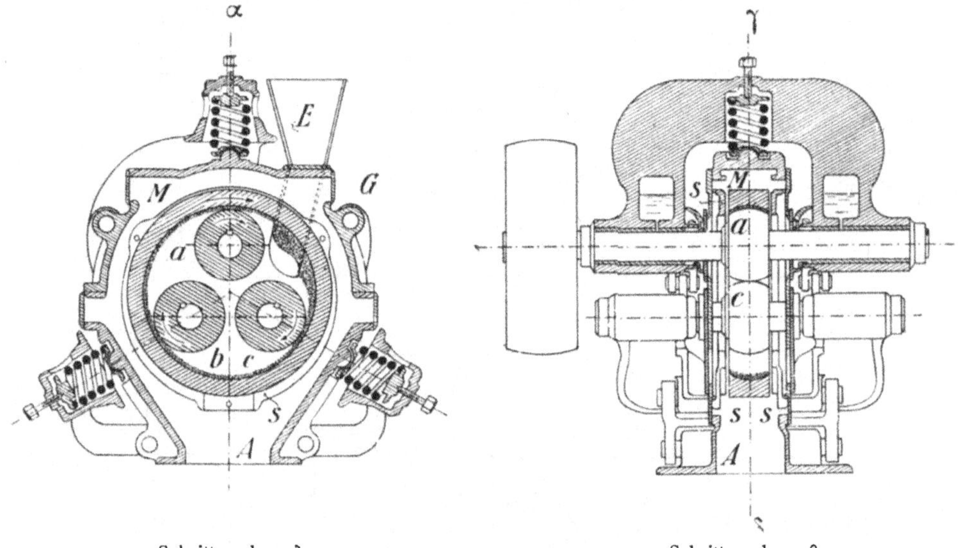

Schnitt nach γ—δ   Schnitt nach α—β

Abb. 29 und 30. Maxecon-Mühle.

eingetragen und soll durch die große Umdrehungsgeschwindigkeit in einer Schicht auf der ganzen Mahlbahn gehalten werden. Außerdem bewegt sich der Mahlring zwischen zwei etwas exzentrisch eingebauten Stellringen *s*, die an den Seiten das Gut zusammenhalten, unten aber einen Schlitz für den Austrag offen halten. Die Mühle gestattet die Einstellung für Grob- und Feinmahlen durch geringere oder stärkere Spannung der Federn, sie soll sich durch ruhigen, fast geräuschlosen Gang auszeichnen, auch etwas feuchtes Mahlgut soll auf der Mühle gut gemahlen werden.

Gewöhnlich wird das vorgetrocknete Gut in der Korngröße bis zu 35 *mm* mittels eines Becherwerks auf ein Vorsieb gehoben, durch welches das bereits genügend feine Gut abgeschieden wird; auch das gemahlene Gut geht wieder über ein Sieb, die Gröbe wird an das Becherwerk zurückgegeben. Es kann bis zu jeder gewünschten Feinheit gemahlen werden. Die Mühle war bisher hauptsächlich in der Phosphat- und Zementindustrie eingeführt, wird aber jetzt auch in der Aufbereitung angewendet. Auf der Lazy-Hütte bei Beuthen dient sie z. B. dazu, um ein angeröstetes Gemenge

---

[1]) V o l k m a n n, Ö. Z. 1894, S. 15.
[2]) R i c h a r d s, Robert, H. Ore Dressing. III. Bd. S. 1303.

von Schwefelkies und Zinkblende zur Vorbereitung für die magnetische Trennung von etwa 15 *mm* auf 1,5 *mm* zu zerkleinern. Dabei werden 25 *t* stündlich geleistet. Eine Mühle nebst Becherwerk und Sieb braucht etwa 35 PS; sie macht 180 Umläufe in der Minute.

Die Dreiwalzenmühle wird auch verwendet zur Vermahlung von K o h l e f ü r S t a u b f e u e r u n g e n. Es wird verlangt, daß 90 bis 95 % des Gutes durch ein Sieb von 4900 Maschen auf 1 *qcm* — entsprechend einer lichten Maschenweite von etwa 0,09 *mm* — hindurchgehen[1]).

Die Kugelmühlen.

Die K u g e l m ü h l e n sind Rollquetschen, deren Läufer Kugeln sind.

Eine besondere Art der Ausführung wird R o h r m ü h l e n genannt; es sind zu unterscheiden solche mit unterbrochener und ununterbrochener Arbeit. Die ersteren, auch g e s c h l o s s e n e oder s i e b l o s e Rohrmühlen genannt, bestehen aus zylindrischen Fässern, die innen mit harten Mahlplatten ausgekleidet sind und um die wagrechte Zylinderachse in Umdrehung versetzt werden. Durch ein Mannloch wird eine bestimmte Menge des zu zerkleinernden Gutes und eine Anzahl Kugeln aus Gußstahl oder Kiesel — falls wie üblich naß vermahlen werden soll mit dem nötigen Wasser — eingetragen. Das Mannloch wird geschlossen und die Mühle eine durch die Erfahrung bestimmte Zeit lang in Umdrehung versetzt. Dann wird die Mühle stillgestellt, das Mannloch geöffnet und der Inhalt entleert. Solche Mühlen sind namentlich in Gebrauch, wenn es sich darum handelt, sehr fein zu zerkleinern, z. B. für nasse Extraktionsarbeiten. Die Leistung solcher Mühlen sinkt schnell, falls besonders fein gemahlen werden soll, da dies nur durch längere Umlaufzeiten erreicht werden kann.

Sehr einfache, kleine, geschlossene Kugelmühlen aus Gußstahl werden in Siebenbürgen zur Amalgamation der Freigold führenden Erze, auch in Laboratorien zum Zerkleinern von Proben verwendet. Sie sitzen paarweise auf einer Welle und werden mittels Riementrieb in langsame Umdrehung versetzt. Der innere Durchmesser beträgt 80 *cm*, die Breite 18 *cm*, am Umfange sind sie gewölbt.

In Siebenbürgen werden die Mühlen mit einer Anzahl Stahlkugeln von 10 bis 12 *cm* Durchmesser, etwa 20 *kg* Erz, das bis auf 2 *cm* vorzerkleinert ist, 3 bis 5 *kg* Quecksilber und etwas heißem Wasser beschickt, dann durch einen aufgeschraubten Deckel verschlossen. Nach einer Stunde wird die Trübe durch Heber abgelassen und frisches Erz und Quecksilber zugesetzt. Das geschieht 8 bis 10 mal. Da die Entgoldung noch nicht vollständig erfolgt, werden die Rückstände verschmolzen oder nochmals amalgamiert.

Als Beispiel für die R o h r m ü h l e n m i t u n u n t e r b r o c h e n e r A r b e i t, (auch Ü b e r l a u f m ü h l e n, F l i n t- oder G r i e s m ü h l e n genannt), ist hier die verbreitete Bauart des Grusonwerkes beschrieben (Abb. 31 und 32). Das Rohr *M* ist 7 *m* lang und hat 1,60 *m* Durchmesser, es ist innen mit einem Futter ausgekleidet. Dieses besteht aus sorgfältig in Keilform zurechtgehauenen Quarzit- oder Flintsteinblöcken von 15 *cm* Höhe, die in Zement gebettet sind, oder es werden in den Zylindermantel Längsstangen (Osborne-Futter, Abb. 33) oder Längsrippen (El Oro-Futter, Abb. 34) eingebaut, zwischen die sich ein Teil der eingetragenen Kiesel einklemmt. Die Füllung besteht aus etwa 7 bis 11 *t* der härtesten Kieselsteine in der Größe von Enteneiern, in Südafrika auch aus Konglomeratstücken, das Gut wird zwischen den Kieselsteinen und dem Futter der Mühle zerdrückt und zerrieben, es

---

[1]) S c h u l t e. Neue Einrichtungen und Erfahrungen auf dem Gebiete der Kohlenstaubfeuerung. E. G. A. 1923, S. 205.

kann bis zu jedem gewünschten Feinheitsgrade gemahlen werden. Es können aber auch Stahlkugeln zur Füllung verwendet werden, das Futter besteht dann aus glatten Hartgußplatten. Stahlkugeln (sp. G. 7) üben mehr eine zerschlagende, Flintsteine (sp. G. 2, 6) eine zerreibende Wirkung aus.

Die Mühle wird von einer vorgelegten Welle W aus, auf der wie üblich eine feste und eine lose Riemenscheibe R und R^1 sitzen, durch das Zahnradvorgelege Z ange-

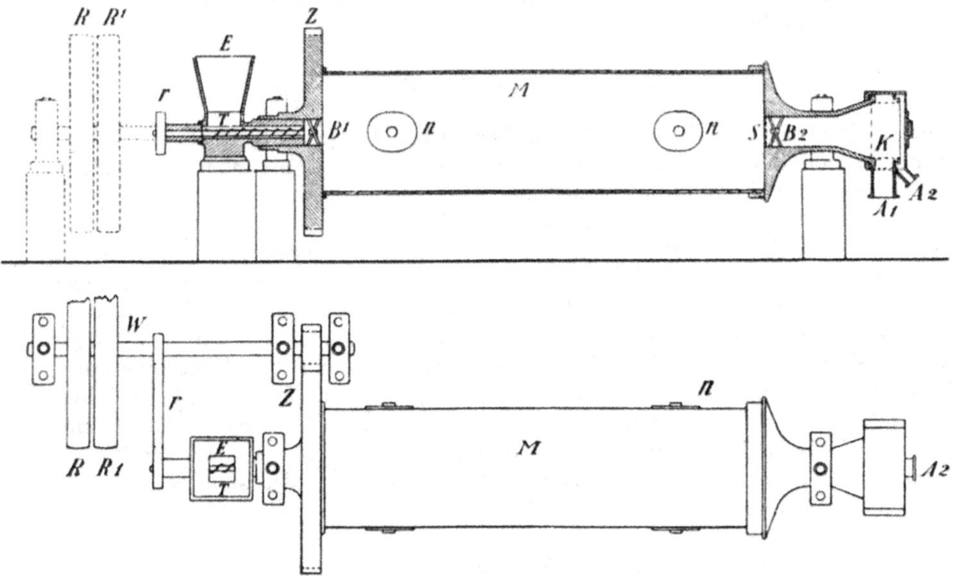

Abb. 31 und 32. Rohrmühle des Grusonwerkes.

trieben, sie macht 38 Umläufe in der Minute. Durch den Eintrag E kann das Erz etwa in der Größe einer Viertelfaust mit dem nötigen Wasser eingetragen werden, es wird der Mühle durch die Förderschnecke T und die Eintragschraube B^1 zugeführt, erstere wird durch den Riemenantrieb r in Umdrehung versetzt.

Auf der Austragseite befindet sich zunächst das Sieb S und die Austragschraube B^2, dann geht die Trübe über das zylindrische Sieb K, das genügend fein auf-

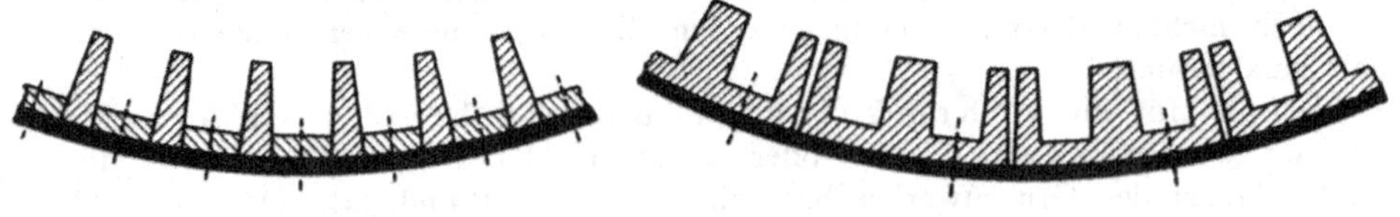

<table>
<tr><td>Abb. 33. Osborne-Futter.</td><td>Abb. 34. El Oro-Futter.</td></tr>
</table>

geschlossene Gut fällt durch das Sieb und wird bei A^1 ausgetragen; die etwa noch vorhandene Gröbe wird bei A^2 ausgetragen und der Mühle nochmals zugeführt.

Beim G o l d b e r g b a u i n S ü d a f r i k a[1]) werden seit 1904 derartige Mühlen verwendet. Die Stempelpochwerke (Gewicht eines Stempels 500 bis 600 kg[2]), Spielzahl 80 bis 100 in der Minute bei 20 cm Hubhöhe) verpochten in 24 Stunden auf einen Stempel 5 t Erz durch ein Sieb von 60 bis 100 Maschen auf 1 qcm, das sind 0,8 bis

---

[1]) M ü l l e r. Z. V. d. I. 1908, S. 674. — H i l l m a n n. Z. V. d. I. 1913, S. 1643.
[2]) In allerneuester Zeit werden Stempel bis zu 1000 kg Gewicht verwendet.

0,62 *mm* Maschenweite. Ein feineres Aufschließen war wegen Erhöhung des Goldausbringens erwünscht.

Man ließ die Pochwerke daher nur noch so weit zerkleinern, daß Siebe von 10 Maschen auf 1 *qcm* benutzt wurden, dadurch steigerte sich die Leistung eines Stempels auf 9,4 *t* täglich. Die Trübe wurde zur weiteren Zerkleinerung bis auf 120 Maschen auf 1 *qcm*, das sind 0,57 *mm* Maschenweite, Rohrmühlen zugeführt. (In neuester Zeit verlangt man sogar, daß 80 bis 85% des Mahlgutes bis unter 0,15 *mm* zerkleinert sein müssen.) Da sie 200 *t* in 24 Stunden leisteten, genügte eine Rohrmühle für 20 Stempel. Von den Mühlen geht das Erz über amalgamierte Kupferplatten (hier werden etwa 50% des Goldes gewonnen) und dann zur Zyanlaugerei. Das Gesamtausbringen wurde durch die bessere Aufschließung von 90% auf 95% des Goldgehaltes erhöht. Durch Naßzerkleinerung in alkalischem Wasser wird das Goldausbringen weiter bis auf 97% gesteigert[1]).

Der Arbeitsbedarf einer solchen Mühle beträgt bei 29 Umläufen in der Minute 100 PS, beim Anlassen etwa 125 PS. Der Verschleiß von besten dänischen Flintsteinen beträgt 1 *t* auf etwa 400 *t* Konglomerat; falls Konglomeratstücke selbst zur Füllung dienen, werden in 24 st 5 bis 10 *t* erforderlich[2]).

Aus der geschilderten Rohrmühle haben sich in den Vereinigten Staaten von Nordamerika eine größere Zahl ähnlicher Überlaufmühlen entwickelt[3]). Es seien hier

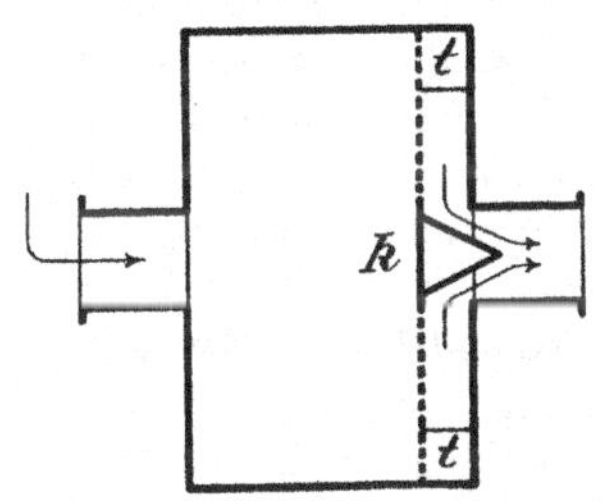

Abb. 35. Marcy-Mühle.

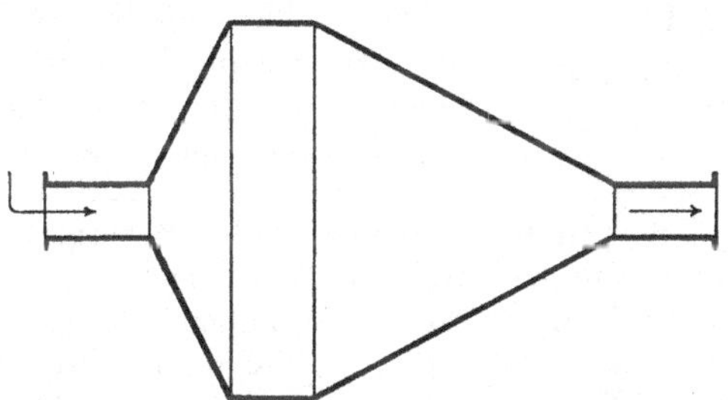
Abb. 36. Hardinge-Mühle.

die folgenden genannt: Die M a r c y - M ü h l e (Abb. 35) und auch die H e b e r l e -M ü h l e von Krupp ist nahe der einen Stirnwand mit einem eingebauten Spaltrost versehen, der nur Korn von bestimmter Größe durchläßt. Der Flüssigkeitsspiegel ist in dieser Mühle niedrig gehalten, der regelmäßige Austrag erfolgt durch Schöpfschaufeln *t*, die zwischen Spaltrost und Austrag eingebaut sind, über den Konus *k*. Die H a r d i n g e - M ü h l e (Abb. 36) hat konische Stirnwände, der Konus auf der Eintragseite ist stumpf, derjenige auf der Austragseite spitz. Dadurch wird die Schlagkraft der Kiesel nach dem Austrage zu, wo das Gut schon bis zu einem gewissen Grade zerkleinert ist, vermindert und der Arbeitsbedarf herabgesetzt. Diese Form bedingt aber die Bereithaltung einer größeren Anzahl von Ersatzplatten verschiedener Form. Endlich sind die S t a b m ü h l e n und unter ihnen als bekannteste die M a r a t h o n - M ü h l e zu nennen. Die Füllung besteht aus Stäben von Rundstahl von der ungefähren Länge der Mühle und 10, 7,5 und 5 *cm* Stärke. Die Stäbe müssen, um ein Brechen und Betriebsstörungen zu vermeiden, ausgewechselt werden, wenn sie bis zu etwa 1,25 *cm* Stärke abgenutzt sind. Eine Mühle von 1,2 *m* Durchmesser und 3 *m* Länge erhält eine Füllung von 6 *t* an Stäben, ihr Eigengewicht beträgt

---

[1]) Met. u. Erz 1919, S. 177.
[2]) Vgl. die Siebanalyse, S. 61.
[3]) M e w e s. Die Entwicklung der Naßrohrmühle in Amerika. Z. V. d. I. 1920, S. 555. — G l o c k e m e y e r. Neuere Fortschritte auf dem Gebiete der Feinzerkleinerung. Met. u. Erz 1922, S. 285.

etwa 25 t. Bei 40 PS Arbeitsbedarf setzt sie in 24 Stunden 400 t durch. Die Mühlen sollen weniger Unterkorn liefern als Kugelmühlen.

Kurz mögen hier noch die Versuche erwähnt werden, die in Cobalt City, Kanada, mit g u m m i g e f ü t t e r t e n K u g e l m ü h l e n gemacht worden sind[1]). Es wurde Gut von 4,75 mm (Sieb 4) bis auf 0,08 mm (Sieb 200) zerkleinert. Es wurden 15% Mehrleistung als bei Eisenfutter erreicht und es wurden 11% mehr Schlämme < 0,08 mm erhalten. Die Gesamtkosten wurden gegenüber der gleichen Mühle mit Eisenfutter ermäßigt. Das Gummifutter bestand aus Platten von der Qualität der Automobilreifen.

R o h r m ü h l e m i t e i n g e l e g t e m B r e c h e r[2]). Die Firma G r a u e A. G., L a n g e n h a g e n b e i H a n n o v e r empfiehlt neuerdings zur vorteilhaften Rückgewinnung von Eisen und Koks aus den Gießereihalden eine nach amerikanischen Vorbildern gebaute Rohrmühle mit eingelegtem Brecher, auch Wälzkörper genannt.

Abb. 37. Brechwalze der Graue-Mühle.

Die schmiedeeiserne Trommel von 800 mm Durchmesser und 1500 mm Länge ruht mit zwei hohlen Zapfen in Lagern und ist zum Einlegen des Brechers, zum Eintrag des Gutes und zur Herausnahme des in der Trommel verbleibenden Eisens mit einem verhältnismäßig großen Mannloch versehen. Der Brecher (Abb. 37) hat etwa 400 mm Durchmesser, er besteht aus einer starken Achse, auf der die Rippen aufgesetzt sind. Eine Pumpe führt Wasser im Kreislauf durch die Mühle und einen Schlammsumpf. An die Austragöffnung der Trommel schließt ein Trommelsieb zur Absonderung des Kokses an, der auf dem Wasser schwimmt, das Eisen bleibt metallisch blank in der Trommel zurück, das übrige Gut wird zu Sand und Schlamm zermahlen. Man rechnet im Mittel mit der Rückgewinnung von 10% an Eisen und 3% an Koks. Der Arbeitsbedarf wird zu 4 PS angegeben. Es werden stündlich 250 kg Masse verarbeitet.

Unter den vielen Mühlen, die ununterbrochen arbeiten und gestatten, eine b e s t i m m t e K o r n g r ö ß e zu erzeugen, haben sich die Patent-Kugelmühlen von F r i e d. K r u p p, G r u s o n w e r k (Abb. 38 und 39) mit stetiger Aus- und Eintragung besonders gut eingeführt, da sie bei hoher Leistung ein sehr gleichmäßiges Mahlerzeugnis liefern. Die Kugelmühle besteht aus einer starken, wagrecht verlagerten W e l l e W, auf welcher die Mahltrommel sitzt; diese wird gebildet aus zwei K o p f w ä n d e n b, deren Innenseiten mit Hartgußplatten gepanzert sind; in der einen Kopfwand befindet sich die Einlaufnabe t. Der Mantel der Trommel besteht aus eigenartig gebogenen durchlochten M a h l p l a t t e n a, welche von einem g r o b e n S i e b e c und einem f e i n e n S i e b e d umgeben sind. Im Innern der Mahltrommel befindet sich eine größere Anzahl S t a h l k u g e l n K, von verschiedener Größe, die bei der Umdrehung der Mühle das Mahlgut zerkleinern. Die Mahltrommel wird allseitig von dem auf der Fundamentmauer ruhenden B l e c h g e h ä u s e G umgeben, das unten in den Austrag A zusammengezogen ist. Durch den oberen Ansatz S kann mittels eines Ventilators der feinste Staub abgesaugt werden. Das fertige Mehl gelangt durch die Löcher der Mahlplatten und die Siebe am Trommelumfang zum Austrag; dagegen werden durch die eigentümliche, etwas nach innen gebogene Stellung der Mahlplatten und der Teile des groben Siebes die gröberen Körner, z. B. bei e, wieder den Mahlkugeln zugeführt. An der Einlaufnabe t ist eine Förderschnecke eingebaut, die den gleichförmigen Eintrag des Mahlgutes aus dem F ü l l t r i c h t e r E besorgt. Das Vermahlen kann trocken oder naß erfolgen, im letzteren Falle ist

---

[1]) P a r s o n s. Rubber lining for Tube and Ball Mills. Eng. Min. J. Pr. 1923, Bd. 116, S. 489.
[2]) L o h s e. Die Rückgewinnung von Eisen und Koks aus den Gießereihalden. Z. V. d. I. 1924, S. 684. — Mitteilungen der Fabrik.

beständig und reichlich Wasser zuzuführen, da nur angefeuchtetes Erz die Siebe verlegt. Die Abnützung der Mahlplatten und der Kugeln ist durch sehr widerstandsfähiges Material auf ein geringes Maß beschränkt, sämtliche Teile können leicht ausgewechselt werden. Die folgenden Mahlergebnisse sind der Preisliste des Grusonwerkes entnommen.

Am häufigsten wird die Mühle Nr. 4 verwendet, die Mahltrommel hat 1900 *mm* Durchmesser und 990 *mm* Länge, die Anzahl der Umdrehungen in der Minute ist 27, der Arbeitsbedarf beträgt 15 PS.

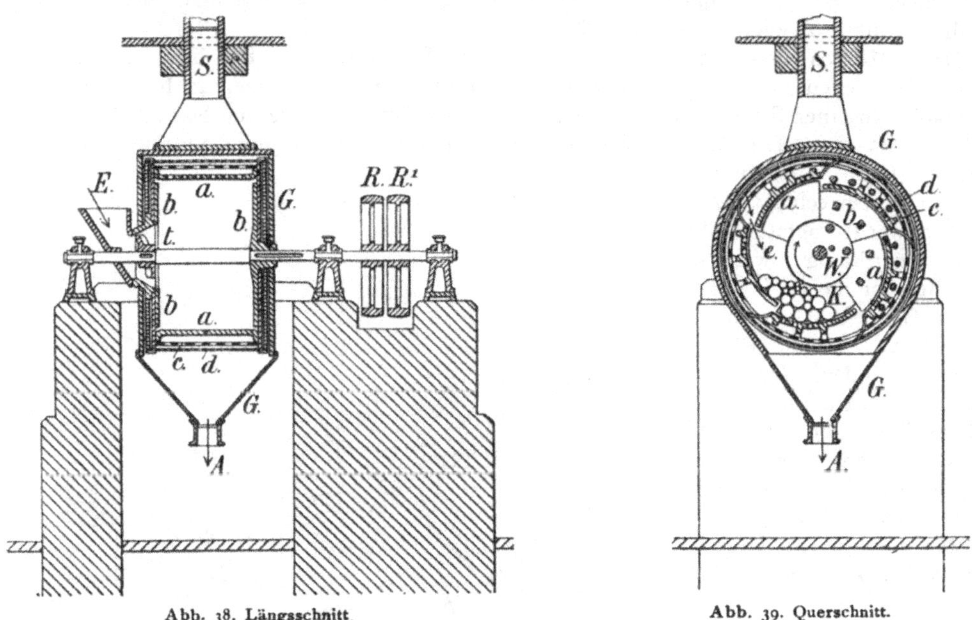

<table>
<tr><td>Abb. 38. Längsschnitt.</td><td>Abb. 39. Querschnitt.</td></tr>
</table>

Abb. 38 und 39. Kugelmühle, Bauart Grusonwerk.

Es wurden gemahlen durch Sieb Nr. 60, d. i. Korngröße 0,2 *mm* auf 1 PS in einer Stunde

<table>
<tr><td>Kalkstein</td><td>66 kg</td><td>(Härte</td><td>3)</td></tr>
<tr><td>Apatit</td><td>50 „</td><td>(„</td><td>5)</td></tr>
<tr><td>Quarz</td><td>40 „</td><td>(„</td><td>7)</td></tr>
</table>

und durch Sieb Nr. 90, d. i. Korngröße 0,14 *mm*:

<table>
<tr><td>Blende mit Bleiglanz</td><td>35 kg</td></tr>
<tr><td>Schwefelkies</td><td></td></tr>
<tr><td>   trocken vermahlen</td><td>36 „</td></tr>
<tr><td>   naß   „</td><td>43 „</td></tr>
<tr><td>Erze der kiesigen Bleiformation</td><td></td></tr>
<tr><td>   trocken vermahlen</td><td>67 kg</td></tr>
<tr><td>   naß   „</td><td>60 „</td></tr>
</table>

Mühlen mit abscherender Wirkung.

Zu diesen gehören die **G l o c k e n- u n d K e g e l m ü h l e n**, die nach Art unserer Kaffeemühlen gebaut sind. Abb. 41 stellt eine Kegelmühle im senkrechten Schnitt dar. Der Mahlkörper *K* und der mittlere Teil des Gehäuses *G* sind mit starken, verschieden langen Rippen besetzt, die nach unten zu allmählich niedriger werden (Abb. 40 zeigt einen Teil des Mahlkranzes abgewickelt). Der Mahlkörper wird an der senkrechten Welle *W* in schnelle Umdrehung versetzt, das Mahlgut gelangt mit seinen Ecken und Kanten zwischen die beiderseitigen Vorsprünge und wird durch Abscherung mehr und mehr zerkleinert.

Die Flügel *F* dienen dazu, das gemahlene Gut dem Austrage *A* zuzuführen.

Um den Bruch der Mahlzähne zu vermeiden, erfolgt der Antrieb durch Zahnräder, von denen eines mit Holzzähnen versehen ist. Einige hiervon brechen, wenn ein Fremdkörper in die Mühle kommt und daher ein zu großer Widerstand vorhanden ist; die Mahlkränze bleiben jedoch unbeschädigt.

Diese Mühlen werden mit Durchmessern der Mahlkränze von 850 bis 1250 *mm* gebaut, sie machen 130 bis 200 Umdrehungen in der Minute, brauchen 12 bis 16 PS und mahlen in einer Stunde 200 bis 300 *dz* Steinsalz oder Kalisalze von 80 *mm* Korngröße auf 25 mm. Die Mahlkränze müssen etwa alle sechs Monate ausgewechselt werden[1]). Größere Ausführungen mit entsprechend hoher Leistung werden jetzt in ähnlicher Anordnung wie der Gates-Brecher gebaut.

Der Gates-Brecher[2]) (spr. Gät), auch Rundbrecher oder Kreiselbrecher genannt, besitzt ähnliche Form und Anordnung wie die oben beschriebene Kegelmühle, die zerkleinernden Flächen sind jedoch glatt gehalten. Er wirkt wie der Steinbrecher zerdrückend

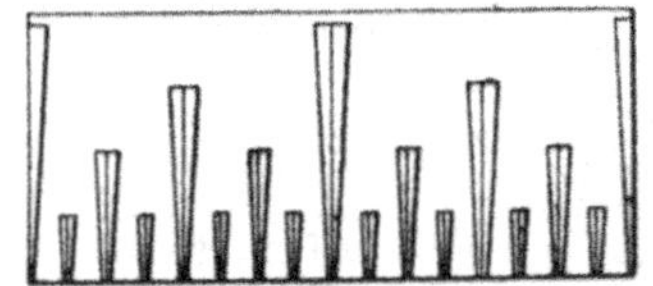

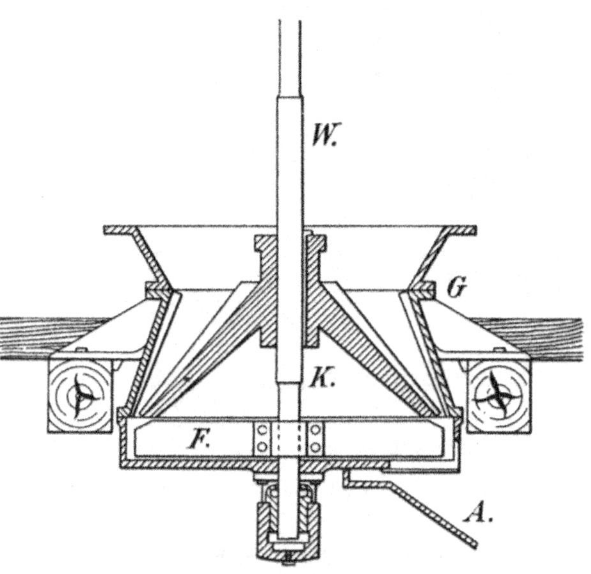

Abb. 40 und 41. Kegelmühle, Anordnung der Zähne, senkrechter Schnitt.

und ist für die Zerkleinerung auch harter Wände zu Stufen besonders gut geeignet; man baut ihn in so großen Abmessungen, daß ein größerer Brecher 60 bis 100 PS benötigt und dabei in einer Stunde etwa 100 *t* Erz auf 50 *mm* zerkleinert.

Das Gehäuse (Abb. 42) besteht aus mehreren Teilen. Die Bodenplatte *T* enthält das Lager für die stehende Welle *W*, an welcher der Mahlkegel *K* sitzt. Der unterste Gehäuseteil zieht sich zum Austrage *A* zusammen, in den mittleren, umgekehrt konischen Teil *G* sind die Mahlplatten *M* eingesetzt, darauf ruht ein Armkreuz *B*, in dem sich das Halslager für die stehende Welle befindet; auf dieses ist der Eintragtrichter *E* aufgesetzt. Der Antrieb erfolgt von der Riemenscheibe *R* aus durch das Zahnradvorgelege *Z*. Das Fußlager ist mit Stellvorrichtung *st* versehen, wodurch der Mahlkegel gehoben und gesenkt und die Korngröße des zerkleinerten Gutes eingestellt werden kann.

---

[1]) Loewe, Dr. Leo. Die mechanische Aufbereitung der Kalisalze. Pr. Z. 1903, S. 330.
[2]) Katalog der Gates Iron Works. 9 New Broad Street, Dashwood House, London, E. C. — Schulz. E. G. A. 1894, S. 300.

Wesentlich für die Wirkungsweise der Mühle ist der exzentrische Ring r, in den die stehende Welle W unten eingesetzt ist. Wird nämlich der Brecher leer in Gang gesetzt, so dreht sich der Mahlkegel um seine Achse; nachdem die Mühle beschickt worden ist, hört diese Drehung des Mahlkegels auf, die senkrechte Achse

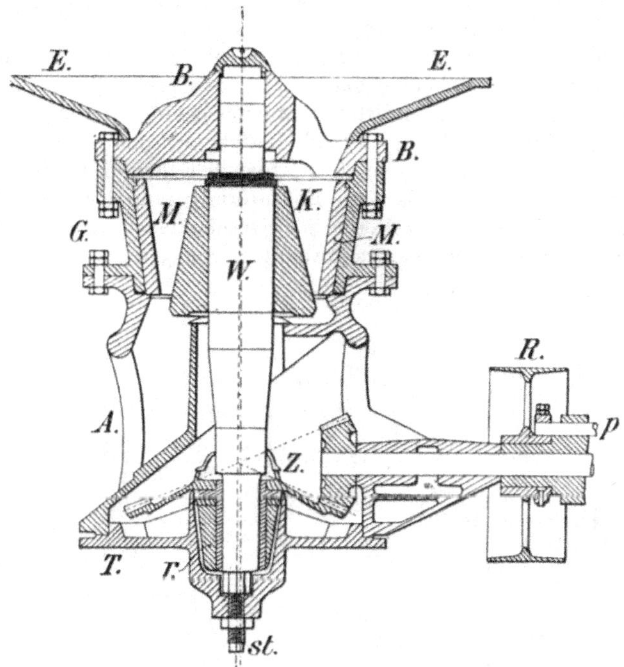

Abb. 42. Gates-Brecher, senkrechter Schnitt.

beschreibt dagegen unten zusammen mit dem exzentrischen Ringe einen kleinen Kreis und der Mahlkegel wird an die Mahlplatten, der Exzentrität des Ringes entsprechend (Abb. 43) einseitig angedrückt. Das sehr stark beanspruchte Fußlager wird durch eine Ölpumpe geschmiert.

Um bei zu starker Beanspruchung des Brechers einen Bruch an den Kegelrädern zu vermeiden, ist die Riemenscheibe R mit der wagrechten Welle durch einen Steckbolzen p verbunden, der in diesem Falle abgeschert wird.

Auch die S c h r a u b e n m ü h l e (Abb. 44 und 45) wirkt abscherend, sie besteht aus dem Mühlenkasten K und der B r e c h s c h n e c k e S. Letztere ist eine wagrecht verlagerte Walze aus Hartguß mit mehreren, einige Zentimeter vertieften Gängen, die von der Mitte nach den Enden schraubenförmig verlaufen. Die Stirnflächen und Seitenwände des Mühlenkastens sind mit harten Mahlplatten a bekleidet, während die untere Hälfte der Brechschnecke von einem Roste T aus Stahlgußstäben umgeben

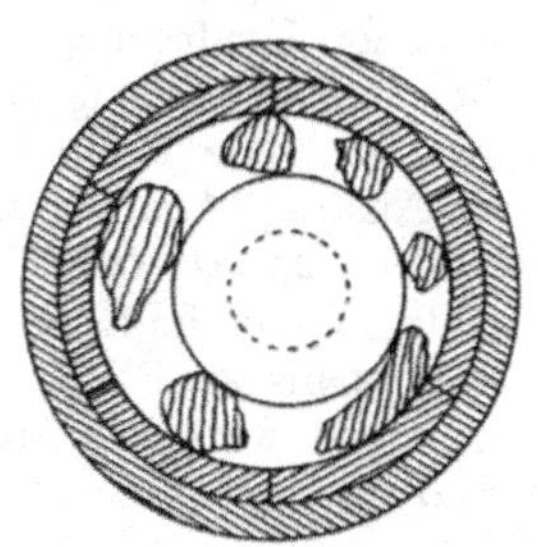

Abb. 43. Wagrechter Schnitt.

ist. Die Brechschnecke erfaßt mit ihren Gängen das Gut und zerkleinert es an den Roststäben durch Abscherung. Nach der Zerkleinerung fällt das Mahlgut durch die Zwischenräume der Roststäbe, deren Abnutzung durch eine Nachstellvorrichtung st wieder ausgeglichen werden kann. Die Schraubenmühlen werden häufig in der Steinkohlenaufbereitung zur Zerkleinerung der Zwischenprodukte der Grobkornsetzmaschinen verwendet.

Der Durchmesser der Brechschnecke beträgt gewöhnlich 250, die Länge 750 *mm*, die Zahl der Umdrehungen in der Minute ist 200 bis 500. Bei einem Arbeitsbedarf von 4 bis 9 PS werden in der Stunde bis zu 5000 *kg* durchwachsene Steinkohle von 50 bis 15 *mm* auf etwa 10 *mm* zerkleinert.

Für Feinzerkleinerung von Hartsalz auf 3 *mm* dient die S c h e i b e n m ü h l e[1]). Das Gut wird von einem Steinbrecher vorgebrochen, das Grobe auf einem Lesetische ausgelesen und außerdem über einen kräftigen Magnetscheider geführt, um Fremdkörper auszuhalten. Die Mühle (Abb. 46 bis 48) besteht aus den beiden aus Spezialstahl gefertigten und mit Mahlzähnen besetzten Scheiben *a* und *b*. Beide sind an der Welle rückwärts gekrümmt, so daß ein linsenförmiger Mahlraum entsteht, sie sind mittels Schrauben an dem zweiteiligen gußeisernen Gehäuse *d* befestigt. Die feststehende Scheibe *a* ist mit einer Eintragöffnung *c* von 350 × 500 *mm* versehen,

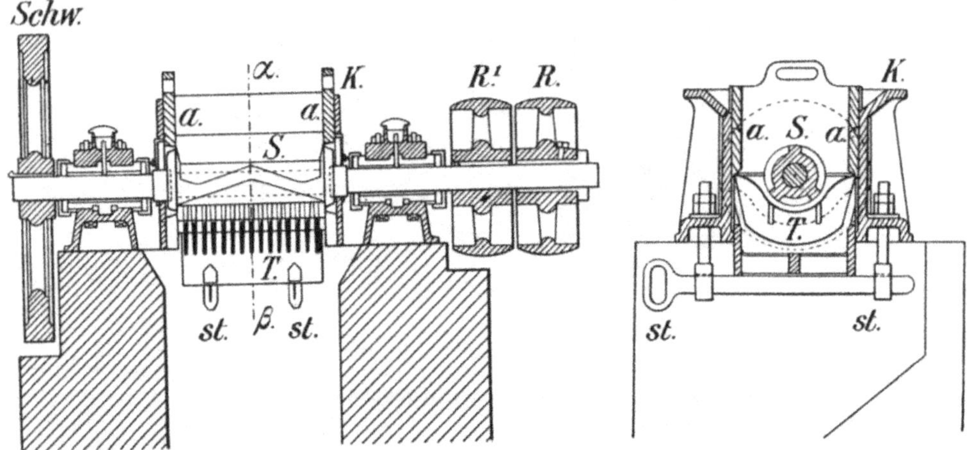

Abb. 44 und 45. Schraubenmühle des Grusonwerkes im Längsschnitt und Querschnitt.

an die der Eintrag *E* anschließt. Die Läuferscheibe *b* sitzt auf der Welle *W* und macht rund 400 Umdrehungen in der Minute. Der Abstand der Scheibenränder kann durch die Stellvorrichtung *St* auf einer Schlittenführung der Grundplatte *F* eingestellt werden. Die Mahlscheiben sind mit einem Blechmantel *G* umgeben, an den unten der Austrag *A* anschließt. Die Erfahrung hat gelehrt, daß die Mühle bei einer Spaltweite von 25 *mm* 60% Korn unter 3 *mm* liefert. Die Gröbe wird nochmals aufgegeben. In diesem Falle leistet die Mühle 70 *t* Hartsalz stündlich bei einem Kraftbedarf von 35 bis 40 PS.

Abscherend wirkende Mühlen sind zur Zerkleinerung von gröberem Korn nur verwendbar, wenn das Gut nicht zu hart ist, da sonst zu starke Abnützung eintritt.

Mühlen mit zerschlagender Wirkung.

Bei den eigentlichen S c h l e u d e r m ü h l e n, die nur für ganz weiches Mahlgut, z. B. Steinsalz, dienen, wird dieses nach Vorzerkleinerung bis zu einigen Millimetern

---

[1]) C a b o l e t. Die unterirdischen Mahl- und Speicheranlagen der Kaliwerke Heimboldshausen und Ransbach usw. E. G. A. 1916, S. 107.

auf einen an senkrechter Welle sehr schnell umlaufenden Streuteller aufgetragen und dann in tangentialer Richtung gegen einen im Gehäuse eingebauten, mit Rippen versehenen Mahlring geschleudert. Durch hartes Gut würden derartige Mühlen in wenigen Tagen zerstört werden.

Die Schlagleistenmühlen[1]) (Dissipatoren, D. R. P. 58630 der Maschinenfabrik Sauerbrey) bestehen aus einem Mahlkegel S (Abb. 49 und 50) und einem kegelförmigen Gehäuse G, deren Flächen mit radial gestellten Schlagleisten

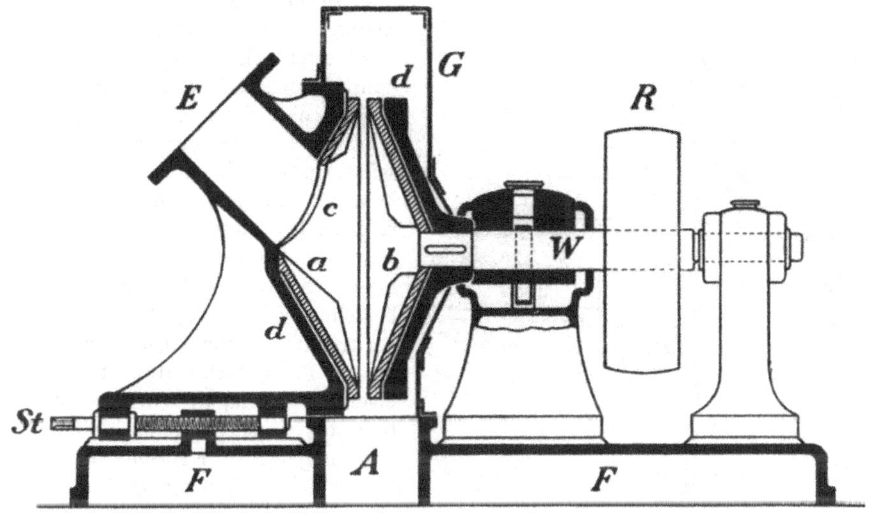

Abb. 46. Scheibenmühle. (Längsschnitt.)

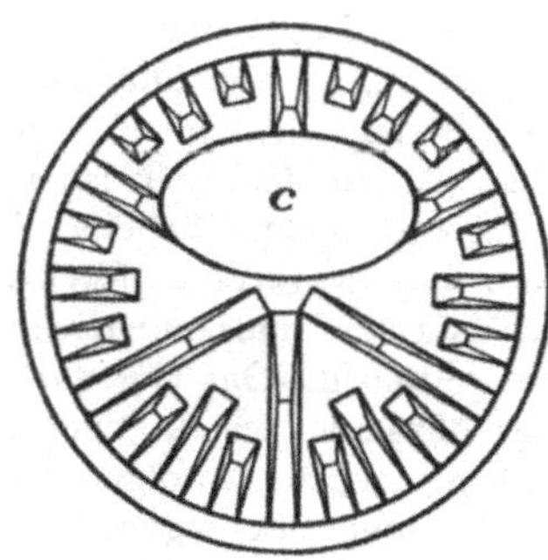

Abb. 47. Feststehende Scheibe.

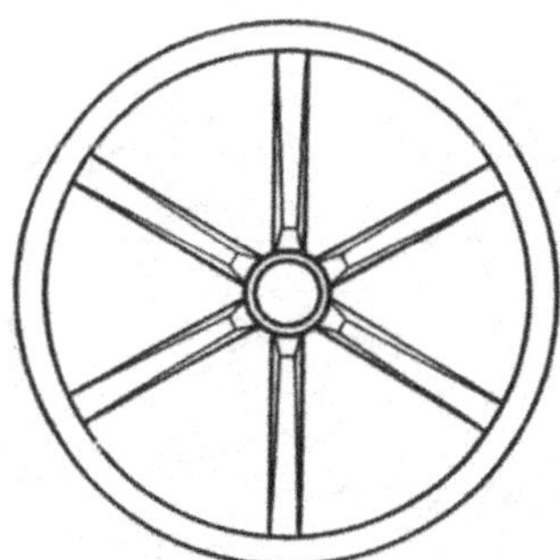

Abb. 48. Läuferscheibe.

Abb. 46 bis 48. Scheibenmühle.

besetzt sind. Die senkrechte Welle des Mahlkegels wird durch die Riemenscheibe R angetrieben. Das Fußlager der Welle kann durch eine Stellschraube st gehoben und gesenkt werden. Oben geht die Welle in einem Halslager, welches von radial stehenden Armen gehalten wird. Das Gut wird zwischen den Armen bei E eingetragen und gleitet über den kegelförmigen Verteiler V zwischen die Schlagleisten.

Unter dem Gehäuse befindet sich ein Gerinne g, in diesem drehen sich zwei am Mahlkegel befestigte Flügel a, welche das zerkleinerte Gut zum Austrage A befördern.

---

[1]) Loewe. Pr. Z. 1903, S. 330.

Diese Mühlen werden für das Vermahlen von Stein- und Kalisalz gewöhnlich mit Kegeldurchmessern von 600 bis 700 *mm* gebaut, sie machen 1500 Umdrehungen in der Minute und leisten bei 7 bis 10 PS Arbeitsbedarf in einer Stunde 15,0 *t*, die von 25 *mm* zu feinem Mehl vermahlen werden. Nach einigen Wochen oder Monaten nutzen sich die Arbeitskanten der Schlagleisten ab und die Mühle mahlt nicht mehr so fein. Man kann dann zunächst durch Auflegen eines gekreuzten Riemens die Drehrichtung umkehren, so daß die bisher hinten liegenden Kanten der Schlagleisten nunmehr arbeiten. Sind auch diese abgearbeitet, so kann durch Abdrehen der Schlagleisten ein Schärfen stattfinden. Durch Anheben des Mahlkegels wird die Verkleinerung der Schlagleisten wenigstens in der senkrechten Richtung ausgeglichen.

Die **Dismembratoren** oder **Schlagstiftmühlen** bestehen aus zwei kreisrunden, senkrechten Scheiben, die auf den einander zugekehrten Seiten mit eisernen Schlagstiften, gewöhnlich auf jeder Scheibe in vier konzentrischen Kreisen besetzt sind. Jede Scheibe trägt 200 bis 300 Stifte, die einzelnen Reihen ragen in die Zwischenräume der gegenüberliegenden hinein; die Stärke der Stifte nimmt von innen nach außen ab. Die eine Scheibe *a* besteht aus einem Ringe und ist fest in das Gehäuse *G* eingebaut, die andere Scheibe *b* sitzt auf einer wagrechten Welle, die 800 bis 1400 Umdrehungen in der Minute macht. Das Gut wird nahe der Achse der festen Scheibe bei *E* eingetragen, infolge der Schleuder- und Schlagwirkung der Stifte zerschlagen und am Umfange ausgetragen. Die Stifte können nach Abnutzung ausgewechselt werden. Leistung, Umlaufzahl usw. ist die gleiche wie bei der Schlagleistenmühle.

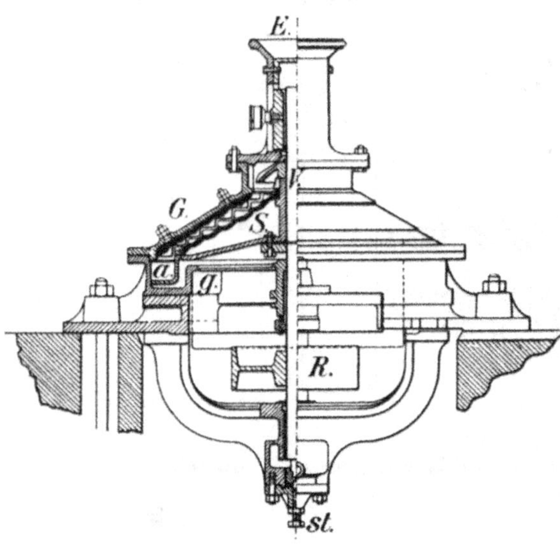

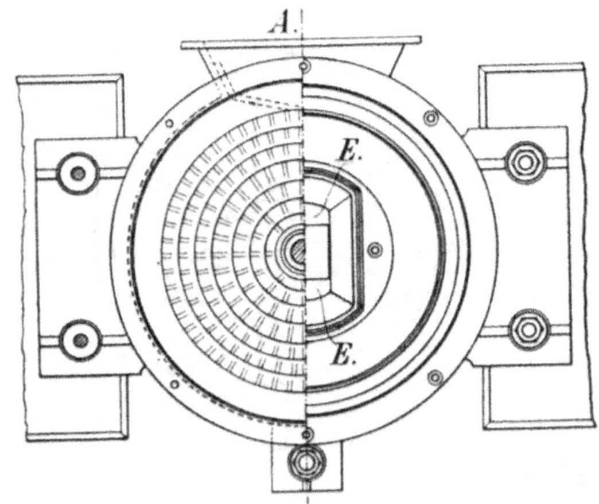

Abb. 49 und 50. Schlagleistenmühle oder Dissipator.

Da sich bei einer einfachen Schlagstiftmühle ein starker Horizontalschub der Welle bemerkbar macht, baut man diese Mühlen gewöhnlich doppelt (Abb. 51 und 52), hierdurch heben sich die entgegengesetzten Schubkräfte auf.

Die Schlagleisten- und noch mehr die Schlagstiftmühlen sind sehr empfindlich gegen eindringende Fremdkörper, namentlich Eisenteile, die Leisten oder Stifte verbiegen sich oder brechen ab und diese abgebrochenen Teile veranlassen weitere Zerstörungen. Das **Eintragen** in die Mühlen findet daher gewöhnlich durch

Schüttelsiebe statt, die größere Eisenteile zurückhalten, außerdem führt man das Korn den Mühlen in dünnem Strome über geneigte Flächen zu. In diese sind **Elektromagnete** M eingesetzt, welche Eisenteile anziehen und festhalten. Durch seitliche Öffnungen kann der Arbeiter in den Eintrag hineingreifen und die Eisenteile (Stiefelnägel, Drahtnägel usw.) von Zeit zu Zeit entfernen.

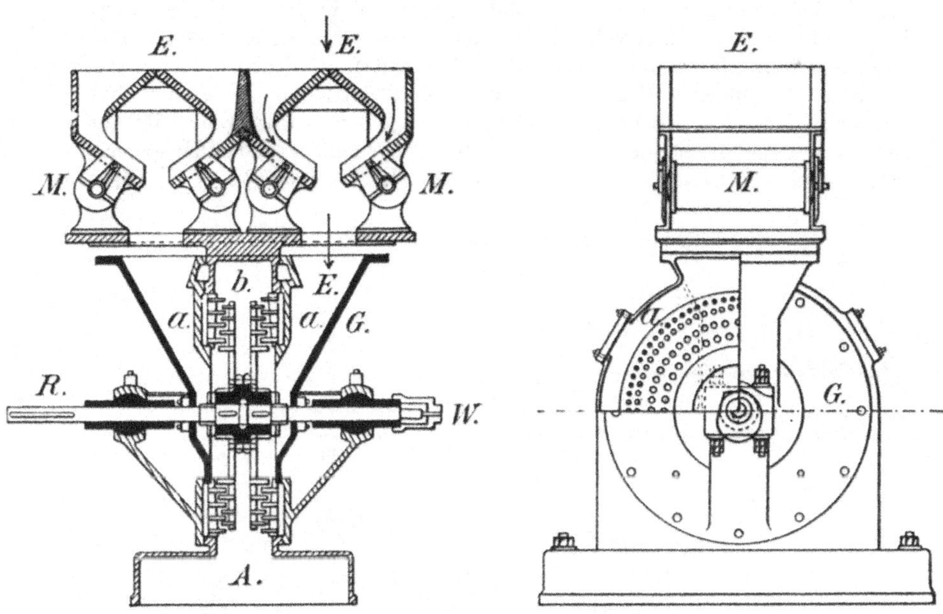

Abb. 51 und 52. Doppel-Schlagstiftmühle, Bauart Speyerer.

Carrs Schleudermühle wird auch **Desintegrator** oder **Schlagmühle** genannt. Abb. 53 gibt einen Längsschnitt. Die mahlenden Teile sind auch hier **Stahlbolzen**, welche seitlich an Scheiben und Ringen im Kreise angeordnet sind und sogenannte Körbe bilden. Im Desintegrator sind zwei solcher Körbe, die aus je zwei Reihen Stahlbolzen bestehen, ineinander gerückt. Die Bolzenreihen 1 und 3 werden von der **Riemenscheibe** R auf der **Welle** W, die Reihen 2 und 4 von der **Riemenscheibe** R^1, welche auf einer hohlen Welle sitzt, nach entgegengesetzter Richtung in Umdrehung versetzt. An der Nabe des einen Korbes bei E wird das Mahlgut zentral eingetragen und dann durch die Bolzen zerschlagen. Die Körbe sind von dem **Gehäuse** G umgeben, das Gut wird unten bei A ausgetragen. Ein Desintegrator von 1,0 m äußerem Durchmesser macht 600 Umläufe in einer Minute und zerkleinert bei 10 PS Arbeitsbedarf in einer Stunde 4000 kg Kohle zu Grieß. Diese Mühle wird vielfach

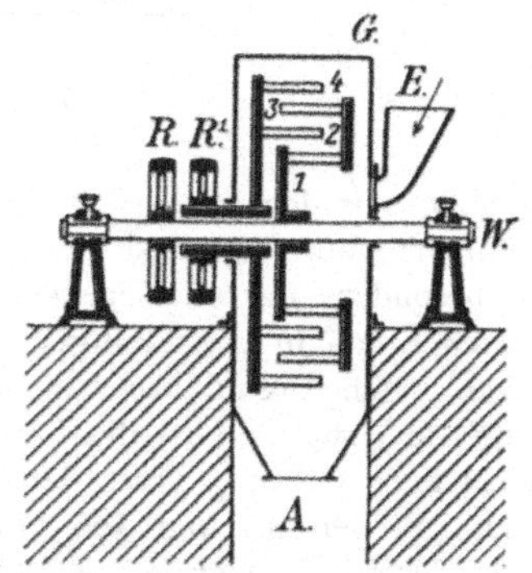

Abb. 53. Carrs Schleudermühle.

zum Zerkleinern und Mischen der Kohle für die Verkokung und Brikettierung angewendet, aber auch zum Mengen von Schliechen von der Herdaufbereitung.

Die **Hammermühlen** bestehen aus einem Gehäuse, in dem schnell laufende Wellen verlagert sind. An aufgesetzten Armen sind die eigentlichen Hämmer frei schwingend befestigt. Das eingetragene Gut wird zerschlagen und durch Roste hindurchgetrieben.

Als Beispiel diene der in der Salzzerkleinerung vielfach benutzte T i t a n - b r e c h e r (Abb. 54)[1]. Die Zerkleinerung erfolgt in zwei Stufen, das Salz wird vorgebrochen und geschroten. Das grobstückig eingetragene Gut fällt in einen rostartig gebauten Aufgabetrichter *A*, dessen Roststäbe rechtwinklig zu den umlaufenden Wellen liegen und einen Abstand von 90 *mm* haben. Die Hämmer schlagen zwischen den Roststäben durch. Das soweit zerkleinerte Brechgut fällt in den unteren Brechraum. Die Stäbe des unteren Brechrostes liegen parallel zu den Wellen und haben 10 *mm* Abstand. Jede von den beiden Wellen *W* trägt 8 Schlagwerke — im Querschnitt ist nur je eines gezeichnet — die um 90° gegeneinander und auch gegen die gegenüberstehenden Schlagwerke der anderen Welle versetzt sind. Jedes Schlagwerk

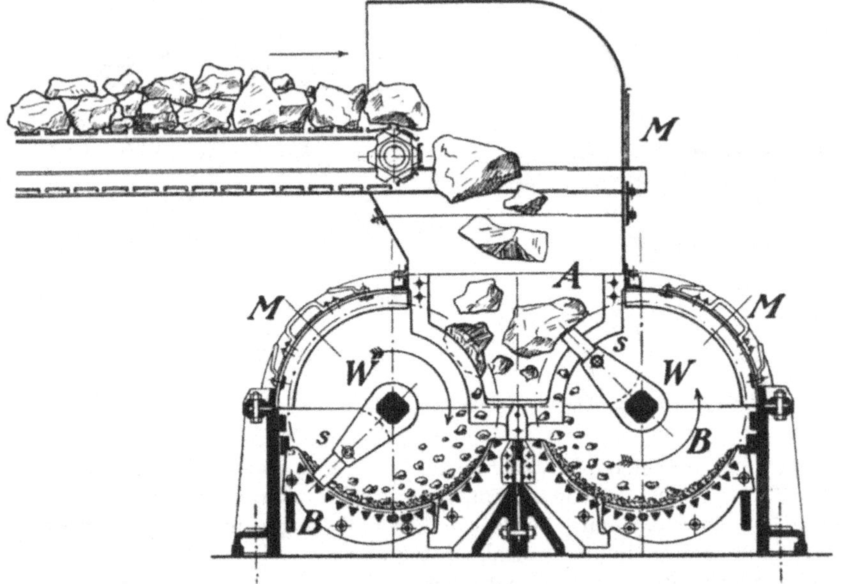

Abb. 54. Titanbrecher. (Querschnitt.)

ist gebildet aus dem eigentlichen Schlaghammer *s* und zwei auf der Welle befestigten Mitnehmern, und zwar ist der Schlaghammer so aufgehängt, daß er, falls er auf einen besonders harten Gegenstand trifft, um seinen Aufhängebolzen im entgegengesetzten Sinne in vollständiger Kreisbahn zurückschwingen kann. Hiedurch ist der Brecher gegen Fremdkörper, z. B. Eisenteile, besonders unempfindlich. Der beaufsichtigende Arbeiter hört die harten Schläge, bringt den Brecher zum Stillstand und entfernt nach Öffnung eines der Mannlöcher *M* den Fremdkörper.

Die Wellen machen 300 Umdrehungen in der Minute. Die Leistung beträgt 80 *t/St*, der Kraftverbrauch etwa 1,1 *PS/t*.

P l a u s o n s K o l l o i d m ü h l e (Abb. 55 und 56) ist eine außerordentlich rasch laufende Schlagleistenmühle, mit der es gelingt, die Zerkleinerung bis zu kolloidaler Feinheit (vgl. den Abschnitt Schwimmaufbereitung) durchzuführen. Die Mühle mahlt naß mit Unterbrechungen.

---

[1] Nach Drucksachen der A. G. Amme, Giesecke u. Konegen, Braunschweig.

Durch den Eintrag E wird eine bestimmte Menge Flüssigkeit mit dem Mahlgut in das ringförmige Gehäuse a eingetragen. Die im unteren Teile des Gehäuses verlagerte Trommel b ist mit Armen besetzt, die bei der schnellen Umdrehung mittels der Riemenscheibe r schlagend auf die Flüssigkeit und die in ihr enthaltenen Teilchen wirken und sie gegen die Aufhalter c werfen. Letztere sind z. T. an dem Hohlkörper d angebracht, z. T. unter der Trommel. Die letzteren können mittels der Stellvorrichtung st etwas gehoben oder gesenkt werden. Arme und Aufhalter sind zahnartig gegeneinander verstellt, so daß eine enge Berührung stattfindet und eine stark hämmernde Zerkleinerungsarbeit geleistet wird. Die Flüssigkeit wird von den Armen immer wieder abgeschleudert und neue Teilchen kommen in den Bereich der Arme. Gleichzeitig entsteht ein Umlauf der Flüssigkeit im Gehäuse. In die Trommel d wird beständig Kühlwasser zugeführt.

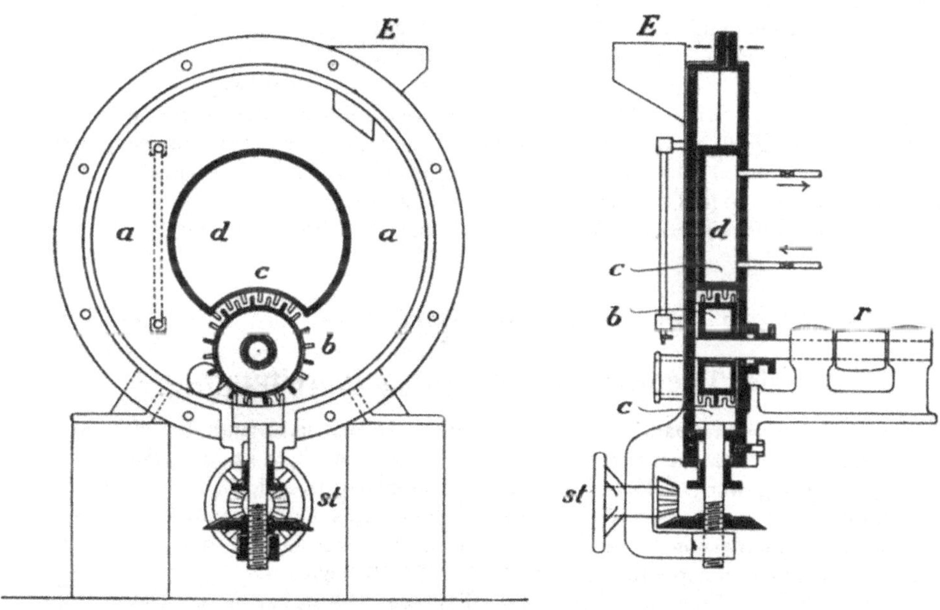

Abb. 55. Querschnitt.

Abb. 56. Längsschnitt.

Abb. 55 und 56. Plausons Kolloidmühle.

Bei 20 m Umfangsgeschwindigkeit der Trommel kann die Zerkleinerung bis auf 0,3 μ, bei 30 m bis zu 0,1 μ fortgesetzt werden und bei 40 m Umfangsgeschwindigkeit wird kolloidale Feinheit erreicht. Unter Umständen werden Dispersionsmittel zur Beschleunigung der Zerkleinerung zugesetzt. Zum Vergleich wird angegeben, daß eine naßmahlende Kugelmühle nach 12 Stunden Umlaufzeit Glaspulver nur soweit verarbeitet, daß 49% bis zu 2,3 μ, nach 24 Stunden Umlaufzeit bis auf 1,7 μ aufgeschlossen sind. Aus Ölschiefer konnten nach Zerkleinerung in der Kolloidmühle 12 bis 14% Öl gewonnen werden, gegen sonst nur 8% nach älterem Verfahren.

Arbeit ohne Unterbrechung kann erreicht werden, indem das Mahlgut nacheinander etwa drei Mühlen zugeführt wird. Über die Leistung und den Arbeitsbedarf fehlen die Angaben.

---

[1] N a s k e. Z. V. d. I. 1921, S. 495. — B l o c k. Z. f. angewandte Chemie, 1921, S. 25.

Anwendung der Zerkleinerungsmaschinen.

Für die verschiedenen Fälle werden am häufigsten die im folgenden genannten Zerkleinerungsmaschinen angewendet.

Zerkleinerung von Wänden zu Stufen.

Auch für Hartzerkleinerung: Der Steinbrecher und der Gates-Brecher, beide arbeiten gewöhnlich trocken, können aber auch naß zerkleinern.

Zerkleinerung von Stufen zu Graupen.

Auch für Hartzerkleinerung: Walzwerke, Kugelmühlen (beide trocken oder naß); nur für Weichzerkleinerung: Glockenmühlen, Schraubenmühlen (beide gewöhnlich nur trocken).

Zerkleinerung von Stufen zu feinem Sand und Schlamm.

Auch für Hartzerkleinerung: Pochwerke, Kollergänge, Naßrohrmühle und Pendelmühlen; die Pochwerke können trocken und naß zerkleinern, die Kollergänge arbeiten gewöhnlich trocken, die Pendelmühlen nur naß.

Zerkleinerung von Graupen zu Sand und Mehl.

Auch für Hartzerkleinerung: Fein-Walzwerke, z. T. Doppelwalzwerke, Mahlgänge, Kugelmühle, Ringmühle, die erstgenannten können trocken und naß vermahlen, die Ringmühle arbeitet nur trocken; nur für Weichzerkleinerung und Trockenvermahlung: Schlagstift- und Schlagleistenmühlen, Desintegrator.

Zerkleinerung von Graupen zu Schlamm.

Auch für Hartzerkleinerung und Naßvermahlung: Rohrmühle.

3. Die nasse Aufbereitung.

A. Die Theorie der nassen Aufbereitung.

Wie durch den Stammbaum I S. 10 erläutert wurde, sieht man bei der Aufbereitung verwachsener Mineralien zunächst das Grubenklein ab. Durch die trockene Aufbereitung werden darauf aus dem gröberen Korn tunlichst lieferbare Erze, Durchwachsenes und Berge getrennt. Das Durchwachsene — nach entsprechender Zerkleinerung — und das Grubenklein werden in der Regel der nassen Aufbereitung zur weiteren Trennung überwiesen.

Diese erreicht die Trennung von Mineralien, deren spezifische Gewichte verschieden sind, dadurch, daß zwei Verfahren nacheinander zur Anwendung kommen, nämlich die Trennung nach der Korngröße oder das Klassieren und die Trennung nach der Fallgeschwindigkeit im Wasser, das Sortieren.

Die größeren Körner, Stufen und Graupen bis zu 2 und selbst 1,0 *mm* herab, klassiert man zunächst auf Sieben und sortiert sie dann auf Setzmaschinen (Grobkorn-Aufbereitung). Von angenähert gleich großen Körnern von verschiedenem spezifischen Gewicht fallen im Wasser die spezifisch schweren Körner schneller als die spezifisch leichten.

Die kleinsten Körner, Mehle und Schlämme, sortiert man zuerst in Stromapparaten (man erhält Posten von gleichfälligen Körnern) und klassiert sie dann im seichten Wasserstrome auf Herden (Feinkorn-Aufbereitung)[1].

Die Verarbeitung der Sande in Stromapparaten und später auf Setzmaschinen (Mittelkorn-Aufbereitung) bedarf besonderer Erläuterung, nachdem die Gesetze der Bewegung fester Körper im Wasser klargelegt sind.

---

[1] Vgl. die Kapitel Siebe (S. 57), Setzmaschinen (S. 77), Stromapparate (S. 90) und Herde (S. 95).

Der Ausdruck „T r e n n e n n a c h d e m s p e z i f i s c h e n G e w i c h t" ist in der nassen Aufbereitung nur bedingt richtig, nämlich als Erfolg zweier nacheinander angewendeter Verfahren, aber er ist nicht zulässig als Ergebnis eines einzelnen Vorganges, z. B. des Setzens oder der Herdarbeit allein.

Das Ergebnis der Grobkornaufbereitung — bestehend aus der Trennung nach Korngrößen auf Sieben, und der dann folgenden Trennung nach den verschiedenen Fallgeschwindigkeiten auf Grobkornsetzmaschinen — ist zwar die Trennung nach dem spezifischen Gewicht, aber die Setzmaschine als solche trennt nach den Fallgeschwindigkeiten.

Ebenso ist der Erfolg der Feinkornaufbereitung, bestehend aus der Trennung nach den verschiedenen Fallgeschwindigkeiten in Stromapparaten und der dann folgenden Trennung nach Korngrößen auf dem Herde — eine Trennung nach dem spezifischen Gewicht. Aber die Ausdrucksweise „der Herd trennt nach dem spezifischen Gewicht" ist nicht richtig, denn das leistet er nur, wenn ihm entsprechend vorbereitetes (nämlich sortiertes) Korn übergeben wird, indem er dieses nach der Korngröße trennt.

Das Gesetz der Gleichfälligkeit.

Beim Fallen eines Körpers im Wasser wirkt auf ihn die Schwerkraft beschleunigend, anderseits werden Widerstände erzeugt, deren Größe namentlich von der Form des Körpers und von der erlangten Geschwindigkeit abhängig ist. Bei der mathematischen Prüfung der Gesetze dieser Bewegung wählt man stets die K u g e l f o r m, weil nur bei dieser, auch bei beliebiger Drehung des Kornes, die Gestalt der vorderen Fläche und damit die Größe des Widerstandes gleich bleibt.

Die Geschwindigkeit eines fallenden Körpers erreicht ein Maximum und wird konstant, mit anderen Worten, es tritt keine weitere Beschleunigung ein, wenn die Widerstände ebenso groß werden wie der Antrieb durch die Schwerkraft.

Die M a x i m a l g e s c h w i n d i g k e i t v, welche ein im ruhenden Wasser fallendes Korn ereicht[1]), läßt sich durch die Formel ausdrücken:

$$v = \alpha \cdot \sqrt{d \cdot (\varepsilon - 1)}, \qquad\qquad \text{I}$$

wenn d der Durchmesser des Kornes in Metern und ε das spezifische Gewicht des Minerals ist, α ist eine K o n s t a n t e, und zwar $= \sqrt{\dfrac{4 \cdot g}{3 \cdot \zeta}}$, worin ζ ein Erfahrungskoeffizient ist. Setzt man nach Rittinger $\zeta = 0{,}5$, so ist für $g = 9{,}81\,m$ $\alpha = 5{,}11$ [2]).

Für zwei Körner von verschiedenem Durchmesser und verschiedenem spezifischen Gewicht, welche die gleiche Maximalgeschwindigkeit haben (gleichfällige Körner, also für $v = v_1$), ergibt sich die Gleichung:

$$d \cdot (\varepsilon - 1) = d_1 \cdot (\varepsilon_1 - 1)$$

und die Proportion:

$$d : d_1 = \varepsilon_1 - 1 : \varepsilon - 1 \qquad\qquad \text{II}$$

Das Gesetz der Gleichfälligkeit im Wasser lautet demnach: D i e D u r c h m e s s e r g l e i c h f ä l l i g e r K ö r n e r v e r h a l t e n s i c h u m g e k e h r t w i e d i e u m 1 v e r m i n d e r t e n s p e z i f i s c h e n G e w i c h t e.

Nach dem archimedischen Prinzip kommen bei der Gleichfälligkeit im Wasser die um 1 verminderten spezifischen Gewichte, nicht diese selbst in Betracht.

---

[1]) R i t t i n g e r. Lehrbuch der Aufbereitungskunde. — S p a r r e. Zur Theorie der Separation.

[2]) Dieses Gesetz gilt für die in der nassen Aufbereitung vorkommenden Korngrößen etwa bis 0,1 mm abwärts. Noch kleinere Körner, wie sie besonders bei der Schwimmaufbereitung in Frage kommen können, fallen wesentlich langsamer, wie ein einfacher Versuch lehrt.

In der nassen Aufbereitung wird zur Bildung gleichfälliger Sorten nicht nur das ruhende Wasser (Setzmaschinen), sondern auch das strömende Wasser angewendet, und zwar der wagrechte (Mehlführung) und der aufsteigende Wasserstrom (Spitzlutten).

Beispiele: Wird das spezifische Gewicht des Bleiglanzes zu 7,5, das des Quarzes zu 2,6 angenommen, so ergibt sich aus der Proportion II

$$1 : x = 1,6 : 6,5 \qquad x = 4,1.$$

Das bedeutet, ein Bleiglanzkorn von 1 *mm* Durchmesser und ein Quarzkorn von 4,1 *mm* Durchmesser sind gleichfällig. Die Verhältniszahl 4,1 nennt man den Gleichfälligkeitskoeffizienten für Bleiglanz und Quarz.

Für Schieferton vom spezifischen Gewicht 2,7 und Steinkohle vom spezifischen Gewicht 1,4 ergibt sich nach der Proportion:

$$1 : x = 0,4 : 1,7$$

der Gleichfälligkeitskoeffizient $= 4,25$.

In einer gleichfälligen Sorte finden sich also kleine, aber spezifisch schwere und große, aber spezifisch leichte Körner gemengt. Die gleichfälligen Sorten werden nach ihrer Fallgeschwindigkeit eingeteilt in schneller und langsamer fallende.

Beispiele für die Berechnung der Maximalgeschwindigkeit:

Für ein Bleiglanzkorn von 1 *mm* Durchmesser ergibt sich die Maximalgeschwindigkeit nach der Formel I:

$$v = \alpha \cdot \sqrt{d \cdot (\varepsilon - 1)}$$

folgendermaßen: d ist $= 0,001$ *m* einzusetzen, da der Wert des Koeffizienten $\alpha = 5,11$ für Meter, nicht für Millimeter ermittelt ist.

$$v = 5,11 \cdot \sqrt{0,001 \cdot 6,5} = 5,11 \cdot \sqrt{0,0065}$$
$$v = 5,11 \cdot 0,081 \text{ oder } v = 0,414 \text{ } m.$$

Entsprechend ergibt sich die Maximalgeschwindigkeit für ein Quarzkorn von 1 *mm* Durchmesser: $v^1 = 0,204$ *m*.

Aus der Formel $v = \alpha \cdot \sqrt{d \cdot (\varepsilon - 1)}$ ergibt sich für Körner von gleichem Durchmesser (also für $d = d_1$), aber verschiedenem spezifischen Gewichte die Proportion:

III $\qquad\qquad v : v_1 = \sqrt{\varepsilon - 1} : \sqrt{\varepsilon_1 - 1},$

d. h.: Von gleich großen Körnern erlangen die spezifisch schwereren die größere Maximalgeschwindigkeit. So ergibt sich für Bleiglanz (sp. *G.* $= 7,5$) und Quarz (sp. *G.* $= 2,6$) das Verhältnis der Maximalgeschwindigkeiten:

$$v : v_1 = \sqrt{6,5} : \sqrt{1,6} = 2,55 : 1,27 \text{ oder } = 2 : 1,$$

d. h.: Das Bleiglanzkorn erreicht die doppelte Maximalgeschwindigkeit als das gleich große Quarzkorn. Die oben für Körner von 1 *mm* Durchmesser berechneten Werte $v = 0,414$ *m* und $v_1 = 0,204$ *m* ergeben dies ebenfalls angenähert.

Außerdem ergibt sich für Körner, welche gleiches spezifisches Gewicht (also für $\varepsilon = \varepsilon_1$), aber verschiedene Durchmesser haben:

IV $\qquad\qquad v : v_1 = \sqrt{d} : \sqrt{d_1},$

d. h.: Von Körnern, welche gleiches spezifisches Gewicht haben, fällt das größere schneller als das kleinere.

Trotzdem die beiden zuletzt abgeleiteten Gesetze streng genommen nur für den Fall im freien Wasser gelten, haben sie doch eine gewisse Bedeutung für die Beurteilung des Setzprozesses (vgl. weiter unten).

Anfangsgeschwindigkeit gleichfälliger Körner.

Die Berechnung der Fallgeschwindigkeiten gleichfälliger Körner zu verschiedenen Zeiten und der zugehörigen Wege ist z. B. von Rittinger durchgeführt und graphisch dargestellt, später auch kinematographisch[1]) nachgeprüft worden.

Hieraus ergibt sich, daß gleichfällige Körner zwar nach Verlauf einiger Zehntelsekunden im Wasser gleich schnell fallen, daß jedoch im Anfange der Bewegung das kleinere, spezifisch schwere Korn dem größeren, spezifisch leichten etwas voraneilt.

Fall im beengten Raume.

Außerdem gilt das angeführte Gesetz der Gleichfälligkeit nur für den Fall im freien Wasser. Diese Bedingung ist in den Stromapparaten nahezu erfüllt. Auf den Setzmaschinen dagegen befinden sich die Körner so dicht neben- und übereinander, daß sie sich in der freien Bewegung erheblich behindern. Im besonderen kommen auch beim Durchgange der Körner durch die Zwischenräume des Graupenbettes (s. das Kapitel Setzarbeit) nicht die Gesetze des Falles im freien Wasser, sondern diejenigen des Falles im beengten Raume zur Geltung.

Angenähert hat man diese Gesetze festgestellt, indem man Körner in mit Wasser gefüllten Röhren fallen ließ. Dabei hat sich ergeben, daß im beengten Raume von gleichfälligen Körnern das kleine und schwere dem großen und leichten erheblich vorauseilt, weil die Bewegungshindernisse bei dem letzteren wesentlich größere sind.

Ein Versuch läßt sich leicht anstellen: Man verschließt eine reichlich 1 *m* lange Glasröhre von etwa 16 *mm* lichter Weite am einen Ende mittels eines Pfropfens, bringt eine Kalksteinkugel (sp. G. 2,7) von 14 *mm* Durchmesser und einen Bleiglanzwürfel (sp. G. 7,5) von 3,7 *mm* Kantenlänge hinein, füllt sie mit Wasser und verschließt dann auch das andere Ende mittels eines Pfropfens. In der senkrecht gehaltenen Röhre durchfällt der Bleiglanzwürfel die 1 *m* betragende Fallhöhe in etwa 2 Sekunden, während die Kalksteinkugel, behindert durch die Reibung des zwischen ihr und der Röhrenwandung durchtretenden Wassers etwa 20 Sekunden braucht, um dieselbe Fallhöhe zu durchfallen. Durch Umkehren der Röhre kann der Versuch beliebig oft wiederholt werden.

Im freien Wasser würden beide Körner nahezu gleichfällig sein, eigentlich müßte allerdings eine, nur schwer zu beschaffende Kugel von Bleiglanz von 3.7 *mm* Durchmesser zum Versuch verwendet werden. Die Gleichfälligkeit wird bewiesen durch die Gleichung:

$$14 \times 1{,}7 = 3{,}7 \times 6{,}5 \text{ etwa} = 24.$$

Die Aufbereitung des Mittelkornes durch Setzen auf den Feinkornmaschinen mit Bett mittels einer großen Zahl kleiner Hübe beruht auf den beiden genannten Gesetzen: Anfangsgeschwindigkeiten gleichfälliger Körner und Fall solcher Körner in beengten Räumen. Auf diese Setzmaschinen gelangen gleichfällige Körner, die in Stromapparaten nach den Maximalgeschwindigkeiten sortiert wurden. Von diesen geraten die kleinen spezifisch schweren Körner infolge der größeren Anfangsgeschwindigkeit beim jedesmaligen Niederfallen allmählich in die untersten Schichten und können dann leichter als die größeren, spezifisch leichteren Körner durch die Zwischenräume des Graupenbettes hindurchdringen. Aus den angeführten Gründen werden auch die kleinen und schweren Körner der Wirkung des wagrechten Wasserstromes am schnellsten entzogen (vgl. auch S. 97, Herdarbeit).

Die Verwendung schwerer Lösungen.

Im Laboratorium ist die Trennung zweier Mineralien von verschiedenem spezifischen Gewicht in vielen Fällen leicht durch Verwendung einer Flüssigkeit von mittlerem spe-

---

[1]) Schulz, Dr. Ing. Paul. Neue Bestimmungen der Konstanten der Fallgesetze in der nassen Aufbereitung mit Hilfe der Kinematographie und Betrachtungen über das Gleichfälligkeitsgesetz. Doktorarbeit, Dresden—Freiberg 1914.

zifischen Gewicht zu erreichen. Am bekanntesten ist die T h o u l e t s c h e L ö s u n g, das ist Kaliumjodquecksilber vom sp. G. 3,2. Alle leichteren Mineralien, z. B. Quarz und Feldspat, schwimmen in dieser Lösung, während die schwereren, also alle Erze untersinken. Füllt man einen unten mit Gummischlauch und Quetschhahn versehenen Glastrichter mit der Lösung und trägt das zu trennende Gemenge ein, so vollzieht sich die Trennung sehr bald. Der schwere Bestandteil sinkt zu Boden und kann durch Öffnen des Quetschhahnes mit einem Teile der Flüssigkeit abgelassen werden, der leichte Bestandteil schwimmt auf der Lösung. Die Thouletsche Lösung läßt sich mit Wasser beliebig verdünnen, so daß Lösungen von allen spezifischen Gewichten zwischen 3,2 und 1 hergestellt und damit Trennungen einer großen Anzahl von Mineralien vorgenommen werden können.

Durch Eindampfen kann die konzentrierte Lösung wiederhergestellt werden. Der Gebrauch der Lösung ist aber dadurch beschränkt, daß sie durch Kiese, gediegene Metalle, Kalkspat usw. zersetzt wird. Ferner ist der Preis (Friedenspreis für 1 *kg* = 0,33 *l*, 35 Mark) ein so hoher, daß an eine Verwendung im großen nicht gedacht werden kann. Es gibt noch eine Anzahl Lösungen von ähnlichem spezifischen Gewicht.

Auch die R e t g e r s c h e S c h m e l z e, Thalliumsilbernitrat, vom sp. G. 4,5, deren Schmelzpunkt bei 75⁰ C liegt, kann in ähnlicher Weise verwendet werden. Verdünnung mit heißem Wasser zur Erniedrigung des spezifischen Gewichtes ist ebenfalls möglich.

Der einzige Fall, in dem von einer Flüssigkeit von mittlerem spezifischen Gewicht im großen für Zwecke der Aufbereitung Gebrauch gemacht wird, ist die Aufbereitung des E r d w a c h s e s (Ozokerit) zu B o r y s l a w in Galizien.[1]) Das mit Ton — dort L e p genannt — zusammen vorkommende Erdwachs wird in mit Wasser gefüllte Bottiche eingetragen. Nach mehrfachem Umrühren löst sich der Ton im Wasser und bildet eine Emulsion etwa vom sp. G. 1,4, in welcher der Ozokerit (sp. G. 0,96) schwimmt. Er wird mit Sieben abgeschöpft und in reinem Wasser nochmals gewaschen (vgl. den Nachtrag).

Zusammenstellung der häufigsten Mineralien [2]).

1. E r z e, G a n g- u n d L a g e r a r t e n[3]).

In der folgenden Zusammenstellung sind gruppenweise diejenigen Mineralien nach dem s p e z i f i s c h e n G e w i c h t geordnet, die häufig in der Aufbereitung verarbeitet werden; die wichtigsten anderen Eigenschaften sind hinzugefügt. Die drei eingeklammerten Stoffe Quecksilber, Eisen und Feldspat sind mit angeführt, da das Quecksilber bei der Amalgamation, Eisen und Feldspat als Materialien für das Graupenbett der Setzmaschinen eine wichtige Rolle spielen.

Name des Minerals	Spezif. Gewicht	Chemische Zusammensetzung	Härte	Tenazität	Spaltbarkeit
*Gold, gediegen	15,6—19,4	Au, stets silberhaltig	$2^{1}/_{2}$	sehr geschmeidig	—
*Platin, gediegen	16—18	Pt, oft eisenhaltig	4	geschmeidig	—
[Quecksilber]	13,6	Hg	—	—	—
Silber, gediegen	10,1—11,0	Ag, oft goldhaltig	$2^{1}/_{2}$	geschmeidig	—
Wismut, gediegen	9,6—9,8	Bi	2	geschm.ins milde	vollkommen
Uranpecherz	8,0—9,7	U^2O^5	$5^{1}/_{2}$	spröd	—
Kupfer, gediegen	8,5—8,9	Cu	3	sehr geschmeidig	—
*Zinnober (Cinnabarit)	8,0—8,2	HgS mit 86,2%/₀ Hg	2	mild	vollkommen

---

[1]) M u c k. Der Erdwachsbergbau in Boryslaw. 1903, S. 131.

[2]) Nach Z i r k e l - N a u m a n n, Elemente der Mineralogie, und W e i s b a c h -K o l b e c k, Tabellen zur Bestimmung der Mineralien.

[3]) Die auch in Seifen vorkommenden Mineralien sind mit einem * versehen, vgl. auch S. 54.

Name des Minerals	Spezif. Gewicht	Chemische Zusammensetzung	Härte	Tenazität	Spaltbarkeit
Rotnickelkies (Nickelin)	7,4—7,7	$NiAs$ mit $43,9\%$ Ni	5	spröd	—
Bleiglanz (Galenit)	7,3—7,6	PbS, silberhaltig mit $86,6\%$ Pb	3	mild	vollkommen
[Eisen]	7,5	Fe	—	—	—
*Wolframit	7,1—7,5	$(FeMn)WO^4$ mit 60% W	5	spröd	vollkommen
Arsenikalkies (Pharmakopyrit	6,9—7,4	$FeAs^2$ mit 73% As oft goldhaltig	5	spröd	deutlich
Silberglanz, Glaserz (Argentit)	7,0—7,4	Ag^2S mit 87% Ag	$2^1/_2$	geschmeidig	—
Speiskobalt (Smaltin)	6,3—7,3	$CoAs^2$ mit 28% Co	5	spröd	—
Weißnickelkies (Chloanthit)	6,4—7,2	$NiAs^2$ mit 28% Ni	5	spröd	—
Pyromorphit (Braun-, Grünbleierz)	6,9—7,0	$3\ Pb^3P^2O^8 + PbCl^2$ mit 82% Pb	$3^1/_2$	spröd	—
*Zinnerz (Kassiterit)	6,8—7,0	SnO^2 mit 79% Sn	$6^1/_2$	spröd	ziemlich deutlich
Wulfenit (Gelb-bleierz)	6,7—7,0	$PbMo^4$ mit 39% MoO^3	3	spröd ins milde	ziemlich deutlich
Cerussit (Weiß-bleierz)	6,4—6,6	$PbCO^3$ mit $77,6\%$ Pb	$3^1/_2$	spröd	ziemlich vollk.
Anglesit (Vitriol-bleierz)	6,3	$PbSO^4$ mit $68,3\%$ Pb	3	sehr spröd	vollkommen
Scheelspat (Scheelit)	5,9—6,2	$CaWO^4$ mit 64% W	$4^1/_2$	spröd	ziemlich deutlich
Arsenkies (Arseno-pyrit)	5,8—6,2	$FeAsS$ mit 46% As zuweilen gold- und kobalthaltig	$5^1/_2$	spröd	ziemlich deutlich
Glanzkobalt (Kobaltin)	6,0—6,1	$CoAsS$ mit 36% Co und 45% As	$5^1/_2$	spröd	sehr deutlich
Cuprit (Rot-kupfererz)	5,7—6,0	Cu^2O mit $88,8\%$ Cu	4	spröd	deutlich
Arsen, gediegen	5,7—5,8	As	4	spröd ins milde	—
Rotgiltigerz, dunkel (Pyrargyrit)	5,7—5,8	Ag^3SbS^3 mit 60% Ag	3	mild ins spröde	ziemlich deutlich
Kupferglanz (Chalkosin)	5,5—5,8	Cu^2S mit $79,8\%$ Cu zuweilen silberhaltig	3	mild bis geschm.	—

Name des Minerals	Spezif. Gewicht	Chemische Zusammensetzung	Härte	Tenazität	Spaltbarkeit
Weißgiltigerz, dunkles (Freibergit)	5,4—5,7	$(Ag^2, Cu^2, Fe)^3 SbS^3$ bis 31% Ag	$3\frac{1}{2}$	spröd ins milde	—
Rotgiltigerz, licht (Proustit)	5,5—5,6	Ag^3AsS^3 mit $65,4\%$ Ag	$2\frac{3}{4}$	mild ins spröde	ziemlich deutlich
Chloragyrit (Chlorsilber)	5,6	$AgCl$ mit 75% Ag	$1\frac{1}{2}$	geschmeidig	—
Fahlerze	4,4—5,7	—	—	—	—
Antimonfahlerze	—	$(Cu^2, Ag^2, Fe, Zn)^3 SbS^3$ bis 17% Ag z. T. quecksilberhaltig	$3\frac{1}{2}$	spröd	—
Arsenfahlerze	—	$(Cu^2, Fe, Zn)^3 AsS^3$	4	spröd	—
Glanzeisenerz, Eisenglanz (Specularit)	5,2—5,3	Fe^2O^3 mit 70% Fe	$6\frac{1}{2}$	spröd	—
*Magneteisenerz (Magnetit)	4,9—5,2	Fe^3O^4 mit 72% Fe	$5\frac{1}{2}$	spröd	—
*Monazit	4,9—5,2	$CePO^4$ thoriumhaltig	5	spröd	ziemlich deutlich
Schwefelkies (Pyrit)	4,7—5,2	FeS^2 mit 53% S oft goldhaltig	6	spröd	—
*Titaneisenerz (Ilmenit)	4,6—5,2	$FeTiO^3$ mit 53% TiO^2	6	spröd	—
Franklinit	5,0—5,1	$ZnFe^2O^4$ mit etwa 20% Zn	6	spröd	—
Buntkupferkies (Bornit)	4,9—5,1	Cu^3FeS^3 mit 56% Cu zuweilen silberhaltig	$3\frac{1}{2}$	mild, z. T. ins spröde	—
Roteisenerz (Hämatit)	4,5—4,9	Fe^2O^3 mit 70% Fe	$4\frac{1}{2}$	spröd	—
Molybdänglanz	4,7—4,8	MoS^2 mit 60% Mo	$1\frac{1}{2}$	mild ins geschm.	vollkommen
Markasit (Speerkies)	4,5—4,8	FeS^2 mit 53% S	6	spröd	ziemlich deutlich
Chromeisenerz (Chromit)	4,5—4,8	$FeCr^2O^4$ mit etwa 50% Cr	$5\frac{1}{2}$—6	spröd	—
Schwerspat (Baryt)	4,3—4,7	$BaSO^4$	3	spröd	vollkommen
Wismutocker	4,3—4,7	$3(Bi^2O^3) CO^2 + H^2O$ mit $80—90\%$ Bi	4	spröd	—
Magnetkies (Magnetopyrit)	4,5—4,6	Fe^7S^8 oft nickelhaltig	$4\frac{1}{2}$	spröd	ziemlich deutlich

Name des Minerals	Spezif. Gewicht	Chemische Zusammensetzung	Härte	Tenazität	Spaltbarkeit
Antimonglanz (Antimonit)	4,5—4,6	Sb^2S^3 mit 71% Sb manchmal goldhaltig	$2\frac{1}{2}$	mild	vollkommen
Zinnkies (Stannin)	4,3—4,5	Cu^2FeSnS^4 mit etwa 30% Sn und 30% Cu	$3\frac{1}{2}$	mild ins spröde	—
Zinkspat (Smithsonit)	4,1—4,5	$ZnCO^3$ mit 52% Zn	$4\frac{1}{2}$	spröd	ziemlich vollk.
Galmei	3,3—4,5	Gemenge aus Zinkspat und Kieselzinkerz	$4\frac{1}{2}$	spröd	—
Manganit	4,2—4,4	Mn^2O^3, H^2O mit 62% Mn	4	mild ins spröde	ziemlich vollk.
Psilomelan (Hartmanganerz)	4,1—4,3	vorwiegend MnO^2+MnO bis 60% Mn	6	spröd	—
Kupferkies (Chalkopyrit)	4,1—4,3	$CuFeS^2$ mit 35% Cu	4	mild ins spröde	—
*Granat	3,4—4,3	—	7	spröd	—
Zinkblende	3,9—4,2	ZnS mit 67% Zn	4	spröd	vollkommen
Malachit	3,7—4,1	$Cu^2CO^4+H^2O$ mit 57% Cu	$3\frac{1}{2}$	spröd	—
*Brauneisenerz (Limonit) z. T. Bohnerz, Minette	3,4—4,0	$2\ Fe^2O^3+3\ H^2O$ mit 60% Fe z. T. phosphorhaltig	$5\frac{1}{2}$	spröd	—
Spateisenstein (Eisenspat, Siderit)	3,7—3,9	$FeCO^3$ mit 48% Fe	4	spröd	vollkommen
Kupferlasur	3,7—3,8	$Cu^3C^2O^7+H_2O$ mit 55% Cu	4	spröd	ziemlich vollk.
Rhodonit	3,5—3,6	$MnSiO^3$	$5\frac{1}{2}$	spröd	—
Kieselzinkerz (Calamin)	3,4—3,5	$Zn^2SiO^4+H^2O$ mit 54% Zn	5	spröd	vollkommen
*Topas	3,5	$Al^2SiO^4\ (F, OH)^2$	8	spröd	vollkommen
Pyroxen (Augit)	2,9—3,5	$Ca\ (Mg, Fe)\ (SiO^3)^2$	5—6	spröd	wenig vollk.
Hornblende (Amphibol)	2,9—3,3	$CaMg^3\ (SiO^3)^4$	5—6	spröd	vollkommen
*Apatit (Phosphorit)	3,2	$3\ Ca^3\ P^2\ O^8$ $+ Ca\ (F, Cl)^2$ mit etwa 40% P^2O^5	5	spröd	ziemlich vollk.
Flußspat (Fluorit)	3,1—3,2	CaF^2	4	spröd	ziemlich vollk.

Name des Minerals	Spezif. Gewicht	Chemische Zusammensetzung	Härte	Tenazität	Spaltbarkeit
*Turmalin	3,0—3,2	$(Al^3, Fe^2, Mg^2, Na, K)$ $(B, OH)^2 Si^4 O^{19}$	7	spröd	—
Magnesit	2,9—3,1	$MgCO^3$	$4^1/_2$	spröd	vollkommen
Kryolith	3,0	Na^3AlF^6 mit 12, 8% Al.	3	spröd	ziemlich vollk.
*Glimmer	2,5—3,1	—	$2^1/_2$	mild	vollkommen
Kristallinische Gesteine	2,4—3,0	—	—	—	—
Dolomit	2,9	$(Ca, Mg) CO^3$	4	spröd	vollkommen
Braunspat	2,9	$(Ca, Mg, Fe) CO^3$	4	spröd	vollkommen
Talk	2,7—2,8	$Mg^3Si^4O^{11} + H^2O$	1	mild	vollkommen
Garnierit	2,3—2,8	$(Mg, Ni) SiO^3 +$ n H^2O mit 19—30% Ni	$2^1/_2$	spröd	—
Schieferton	2,7	—	—	—	—
Kalkspat (Calcit)	2,7	$CaCO^3$	3	spröd	vollkommen
[Feldspat]	2,6—2,7	$(K, Na) AlSi^3O^8$	6	spröd	vollkommen
*Quarz (Chalcedon)	2,6	SiO^2	7	spröd	—

2. Seifenmineralien[1]).

Name des Minerals	Spezif. Gewicht	Chemische Zusammensetzung	Härte	Tenazität	Spaltbarkeit
Zirkon (Hyacinth)	4,5—4,7	$ZrSiO^4$	$7^1/_2$	spröd	ziemlich deutlich
Almandin-Granat	4,1—4,2	$Fe^3Al^2Si^3O^{12}$	7	spröd	—
Spinell	3,5—4,1	$MgAl^2O^4$	8	spröd	—
Korund (Rubin, Saphir, Schmirgel)	3,9—4,0	Al^2O^3	9	spröd	vollkommen
Pyrop	3,8	$Mg^3Al^2Si^3O^{12}$	7	spröd	—
Chrysoberyll	3,7	$BeAl^2O^4$	$8^1/_2$	spröd	—
Hessonit-Granat	3,6	$Ca^3Al^2Si^3O^{12}$	7	spröd	—
Diamant	3,5	C	10	spröd	vollkommen
Beryll (Smaragd, Aquamarin)	2,6—2,7	$Be^3Al^2Si^6O^{18}$	$7^1/_2$	spröd	deutlich
Bernstein	1,08	$C^{10}H^{16}O$	$2^1/_2$	spröd	—

[1]) Die außer den Edelsteinen in Seifen vorkommenden Mineralien sind in Gruppe 1 aufgeführt und durch * besonders kenntlich gemacht.

3. Kohlen u. s. w.[2])

Name des Minerals	Spezif. Gewicht	Chemische Zusammensetzung	Härte	Tenazität	Spaltbarkeit
Graphit	2,1—2,3	—	I	mild ins geschmeidige	vollkommen
Anthrazit	1,4—1,7	—	3	sehr spröde	—
Steinkohle	1,2—1,5	—	$2^1/_2$	mild bis spröde	—
Braunkohle	1,2—1,4	—	$2^1/_2$	mild, z. T. ins spröde	—
Erdwachs	0,9	CH^2	I	geschmeidig	—

4. Salze u. s. w..

Name des Minerals	Spezif. Gewicht	Chemische Zusammensetzung	Härte	Tenazität	Spaltbarkeit
Boracit	2,9—3,0	$Mg^7\ B^{16}O^{30}Cl^2$	$7^1/_4$	spröd	—
Anhydrit	2,9—3,0	$CaSO^4$	3	spröd	vollkommen
Polyhalit	2,8	$2\ CaSO^4,\ MgSO^4,\ K^2SO^4 + 2\ H^2O$	$3^1/_2$	mild ins spröde	deutlich
Kieserit	2,6	$MgSO^4 + H^2O$	3	mild	deutlich
Gyps	2,2—2,4	$CaSO^4 + 2\ H^2O$	2	mild ins spröde	vollkommen
Steinsalz	2,1	$NaCl$	$2^1/_2$	mild ins spröde	deutlich
Kainit	2,1	$KCl, MgSO^4 + 3\ H^2O$	$2^1/_2$	mild ins spröde	deutlich
Sylvin	1,9—2,0	KCl	$2^1/_2$	mild ins spröde	deutlich
Sylvinit	2,0	$(Na, K)\ Cl$	$2^1/_2$	mild ins spröde	deutlich
Carnallit	1,6	$KCl, MgCl^2 + 6\ H^2O$ mit $26,7\%\ KCl = 17\%\ K^2O$	3	spröd	—

Das Verhalten durchwachsener Körner.

In den allermeisten Fällen sind bei der nassen Aufbereitung nicht nur homogene Körner vorhanden, die wirklich nur aus einem Mineral bestehen (wie bei den Seifen), sondern es kommen auch durchwachsene Körner vor (in Österreich häufig M i t t e l - e r z e genannt).

Handelt es sich nur um zwei Mineralien, z. B. Bleiglanz und Quarz, so liegt das spezifische Gewicht aller durchwachsenen Körner zwischen 7,5 und 2,6, je nachdem Bleiglanz oder Quarz in einem Korne vorwalten; je reicher an Bleiglanz ein Korn ist, desto größer wird sein mittleres spezifisches Gewicht sein. Die Fallgeschwindigkeit der sämtlichen durchwachsenen Körner (annähernd gleichen Durchmesser vorausgesetzt) ist aber kleiner als die des reinen Bleiglanzes und größer als die des reinen Quarzes. Man kann daher durch die nasse Aufbereitung recht wohl reinen Bleiglanz, durchwachsene Körner und reinen Quarz trennen. Die durchwachsenen Körner zerkleinert man nochmals und sucht sie dadurch in homogene Körner zu zerlegen; darauf folgt eine erneute Trennung (vgl. stufenweise Zerkleinerung, S. 14).

Anders gestaltet sich die Aufbereitung, wenn außer B l e i g l a n z und Q u a r z noch ein drittes Mineral von mittlerem spezifischen Gewicht, z. B. Z i n k b l e n d e

---

[1]) Über die Zusammensetzung vgl. Bd. I, S. 22.

(sp. G. 4,0) vorhanden ist. Von den durchwachsenen Körnern haben diejenigen, die vorwiegend aus Bleiglanz und Blende bestehen ein mittleres spezifisches Gewicht zwischen 7,5 und 4, diejenigen, die vorwiegend aus Blende und Quarz bestehen, ein mittleres spezifisches Gewicht zwischen 4 und 2,6. Die aus Bleiglanz und Quarz verwachsenen Körner werden je nach dem Anteil des einen oder des anderen Minerals mittlere spezifische Gewichte zwischen 7,5 und 2,6 haben können.

Die Aufbereitung ergibt in diesem Falle: 1. Bleiglanz; 2. Verwachsenes, vorwiegend mit Bleiglanz und Blende; 3. Blende; 4. Verwachsenes, vorwiegend mit Blende und Quarz und 5. Quarz. Nicht zu vermeiden ist es, daß die etwa aus 30% Bleiglanz und 70% Quarz bestehenden Körner vom mittleren spezifischen Gewicht 4

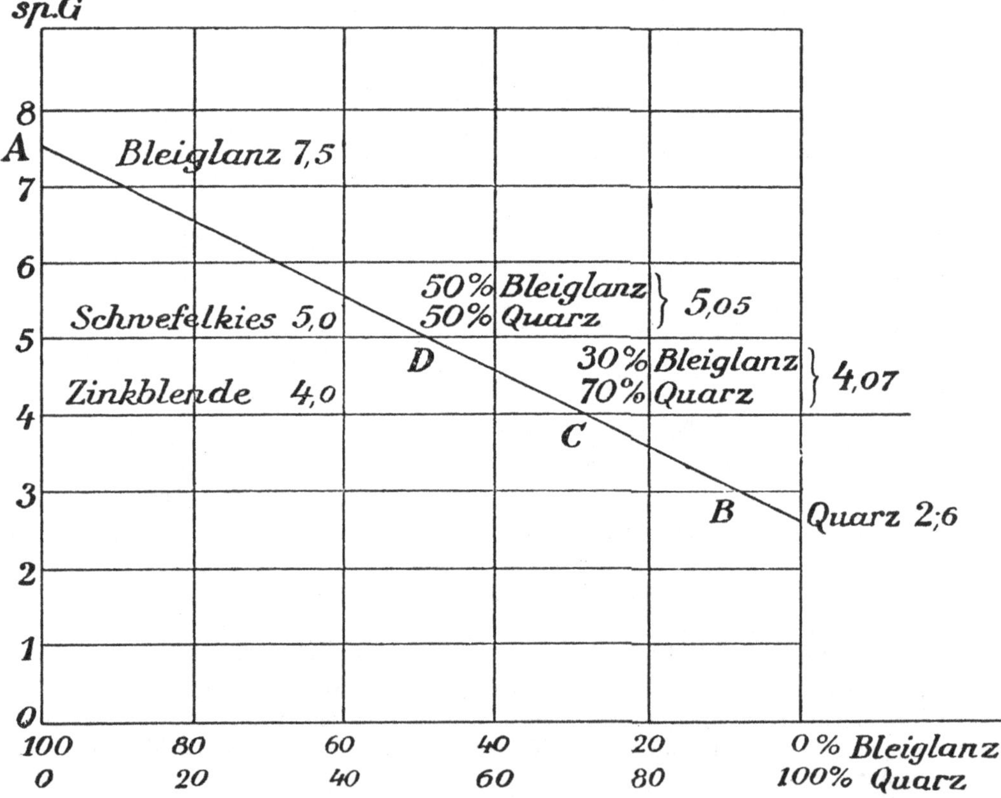

Abb. 57. Ermittlung des spezifischen Gewichtes binärer Mineralverwachsungen.

sich bei der reinen Zinkblende vorfinden (vgl. weiter unten). Bei gröberen Körnungen kann hier ein nachträgliches Klauben stattfinden. Gewöhnlich hält man die als zweites Gut gewonnenen Bleiglanz-Blende-Körner als reiches oder schweres Mittelgut für sich und bereitet sie getrennt weiter auf und ebenso die Blende-Quarz-Körner als armes oder leichtes Mittelgut.

Es ergibt sich hieraus, daß in Fällen, in denen mehrere Mineralien zu trennen sind, der nassen Aufbereitung durch die trockene wesentlich vorgearbeitet werden kann, indem die Erze tunlichst nach ihrer mineralogischen Zusammensetzung, z. B. im vorliegenden Falle in bleiglanzreiche und zinkblendereiche geschieden werden (vgl. Trockene Aufbereitung S. 10).

Die mittleren spezifischen Gewichte binärer Mineralverwachsungen lassen sich zeichnerisch leicht ermitteln und mit anderen Mineralien vergleichen (Abb. 57). Als

Ordinate sind die spezifischen Gewichte, als Abscisse die % aufgetragen. Die Gerade $A\,B$ gibt die spezifischen Gewichte aller Verwachsungen von Bleiglanz und Quarz. Der Schnittpunkt C läßt erkennen, daß ein Korn, bestehend aus 30% Bleiglanz und 70% Quarz, fast genau das spezifische Gewicht der Zinkblende, nämlich 4 hat.

$$\frac{30 \cdot 7,5}{100} + \frac{70 \cdot 2,6}{100} = 2,25 + 1,82 = 4,07$$

Der Schnittpunkt D zeigt, daß ein anderes Korn, bestehend zur Hälfte aus Bleiglanz und zur Hälfte aus Quarz, etwa das spezifische Gewicht des Schwefelkieses, nämlich 5 hat.

$$\frac{7,5}{2} + \frac{2,6}{2} = 3,75 + 1,3 = 5,05.$$

Das Waschwasser.

Bei den großen Mengen von Waschwasser — 10 *cbm* in der Minute und selbst noch mehr —, welche in neueren Aufbereitungen gebraucht werden, ist der Wasserbeschaffung besondere Aufmerksamkeit zu schenken. Meistens ist es nicht möglich, so große Mengen Frischwasser zu beschaffen, auch muß das gebrauchte Waschwasser, bevor es den öffentlichen Wasserläufen zugeführt werden darf, gut geklärt werden. Gewöhnlich benützt man das schon gebrauchte Waschwasser beständig wieder, nachdem es in Spitzkästen und Klärsümpfen geklärt worden ist. Es sind demnach genügend starke Pumpen aufzustellen — gewöhnlich Zentrifugalpumpen (vgl. Bd. 1, S. 517) — welche das Wasser immer wieder heben. (Umlaufwasser.) Die geringen Mengen Frischwasser, die verfügbar sind, werden für besondere Zwecke verwendet, z. B. in der Erzaufbereitung für die empfindliche Herdaufbereitung, bei der Steinkohlenaufbereitung für das Überbrausen der fertigen Kohlen. Während des Sonntags pflegt man größere Mengen frischen Wassers anzusammeln und entsprechende Mengen gebrauchten Wassers in größere Klärteiche abzulassen.

Über die Klärung des Waschwassers vgl. den Abschnitt 6.

B. Die Siebe.

Allgemeines.

Die Siebe dienen zur Trennung des Grob- und Mittelkornes nach der Korngröße, sind also Klassiervorrichtungen. In ausgedehntem Maße dient das Sieben als Vorarbeit für die trockene Aufbereitung (vgl. S. 7) und für das Setzen.

Die Siebfläche besteht für Gut in großen Stücken aus parallelen Stangen, die bei mehreren neuen Bauarten durch Wellen, runde sich drehende Stangen, zum Teil mit aufgesetzten Körpern von eigenartigem Querschnitt, ersetzt werden. Stangen- und Wellensiebe werden auch Roste genannt. Für Gut mittlerer Größe dienen gelochte Eisen- und Stahlbleche oder Drahtgeflechte; für das allerfeinste Korn kommen ausschließlich die letzteren in Betracht.

Die Roststäbe der Siebe erhalten zweckmäßig einen trapezförmigen Querschnitt, um das Hängenbleiben von Stücken im Siebe tunlichst zu beschränken.

Die Bleche wurden früher nur kreisrund gelocht, später auch quadratisch und länglich rechteckig. Siebe mit langen, schmalen Öffnungen (z. B. 20 × 3 *mm*) heißen Spalt- oder Schlitzsiebe (Abb. 58), sie werden als Einlagen in den Setzmaschinen benutzt.

Neuerdings fertigt Krupp Siebbleche[1]) von 4 bis 40 *mm* Lochung aus einem Spezialstahl. Während die früher verwendeten Bleche aus Siemens-Martin-Stahl

---

[1]) Pr. Z. 1917, S. 51.

4 bis 5 Monate verwendbar waren, hielten die Kruppschen Bleche 1 bis 1½ Jahre, allerdings kosten sie doppelt so viel wie die anderen.

Für die Drahtsiebe wird gewöhnlich Eisendraht, für sehr hartes Gut auch Stahldraht verwendet, bei saurem Waschwasser und auch für sehr feine Siebe nimmt man vorzugsweise Zinnbronze. Bei ganz trockenem Gut kommen auch Siebe aus S e i d e n g a z e, wie sie in der Müllerei allgemein benutzt werden, für die allerfeinsten Körnungen vor (vgl. Aufbereitung des Graphits). Ferner tritt an ihre Stelle zuweilen der W i n d s i c h t e r (s. dieses und Aufbereitung des Talkes). Jedoch dürften feine Siebe gleichmäßigeres Korn ergeben, als der Windsichter. .

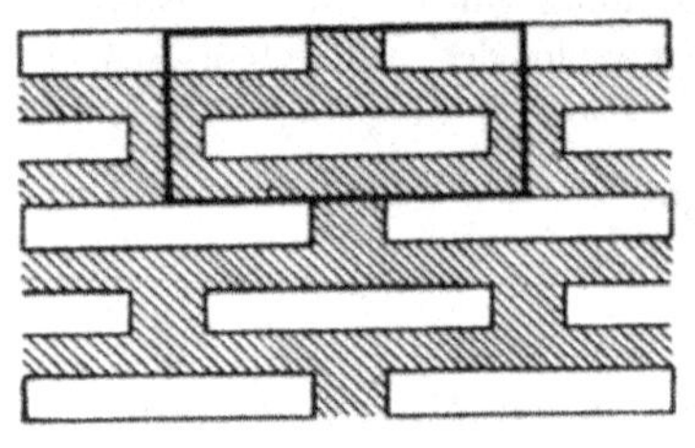

Abb. 58. Schlitzsieb.

Feine Siebe werden der größeren Haltbarkeit wegen auf Unterlagen von groben Sieben befestigt. So dient z. B. für ein *2 mm* Sieb ein Sieb aus 5 *mm* starken Drähten mit quadratischen Öffnungen von *20 mm* als Unterlage.

Von besonders gebauten Drahtsieben seien hier die folgenden erwähnt: Ein gewöhnliches Drahtsiebe hat eine ziemlich rauhe Oberfläche, da die einzelnen Drahtstärken über die Siebebene hervorragen. Um diese Unebenheit, durch welche die Fortbewegung der Körner über die Siebfläche verlangsamt wird, zu vermindern, hat man D r a h t s i e b e a u s g e p r e ß t e n D r ä h t e n (Abb. 59 und 60) hergestellt,

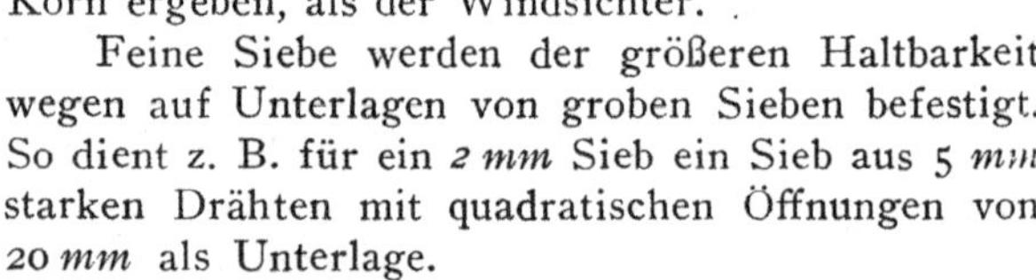

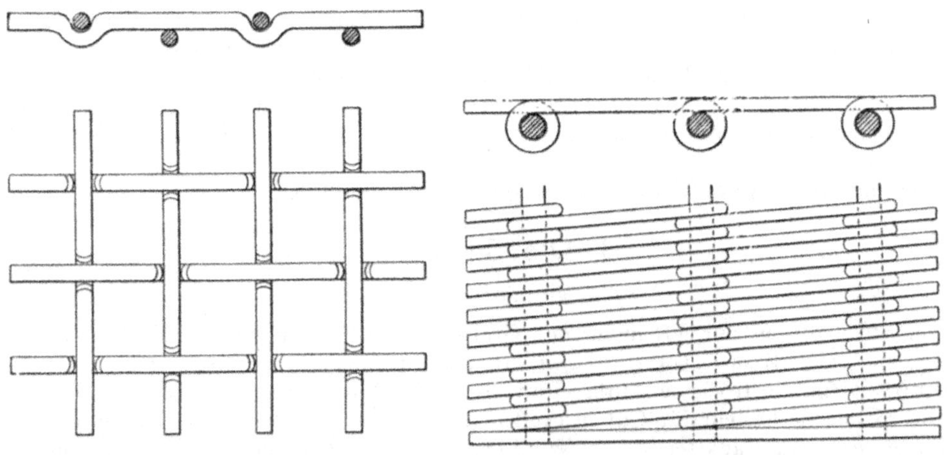

Abb. 59 und 60. Gepreßtes Drahtsieb.   Abb. 61 und 62. Hordensieb.

bei denen die Drähte an den Kreuzungsstellen abwechselnd mit Vertiefungen versehen sind, die den kreuzenden Draht aufnehmen. Die Oberflächen der Drähte liegen hierdurch fast genau in einer Ebene.

Etwas Ähnliches wird bei den H o r d e n s i e b e n (Abb. 60 und 61) erreicht, bei denen die Längsdrähte um stärkere Querstäbe gewickelt sind. Gewöhnlich liegen die Drahtschläge auf den Querstäben dicht nebeneinander, so daß schmale, längliche Öffnungen von der Breite der Drahtstärke entstehen. Die feinsten derartigen Siebe heißen auch M e s s e r s i e b e. Will man breitere Durchfallöffnungen anwenden, so werden zwischen die einzelnen Drähte Metallringe auf die Querstäbe aufgeschoben. Diese Siebe dienen in der Steinkohlenaufbereitung zur E n t w ä s s e r u n g für gewaschene Kohle.

Wichtig für die Wirkung der Siebarbeit ist das Verhältnis der f r e i e n S i e b - f l ä c h e (Summe der Durchfallöffnungen) zur ganzen Siebfläche.

B e i s p i e l e: Ein Stangensieb, das nur aus Längsstangen von 20 mm Stärke besteht mit einem Stangenabstande von 80 mm hat 80% freie Siebfläche. — Ein Stangensieb, das aus Längs- und Querstangen von 20 mm Stärke mit Durchfall-öffnungen von 80 mm lichter Weite besteht, hat 64% freie Siebfläche. — Im rund-gelochten Blech, bei dem der Abstand der Lochungen gleich dem Durchmesser der Lochung ist, ergibt sich nach Abb. 63 die freie Siebfläche zu nur 25% durch folgende Rechnung. Der Durchmesser des gestrichelten Kreises ist 4 . d und seine Fläche $\frac{(4 \cdot d)^2 \pi}{4} = 4\,d^2\,\pi$. In diesem Kreise liegen 4 ganze Sieböffnungen mit dem Durch-messer d, deren Gesamtfläche $\frac{4 \cdot d^2\,\pi}{4} = d^2\,\pi$ ist. Das Verhältnis der ganzen zur freien Siebfläche ist also 4 : 1. Dasselbe würde bei einem quadratisch gelochten Siebblech der Fall sein, bei dem der Abstand der Sieböffnungen gleich dem Maße der Sieböffnung ist. Sind die Zwischenräume kleiner als die Öffnungen, so wächst die freie Siebfläche. — Bei einem Drahtsiebe mit Drahtstärke 0,6 mm und Sieb-weite 2,4 mm verhält sich die ganze Siebfläche zur freien Siebfläche wie $3^2 : 2,4^2$ oder wie 9 : 5,76, also beträgt die freie Siebfläche 64%.

Bei dem in Abb. 58 dargestellten Schlitzsiebe ergibt eine ein-fache Rechnung das folgende: Die ganze, umzogene Siebfläche ist 12 × 26 = 312 qmm groß, sie enthält zwei Durchfallöffnungen (eine ganze und zwei Hälften). Sie haben also 2 . (20 × 3) = 120 qmm Fläche. Also verhält sich die ganze Siebfläche 312 qmm zur Gesamt-fläche der Durchfallöffnungen 120 qmm = 100 : 38,4. Es hat also dieses Schlitzsieb 38,4% freie Siebfläche.

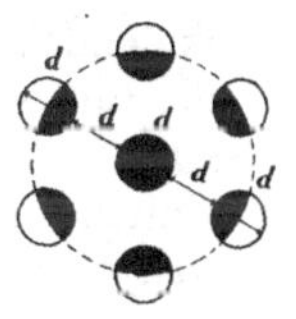

Abb. 63. Rund-gelochtes Blechsieb.

Nach der Form der Siebfläche unterscheidet man e b e n e S i e b e und T r o m m e l s i e b e, ferner sind zu trennen, feste und bewegte Siebe. Mit Hand bewegte Siebe werden nur selten und für kleine Leistungen angewendet, meistens sind zur Ersparung von Löhnen größere, maschinell bewegte Siebe im Gebrauch. Durch die Bewegung des Siebes erhöht sich die Leistung der Flächeneinheit, auch bewegt sich das Korn schon bei geringerer Neigung über die Siebfläche als bei festen Sieben, man erspart also bei bewegten Sieben an Bauhöhe.

Durch e i n Sieb kann das Gut nur in zwei Posten, die G r ö b e und das F e i n e[1]), zerlegt werden; will man eine Korngruppe in bestimmten Grenzen, z. B. von 40 bis 30 mm abscheiden, so müssen hierzu nacheinander zwei Siebe mit diesen Lochweiten angewendet werden; außerdem erhält man die Gröbe und das Feine, also im ganzen drei Posten. Will man allgemein n Korngrößen bilden, so sind $n-1$ Siebe anzu-wenden. Die Siebflächen können entweder so angeordnet werden, daß das gröbste Sieb das Gut zuerst aufnimmt; dann liegen die feineren Siebe der Reihe nach unter-einander; es ist dies für gröberes Gut die geeignetste Anordnung. (Über die R ü c k - f ü h r u n g s b l e c h e vgl. S. 63.) Oder das feinste Sieb nimmt zuerst die Massen auf, dann schließen sich die übrigen Siebe in derselben Ebene mit zunehmender Lochweite an. Diese Anordnung wird L a n g s i e b genannt und ist für feines Korn üblich.

Häufig trennt man das ganze Haufwerk zunächst durch ein mittleres Sieb — V o r s i e b — in Grobes und Feines und behandelt dann beides getrennt, das

---

[1]) In Deutschland werden bei der Bezeichnung der Korngrößen immer die Zeichen > (größer als) und < (kleiner als) verwendet. In den Vereinigten Staaten braucht man statt dessen das Pluszeichen (+ größer als) und das Minuszeichen (— kleiner als). Es ist also in diesem Sinne gleichbedeutend > 30 mm und + 30 mm.

Grobe auf untereinander liegenden Sieben mit abnehmender Lochweite, das Feine auf einem Langsiebe (vgl. auch den Stammbaum 3, S. 73).

Über die Wahl der S i e b w e i t e n (S i e b f o l g e oder S i e b s k a l a) in der Steinkohlenaufbereitung, auch als Vorarbeit für das Setzen, entscheiden lediglich die Gepflogenheiten im Kohlenhandel. Die Abstufungen in den Korngrößen sind im Verhältnis zum Gleichfälligkeitskoeffizienten (für Berge und Kohle 4,25) sehr klein, z. B. 8, 15, 25, 40, 50, 60, 100 *mm*.

Bei der Erzaufbereitung hat man früher für die Siebfolge mit Rücksicht auf die anschließende Setzarbeit der Theorie der Aufbereitung, und zwar den Gesetzen des Falles im freien Wasser weitgehend Rechnung getragen. Die Lochweiten der Siebe bildeten eine geometrische Reihe, deren Exponenten man K o e f f i z i e n t e n d e r S i e b s k a l a nannte. Man nahm an, daß sich gleichfällige Körner auf Setzmaschinen nicht mehr trennen ließen, und wählte daher den Siebskalenkoeffizienten etwas kleiner als den Gleichfälligkeitskoeffizienten.

Sollten z. B. Schwefelkies (spezifisches Gewicht 5,0) und Zinkblende (spezifisches Gewicht 4,0) getrennt werden — der Gleichfälligkeitskoeffizient ist hier 1,33 — so wählte man den Siebskalenkoeffizienten zu 1,25. Daraus berechnete sich, die Maschenweite des feinsten Siebes zu 1,0 *mm* angenommen, die Siebfolge: 1—1,25—1,56— —1,95—2,44—3,05—3,82—4,77—5,96—7,45—9,31—11,67—14,55—18,2 *mm*.

Man nahm an, daß z. B. ein Schwefelkieskorn von 1,0 *mm* Durchmesser mit einem Zinkblendekorn von 1,33 *mm* Durchmesser auch auf der Setzmaschine gleich schnell falle, und schied deshalb diese letzteren Körner bereits aus dem betreffenden Posten Setzgut aus, indem man die Lochweite des nächsten Siebes entsprechend kleiner, nämlich zu 1,25 *mm* wählte; die Unterschiede der Korndurchmesser wurden also in engen Grenzen gehalten, man sagt auch, es wurde e n g k l a s s i e r t.

Hierbei hatte man nicht darauf Rücksicht genommen, daß auf den Setzmaschinen nur die Anfangsgeschwindigkeiten zur Geltung kommen und daß die Körner im beengten Raume fallen (vgl. S. 49).

Nachdem die Geltung dieser Gesetze für den Setzprozeß erkannt worden ist, hat man die Zahl der Siebe und damit die Zahl der Setzmaschinen erheblich vermindert, ohne daß die Ergebnisse der Setzarbeit schlechter geworden wären, die Unterschiede der Korndurchmesser wurden also in weiteren Grenzen gehalten, es wird w e i t k l a s s i e r t. Außerdem rundet man selbstverständlich die durch Rechnung erhaltenen Werte entsprechend ab. Für den obgenannten Fall wählt man z. B. mit Fortlassung je einer der durch die frühere Rechnung erhaltenen Siebweiten die Siebfolge: 1,0—1,5—2,5—4,0—6,0—9,0—15,0 *mm*. Der Exponent dieser Reihe ist etwa 1,5. Es wird also zurzeit bei der Wahl des Siebskalenkoeffizienten den Vorgängen bei der Setzarbeit Rechnung getragen.

Die Größe der Setzmaschinen wird, namentlich in der Erzaufbereitung, üblicherweise in bestimmten Grenzen gehalten (vgl. S. 82), daher ergibt sich für kleinere Aufbereitungen eine entsprechend kleine, für größere Wäschen an und für sich eine größere Anzahl von Setzmaschinen. Da nun, namentlich bei zusammengesetztem Haufwerk, das Ergebnis des Setzprozesses doch ein besseres ist, wenn eng klassiertes Gut gesetzt wird, so ist bei großen Anlagen die Trennung in eine große Anzahl Korngrößen üblich, während man bei kleineren Anlagen auch mit einer kleineren Anzahl auskommen kann.

Die Trennung der Korngrößen wird wesentlich erleichtert, wenn viel L ä u t e rw a s s e r auf die Siebe geführt wird.

Bei der Trennung nach Korngrößen werden in der nassen Aufbereitung gewöhnlich nur Siebe bis zu 1 *mm* Maschenweite abwärts angewendet, bei der Zerkleinerung für die Schwimmaufbereitung dagegen, z. B. in Kugelmühlen, werden auch noch viel feinere Siebe benutzt.

Die Bezeichnung der M a s c h e n w e i t e n bei Drahtsieben geschieht bei den gröberen Körnungen immer nach Millimetern, bei den feinsten Sieben häufig noch nach Nummern, welche die Anzahl der Durchfallöffnungen auf einen laufenden englischen Zoll = 25,4 *mm* angeben. Die Maschenweite läßt sich bei feinen Sieben nur schwer messen; um sie aus der Nummer zu ermitteln, muß man noch die Drahtstärke kennen; diese ist bei den feinsten Sieben etwa $^2/_3$ der Maschenweite (vgl. die Zahlentafel). Bei Sieben von etwas größerer Maschenweite sind die Drahtstärken entsprechend schwächer. So nimmt man zu einem Siebe von 25 *mm* Maschenweite 6 *mm* starken Draht.

S i e b w e i t e n.

Gewebe-Nummer = Maschen auf 1 lfd. Zoll engl. = 25,40 *mm*	U n g e f ä h r e		Anzahl Maschen auf 1 *qcm*
	Drahtstärke in *mm*	lichte Maschenweite in *mm*[1])	
30	0,35	0,50	140
50	0,21	0,30	390
70	0,16	0,21	760
90	0,13	0,15	1250
120	0,09	0,12	2230
150	0,07	0,10	3500
200	0,045	0,08	6200
220	0,044	0,07	7500
250	0,042	0,06	9700

S i e b a n a l y s e. Namentlich, seitdem die Schwimmaufbereitung weitere Verbreitung gefunden hat und mit ihr die Feinzerkleinerung (bis zu 0,05 *mm* und weiter) durchgeführt wird, ist der Erfolg der Zerkleinerung durch die Siebanalyse genauer festgelegt worden. Man versteht hierunter die Feststellung der Anteile der Korngrößen vor und nach einem Zerkleinerungsvorgang. Als Beispiel diene die folgende.

S i e b a n a l y s e z u r N a ß r o h r m ü h l e[2]).

Sieb		Eintrag			Austrag		
Nr.	*mm*	*g*	%	Summ. %	*g*	%	Summ. %
25	> 0,62	92,2	18,44		0,5	0,10	
30	0,62—0,5	17,8	3,56		1,6	0,32	
40	0,5 —0,38	31,9	6,38		6,7	1,34	
50	0,38—0,3	35,1	7,02		16,3	3,26	
60	0,3 —0,23	8,0	1,60	37,00	4,0	0,80	5,82
80	0,23—0,18	78,7	15,74		75,5	15,10	
100	0,18—0,14	48,6	9,72		58,8	11,76	
120	0,14—0,12	35,1	7,02	32,48	35,1	7,02	33,88
180	0,12—0,081	44,8	8,96		69,7	13,94	
250	0,081—0,059	16,0	3,20		27,4	5,48	
—	< 0,059	85,8	17,16	29,32	197,4	39,48	58,90
V e r l u s t . . .		6,0	1,20	1,20	7,0	1,40	1,40
		500,0	100,00	100,00	500,0	100,00	100,00

[1]) Auf 0,01 *mm* abgerundet.
[2]) Zuerst von mir veröffentlicht in Met. u. Erz 1924, S. 5.

Aus den vorstehenden Siebanalysen sind die Korngrößen des in die Naßrohrmühle eingetragenen und des von ihr ausgetragenen Gutes ersichtlich. Es ist hervorzuheben, daß durch die Arbeit der Naßrohrmühle die Körnungen > 0,23 *mm* sich bis etwa auf ¹/₆ vermindert haben, die Mengen der Körnungen von 0,23—0,12 *mm* sind etwa gleich geblieben, dagegen haben sich die der Körnungen < 0,12 um das Doppelte erhöht.

Auch bei der Siebarbeit spricht man von U n t e r k o r n und Ü b e r k o r n. Namentlich, wenn zu viel Korn über ein Sieb hinweggeht, fällt nicht alles Feinkorn durch das Sieb hindurch, sondern gelangt unter das Grobe, d. h. es entsteht Unterkorn. Überkorn bildet sich auf den Sieben zuweilen dadurch, daß längliche, schmale Stücke durch die Sieböffnungen hindurchgleiten (vgl. auch S. 16).

D i e   e b e n e n   S i e b e.

A l l g e m e i n e s. Die S i e b f l ä c h e ist stets in einen R a h m e n eingelegt, der das Gut zusammenhält; in diesen sind zur Unterstützung feinerer Siebe Leisten, Stangen oder grobe Siebe eingebaut, auch greifen an ihn die Einrichtungen für das Aufstellen oder Aufhängen und für die Bewegung des Siebes an. Die Richtung in der Siebneigung, in der sich die Körner über die Siebfläche bewegen, heißt die L ä n g e des Siebes, je länger ein Sieb ist, desto besser wird die Klassierung erfolgen. Die Abmessung rechtwinklig zur Länge heißt die B r e i t e oder Q u e r r i c h t u n g, je breiter ein Sieb ist, desto größere Mengen Gut können darauf verarbeitet werden.

F e s t e   S i e b e sind nur selten in Anwendung, entweder sind sie schwach geneigt und das Gut wird mit Werkzeugen auf ihnen bewegt (R e i b s i e b e), oder sie haben 30—40⁰ Neigung und das Gut bewegt sich durch die eigene Schwere über das Sieb. Wird das Gut am oberen Ende aus den Fördergefäßen auf das Sieb entleert, so heißt es S t u r z s i e b, wird das Gut mit der Schaufel gegen das Sieb geworfen, so heißt es D u r c h w u r f s i e b.

D u r c h s c h l a g r o s t e[1]) werden verwendet, wenn aus dem Haufwerk die großen Stücke ausgehalten werden sollen, aber entweder nur wenig große Stücke vorkommen, so daß der Betrieb eines Steinbrechers nicht wirtschaftlich sein würde oder toniges Haufwerk sich im Brechmaul festsetzen würde. Ein Durchschlagrost wird aus hochkantig stehenden Flacheisen hergestellt, die an den Kreuzungsstellen entsprechend eingekerbt sind, so daß eine ebene Oberfläche entsteht. Will man den Durchschlagrost schonen, so verlegt man daneben eine starke Gußeisenplatte, auf der die Stücke mit schwerem Fäustel vorgeschlagen werden (vgl. S. 7). Trotzdem wird es notwendig, im Rost hängenbleibende Stücke durchzuschlagen, wodurch der Rost stark beansprucht wird.

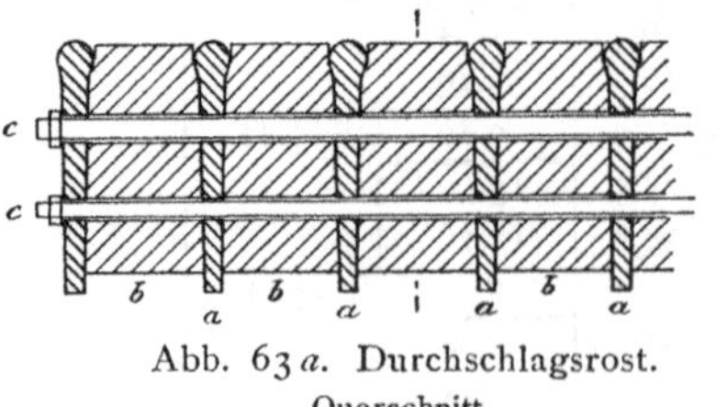

Abb. 63 a. Durchschlagsrost.
Querschnitt.

Eine besonders dauerhafte, allerdings auch teure Bauart erhält man, wenn Längsstäbe aus Wulsteisen *a* (Abb. 63 a) von 120 *mm* Profilhöhe und keilförmige Zwischenstücke *b* aus Stahlguß verwendet werden, die ebenso wie die Längsstäbe entsprechend durchlocht sind, so daß sie durch je zwei Spannschrauben *c* fest miteinander verbunden werden können.

Der K r ä h l und die G a b e l, mit denen zuweilen eine Trennung nach der Korngröße vorgenommen wird, sind schon B. I. S. 99, beschrieben worden.

M i t   H a n d   b e w e g t e, einfach gebaute S i e b e sind wohl bei kleineren Anlagen noch in Gebrauch, im allgemeinen ist aber den maschinell bewegten Sieben

---

[1]) E. G. A. 1918, S. 536.

wegen der größeren Leistungsfähigkeit und der billigeren Arbeit der Vorzug zu geben.

Die maschinell bewegten, ebenen Siebe sind einzuteilen in solche, bei denen das ganze Sieb, einschließlich Siebrahmen, in Bewegung gesetzt wird und in solche (gewisse Stangen- und Wellensiebe), bei denen sich in dem festverlagerten Siebrahmen die einzelnen Teile, welche die Siebfläche bilden, bewegen. Die Bewegung des ganzes Siebes kann erfolgen in der Siebebene und dabei eine hin und her gehende, d. h. unterbrochene sein. Die hin und her gehende Bewegung kann Längs- oder Querbewegung und außerdem Schüttel- oder Stoßbewegung sein. Das S c h ü t - t e l - oder R ü t t e l s i e b S (Abb. 64) wird gewöhnlich durch ein E x z e n t e r e nebst Schubstange, das S t o ß s i e b (Abb. 65) durch eine D a u m e n w e l l e d bewegt; letzteres fällt jedesmal gegen einen festverlagerten S t a u c h k l o t z k. Schüttelsiebe machen etwa 200 Spiele in der Minute, Stoßsiebe erheblich weniger. Die Stoßsiebe nennt man von dem Geräusch, das ihr Betrieb veranlaßt, auch R ä t t e r, jedoch hat sich diese Bezeichnung auch auf andere Siebe übertragen, ebenso braucht man rättern oder durchrättern gleichbedeutend mit sieben.

Die Siebe mit kreisender Bewegung (K r e i s e l r ä t t e r) haben sich neben den Schüttelsieben wegen des ruhigen Ganges und der großen Leistungsfähigkeit schnell eingeführt; die bekanntesten Bauarten sind: der K a r l i k sche P e n d e l r ä t t e r, der K l ö n n e-, der C o x e-[1]), der S e l t n e r[2]) und der S c h w i d t a l - R ä t t e r[3]).

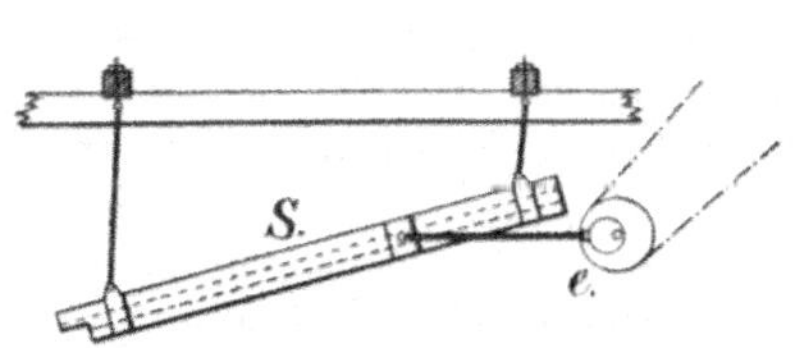

Abb. 64. Schüttelsieb.

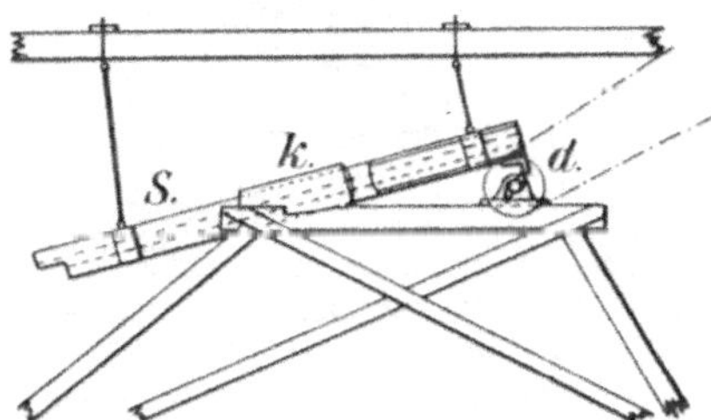

Abb. 65. Stoßsieb.

Der Karliksche Pendelrätter (Abb. 66) ist in den älteren sächsischen Steinkohlenwäschen noch in Gebrauch, er besteht aus dem S i e b k a s t e n S ʻ(die Seitenwand ist zum Teil entfernt), der mittels der H ä n g e s t a n g e n p^1 und des K u g e l - z a p f e n s Z in dem P y r a m i d e n g e r ü s t p aufgehängt ist; dieses letztere stützt sich auf das gemauerte F u n d a m e n t F. Die kreisende Bewegung des Siebkastens wird von der stehenden W e l l e W durch die K u r b e l s c h e i b e k vermittelt; in dem der Kurbel gegenüberliegenden Quadranten befindet sich zur Ausgleichung der Schwungmassen das G e g e n g e w i c h t Gg (eingegossenes Blei). Die L e n k - s t a n g e L, welche am Siebkasten gegabelt und mittels Gelenk bei c befestigt, anderseits bei r auf einer R o l l e verlagert ist, führt den Siebkasten bei der Umdrehung parallel zu sich selbst, sie trägt auch den E i n t r a g s c h u h E. Auf diesen wird das Gut mittels Wipper aus den Hunden oder durch Becherwerk entleert und gelangt dann allmählich auf das oberste und gröbste Sieb 1, die Gröbe wird bei A^1 ausgetragen, das durchfallende Gut wird durch das R ü c k f ü h r u n g s b l e c h B veranlaßt, seinen Weg über die ganze Länge des Siebes 2 zu nehmen. Es sind noch die feineren Siebe 3 und 4 eingebaut, zwischen beiden liegt ein weiteres Rückführungsblech B^1; das allerfeinste Gut fällt auf den einseitig geneigten Boden des Siebkastens

---

[1]) S c h u l z, W. E. G. A. 1894, S. 67.
[2]) L e h i n a n t. Ö. Z. 1903, S. 57.
[3]) S c h w i d t a l, G. Über die Entwicklung der Separationsapparate. E. G. A. 1897, S. 673.

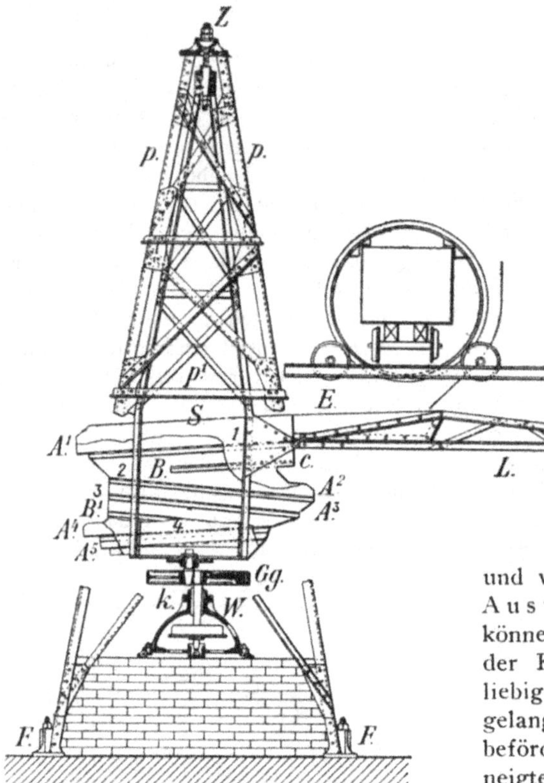

Abb. 66. Karliks Pendelrätter.

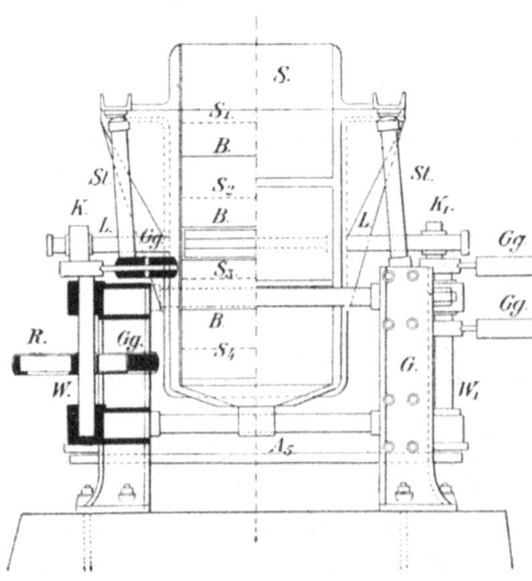

Abb. 67. Links Querschnitt,
Rechts: Ansicht von der kurzen Seite.

Abb. 67. Klönnes Kreiselrätter.

und wird bei A^5 ausgetragen. Die Austragschnauzen A^1 bis A^5 können, falls dies für die Verteilung der Korngrößen erwünscht ist, beliebig verlängert werden, aus ihnen gelangt das Gut zur Weiterbeförderung auf Rutschen (geneigte Gerinne) oder Förderbänder. Der Kurbelhalbmesser der Scheibe k beträgt etwa 5 cm; bei 120 Umdrehungen in der Minute und 2 qm Siebfläche für jedes Sieb leistet ein Pendelrätter 60 Doppelwagen zu 10 000 kg in 10 Stunden und braucht etwa 1½ PS. Die etwas unbequemen Abmessungen sind: Ganze Höhe über der Fundamentplatte 6,0 m, Abstand der Tragrolle für die Lenkstange vom Rättermittel ebenfalls 6 m; dabei liegt der Eintragschuh 2,4 m über der Fundamentplatte.

Der erste Stützrätter war der Klönne-Rätter (Abb. 67), er wurde in den Braunkohlen-Separationen Nordböhmens verwendet. Der Siebkasten ist ähnlich gebaut wie derjenige des Karlikschen Pendelrätters, S_1 bis S_4 sind die Siebe, B Rückführungsbleche, der Boden ist als flache, abgestumpfte Pyramide ausgebildet, so daß das feinste Gut unter dem Siebkasten bei A_5 ausgetragen wird. Der Rätter stützt sich auf ein Gestell G, mittels vier Stützen St, welche an den Enden abgerundet sind und in entsprechenden Lagern ruhen. Auf beiden Seiten sind je drei Lenkstangen L angeordnet, an welche die Kurbeln K und

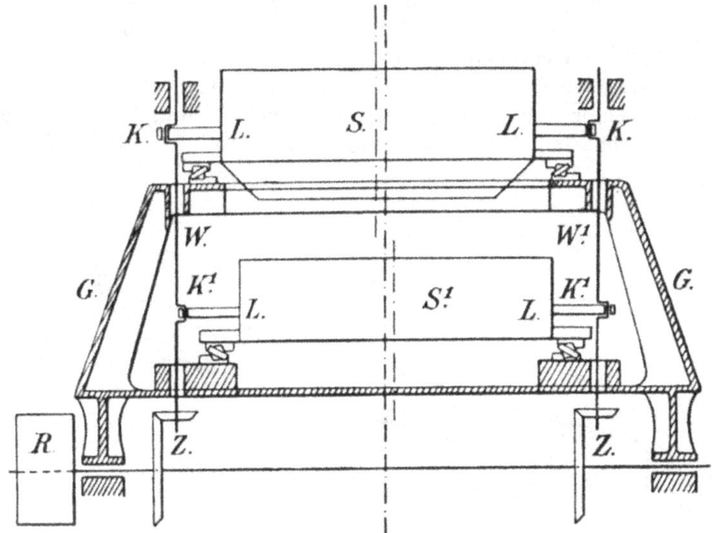

Abb. 68. Coxe-Rätter, Prinzip-Skizze.

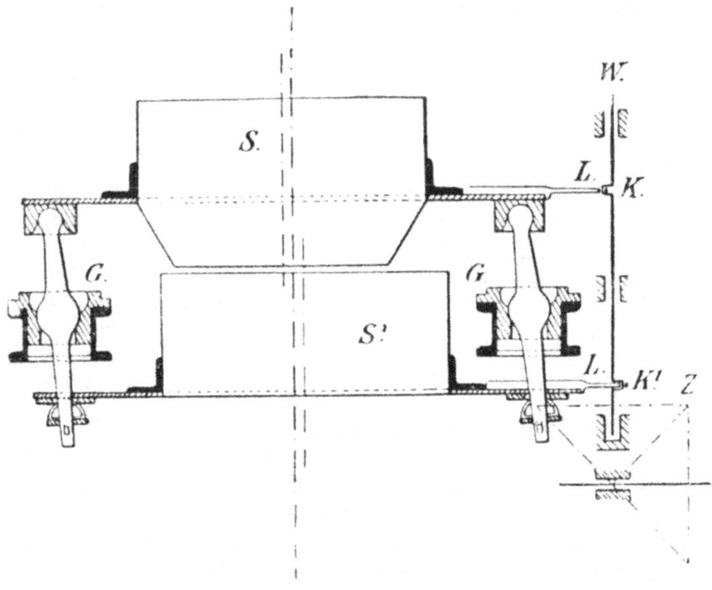

Abb. 69. Schwidtal-Rätter, Prinzip-Skizze.

K^1 zweier stehender Wellen W und W^1 angreifen. Der Ausgleich der Schwungmassen erfolgt durch Gegengewichte Gg, von diesen ist das eine in die Riemenscheibe R eingegossen, drei weitere sind an Hebeln auf den Wellen befestigt und gegen die Kurbeln um 180° versetzt. Die Bahnen der Gegengewichte sind mit Schutzkappen zu umgeben.

Bei den drei R ä t t e r n von C o x e, S e l t n e r und S c h w i d t a l ist der Siebkasten in zwei gleichschwere Hälften S, S^1 zerlegt und diese sind so angeordnet, daß
ihre Schwungmomente sich ausgleichen. Der Coxe-Rätter findet namentlich bei der
Aufbereitung des Anthrazits in Pennsylvanien Anwendung, der Seltner-Rätter ist in
Nordböhmen eingeführt und der Schwidtal-Rätter ist bei der Steinkohlenaufbereitung
in Oberschlesien vielfach in Gebrauch.

Der C o x e - R ä t t e r (Abb. 68) wird von zwei stehenden Wellen W und W^1
angetrieben, welche die beiden um 180⁰ versetzten Kurbeln K und K^1 tragen, letztere
sind mit den beiden Siebkästen durch Lenkstangen L verbunden. Jeder Siebkasten

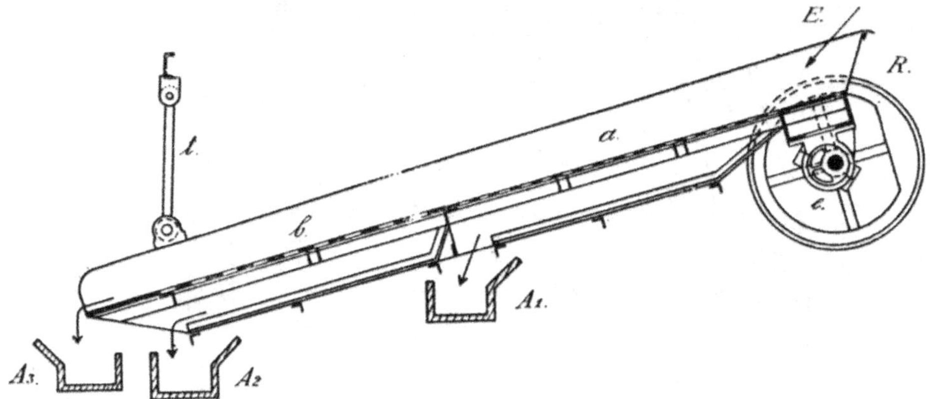

Abb. 70. Wurfsieb, nach Zeichnung der Maschinenfabrik Schüchtermannn und **Kremer**.

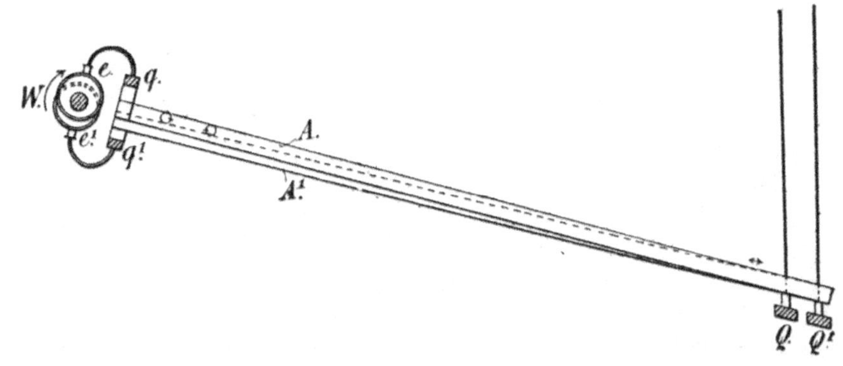

Abb. 71. Briarts Stangenrost.

läuft auf eigentümlich gestalteten Lagern. Die Bauart des Seltner-Rätters ist angenähert die gleiche, zur Stützung dienen gewöhnlich Kugellager.

Der S c h w i d t a l - R ä t t e r (Abb. 69) stützt sich auf vier Hebel, deren Mitten
in Kugellagern gehen. Der obere Siebkasten ist mit den oberen Enden der Hebel, der
untere Siebkasten mit den unteren gelenkig verbunden. Die kreisende Bewegung wird
den Siebkästen wie beim Coxe-Rätter durch eine stehende, zweimal gekröpfte Welle
und Lenkstangen erteilt.

Die Kreiselrätter werden mit Siebflächen bis zu je 6,5 qm gebaut und verarbeiten
dann 250 t Kohle in der Stunde in der Korngröße von etwa 50 mm abwärts.

Außer der Bewegung der ebenen Siebe in der Siebebene ist auch die Bewegung
in der zur Siebebene normalen Richtung, welche unmittelbar von rotierenden Exzen-

tern oder mittels Winkelhebel wie am Oberteile des Seltner-Rätters (vgl. S. 70) bewirkt wird, in Anwendung. Auch die Stützung auf schräg liegenden Federn wie beim Ferraris-Herd (s. d.) und bei Kreiß' Förderrinne (s. d.) kommt vor. Das Gut wird hierbei auf dem Siebe, welches deshalb W u r f s i e b heißt, geworfen und gut aufgelockert.

Abb. 70 zeigt ein Wurfsieb, das obere Ende wird durch Exzenter e angetrieben, jeder Punkt beschreibt einen Kreis in der senkrechten Ebene. Das untere Ende des Siebes ist an Stangen t pendelnd aufgehängt, die Wurfbewegung des oberen Endes geht also allmählich in die schwingende Bewegung des unteren Endes über. Daher auch die Bezeichnung E x z e n t e r - S c h w i n g s i e b.

Der Siebrahmen ist mit zwei Sieben, einem feineren a (z. B. = 20 mm) und einem gröberen b (z. B. = 30 mm) belegt. Bei A_1 wird das Gut < 20 mm ausgetragen, bei A_2 das Gut 20 bis 30 mm, während das Korn > 30 mm nach A_3 abgetragen wird.

Die S t a n g e n - und W e l l e n s i e b e mit selbständiger Bewegung der einzelnen Teile sind in den letzten Jahrzehnten ausgebildet worden; sie dienen zum Absieben der großen Stücke in der Kohlenaufbereitung und haben gegenüber den im ganzen beweglichen Stangenrosten den Vorteil,

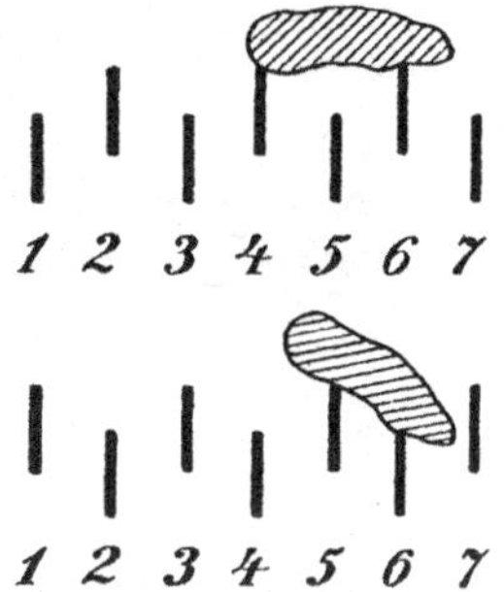

Abb. 72. Querschnitte durch einen Teil des Briartrostes.

daß die Sieböffnungen sich nicht leicht verlegen und der ganze Apparat ruhiger arbeitet. Bei vielen dieser Roste können die Stäbe oder Wellen leicht in etwas anderen Abständen im Rahmen verlagert und hierdurch die Durchfallöffnungen entsprechend geändert werden.

Aus der großen Zahl seien die folgenden Bauarten herausgehoben: der B r i a r t sche S t a n g e n r o s t (Abb. 71) besteht nur aus Längsstäben, von diesen sind die abwechselnden Stäbe A und A^1 je an einem Querstabe q bezw. q^1 befestigt. Jedes System wird von der Welle W aus mittels Exzenter e und e^1 und gekrümmter Verbindungsstangen so bewegt, daß die einzelnen Punkte der Stäbe am oberen Ende Kreise beschreiben, während die unteren, auf angehängten Querstäben Q, Q^1 aufliegenden Enden eine hin- und hergehende Bewegung haben. Die Stabsysteme heben abwechselnd die großen Stücke um den Durchmesser des Exzenterkreises vorwärts, das Klare fällt durch. Die Oberfläche des Rostes bildet in der Querrichtung eine gewellte Fläche, hierdurch werden die größeren Kohlenstücke mehrfach gewendet. Die Abb. 72 a und b zeigen

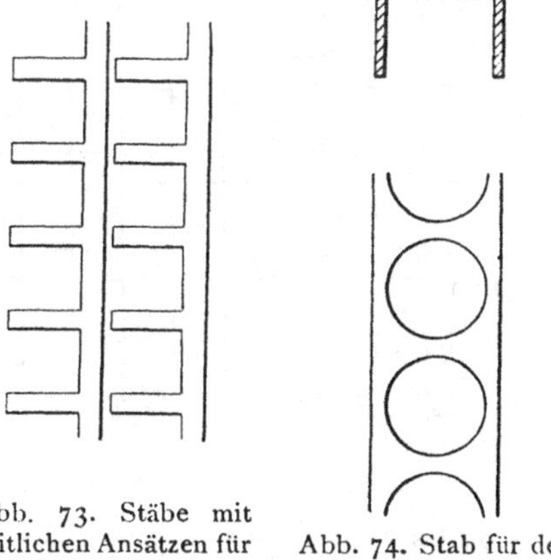

Abb. 73. Stäbe mit seitlichen Ansätzen für Stangenrost.

Abb. 74. Stab für den Baumschen Rost.

im Querschnitt einen Teil der Roststäbe in den beiden äußersten Lagen, zwischen beiden hat eine halbe Umdrehung der Welle W stattgefunden.

Werden, wie beim Briart-Rost, starke senkrecht stehende Flacheisen als Stäbe verwendet, so fallen leicht große, aber flache Stücke durch den Rost hindurch, sie sind bei der Setzarbeit hinderlich. Um dieses zu verhindern, hat man entweder Roststäbe mit seitlichen Ansätzen (Abb. 73) verwendet, so daß quadratische Öffnungen entstehen, oder es dienen nach B a u m umgekehrte U-Eisen als Stäbe, welche mit kreisrunden Lochungen versehen sind (Abb. 74). Der Rostfläche gibt man 3 bis 4 m Länge bei

1,5 bis 2,0 *m* Breite; die Neigung beträgt 8 bis 10⁰, die Zahl der Umdrehungen in der Minute 30 bis 40, der Energiebedarf 1 PS. 1 Rost verarbeitet 60 bis 100 *t* in der Stunde.

Die Abb. 75—81 geben einige übliche Formen von W e l l e n r o s t e n. Der Rost von B o r g m a n n & E m d e (Abb. 75—77) besteht aus in den R a h m e n *r* festeingebauten Längsstäben *A*, welche zur Aufnahme der sich drehenden Querstäbe *B*

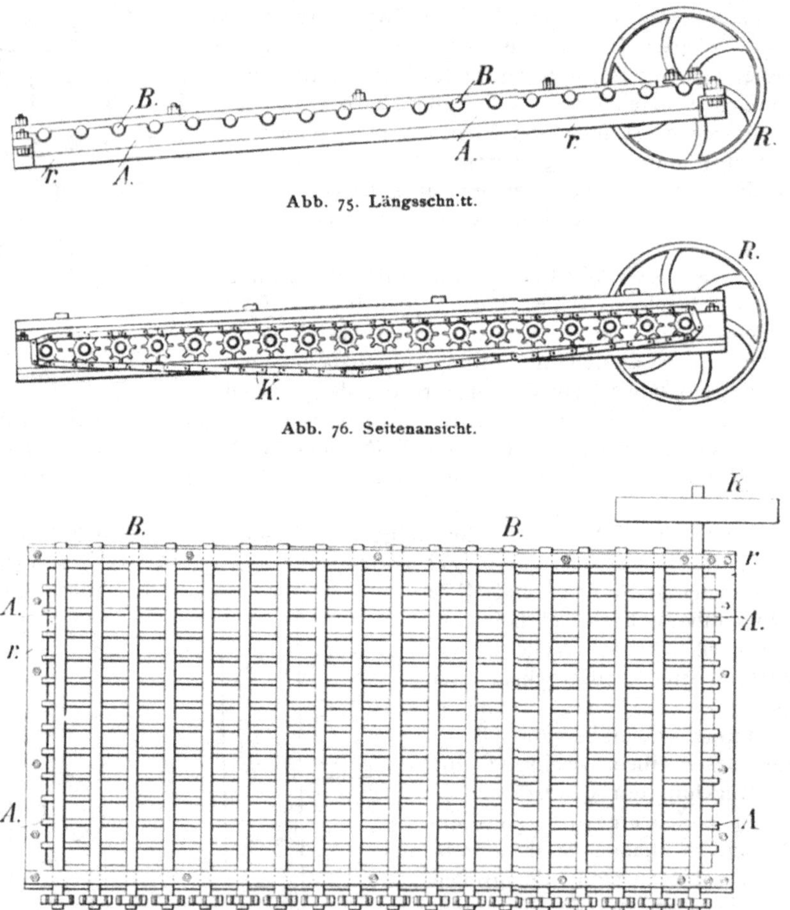

Abb. 75. Längsschnitt.

Abb. 76. Seitenansicht.

Abb. 77. Grundriß (ohne Kette).

Abb. 75 bis 77. Rost von Borgmann und Emde. Nach Lamprecht, Kohlenaufbereitung.

entsprechende Aussparungen haben, die Sieboberfläche ist eben, die Durchfallöffnungen sind Quadrate; der Antrieb der Querstäbe erfolgt durch Kettenräder und Kette ohne Ende *K* von der R i e m e n s c h e i b e *R* aus.

Bei dem Roste von K a r o p (Abb. 78—79) sind auf die Querstäbe Körper von angenähert elliptischem Querschnitte aufgesetzt, und zwar sind diejenigen der benachbarten Querstäbe um 90⁰ gegeneinander verdreht; der Antrieb erfolgt durch Kettenräder *k*, die abwechselnd auf den beiden Seiten der Querstäbe befestigt sind. Auch hier sind die Sieböffnungen Quadrate, jedoch erhält die Sieboberfläche eine Wellenbewegung, durch die eine weitgehende Auflockerung des Gutes stattfindet.

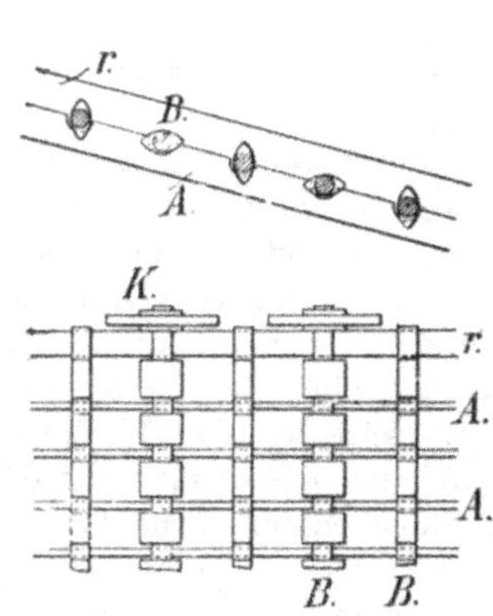

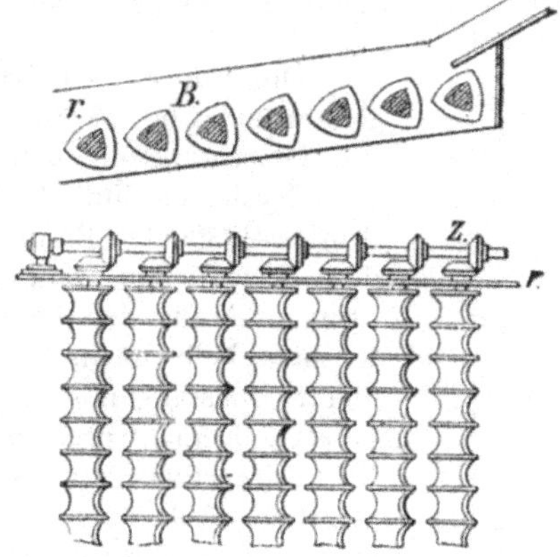

Abb. 78 und 79. Rost, Patent Karop.   Abb. 80 und 81. Rost von Distl-Suski.

Die neuen Distl-Suski-Roste (Abb. 80 und 81), auch Kaliber-Roste genannt, haben Querstäbe vom Querschnitt eines Bogendreieckes, zwischen vorspringenden Rippen sind Einschnürungen (Kaliber) vorhanden, so daß ohne Anwendung von Längsstäben kreisförmige (oder auch quadratische) Sieböffnungen entstehen. Bei den Distl-Suski-Rosten findet ein eigentümliches Heben und Senken der Sieboberfläche statt.

Hieher gehört auch der Exzenterrost[1]) von Fr. Gröppel in Bochum, er besteht aus Querstäben, auf denen Exzenter im Abstande der Spaltweite so an-

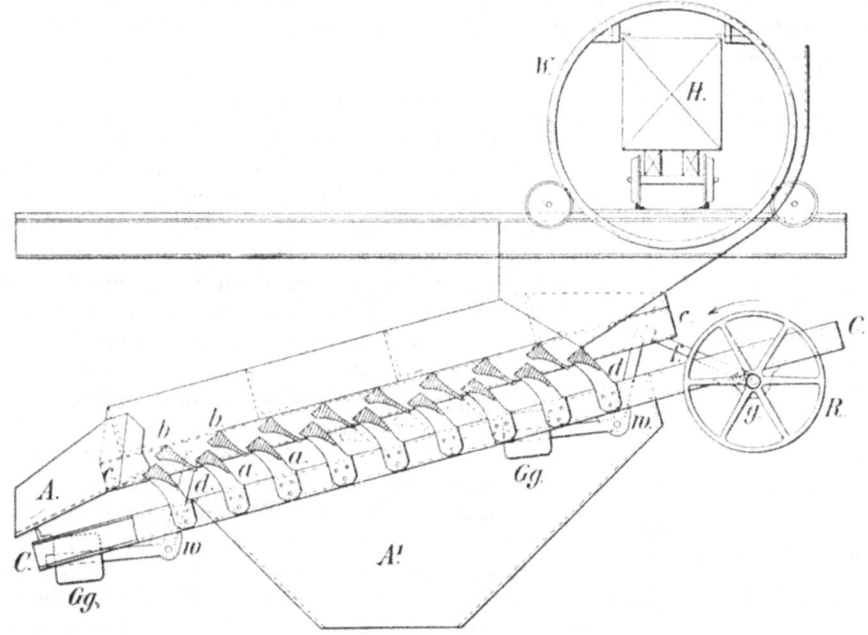

Abb. 82. Stangenrost, Seltner, Längsschnitt.

<hr>

[1]) E. G. A. 1910, S. 1506.

geordnet sind, daß die in einer Längsreihe angeordneten gleiche Exzentrizität haben. Dagegen sind die auf einem Querstabe befindlichen Exzenter abwechselnd um 180° versetzt.

Die Zahl der Umdrehungen der Wellen beträgt bei allen diesen Rosten etwa 60 bis 80 in der Minute.

Der Stangenrost S e l t n e r[1]) (Abb. 82 und 83) besteht aus zwei Systemen ähnlichgebauter Querstäbe, von denen das eine a in dem festliegenden Rahmen C eingebaut ist, während das andere b in dem beweglichen Rahmen c befestigt ist. Letzterer ruht mit vier Stützen d auf den beiden Wellen w und wird von der mittels Riemenscheibe R in Umdrehung gesetzten Welle g durch Kurbeln und Schubstangen f in auf- und abwärts schwingende Bewegung gesetzt. Dementsprechend sind die feststehenden Roststäbe auf der Rückseite etwas konvex, die bewegten Stäbe entsprechend konkav gehalten. Abb. 82 zeigt das Stabsystem b in der höchsten Stellung, punktiert ist die niedrigste Stellung bei den mittelsten Stäben angedeutet; die Gegengewichte Gg gleichen das Gewicht des bewegten Systems aus.

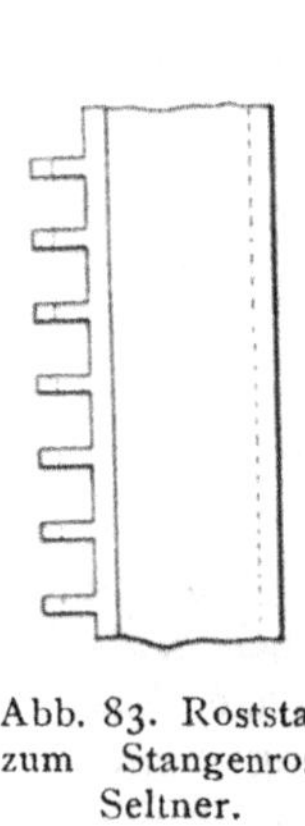

Abb. 83. Roststab zum Stangenrost Seltner.

Während die Rückseite der Roststäbe voll ist, besteht die arbeitende Fläche aus kurzen, rippenartigen Ansätzen (Abb. 83), zwischen denen quadratische Öffnungen verbleiben, und zwar verlaufen diese Rippen nach unten schwächer, um das Durchfallen der Stücke zu erleichtern. Die Rostoberfläche, deren gesamte Neigung etwa 12° beträgt, wird daher aus schrägliegenden, sich hebenden und senkenden Stufen gebildet, über welche das Siebgut in schonender Weise vorwärts geschoben wird. Die Roste erhalten gewöhnlich 1,6 m Breite und 3,0 m Länge; bei 40 bis 45 Spielen in der Minute beträgt der Arbeitsbedarf 3 PS. Im Ostrau-Karwiner Steinkohlenrevier arbeitet eine Anzahl derartiger Roste zufriedenstellend seit dem Jahre 1899.

Die Trommelsiebe.

Die Trommelsiebe bestehen aus Siebflächen, welche um eine Achse symmetrisch angeordnet sind; entweder ist die Siebfläche gekrümmt (konische, zylindrische Siebtrommel), oder es sind mehrere ebene Siebflächen vorhanden (prismatische, abgestumpft pyramidale Siebtrommel). Die Achse der zylindrischen und prismatischen Trommel muß etwas geneigt verlagert werden, damit von dem Gute, welches an dem einen Ende eingetragen wird, die Gröbe an das andere Ende zum Austrage gelangt, oder es müssen besondere Einrichtungen, z. B. Bleche, die nach der Schraubenlinie verlaufen, in die Trommel eingebaut sein. Bei der konischen und pyramidalen Trommel ist die Achse wagrecht verlagert, die Siebfläche schließt mit der Achse einen Winkel etwa von 4° ein. Am häufigsten wird die konische Trommel (Abb. 84 und 85) angewendet; die Verbindung des Siebmantels mit der Achse geschieht durch Sterne und Schraubenmuttern; an der Eintrag- und Austragseite wird das Sieb durch Eisen-

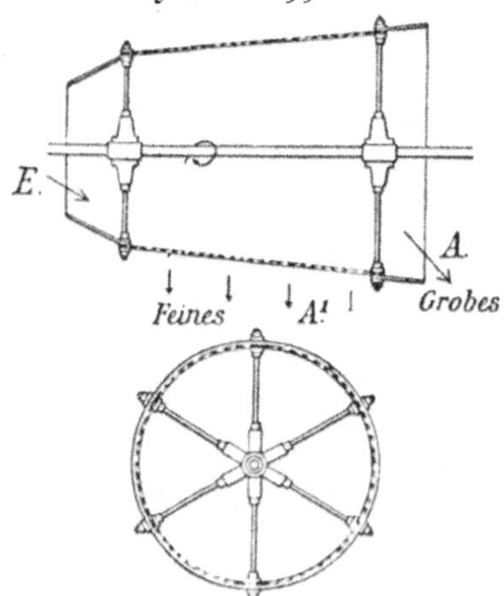

Abb. 84 und 85. Konische Trommel im Längs- und Querschnitt.

---

[1]) M l á d e k. Ö. Z. 1901, S. 681, Tf. XX.

blechkegel verlängert. Die Siebtrommeln erhalten etwa 8 bis 12 Umdrehungen in der Minute durch ein Zahnrad oder eine Riemenscheibe, die auf der verlängerten Achse sitzt.

Sollen mehrere Siebweiten angewendet werden, so sind vorwiegend drei Anordnungen üblich: die Langtrommel, die konzentrische Trommel und die Stufentrommel.

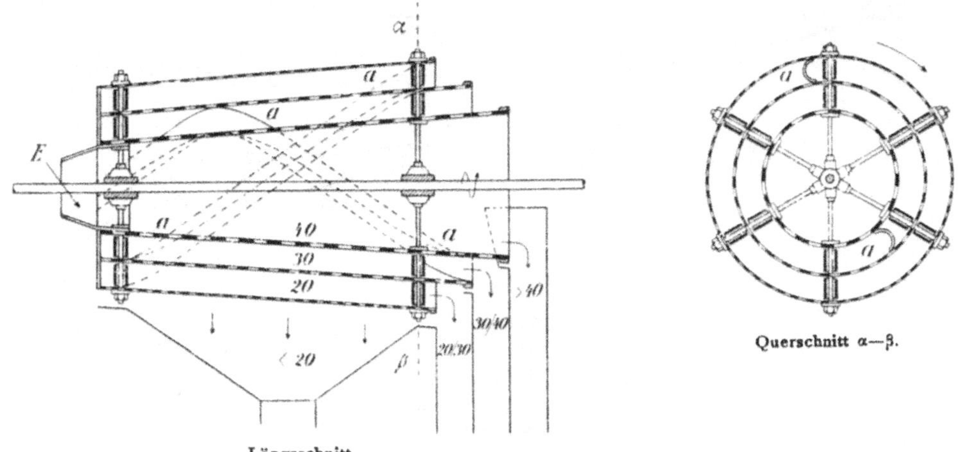

Abb. 86 und 87. Konzentrische Trommel mit Austragerinnen.

Bei der **Langtrommel** bilden sämtliche angewendete Siebweiten **einen** abgestumpften Kegel; das Gut gelangt zunächst auf das feinste Sieb, dann der Reihe nach auf die anschließenden gröberen Siebe. Unter jedem Trommelteile sammelt sich die betreffende Korngröße.

Sehr schwere Langtrommeln werden nicht mit durchgehender Achse gebaut, sondern sind mit Kränzen versehen, mit denen sie auf Rollen laufen, zum Antriebe dient ein umlaufender Zahnkranz, in den ein Zahnrad eingreift.

In der **konzentrischen Trommel** (Abb. 86 und 87) bilden die Siebe konzentrische Kegelmäntel, das gröbste Sieb liegt innen, das feinste außen. Man baut Trommeln mit drei bis vier konzentrischen Sieben. Das Austragen der verschiedenen Korngrößen am Trommelende wird erleichtert, wenn die gröberen Siebe etwas länger sind als die feineren. Verstopfungen der Maschen des feinsten Siebes werden am besten verhindert, wenn aus einem an der Außenseite der oberen Trommelhälfte in der Achsenrichtung entlang geführten

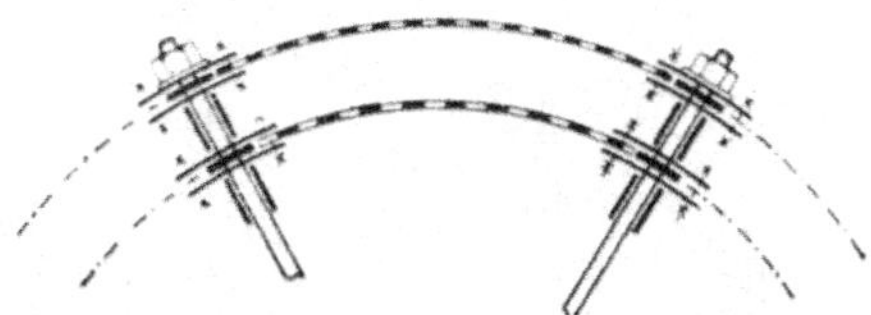

Abb. 88. Einrichtung zum Einschieben der Siebbleche in eine konzentrische Trommel.

Rohre feine Wasserstrahlen gegen die Trommel ausspritzen. Der Abstand der Siebe wird durch Rohrstücke geregelt, die auf die Sternarme aufgeschoben sind.

Falls ein inneres Sieb schadhaft wird, müssen bei der gewöhnlichen Bauart die sämtlichen äußeren Siebe entfernt werden. Diese zeitraubende Arbeit kann dadurch gespart werden, daß auf den Sternarmen besondere doppelt-u-förmige Mantelstücke befestigt sind, in welche die einzelnen Bleche von der weiteren Seite der Trommel eingeschoben werden können (Abb. 88). Bei dem großen Durchmesser, den man den konzentrischen Trommeln gewöhnlich gibt, spielt der kleine Verlust an Siebfläche, der hiedurch bedingt ist, keine Rolle.

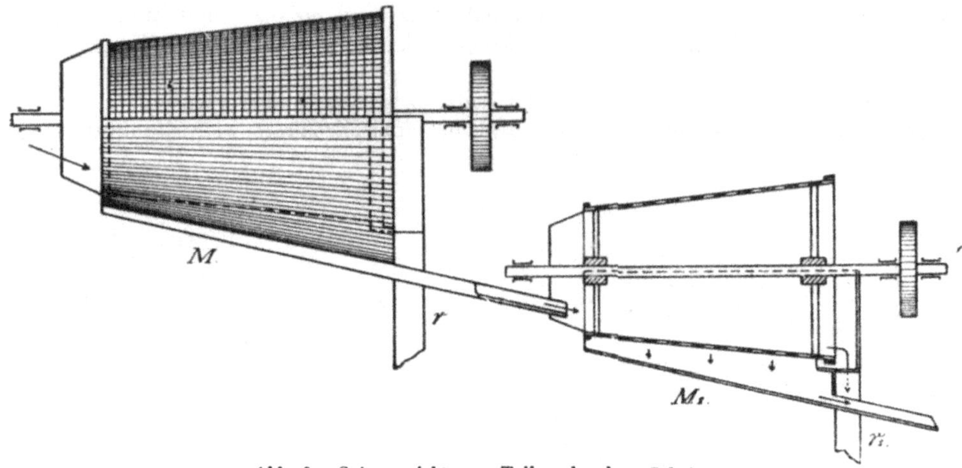

Abb. 89. Seitenansicht, zum Teil senkrechter Schnitt.

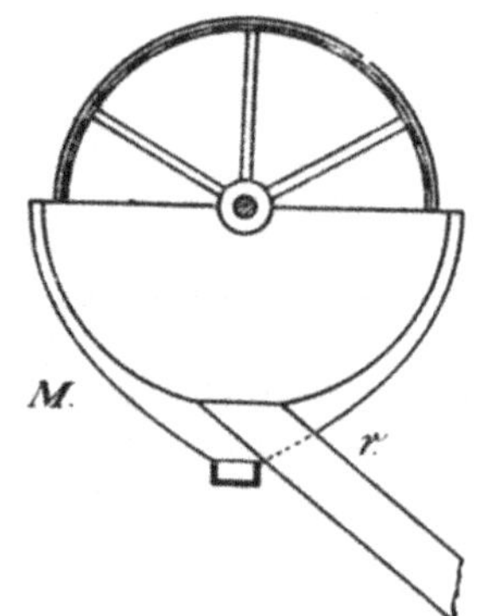

Abb. 89a. Ansicht von rechts.

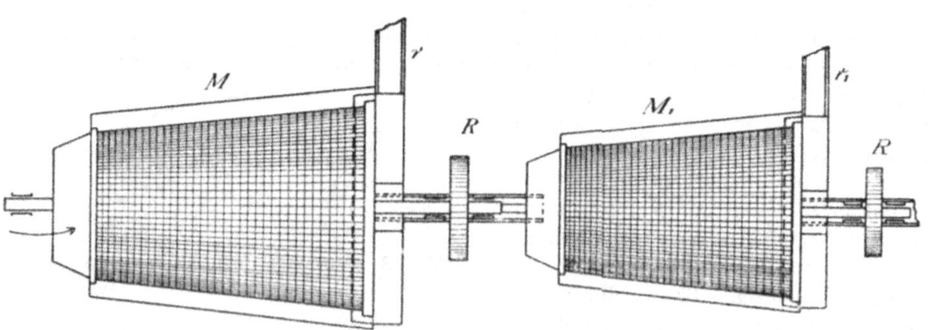

Abb. 90. Grundriß.

Abb. 89 und 90. Stufentrommel.

Mehr als drei oder vier Siebweiten vereinigt man selten weder in einer Langtrommel noch in einer konzentrischen Trommel. Soll eine größere Zahl von Korngrößen hergestellt werden, so verteilt man die Siebe auf mehrere Trommeln, die dann untereinander angeordnet werden und daher S t u f e n t r o m m e l n heißen (Abb. 89 und 90). Das Grobe wird am weiteren Ende der Trommel in ein Rohr r ausgetragen, das oben soweit nötig erweitert ist. Um das durchfallende Gut zu sammeln, ist der untere Teil der Trommel mit einem Mantel *M* umgeben, in diesen fließt auch das Läuterwasser und führt das Gut an dem Abfallrohr *r* vorbei der nächsten, etwas tiefer liegenden Trommel zu, welche die nächst kleinere Korngröße abscheidet. Wie die beiden beigefügten Stammbäume zeigen, werden nicht selten Langtrommeln angeordnet. Die Klassierung wird bei Anwendung von Stufentrommeln besonders übersichtlich.

3. Stammbaum [1]).

Stufentrommeln unter Verwendung einer Vortrommel mit mittlerer Siebweite und Langtrommeln.

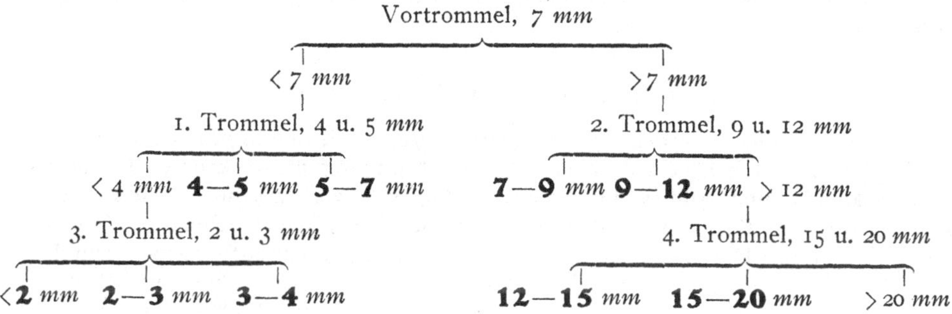

4. Stammbaum [1]).

Stufentrommeln unter Verwendung konzentrischer Trommeln.

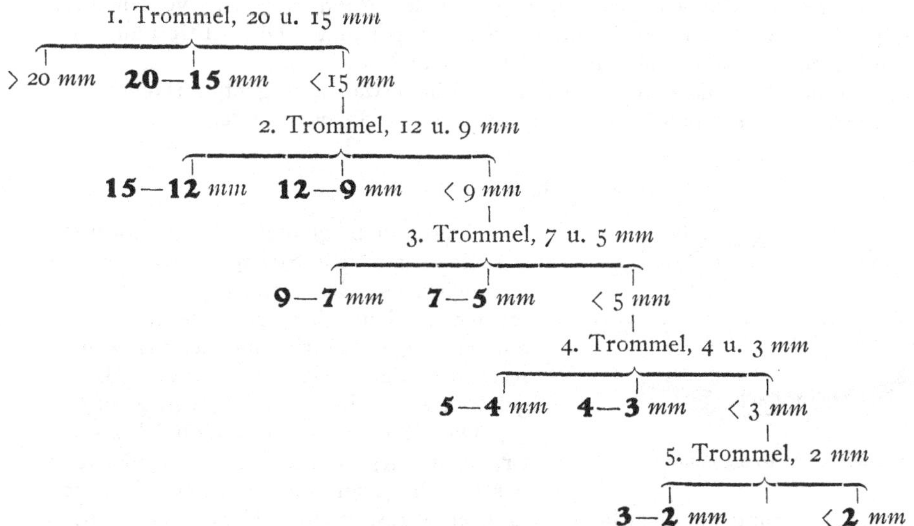

[1]) Die fertigen Korngrößen sind durch fetteren Druck hervorgehoben.

Trommelsiebe haben den Vorteil des ruhigen Ganges, dagegen haben sie den Nachteil, daß das Gut starken Abtrieb erleidet, es wird nämlich von der Trommel in der Drehrichtung mit in die Höhe genommen und rollt und rutscht dann in der Richtung der stärksten Neigung herab, so daß der Weg des Kornes durch die Trommel ein zickzackförmiger und verhältnismäßig langer wird. Bei der konzentrischen Trommel tritt das besonders hervor, wenn, um den Durchmesser nicht zu groß werden zu lassen, der Abstand zwischen den einzelnen Sieben klein bemessen wird.

Diesen Übelstand vermeidet man dadurch (Abb. 86 und 87), daß zwischen die einzelnen Siebe nach Schraubenlinien verlaufende Austragrinnen a mit etwa 35^0 Neigung eingebaut werden, so daß bei jedem Umlaufe das zwischen zwei Sieben befindliche Gut ausgetragen wird.

Bei nassem Sieben können Verstopfungen der Maschen dadurch behoben werden, daß aus Röhren, die am oberen Teile der Trommeln entlang geführt sind, kräftige Wasserstrahlen gegen die Siebe spritzen.

Trennen nach der Kornform.

In seltenen Fällen werden in der Aufbereitung Einrichtungen angewendet, welche die **Trennung nach der Form der Körner** bezwecken; so kommen in der Steinkohlen- und Anthrazitaufbereitung Apparate vor, welche die in flachen Stücken brechenden Berge von den in würfeligen Stücken brechenden Kohlen selbsttätig sondern. Die bei der pennsylvanischen Anthrazitaufbereitung durch Coxe eingeführten Vorrichtungen (Abb. 91) schließen an die eigentlichen Siebvorrichtungen an. Sie bestehen aus Winkeleisen, welche in der Richtung der Siebneigung liegen und Rinnen mit einer steil und einer flachgelegten Seite bilden. Würfelige Körner

Abb. 91. Selbsttätige Klaubetafel im Querschnitt.

rollen über die Rinnen entlang, plattenförmige legen sich auf die flache Seite der Rinne und rutschen dann durch die in der steilen Seite angebrachten Schlitze ab. Da sie das Auslesen (Klauben) der Schiefer mit der Hand ersetzen, werden diese Einrichtungen **selbsttätige Klaubetafeln** genannt. Die Entfernung der plattenförmigen Stücke heißt auch **Entplattelung**.

Allard[1]) benützt Stäbe von A-Form, welche etwas divergent verlagert sind (D. R. P. 122 656). Die Einrichtung wirkt ebenso wie die von Coxe.

Das Abläutern.

Gewöhnlich genügt das Überbrausen des Gutes auf den Siebapparaten, um ein ausreichendes Abläutern (vgl. S. 60) zu erreichen. Nur bei sehr lettigem Erz müssen eigene Einrichtungen angewendet werden, um zum Ziele zu gelangen. Hieher gehören z. B. die Reibsiebe (vgl. S. 62).

Die **Läutertrommeln (Waschtrommeln)** werden aus ungelochtem Eisenblech gebaut und erhalten die durch

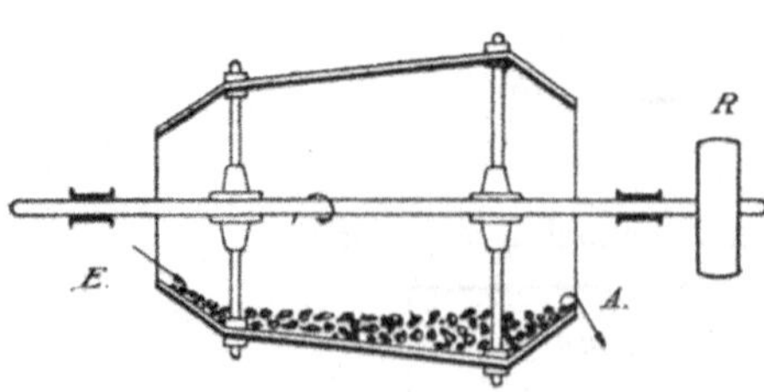

Abb. 92. Waschtrommel.

Abb. 92 im Längsschnitte ersichtliche, aus drei abgestumpften Kegeln zusammengesetzte Form; hierdurch wird das Wasser samt den Körnern nach Maßgabe der

---

[1]) **Esser.** Separation der Kohle nach dem Verfahren von François Allard. E. G. A. 1902, S. 1171.

in der Zeiteinheit eingetragenen Menge Gut längere Zeit in der Trommel zurückgehalten und bei deren Umdrehung eine sehr gründliche Läuterung bewirkt.

Größere Läutertrommeln (Abb. 93—94) werden zylindrisch aus starken Eisenblechen gebaut und mit Verschleißplatten ausgekleidet, sie laufen mit eisernen Ringen R auf Rollen r, die mit Spurkränzen versehen sind. Der Antrieb erfolgt durch einen Zahnkranz Z und ein zugehöriges Zahnrad z. An den Enden ist die Trommel bis auf zentrale, kreisförmige Öffnungen, an der einen Seite für den Ein-

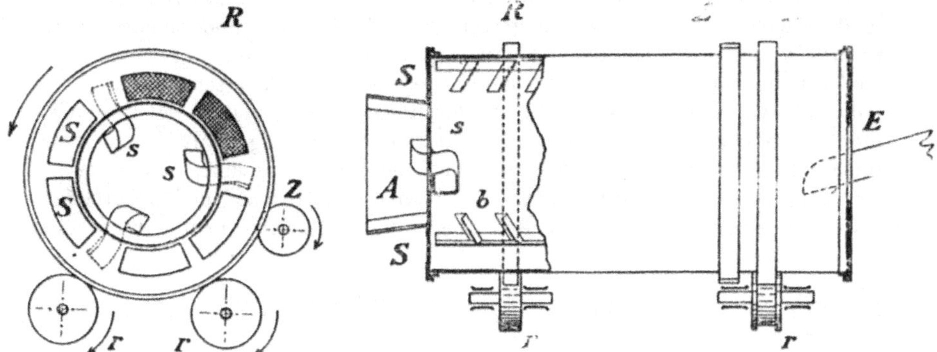

Abb. 93 und 94. Große Läutertrommel.

trag E, auf der anderen für den Austrag durch ringförmige Bleche geschlossen. Der Eintrag des Gutes in die Trommel erfolgt unter starkem Wasserzufluß mittels eines in die Trommel hineinragenden festen Gerinnes. Auf der Austragseite ist diese Ringfläche häufig zum Teil durch ein Sieb S gebildet, um dem schlammigen Wasser und dem Korne bis zu bestimmter Größe den Durchtritt zu gestatten. Der Austrag des Grobkornes erfolgt durch eingebaute Hubschaufeln s in ein an die Trommel angebautes konisches Austragrohr A. Unter Umständen werden in die Trommel Rührschaufeln b eingebaut. Solche Trommeln finden z. B. bei der Aufbereitung der lettigen oberschlesischen Bleizinkerze und bei der Aufbereitung der Basalteisensteine in den Vogelsbergen Verwendung.

Auf den südafrikanischen Diamantgruben wird das diamantführende Gestein, dort K i m b e r l i t genannt, nach hinreichender Verwitterung zum Entfernen der tonigen Bestandteile in R ü h r p f a n n e n abgeläutert[1]) (Abb. 95). Die P f a n n e n P sind kreisförmig aus Eisenblech gebaut, haben bis zu 4,2 m Durchmesser und 450 mm äußere

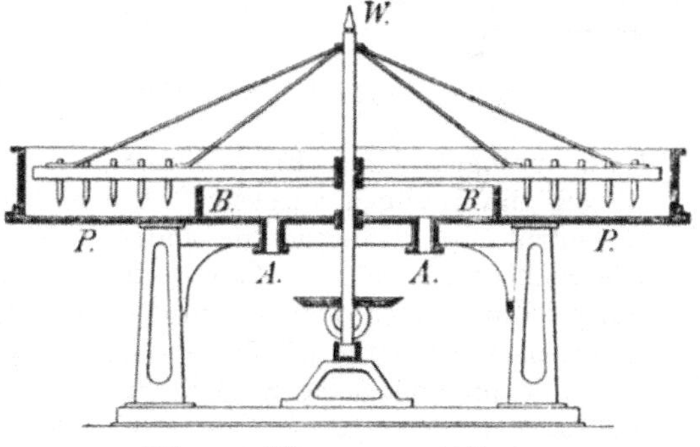

Abb. 95. Pfanne zum Abläutern.

Bordhöhe, in 0,9 m Abstand von der Mitte ist eine niedrige W a n d B von 225 mm Höhe angebracht. Die zentrale W e l l e W trägt etwa 10 wagrechte Arme mit je 5 bis 7 Rührern. Das Gut wird aus einem Vorratsbehälter am äußeren Rande eingetragen; das die tonigen Massen mitführende Wasser tritt über die niedrige Wand B aus und gelangt durch die Austragöffnungen A, um etwa mitgerissene Diamanten noch abzuscheiden, auf eine zweite, etwas kleinere Rührpfanne. Die Rührer sind in

---

[1]) F o r s t e r l e N e v e. Ore and stone mining. 7. Aufl. London 1910

Spiralen so angeordnet, daß das am Boden der Pfanne sich sammelnde Gut nach außen gedrängt wird. Jede Rührpfanne setzt täglich 100 *cbm* Gut durch; der niedersinkende schwere Bodensatz beträgt etwa $^1/_{100}$ der aufgegebenen Masse und wird täglich zweimal durch Öffnen einer Bodenklappe in einen untergeschobenen Hund entfernt. Er enthält alle Diamanten mit den nicht verwitterten Mineralien und wird nach Herstellung von Korngrößen durch Siebe auf Bettsetzmaschinen weiter verarbeitet.

Die Läutevorrichtung von Siebel-Freygang in Gießen[1]) ist auf den Basalteisenstein- und Bauxitgruben in Oberhessen in Anwendung. Es handelt sich dort darum, die im Tagbau gewonnenen, in Knollen und Körnern vorkommenden Erze von den begleitenden Tonmassen zu trennen. Die Vorrichtung ist dort zum Teil an die Stelle der Läutertrommeln getreten. In dem schräg liegenden Rohre *a* (Abb. 96) von etwa 55 *cm* lichtem Durchmesser, welches bei *W* mit seitlichen Zapfen in Böcken kippbar und bei *f* feststellbar verlagert ist, wird eine Schnecke ohne Ende durch das Vorgelege *b* in Umdrehung versetzt. Am unteren Ende ist der Aufgabetrichter *c* aufgesetzt. Das Haufwerk wird auf dem Oberboden aufgestürzt und in einem Troge *B* mit Rührwerk und Wasserzuführung durch das

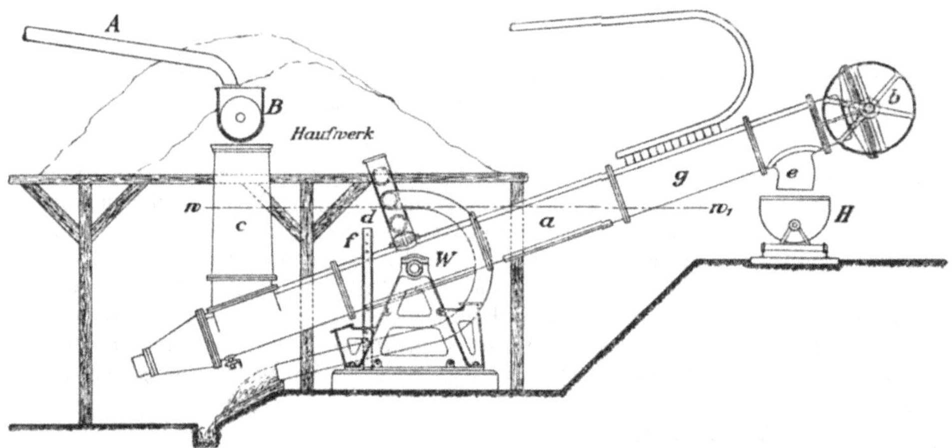

Abb. 96. Abläutevorrichtung Siebel-Freygang.

Rohr *A* gut durchgearbeitet. Etwa in der Mitte des Rohres *a* ist ein Stutzen *d* mit mehreren Auslauföffnungen aufgesetzt. An eine derselben setzt das Abflußrohr für die Schlammtrübe an, während die anderen durch Blindflansche verschlossen sind. Durch die Höhenlage des Ausflusses wird der Wasserstand w, w_1 in der ganzen Vorrichtung bedingt. Den oberen Teil des Rohres *a* bildet der offene Trog *g*, in den ebenfalls mittels einer Brause Läuterwasser zugeführt wird. Das abgeläuterte Gut wird bei *e* in Kipphunde ausgetragen. Falls Basaltbrocken mit vorkommen, muß es noch überklaubt werden. Je nach der Menge des aufgegebenen Gutes, der Neigung des Rohres *a*, der Umdrehungszahl der Schnecke und dem Stande des Wasserspiegels kann die Dauer der Abläuterung zweckentsprechend geregelt werden.

Jeder Apparat verarbeitet in 10 Stunden etwa 160 bis 200 *t* Roherz und scheidet daraus 25% Erz = 40 bis 50 *t* ab. Der Wasserverbrauch beträgt $^1/_3$ bis $^2/_3$ *cbm/Min*, der Arbeitsbedarf 10 PS. Die Trübe geht unter Umständen noch über eine Setzmaschine, um Feinerz zu gewinnen. Über die sehr umfängliche Schlammwirtschaft

---

[1]) K ö b r i c h. Eisenerzaufbereitung nach dem Verfahren Siebel-Freygang auf den Gruben in der Provinz Oberhessen. E. G. A. 1914, S. 481.

vgl. S. 188. Starker Abnutzung ist die Schnecke unterworfen. Sie ist aus einzelnen Gängen zusammengesetzt, die auf die Hauptwelle aufgeschoben werden und sich leicht auswechseln lassen.

C. Die Setzarbeit[1]).

Allgemeines.

Die Trennung auf Setzmaschinen beruht darauf, daß die Körner mit verschiedenen Fallgeschwindigkeiten wiederholt im Wasser durch kleine Höhen herabfallen.

Dem Setzen des gröberen Kornes (Grobkornsetzen) — in der Steinkohlenaufbereitung etwa von 60 bis 8 *mm*, in der Erzaufbereitung von etwa 20 bis etwa 1 *mm* — geht gewöhnlich die Herstellung von Korngrößen auf Sieben voraus. Die Trennung erklärt sich hier einfach dadurch, daß von angenähert gleich großen Körnern das schwerere die größere Fallgeschwindigkeit hat.

Während man früher annahm (vgl. auch S. 60), daß der Setzarbeit eine Klassierung in den engen Grenzen, welche dem Gesetze der Gleichfälligkeit entsprechen, vorausgehen müsse (deutsches Setzen), hat man später die Erfahrung gemacht, daß sich auch Körner, deren Größe in sehr viel weiteren Grenzen schwankt, auf Setzmaschinen trennen lassen (englisches Setzen).

Das feinere Korn wird durch Trennen nach der Gleichfälligkeit im tiefen oder aufsteigenden Wasserstrome (vgl. Stromapparate) vorbereitet; hierbei werden die Maximalgeschwindigkeiten erreicht. Die Trennung vollzieht sich dann auf der Feinkorn-Setzmaschine dadurch, daß beim Fallen der Körner nur die Anfangsgeschwindigkeiten in Frage kommen und daß das Fallen im beengten Raume stattfindet. Hierbei eilt von gleichfälligen Körnern das kleine und schwere Korn dem großen und leichten voraus (vgl. S. 49). Außerdem wirkt auf den ununterbrochen arbeitenden Setzmaschinen ein wagrechter Wasserstrom, ähnlich wie bei der Herdarbeit, erheblich stärker auf die großen und leichten als auf die kleinen und schweren Körner.

In der Steinkohlenaufbereitung gelangt das feinste Korn z. T. erst auf Schleuderapparate zur Entstaubung (vgl. Aufbereitung mittels Fliehkraft) und dann auf Setzmaschinen.

Die Setzmaschinen.

Das Setzen fand in früherer Zeit häufig auf Stauchsieben statt, während in neuerer Zeit fast ausschließlich Setzmaschinen mit festen Sieben benützt werden und das Wasser durch einen Kolben bewegt wird (Kolbensetzmaschinen oder hydraulische Setzmaschinen). Das Stauchsieb wird nach dem Eintragen des Setzgutes in einem Wassergefäß wiederholt schnell abwärts und langsam aufwärts bewegt. Während der Abwärtsbewegung des Siebes kommen die Körner zunächst zum Schweben, dann fallen sie im Wasser nieder und werden mit dem Siebe zusammen wieder gehoben. Da die spezifisch schweren schneller als die spezifisch leichten fallen, ordnet sich das Setzgut bei öfterer Wiederholung dieses Vorganges allmählich in Lagen nach dem spezifischen Gewichte an, und zwar so, daß die schwersten Körner, z. B. reines Erz, unten auf dem Siebe liegen, die leichteren und die durchwachsenen Körner die mittleren Schichten bilden und die Berge obenauf liegen. Das Stauchsieb wurde zunächst unmittelbar mit der Hand bewegt.

---

[1]) Sanden. Zur Theorie der Setzmaschine. E. G. A. 1921, S. 1273. — Bürklein. Die Wirtschaftlichkeit der Klassierung und der Setzarbeit in der Erzaufbereitung. E. G. A. 1922, S. 273.

Die Arbeit wird wesentlich erleichtert, wenn das Sieb *S*, wie in Abb. 97 und 98, an einem zw e i a r m i g e n H e b e l *h* aufgehängt und das Gewicht des mit Vorrat gefüllten Siebes nahezu durch ein G e g e n g e w i c h t *G* ausgeglichen wird. Auch greift der Mann bequemer an einem Handgriffe *g* der Z u g s t a n g e *t* an, um die Stauchbewegung aus-zuführen, als wenn er das Setzsieb unmittelbar faßt und sich über das Setzfaß *F* beugen muß. Der Setz-vorrat wird auf die B ü h n e *B* gestürzt und von dort mittels Kratze auf das Sieb gezogen. Bei ma-schinellem Betriebe greift an dem durch Gegengewicht beschwerten Ende des He-bels eine Daumenwelle an; das Sieb wird jedesmal langsam angehoben und fällt durch sein Eigen-gewicht schnell nieder.

Nach Verlauf einer durch die Erfahrung be-stimmten Zeit wird das Sieb still gestellt und aus dem Wasser gehoben, in-dem die Zugstange *t* auf die obere Fläche des Führungsrohres aufgesetzt wird; die einzelnen wag-rechten Lagen des Setz-gutes werden mit Hilfe eines S t r e i c h b l e c h e s, auch K i s t e genannt, ab-gehoben. Die Stauchsiebe arbeiten mit Unterbrechung. die Leistung ist daher eine geringe.

Das Setzfaß ist ge-wöhnlich mit einer Anzahl Spunde versehen, um das Wasser von Zeit zu Zeit ablassen und das durch das Sieb gegangene Erz (F a ß-e r z) herausnehmen zu können.

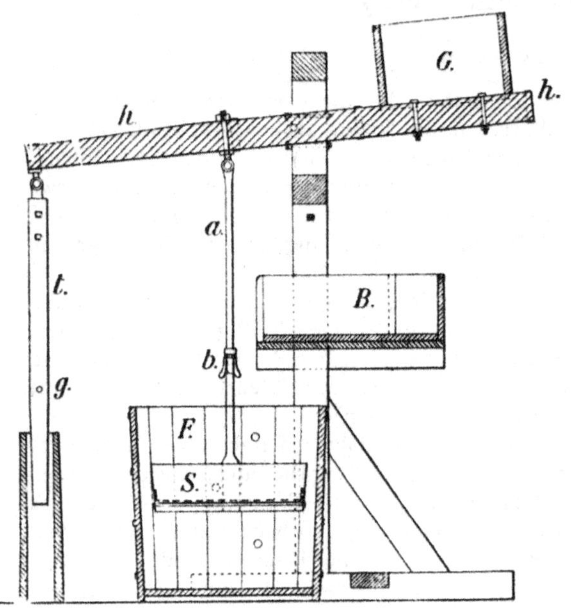

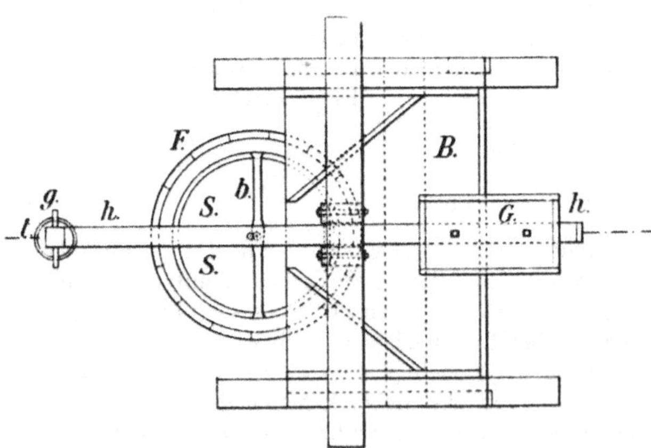

Abb. 97 und 98. Handsetzsieb.

Bei der K o l b e n s e t z m a s c h i n e (Abb. 99) ist in dem einen Schenkel eines U-förmigen Gefäßes ein S i e b *S* fest eingebaut, während in dem anderen Schenkel ein K o l b e n *K* auf- und abwärts bewegt wird. Beim Kolbenniedergange tritt das Wasser durch das Sieb und hebt die Körnchen an; sofern eine freie Be-wegung überhaupt möglich ist, werden die spezifisch leichteren höher gehoben als die spezifisch schwereren. Bei der Umkehr der Kolbenbewegung gelangen die Körner zum Schweben und es vollzieht sich im übrigen der Setzprozeß genau so wie auf dem Stauchsiebe.

Das Gut muß auch hier mit der Kiste schichtweise abgehoben werden.

Versieht man den Setzkasten mit einem seitlichen Austraggerinne A und trägt bei E längere Zeit hindurch Gut ein, während durch das Druckrohr W Wasser zugeführt wird, so spült der Wasserstrom das spezifisch Leichte allmählich über A fort. Um die anderen Produkte herauszunehmen, muß die Maschine von Zeit zu Zeit stillgelegt werden, sie arbeitet also auch noch mit Unterbrechungen.

Bei maschinellem Betriebe legte man früher besonderen Wert darauf, durch eigenartigen Antrieb den Kolben schnell abwärts und langsam aufwärts zu bewegen, um nach dem Wasserstoße eine langsame Abwärtsbewegung des Wassers auf dem Siebe zu erreichen.

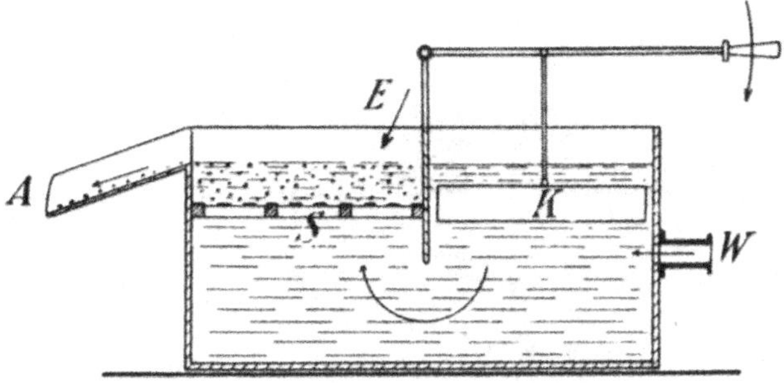

Abb. 99. Kolbensetzmaschine für Handbetrieb.

Hierher gehören z. B. die folgenden einfachen Einrichtungen: Der Kolben wird gegen den Druck einer Feder von einer Daumenwelle gehoben und fällt durch sein Eigengewicht und durch den Federdruck beschleunigt nieder. Oder der Kolben ist mit Ventilen versehen, die sich beim Niedergange schließen, beim Aufgange aber öffnen.

Auch die S c h l e i f e n b e w e g u n g (Abb. 100) wurde für den Antrieb des Kolbens häufig angewendet. Durch die Riemenscheibe R wird die Welle W in Umdrehung gesetzt, an ihrem Ende ist die Scheibe S befestigt, an der in den

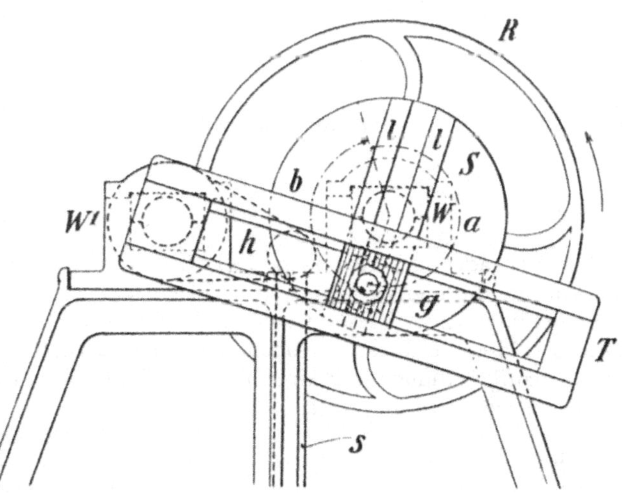

Abb. 100. Schleifenantrieb für den Kolben der Setzmaschine.

Führungen l das Gleitstück g der gewählten Exzentrizität entsprechend festgestellt werden kann. Anderseits ist das Gleitstück in der Schleife (Kulisse) T geführt, die mit der Welle W^1 schwingen kann. In der Abb. ist die tiefste Lage des Gleitstückes g gezeichnet. Dreht sich die Welle W im Sinne des Pfeiles, so wird g und damit die Schleife gehoben, bis der Bogen a, der 215^0 beträgt, durchlaufen ist, dann beginnt die Abwärtsbewegung über den Bogen $b = 145^0$. Auf der Welle W^1 ist auch der Hebel h befestigt und an diesem hängt an der Kolbenstange s der Kolben der Setzmaschine. Die Zeiten für den Kolbenaufgang und Kolbenniedergang verhalten sich also wie $3 : 2$. Indem die Entfernung von W und W^1 verkleinert oder vergrößert wird, kann dieses Verhältnis geändert werden.

Zur Zeit wird der Kolben gewöhnlich durch ein E x z e n t e r angetrieben, hat also beim Auf- und Niedergange gleiche Geschwindigkeit. Das Zurückströmen des

Wassers kann einigermaßen dadurch eingeschränkt werden, daß die Zuführung des Klarwassers aus einer Druckleitung u n t e r dem Kolben erfolgt; es strömt dann die größte Wassermenge während des Kolbenaufganges ein.

In einfacher Weise läßt sich eine Ä n d e r u n g   d e s   K o l b e n h u b e s dadurch ermöglichen (Abb. 101 und 102), daß auf der Welle W die Scheibe S mittels Keil k befestigt ist und an dieser das Exzenter E durch die Schrauben n eingestellt wird. Für die Welle und die Schrauben muß die Exzenterscheibe mit länglichen Aussparungen versehen sein.

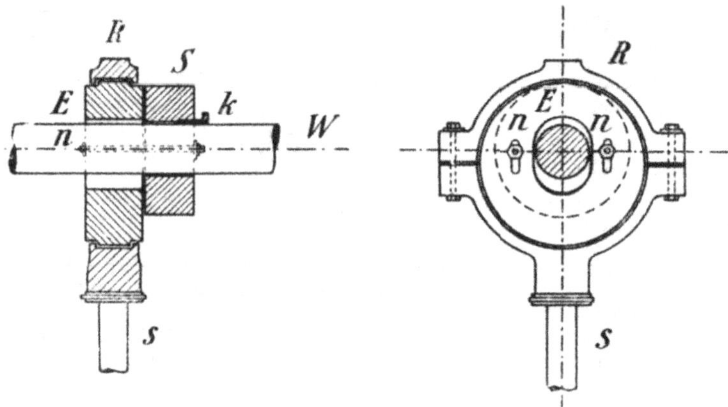

Abb. 101 und 102. Verstellbares Exzenter.

Das selbsttätige Austragen bei den Kolbensetzmaschinen.

Das Austragen des spezifisch l e i c h t e s t e n   G u t e s findet bei allen Setzmaschinen auf die gleiche Weise statt, indem ein wagrechter Wasserstrom über das Setzgut geführt wird. Dieser wirkt ähnlich wie bei der Herdarbeit am kräftigsten auf die spezifisch leichtesten Körner (bei der Erzaufbereitung die Berge, bei der Steinkohlenaufbereitung die Steinkohle) und führt sie über eine niedriger gehaltene Wand des Siebkastens mit fort.

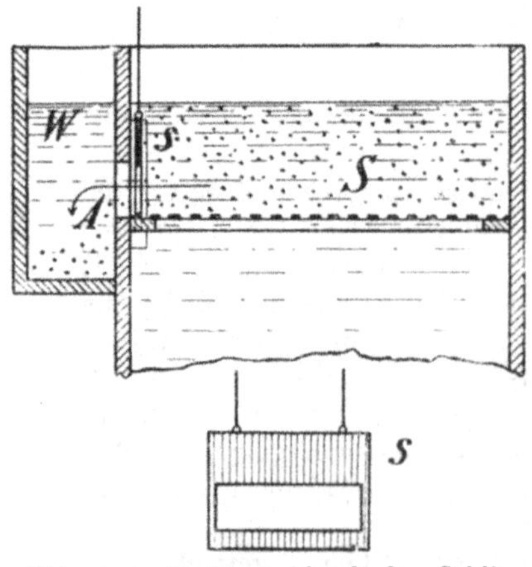

Abb. 103. Austragen durch den Schlitz in gestautes Wasser.

Das Austragen des s c h w e r e n   K o r n e s, welches sich unten auf dem Siebe sammelt, ist bei Grobkorn und Feinkorn verschieden. Bei gröberem Korne sind die Öffnungen des Siebes so eng, daß die Körner nicht durchfallen können; unmittelbar über dem Siebe S (Abb. 103) ist in der Wand des Siebkastens ein S c h l i t z A angebracht, der mit einem angebauten W a s s e r k a s t e n W in Verbindung steht. Durch einen verstellbaren, nahe vor dem Schlitz eingebauten Schieber s ist nur der untersten Schicht der Körner der Durchgang durch den Schlitz in den Wasserkasten möglich, aus dem sie durch ein Schöpfrad oder dergl. herausgehoben werden. Auf diese Weise findet gewöhnlich in der Steinkohlenaufbereitung der Austrag der Berge statt. Um den

Austrag des Gutes besser regeln zu können, werden auch D o p p e l s c h i e b e r angewendet (vgl. die Setzmaschine von Meguin, S. 85).

Da die Körner bis zu dem e i n s e i t i g angebrachten Schlitze z. T. einen weiten Weg über das Sieb hinweg zurückzulegen haben und dabei starken Abrieb erleiden, hat man statt dessen auch ein R o h r r (Abb. 104) in der Mitte des Siebes angebracht und darüber eine G l o c k e oder einen Zylinder G, dessen unterer Rand nur geringen Abstand vom Siebe hat und der den Schieber ersetzt. Das schwere Korn gelangt in den unten trichterförmig zusammengezogenen Kasten der Setzmaschine und wird von Zeit zu Zeit durch Öffnen eines Spundes oder Schiebers abgelassen. Oder das Austragrohr wird mit entsprechender Krümmung seitwärts durch die eine Wand des Setzkastens bis

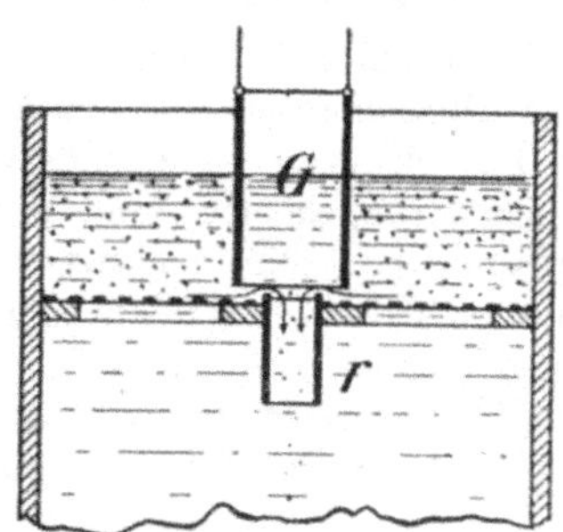

Abb. 104. Austragen durch Rohr und Glocke in den Setzkasten.

ins Freie fortgeführt und ist dann ebenfalls durch Spund oder Schieber verschlossen, um das Gut von Zeit zu Zeit abzulassen.

An die Stelle von Rohr und Glocke kann zweckmäßig auch T r i c h t e r T u n d R o h r R treten, diese Austragweise wird zu M i t t e r b e r g im Salzburgischen und beim Schwefelkiesbergbau zu K a l l w a n g in Steiermark angewendet. Am Ende jeder Siebabteilung ist über die ganze Breite des Siebes ein schmaler Schlitz ausgespart, der angesetzte Trichter ist aus demselben Siebgewebe wie das Sieb selbst hergestellt. An den Trichter schließt sich ein gekrümmtes Rohr an, das aus dem Setzkasten herausgeführt ist (Abb. 105), mittels eines stellbaren Verschlusses kann die Menge des ausgetragenen Kornes geregelt werden. In den Trichter tritt das schwerste Korn ein, das sich auf der betreffenden Siebabteilung abscheidet. Die Zahlen I und II bezeichnen die Abteilungen der Setzmaschine. S ist das Sieb, K der Kolben.

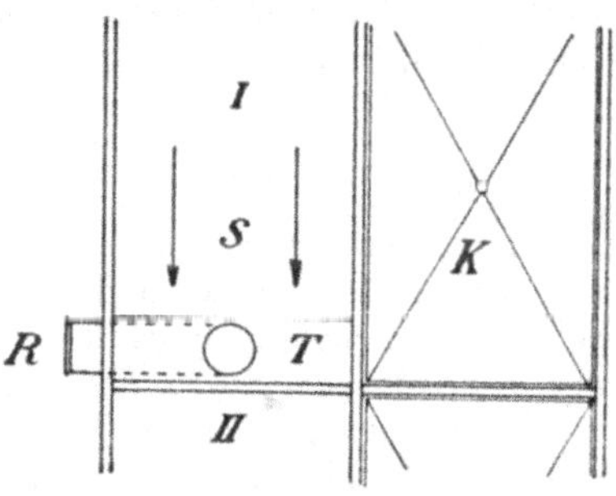

Abb. 105a. Grundriß.

Sind nur geringe Mengen schweres Korn im Setzgute vorhanden, so verschließt man so lange den Schlitz durch den Schieber oder das Rohr in geeigneter Weise, bis sich eine stärkere Schicht schweres Korn auf dem Siebe angehäuft hat und öffnet den Austrag nur von Zeit zu Zeit. Hierdurch erleidet das auszutragende Korn Abrieb, die einzelnen Körner sind nicht mehr scharfkantig, sondern abgerundet und es entstehen Verluste, da dieser äußerst feine Abrieb auch auf den Herden nur schwer zu gewinnen ist. Es erscheint dann ratsam, den Austrag zu beschleunigen und das nunmehr noch unreine Erzeugnis auf einer Nachsetzmaschine weiter anzureichern oder nachklauben zu lassen.

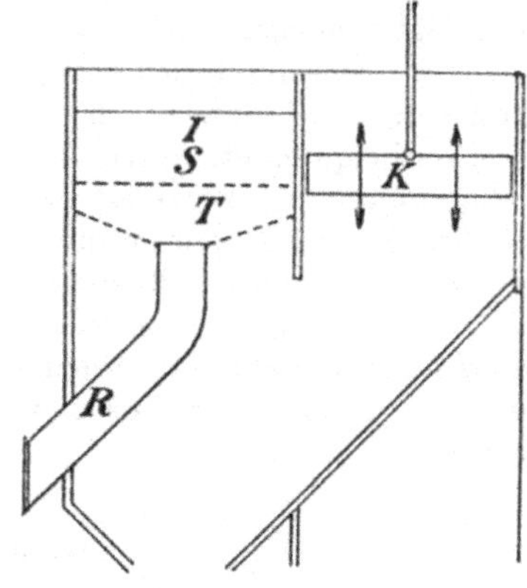

Abb. 105b. Schnitt.

Abb. 105a und 105b. Austrag durch Trichter und Rohr.

Über den Austrag bei Anwendung der S c h u c h a r d t s c h e n W e l l e n s i e b e vgl. S. 89.

Für das spezifisch schwere Feinkorn (Graupen und Sand) wird jetzt gewöhnlich der Austrag durch das Graupenbett angewendet (Bettsetzmaschinen). Das Sieb erhält Maschen, die größer sind als die Körner des Setzgutes, auf dem Siebe befindet sich das Graupenbett, eine Lage von Körnern, von wesentlich größerem Durchmesser aber etwa dem spezifischen Gewichte des auszutragenden Gutes. Die schweren Körner des Setzgutes gelangen allmählich in die Zwischenräume des Graupenbettes und durch diese und die Siebmaschen in den unteren, trichterförmigen Raum der Setzmaschine. Aus diesem wird das Gut von Zeit zu Zeit durch Öffnen eines Ventils in vorgelegte Sümpfe abgelassen (vgl. Abb. 107). Das Ausschlagen kann dadurch vereinfacht werden, daß Eimer zum Auffangen in die Sümpfe eingesetzt und von Zeit zu Zeit entleert werden. Durch das grobe Sieb hindurch, welches das Graupenbett erfordert, wirken die Wasserstöße kräftiger auf das Gut.

Beispiele: Für Sand von 1 *mm* verwendet man Siebe von 2 *mm* und Graupen von 4 *mm*. Für den Austrag von Bleiglanz wendet man gewöhnlich Eisenschrot (sogenannte Lochbutzen) als Bett an, für Schwefelkies gröbere Stücke dieses Minerals. In der Steinkohlenaufbereitung wird bei den Feinkornsetzmaschinen für das Austragen der Berge Feldspat als Bett angewendet. Bei den Grobkornsetzmaschinen, die in weiten Grenzen klassiertes Korn verarbeiten (vgl. Baums Setzmaschine, S. 89), bilden die Berge ein sogenanntes Schieferbett.

Mehrteilige Setzmaschine.

Eine Kolbensetzmaschine mit selbsttätigem Austrag kann das Setzgut nur in zwei Posten, in spezifisch schweres und spezifisch leichtes zerlegen; wird die Trennung in mehrere Posten verlangt, so werden einige gleich gebaute Kolbensetzmaschinen zu einer mehrteiligen Setzmaschine derart vereinigt (vgl. Abb. 106 bis 108), daß das durch den wagrechten Wasserstrom von der ersten Abteilung abgetragene leichtere Korn auf die zweite Abteilung usw. gelangt. Man regelt den Gang durch richtige Bemessung der Menge des eingetragenen Gutes, Zahl und Größe der Kolbenhübe und Stärke des wagrechten Wasserstromes so, daß in der ersten Abteilung das schwerste Gut tunlichst rein ausgetragen wird; alle übrigen Körner führt der wagrechte Wasserstrom durch den hochgelegenen Schlitz A auf die zweite Abteilung. Hier gehen diejenigen Körner, welche im spezifischen Gewichte folgen, im allgemeinen reiches Zwischenprodukt, durch das Bett oder den Austragschlitz, das übrige wird durch den wagrechten Wasserstrom auf die dritte Abteilung befördert, diese trägt armes Zwischenprodukt aus, reine Berge sollen diese durch den Spalt A^1 verlassen. Die Bewegung des Kornes über die Setzmaschine wird dadurch erleichtert, daß jedes folgende Sieb um etwa 10 *mm* tiefer eingebaut ist.

Die Zwischenprodukte werden nach weiterer Aufschließung einer nochmaligen Trennung — je nach der Korngröße auf Nachsetzmaschinen oder auf Herden — unterworfen.

Üblicher Bau der Setzmaschinen.

In der Erzaufbereitung werden zur Zeit fast ausschließlich drei- bis fünfteilige Kolbensetzmaschinen, für das gröbere Gut mit Austrag durch den Schlitz in gestautes Wasser, für das feinere Korn mit Graupenbett von etwa 50 *mm* Höhe angewendet. Jede Abteilung hat etwa 0,3 *qm* Siebfläche bei etwa 0,4 *m* Breite und 0,8 *m* Länge und braucht etwa 0,12 bis 0,25 PS, während die Anzahl der Spiele für das Grobkorn etwa 120 in der Minute bei 50 *mm* Kolbenhub und etwa 250 bei nur wenigen Millimetern Hub für das Feinkorn beträgt. Der Wasserbedarf für jede mehrteilige Setzmaschine beträgt 100 bis 150 l in der Minute, die Leistung in der Stunde bei Grobkorn fast 1 *cbm*, bei Feinkorn etwa 0,3 *cbm*.

Die Setzmaschinen werden in der Erzaufbereitung gewöhnlich so hoch gestellt, daß die Produkte der einzelnen Abteilungen in darunter befindliche, größere Sammelbehälter, in denen auch die Entwässerung stattfindet, abgelassen werden können (vgl. Tafeln VI und VIII).

Die Feinkornsetzmaschinen in der Steinkohlenaufbereitung sind gewöhnlich zweiteilige Setzmaschinen mit Feldspatbett von etwa 120 *mm* Höhe

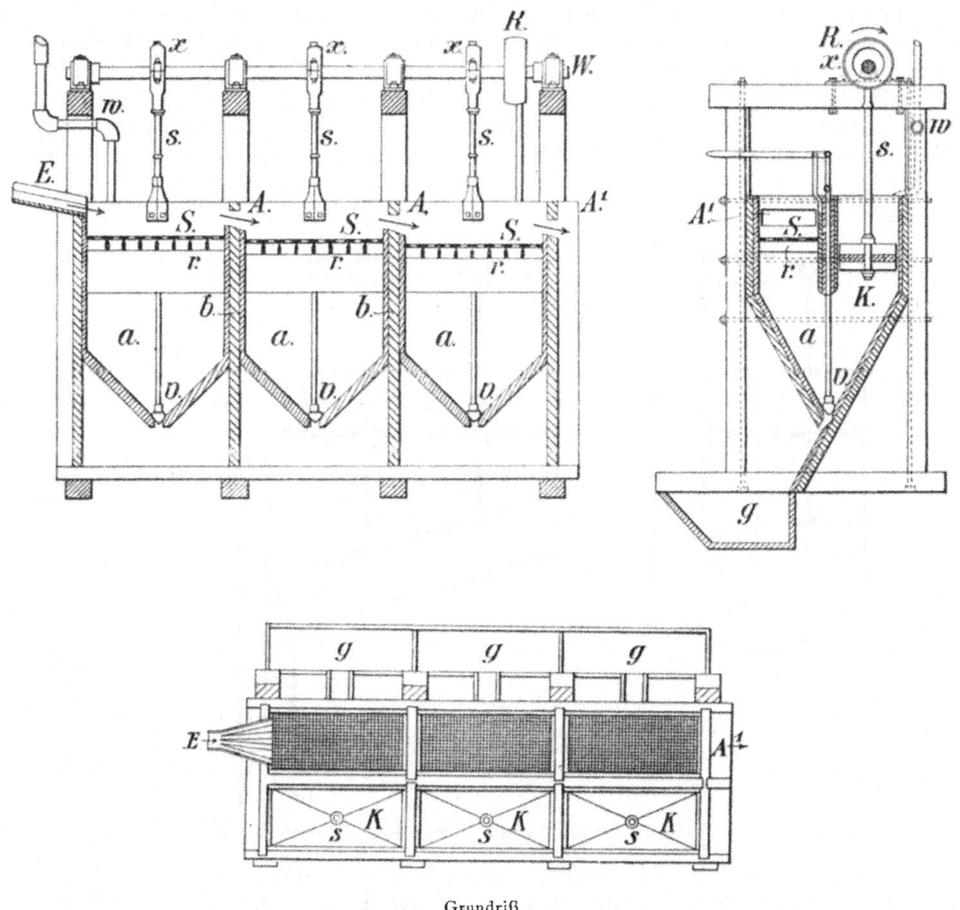

Grundriß.

Abb. 106 bis 108. Dreiteilige Kolbensetzmaschine.

und 20 bis 30 *mm* Korngröße. Jede Abteilung hat 0,5 *qm* Siebfläche bei 0,5 *m* Breite und 1,0 *m* Länge. Die Leistung einer Setzmaschine beträgt etwa 3 t in der Stunde, der Kraftbedarf 1,0 PS, der Wasserverbrauch 400 l in der Minute. Die Spielzahl ist 180 in der Minute bei 6 bis 12 *mm* Kolbenhub. (Über die Behandlung der ausgetragenen Feinkohlen vgl. den Abschnitt Steinkohlenaufbereitung.)

Die Grobkornsetzmaschinen für die Steinkohlenaufbereitung sind einsiebig ohne Bett, z. T. bilden die gestauten Berge ein Schieferbett. Es sind zwei Schlitzausträge für die Berge und für das Durchwachsene vorhanden. Die

Siebfläche beträgt 2,0 *qm* und mehr. Die Leistung für 1,0 *qm* und 1 Stunde schwankt zwischen 4 und 6 *t*. Die Maschinen machen für das gröbste Korn 80 Spiele in der Minute bei 50 *mm* Hubhöhe und für das feinere Korn 100 Spiele bei 30 *mm* Hubhöhe. Dabei verbraucht jede Setzmaschine etwa 500 *l* Wasser in der Minute und auf je 1 *qm* Siebfläche 1 PS. Die gesetzten Kohlen werden zur Entwässerung und Verladung in Bunker gespült.

Setzmaschinen besonderer Bauart.

Abweichend in der Bauart sind die selten angewendeten **Rundsetzmaschinen**, bei denen um einen Kolben eine größere ringförmige Siebfläche angeordnet ist, sie finden zuweilen als Bettsetzmaschinen Anwendung zur Verarbeitung der feinsten Kohlenschlämme[1]).

Es gibt auch Setzmaschinen mit **Unterkolben**, der sich unter dem Siebe im Setzkasten bewegt. Diese Setzmaschinen nehmen bei gleich großer Siebfläche eine kleinere Grundfläche ein als eine gleichwertige Setzmaschine mit Seitenkolben. Im

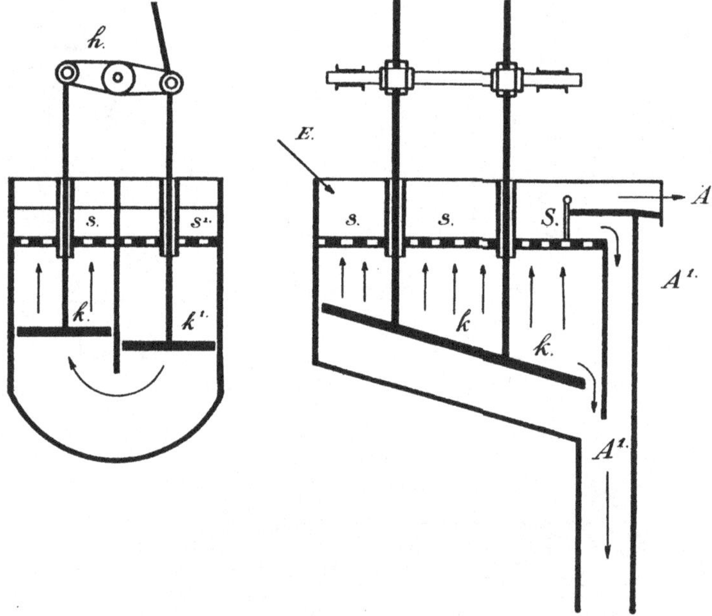

Abb. 109 und 110. Setzmaschine mit Unterkolben, Bauart Brauns.

besonderen gewährleistet diese Anordnung gegenüber den Maschinen mit Seitenkolben einen gleichmäßigeren Wasserstoß auf das Setzgut. Aber der Kolben ist nicht so gut zugänglich und nutzt sich, da er beständig mit dem Faßgut in Berührung kommt, schneller ab. Diese Bauart, die schon seit langer Zeit bekannt ist, wurde kürzlich unter anderen von B r a u n s (D. R. P. 254 976) für die Steinkohlenaufbereitung wieder in Anwendung gebracht (Abb. 109 und 110). Gewöhnlich wird die Setzmaschine zweiseitig gebaut, so daß die beiden Siebe *s* und *s*¹ in einem U-förmigen Kasten nebeneinander eingebaut sind. Die Stangen der beiden zugehörigen Kolben *k* und *k*¹ sind mittels eingebauter Rohre durch die Siebe hindurchgeführt, anderseits an dem Schwinghebel *h* befestigt, so daß sich die Gewichte ausgleichen, der Antrieb erfolgt wie üblich mittels Exzenter und Schubstange. Letztere greift an dem einen Ende des Schwinghebels an. Der Eintrag erfolgt bei *E*, die

---

[1]) B i l h a r z. Ö. Z. 1890, S. 213.

Kohlen werden bei A ausgetragen. Durch Einstellung des Schiebers S bildet sich auf dem Siebe ein Bergebett; das durch dieses hindurchgehende Faßgut gleitet auf dem geneigt gehaltenen Kolben ab und wird nach A^1 ausgetragen. Der Schieber wird entweder auf eine mittlere Stellung eingestellt, oder von Zeit zu Zeit geöffnet, so daß auch die groben Berge nach Bedarf in gestautes Wasser ausgetragen werden. Um die Kastenwandungen zu schonen, werden die Kolben auch aus zwei nach der Mittellinie zu geneigten Flächenstücken zusammengesetzt.

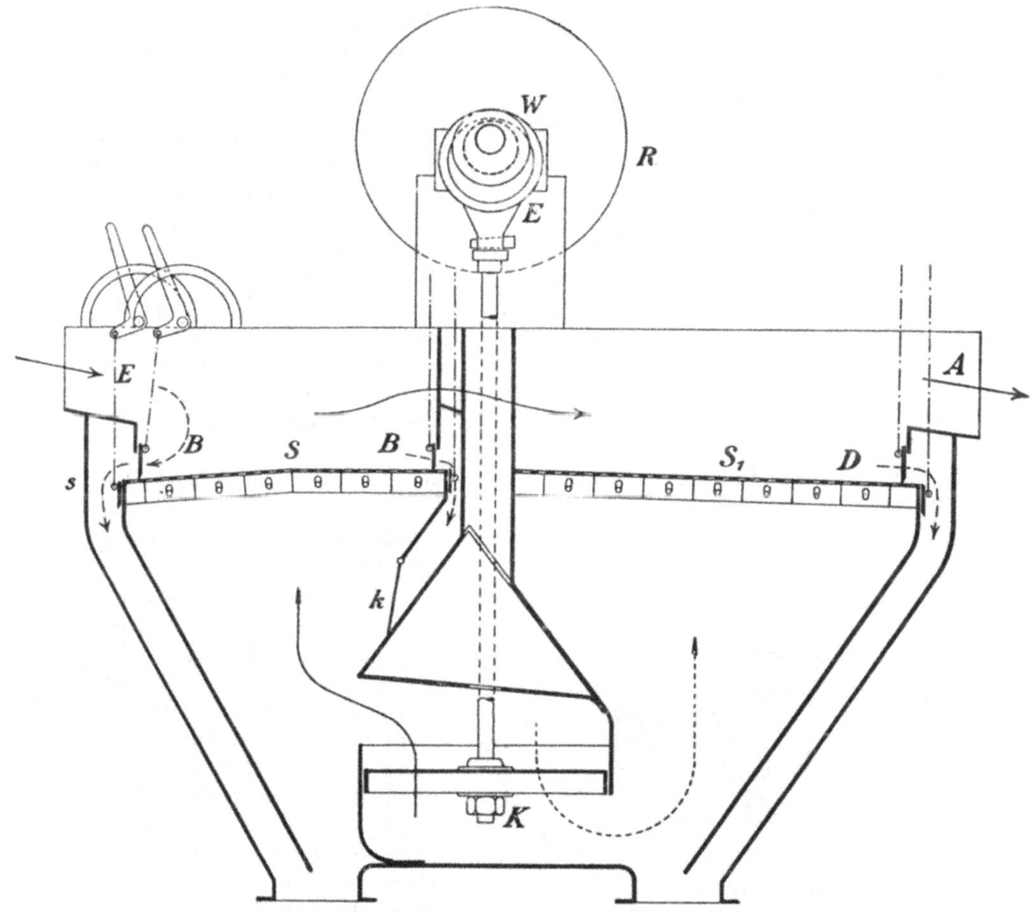

Abb. 111. Kohlensetzmaschine der Meguin A. G.

Die M e g u i n A. G., Dillingen a. d. Saar, baut ebenfalls, und zwar für Kohlenaufbereitungen Setzmaschinen mit Unterkolben (Abb. 111), der aber so angeordnet ist, daß er beim Aufgange den Wasserstoß auf die eine Siebhälfte S, beim Niedergange auf die andere Hälfte S_1 ausübt. Die Austräge sind mit Doppelschieber s versehen, von denen immer nur einer geöffnet wird. Das Sieb ist durch eine Brücke in die beiden etwas ungleichen Hälften geteilt, dadurch wirkt der Wasserstoß auf die Siebhälfte S, auf der die Berge abgeschieden werden, etwas kräftiger als auf die zweite Siebhälfte, auf der das Durchwachsene abgesondert wird. Mit der Brücke ist ein dritter Austrag verbunden. Je nach der Zusammensetzung des Gutes können hier Berge oder Durchwachsenes abgelassen werden. Durch Stellvorrichtungen, die in der Abbildung nur durch die Klappe k angedeutet sind, kann das hier ausgetragene

Gut je nachdem dem Becherwerk für Berge oder für Durchwachsenes zugewiesen werden.

　　Die Grobkornsetzmaschinen für Kohle, Bauart der Königin Marien-
Hütte zu Cainsdorf bei Zwickau sind dazu bestimmt, auf einem längeren
Siebe außer reinen Bergen und reiner Kohle auch durchwachsenes Gut abzuscheiden.
Letzteres wird durch ein Becherwerk gehoben und nach erfolgter Zerkleinerung auf
einsiebigen Nachsetzmaschinen nochmals gesetzt. Man erhält dabei reine Berge und unreine Kohle für die eigene Kesselfeuerung. Der Eintrag des Gutes findet, wie gewöhnlich bei den Grobkornsetzmaschinen für Kohle, an der dem Kolben K zunächst gelegenen Siebseite bei E (Abb. 112 und 113) statt, die Kohle wird an der entgegengesetzten Seite über die niedrige Wand des Setzkastens durch den Wasserstrom bei A ausgetragen. In dieser Richtung ist das Sieb S verhältnismäßig lang, außerdem ist es etwa in der Mitte durch eine Schwelleiste in zwei Hälften geteilt. Später wurde die Teilung durch eine gelochte Eisenblechrinne mit schwacher Neigung nach der Seite hin bewirkt. Der Austrag der gegen die Rinne sich stauenden Berge wird auf diese Weise durch die Wasserstöße beschleunigt. Die Menge des eingetragenen Gutes ist so geregelt, daß auf der ersten Siebhälfte, auf der die Wasserstöße am stärksten sind, durch einen seitlichen, unmittelbar über dem Sieb befindlichen Schlitz A_1, welcher an die Eisenblechrinne anschließt, in

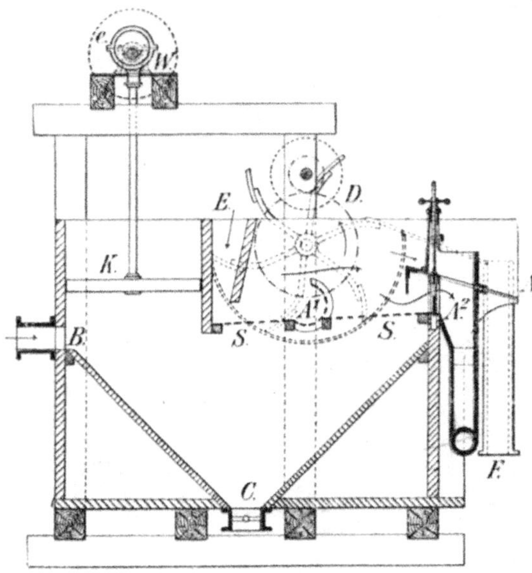

Abb. 112. Längsschnitt.

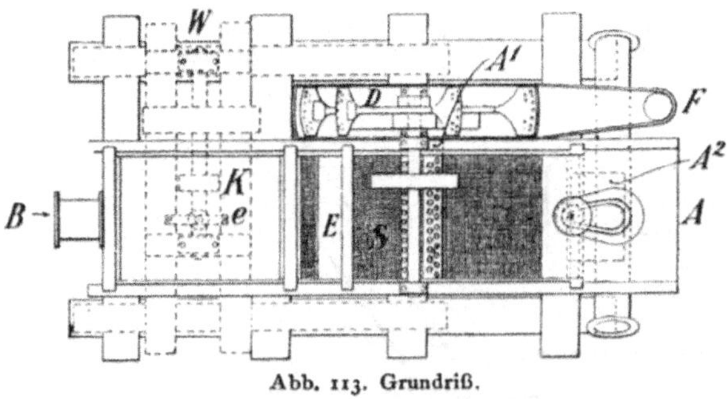

Abb. 113. Grundriß.

Abb. 112 und 113. Setzmaschine der Königin Marienhütte
zu Cainsdorf.

gestautes Wasser nur Berge ausgetragen werden. Das Heberad D hebt diese aus
dem angebauten Wasserkasten, sie gleiten in das Rohr F ab. Der wagrechte Wasserstrom führt über die Blechrinne Durchwachsenes und reine Kohle auf die zweite
Siebhälfte. Die Wasserstöße sind hier weniger stark, genügen aber, um das Durchwachsene und die Kohle zu trennen. Das erstere wird durch einen zweiten Schlitz
A^2, welcher sich unter dem Austrage für die reine Kohle befindet, in gestautes
Wasser ausgetragen und, wie oben bemerkt, durch ein Becherwerk gehoben, um
zerkleinert und nochmals gesetzt zu werden. Die Klarwasserzuführung erfolgt
bei B, also unter dem Kolben, der von der Welle W aus durch ein Exzenter e
— übrigens mit einstellbarer Exzentrizität — bewegt wird. Aus dem Rohre C

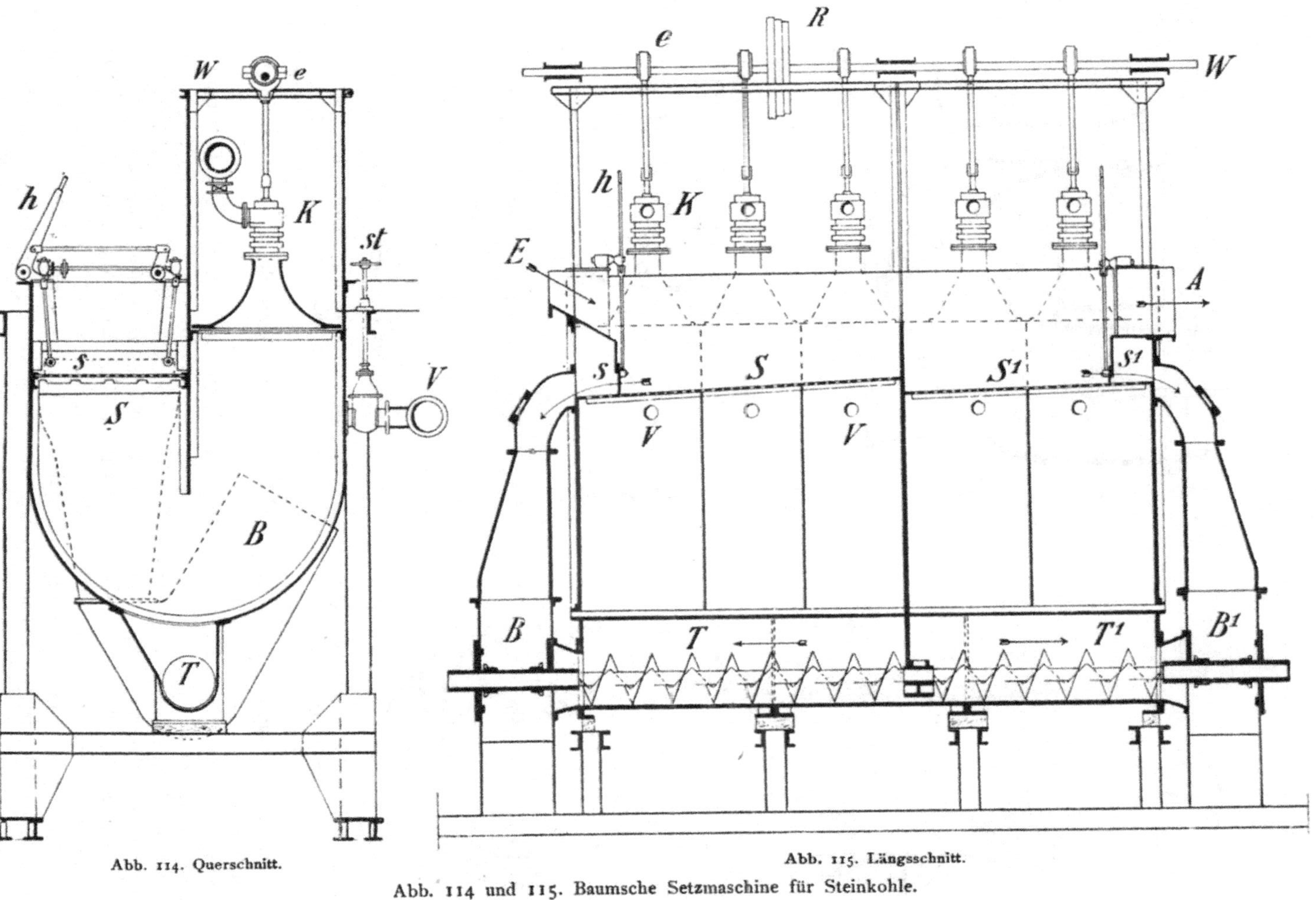

Abb. 114. Querschnitt.

Abb. 115. Längsschnitt.

Abb. 114 und 115. Baumsche Setzmaschine für Steinkohle.

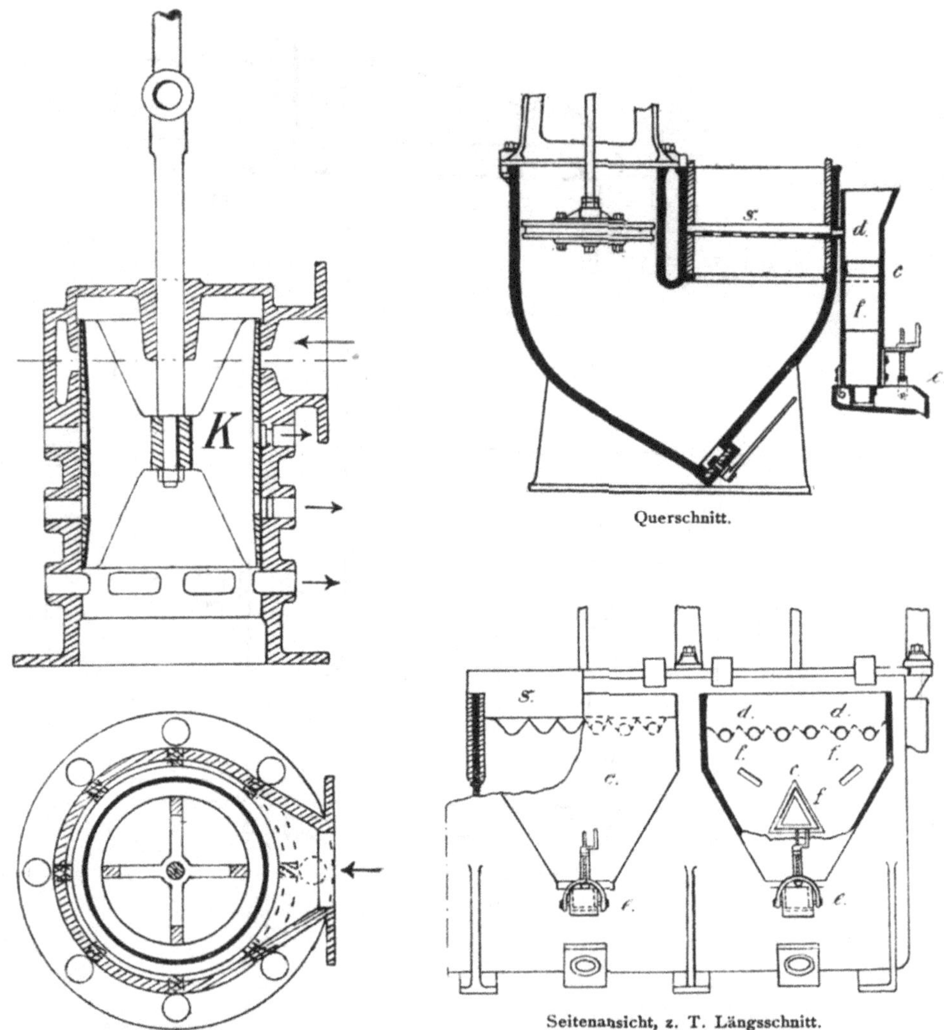

Querschnitt.

Seitenansicht, z. T. Längsschnitt.

Abb. 116. Kolbenschieber zur Baumschen   Abb. 117 und 118. Zweiteilige Setzmaschine nach
Setzmaschine.   Schuchardt.

kann der Bergeschlamm, der sich in der Setzmaschine sammelt, von Zeit zu Zeit
in ein Gerinne abgelassen werden.

Diese Setzmaschinen haben sich bei der Kohlenaufbereitung im Freistaate
Sachsen recht gut bewährt.

Bei der B a u m schen S e t z m a s c h i n e[1]) (Abb. 114 bis 116) wird die Stoßbewegung des Wassers dadurch hervorgebracht, daß durch einen V e r t e i l u n g s-
s c h i e b e r K abwechselnd P r e ß l u f t von 0,1 at Überdruck, die durch ein an die
Transmission angeschlossenes Kapselgebläse erzeugt wird, auf die Wasserfläche in
dem einen Schenkel des U-förmigen Gefäßes wirkt und dann wieder entweicht.
Außerdem hat Baum mit gutem Erfolge auf mehreren Steinkohlenwäschen den

---

[1]) Pr. Z. 1902, S. 616, Fig. 31, und S. 619, Fig. 33. — B l ö m e k e. Ö. Z. 1904, S. 290.

übrigens schon viel früher befolgten Grundsatz wieder durchgeführt, die Kohle von o bis 50 und auch bis 80 *mm* Korngröße völlig unklassiert zunächst auf einer großen zweiteiligen Setzmaschine zu setzen und dann erst auf einem Siebapparate nach Korngrößen zu trennen. Ein Bett von Bergen oder von Durchwachsenem von etwa 25 *cm* Höhe wird gebildet, indem die betreffenden Schieber mittels der Handhebel *h* nur von Zeit zu Zeit geöffnet werden. Die erste Abteilung scheidet auf dem Siebe *S* reine Berge, die zweite auf dem Siebe S_1 durchwachsene Kohle aus. Beide Produkte werden durch Schlitz und Schieber *s* und s_1 in die seitlich angebauten wasserdichten Kasten *B* und B^1 befördert ud durch je ein Becherwerk herausgehoben. Die durchwachsene Kohle wird nach entsprechender Zerkleinerung der Setzmaschine wieder zugeführt. Die Schrauben *T* und T_1 fördern auch das in die Setzmaschinenkasten gelangte Unterkorn den beiden Becherwerken zu. Baum wendet also bei dem günstigen Verhältnisse der spezifischen Gewichte von Kohle und Schiefer das sogenannte englische Setzen (vgl. S. 77) im weitesten Umfange an.

Hier ist auch die S c h i e c h e l sche Setzmaschine[1]) zu nennen, die ebenfalls mit Preßluft arbeitet und für die Verarbeitung der diamantenführenden Kiese Südwestafrikas bestimmt war.

Besonders zu erwähnen ist die Verwendung von W e l l e n s i e b e n m i t e i g e n a r t i g e m R o h r a u s t r a g nach den Patenten von S c h u c h a r d t[2]) für Setzmaschinen ohne Bett (vgl. Abb. 117 und 118). Dadurch, daß das Setzsieb *s* gewellt ist, wird bei gleicher Grundfläche die Zahl der Durchgangsöffnungen für das Setzwasser vermehrt, auch erfolgen die Wasserstöße auf das in den Wellentälern befindliche Korn nicht nur senkrecht aufwärts, sondern auch z. T. in schräg gerichteten Strahlen, wodurch die Wirkung erheblich verstärkt wird. Die Wellen liegen quer zur Stromrichtung, sie haben außerdem etwas Neigung nach der Austragseite hin. In jedem Wellentale ist ein Austragrohr *d* angeordnet, das durch die Wand des Setzkastens hindurchgeht. Das in den Wellentälern angesammelte schwerste Gut füllt den Sammelkasten *c*, der unten zusammengezogen und durch das als Ventil dienende Gerinne *e* so weit geschlossen gehalten wird, daß ein der Leistung der Maschine entsprechender Austrag erfolgt. Die im Austragkasten angebrachten schrägen Prallflächen *f* sollen ein gleichmäßiges Niedersinken des ausgetragenen Kornes und dadurch auch den gleichmäßigen Austrag aus den einzelnen Wellentälern bewirken.

Gegenüber den Setzmaschinen mit ebenem Siebe leisten Schuchardtsche Setzmaschinen erheblich mehr. Auch wird das Korn schneller ausgetragen und erleidet daher weniger Verluste durch Abtrieb (vgl. S. 81).

Ähnliche Erfolge hat auch das S a l f e l d t s i e b (Abb. 119) als Setzgutträger aufzuweisen[3]).

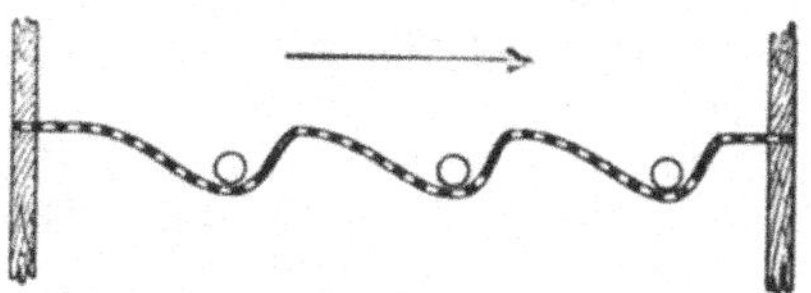

Abb. 119. Setzgutträger von Salfeldt.

B ü t t g e n b a c h s V e r s u c h s - S e t z m a s c h i n e ist für Studienzwecke geeignet; durch das Glas läßt sich der Vorgang beim Setzen gut beobachten. Das Glasgefäß *G* (Abb. 120), oben zylindrisch, unten zusammengezogen und mit Fuß versehen, dient als Behälter. Das Setzgut wird von dem Glaszylinder *F* aufgenommen, der unten durch einen vorspringenden Rand verstärkt und durch ein mit Gummidichtung versehenes und mittels Federhaken befestigtes Sieb *S* verschlossen ist. Der

---

[1]) G l o c k e m e y e r. Die Aufbereitung der südwestafrikanischen Diamantkiese. Met. u. Erz 1921, S. 507.
[2]) D. R. P. 241 779 u. 248 398.
[3]) G r o ß. Das Salfeldtsieb, ein neuer Setzgutträger. E. G. A. 1921, S. 1196. — D e r s. Versuche mit Salfeldtsieben bei der Kohlenaufbereitung. E. G. A. 1923, S. 168.

starke Gummiring H hält beide Gefäße in ihrer gegenseitigen Stellung und dichtet den Luftraum über dem Wasserspiegel ab. In dem Gummiringe sitzt senkrecht das Kupferröhrchen r es trägt unten einen hohlen wagrechten Ring, welcher mit Bohrungen versehen ist. Indem man die mit dem Röhrchen r durch den Gummischlauch t verbundene Birne B mit der Hand regelmäßig drückt, werden auf die Wasserfläche Luftstöße ausgeübt, die Wasserbewegung pflanzt sich durch das Sieb auf das Gut fort.

Nach Beendigung des Setzens kann das Gut auf die folgende einfache Art schichtweise gesondert werden. Man nimmt den Glaszylinder F nebst dem Gummiringe H aus dem Gefäße G heraus, läßt das Wasser abtropfen und führt in den Glaszylinder einen passenden, genügend langen Holzzylinder ein. Dann dreht man das Ganze um, entfernt das Sieb, drückt den Holzzylinder noch etwas mehr in das Glasgefäß F hinein und streicht die dadurch hervortretende Körnerschicht mit einem Messer in ein Gefäß ab. Dieses Verfahren wird schichtweise wiederholt.

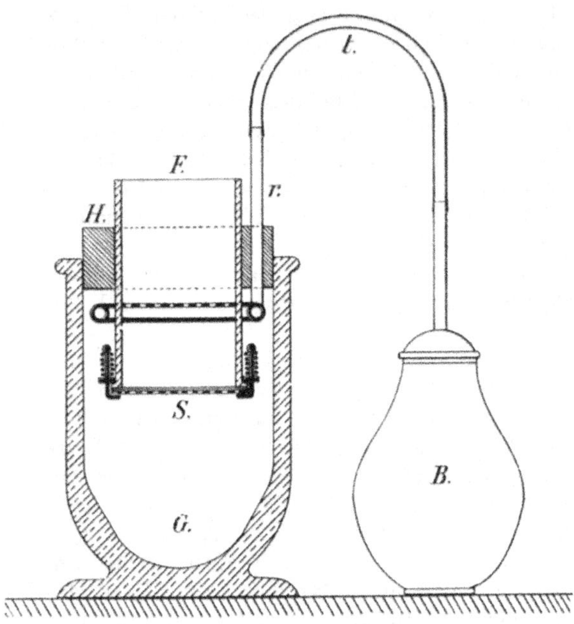

Abb. 120. Büttgenbachs Versuchs-Setzmaschine.

Auch das Setzen durch das Graupenbett läßt sich bequem ausführen, da Wechselsiebe von verschiedener Maschenweite beigegeben sind. Das schwerste Gut sammelt sich dann im Gefäße G an, das übrige kann, wie oben beschrieben, nach Entfernung des Graupenbettes schichtweise abgehoben werden.

Die gewöhnlich ausgeführte Größe dieser Apparate ist: Höhe des weiteren Glasgefäßes 23 cm, lichte Weite 9 cm[1]).

D. Die Stromapparate.

Die Stromapparate leiten die T r e n n u n g d e s M i t t e l - und F e i n k o r n s ein. Das Trennen von Körnern auf Sieben nach der Korngröße als Vorbereitung für die Setzarbeit läßt sich nur etwa bis zur Größe von 1,0 mm abwärts bequem ausführen. Bei noch kleineren Körnern ist wegen der durch das Wasser begünstigten Adhäsion das Sieben praktisch schwer ausführbar, sie werden daher i m t i e f e n w a g r e c h t e n, z. T. i m a u f s t e i g e n d e n W a s s e r s t r o m e nach der M a x i m a l g e s c h w i n d i g k e i t sortiert. Das Gut wird hierdurch in schneller und langsamer fallende Posten zerlegt. In jedem Posten finden sich kleine, aber schwere und große, aber leichte Körner. Die Aufbereitung wird beendet, indem die am schnellsten fallenden Körner (Sande) auf Feinkornsetzmaschinen mit Graupen-

---

[1]) Der Modellmeister der Freiberger Bergakademie R. B r a u n fertigt diese Setzmaschinen.

bett (nach den Anfangsgeschwindigkeiten und dem Fall im beengten Raume), die langsam fallenden Kornsorten, Mehle und Schlämme, auf den Herd (nach der Korngröße) getrennt werden.

Die am häufigsten angewendeten Stromapparate sind die M e h l f ü h r u n g, der S p i t z k a s t e n und die S p i t z l u t t e; in den beiden zuerst genannten bewirkt der tiefe wagrechte Wasserstrom die Trennung, in der Spitzlutte der aufsteigende Wasserstrom.

Beim Falle im tiefen wagrechten Wasserstrome beschreibt jedes Körnchen eine parabolische Kurve (Abb. 121), die allmählich in eine geneigte gerade Linie übergeht. Es wirken zu gleicher Zeit zwei Kräfte auf das Korn, der horizontale Stoß des Wassers (die gleichförmige Seitenkraft in wagrechter Richtung) und die Schwerkraft, welche letztere allein, ebenso wie beim Fall im ruhenden Wasser, eine beschleunigte Bewegung in senkrechter Richtung herbeiführen würde, die durch Zunahme der Reibungshindernisse, nachdem die Maximalgeschwindigkeit erreicht ist, in eine gleichförmige Bewegung übergeht. Als Resultierende ergibt sich eine parabolische Bahn, die desto steiler wird, je schneller die Körnchen fallen. In einem genügend tiefen Gerinne (Mehlführung) fallen gleichfällige Körnchen an derselben Stelle zu Boden, die verschiedenen Sorten müssen mit der Hand ausgeschlagen werden; man sammelt sie zur weiteren Verarbeitung an. Bei den Spitzkasten werden die Körner gruppenweise selbsttätig ausgetragen.

Die älteste Vorrichtung zum Sortieren des Mittel- und Feinkorns ist die M e h l f ü h r u n g, sie besteht aus einer Reihenfolge von Gerinnen, welche die Trübe nacheinander mit abnehmender Stromgeschwindigkeit durchfließt. Letzteres erreicht man dadurch, daß die Breite der Gerinne allmählich zu-, das Gefälle abnimmt; die Tiefe sämtlicher Gerinne pflegt gleich zu sein und etwa 0,5 *m* zu betragen. Durch Einsetzen niedriger Querwände (Abb. 121) wird

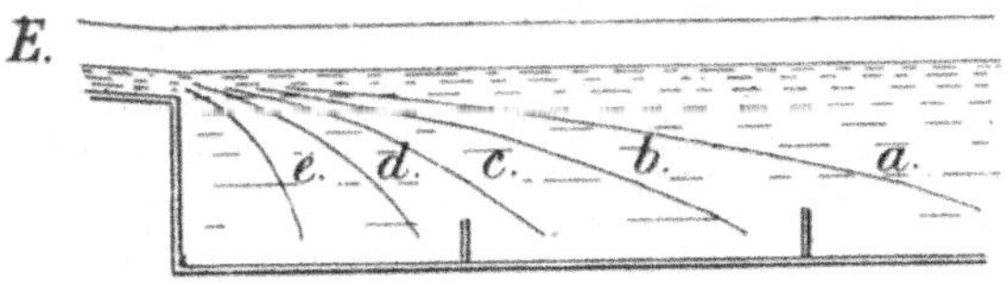

Abb. 121. Prinzip der Mehlführung.

das Absetzen der Massen befördert. Bei umfangreichen Mehlführungen ist es nicht zweckmäßig, die Gerinne sämtlich in derselben Richtung hintereinander anzulegen; man läßt sie hin und her laufen und rundet bei Richtungsänderungen die Ecken ab, um Wirbelbildungen zu verhüten.

Die Sande, welche sich in den ersten Gerinnen absetzen, nennt man in Sachsen auch H ä u p t e l (von H a u p t s c h l a m m) und unterscheidet Röschhäuptel, Mittel- und Zähhäuptel, dann folgen die M i t t e l s c h l ä m m e oder M e h l e in verschiedenen Abteilungen und endlich die feinsten Schlämme oder S c h m a n t e. Die für die letzteren bestimmten breiten Gerinne nennt man auch S ü m p f e. Aus dem letzten Gerinne soll eine Trübe austreten, Ü b e r f a l l oder w i l d e F l u t genannt, die nur noch Bergeteile enthält; vollkommen ist dieses Ziel allerdings nicht zu erreichen, namentlich, da manche Mineralien (Molybdänglanz, Graphit) an und für sich andere infolge Anhaften von Luftbläschen (Bleiglanz, Kupferkies) an den feinschuppigen Teilchen zum Schwimmen neigen. Daher die Bezeichnnug „S c h w i m m b l e i" (vgl. auch den Abschnitt Schwimmaufbereitung). Der Überfall gelangt in K l ä r s ü m p f e, in denen sich die Hauptmenge der festen Bestandteile absetzt, damit einerseits das gereinigte Wasser wieder als Waschwasser benützt werden kann, anderseits durch die abfließende Trübe die natürlichen Wasserläufe nicht verunreinigt werden.

Nachdem das Absetzen der gleichfälligen Sorten in der Mehlführung eine Zeitlang stattgefunden hat, müssen die Massen zur weiteren Verarbeitung a u s g es c h l a g e n werden. Bei den zähen Mehlen und Schlämmen geht dem Ausstechen das S e n k e n voraus, d. h. es wird durch wiederholtes, ruhiges Einstechen einer Schaufel in die gallertartigen Massen die Absonderung des überflüssigen Wassers erleichtert. Wenn ausgeschlagen werden soll, wird entweder die Zerkleinerung unterbrochen oder die Trübe in W e c h s e l g e r i n n e geleitet, welche immer wenigstens für die Schlammgerinne vorhanden sein sollten..

Die ausgeschlagenen Sorten werden in Vorratsräumen, sogenannten S t ä n d e n, zur Weiterverarbeitung auf Herden angesammelt, dürfen jedoch nicht trocken werden oder gefrieren, da sonst das spätere A n m e n g e n zu einer gleichmäßigen Trübe schwierig wird.

Die Mehlführung arbeitet mit Unterbrechungen, auch erfordert die Anlage verhältnismäßig viel Raum. Das Ausschlagen der zum Absatz gelangten Sorten ist eine zeitraubende Arbeit und muß ebenso wie die Beförderung zu den Herden durch Menschenkraft erfolgen. Außerdem ist das Anmengen der Mehle und Schmante zu einer gleichmäßigen Trübe für die Verarbeitung auf Herden schwierig. Trotzdem wird die Mehlführung namentlich für kleinere Anlagen zuweilen noch angewendet und auch dort, wo eine sehr wechselnde Wasserkraft zur Verfügung steht. Man zerkleinert dann bei reichlichem Kraftwasser größere Vorräte, sortiert sie in der Mehlführung und häuft sie an; bei geringeren Kraftwassermengen betreibt man zur Aufarbeitung der Vorräte nur die Herde.

Die S p i t z k ä s t e n und S p i t z l u t t e n wirken ununterbrochen und tragen die verschiedenen Sorten in Form von Trübe selbsttätig aus; diese fließt in geneigten Gerinnen bis zu den Herden, das Anmengen der Mehle zur Trübebildung fällt also fort.

Ein S p i t z k a s t e n a p p a r a t nach R i t t i n g e r (Abb. 122 bis 124) kann als eine Mehführung gedacht werden, in welcher

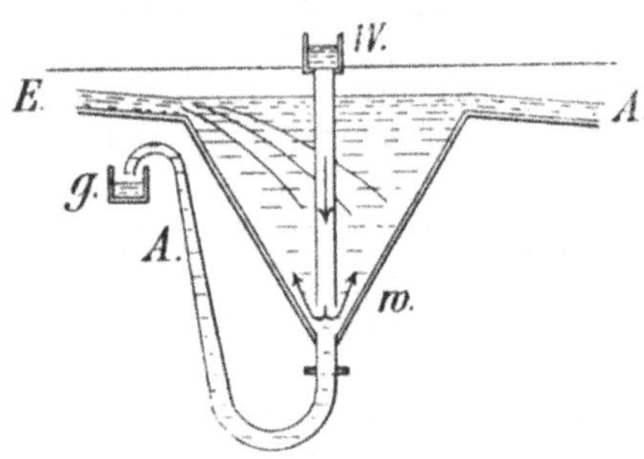

Abb. 122. Spitzkasten im Querschnitt.

die Ansammlung der gleichfälligen Sorten dadurch erleichtert wird, daß der Boden des Gerinnes aus aneinandergereihten Trichtern gebildet ist. Bei *E* (Abb. 122) tritt die Trübe in den Spitzkasten ein, die schneller fallenden Körnchen sinken nieder, während die langsamer fallenden bei A_1 durch den Trübestrom in den nächsten Spitzkasten übergeführt werden. Im tiefsten Punkte eines jeden Spitzkastens ist ein enges, schwanenhalsförmig gebogenes Rohr *A* angesetzt, durch welches die betreffende gleichfällige Sorte mit Trübe gemengt in ein Gerinne *g* austritt.

Führt man aus einem hochgelegenen Wassergerinne *W* (Abb. 122) bis ziemlich zum tiefsten Punkte des Spitzkastens *w* ein Rohr ein und läßt durch dasselbe klares Wasser mit solcher Geschwindigkeit dem Trübestrome entgegen austreten, daß die langsamer fallenden Teilchen in die Höhe mitgenommen werden und nur die entsprechende gleichfällige Sorte niedersinkt, so tritt diese mit k l a r e m W a s s e r gemengt aus und ist zur weiteren Verarbeitung besser geeignet. Man erhält so den S p i t z k a s t e n m i t K l a r w a s s e r g e g e n s t r o m. Letzterer wird gewöhnlich nur in den ersten Spitzkasten und in den Spitzlutten verwendet.

Nach R i t t i n g e r erhält der erste Spitzkasten auf je 1 *cbm* in der Minute zufließende Trübe 1 *m* Breite. Gewöhnlich wurden vier Spitzkasten angewendet, die sich im Verhältnis von 1 zu 2, zu 3, zu 4 erweitern; die Länge des ersten Spitzkastens betrug 2,0 *m*, des zweiten 3,0 *m*, des dritten 4,0 *m* und des vierten 5,0 *m*. Den Seitenwänden gibt man mindestens 50° Neigung, damit das Gut gleichmäßig abwärtsgleitet. Von dem eingetragenen Gute erhält man im Mittel:

im ersten Spitzkasten etwa 40% des Gewichtes
im zweiten   „   „   20 „   „   „
im dritten   „   „   18 „   „   „
im vierten   „   „   10 „   „   „

während der Abgang etwa 4% beträgt.

Die Ausflußöffnung des Rohres A legt man für die röschen Mehle 1,0 m, für die zähen Mehle 0,6 m unter den Trübespiegel im Spitzkasten.

R i t t i n g e r unterscheidet:

rösche Mehle . . . . mit mehr als 0,125 m Maximalgeschwindigkeit
minder rösche Mehle . . . . . . „ 0,125 bis 0,062 „   „
zähe Mehle . . . . „ 0,062 „ 0,031 „   „
Schmante . . . . „ weniger als 0,031 „   „

Er schreibt ferner vor, daß den Leitrinnen ein nutzbarer Querschnitt von 0,01 qm auf 1 cbm Trübe in der Minute gegeben werde, dabei soll die Neigung, damit kein Gut zur Ablagerung gelangt:

für rösche Mehle . . . . 1 : 50
„ minder rösche Mehle . . . . . . 1 : 100
„ zähe Mehle . . . . 1 : 150
„ Schmante . . . . 1 : 300 betragen.

In neuerer Zeit werden die Spitzkästen gewöhnlich als ein sich allmählich verbreiterndes und vertiefendes Gerinne gebaut, in das die Spitztrichter, in diesem Falle 6, eingesetzt werden. (Abb. 123 gibt den Längsschnitt, Abb. 124 den Grundriß.) Dadurch wird die Stromgeschwindigkeit allmählich verringert; die Länge der ganzen Spitzkastenreihe muß so bemessen werden, daß tunlichst in der abfließenden Trübe haltige Teilchen nicht mehr vorhanden sind. Vor Eintritt in die Spitzkästen geht die Trübe über ein feines Sieb, das etwaige Verunreinigungen zurückhält.

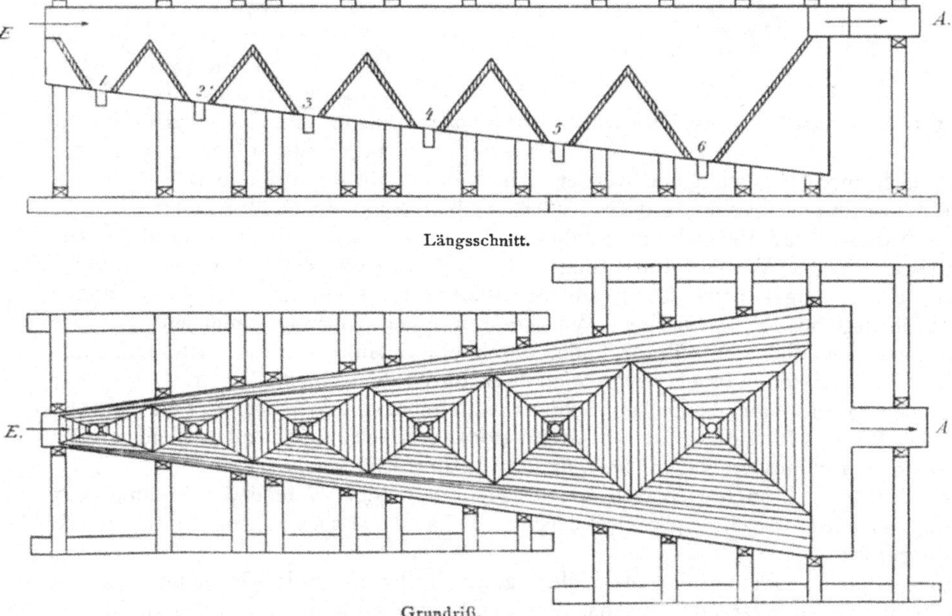

Längsschnitt.

Grundriß.

Abb. 123 und 124. Spitzkastenapparat.

Bei der Anlage eines Spitzkastenapparates ist auch auf den höheren oder geringeren W e r t der nutzbaren Mineralien, auf den Grad der Aufschließung, ob r ö s c h oder z ä h zerkleinert wurde, sowie auf die Natur der G a n g a r t Rücksicht zu nehmen. Tonige Erze sind schwieriger zu behandeln als sandige.

Von der M a s c h i n e n b a u a n s t a l t H u m b o l d t ist eine neue Ausführung der Spitzkästen mit Klarwassergegenstrom vorgeschlagen worden (Abb. 125). Der Trübestrom wird über einen Rost aus eigenartig geformten hölzernen Querstäben hinweggeleitet. Die Roststäbe sind oben dachförmig abgeschrägt, nehmen nach der Überlaufseite an Stärke zu und lassen zwischen sich Spalten offen, die sich nach unten zu verengen aber gleiche Weite haben. Die Roststäbe wirken auf den Trübestrom verzögernd und teilen ihn in eine Anzahl von niedersinkenden Teilströmen. An den eigentlichen Spitzkasten schließt unten ein aus Gußeisen hergestelltes Abflußstück *b* an, von diesem zweigt einerseits das Austragrohr *i* ab, anderseits mündet das Klarwasserrohr *a* ein, das mit Stellhahn *d* versehen ist. In das Austragrohr schaltet man noch ein Vierwegstück *k* ein, von dem die unteren Öffnungen durch

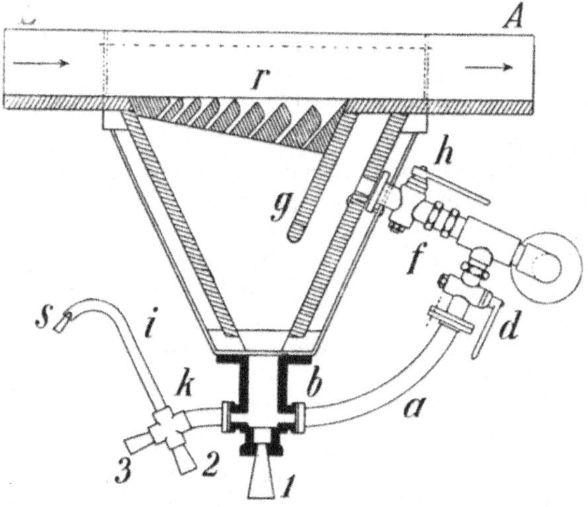

Abb. 125. Stromapparat der Maschinenbauanstalt Humboldt.

Stopfen 2 und 3 verschlossen sind, auch das Abflußstück *b* ist unten mit einer Öffnung versehen, die durch den Stopfen 1 verschlossen ist. Bei etwaigen Verstopfungen können die Stopfen einer nach dem anderen geöffnet werden. In die Austragöffnung des Austragrohres werden besondere Spitzen *s* mit verschieden weiten Durchbohrungen eingesetzt, um die Menge des in das Gerinne *g* auszutragenden Gutes zu regeln.

Durch das Rohr *f* und den Hahn *h* tritt ein zweiter Klarwasserstrom in den Spitzkasten ein. Er wird durch die eingebaute Querwand *g* zunächst nach unten abgelenkt und wendet sich dann erst in die aufsteigende Richtung.

K o n z e n t r a t i o n s - o d e r V e r d i c h t u n g s - S p i t z k ä s t e n (E i n d i c k e r) dienen zur Verdichtung zu dünner Trübe, z. B. der Zwischenprodukte der Herdarbeit vor der Weiterverarbeitung. Sehr üblich sind jetzt E i n d i c k e r, die nur aus einem umgekehrten Kegel aus Metallblech bestehen, der am oberen Rande zur Abführung des überschüssigen Wassers mit einem Gerinne umgeben ist. Der Eintrag der einzudickenden Trübe findet durch ein Gerinne zentral statt. Der Austrag der eingedickten Trübe erfolgt auch hier durch Schwanenhalsrohr.

In den großen amerikanischen Schlammwäschen (vgl. Washoe-Wäsche S. 118) wird der D o r r - E i n d i c k e r (Concentrator) vielfach angewendet. Ein großer Holzbottig, Durchmesser bis zu 20 *m* und mehr mit Rührwerk.

Auch das gebrauchte Waschwasser wird vor der Wiederverwendung zur Klärung zunächst durch große Spitzkästen, K l ä r s p i t z k ä s t e n, später durch Sümpfe geführt.

In die letzten Gerinne der Mehlführung, in die letzten Spitzkästen und auch in die Klärspitzkästen setzt man, um das Niederschlagen auch des allerfeinsten Kornes zu beschleunigen, Bretter (sogenannte D ä m p f u n g s b r e t t e r) in der Querrichtung so ein, daß sie noch einige Zentimeter in die Trübe eintauchen. Dadurch werden die obersten Trübeschichten gezwungen, ihren Weg unter den Dämpfungsbrettern hindurch zu nehmen, es werden Wasserwirbel erzeugt und das etwa an der Oberfläche schwimmende Korn zum Untersinken gezwungen. Auch trennen sich Körnchen, die etwa durch anhaftende Luftbläschen in der Schwebe erhalten werden, von diesen und sinken unter. Die Klärung des Wassers wird wesentlich verbessert (vgl. auch den Abschnitt W a s s e r k l ä r u n g).

Keine Spitzkästen werden ganz in Holz hergestellt, bei größeren Spitzkästen bestehen die Gerippe aus Eisen, die Kästen selbst aus Brettern. Die größten Spitzkästen, namentlich Klärspitzkästen, werden aus Eisenbeton gebaut.

In den S p i t z l u t t e n (Abb. 126) kommt der aufsteigende Wasserstrom zur Anwendung.

Gleichfällige Körner, welche beim Falle im ruhenden Wasser ein bestimmte M a x i m a l g e s c h w i n d i g - k e i t v erreichen, würden in einem aufsteigenden Wasserstrome von gleicher Geschwindigkeit w in der Schwebe ($v = w$) erhalten werden, dagegen würden Körner von größerer Maximalgeschwindigkeit v_1 in demselben Wasserstrome niedersinken ($v_1 > w$), während alle Körner von kleinerer Maximalgeschwindigkeit v_2 vom Wasserstrome mit fortgeführt werden ($v_2 < w$).

Die folgende Zusammenstellung gibt nach R i t t i n g e r

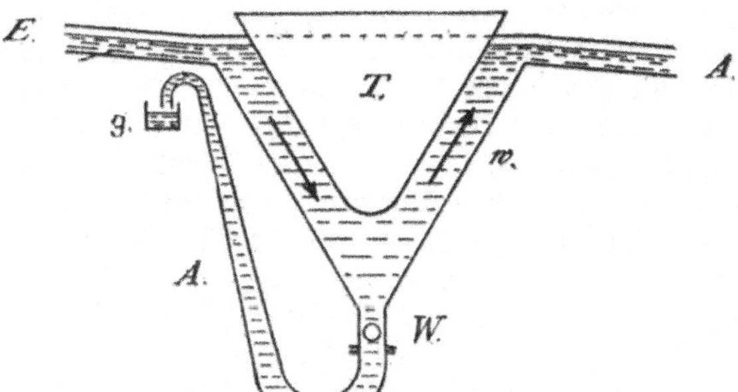

Abb. 126. Spitzlutte.

eine Anzahl von Stromgeschwindigkeiten an, bei welchen Kugeln vom 1 mm Durchmesser gerade in der Schwebe erhalten werden (vgl. S. 36).

Bleiglanz, sp. G. 7,5, bei 0,41 m Stromgeschwindigkeit,
Schwefelkies „ „ 5,0, „ 0,32 „ „
Quarz „ „ 2,6, „ 0,20 „ „
Steinkohle „ „ 1,3, „ 0,08 „ „

Der Trübestrom wird in einem Gefäße von der Form eines dreiseitigen Prismas mit einem ähnlichen Einsatze T erst absteigend und dann ansteigend geführt, hierbei sinkt eine gleichfällige Sorte in den am Boden befindlichen Schlitz und tritt, unter Zuhilfenahme eines bei W eintretenden G e g e n s t r o m e s von klarem Wasser, durch ein Schwanenhalsrohr A aus, die anderen Körnchen werden vom aufsteigenden Strome fortgeführt und gelangen bei A^1 zur nächsten Abteilung.

Um mehrere gleichfällige Sorten zu bilden, werden zwei oder drei Spitzlutten hintereinander mit abnehmender Wassergeschwindigkeit angewendet. Um den Durchflußquerschnitt ändern zu können, ist der eingesetzte Körper T seiner Höhenlage nach verstellbar. Die Spitzlutten dienen gewöhnlich zur Abscheidung der am schnellsten fallenden Sorten, sie treten an die Stelle des 1. und 2. Spitzkastens.

E. Das Klassieren auf Herden.

Die Herdarbeit ist derjenige, nur bei der Verarbeitung der Erze[1] angewendete Teil der nassen Aufbereitung, welcher die Behandlung des feinsten Kornes nach

[1] Erst in allerneuester Zeit sind Versuche gemacht worden, um auch Kohlenschlämme auf Herden zu verwaschen. E. G. A. 1922, S. 83.

vorhergehender Sortierung in Stromapparaten beendet. Dieses entsteht entweder schon bei der Arbeit in der Grube (Grubenklein) oder es wird bei der Aufbereitung absichtlich durch Aufschließen fein eingesprengter Erze erzeugt.

Die Trübebildung.

Das feine Korn gelangt mit Wasser gemischt als T r ü b e zur Verarbeitung, die entweder den Herden aus den Stromapparaten unmittelbar zugeführt wird oder, sofern es sich um Gut aus der Mehlführung oder um Weiterverarbeitung von Zwischenprodukten der Herdarbeit zur nochmaligen Anreicherung handelt, durch Anrühren mit Wasser in besonderen Hilfsapparaten, den G u m p e n, auch M e h l - oder R ü h r k ä s t e n genannt, hergestellt werden kann. Selten und nur bei kleinen Mengen geschieht das E i n s c h l ä m m e n der Mehle unter Wasserzufluß durch Handarbeit mittels Besen auf dem oberen Teile des Herdes.

Die Gumpen werden gewöhnlich über dem oberen Teile des Herdes auf einer Arbeitsbühne aufgestellt. In der einfachsten Form bestehen sie aus einem größeren Kasten mit geneigtem Boden und einer Abflußöffnung. Die Gumpe wird mit Mehlvorrat geführt und aus einem Rohre mit Hahnverschluß Klarwasser darübergeleitet. Da hierbei die Gleichmäßigkeit der Trübe zu wünschen übrig läßt, werden auch Gumpen mit einfachen Rührwerken benützt.

Die gleichmäßigste Trübe liefert die D r e h g u m p e (vgl. die Abb. 140 und 141, S. 105). Der Mehlvorrat wird aus einem Vorratskasten M selbsttätig in gleichmäßiger dünner Schicht auf einen darunter rotierenden, mit niedrigen, radial gestellten Rippen versehenen flachen Kegel d aufgetragen und durch einen radial auftreffenden Wasserstrahl als Trübe abgespült; der Mehlgehalt ist bei dieser Einrichtung ein gleichbleibender.

Die Trübe muß einen bestimmten Mehlgehalt haben. Bei zu dunkler, d. h. zu mehlreicher Trübe ist die Beweglichkeit der einzelnen Teilchen zu gering, bei zu heller, d. h. zu mehlarmer Trübe sinkt die Leistung eines Herdes zu sehr. Man gibt bei röschem Korn der Trübe etwa 0,8 kg, bei zähem Korn 0,15 kg Mehlgehalt auf 1 l. Trübe mit dem richtigen Mehlgehalte nennt man w a s c h g e r e c h t e T r ü b e.

Den Mehlgehalt der Trübe prüft man, indem man in einem größeren Gefäße etwa 5 l Trübe auffängt, absitzen läßt und den Bodensatz in ein kleineres Meßgefäß (Mensur etwa mit ccm-Teilung) hinüberspült. Nachdem man den Bodensatz einige Male getrocknet und gewogen hat, läßt sich der Mehlgehalt leicht auch an dem nassen Bodensatz mit genügender Genauigkeit beurteilen.

Die Arbeit auf dem Herde.

Der H e r d bildet eine (meistens) e b e n e, mäßig glatte, dabei w e n i g g e n e i g t e Fläche, über welche die Trübe zum Zwecke der Klassierung in sehr dünnem Strome fließt. Diese Richtung auf der Herdtafel bezeichnet man als Längsrichtung (L ä n g e), die dazu rechtwinklige als Querrichtung (B r e i t e).

Um einen guten Herdgang zu erzielen, muß die Trübe über die Herdbreite gleichmäßig aufgetragen werden; dies wird durch ein über dem oberen Teile des Herdes fest angebrachtes geneigtes Brett, die S t e l l t a f e l oder das H a p p e n b r e t t (St in Abb. 129), bewirkt. Die S t e l l k l ö t z c h e n oder H a p p e n bilden mit der Unterkante des Brettes ein gleichschenkliges Dreieck. An der Spitze des letzteren strömt die Trübe zu, zwischen den Klötzchen fließen Teilströme hindurch und breiten sich über die Stelltafel aus. Die Klötzchen können etwas gedreht werden, um die richtige Verteilung zu erreichen. Ferner muß die Herdfläche in der Querrichtung wagrecht liegen, damit der Trübestrom in gleich starker Schicht über den Herd fließt; andernfalls drängt sich die Trübe nach der einen Seite und es entsteht auf dieser eine stärkere Strömung. Die Wellenbildung auf der Herdfläche bietet ein Anhalten dafür, ob der Trübestrom sich gleichmäßig über die ganze Herdbreite verteilt.

Jede sortierte Trübe enthält kleine, aber spezifisch schwere und größere, spezifisch leichtere Körner. So werden sich z. B. die reinen Bleiglanzkörnchen von 0,25 *mm* Durchmesser mit den reinen Quarzkörnchen von 1,0 *mm* Durchmesser und mit durchwachsenen Körnern von mittlerer Größe und mittlerem spezifischen Gewichte in derselben Sorte vereinigt finden. Die Herdarbeit trennt ein derartiges Korngemenge so, daß die schwersten aber kleinsten von den leichteren und diese wieder von den leichtesten aber größten Körnchen gesondert werden. In der Erzaufbereitung sind fast immer die schwersten Körner die erzhaltigen, also die wertvollen, während die leichtesten aus Bergen bestehen.

Die Trennung erfolgt in folgender Weise:

Wegen der Reibung haben die an der Herdfläche strömenden Schichten der Trübe die geringste Geschwindigkeit v; nach der Oberfläche zu steigert sich diese allmählich (Abb. 127). Daher erhalten die kleinen und schweren Körner a nur schwächere Stöße, während die größeren und leichteren Körner b auch in die schneller fließenden, oberen Wasserschichten hinaufragen und dadurch stärkeren Wasserstößen ausgesetzt werden. Durch Einstellung der Herdneigung kann man die Wassergeschwindigkeit so bemessen, daß die schwersten Körnchen am oberen Teile, die vom mittleren spezifischen Gewicht

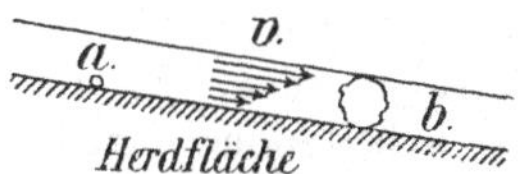

Abb. 127. Wirkung des Wasserstromes auf dem Herde.

am unteren Teile der Herdfläche liegen bleiben, dagegen die leichtesten, die Berge, vom Wasser über den Herd hinweggeführt werden, also auf demselben nicht zur Ablagerung gelangen.

Die Annahme, daß die kleinen Körner deshalb liegen bleiben, weil sie infolge ihrer geringeren Größe schwächere Stöße erhalten als die großen, ist nicht berechtigt. Denn die Größe des Wasserstoßes ist proportional der gestoßenen Fläche (F) und umgekehrt proportional der Masse (M) eines Kornes, also proportional dem Werte $\dfrac{F}{M}$. Da bei kugelförmigen Körpern im Wasser $F = \dfrac{d^2\,\pi}{4}$ und $M = \dfrac{d^3 \cdot \pi}{6}(\varepsilon - 1)$ zu setzen ist, so ist der

$$\text{Wasserstoß proportional}\quad \frac{F}{M} = \frac{\dfrac{d^2\,\pi}{4}}{\dfrac{d^3\,\pi}{6}(\varepsilon - 1)} = \frac{3}{2} \cdot \frac{1}{d(\varepsilon - 1)}$$

Nun sind aber die Werte $d\,(\varepsilon - 1)$ bei gleichfälligen Körnern gleich groß, folglich würde auch der Wasserstoß — gleiche Wassergeschwindigkeit an allen Stellen des Trübestromes vorausgesetzt — auf alle gleichfälligen Körner gleich groß sein und daher eine Trennung nicht eintreten. Diese wird erst erklärlich, wenn die Verschiedenheit der Stromgeschwindigkeiten berücksichtigt wird.

Die Herdarbeit zerfällt meistens in die folgenden drei Arbeitsvorgänge: zunächst wird eine Zeitlang Trübe über den Herd geführt und es b e l e g t sich dessen Fläche mit einer dünnen Schicht Gut (H e r d b e l a g). Dabei sollen reine Berge den Herd verlassen. Auf dem Herde finden sich die Körnchen von oben bis unten nach abnehmendem spezifischen Gewichte abgelagert. Die abfließende Trübe nennt man H e r d f l u t oder w i l d e F l u t, sie wird in Klärteiche geführt und setzt dort die festen Bestandteile ab.

Vermutet man, daß auch etwas Erz den Herd mit verläßt, so führt man die Herdflut zunächst durch einen tiefen Kasten (Unterfaß i in Abb. 140 und 141), welcher unter dem Herdende eingebaut ist, in diesem gelangen die schwereren Teilchen zum Absatz und können später nochmals verarbeitet werden.

Nach Abstellen der Trübe führt man einen Klarwasserstrom über den Herd; dabei wird der Herdbelag mit R e i s i g b e s e n oder mit der K i s t e durchgearbeitet. Letztere ist ein kleines, dünnes, rechteckiges Brett, welches an einem zu seiner Fläche rechtwinkeligen Stiele befestigt ist. Den Körnchen wird hierbei Gelegenheit zu erneuter Umlagerung gegeben, und zwar arbeitet man so, daß nur die schwersten Körner (reines Erz) auf dem Herde verbleiben, dagegen die von mittlerem spezifischen Gewichte, Z w i s c h e n p r o d u k t, auch A f t e r oder S c h w ä n z e l genannt, den Herd verlassen, um sich in besonderen Sammelkästen abzusetzen. Diesen zweiten Vorgang nennt man a b l ä u t e r n oder a b t r e i b e n. Das Zwischenprodukt wird für sich aufgefangen und nochmals verwaschen.

Darauf wird endlich unter erneutem Klarwasserzufluß das reine Erz durch A b k e h r e n (man sagt auch E i n k e h r e n) vom Herde entfernt und durch Gerinne einem besonderen Sammelbehälter zugeführt. Das Erz in dieser Form nennt man S c h l i e c h (S c h l i e g), in Bleiberg (Kärnten) auch K e r n, K e r n s c h l i e g.

Die W e i t e r v e r a r b e i t u n g d e r Z w i s c h e n p r o d u k t e der Herdarbeit erfolgte früher immer derart, daß größere Mengen in Sümpfen angesammelt, dann ausgehoben und zum nochmaligen Verwaschen in Gumpen wieder zu Trübe angerührt wurden. In neuerer Zeit hat man das Zwischenprodukt ununterbrochen arbeitender Herde zur Verdichtung in einen Spitzkasten geführt und dann einem anderen Herde zur Verarbeitung zugeleitet. Derart zusammenarbeitende Herde nennt man wohl auch V e r b u n d h e r d e; das Verfahren ist namentlich bei R u n d h e r d e n (s. d.) und bei Q u e r s t o ß h e r d e n (s. d.) zur Anwendung gebracht worden.

Bei den einfachsten Herden, z. B. dem l i e g e n d e n H e r d e (vgl. Abb. 129 a und 129 b), finden die drei Arbeiten, das Belegen, Abläutern und Abkehren, nacheinander auf der ganzen Herdfläche statt; die Arbeit ist eine unterbrochene. Es ist daher zweckmäßig, zwei Herde nebeneinander zu benützen, von denen der eine belegt wird, während auf dem anderen abgeläutert und abgekehrt wird.

Die Herde werden in f e s t e und in b e w e g t e eingeteilt; die Bewegung bezweckt einerseits eine bessere Absonderung auf dem Herde, z. B. bei dem Freiberger Stoßherde, außerdem aber die Durchführung der Arbeit ohne Unterbrechung. In diesem Falle wird das Belegen, Abläutern und Abkehren zu gleicher Zeit auf verschiedenen Teilen der Herdfläche ausgeführt.

Anderseits teilt man nach Einrichtung und Arbeitsweise die Herde ein in solche, bei denen, wie oben beschrieben, nur ein d ü n n e r H e r d b e l a g gebildet und bald wieder entfernt wird (L e e r h e r d e); zu dieser Gruppe gehören außer dem liegenden Herde die sämtlichen neueren Bauarten. Die Produkte werden in Sümpfen (i in den Abb. 144 bis 149), die unter oder neben dem Herde angelegt werden, getrennt aufgefangen. Das Ausschlagen dieser Sümpfe wird wesentlich dadurch erleichtert, daß unter die Austragrinnen Eimer zum Auffangen des Gutes eingesetzt und von Zeit zu Zeit entleert werden. Im Gegensatz dazu stehen die V o l l h e r d e (z. B. Schlämmgraben, Freiberger Stoßherd), bei denen sich der Herd mit einer dicken Schicht belegt. Es fällt bei letzteren das Abläutern fast ganz fort; der Herdbelag wird je nach seiner Zusammensetzung in mehreren Posten mit der Schaufel abgestochen und gewöhnlich jede für sich in gleicher Weise wiederholt behandelt (vgl. den Stammbaum, S. 107). Jede Post heißt auch ein A b s t i c h; die am oberen Teile des Herdes abgelagerte auch die S t i r n, in Österreich K ö p f e l. Da man das gröbere Korn auch rösches und das feinere Korn auch zähes nennt, unterscheidet man die röschen Herde oder S a n d h e r d e von den zähen Herden oder S c h l a m m h e r d e n.

Die meisten Herde sind e b e n, nur die R u n d h e r d e bestehen aus sehr stumpfen Kegelflächen; auch die parabolische Fläche kommt vor.

Das Entwässern der Schlieche.

Die feinsten Herdschlieche trennen sich nur schwer von dem Wasser, mit dem sie den Herd verlassen. Dazu macht das Ausheben aus den Sümpfen, nachdem der Schliech sich abgesetzt hat, erneute Schwierigkeiten. Zum Abtrocknen der Schlieche verwendet man daher Stauch- oder Wippkästen. Sie haben gewöhnlich trapezförmigen Querschnitt (Abb. 128), sind auf Zapfen *z* verlagert und werden abwechselnd durch das Exzenter *e* und die Druckstange *t* vorn niedergedrückt und fallen dann auf den Stauchklotz *s* nieder. Sie werden durch Zuleiten von Trübe mit Schliech gefüllt und in Bewegung gesetzt, dabei setzt sich das Erz fest zusammen und trennt sich gut von dem Wasser, das durch Heber entfernt werden kann. Darauf wird die Stoßstange gelöst, der Kasten am hinteren Ende angehoben und an einer Kette in die punktierte Lage niedergelassen. Die Entleerung in darunter gefahrene Wagen kann dann leicht erfolgen.

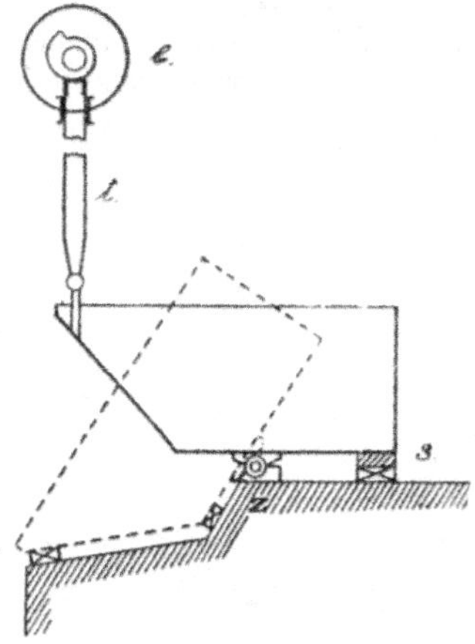

Abb. 128. Stauchkasten.

Die ebenen Herde.

Feste Herde.

Zu den festen Herden gehören der liegende Herd und im weiteren Sinne der Schlämmgraben und die Gerinne.

Ersterer (Abb. 129 *a* und *b*) wird von dem Kehren mit Reisigbesen auch Kehrherd oder Einkehrherd, und da man statt verwaschen auf dem Herde wohl schlämmen sagt, auch Schlämmherd genannt. Der ebene Herd *H* besteht aus den durch Querriegel verbundenen Herdbäumen *a*, darauf ist die Dielung *b* aus Brettern von feinjährigem Holze genagelt, seitlich begrenzen den Herd die Bordbretter *c*. Am unteren, durch aufgenagelte Leisten zusammengezogenen Ende nimmt ein Gerinne *g* die Herdflut auf; am oberen Herdende (Herdkopf) befindet sich eine Arbeitsbühne *E*, von welcher aus die

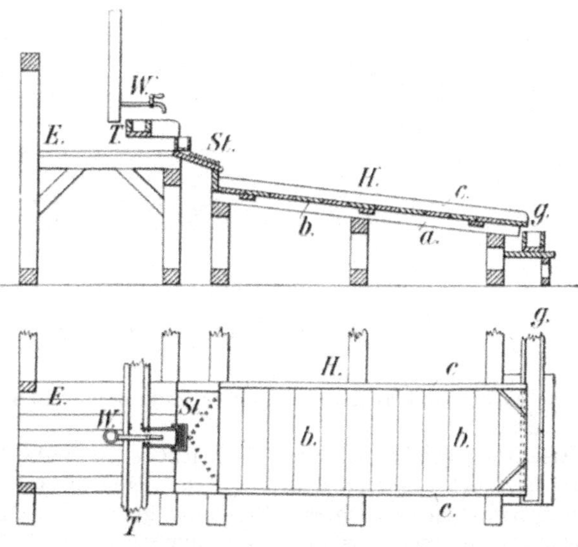

Abb. 129 *a* und *b*. Liegender Herd.

Zuführung der Trübe in einem Gerinne *T* und die Klarwasserzuführung durch die Rohrleitung *W* geregelt werden kann. Die Trübe fließt zum

Zurückhalten etwaiger Unreinlichkeiten durch ein kleines Sieb und über die S t e l l -
t a f e l *St* auf den Herd. Dieser hat etwa 1 *m* Breite und 4 *m* Länge, für rösches
Korn erhält er 10—15°, für zähes Korn etwa 6° Neigung. Man vermindert die
Neigung durch Unterlegen von Keilen am unteren Herdende. Ein Mann bedient zwei
Herde; jeder derselben kann in einer Stunde etwa dreimal 2 *mm* dick belegt, darauf
geläutert und abgekehrt werden.

Sollen Zwischenprodukte, welche bereits angereichert sind, auf dem liegenden
Herde weiter behandelt werden, so schlämmt man geringe Mengen auf dem Kopfe

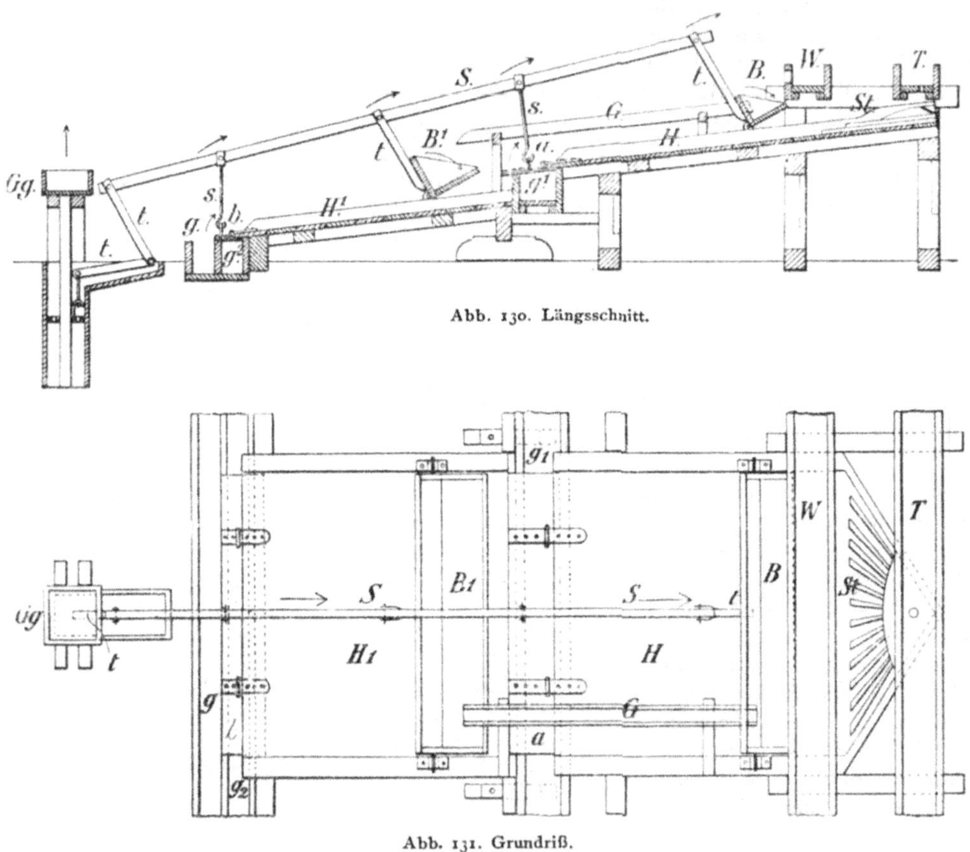

Abb. 130. Längsschnitt.

Abb. 131. Grundriß.

Abb. 130 und 131. Selbsttätiger Cornischer Schlämmherd.

des Herdes ein und arbeitet sie unter Zufluß von Läuterwasser wiederholt mit dem
Kehrbesen durch.

Erfahrungsgemäß ist der beschriebene liegende Herd nicht zur Abscheidung
solcher Erzteilchen geeignet, welche sich wegen ihrer Form als dünne Plättchen trotz
hohen spezifischen Gewichtes (Bleiglanz, gediegenes Silber und Gold) längere Zeit
im Wasser schwebend erhalten. Um auch hier zum Ziele zu gelangen, belegt man
den Herd mit groben Tüchern (P l a n e n , P l a n n e n oder P l a c h e n genannt,
davon P l a n e n h e r d oder P l a c h e n h e r d), in deren rauher Oberfläche sich die
Erzteilchen festsetzen, während die Berge vom Wasser darüber hinweggerollt werden.
Die Planen werden von Zeit zu Zeit abgenommen und in Sammelkästen ausgespült;

die Arbeit ist also unterbrochen. (Über die kontinuierlichen Planenherde vgl. weiter unten.)

Der selbsttätige Cornische Schlämmherd[1]). Beim Verwaschen der großen Mengen armer Zinnschlieche wird zur Ersparung der Handarbeit in Cornwall ein selbsttätiger Schlämmherd (Abb. 130 und 131) verwendet. Der festliegende Herd besteht aus einem oberen Teile H und einem unteren Teile H^1, die Trübe wird in dem Gerinne T über die Stelltafel S zugeführt, die Berge werden in das Gerinne g abgetragen, der reichste Schliech sammelt sich auf der oberen Herdtafel H, der ärmere auf der unteren Herdtafel H^1. Das zeitweise und selbsttätige Abtragen des Herdbelages wird durch die folgenden Einrichtungen bewirkt. Die beiden unter dem oberen und unteren Herdteile angebrachten Gerinne g^1 und g^2 werden, damit die Berge darüber hinwegfließen können, durch die eisernen, in Scharnieren beweglichen Klappen a und b gewöhnlich bedeckt gehalten. Das Klarwasser, welches bei W zugeführt wird, fließt zunächst in den Trog B und durch das Gerinne G weiter in den zweiten Trog B^1. Beide sind unsymmetrisch gebaut und an Wellen, die quer über dem Herde verlagert sind, kippbar befestigt, außerdem mittels der Stangen t mit der Hauptstange S und mit dem Gegengewicht Gg verbunden. An die Hauptstange sind auch die Zugstangen s angeschlossen, die an den Klappen a und b befestigt sind.

Jedesmal, nachdem sich die Tröge B und B^1 mit Wasser gefüllt haben, kippen sie nach rechts, dabei wird das Gegengewicht Gg angehoben und während sich das aus den Trögen abfließende Wasser über den Herd ergießt und den Schliech mit fortspült, werden die Stangen s angehoben und die Klappen a und b drehen sich derart, daß die Gerinne g^1 und g^2 zur Aufnahme des Schlieches frei werden. Das Gegengewicht bringt dann die sämtlichen beweglichen Teile in die Anfangsstellung zurück. Zur ersten Anreicherung sehr armer Erze ist dieser Herd recht zweckdienlich.

Gräben und Gerinne.

Der Schlämmgraben (Abb. 132), oft kurzweg Graben genannt, unterscheidet sich der Bauart nach vom liegenden Herde nur durch die größere Tiefe und meistens geringere Breite. Er ist am unteren Ende durch ein senkrecht zwischen die Seitenwände eingesetztes Fußbrett S begrenzt, da sich in ihm der Schliech zu einer dicken Schicht ansammeln soll; er gehört also im weiteren Sinne zu den Vollherden. Die Trübe wird in einer Gumpe M angerührt und über ein Happenbrett St dem Graben zugeführt. Wie

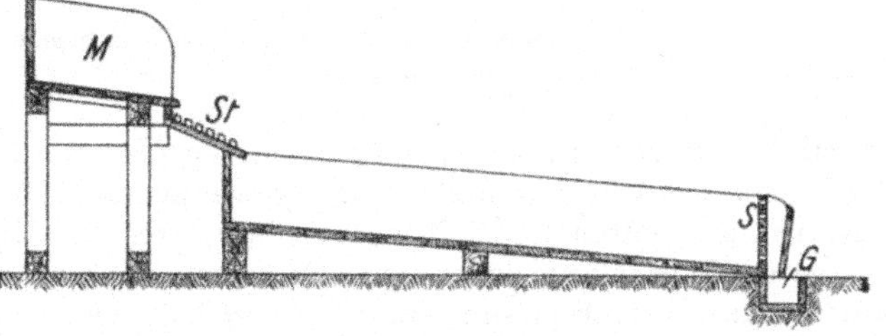

Abb. 132. Schlämmgraben.

sich der Belag anhäuft, werden die Öffnungen des Fußbrettes durch Spunde nach und nach geschlossen. Während der Arbeit wird mittels einer Kiste die Oberfläche des Belages eben gehalten. Der Schlämmgraben dient hauptsächlich für röscheres Korn und wird nur bei einfachen und kleinen Verhältnissen angewendet. Der angesammelte Schliech wird nach seinem Gehalte in Posten abgestochen und

---

[1]) Forster le Neve. Text book of ore and stone mining.

wiederholt bis zu der gewünschten Anreicherung verarbeitet, die Trübe fließt durch das Gerinne G ab.

Die Gerinne (engl. sluices) werden in ausgedehntem Maße besonders zur Aufbereitung der Seifenerze verwendet. Der starke Wasserstrom führt die Berge, welche vorwiegend aus Quarz oder Lehm bestehen, mit sich fort, die nutzbaren Mineralien sinken in den Gerinnen zu Boden. Um sie der Einwirkung des strömenden Wassers zu entziehen, nagelt man auf den Boden der Gerinne Querleisten. Die Gerinne werden aus starken, gut gefugten Brettern hergestellt. Zur Aufnahme des Freigoldes wird wohl auch etwas Quecksilber eingetragen. In Transvaal setzt man sie mit Steinpflaster in Zementmörtel aus, in Sibirien mit Setzpflaster aus Holz (zylindrische Stammabschnitte). Die Zwischenräume werden mit Moos ausgestopft, in dem sich die Goldflitterchen in der Hauptsache fangen. Nach Ablauf der guten Jahreszeit wird die Arbeit eingestellt. Das Moos und auch alles Holz, das mit den Goldsanden in Berührung gekommen ist, wird verbrannt und die Asche auf Gold verwaschen.

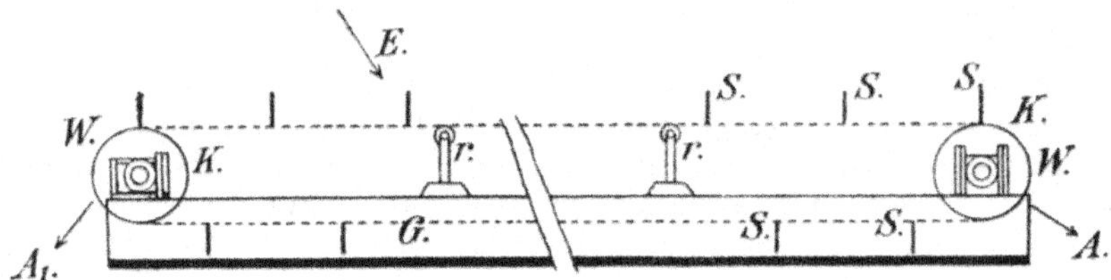

Abb. 133. Längsschnitt.

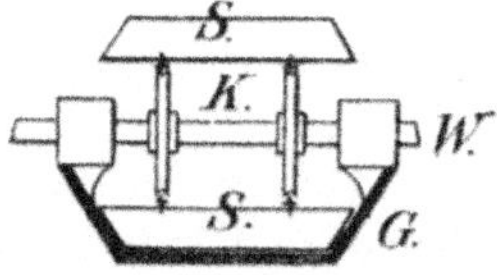

Abb. 134. Querschnitt.

Abb. 133 und 134. Elliots Waschrinne.

Hierher gehört auch die Elliotsche Kohlenwäsche[1]) (Abb. 133 und 134). Die Rohkohlen von 0 bis 40 *mm* werden zunächst auf einem Siebapparate nach Korngrößen getrennt und jede derselben dann der Mitte einer geneigten, etwa 18 *m* langen Kohlenrinne zugeführt. Die Rinnen G haben trapezförmigen Querschnitt, auf ihren Rändern sind am oberen und unteren Ende je eine Welle W verlagert, welche Kettenscheiben K tragen. An den Ketten ohne Ende sind in Abständen Kratzbleche S befestigt, die etwa halb so hoch sind als die Tiefe der Rinne beträgt; das untere Kettentrum bewegt sich in der Rinne aufwärts, während gleichzeitig ein Wasserstrom durch die Rinne abwärts fließt. Das obere Kettentrum wird durch Rollen r unterstützt. Die leichteren Kohlen werden über die Kratzbleche hinweg dem unteren Ende der Waschrinne zugeführt, während sich die schweren Berge

---

[1]) Höfer, Hugo. Die Kohlenwäscherei am Dreifaltigkeitsschachte in Polnisch-Ostrau. Ö. Z. 1902, S. 677.

am Boden der Rinne sammeln und von den Kratzblechen am oberen Ende ausgetragen werden. Die Neigung der Rinne muß der Korngröße angepaßt werden, während die Geschwindigkeit der Kratzbleche nach der Menge der vorhandenen Berge bemessen werden muß. Zu diesem Zwecke sind auf der Antriebswelle Stufenscheiben vorgesehen oder es können verschiedene Zahnradvorgelege eingewechselt werden.

Neuerdings werden die Stromwäschen (Rhéolaveur) nach France-Focquet und Habets für die Steinkohlenaufbereitung empfohlen[1]). Der Austrag der Berge B und des Zwischengutes Z erfolgt hier durch Bodenschlitze in den Gerinnen, während die Kohlen K am Ende der Rinnen durch den Wasserstrom ausgetragen werden. Für das Grobkorn, bis 8 *mm*, abwärts befindet sich (Abb. 135) unterhalb des Schlitzes eine kleine Kammer a, deren Öffnung durch die mittels Hebelübertragung gedrehte, aus Siebblech hergestellte Klappe c zeitweilig geöffnet wird. Die Weite des Schlitzes kann durch Verschieben der Wand g mittels der Stellschraube f eingestellt werden. Der Austrag erfolgt durch einen Klarwasserstrom hindurch, der bei h eintritt, in gestautes Wasser, aus dem ein Becherwerk das aus-

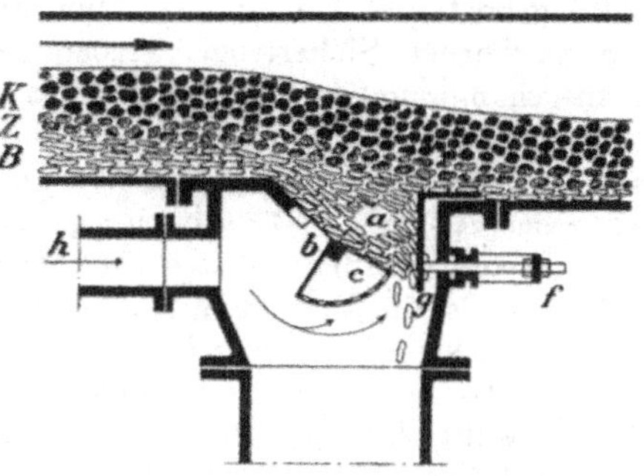

Abb. 135. Rhéolaveur für Grobkohle.

getragene Gut zur nochmaligen Verarbeitung in dieselbe oder eine zweite Rinne hebt. Der Austrag aus den Feinkornrinnen erfolgt ebenfalls durch einen Bodenschlitz und gegen einen Klarwassergegenstrom, jedoch unmittelbar (Abb. 136 a und b). Die Weite der Austragöffnung läßt sich durch eine drehbare, mit einer Anzahl verschieden großer Löcher versehenen Platte p leicht regeln.

Falls mehrere Korngrößen getrennt verwaschen und die Zwischenprodukte nach der Zerkleinerung auf besonderen Rinnen nachgewaschen werden, ist diese Wäsche nicht einfacher als eine Setzwäsche. Die zahlreichen Gegenstromventile und die Austräge müssen dauernd sorgfältig überwacht werden[2]).

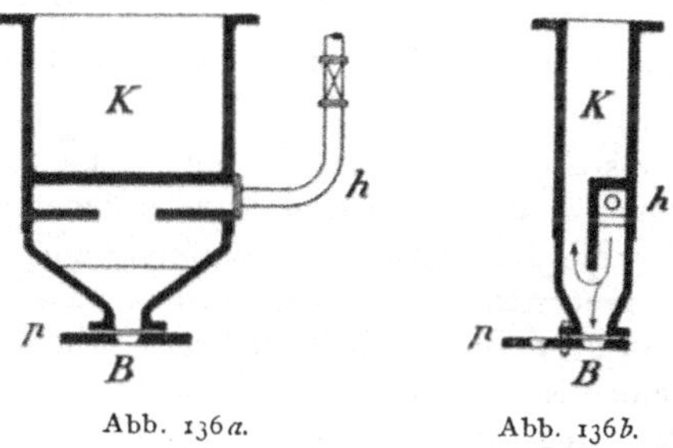

Abb. 136a.   Abb. 136b.

Abb. 136a und b. Rhéolaveur für Feinkohle.

Die bewegten ebenen Herde.

Allgemeines.

Die Anfänge der bewegten Herde sind in den Sichertrögen zu erblicken, welche noch jetzt zur mechanischen Probe der Schlieche, der Seifenerze, der verschiedenen Herdprodukte und zuweilen zur letzten Anreicherung sehr wertvoller, z. B. goldhaltiger Schlieche Verwendung finden.

---

[1]) W ü s t e r. E. G. A. 1922, S. 1477. Vertretung in Deutschland Frölich und Klüpfel, Essen-Ruhr. — W i r t h. Die mit der Rhéo-Kohlenwäsche auf der Grube Maria-Hauptschacht des Eschweiler Bergwerksvereins erzielten Versuchs- und Betriebsergebnisse. E. G. A. 1924, S. 711.

[2]) C h a r v e t. Monographie de l'atelier de lavage par rhéolaveurs de Rochebelle. Revue de l'industrie minérale 1924, S. 289. Vergleich einer älteren Humboldtwäsche und einer neueren Rhéolaveurwäsche.

Die Formen der Sichertröge sind örtlich verschieden, Abb. 137 zeigt den F r e i - b e r g e r, Abb. 138 und 139 den S a l z b u r g e r S i c h e r t r o g, letzterer auch S a c h s e oder H a n d s a c h s e genannt. Man bringt den zu verwaschenden Schliech mit etwas Wasser auf den Sichertrog und schwingt diesen mit der rechten Hand so hin und her, daß das Wasser jedesmal lebhaft nach dem einen Ende strömt, dabei die Bergeteilchen mitnimmt, jedoch langsamer zurückfließt. Gegen den Ballen der linken Hand werden dabei Stöße auf die Rückseite r des Troges gegeben, wodurch die Ansammlung der schwersten Teilchen wie beim Freiberger Stoßherde befördert wird. Es gehört viel Übung dazu, um die nötige Geschicklichkeit zu erlangen. Größere Salzburger Sichertröge werden zur leichteren Handhabung in einfacher Weise aufgehängt und heißen H ä n g e s a c h s e. Feinjähriges Lärchenholz soll das beste Material für Sichertröge sein. Auch in schlüsselförmig kreisrunder Form kommen sie unter dem Namen W a s c h s c h ü s s e l vor.

Nach der A r t d e r B e w e g u n g können die Herde in die folgenden Haupt-gruppen eingeteilt werden: Stehen bei ebenen Herden Herdfläche und Herd in fester Verbindung, so ist die Bewegung stets eine h i n - u n d h e r g e h e n d e. Diese Herde, entweder S t o ß h e r d e oder S c h ü t t e l h e r d e, sind in einem Herdgerüst mittels Ketten oder Hängestangen aufgehängt, oder stützen sich mittels federnder Stangen auf ein Schwellwerk. Die Stoßherde erhalten durch eine D a u m e n w e l l e einen Vorschub und fallen dann durch ihr Eigengewicht oder durch Federwirkung in die

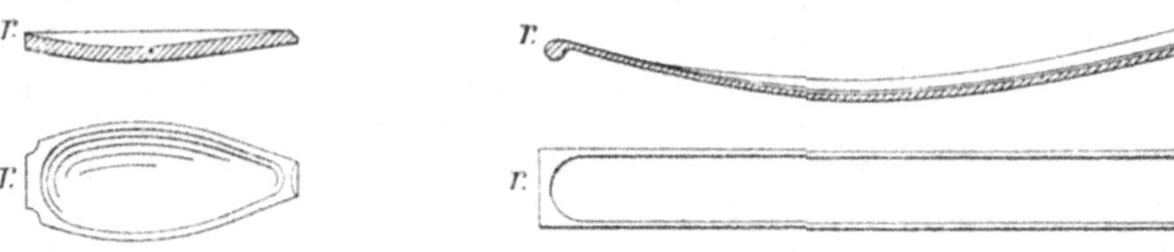

Abb. 137. Freiberger Sichertrog.   Abb. 138 und 139. Salzburger Sichertrog oder Handsachse.

Anfangsstellung und gegen eine S t a u c h v o r r i c h t u n g zurück. Erfolgt die Bewegung in derselben Richtung, in der die Trübe fließt, so spricht man von L ä n g s -s t o ß ; die Bewegung rechtwinkelig hierzu heißt Q u e r - oder S e i t e n s t o ß. Ein Herd der ersten Art ist der F r e i b e r g e r S t o ß h e r d, einer der zweiten Art der R i t t i n g e r h e r d. Schüttelherde erhalten ihre Bewegung von einem E x z e n t e r oder einer K u r b e l aus.

Bei den b e w e g t e n P l a n e n h e r d e n besteht die Herdfläche aus einem B a n d e o h n e E n d e, das von W a l z e n getragen und über den Herdrahmen stetig in demselben Sinne, und zwar in der Längs- oder Querrichtung geführt wird. Die bewegte Plane trägt, wenn sie Längsbewegung hat, den Schliech am oberen Herdende ab, während die Berge die Plane am unteren Ende verlassen. Bei Querbewegung entfernt die Plane den abgelagerten Schliech aus dem Trübestrome und führt ihn zur Abläuterung einem Klarwasserstrome zu, der Zwischenprodukt und Erz getrennt abspült.

Man hat auch Herde gebaut, bei denen die stetige Bewegung einer Plane und die hin- und hergehende Bewegung eines Rahmens, in welchem die Führungswalzen der Plane verlagert sind, gleichzeitig stattfindet. So hat der S t e i n'sche H e r d Querbewegung der Plane und Querstoß; der unter der Bezeichnung F r u e V a n n e r bekannte S c h ü t t e l h e r d eine Längsbewegung der Plane und außerdem eine Quer-schüttelbewegung (vgl. w. u.).

Eine besondere Stellung nehmen die R i l l e n h e r d e ein, bei denen der nahe dem Eintrag der Trübe gelegene Teil der Herdfläche mit Q u e r l e i s t e n oder v e r -t i e f t e n R i l l e n versehen ist. An den Leisten oder in den Rillen finden die Erzteilchen Schutz vor der Stoßkraft des Trübestromes, dann wandern sie infolge der Querstöße (oder dergl.) des Herdes an den Leisten entlang zur anderen Herdseite und werden dort abgetragen. Die Berge dagegen werden über die Leisten hinweggespült.

Bei allen bewegten Herden hat man zu unterscheiden den H e r d selbst, das H e r d g e r ü s t, die E i n r i c h t u n g e n f ü r d i e B e w e g u n g und für das A u f- u n d A b t r a g e n.

Der Freiberger Lang-Stoßherd.

Der H e r d H (Abb. 140 und 141) selbst ist ähnlich wie der Kehrherd (S. 99), jedoch stärker gebaut, da er den Stößen auf die Dauer widerstehen muß, die Dielung liegt gewöhnlich doppelt, am unteren Teile ist die Herdfläche nicht zusammengezogen.

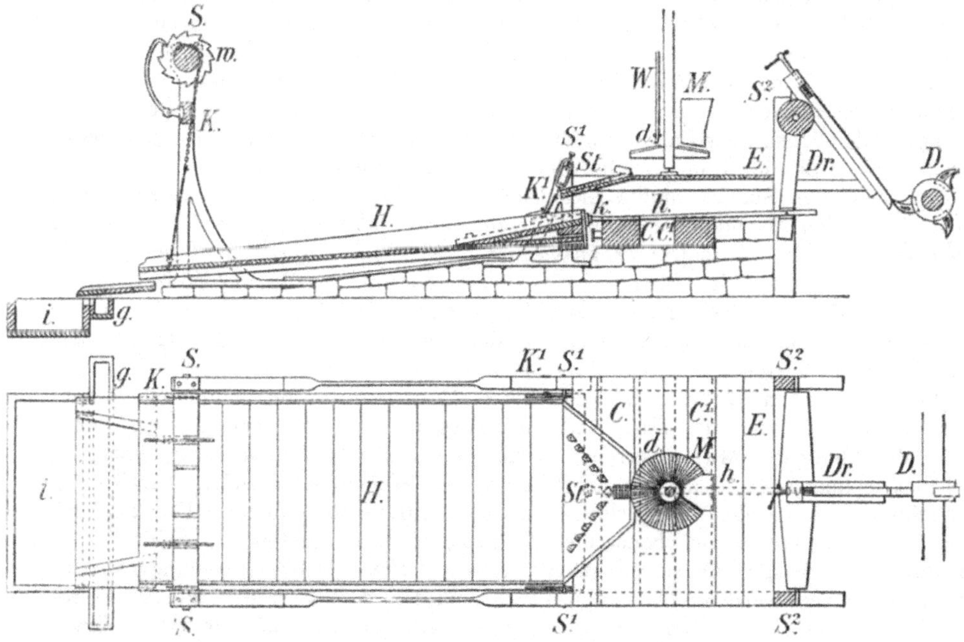

Abb. 140 und 141. Freiberger Langstoßherd.

Er ist in vier Ketten aufgehängt und erhält, während die Trübe darüber hinwegströmt, Längsstöße. Nach jedem derselben fällt er durch sein Eigengewicht gegen eine Stauchvorrichtung zurück. Durch jeden Vorstoß entsteht auf dem Herde eine stärkere Trübewelle, welche die leichteren Teilchen über den Herd hinwegführt; beim Rückstoße dagegen werden die schwereren Teilchen, die bereits auf dem oberen Teile der Herdfläche, dem Herdkopfe, zur Ablagerung gelangt waren, fester zusammengestoßen und rücken sogar den Herd aufwärts. Der Stoßherd ist ein Vollherd, denn man läßt den Schlich auf dem Herde sich zu einer mehrere Zentimeter starken Schicht anhäufen, das Abläutern fällt fort.

Die wichtigsten Teile des Herdgerüstes sind die drei Paare H e r d s ä u l e n, welche auf einem Schwellwerk ruhen und durch Streben abgestützt sind. Die am untersten Ende des Herdes stehenden Säulen S heißen die S t e l l s ä u l e n. Die mittleren Säulen S^1 werden S p a n n s ä u l e n genannt, die Säulen S^2 heißen D r ü c k e l s ä u l e n; die beiden ersten sind aus Eisen, die letzteren aus Holz. Wegen der häufigen und starken Erschütterung soll eine Verbindung des Herdgerüstes mit der Dachkonstruktion oder mit den Mauern des Gebäudes vermieden werden.

Die Hängeketten oder -stangen sind so anzubringen, daß der Herd durch sein Eigengewicht gegen die Stauchvorrichtung zurückfällt, wenn er vorgestoßen wird. Die kürzeren oberen Ketten K^1 nennt man Spannketten, da unter sonst gleichbleibenden Verhältnissen von ihrer Länge und Richtung die Stärke des Rückstoßes abhängt; mittels der unteren, längeren Stellketten K wird die Herdneigung nach Bedarf geändert. Sie sind an der Herdwelle w befestigt, die zwischen den Stellsäulen verlagert und mit Sperrad und Sperrklinke zum Feststellen versehen ist. Die Drehung der Herdwelle erfolgt durch Hebebäume, welche in vorhandene Löcher eingesteckt werden. Es müssen mindestens die Ketten der einen Herdseite mittels einer Stellschraube eine allmähliche Hebung und Senkung des Herdes gestatten, da die Dielung der Querrichtung nach stets in Wage liegen muß.

An den Drückelsäulen S^2 ist mittels einer wagrechten Welle ein Winkelhebel Dr, das Drückelzeug, befestigt; auf den hinteren Arm, dessen Länge durch eine aus Schraubenmutter und Schraubenspindel bestehende Stellvorrichtung verlängert und verkürzt werden kann, wirkt die in diesem Falle dreihübige Daumenwelle D. An dem vorderen Hebelarme ist die Schubstange h befestigt, welche die Bewegung auf den Herd überträgt. Je mehr der rückwärtige Drückelarm verkürzt wird, desto kleiner ist das Maß, um welches der Herd vorgeschoben wird.

Zwischen den Spann- und Drückelsäulen ist die Stauchvorrichtung, bestehend aus den gegeneinander abgestützten starken Balken C und C^1, verlagert; in den vorderen Balken C ist der auswechselbare Stoßkopf k eingesetzt, gegen den der Herd zurückfällt. Über der Stauchvorrichtung ist die Herdbühne E eingebaut mit der Drehgumpe d und der Stelltafel St.

Zur Aufnahme der Abgänge befindet sich am unteren Ende des Herdes das Herdflutgerinne g und das Unterfaß i.

Die Arbeit auf dem Stoßherde. Zum guten Gange eines Stoßherdes ist es erforderlich, daß die Hin- und Herbewegung gradlinig erfolgt, was durch gleiche Verteilung der Massen erreicht wird. Die Trübe muß gleichmäßig über den Herd fließen, man erkennt dies an der Bildung von Wellenlinien, welche parallel zur Querrichtung des Herdes in gleichen Abständen aufeinander folgen. Der Schliech soll sich auf dem Herde mit ebener Oberfläche absetzen, es dürfen sich keine Buckel oder Furchen bilden; wenn sie entstehen, müssen sie mit Hilfe einer langgestielten Kiste ausgeglichen werden. Da der Schliech sich auf dem oberen Teile der Herdfläche in dickerer Schicht absetzt als am unteren Ende, so muß zur Beibehaltung ein und derselben Neigung der Oberfläche der untere Teil des Herdes durch die Stellketten nach und nach gehoben werden.

Den Schliech, der sich auf dem obersten Teile des Herdes ablagert, nennt man auch Stirn, den übrigen Teil Abstich. Der unterste Teil des Abstiches besteht nur aus Bergen, der übrige Abstich wird zur Weiterverarbeitung angesammelt. Die Stirn ist unter Umständen lieferbar, oft ist jedoch ein mehrmaliges Durcharbeiten notwendig. Der beigefügte Stammbaum läßt den Gang dieser Arbeit erkennen. Vor dem Abstechen des Vorrates läßt man den Herd mit schwachen Stößen eine Zeitlang leer gehen, damit sich der Schliech fester zusammensetzt und das Wasser daraus tunlichst entfernt wird.

Die Länge eines Stoßherdes nimmt man im Mittel zu 4 m, die lichte Breite zu 1,2 m; die Anzahl der Stöße in der Minute schwankt zwischen 40 für röschen und 20 für zähen Vorrat; die Länge des Ausschubes beträgt für Röschhäuptel bis 15 cm, für die zähesten Sumpfschlämme nur 1,5 cm. Ein Herd verarbeitet in der Minute im Mittel 30 l Trübe, für Mittelkorn soll sie 0,15 kg, für Schlämme 0,1 kg feste Bestandteile auf 1 l enthalten. Die Herdneigung ist für

Röschhäuptel 6°, bei den feinsten S c h l ä m m e n fast 0°. Der K r a f t b e d a r f für einen Herd beträgt etwa 1 PS.

Der Stoßherd eignet sich am besten für Mehle und Schlämme; Sande werden zweckmäßiger auf Feinkornsetzmaschinen (vgl. S. 83) verarbeitet. Da der Stoßherd diskontinuierlich arbeitet und die Entleerung mit der Hand erfolgt, wird er gewöhnlich nur dort angewendet, wo die Löhne niedrig sind. Namentlich für kleinere Anlagen, bei denen nach und nach die verschiedenen Produkte der Mehlführung auf wenigen Herden verarbeitet werden, leistet der Stoßherd immer noch recht gute Dienste; auch für die Verarbeitung sehr armer Erze ist er zu empfehlen.

So werden z. B. in Altenberg im Erzgebirge die feinsten Schlämme immer noch mit Vorteil auf Freiberger Stoßherden verwaschen. Das Roherz enthält etwa 0,04% Zinnerz, beim ersten Durchstoßen wird die Stirn auf etwa 1% Zinnerz, beim zweiten Durchstoßen auf 10% und beim dritten Durchstoßen auf etwa 30% Zinnerz angereichert. (Über die weitere Behandlung auf chemischem Wege vgl. S. 137).

Stammbaum 5

für das Verwaschen armer Erze auf dem F r e i b e r g e r S t o ß h e r d e.

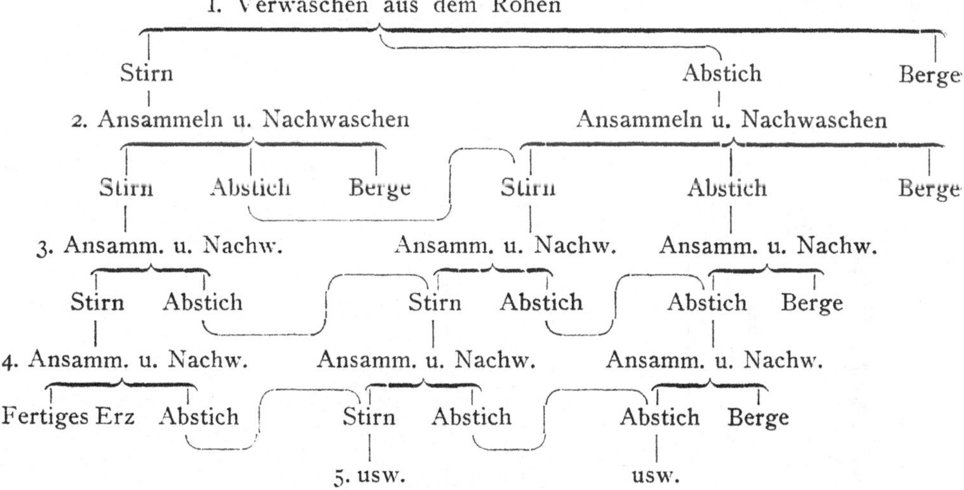

Der R i t t i n g e r h e r d soll hier nur kurz erwähnt werden. Er ist einer der ältesten ohne Unterbrechung (kontinuierlich) arbeitenden Herde, und zwar ein Q u e r s t o ß h e r d. Er wird nicht mehr verwendet, die Wirkung des Querstoßes war die gleiche, wie bei dem Steinschen Herd (S. 109) und bei den mit Querstoß arbeitenden Rillenherden (S. 111).

D e r S c h ü t t e l h e r d.

Beim Schüttelherde (F r u e V a n n e r, Abb. 142 und 143) hat die Plane P eine Längsbewegung, dem Trübestrom entgegen, sie besteht aus Gummistoff und hat an den Seiten rechtwinklig zur Herdfläche stehende Ränder. Die Führung der Plane geschieht durch die v i e r W a l z e n w, w^1, w^2 und w^3; von diesen ist w mit einer Spannvorrichtung p versehen, w^1 erteilt die Bewegung, w^2 und w^3 liegen auf der Unterseite und führen die Plane durch den W a s s e r k a s t e n i; außerdem wird der obere Teil der Plane durch T r a g w a l z e n t gestützt. Sämtliche Walzen sind im **H e r d r a h m e n** A verlagert, und dieser ruht auf dem Schwellwerk (Q Querschwellen, S Herdsäulen, L Längsschwellen, q obere Querschwellen) mittels der **S t ü t z s t a n g e n** r. Durch **K e i l e** v kann die Herdneigung in den Grenzen von 7,5 bis 15 *cm* auf 3,5 *m* Herdlänge geändert werden.

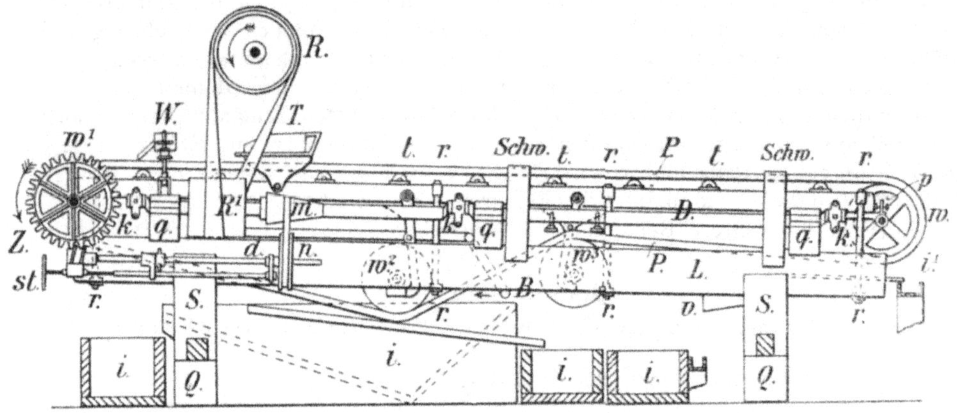

Abb. 142. Seitenansicht.

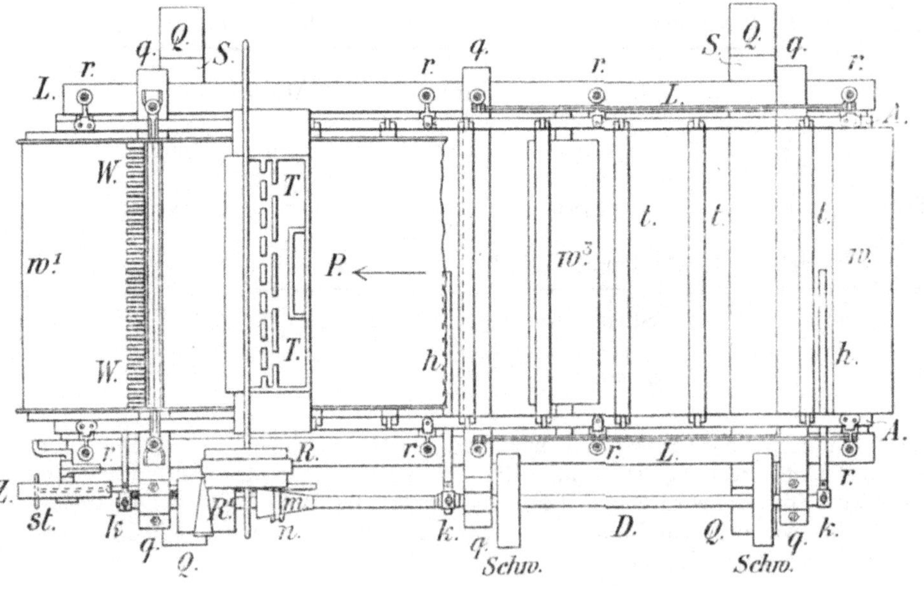

Abb. 143. Grundriß.

Abb. 142 und 143. Schüttelherd.

Die neben dem Herde verlagerte **W e l l e** D erhält ihren Antrieb durch die Riemenübertragung R, R^1. Die Längsbewegung der Plane wird durch den **K o n u s** m, die **S c h n u r r o l l e** n auf der **W e l l e** d mit Schnecke ohne Ende und durch das auf der Welle der Walze w^1 befestigte **S c h n e c k e n r a d** Z vermittelt. Durch die **S t e l l v o r r i c h t u n g** st kann die Schnurrolle n am Konus m entlang verschoben und die Geschwindigkeit der Plane geregelt werden. Die Welle d ist so verlagert, daß die Schnurenrolle d den Riemen durch ihr Gewicht spannt. Außerdem erhält der ganze Herdrahmen durch die auf D angebrachten drei K u r b e l n k Querschüttelbewegung, $Schw$ sind schwere Schwungräder.

Die Trübe wird von dem H a p p e n b r e t t T über die Plane verteilt; die sich absetzenden Erzteilchen werden unter der B r a u s e W geläutert, gelangen um die Walze w^1 herum auf die Unterseite und werden im Unterfasse i und durch die B r a u s e B abgespült; die aus dem ersten Kasten i etwa überfließende Erztrübe findet in den kleineren Kästen i Gelegenheit zu weiterer Klärung. Die abzutragenden Berge fließen über die Plane abwärts in das G e r i n n e i^1. Der Herd besitzt demnach die Eigentümlichkeit, daß er die aufgegebene Trübe n u r i n z w e i P r o d u k t e zerlegen kann, er ist daher besonders geeignet für einfach zusammengesetzte Erze, er stammt aus Nordamerika und wird in der Golderzaufbereitung viel angewendet.

Die arbeitende Herdfläche ist 3,5 m lang und 1,2 m breit; die Plane erhält in der Sekunde 4 bis 6 cm Geschwindigkeit. Die Kurbelwelle macht 180 bis 200 Umdrehungen in der Minute, das Maß der Querbewegung beträgt 25 mm, der Arbeitsbedarf ist 0,25 PS. Pocht man durch das 50-Maschensieb $= 0,30$ mm Korngröße, so verarbeitet der Herd 4 bis 6 t in 24 Stunden; wenn das 40-Maschensieb $= 0,38$ mm angewendet wird, 6 bis 8 t in 24 Stunden; an Klarwasser sind in einer Minute 7 bis 14 l erforderlich.

Der Steinsche Herd.

Dagegen ist der Steinsche Herd (Abb. 144 bis 146), der zuerst in Freiberg gebaut wurde, zur Aufbereitung zusammengesetzter Erze geeignet. Das H e r d g e r ü s t besteht außer dem nötigen Schwellwerk aus den S ä u l e n p a a r e n S und S^1 und wird durch die S t r e b e s verstärkt. Der eiserne H e r d r a h m e n A ist mittels vier Stangen r an den Armen q aufgehängt, welche letztere um die H i l f s s t r e b e s^1 drehbar sind und in der richtigen Neigung durch die Schraubenmuttern st an zwei senkrechten Stangen festgestellt werden (Abb. 146). Auf dem Herdrahmen ist die hölzerne H e r d p l a t t e H befestigt und über diese und die beiden W a l z e n w und w^1 die glatte P l a n e P (Gummi oder Linoleum) gespannt; der untere Teil wird durch die H i l f s w a l z e n t getragen. Die Querbewegung der Plane wird durch die S c h n u r r o l l e n bewirkt, welche auf der Achse von w^1 sitzt; das Herabrutschen der Plane auf der Herdtafel wird bei den neueren Ausführungen durch Streifen verhindert, der am oberen Rande auf der Unterseite der Plane angenäht ist und in einer Führung der Herdplatte und entsprechenden Auskehlungen der Walzen gleitet. Der Querstoß des Herdes ist, wie beim Rittingerherde, durch die D a u m e n w e l l e D — mit S c h w u n g r a d $Schw$ und R i e m e n s c h e i b e n R — mittels Zugstange und Feder F erreicht; der Herd wird nach rechts herausgezogen und stößt gegen den S t a u c h k l o t z C an der linksseitigen Säule. Unabhängig von dem Herde ist das Aufgebegerinne an den Hilfssäulen S^1 befestigt; in der Abteilung T wird die Trübe zugeführt und mittels der S t e l l t a f e l St über etwa ein Drittel der Herdbreite verteilt. Die Berge gelangen in die Gerinnabteilung g; der entstehende Belag wird durch die Planenbewegung nach links geführt, wo aus den beiden anderen Abteilungen des Gerinnes W Läuterwasser über den Herd strömt und überdies die diagonal gelegte B r a u s e B das allmähliche Abspülen der Produkte besorgt. Diese werden von einem mehrteiligen Gerinne, g^1 für das ärmere, g^2 für das reichere Zwischenprodukt und g^3 für das Erz, aufgenommen; Abfallutten führen die Schlieche in die Sammelkästen i, i^1, i^2 und i^3. Um die Bewegung der Plane zu erleichtern, wird unter ihr auf der Herdplatte ein W a s s e r b e t t erzeugt, indem durch den Behälter und das Rohr u das Klarwasser zugeführt und mittels Diagonalrillen, die von einer Querrille ausgehen, gleichmäßig verteilt wird[1]). Der arbeitende Teil der Plane ist 2,4 *m* breit und etwa 0,6 *m* lang, letzteres, wie bei allen Herden in der Richtung der Neigung gemessen. Ein Herd braucht 4,0 zu 1,3 *m* Standfläche außer dem Raum für die Bedienung. Bei der Freiberger Aufbereitung erhielt der Herd 80 *mm* Planengeschwindigkeit und 150 Stöße in der Minute bei 27 *mm* Ausschub; in derselben Zeit wurden 14 *l* Trübe mit 0,15 *kg*

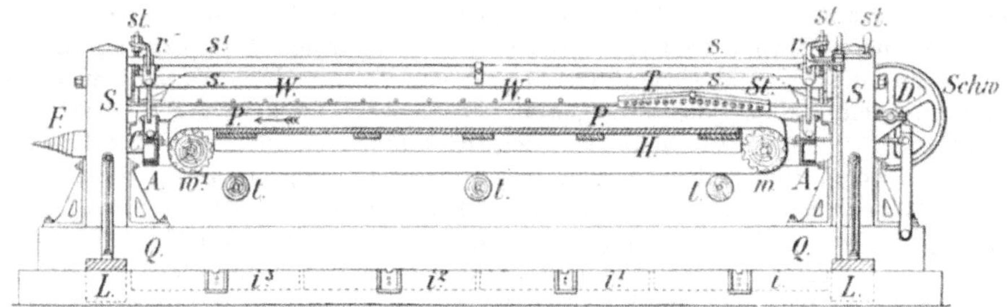

Abb. 144. Querschnitt.

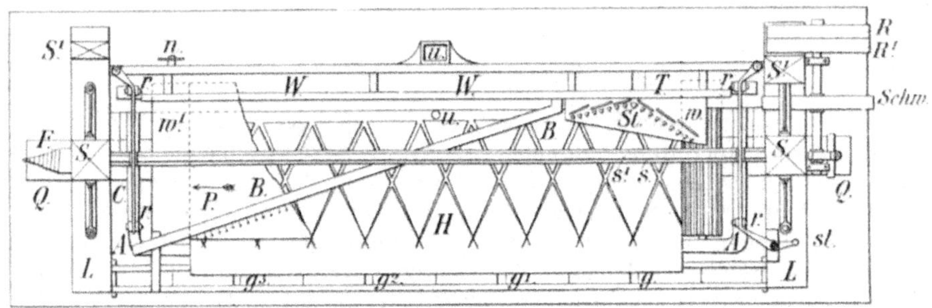

Abb. 145. Grundriß.

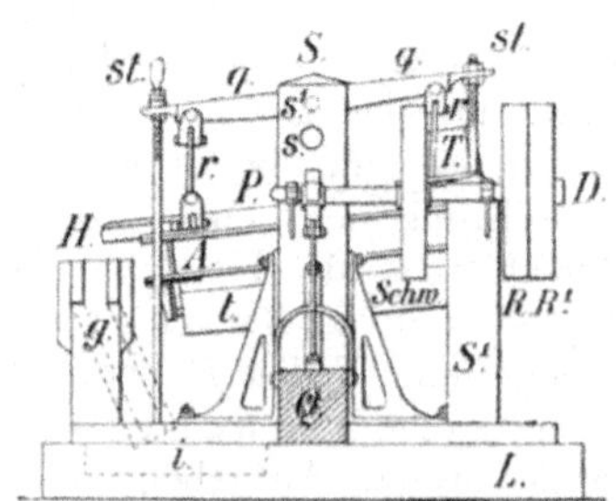

Abb. 146. Längsschnitt.

Abb. 144 bis 146. Steinscher Herd.

fester Bestandteile auf *1 l* aufgegeben und dabei 60 *l* Klarwasser verbraucht, die Herdneigung beträgt etwa 5°. Der Herd beansprucht 0,5 PS Betriebskraft; acht Herde können von einem Manne beaufsichtigt werden. Eine Gummiplane dauert etwa 1½ Jahr und kostete 120 Mk.

---

[1]) Es werden auch leichte Herde gebaut (Laurenburg a. d. Lahn), die aus einem Lattenwerk bestehen. Jede Latte ist mit einem Streifen aus Spiegelglas belegt, dessen Kanten abgeschliffen sind.

Die Rillenherde [1]).

Der Ferrarisherd [2]).

In der äußeren Form (Abb. 147 bis 149) hat der Herd Ähnlichkeit mit dem Steinschen Herde, er ist erheblich breiter als lang — die Länge auch hier in der Richtung der Bewegung der Trübe gemessen. Die Herdtafel H ist auf schrägen Federn F verlagert und wird durch zwei Exzenter e und federnde Schubstangen in schwingende Querbewegung versetzt. Jeder Punkt der Herdfläche erhält dabei eine Wurfbewegung. Die Herdfläche wird von Linoleum auf Holzunterlage gebildet und ist mit schmalen, in der Querrichtung verlaufenden Holzleisten benagelt oder für die feineren Produkte mit eingehobelten Rillen versehen, die bei dem gezeichneten Herde nach der rechten Seite in schräger Linie auslaufen. Die Trübe wird links bei T auf etwa $^1/_5$ der Herdbreite aufgetragen, über den übrigen Teil der Herdfläche fließt aus dem Gerinne W Läuterwasser. Die Berge werden über die Leisten hinweggespült in die Gerinne g, die schweren Teilchen gleiten teils schon oberhalb der Leisten, teils zwischen den Leisten infolge der dem Herde erteilten Wurfbewegung nach rechts und gelangen dort unter die Läuterbrausen B_1, B_2, B_3. Die allerschwersten Produkte werden am rechten Rande der Herdtafel abgetragen und gelangen in die Gerinne g^1, die von mittlerem spezifischen Gewicht rechts am unteren Rande des Herdes.

Der untere Rand der Herdtafel H ist mit dem Herdrahmen A durch Gelenke h verbunden, während der obere Teil mit Keilen K auf entsprechenden Keilflächen ruht. Mittels des Stellhebels st können die letzteren verschoben und die Herdneigung kann dadurch geändert werden. Die Herdtafel ist $3500\,mm$ breit und $1500\,mm$ lang; die Exzenter machen 340 Umdrehungen in der Minute (diese und ähnliche Herde werden daher auch S c h n e l l s t o ß h e r d e genannt). Der Kraftbedarf beträgt etwa ½ PS, der Klarwasserverbrauch in der Minute $75\,l$ bei Sanden, $25\,l$ bei Schlämmen. Es werden in der Stunde 400 bis 600 kg Sande oder 250 bis 300 kg Schlämme verarbeitet. Der Herd wird vom Grusonwerke, Buckau bei Magdeburg, gebaut.

Ähnliche Herde liefern jetzt sämtliche Maschinenbauanstalten, die sich mit dem Bau von Aufbereitungen beschäftigen. Die Unterschiede liegen hauptsächlich in der Art der Querbewegung (Wurf-, Schüttel-, Stoßbewegung) und in der Verlagerung der Herdfläche. Bei den Herden der Maschinenfabrik H u m b o l d t und derjenigen von Fr. G r ö p p e l erhält die Herdtafel außer der Querbewegung noch eine kleine K i p p b e w e g u n g, die jedesmal beim Vorstoß die Neigung vergrößert, indem der Herd mittels keiliger Stücke auf Rollen gleitet. Es soll hierdurch eine stärkere Durcharbeitung des Gutes erreicht werden.

Der Cardherd [3]).

Er gehört zu den neueren amerikanischen Querschüttelherden (Abb. 150 bis 156) und wurde im Jahre 1906 auf den Markt gebracht. Eine Anzahl von Besonderheiten rechtfertigen eine eingehende Beschreibung.

Die Trübe wird bei T, rechts in Abb. 150 nur auf etwa ein Drittel der Herdbreite verteilt, während auf die übrigen $^2/_3$ bei W Läuterwasser aufgetragen wird. Der Herd ist dadurch besonders gekennzeichnet, daß die Querrillen sich von der Auf-

---

[1]) B r e u e r. Die neuere Entwicklung der Aufbereitungsherde. E. G. A. 1911, S. 337 (Rillenherde S. 373, Zusammenfassung S. 380).

[2]) Pr. Z. 1903, S. 252. — B l ö m e k e. Die Erzaufbereitung auf der Düsseldorfer Ausstellung 1902. Pr. Z. 1904, S. 36.

[3]) P ü t z, O. Der Aufbereitungsherd von C a r d. Pr. Z. 1908, S. 436.

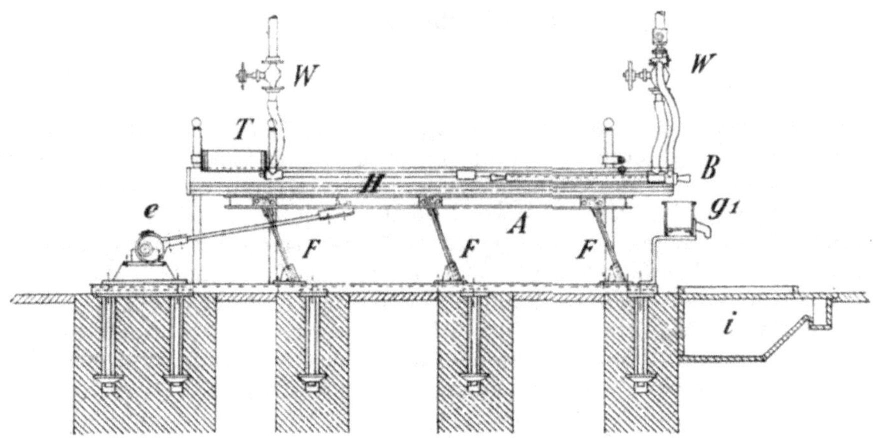

Abb. 147. Querschnitt.

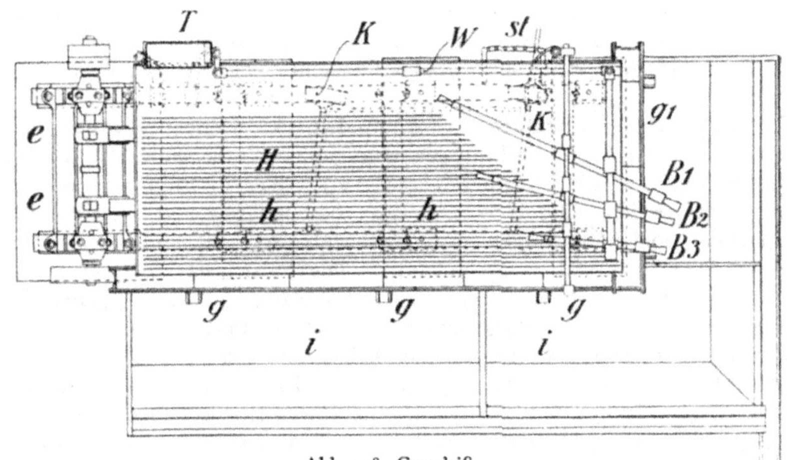

Abb. 148. Grundriß.

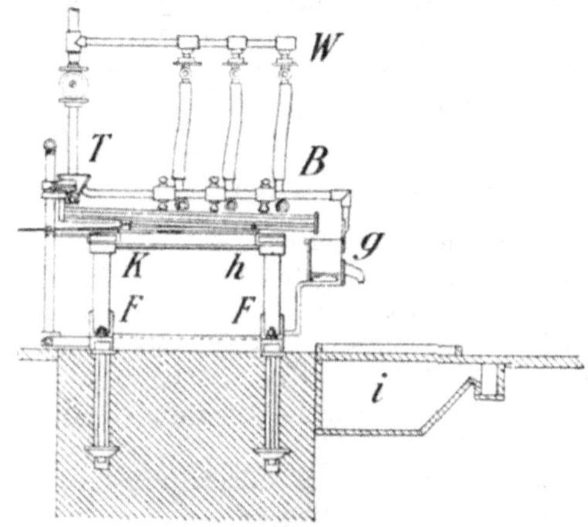

Abb. 149. Längsschnitt.

Abb. 147 bis 149. Ferraris-Herd.

tragseite her allmählich verbreitern und vertiefen und dann nach der Abtragseite hin
wieder an Tiefe und Breite abnehmen, jedoch so, daß ihre tiefsten Stellen diagonal
auf dem Herde liegen. Am Kopf ist der Herd etwas breiter (4,75 m) als an der
unteren Kante (3,96 m), wodurch am rechten Rande die Wasserströmung verstärkt
wird, um die Berge abzutragen.

Der Herd ruht auf einem Gerüst (Abb. 151), welches in üblicher Weise aus
Langschwellen L, Querschwellen Q und Längsriegeln l besteht. Auf diesem Schwellwerk befinden sich auf 2 Tragstangen 6 Traglager t, auf denen die Herdtafel H

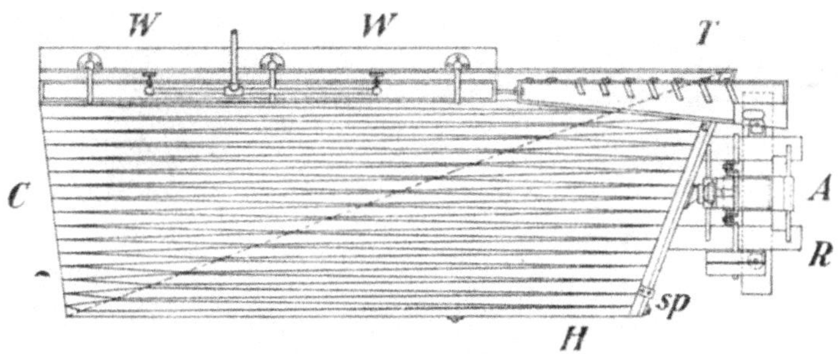

Abb. 150. Grundriß.

befestigt wird. Am Herde ist die Neigung sowohl in der Längsrichtung als auch
in der Querrichtung verstellbar (siehe weiter unten).

Der eigenartige Antrieb des Herdes bei A (Abb. 150) ist aus den Abb. 152
bis 154 näher ersichtlich. Auf der festen Achse A sitzt der Wälzhebel h, er wird
von der um die Achse C drehbaren Kurbel k mittels der Hängestangen E auf und
ab bewegt. Die Übertragung der Bewegung auf den Herd erfolgt durch den Winkelhebel W mit der Drehachse D und durch den Prellklotz P, der auf einen am Herd
befindlichen Puffer wirkt. Der Prellklotz kann in den Führungen l auf- und abwärts

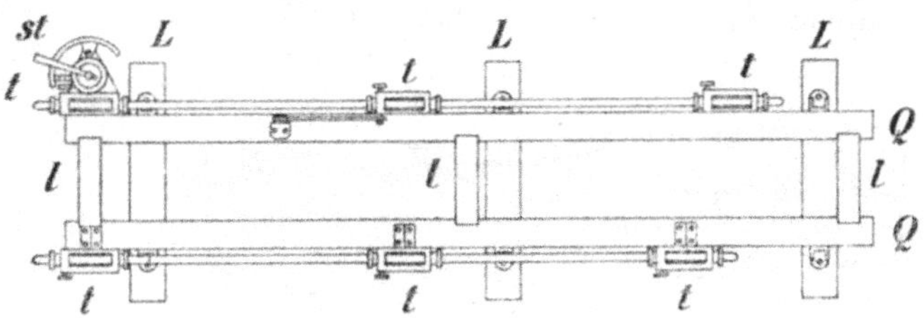

Abb. 151. Herdgerüst.

verstellt werden, wodurch der Ausschub des Herdes vergrößert oder verkleinert wird.
Hierbei werden Federn, die unter dem Herde angebracht sind, gespannt, sie bewirken die Rückbewegung des Herdes. Befindet sich der Herd in der äußeren
Stellung rechts, so steht die Kurbel k in der tiefsten Stellung und der Wälzhebel h
berührt den Winkelhebel W im Punkte 1 (Abb. 152), nachdem sich die Kurbel um
90° gedreht hat (Abb. 153), berühren sich die Punkte 2 und nach einer weiteren
Drehung um 90° die Punkte 3. Hieraus folgt, daß die Bewegung des Herdes nach
links langsam beginnt und dann erheblich beschleunigt wird, und daß der Rückgang
umgekehrt in entsprechend verlangsamter Weise erfolgt. Dabei ist auch die Um-

kehr der Bewegung links beschleunigt, rechts verlangsamt. Es werden daher die auf dem Herde befindlichen Körnchen in den Rillen stoßweise von rechts nach links weiter bewegt.

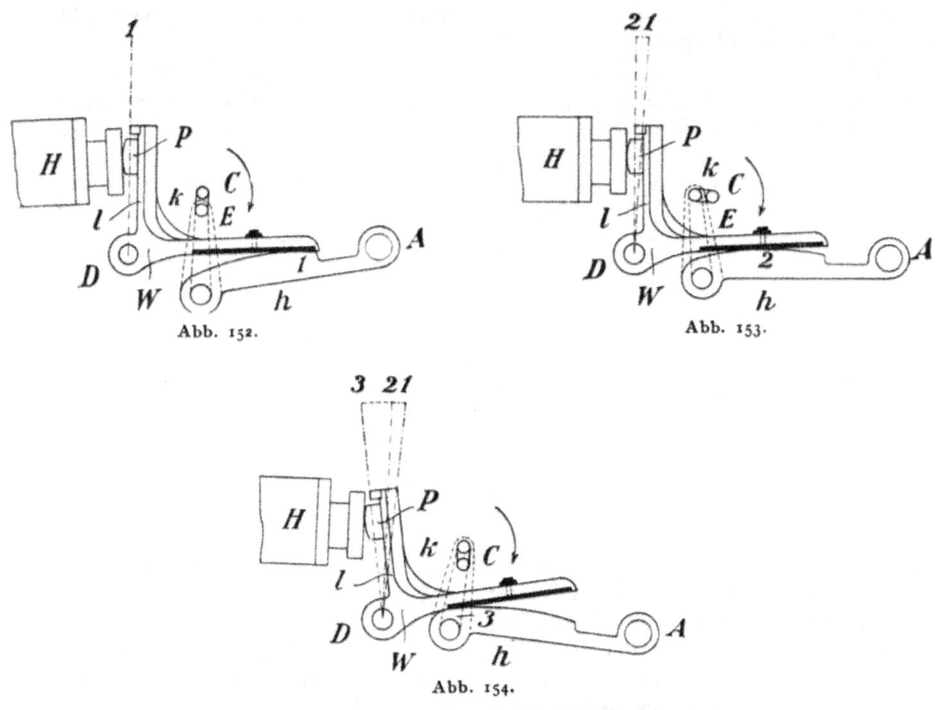

Abb. 152.   Abb. 153.

Abb. 154.

Abb. 152 bis 154. Antrieb des Herdes.

Die Rillen sind im Querschnitt in der Abb. 155 noch besonders dargestellt, sie sind nach der Eintrittseite flach, nach der Austrittseite steil begrenzt, so daß die Körnchen leicht in die Rillen eintreten, sie aber nur schwer verlassen können. In

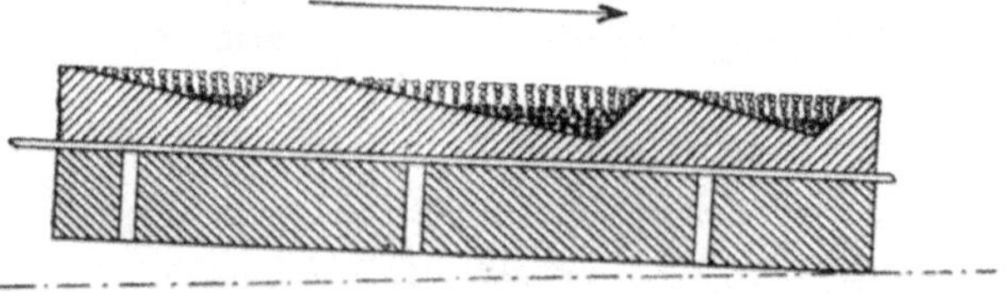

Abb. 155. Längsschnitt durch die Rillen.

den Rillen sollen die gröberen Bergekörner die kleineren Erzkörner zunächst in ihre Zwischenräume aufnehmen.

Die Vorrichtung zum Auftragen der Trübe T ist hier mit dem Herde fest verbunden, macht also die Schüttelbewegung mit, sie wird von einem Kasten gebildet, der trapezförmigen Grundriß, aber rechteckigen Querschnitt hat.

Die Bauart der Traglager ist aus Abb. 156 ersichtlich. Während die Traglager an der unteren Herdkante unveränderlich sind, lassen die an der Kopfseite befindlichen eine Verstellung der Höhe nach zu, so daß die Neigung des Herdes vergrößert oder verkleinert werden kann. Die eigentlichen Traglager t gleiten bei der Bewegung des Herdes auf runden Stangen s, die durch Ölgefäße hindurch geführt sind.

Diese wieder ruhen mit abgeschrägten Füßen *f* auf den Keilstücken *k*, die auf den Konsolen *e* mittels der Stangen *st* verschiebbar sind. Hierzu dient eine Stellvorrichtung, die in der Abb. 151 ebenfalls mit *st* bezeichnet ist. Werden die Keile *k* (Abb. 156) nach links bewegt, so senken sich die Traglager und die Neigung des Herdes wird verringert, bei der umgekehrten Bewegung wird die Neigung des Herdes vergrößert.

Der Herd arbeitet derart, daß das aufgetragene Gut zunächst die Rillen ausfüllt. Die Berge werden dann schon auf der Seite des Auftrages zum größten Teile über die gefüllten Rillen hinweg wieder abgetragen, die schwereren Körner treten in die Rillen ein. In diesen wandert das Korn allmählich nach links, dabei findet eine Umlagerung in der Weise statt, daß die schwersten Körner in die untersten Schichten gelangen, die etwa vorhandenen Berge aber ausgetragen werden. Dort, wo sich die Rillen wieder zu verflachen

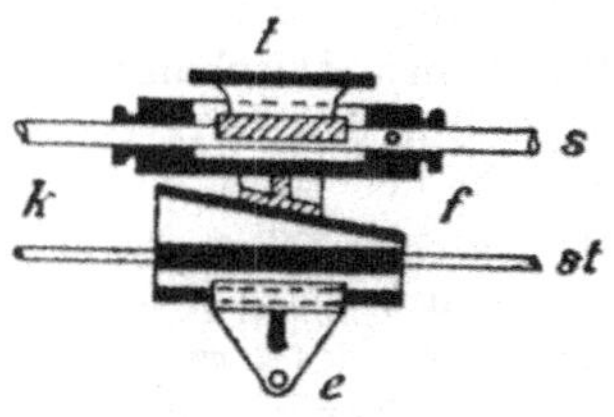

Abb. 156. Traglager.

beginnen, wird zuerst das Zwischengut, später das schwerste Korn ausgetragen. Die Produkte verlassen sowohl an der unteren als auch an der linken Kante die Herdtafel und fließen in Gerinne. Letztere sind in der Abb. 121 nicht gezeichnet.

Eine weitere Eigentümlichkeit des Herdes besteht darin, daß er mit Hilfe der Stellschrauben *sp* (Abb. 150) auch in der Querrichtung nach der Austragseite zu eine gewisse Neigung erhalten kann.

Übrigens soll nach einer amerikanischen Beschreibung der Herd nach der in der Abb. 150 gezeichneten Diagonale in zwei dreiseitige Teile zerlegt sein, so daß die Neigung jedes Teiles für sich geändert werden kann. Da die Herdfläche mit Rillen versehen ist, erscheint es schwer verständlich, daß trotzdem an der Berührungslinie der beiden Teile der Herdtafel eine gegenseitige Abdichtung stattfinden kann.

Der Herd braucht 0,7 bis 1,0 PS, die Riemenscheibe erhält 240 bis 250 Umdrehungen in der Minute. In 24 Stunden verarbeitet ein Herd 20 bis 24 *t* Roherz.

Die Rundherde (engl. round-buddle).

Die Arbeitsfläche der Rundherde ist eine sehr stumpfe Kegelfläche. Beim Kegelherde fällt die Herdfläche nach außen ab, die Trübe wird nahe der Herdmitte aufgetragen; die Oberfläche des Trichterherdes ist nach innen geneigt, das Auftragen der Trübe geschieht am Umfange. Die Arbeitsweise der Rundherde unterscheidet sich von derjenigen der ebenen Herde namentlich darin, daß sich bei den Rundherden die Stärke der Trübeschicht während des Weges über den Herd ändert. Bei dem Kegelherde breitet sich die darüberfließende Trübe allmählich über eine immer größere Fläche aus, die Trübeschicht wird daher beständig dünner. Die Stoßkraft des Wassers wird also allmählich kleiner und es gelangt daher auch noch sehr feines Korn am unteren Teile des Herdes zur Ablagerung. Im allgemeinen sind die Kegelherde zur Verarbeitung der feinsten Schlämme in Verwendung. Beim Trichterherd drängt sich die Trübe allmählich zusammen, die Strömung wird stärker, Körnchen, die nicht schon am oberen Teile des Herdes abgelagert worden sind, werden daher abgespült. Trichterherde werden seltener benutzt, um aus sehr armen Zwischenprodukten die geringen Mengen von Erz zu gewinnen.

Ursprünglich wurden nur festliegende Kegelherde von etwa 2 bis 3 *m* Durchmesser als Vollherde verwendet; das Auftragen der Trübe erfolgte gleichmäßig über die ganze Herdfläche. Der Herd war von einem kreisförmigen Rande umgeben mit ein oder mehreren Abflußöffnungen für die Bergetrübe. Will man wenigstens etwas abläutern, so wird eine im Mittelpunkt des Herdes verlagerte senkrechte Welle mit wagrechten Armen in langsame Umdrehung versetzt; an den letzteren befestigte

Stoffstücke streichen über die Oberfläche des Herdbelages hin und lockern ihn beständig auf. Später wurden die Rundherde als Leerherde ausgebildet, und zwar sind rotierende und festliegende Rundherde im Gebrauch, die Wirkungsweise ist die gleiche; die letzteren sind durch L i n k e n b a c h eingeführt worden und gewinnen immer mehr Verbreitung, da sie billiger und dauerhafter sind als die rotierenden, doch brauchen sie wie diese verhältnismäßig viel Platz und viel klares Wasser. Die Arbeitsleistung ist sehr beträchtlich.

Bei kleinem Durchmesser, etwa bis zu 4 m, läßt man den Herd rotieren, die Vorrichtungen für das Aufgeben und Abtragen stehen still. Bei noch größerem Durchmesser steht der Herd fest, dann müssen die Aufgabe- und Abtrageeinrichtungen in Umdrehung versetzt werden. Auf den einzelnen Sektoren des Herdes findet der Reihe nach das Belegen, das Entfernen des Zwischenproduktes durch Abläutern und das Abspritzen des Erzes statt.

Bei dem L i n k e n b a c h schen S c h l a m m r u n d h e r d e[1]) (Abb. 157 und 158) ist der f e s t l i e g e n d e H e r d a gemauert und mit einer etwa 7 mm dicken Z e m e n t s c h i c h t überzogen, welche vor der vollständigen Erhärtung abgedreht und glatt abgeschliffen wird. Der Durchmesser beträgt 6 bis 10 m; den Herd umgibt konzentrisch ein ebenfalls f e s t e s G e r i n n e q, welches durch Scheider in drei konzentrische Abteilungen geteilt ist, von denen die eine die A b g ä n g e, die zweite die Z w i s c h e n p r o d u k t e, welche beim Läutern fallen und die dritte die f e r t i g e n S c h l i e c h e aufnimmt. Mittels Abfallrohre und Gerinne n, o, p werden die Abgänge in die Klärsümpfe, die Produkte in Sammelkasten geleitet. Über den rotierenden Tragstangen e sind ein T r ü b e z u f l u ß r o h r m und das K l a r w a s s e r r o h r l bis in die Herdmitte geführt.

Die sämtlichen beweglichen Teile, die A u f g a b e-, L ä u t e r- und A b b r a u s e v o r r i c h t u n g, sind mittels Hängestangen und T r a g a r m e e an dem Stern der im Herdmittel stehenden Welle W befestigt und werden mit dieser durch Schnecke ohne Ende und Schneckenrad S links herum in Umdrehung versetzt. Die Aufgabevorrichtung ist mit besonderen Armen an dem unteren Teile der Welle W befestigt und besteht aus der halbkreisförmigen T r ü b e a u f g a b e a b t e i l u n g t, ferner der L ä u t e r w a s s e r r i n n e nebst zugehöriger ebenfalls halbkreisförmigen Stelltafelabteilung s. Zu der letzteren, sowie zu den später zu erwähnenden Brausen gelangt das Klarwasser aus der auf den Tragarmen ruhenden, mitrotierenden Klarwasserrinne, in die das feste Wasserrohr l mündet; h sind die verstellbaren L ä u t e r b r a u s e n, i die S c h l i e c h b r a u s e n.

Bei der in Abb. 158 gezeichneten Stellung findet das Belegen von t aus mit Trübe auf der oberen Herdhälfte statt, die Läuterung von s und h aus auf der unteren, das Abbrausen durch i geschieht links. Die Produkte gelangen zunächst in das an den Tragestangen hängende Gerinne g, das den Herd konzentrisch umgibt und in drei Sektoren für die Berge, das Zwischenprodukt und die Schlieche geteilt ist. Durch die Abfallrohre r werden diese drei Produkte gesondert den drei konzentrischen Abteilungen des festen Gerinnes q zugeführt.

Die H e r d n e i g u n g ist je nach dem Korne des Waschgutes 1 : 9 bis 1 : 12, kann jedoch während des Betriebes nicht geändert werden[2]); die Zahl der Umdrehungen ist 15—30 in der Stunde. Der Kraftbedarf für den Herd beträgt etwa 0,1 PS und es können 120 l Trübe mit je 0,1 kg festen Teilen bei einem Klarwasser-

---

[1]) L i n k e n b a c h, C. Die Aufbereitung der Erze 1887, S. 101 ff.

[2]) Versuche, die in L a u r e n b u r g a. d. L a h n durch D e m u t h mit einem Rundherde mit v e r s t e l l b a r e r N e i g u n g gemacht worden sind, hatten keinen Erfolg. Der Herd bestand aus einem an der zentralen Welle in Gelenken befestigten Sparrenwerk von radialen Latten, über die ein Gummituch gebreitet wurde. Es gelang nicht, das letztere glatt zu spannen.

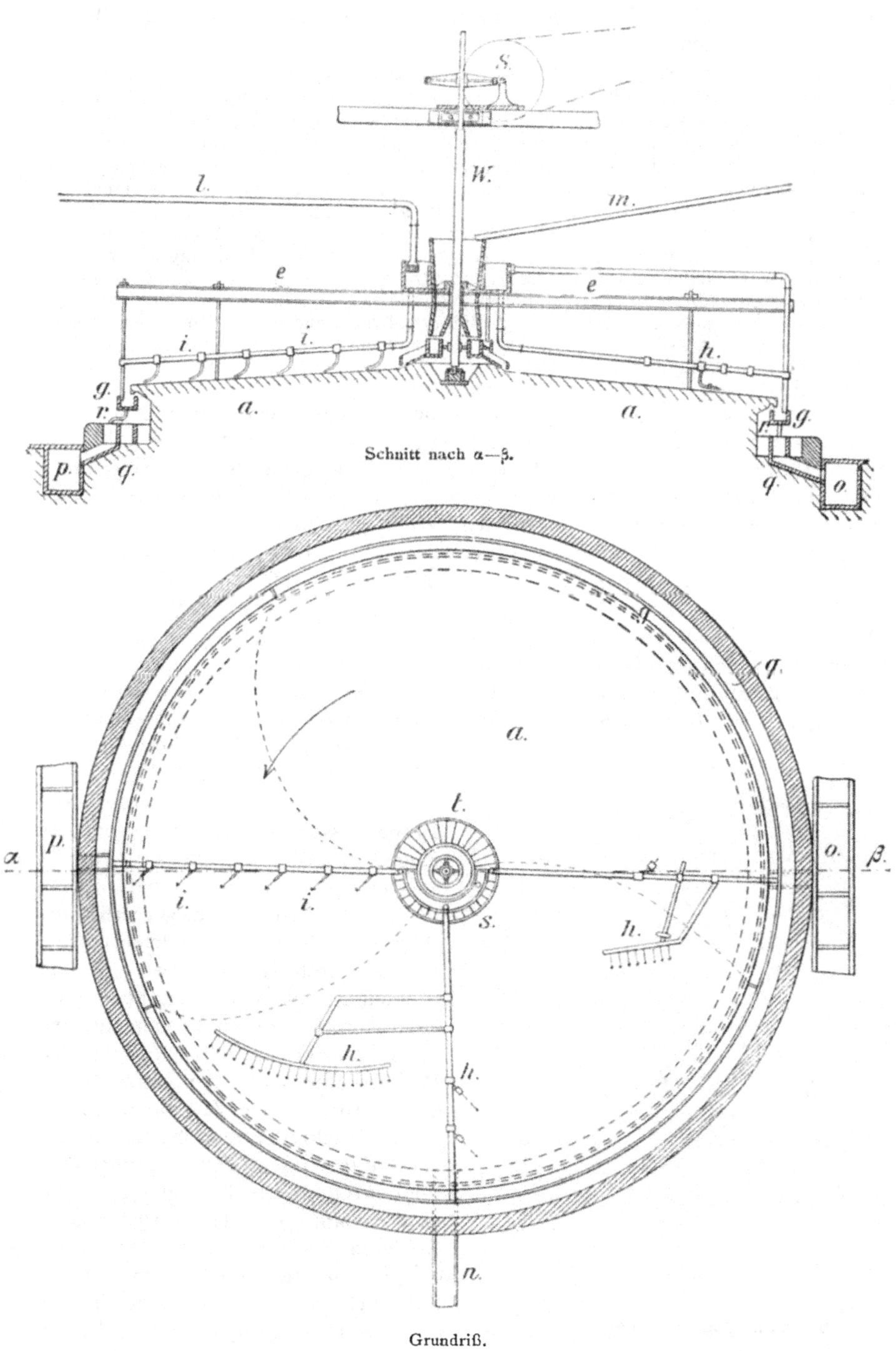

Abb. 157 und 158. Linkenbachscher Schlammrundherd.

verbrauch von 150 l in der Minute verarbeitet werden. Zur Beaufsichtigung zweier oder dreier Herde genügt ein Mann, der jedoch zum Ausschlagen der Sammelkästen eine Unterstützung braucht.

Der Herd ist besonders geeignet für die Verarbeitung der feinsten Schlämme.

Die größte Zahl von Rundherden in einer Anlage dürfte bei den Washoe-Werken[1]) zu finden sein. Es fallen in der dortigen Wäsche täglich 2200 t Schlämme mit 2,2% Kupfer, das sind 48,4 t Kupfer täglich. Die Schlämme werden in Dorr-Eindickern, das sind kreisrunde Holzbehälter von 7 m Durchmesser und 1 m Tiefe mit Rührwerk eingedickt. Die eingedickte Trübe enthält 99% des Erzes. Die eigentliche Herdwäsche besteht aus 400 Rundherden, die als 20-Etagenherde in zwei Reihen zu 10 Stück angeordnet sind. Je 20 Herde werden von einer stehenden Welle aus bedient. Man erhält täglich 360 t Konzentrat mit 7% Kupfer, das sind 25,2 t Cu täglich, also ein Ausbringen von etwas mehr als 50%. Die Konzentrate werden in Dorr-Eindickern von 17 m Durchmesser eingedickt, in Olivenfiltern (vgl. auch Trommelfilter) bis auf 14% entwässert und dann mittels Förderband der Brikettfabrik zugeführt. Die Anlagekosten betrugen 650 000 Dollar, die Betriebskosten belaufen sich auf ¾ c je Pfund ausgebrachtes Kupfer. Die Abgänge enthalten noch 1,1% Cu. Man versucht auch hievon noch einen Teil durch Laugung oder Schwimmaufbereitung zu gewinnen.

Der Bartschsche Stoßrundherd[2]) besteht aus einem gußeisernen, mit Zementputz überzogenen Herdteller, der auf einem Herdsterne ruht und an seinem Umfange auf Federstützen oder Rollen gelagert ist. Eine unter dem Herde angebrachte Daumenwelle wirkt auf einen verstellbaren Hebling und schiebt den Herd gegen den Druck gespannter Federn aus seiner Lage, worauf er gegen vier am Umfange verteilte Prellklötze zurückgezogen wird. Auf diese Weise erhält der Herd in der Minute 160 Stöße von 8 bis 10 mm Hub; hierdurch wird die Beweglichkeit der auf dem Herde abgelagerten Teilchen erhöht. Aufgabe- und Läutervorrichtung rotieren wie beim festliegenden Rundherde, auch die Abtragevorrichtung ist entsprechend eingerichtet.

Zuweilen gibt man dem Bartschschen Stoßrundherde statt der einfachen Kegeloberfläche eine gewölbte Form, so daß die Neigung nach dem Umfange zu etwas größer wird. Hiedurch erhöht sich allmählich die Geschwindigkeit der Trübeschicht und es werden die Berge besser abgetragen als bei der Kegelform.

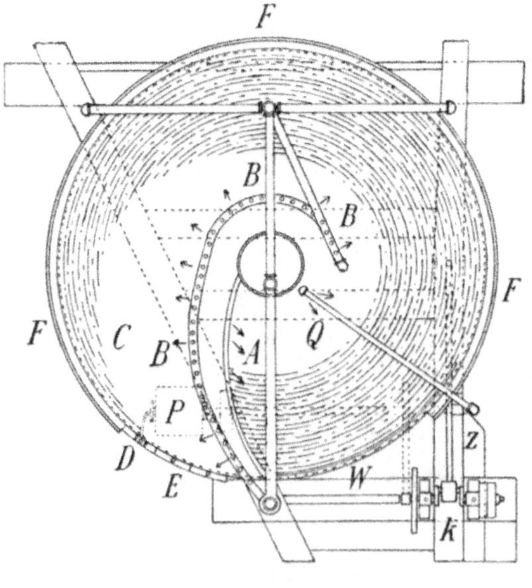

Der Dodd-Rundherd[3]) (Abb. 159) ist ein Kegelherd, aus Holz gebaut und mit Linoleum belegt. Er ist drehbar verlagert. In das Linoleum sind konzentrische Riefen eingeschnitten, deren Verlauf aus der Abbildung ersichtlich ist. Von der Welle W aus erhält der Herd mittels der Kurbel k, der Zugstange z und einer Druckfeder 220 Stöße in der Minute in tangentialer Richtung. Der Herddurchmesser beträgt 3 m, der Hub 10 mm. Der Herd ist bei der Golderzaufbereitung in den Vereinigten Staaten von Nordamerika in Gebrauch. — Bei A wird die Trübe auf den Herd aufgetragen, während

Abb. 159. Dodd-Rundherd.

[1]) Ingalls. Met. u. Erz 1914, S. 388.
[2]) E. G. A. 1902, S. 664 u. Tf. 82.
[3]) Richards. Ore Dressing, Bd. III, S. 1481.

aus der Brause *B* Läuterwasser über den Herd fließt. In den Rillen fangen sich die Erzteilchen, sie wandern allmählich infolge der Stöße in den Rinnen entlang, verlassen diese bei *C* und werden in die Behälter *D* und *E* abgespült. Nach *D* gelangt das leichter bewegliche Mittelgut, nach *E* das Erz. Die Berge werden über die Riefen hinweg gespült und sammeln sich in dem Gerinne *F*, welches den größten Teil des Herdes umgibt. Das Zwischenprodukt wird durch eine unter dem Herde eingebaute Pumpe *P* und das Rohr *Q* nochmals auf den Herd zurückgepumpt.

Fettherde (engl. Grease Table [1]).

Bei der Diamantenaufbereitung in Südafrika benutzt man seit 1896 Fettherde zur Trennung der Diamanten von den übrigen mitvorkommenden schweren Mineralien (vgl. S. 124). Die Diamanten und kleine Mengen von Titaneisenerz und Pyrit, auch Metallteilchen bleiben an dem Fett hängen, während die übrigen Mineralien weggewaschen werden. Als Fett wird gewöhnlich gelbes Rohvaseline (sogenanntes amerikanisches Vaseline) gebraucht. Wichtig ist die Beschaffenheit des Wassers. Mit Seewasser läßt sich, wie in Südwestafrika nachgewiesen, das Verfahren nicht anwenden.

Die Fettherde sind eben, 2,14 *m* lang und 0,71 *m* breit mit $7\frac{1}{2}^0$ Neigung. Sie erhalten von einem Exzenter aus eine Querschüttelbewegung, die Spielzahl beträgt 252 in der Minute, die Querbewegung 19 *mm* bei Feinkorn, 8 *mm* bei Grobkorn. Hierdurch kommen alle Teilchen der Konzentrate mit dem Fett in innige Berührung. Der Länge nach sind die Herde in vier Stufen geteilt, jede Stufe liegt 1 Zoll über der nächst tieferen. Um jede Möglichkeit des Verlustes wertvoller Diamanten zu vermeiden, werden zwei derartige Herde nacheinander benutzt. Die Herde werden mittels eines hölzernen Spatens mit einer dicken, möglichst gleichmäßigen Fettschicht bestrichen. Die meisten Diamanten bleiben auf der obersten Stufe des oberen Herdes haften. Diese wird in zehn Stunden zweimal neu mit Fett beschickt, die unteren Stufen ur einmal, der untere Herd im Sommer jeden zweiten Tag, im Winter zweimal in der Woche. Das Fett soll allmählich die Eigenschaft verlieren, die Diamanten festzuhalten.

Das Fett mit den anhaftenden Diamanten wird mittels hölzerner Kratzen von den Tafeln abgekratzt und in kleinen Zylindern aus feindurchlochtem Stahlblech in kochendes Wasser gesetzt. Das Fett verflüssigt sich, wird abgeschöpft und wieder verwendet. Die Konzentrate werden in Soda ausgekocht und getrocknet. Sie bestehen aus Diamanten, Titaneisenerz und Pyrit, daneben aus Eisenteilchen, Kupferblättchen von den bei der Sprengarbeit gebrauchten Zündhütchen, Schuhnägeln, Messingknöpfen u. dgl. Diese Konzentrate werden klassiert. Das Grobkorn geht unmittelbar zu den Klaubern, das Feinkorn zunächst über einen Magnetscheider, der Titaneisenerz und Eisen ausscheidet, ehe es zu den Klaubern gelangt.

Wie zuverlässig die Fettherde arbeiten, zeigt folgendes Ergebnis: Im Laufe von sechs Monaten waren von den oberen Herden 1 182 452 Karat, von den unteren Herden nur 1249 Karat Diamanten, also nur etwa 0,1%, gewonnen worden. Trotzdem haben diese Herde zwei Nachteile. Einmal verbleiben die Diamanten lange auf den Herden, wodurch sich die Gefahr des Diebstahls ergibt, sodann läßt sich das Fett nur schwer ganz gleichmäßig auf die Herdfläche auftragen, so daß auch die Verteilung des Kornes auf der Herdfläche nicht gleichmäßig stattfindet.

Infolge dieser Nachteile sind Planenherde mit Querschüttelbewegung (Frue Vanners) (vgl. S. 107) in Betrieb genommen worden (Länge 160,

---

[1] M. u. E. 1924, S. 400.

Breite 71 *cm*, Neigung 1 : 8,33), deren Plane durch einen auf der Unterseite angebrachten Zylinder selbsttätig und regelmäßig eingefettet wird, während das Fett mit
den anhaftenden Mineralien am oberen Ende ständig wieder abgestrichen wird. Der
Abstrich fällt in einen elektrisch geheizten Behälter, aus dem das geschmolzene Fett
abläuft, während die Mineralien in einen kleinen durchlöcherten Stahlzylinder fallen.
Der Behälter und der Stahlzylinder befinden sich in einem verschlossen gehaltenen
Drahtkäfig. Da außerdem die Plane des Herdes mit einem Drahtnetz überspannt ist,
wird die Möglichkeit des Diebstahls wesentlich verringert. Die Plane macht drei
Umläufe in der Stunde, so daß die Fettschicht in je 20 Minuten erneuert wird. Zur
Kontrolle gehen die Abgänge noch über einen festliegenden Fettherd, auf dem noch
0,5% Diamanten gewonnen werden.

4. Die seltener angewendeten Aufbereitungsverfahren.

In denjenigen Fällen, in denen zwar die Unterschiede im spezifischen Gewicht der
zu trennenden Mineralien genügend große sind, um mit der nassen Aufbereitung zum
Ziele zu gelangen, aber entweder Wasser nicht in hinreichenden Mengen zur Verfügung steht, wie früher in West-Australien[1]), oder die Verwendung des Wassers
vermieden werden soll, z. B. bei sehr staubigem Gut, hat man versucht, zur Trennung
die Windaufbereitung oder die Zentrifugalkraft zu Hilfe zu nehmen.

Sind dagegen die spezifischen Gewichte zweier Mineralien angenähert gleich,
wie z. B. bei Zinnerz und Wolframit, deren spezifische Gewichte beide etwa gleich 7
sind, so können zur Trennung nur Verfahren Anwendung finden, welche sich auf die
Verschiedenheit der physikalischen oder chemischen Eigenschaften der Mineralien
gründen. Diese weiter unten S. 123 ff. beschriebenen, zunächst nur für derartige
Fälle ausgebildeten Verfahren fanden später auch bei der Trennung von Mineralien
Anwendung, deren spezifische Gewichte erheblich verschieden sind.

A. Aufbereitung mittels Wind und Fliehkraft.

Die Windaufbereitung kann nur völlig trockenes Gut und Korn von etwa 0,1 *mm*
aufwärts trennen. Noch feineres Gut läßt sich nicht mehr sondern, da die Wirkung
der Schwerkraft eine zu geringe ist. Es ist dies ein wesentlicher Nachteil gegenüber
der nassen Aufbereitung. Trotzdem es an mannigfachen Vorschlägen für Verfahren
mittels Windaufbereitung nicht fehlt, hat sich doch keines derselben dauernd in die
Aufbereitung eingeführt. Nur geschichtliches Interesse hat das p n e u m a t i s c h e
S e t z e n, welches K r o m im Jahre 1868 vorgeschlagen hat[2]); es besteht darin, daß
das Korn auf Setzmaschinen durch Luftstöße, die ähnlich wie die Wasserstöße bei
den Kolbensetzmaschinen auf das Gut wirken, verarbeitet wird.

Wichtig ist für die Aufbereitung trockener Kohle die Abscheidung des Staubes,
bevor das Gut auf den Setzmaschinen mit dem Waschwasser in Berührung kommt, da
hierdurch die Verunreinigung des Waschwassers erheblich vermindert, die Leistung
der Setzmaschinen erhöht und der Aschengehalt der Feinkohlen herabgezogen wird.
Auch die Entwässerung der Kok- und Brikettierkohle vollzieht sich schneller. Ferner

---

[1]) G m e h l i n g, A. Beitrag zur Kenntnis der westaustralischen Goldfelder.
Ö. Z. 1898, S. 161.
[2]) A l t h a n s. Pr. Z. 1878, S. 126 und 173.

kommen die feinsten und teuersten Siebe, deren Haltbarkeit eine recht beschränkte ist, in Fortfall[1]).

Zu diesem Zwecke werden die Wipper und die Siebapparate ummantelt und ein Ventilator saugt durch Rohre mit einem Luftstrome den Staub ab. Die Abscheidung des letzteren findet entweder in besonderen Staubkammern oder in den aus der Müllerei entlehnten Zyklonen (Abb. 160 und 161) statt. Der Zyklon ist ein im oberen Teile zylindrisches, unten zur Austragöffnung A konisch zulaufendes Gefäß G aus Metallblech, oben ist ein Deckel aufgelegt, in den ein Rohrstutzen D zentrisch eingesetzt ist. Die mit Staub erfüllte Luft wird durch das Rohr d in tangentialer Richtung zugeführt, kreist daher in dem Gefäße. Hierbei wird der Staub durch die Zentrifugalkraft an den Umfang des Gefäßes gedrängt und sinkt allmählich in den konischen Teil nieder, während die staubfreie Luft durch das Rohr D entweicht. Nach Öffnung eines am Austrage befindlichen Schiebers kann der Staub in Säcke abgelassen werden.

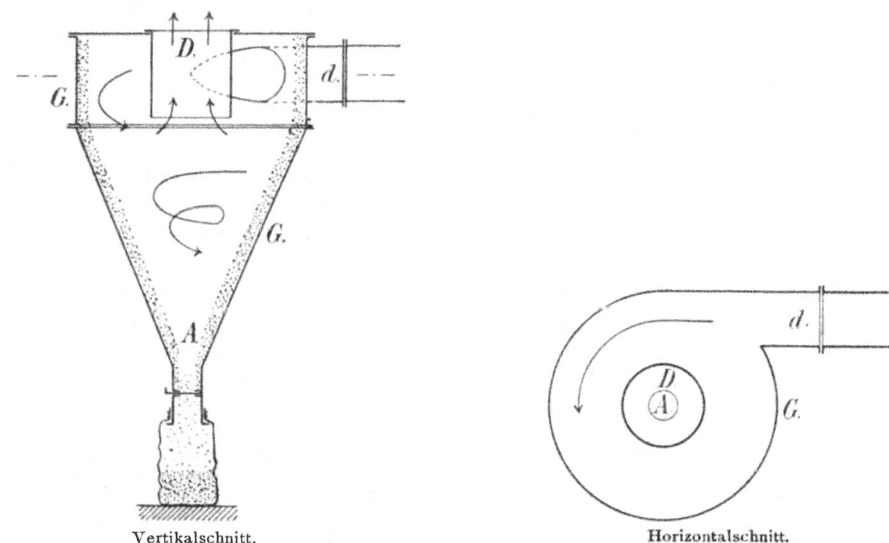

Abb. 160 und 161. Zyklon.

Auf der Zeche Rheinpreußen in der Rheinprovinz hat Hochstrate[2]) das Abblasen des Kohlenstaubes aus den Korngrößen unter 8 mm durch Luftströme, welche von Ventilatoren erzeugt werden, mit gutem Erfolge eingeführt. Das Niederschlagen des Staubes erfolgt in Staubkammern.

Die Schleuderapparate. Sollen Mineralien von verschiedenem spezifischen Gewichte getrennt werden, so muß außer dem Schleudern — wodurch eine Trennung nach der Masse (Volumen $\times$ spezifisches Gewicht) eintritt, indem diejenigen Körner, welche die größte Masse haben, am weitesten geschleudert werden — noch ein zweites Verfahren der Aufbereitung, das Sieben oder Setzen angewendet werden. Die Schleuderapparate bestehen sämtlich aus einem schnell laufenden Schleuderteller, der von ringförmigen Gefäßen umgeben ist. Sieht man das Gut zuerst

---

[1]) Schöndeling. Staubabsauge-Vorrichtung zur Verhütung von Schlammbildung in Kohlenwäschen. E. G. A. 1904, S. 1022. Auf Zeche Mansfeld bei Langendreer wird der Staub am aufgebenden Becherwerk abgesaugt.

Zu vergleichen sind auch die Abschnitte „Die Behandlung der Feinkohlen" im Kapitel Beispiele für Aufbereitungsanlagen sowie der Abschnitt „Die Entstaubung der Braunkohlen-Brikettanlagen".

[2]) Lamprecht. Kohlenaufbereitung, S. 43 und Tf. 26.

und schleudert es dann, so erhält man in den entferntesten Gefäßen die schweren, in den weniger entfernten die leichten Körner; schleudert man das Gut zuerst und siebt dann die einzelnen Posten, so erhält man im Siebfeinen das schwere, im Siebgroben das leichte Gut.

Das Ergebnis einer derartigen Behandlung wird jedoch dadurch beeinträchtigt, daß die Körnchen von dem Schleuderteller nicht alle in gleichem Abstande von der Achse abgeschleudert werden und ihnen daher verschiedene Geschwindigkeiten erteilt werden.

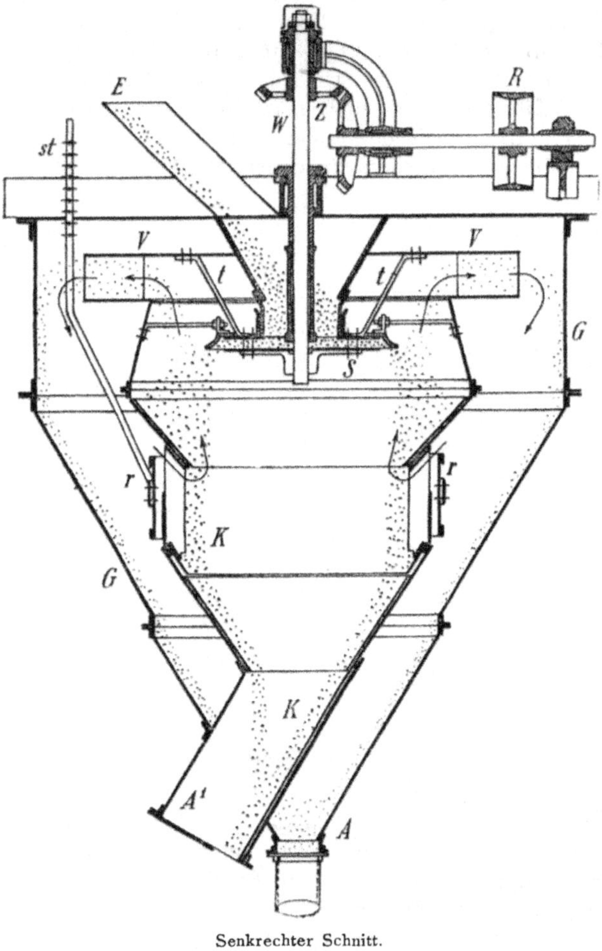

Für die Golderzaufbereitung ist der Apparat von Pape-Henneberg empfohlen worden[1]). Bei der Aufbereitung goldhaltiger, in Quarz eingesprengter Schwefelkiese gelang es, 96,5% des Goldgehaltes in 3,6% des Gewichtes des Roherzes zu konzentrieren.

Auch bei der Aufbereitung der Feinkohle benützt man zur Abscheidung des feinsten Staubes Schleuderapparate, auch Windsichter oder Staubabscheider genannt. Man erreicht dadurch ebenfalls die S. 120 erwähnten Vorteile bei der Weiterverarbeitung der Feinkohle auf Setzmaschinen. Die Abscheidung des Staubes geschieht nur dann vollständig, wenn der Feuchtigkeitsgehalt der Kohlen 5% nicht wesentlich übersteigt.

Der Windsichter (Abb. 162) besteht aus einem Gehäuse G von Eisenblech, im oberen Teile zylindrisch und mit Deckel versehen, unten konisch zum Austrage A zusammengezogen. Eintrag bei E. An der stehenden Welle W befindet sich der Schleudersteller S, mit Schutzdecke darüber, welche das Gut zusammenhält, so daß am Umfange für den Austritt des Gutes nur ein schmaler Schlitz frei bleibt. Der Ventilator V, mittels der Stützen t am Streuteller befestigt, saugt durch das geschleuderte Gut einen Luftstrom, der den Staub mit fortführt und trägt Luft und Staub in den Zwischenraum zwischen dem Gehäuse G und dem Behälter K aus. Letzterer führt das entstaubte Korn zum Rohraustrage A^1. In dem

Senkrechter Schnitt.

Abb. 162. Staubabscheider der Maschinenfabrik Schüchtermann & Kremer, Dortmund.

---

[1]) Hauer, Julius v., Pape und Hennebergs Verfahren der Trockenseparation, Ö. Z. 1893, S. 529. — Bilharz, O. Über Trockenaufbereitung, im besonderen über das Pape-Hennebergsche Verfahren 1893.

Zwischenraume rotiert die staubige Luft, der Staub legt sich an die Gehäusewandungen an und sinkt zum Austrage A nieder. An dem zylindrischen Teile des Behälters K ist ein Schieber r mittels der Stellvorrichtung st verstellbar, so daß der ringförmige Querschnitt, durch den der Ventilator die entstaubte Luft wieder ansaugt, verändert werden kann. Die Zahl der Umdrehungen in der Minute beträgt 250.

Die Windsichter sind z. T. so eingerichtet, daß das Korn über wechselseitig schräg gestellte Flächen herabrieselt und dem Luftstrome mehrfach ausgesetzt wird.

Zur Herstellung eines unfühlbar feinen Pulvers empfiehlt die Maschinenfabrik B a r b a r o s s a w e r k e d e r G e b r. P f e i f f e r zu Kaiserslautern einen H o c hl e i s t u n g s - F e i n w i n d s i c h t e r. Über die Besonderheit der Bauart konnten Unterlagen nicht erlangt werden.

Die Aufbereitung mittels bewegter Luft und Zentrifugalkraft führt nur zum Ziele, wenn die zu trennenden Mineralien verschieden schwer sind. Ist dies nicht der Fall, so können zur Trennung die im folgenden genannten Verfahren angewendet werden.

B. Aufbereitung nach besonderen physikalischen und chemischen Eigenschaften.

In manchen Fällen kann die Verschiedenheit der physikalischen Eigenschaften der Mineralien zur Trennung dienen. Am bekanntesten ist die magnetische Aufbereitung; es kommen aber noch andere Eigenschaften in Betracht.

a) Trennung auf Grund verschiedener Festigkeit und Form.

In der Freiberger Aufbereitung wurden schon seit längerer Zeit gut spaltbarer Bleiglanz und kupferhaltiger Schwefelkies, welche grob verwachsen vorkommen, getrennt. Bei vorsichtigem Trockenpochen mit kleinem Hub kann man den weichen und spaltbaren Bleiglanz abpochen, während der Schwefelkies gerundete Graupen bildet. Durch Sieben der gepochten Erze trennt man die kupferreichen Graupen und das bleireiche Mehl.

Auch das von Otto W i t t[1]) vorgeschlagene R e i b u n g s v e r f a h r e n beruht auf der Verschiedenheit der Druck- und Scherfestigkeit der Mineralien, beide hängen von der Härte, der Spaltbarkeit und der Tenazität ab. Bei der Zerkleinerung durchwachsener Massen erfolgt der Bruch derart, daß das minder feste Mineral an dem festeren Spitzen und Ecken bildet. In Abb. 163 bis 165 sind die Körner des weniger festen Minerals durch Schraffierung hervorgehoben und die wahrscheinlichen Bruchflächen angedeutet.

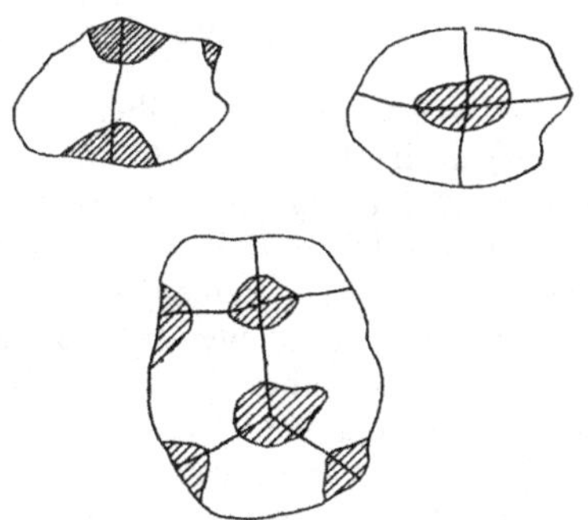

Abb. 163 bis 165.
Art des Bruches bei verwachsenen Mineralien von verschiedener Härte.

Die Z e r k l e i n e r u n g wird nicht, wie für die nasse Aufbereitung erforderlich, bis zur vollständigen Aufschließung, sondern nur bis zur Freilegung des minder festen Minerals in dem oben angedeuteten Sinne fortgesetzt, man erspart also einen wesentlichen Teil der Zerkleinerungsarbeit.

---

[1]) W i t t, Otto. Der Reibungsprozeß. Freiberg in Sachsen, 1906.

Dann wird das zerkleinerte Korn in einer langsam rotierenden Trommel unter Wasserzufluß dem **Reibungsverfahren** unterworfen. Hierbei erfolgt vorwiegend der Abrieb des weicheren Materials, das vom Wasser fortgeführt wird, während das härtere Mineral in gröberen Stücken zurückbleibt. Die Reibung kann dadurch vermehrt werden, daß die Trommel mit einem Futter von grobem Beton ausgekleidet wird, das Bindemittel nutzt sich bald ab, die groben Stücke treten mit Ecken und Kanten hervor.

Das Verfahren wird empfohlen zur Trennung von Quarz und Bleiglanz, Quarz und Kupferkies, Quarz und Buntkupferkies, auch von Schwefelkies und Kupferkies, hat sich aber nicht eingebürgert.

Die Aufbereitung des **Talkes** beruht wesentlich darauf, daß er bedeutend weicher ist als die begleitenden Mineralien. Nach der Zerkleinerung findet sich daher im Siebfeinen vorwiegend Talk, im Siebgroben finden sich die härteren Mineralien. Die Trennung kann auch durch den Windsichter erfolgen[1]).

Dagegen gründet sich die Anreicherung des **Graphites** auf die Blättchenform und auf die Geschmeidigkeit. Während die begleitenden, harten Mineralien zu Staub zerkleinert werden, behalten die Graphitblättchen ihre Form. Sie bilden daher die Siebgröbe, während die anderen Mineralien sich in der Siebfeine sammeln[1]).

Bei der Aufbereitung des **Asbestes** spielt die **Faserform eine wesentliche Rolle**[1]).

Beim Bergbau zu **Rübeland in Kärnten** bildete der Schwerspat eine Schwierigkeit der nassen Blendeaufbereitung, da das spezifische Gewicht beider Mineralien nahezu 4 ist. Beim Erhitzen des Gemenges dekrepitiert der Schwerspat, während die Blende unverändert bleibt; die Trennung erfolgt sodann durch Absieben[2]).

Bei der Verarbeitung von **Carnalliten**[3]), die verwachsen mit Kieserit und Steinsalz vorkommen, hat man die Beobachtung gemacht, daß nach der Zerkleinerung das Siebfeine an Chlorkalium angereichert ist, da die mit einbrechenden Mineralien härter sind und weniger Unterkorn liefern als der durch Verwitterung mürbe Carnallit.

b) **Anwendung von dickflüssigen Fetten.**

In Südafrika wurden früher aus den Setzprodukten, welche außer Diamanten (sp. G. 3,5) noch Olivin (sp. G. 3,5), Titaneisenerz (sp. G. 4,8), Granat (sp. G. 3,7) und grünen Augit (sp. G. 3,2 bis 3,3) enthalten, die Diamanten ausgelesen. Etwa im Jahre 1896 stellte **Kirsten** fest, daß von diesen Mineralien an Fetten nur die Diamanten hängen bleiben, während die übrigen mit der Trübe darüber hinwegrollen. Diesen Umstand benützt man zur Aufbereitung, indem man das Setzgut mit reichlichem Wasser über Tafeln laufen läßt, welche mit Querrinnen zur Aufnahme des Fettes versehen sind und zur Unterstützung der Beweglichkeit der Mineralien eine schwingende Querbewegung erhalten. Das Fett mit den Diamanten wird von Zeit zu Zeit abgekratzt und auf einem Siebe in Wasserdampf erhitzt; das Fett tropft ab, während die Diamanten auf dem Siebe verbleiben[4]). (Vgl. auch S. 119.)

Über die Verwendung von Ölen bei den **Schwimmverfahren** vgl. S. 117.

---

[1]) Vgl. den Abschnitt Anlagen.
[2]) **Rosenlechner.** Zink- und Bleierzlagerstätten Kärntens. E. G. A. 1894, S. 1384.
[3]) **Schraml.** Ö. Z. 1904, S. 121.
[4]) **Treptow,** J. Die Diamantengewinnung in Südafrika. Südafrikanische Rundschau 1900, S. 705. — **Treptow,** E. Die Aufbereitung der Diamanten in Britisch-Südafrika. Met. u. Erz 1924, S. 397.

c) Die magnetische Aufbereitung[1]).

Von Natur aus so stark magnetisch, daß es vom S t a h l m a g n e t e n angezogen wird, ist unter den Mineralien nur das Magneteisenerz ($Fe^3 O^4$); in diese Verbindung lassen sich durch R ö s t e n wenigstens zum Teil die Mineralien Schwefelkies, Arsenkies, Arsenikalkies und Spateisenstein überführen, sie werden dadurch stark magnetisch.

Früher konnten mit Stahlmagneten und Elektromagneten nur die genannten Mineralien von anderen nicht magnetischen getrennt werden. Erst die Entwicklung der S t a r k s t r o m t e c h n i k hat es ermöglicht, so kräftige Elektromagnete herzustellen, daß eine große Anzahl anderer Mineralien, nicht nur die eigentlichen Eisen- und Manganoxyde, sondern viele oxydische und sulfidische Mineralien auch Silikate mit einem gewissen Gehalt an Eisen, Nickel, Kobalt, Titan, Chrom und Wolfram voneinander und von anderen unmagnetischen getrennt werden können. Zu den letzteren gehören namentlich die Blei- und Silbererze, Zinnstein und gediegen Wismut. Die Zinkblenden verhalten sich je nach dem größeren oder geringeren Eisengehalte magnetisch sehr verschieden.

Die Trennung stark- und schwachmagnetischer Erze gelingt durch Anwendung mehrerer, verschieden starker magnetischer Felder nacheinander.

Zusammen vorkommende Mineralien, die sich magnetisch trennen lassen, sind z. B. Zinkblende und Spateisenstein; Zinkblende und Bleiglanz; Zinkblende und Schwerspat; Spateisenstein und Quarz; Spateisenstein und Kupferkies; Wolframit und Zinnerz; Magnet- und Titaneisenerz, Granat, Monazit und Quarz; Franklinit, Rotzinkerz und Willemit. Manche Magnesite können von Quarz, Talk und Tonschiefer befreit werden.

Man unterscheidet m a g n e t i s c h e T r o c k e n - u n d N a ß s c h e i d u n g. Für die Trockenscheidung wird das Gut bei größerer Menge in Röhrenöfen[2]), sonst in einfachen Trockenvorrichtungen gut vorgetrocknet, da sich feuchtes Gut nicht verarbeiten läßt. Bei der Naßscheidung wird die Trübe durch das magnetische Feld geführt, auf diese Weise kann auch der Staub verarbeitet werden.

Die Eigenschaft der Körper, vom magnetischen Kraftfelde beeinflußt zu werden, nennt man magnetische Durchlässigkeit, Leitungsfähigkeit oder auch P e r m e a b i l i t ä t. Als Einheit gilt die Permeabilität der Luft, die $= 1$ gesetzt wird. Hiermit verglichen ist nach älteren Bestimmungen von D e l c a s s é und P l ü c k e r die Permeabilität[3])

des Eisens	=	100 000
des Magnetites	=	40 000
des rohen Eisenspates	=	761
des Eisenglanzes	=	593
des Manganoxydoxydules	=	167

Diese Zahlen können allerdings nur ein rohes Anhalten bieten, da die Anziehungskraft an verschiedenen Stellen des magnetischen Feldes verschieden groß ist (s. w. u.).

---

[1]) L a n g g u t h, F. Elektromagnetische Aufbereitung 1903, Handbuch der Elektrochemie. — S c h n e l l e, Friedr. O. Die neuesten Fortschritte auf dem Gebiete der magnetischen Aufbereitung. Sitzungsberichte des Vereines zur Beförderung des Gewerbefleißes 1902, S. 183.

[2]) Vgl. den Abschnitt Brikettieren.

[3]) Weitere Angaben finden sich in: S t u t z e r, G r o ß und B o r n e m a n n. Über magnetische Eigenschaften der Zinkblende und einiger anderer Mineralien. Met. u. Erz 1918, S. 1.

Die magnetischen Körper werden auch p a r a m a g n e t i s c h e, die unmagnetischen d i a m a g n e t i s c h e genannt. Letztere werden von sehr starken magnetischen Polen abgestoßen.

Im magnetischen Kraftfelde nimmt die Anziehungskraft im Verhältnis der Polstärke zu, aber mit dem Quadrat der Entfernung ab, es muß daher das Scheidegut möglichst nahe an den Polen vorbeigeführt werden. Damit aber eine Anziehung stattfindet, muß das Gut entweder dem einen Pole mehr genähert werden als dem anderen, oder es muß das Magnetfeld örtlich dadurch verstärkt werden, daß ein schneidenförmig zugeschärfter Pol einem stumpfen Pole gegenübergestellt wird. Dann tritt am schneidenförmigen Pole die Verstärkung ein und die Anziehung wird dort erfolgen.

Der magnetischen Trennung werden gewöhnlich als Roherze nur Eisen- oder Manganerze unterworfen, andere Erze werden meistens zunächst naß aufbereitet und die erhaltenen Konzentrate dann magnetisch weiter behandelt, sie müssen vor der magnetischen Trennung getrocknet werden. Dann erfolgt gewöhnlich eine Trennung nach der Korngröße, wobei gleichzeitig der feinste Staub entfernt wird. Letzterer kann zweckentsprechend nur naßmagnetisch verarbeitet werden.

Vor der eigentlichen magnetischen Trennung läßt man das Gut über einen Walzenapparat (Abb. 166) mit schwacher Erregung gehen, um die bei der Zerkleinerung und nassen Aufbereitung hineingelangten Eisen- und Stahlteilchen herauszuziehen.

Sollen Konzentrate der nassen Aufbereitung für die magnetische Scheidung längere Zeit angesammelt werden, so muß dies in getrocknetem Zustande oder besser unter Wasser geschehen, da sonst Oxydation und Klumpenbildung eintritt.

Auch die erste magnetische Trennung ergibt gewöhnlich drei Produkte, ein magnetisches Gut, ein Zwischenprodukt und ein unmagnetisches Gut. Mindestens das Zwischenprodukt muß noch einer zweiten magnetischen Trennung unterworfen werden, unter Umständen nach vorheriger Zerkleinerung. Es kann aber auch nötig werden, sowohl das magnetische Produkt als auch das unmagnetische einer nochmaligen Trennung zu unterwerfen, ehe ersteres als fertiges Erz und letzteres als reine Berge angesprochen werden können.

In größeren Anlagen werden für die Nacharbeit besondere Scheider aufgestellt, während in kleineren Anlagen die weiter zu behandelnden Produkte angesammelt und dann auf demselben Scheider nochmals verarbeitet werden. Zuweilen wird zu diesem Zwecke die Stärke des Erregerstromes geändert.

Die durch die magnetische Scheidung in feinen Körnungen erhaltenen Erze werden häufig vor der Verhüttung noch brikettiert oder gesintert (vgl. den Abschnitt Brikettieren der Erze).

Auch in Eisengießereien[1]) und Maschinenfabriken wird die magnetische Trennung zur Rückgewinnung von Eisenteilen und zur Trennung von Eisen- und Metallspänen mit gutem Erfolge angewendet.

Die magnetischen Scheider.

S t a h l m a g n e t e werden nur noch selten, und zwar als H a n d m a g n e t e verwendet, z. B. zur Ausscheidung des im Waschgolde enthaltenen Magneteisenerzes. E l e k t r o m a g n e t e wendete zuerst S e l l a im Jahre 1855 in dem T r i e u s e (von trier, soviel wie auslesen, klauben) genannten Apparat an, um zu Traversella in Piemont Magneteisenerz von Schwefel- und Kupferkies zu trennen. Während man bei manchen älteren magnetischen Apparaten das magnetische Gut durch rotierende Bürsten von

---

[1]) Z. V. d. I. 1913, S. 476. — Vgl. auch S. 4.

den Polen entfernt hatte, suchte S e l l a das selbsttätige Abfallen des magnetischen Gutes von den rotierenden Magnetpolen durch Unterbrechung des Stromes an den betreffenden Stellen mittels Kommutator zu erreichen. Da jedoch der remanente Magnetismus einen Teil der magnetischen Körnchen an den Eisenkernen zurückhält, verwendet man neuerdings zum Teil Apparate, bei denen das Gut mit den Magnetpolen nicht in unmittelbare Berührung kommt, sondern in geeigneter Weise durch das magnetische Feld geführt wird. Derart gebaut sind der Walzenapparat und die Apparate von Wetherill.

Aus der großen Zahl der magnetischen Scheider seien die folgenden Bauarten, die vielfach Verwendung finden, beschrieben.

Der Walzen- oder Trommelapparat.

Das Elektromagnetsystem Mg (Abb. 166) sitzt auf einer feststehenden Achse, diese ist an beiden Enden von einer hohlen Welle umgeben, auf der die Messingtrommel T befestigt ist, sie wird von einer Riemenscheibe aus in Drehung versetzt. Das Gut wird aus dem Vorratstrichter E durch den Rüttelschuh s und die Daumenwelle D nahe dem höchsten Punkte der umlaufenden Trommel T aufgetragen. Das feste Magnetsystem nimmt den rechten, unteren Quadranten der Trommel ein. Infolgedessen sammelt sich das unmagnetische Gut bei A, während das magnetische Gut im magnetischen Felde an der Trommel festgehalten wird und dann in den Behälter A^1 gelangt. Wie schon erwähnt, wird der Walzenapparat häufig als Eisenscheider verwendet (vgl. auch den Nachtrag).

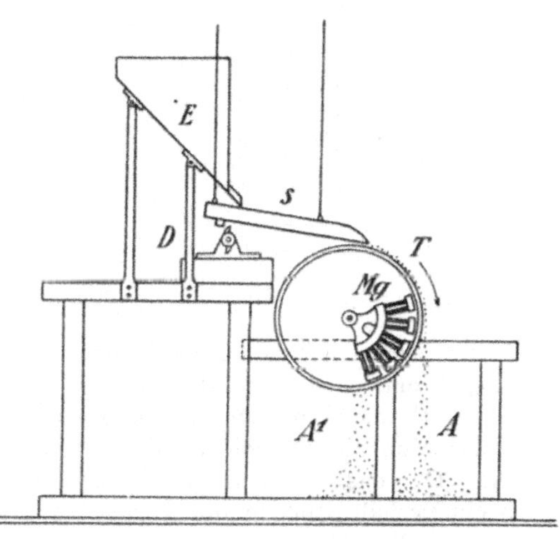

Abb. 166. Walzen- oder Trommelapparat.

Die Wetherill-Scheider.

Der erste mit S t a r k s t r o m arbeitende Apparat war derjenige von W e t h e r i l l vom Jahre 1896. Den mannigfaltigen Ausführungen ist es gemeinsam, daß das Erzgemenge mittels Band ohne Ende durch das magnetische Feld geführt wird.

Den zurzeit verbreitetsten Wetherill-Separator[1]), die K r e u z b a n d t y p e, zeigen Abb. 167 und 168. Es sind zwei Hufeisenmagnete M vorhanden, deren ungleichnamige Pole übereinander liegen. Zwischen je zwei Magnetpolen, von denen jedesmal der untere breit gehalten, der obere dagegen stumpf zugeschärft ist, führt ein Förderband B von der Aufgabevorrichtung E das Gut hindurch. Außerdem läuft an jedem der oberen Pole ein über drei kleinere Rollen geführtes, schmales Band B^1 rechtwinklig zu dem ersteren. Durch die eigentümliche Gestalt der Pole überwiegt die Anziehung des oberen zugeschärften, die magnetischen Teilchen werden hoch-

---

[1]) W e n d t. Der Bergbau auf der Düsseldorfer Ausstellung 1902. Aufbereitung usw. E. G. A. 1902, S. 665 und 666.

gehoben und durch das Band B^1 seitwärts aus dem magnetischen Felde herausgeführt. Dies wird dadurch erleichtert, daß sich an dem oberen Pole ein seitlicher, schnabelförmiger Ansatz befindet; die magnetischen Körner fallen auf parabolischer Bahn in besondere Behälter A^1 und A^2. In den Abbildungen sind zwei Magnetsysteme vorhanden, doch kann die Anordnung auch so getroffen werden, daß das Gut auf dem Zuführungsbande B nacheinander mehrere Magnetsysteme passiert, deren Feldstärke zunimmt. Dann werden zuerst die am stärksten magnetischen Mineralien und später

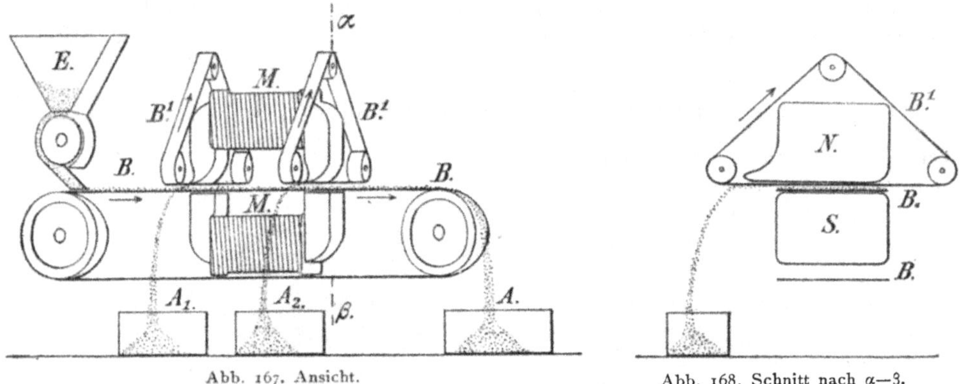

Abb. 167. Ansicht.   Abb. 168. Schnitt nach α—β.

Abb. 167 und 168. Kreuzbandtype.

die schwächer magnetischen ausgeschieden, das unmagnetische Gut bleibt auf dem Bande B liegen und wird bei A abgetragen. Aus den Monazitsanden von C a r o l i n a lassen sich z. B. nacheinander das Magnet- und Titaneisenerz, weiter der Granat und dann der Monazit abscheiden. Große derartige Separatoren leisten 3 bis 4 t in der Stunde. Da das magnetische Korn angehoben werden muß, ist der Stromverbrauch ein verhältnismäßig hoher, der Apparat wird daher vorwiegend zur Verarbeitung wertvollen Gutes verwendet.

Ähnlich wirkt der m a g n e t i s c h e   S c h e i d e r   d e r   M e t a l l u r g i s c h e n   G e s e l l s c h a f t A. G. F r a n k f u r t a. M., D. R. P. 180 923.

D e r   W a l z e n a p p a r a t   d e r   M e t a l l u r g i s c h e n   G e s e l l s c h a f t.

Dieser Scheider eignet sich für weniger wertvolles Gut, da er nur geringe Stromstärken erfordert (Abb. 169 bis 171). Es rotiert eine Walze W zwischen dem feststehenden Magnetsystem N, S; der rechts befindliche Südpol ist abgestumpft, während der links stehende Nordpol nach oben eigenartig zugeschärft ist. B sind die durchströmten Spulen. Die Walze wird induziert (Abb. 170) und es bilden sich zwei magnetische Pole, zwischen denen oben und unten zwei neutrale Zonen liegen; der dem Nordpole gegenüberliegende Pol der Walze ist der stärkere. Das Gut wird aus dem Aufgabetrichter F durch die Zickzackverteilungsvorrichtung Z gleichmäßig über die ganze Länge der Walze verteilt. Die unmagnetischen Teile fallen im Bogen nach links von der Walze ab in den Behälter i, während das magnetische Gut an der Walzenoberfläche haftet und ihrer Drehrichtung folgt. Je nach ihrer Erregbarkeit fallen die weniger magnetischen Teilchen früher nach h ab, während die stärker magnetischen erst später an der unteren neutralen Zone abfallen und nach g gelangen. Um Stromverluste zu vermeiden, die durch Bildung von F o u c a u l t s t r ö m e n in der Walze entstehen würden, ist es zweckmäßig, die Walze nicht massiv zu machen, sondern sie durch Aneinanderreihen von Scheiben

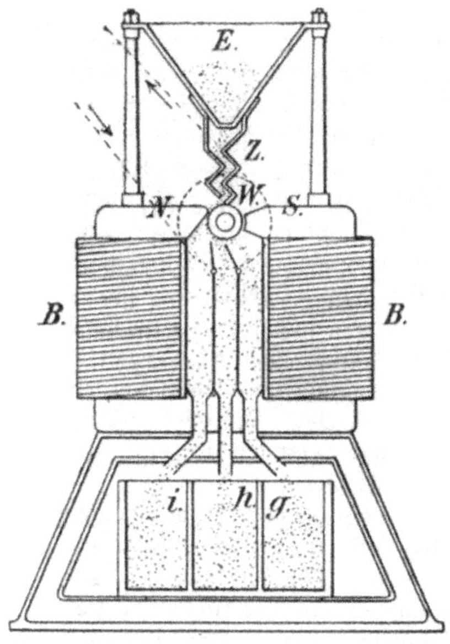
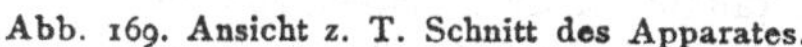

Abb. 169. Ansicht z. T. Schnitt des Apparates.

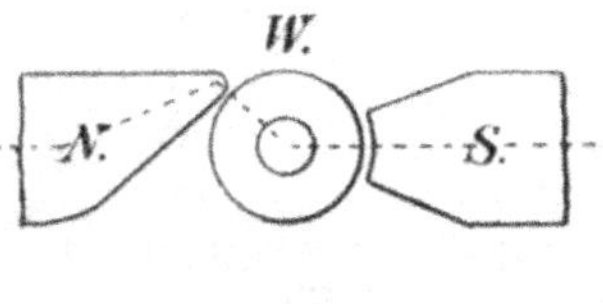
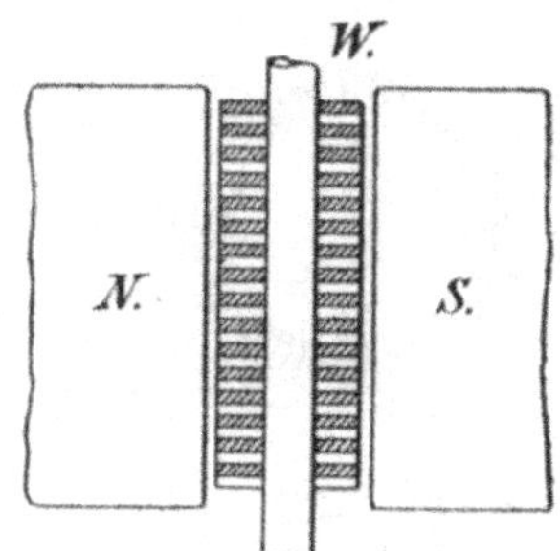

Abb. 170 und 171. Bau der Walze,
Lage des magnetischen Feldes.

Abb. 169 bis 171. Walzenapparat der Metallurgischen Gesellschaft.

aus abwechselnd magnetisierbarem und indifferentem Material herzustellen; hierdurch tritt übrigens eine weitere Konzentration der Kraftlinien an den magnetisierbaren Scheiben ein. Der Walzenapparat eignet sich auch für die nasse Scheidung.

Die naßmagnetischen Gröndal-Scheider.

Zur magnetischen Anreicherung für Erze in Trübeform haben sich die Gröndalschen Apparate bewährt und weite Verbreitung gefunden. Eine Ausführung des Gröndalschen Scheiders ist aus Abb. 172 und 173 im senk-

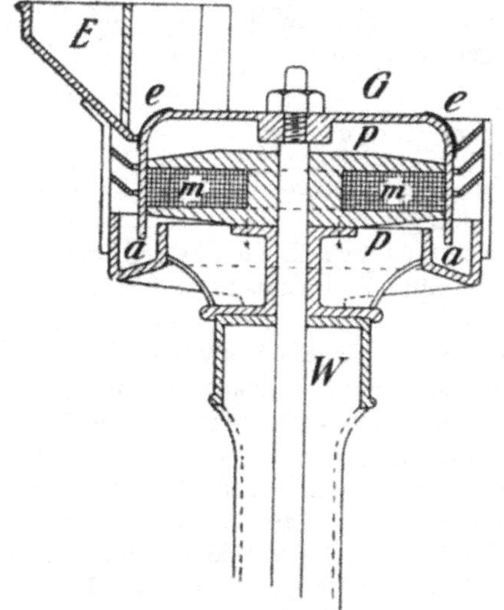

Abb. 172. Senkrechter Schnitt.

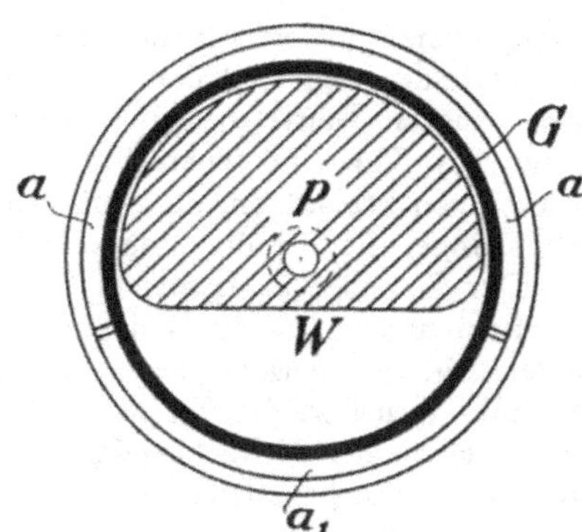

Abb. 173. Wagrechter Schnitt durch die Magnete.

Abb. 172 und 173. Gröndal-Scheider, neuere Bauart.

rechten Schnitt ersichtlich. Der feststehende Elektromagnet besteht aus einem Kerne, an den zwei h a l b k r e i s f ö r m i g e Platten P angesetzt sind. Zwischen diesen liegen die Wickelungen *m*. Auf der Welle W sitzt die Glocke G, die aus magnetisch indifferentem Stoff besteht, aber mit radial verlaufenden Eisenlamellen *e* besetzt ist. Die Trübe wird durch den halbkreisförmigen Eintrag E, dessen Lage derjenigen der Magnetplatten entspricht, zugeführt. Zur Aufnahme der Produkte dient das kreisförmige Gerinne *a*, das mit entsprechenden Teilern und Austrägen versehen ist. Während sich die Glocke dreht, haften die magnetischen Teilchen im Magnetfelde an den Eisenlamellen der Trommel, dagegen fließen die unmagnetischen Teilchen in das unter dem Eintrag liegende Gerinne *a*. Die magnetischen Teilchen werden dort, wo die Trommel das magnetische Feld verläßt, abgespült und gelangen in eine besondere Abteilung des Gerinnes a_1.

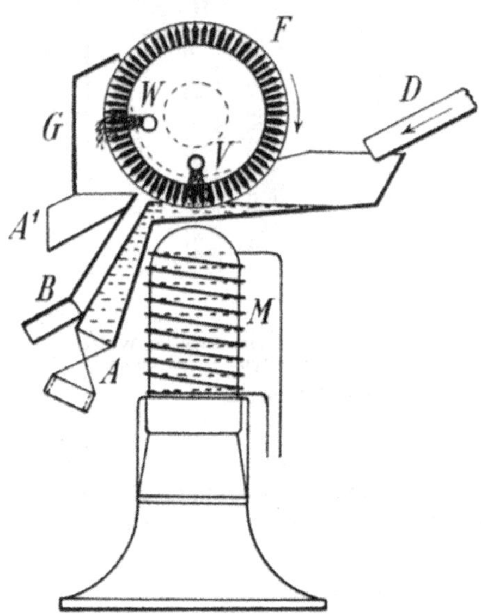

Abb. 174. Gröndals neuer, magnetischer Naßscheider.

G r ö n d a l s magnetischer Naßscheider (D. R. P. 311 587, Abb. 174). Bei D wird der Trübestrom zugeführt. Die aus radial angeordneten Eisenlamellen F bestehende rotierende Trommel taucht in den Trübestrom ein, sie sitzt auf hohler Welle. Durch diese sind die Wasserspritzrohre V und W in das Innere der Trommel eingeführt. Der kräftige Elektromagnet M induziert die Lamellen der Trommel gleichpolig. Dadurch werden die magnetischen Teilchen angezogen, die etwa mitgerissenen unmagnetischen Teilchen aber durch das Spritzrohr V wieder abgespült. Bei G hört die induzierende Wirkung auf und es werden dort auch die magnetischen Teilchen abgespritzt. Das unmagnetische Gut wird mit der Trübe bei A durch einen Stellhahn ausgetragen, die etwa überfließende Trübe wird bei B abgeführt, während das magnetische Gut bei A^1 mit dem Spülwasser ausgetragen wird.

Die magnetischen Ringscheider.

Sie vereinigen, symmetrisch um eine senkrechte Achse angeordnet, eine größere Anzahl Magnetfelder und sind daher besonders leistungsfähig.

Zu den neueren Bauarten gehört der R i n g s c h e i d e r B a u a r t U l l r i c h des Grusonwerkes. Um eine senkrechte Achse sind radial Elektromagnete fest angeordnet. Über ihnen kreisen um die senkrechte Achse mehrere magnetisierbare, unten zugeschärfte Ringe, die für die Magneten als gemeinschaftlicher Anker und Gegenpol dienen. Der Scheider kann sowohl für Trocken- als auch für Naßscheidung eingerichtet werden und für stark- und schwachmagnetische Stoffe Verwendung finden. Abb. 175 zeigt in der Ansicht einen Trockenscheider mit vier Polen, je einer ist rechts und links sichtbar, die Zuführung des Gutes findet hier durch Bänder ohne Ende statt. Vorn in der Mitte befindet sich einer der Austräge für das magnetische Gut. Abb. 176 gibt schematisch den radialen Schnitt durch ein Magnetfeld. Der Magnetpol ist von außen nach innen abgeschrägt, darüber läuft das Band ohne Ende mit dem Gute, die drei kreisenden Ringe, deren Höhenlage durch Stellschrauben je nach der Beschaffenheit des Gutes verändert werden kann, sind so eingestellt, daß ihre Entfernung vom Magnetpol von außen nach innen allmählich kleiner wird, dadurch nimmt die Stärke des Magnetfeldes zu. Das Band bewegt sich von links nach rechts. Von dem ersten Ringe wird das stark magnetische Gut angezogen, während der zweite und dritte Ring auch das schwächer magnetische Gut anziehen. Das unmagnetische Gut verläßt rechts das magnetische Feld. Bei der Naßscheidung wird die Trübe mittels Gerinne so durch das magnetische Feld geführt, daß die Ringschneiden die Oberfläche der Trübeschicht berühren. In dem Zwischenraume zwischen je zwei Magnetfeldern hört die magnetische Anziehung auf, das Korn fällt ab oder wird wohl auch durch Abstreicher in eine Anzahl Fächer abgestrichen, die der Zahl der Ringe entsprechen. Mit diesem Apparat ist es z. B. gelungen, norwegische Hämatite, die schwachmagnetisch sind, bis zu 60% und mehr Eisen anzureichern.

Abb. 175. Ringscheider, Bauart Ullrich.

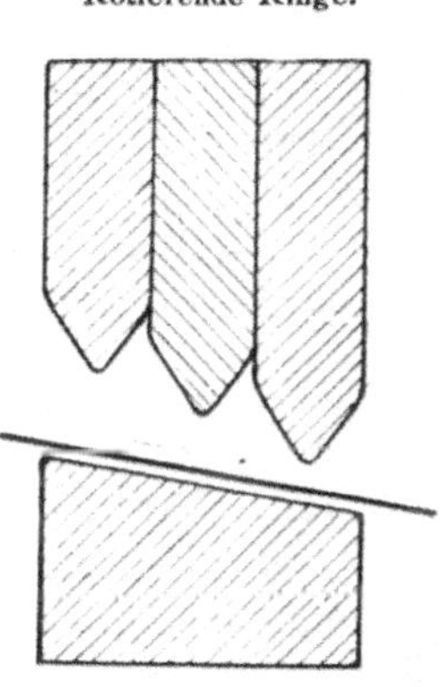

Abb. 176. Schnitt durch ein Magnetfeld des Ullrich-Scheiders.

Der in den malaiischen Staaten zur Trennung von Wolframit und Zinnerz neuerdings verwendete Scheider der Rapid Magnetting Co. ist nichts anderes als ein in England unter zwangsweiser Enteignung deutscher Patentrechte gebauter Ullrich-Scheider. Aus Konzentraten mit 40% Wolframtrioxyd und 35% Zinnerz wurde ein Produkt mit mehr als 70% Wolframtrioxyd und mit nur 0,18% Zinngehalt erhalten[1]).

Der Herdscheider Patent Humboldt (Abb. 177 und 178) ist besonders geeignet für feine, schwer magnetisierbare Schlämme. Die üblichste Ausführung besteht aus einem feststehenden Magneten und einer kreisförmigen wandernden Herdscheidefläche H. Auf einem zylindrischen Magnetkern liegt ein Teller M, an dem mehrere radial gestellte, abwärts gebogene Magnetpole befestigt sind. Das untere Ende des Magnetkernes umgibt eine Glocke G, auf deren oberem Rande der Scheidering H liegt. Der Magnetkern ist von einer Spule umgeben und es entstehen zwischen den Magnetpolen und den gegenüberliegenden Teilen des Scheideringes magnetische Felder. Die Glocke mit dem Scheidering wird in Umdrehung versetzt, von den feststehenden Aufgabeblechen A fließt die Trübe dort, wo die magnetischen Felder erzeugt werden, über den Scheidering. Unterhalb des letzteren befindet sich ebenfalls feststehend zur Aufnahme der Produkte das in radiale Fächer geteilte Gerinne g. Aus diesem vereinigen sich die gleichartigen

---

[1]) Metall und Erz 1917, S. 140.

Produkte in den drei konzentrischen Abteilungen des Gerinnes *r*. Die unmagnetisierbaren Stoffe gehen unbeeinflußt durch das magnetische Feld und werden in die Abteile 1 des Gerinnes *g* abgetragen. Die magnetischen Stoffe haften auf dem Scheideringe und machen dessen Drehung mit, bis die Magnetisierung der Scheidefläche zwischen den einzelnen Magnetpolen sich abschwächt und dann aufhört. Durch die feststehenden Brausen *B* wird dann zunächst das schwachmagnetische Gut in die

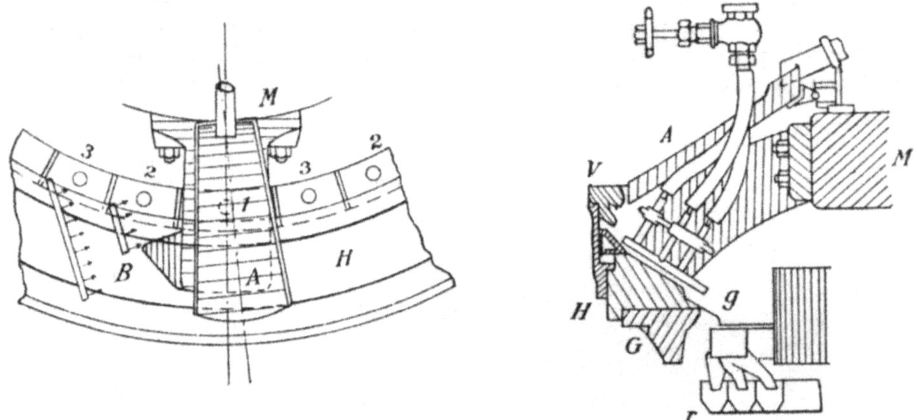

Abb. 177 und 178. Scheidungsprinzip des Herdscheiders „Patent Humboldt".

Abteilung 2 und dann das starkmagnetische Gut in die Abteilung 3 abgespritzt. Aus den Abteilungen der dreiteiligen Rinne *r*, die an der Umdrehung der Glocke teilnimmt, werden die Produkte in Sammelbehälter abgeführt.

An dem Vorscheidering *V* bleiben Eisenteilchen zunächst haften, sie werden durch eine auf den Abbildungen nicht ersichtliche besondere Spritzeinrichtung wieder entfernt. Die Arbeitsweise des Herdscheiders entspricht also etwa derjenigen des Rundherdes mit sich drehendem Herde.

d) Die elektrostatische Aufbereitung[1]).

Die elektrostatische Aufbereitung beruht auf der Trennung von Mineralien nach ihrer elektrischen Leitfähigkeit; gute Leiter, die sich schnell mit Elektrizität laden, lassen sich von schlechten Leitern trennen. Im allgemeinen sind die gediegenen Metalle, Graphit und die meisten Erze gute Leiter, eine Ausnahme hievon machen helle Zinkblende und Zinkspat. Alle Gang- und Lagerarten, auch die meisten Gesteine sind schlechte Leiter.

Gut unter 1 *mm* eignet sich am besten für diese Trennung, da bei größeren Körnern die Schwere einen zu großen Einfluß ausübt, es muß gut aufgeschlossen, durchaus trocken und staubfrei sein. Staub ist zu sehr der Adhäsion unterworfen, er verunreinigt die Produkte. Gewöhnlich sind schwer trennbare Zwischenprodukte der nassen Aufbereitung diesem Verfahren unterworfen worden, z. B. Gemenge von Zinkblende und Schwefelkies. Die Ergebnisse des Verfahrens hängen in hohem Maße von der Trockenheit oder Feuchtigkeit der Luft ab.

----

[1]) Drucksachen der Maschinenbauanstalt Humboldt, Kalk bei Cöln, und der The Blake Mining a. Milling Co. Denver, Colo. (The Blake-Morscher Elektrikal Ore-Separator.) — Richards. Bd. III, S. 1549.

E s s e r[1]) führte mit einem amerikanischen Apparate (Abb. 179) Versuche aus, welche die Vorzüge des Verfahrens z. B. zur Trennung von heller Zinkblende und Schwefkies im ungerösteten Zustande bestätigten. Als Stromquelle verwendete er eine für diesen Zweck besonders eingerichtete Dynamomaschine. Der Apparat ist folgendermaßen gebaut: Das Gut gleitet über die schräg gestellte Eintragfläche D gegen das Winkelblech E und von diesem auf die z. B. elektropositiv geladene Scheidefläche F. Während die schlechten Leiter über diese und die Fläche H in den Behälter A rutschen, werden die guten Leiter auf der Fläche F geladen, dann abgestoßen, von der einstellbaren, elektronegativ geladenen Fläche G aber angezogen und gleiten über diese in den Behälter A_1. Beide Produkte müssen zuweilen wiederholt in gleicher Weise behandelt werden. Der Scheider wird gewöhnlich zweiseitig gebaut um eine größere Leistung zu erreichen.

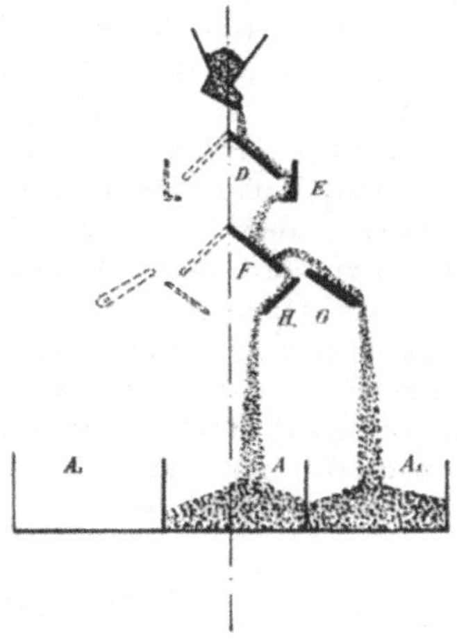

Abb. 179. Elektrostatischer Scheider.

Werden besonders gut leitende Mineralien in trockenem Klima behandelt, so kann der zweite Pol in Wegfall kommen, wie das bei dem folgenden Apparate der Fall ist.

Der Scheider Blake-Morscher.

Das Gut wird aus einem Vorratsbehälter 1 (Abb. 180) dem Scheider, z. B. einer sich drehenden, elektrisch geladenen Walze 2 in gleichmäßig dünnem Strome zugeführt. Bei der Berührung mit der Walze laden sich die guten Leiter schnell mit der gleichnamigen Elektrizität, werden daher abgestoßen und fallen in den Behälter 3, während die schlechten Leiter an der Walze heruntergleiten und sich bei 4 sammeln. Ein Teiler 5 kann verstellt werden, um beide Produkte tunlichst scharf zu trennen. Die Ladung des elektrostatischen Scheiders erfolgt durch Starkstrom-Influenzmaschinen, die gegen Witterungseinflüsse fast unempfindlich sein sollen.

Mit dem Scheider Blake-Morscher wurden Zinkblende-Zwischenprodukte der nassen Aufbereitung, und zwar z. T. Herd-, z. T. Setzprodukte, weiter angereichert und dabei der Gehalt an Blei und an Schwefelkies erheblich vermindert, außerdem wurden rohe Kupfererze (Kupferkies, gediegen Kupfer, auch Malachit) bei einem Ausbringen von 70 bis 80% des Kupfers ebenfalls erheblich angereichert.

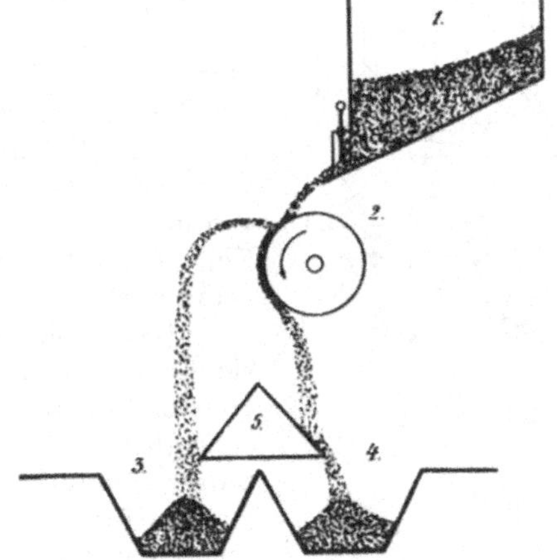

Abb. 180. Elektrostatischer Scheider Blake-Morscher.

Auch bei der G r a p h i t aufbereitung in Kanada werden ähnliche Scheider verwendet[2]).

---

[1]) E s s e r, Dr. Friedrich. Elektrostatische Aufbereitung. Metallurgie, 1907, S. 592.
[2]) H u g h S. S p e n c e. Le Graphite 1921. Veröffentlichung des Bergbau-Ministeriums in Kanada. S. 80.

In Ouray, Kolorado[1]) ist eine elektrostatische Zinkaufbereitung nach dem Verfahren von Huff im Betriebe, welche die angereicherten Erze verschiedener Bergwerke dieses Reviers verarbeitet und 20 t im Tage leistet. Dieser Scheider ist ähnlich gebaut wie derjenige von Blake-Morscher, jedoch ist zur Erhöhung der Wirkung dort, wo die guten Leiter von der Walze abspringen sollen, in einiger Entfernung ein mit entgegengesetzter Elektrizität geladener Pol angeordnet. In dieser Anlage wird z. T. Schwefelkies und Zinkblende getrennt, da Schwefelkies ein besserer, Zinkblende ein schlechterer elektrischer Leiter ist. Durch ein besonderes Verfahren gelingt es aber auch, Zinkblende von der Gangart zu trennen. Das blendehaltige Erz wird in große Gefäße gebracht und mit 0,5%iger Kupfersulfatlösung einige Zeit stehen gelassen, die Lösung zum weiteren Gebrauch abgezogen und das Erz getrocknet. Dadurch überzieht sich die Zinkblende mit einer dünnen Schicht Kupfersulfid, das ein sehr guter Leiter ist, wird dadurch selbst zum Leiter und läßt sich mittels des elektrostatischen Scheiders von der Gangart trennen. Letztere enthält nach der Scheidung nur noch 5% Zink, während das Erz von 40% Zink auf 51% angereichert wurde.

e) Amalgamation, Rösten und Laugen.

Die hier zu erwähnenden chemischen Verfahren bilden z. T. Übergänge zu den nassen hüttenmännischen Arbeiten. Sie sollen daher nur kurz behandelt werden, namentlich soweit sie mit anderen Aufbereitungsarbeiten verbunden werden[2]).

Die Amalgamation wird als sogenannte Rohamalgamation bei Erzen, die vorwiegend Haloidsalze des Silbers enthalten, angewendet. Sulfidische Silbererze werden durch chlorierendes Rösten für die Amalgamation vorbereitet.

Zur Gewinnung von Freigold, sei es aus dem Seifengebirge, sei es aus Erzen, wird häufig die Amalgamation zu Hilfe genommen.

Bei der Verarbeitung des Seifengebirges werden die Gerinne, durch welche die mit viel Wasser angerührten Massen zur Abscheidung des Goldes geführt werden, mit Querleisten versehen, um die zu Boden gesunkenen Goldteilchen der Wirkung des Wasserstromes zu entziehen, und es wird wohl etwas metallisches Quecksilber, welches das Gold aufnimmt, in die Gerinne getan. Das Quecksilber wird von Zeit zu Zeit herausgenommen und durch Destillation auf Gold verarbeitet.

Häufig findet die Amalgamation zugleich mit der Zerkleinerung im Pochwerke statt (vgl. S. 22). In den Vereinigten Staaten von Nordamerika sind die aus Abb. 181 ersichtlichen Pochtröge hierzu üblich[3]). Auf der Austragseite ist unterhalb des Siebes s eine amalgamierte Kupferplatte a von etwa 5 mm Stärke und auf der Eintragseite, geschützt durch eine übergreifende Leiste, eine zweite b eingebaut. Die Platten werden von Zeit zu Zeit ausgewechselt und durch frisch amalgamierte ersetzt, das Goldamalgam wird abgekratzt und später ausgeglüht. Der Rand w im oberen Teile des Pochtroges dient dazu, um zum Verschluß einen Deckel aufzulegen. Die aus dem Pochtroge austretende Trübe geht noch

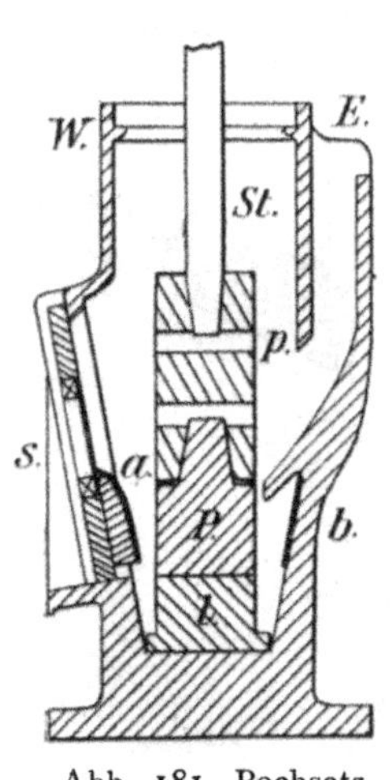

Abb. 181. Pochsatz für Amalgamation von Freigold.

[1]) Metall und Erz 1914, S. 65.
[2]) Näheres in den Werken über Hüttenkunde.
[3]) Schulz, W. Mitteilungen über eine bergmännische Studienreise nach den Vereinigten Staaten von Nordamerika. E. G. A. 1894, S. 318.

über liegende Herde, deren Belag aus amalgamierten Kupferplatten besteht, oder ähnliche Vorrichtungen zur weiteren Entgoldung. Falls sie noch verwertbare Erze enthält, wird sie durch Herdaufbereitung weiter angereichert oder in großen Bottichen mittels Zyankaliumlauge entgoldet.

Die amalgamierten Kupferplatten werden durch Verreiben von Quecksilber auf dem metallisch blanken Kupfer hergestellt. Noch besser haftet das Quecksilber, wenn die Kupferplatten mit einer dünnen Versilberung versehen werden.

Auf den Goldgruben in Siebenbürgen führt man die goldhaltige Trübe durch A m a l g a m a t o r e n, die ähnlich wie die Mahlgänge (vgl. S. 27) gebaut sind. Am bekanntesten sind die L á s z l ó - A m a l g a m a t o r e n (Abb. 182). Die senkrechte W e l l e W geht durch den schalenartigen T i s c h T gut abgedichtet hindurch und trägt den L ä u f e r L, welcher mittels der S t e l l s c h r a u b e st höher oder tiefer gestellt werden kann. In den Tisch ist die nötige Menge Quecksilber eingegossen und es sind konzentrisch lose E i s e n - r i n g e r eingelegt. Der Läufer hat dementsprechende konzentrische Aussparungen und trägt an seiner unteren Fläche die R ü h r e r s, welche die Oberfläche des Quecksilbers gerade streifen sollen. Die goldhaltige Trübe wird an der Welle bei E eingetragen und fließt unter dem Läufer durch zum Austrage A. Hierbei kommt sie durch die Rührer s wiederholt mit dem Quecksilber in innige Berührung und muß über die Ringe r hinwegsteigen. Der Durchgang der schweren Teilchen durch den Amalgamator wird hierdurch verzögert. Der Läufer macht

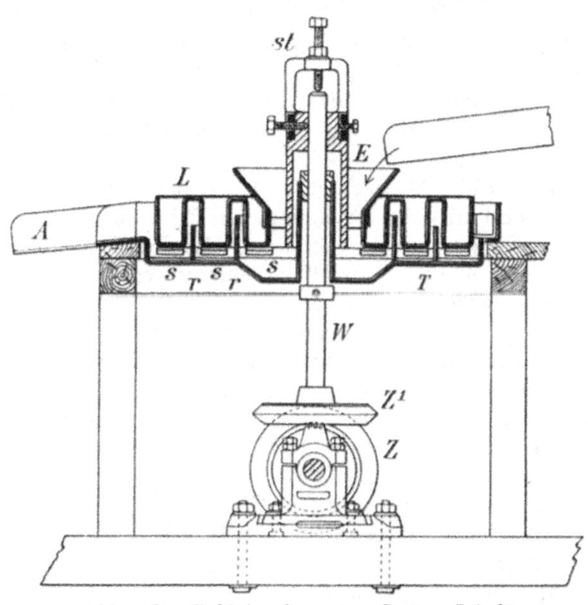

Abb. 182. Gold-Amalgamator, System László.

8—18 Umdrehungen in der Minute. Die bei A ausgetragene Trübe geht meistens noch durch einen zweiten Amalgamator. Die Amalgamatoren sind verschlossen, um die Entwendung von Amalgam zu verhüten.

Das Freigold verbindet sich mit dem Quecksilber (es wird verquickt) zu Goldamalgam, welches durch Abkratzen der Kupferplatten und Herausnehmen des Quecksilbers von Zeit zu Zeit gewonnen und durch Ausglühen in Retorten mit gekühlten Vorlagen in Gold und Quecksilber zerlegt wird.

Die H u n t i n g t o n - M ü h l e dient gleichzeitig zur Zerkleinerung und Amalgamation von Golderzen (vgl. S. 30).

Die namentlich in den Vereinigten Staaten von Nordamerika in Vorschlag gebrachten Verfahren der E l e k t r o a m a l g a m a t i o n [1]) dürften bisher wesentliche Ergebnisse nicht gezeitigt haben. Die amalgamierenden Kupferplatten sollen zur Kathode gemacht werden, darüber befinden sich Graphit-Anoden, zwischen beiden bewegt sich die Trübe. Hierdurch soll — unter teilweiser Verwendung von Amalgam der Alkalimetalle — die Oberfläche des Quecksilbers rein erhalten und diejenige der Goldteilchen von Oxyden und Sulfiden gereinigt werden, so daß die Amalgamation erleichtert wird.

---

[1]) P e t e r s. Neuerungen in der Elektrometallurgie der Edelmetalle. E. G. A. 1915, S. 1110, Elektroamalgamation S. 1113.

Die Rückstände der Amalgamation enthalten gewöhnlich noch so viel Gold, daß die **Laugung mittels Zyankalium oder Zyannatrium** lohnend ist. Die Lösung des Goldes findet nach der folgenden Gleichung statt:

$$2\,Au + 4\,KCy + O + H_2O = 2\,Au\,KCy_2 + 2\,KOH.$$

Die Laugen enthalten gewöhnlich 0,025 bis 0,4% KCy. Sande werden der Sickerlaugung in Bottichen mit Filterboden aus Latten mit Stoff belegt unterworfen, während Schlämme durch Rührlaugung entgoldet werden, indem Pumpen die Trübe in Umlauf halten.

Die Entgoldung der Laugen findet allgemein durch Ausfällen mittels Zink statt nach der Gleichung:

$$Au\,KCy_2 + 2\,KCy + Zn + H_2O = Zn\,K_2Cy_4 + Au + H + KOH.$$

Der unreine Goldschlamm wird mit Flußmitteln eingeschmolzen.

Rösten und Laugen. Der Magnetismus mancher eisenhaltiger Mineralien (vgl. S. 125) wird durch das Rösten verstärkt, indem sich z. T. Fe^3O^4, Eisenoxyd-xydul bildet. Es dient daher das Rösten nicht selten zur Vorbereitung für die magnetische Aufbereitung.

Die **Vielle Montagne A. G.** bewirkt auf ihren Gruben zu **Ammeberg in Schweden**[1]) die Trennung von **Zinkblende** und **Pyrit** dadurch, daß bei niedriger Temperatur geröstet wird. Die Zinkbende bleibt unverändert, der Schwefelkies wird zersetzt und zerfällt zu pulverförmigem Eisenoxyd. Letzteres kann durch Schlämmen entfernt werden.

Baryt[2]) wird im Handel tunlichst rein weiß verlangt. Daher behandelt man eisenschüssigen Baryt in fein gemahlenem Zustande in mit Bleiblech ausgeschlagenen Tanks, die mit Rührwerk versehen sind, zwölf Stunden lang mit verdünnter Schwefelsäure (drei Teile Wasser auf einen Teil Säure) bei 100° C. Es folgt sodann Auswaschen mittels Wasser, Eindicken in Spitzkasten, Mahlen und Trocknen des Schlammes.

In **Bodenmais** wird der **Magnetkies** abgeröstet, der Rückstand gemahlen und geschlämmt. Der feinste Schlamm gibt **Polierrot** (caput mortuum, Eisenrot).

Beim **Siegerländer Bergbau**[3]) wird der **Spateisenstein** aus zweifachem Grunde geröstet:

Der rohe ausgehaltene Spateisenstein (Rohspat) enthält im Mittel 38% Eisen und 7% Mangan, zusammen also 45% als Karbonate. Durch die Röstung wird der größte Teil der Kohlensäure (38%) ausgetrieben. Dadurch erhöht sich der Gehalt an Eisen und Mangan auf etwa 60%, so daß eine höhere Bezahlung für die Gewichtseinheit erreicht und beim Versand erheblich an Fracht gespart wird.

Außerdem wird der mit Quarz verwachsene Spateisenstein — dort **Knochen** genannt — geröstet, da der Eisenstein hierdurch mürbe wird und die auf die Röstung folgende Handscheidung des **Rostspates** erleichtert wird.

Das verbleibende Durchwachsene wird nach der Zerkleinerung entweder elektromagnetisch oder naßmechanisch durch Setzarbeit aufbereitet, nachdem der Staub abgesiebt ist. Letzterer kann größtenteils geliefert werden.

Die **Röstöfen** sind einfach zylindrisch, haben 2 bis 3 *m* Durchmesser und 7 bis 10 *m* Höhe, Erz und Kohle wird schichtweise eingetragen, der Kohlenverbrauch

[1]) Met. u. Erz 1919, S. 503.

[2]) **Ladov.** Barytes, Occurence, Mining, Uses. Eng. a. Min. J. Pr. 1923, S. 319. — Met. u. Erz 1924, S. 47.

[3]) **Dorstewitz.** Mitteilungen aus den Aufbereitungen des Siegener Spateisensteins. Pr. Z. 1919, S. 451—490, gibt eine ausführliche Darstellung der dortigen Aufbereitung.

beträgt etwa 40 *kg/t* Erz. Am unteren Rande der Öfen sind eine Anzahl Ziehöffnungen vorgesehen.

Der G r u n d p r e i s[1]) für Siegener R o h s p a t betrug im März 1924 18,5 *M/t,* der Preis für R o s t s p a t 24 *M/t.*

Der Grundpreis versteht sich für folgende Gehalte[2]): 48% Eisen, 9% Mangan und 12% Rückstand, dabei werden für jedes Prozent Eisen mehr oder weniger 3 *M* berechnet und für jedes Prozent Mangan mehr oder weniger 6 *M.* Erhöht sich der Rückstand um 1%, so wird 1 *M* abgezogen, vermindert sich der Rückstand um 1%, so wird 1 *M* vergütet. Das wird ausgedrückt:

$$\pm\ 3\ M\ \text{für}\ \pm\ 1\ \%\ \text{Eisen}$$
$$\pm\ 6\ M\ \text{„}\ \pm\ 1\ \%\ \text{Mangan}$$
$$\pm\ 1\ M\ \text{„}\ \pm\ 1\ \%\ \text{Rückstand}$$

Auch zur Trennung äußerst fein verteilter Erze, deren spezifische Gewichte sich nahestehen, wird das R ö s t e n (Brennen) der Erze und das A u s l a u g e n mit Wasser oder mit Säuren zu Hilfe genommen. Beispiele sind die Aufbereitung der Zinnerze zu Altenberg im Erzgebirge und in Cornwall.

Der Stockwerksgranit von A l t e n b e r g enthält etwa 0,3% Zinn als Zinnerz (sp. G. 7,0), 0,006% gediegen Wismut (sp. G. 9,7), etwa 0,02% arsenige Säure in Form von Arsenikalkies (sp. G. etwa 7,0), und 0,015% Wolframit (sp. G. 7,5). Bei der sehr feinen Verteilung dieser Erze erhält man nach dem Pochen durch Verwaschen auf den Herden einen Schlich mit einem Gehalt von etwa 30% Zinn, der aber auch die geringen Mengen Arsenikalkies, Wismut und Wolframit enthält. (Vgl. S. 86.) Dieser Schlich wird geröstet, wobei der Arsenikalkies zerlegt und der größte Teil des Arsens als arsenige Säure ($As^2 O^3$) verflüchtigt, dann bei der Abkühlung auf etwa 200° C abgeschieden und im Flugstaube gewonnen wird. Der Röstrückstand wird zur Wismutgewinnung durch Salzsäure ausgelaugt. Das gediegene Wismut geht beim Rösten in Wismutoxyd ($Bi^2 O^3$) über. Letzteres löst sich wesentlich leichter in Salzsäure als das gediegene Metall. Aus der Lauge wird das Wismut durch Verdünnung mit Wasser als basisches Chlorwismut ausgefällt, welches ausgewaschen, getrocknet und mit Zuschlägen eingeschmolzen wird. An anderen Orten benutzt man zur Ausfällung aus der konzentrierten Lauge Eisen; das Wismut fällt als schwarzes metallisches Pulver aus.

Der Laugrückstand wird zunächst auf Stoßherden, dann auf Kehrherden mehrfach gewaschen und gibt ein Zinnerz mit etwa 60% Zinngehalt, aus diesem wird in neuerer Zeit noch die Wolframsäure ($W O^3$) gewonnen, sie ging bis dahin beim Zinnschmelzen in die Schlacke, machte diese strengflüssig und führte zu Zinnverlusten. Der Schlich wird mit kalzinierter Soda bis zum Sintern erhitzt, dabei bildet sich wolframsaures Natron:

$$(Fe, Mn)\ WO_4 + Na_2 CO_3 = (Fe, Mn)\ O + CO_2 + Na_2 WO_4.$$

Durch Auslagen mit Wasser wird dieses gelöst und dann mittels Kalkmilch als wolframsaurer Kalk ausgefällt:

$$Na_2 WO_4 + Ca\ 2\ (HO) = Ca\ WO_4 + Na_2\ 2\ (HO).$$

Der beim Lösen in Wasser zurückbleibende Zinnschlich wird auf Zinn verschmolzen (vgl. den Stammbaum 6).

---

[1]) V. D. I., Nachdichten 1924, Nr. 13.
[2]) K r u s c h. Die Untersuchung und Bewertung von Erzlagerstätten. 3. Aufl., S. 387.

Stammbaum 6
der Aufbereitung zu Altenberg im Erzgebirge.

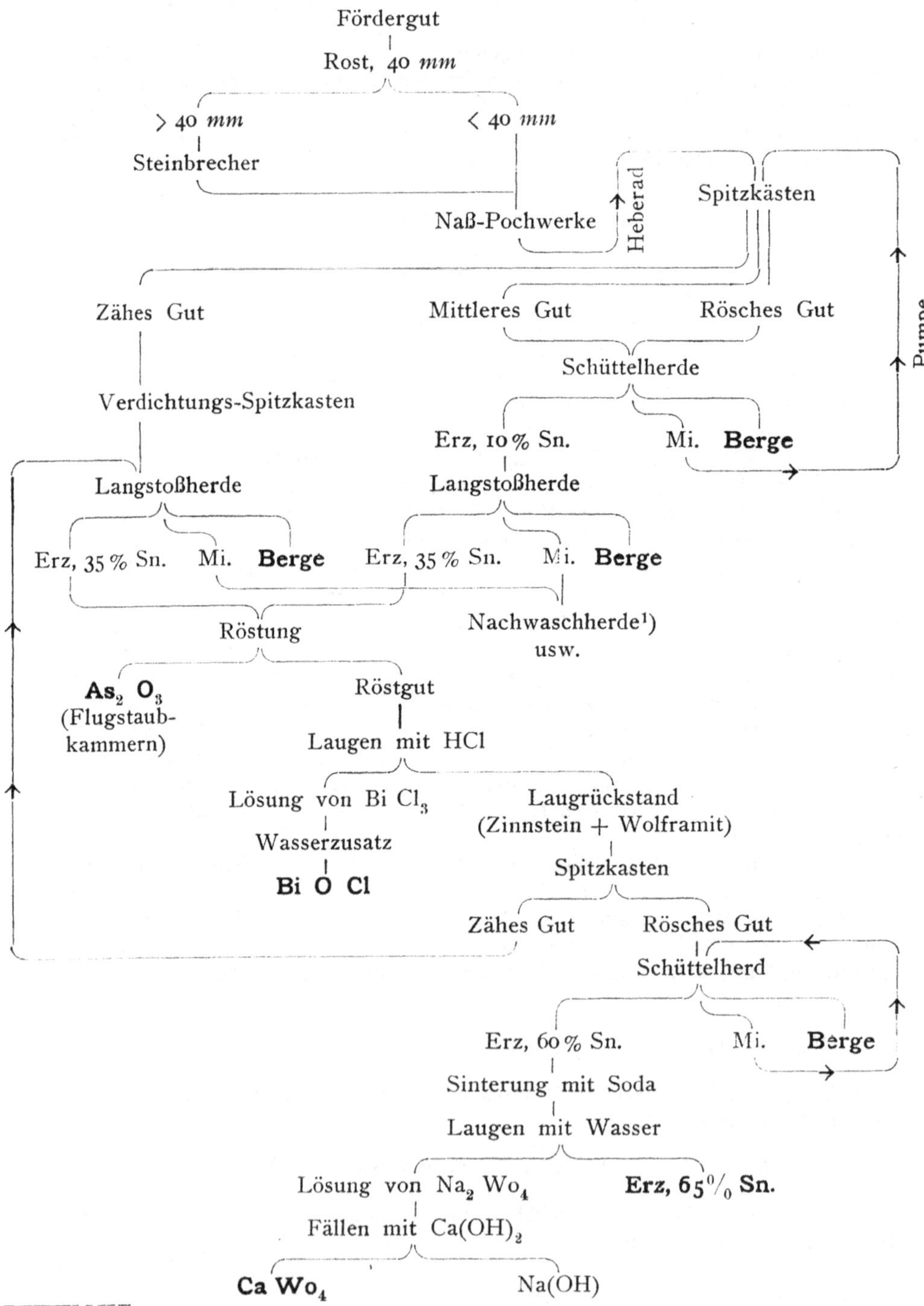

---

¹) Vgl. den Stammbaum S. 107.

Gewisse Zinnerze von C o r n w a l l enthalten neben Z i n n k i e s (sp. G. 4,4) auch geringe Mengen von K u p f e r k i e s (sp. G. 4,2). Sie werden nach dem Rösten mit Wasser ausgelaugt, wodurch das gebildete Kupfersulfat in Lösung geht. Aus dieser wird das Kupfer durch Eisen ausgefällt. Der Laugrückstand wird vor dem Verschmelzen auf Zinn nochmals auf Herden verwaschen und z. T. einer magnetischen Trennung unterworfen, um den vorhandenen W o l f r a m i t zu gewinnen[1]).

Die größte Laugerei besteht auf der Grube C h u q u i c a m a t a[2]) (spr. Tschukikamáta) in der chilenischen Provinz Antofagasta. Das dortige Kupfervorkommen wurde schon von den Ureinwohnern ausgebeutet, auch bestanden bis zum Jahre 1911 eine Anzahl kleinerer Betriebe, welche auf reicheren Teilen der Lagerstätte bauten. Dann erwarb die bekannte nordamerikanische Firma G u g g e n h e i m die sämtlichen Gerechtsame, stellte durch Schürfungen und Bohrungen das massenhafte Vorkommen etwa 2%iger Kupfererze über 2,5 km Länge bei 150 bis 350 m Breite fest und baute nach umfänglichen Vorversuchen die dortigen Anlagen aus. Chuquicamata liegt an der Bahn Antofogasta—La Paz, etwa 2500 m hoch an den öden, felsigen Abhängen der Kordillere. Unter anderen mußte eine Zweigbahn von 20 km Länge von der Hauptbahn zur Grube gebaut werden, eine Stadt für 7000 Beamte, Arbeiter, Handwerker usw. wurde angelegt, es machten sich zwei Wasserleitungen von 60 und 70 km Länge nötig. Die Kraftstation wurde an der Küste errichtet und der Strom in gerader Linie über 135 km zu den Betrieben geleitet.

Das Kupfer ist an Eruptivgesteine gebunden und tritt in der Zersetzungszone vorwiegend in den selteneren Erzen B r o c h a n t i t [$Cu(OH)_2 SO_4$] und A t a c a m i t [$CuCl_2 + 3 Cu(OH)_2$] auf, in der primären Zone als Sulfide, hier steigt der Kupfergehalt auf etwa 3%. Die Verarbeitung ist auf täglich 10 000 t Roherz eingerichtet, aus denen etwa 165 t Kupfer, also im Jahre etwa 50 000 t Kupfer hergestellt werden.

Die Gewinnung der Erze findet durch Schießarbeit, die Verladung in 60 t-Wagen durch Dampfbagger statt. Da die Kupfererze leicht in verdünnter Schwefelsäure löslich sind, genügt eine Zerkleinerung auf 7,5 mm. Bei der Laugung liefert die Zersetzung des Brochantites genügende Mengen Schwefelsäure. Die Laugung findet in großen Bottichen von 50 m Länge, 30 m Breite und 5 m Tiefe mit einem Fassungsraum für je 10 000 t statt. In der erhaltenen Lauge findet sich als störender Bestandteil Chlor, das von einem Salzgehalte der Erze herstammt. Dieses wird vor der Elektrolyse beseitigt durch Behandeln der Lauge in Drehtrommeln mittels Kupferschrot. Es scheidet sich Kupferchlorid aus, das auf metallisches Kupfer verschmolzen wird.

Die Behälter bestehen aus Beton mit säurefester Asphaltauskleidung, die Laugerohre aus Eisen mit Bleiauskleidung, die Pumpen aus Antimonblei. Die mechanische Füllung jedes Behälters dauert einen Tag, das Laugen zwei Tage, das Waschen und Abziehen der Lauge wieder zwei Tage und das Entleeren einen Tag, so daß die Behandlung jeder Füllung im ganzen sechs Tage erfordert. Es sind immer gleichzeitig sechs Bottiche im Betrieb. Die konzentrierten Laugen werden der Elektrolyse zugeführt, die dünnen Laugen werden erneut zur Laugung verwendet. Das Kupferausbringen beträgt etwa 90%.

Bis 500 m Tiefe sind 900 Millionen Tonnen Erze nachgewiesen[3]).

Auf der in derselben Gegend gelegenen Grube E l T e n i e n t e treten ebenfalls 2,1%ige Kupfererze als Imprägnationszone in großen Mengen auf. Sie bestehen aber

---

[1]) E. G. A. 1912, S. 1036.
[2]) Eng. Min. J. 1914 vom 10. I. — Auszug in Metall u. Erz 1914, S. 91 und 352.
[3]) E. G. A. 1924. S. 137. — H o c h s c h i l d, M. Studien über die Kupfererzeugung der Welt. Doktor-Dissertation Freiberg, 1922.

aus Sulfiden mit etwas Oxyden. Die Aufbereitung findet durch S c h w i m m v e r-
f a h r e n mit einem Ausbringen von 79% statt.

f) Die Verwitterung.

Im weiteren Sinne kann zur chemischen Aufbereitung auch die schon S. 15
erwähnte natürliche V e r w i t t e r u n g gerechnet werden, deren man sich zuweilen
als Vorbereitung der nassen Aufbereitung bedient. So wird in K i m b e r l e y, Südafrika, das diamanthaltige Gestein auf geräumigen gepflasterten Höfen ausgebreitet
und von Zeit zu Zeit mittels großer Dampfeggen gewendet. Die Massen von den
höheren Abbausohlen brauchten etwa 3 Monate, die von den tieferen Sohlen
12—18 Monate, bis sie gänzlich zerfielen. Das dortige Klima mit kalten Nächten,
warmen Tagen und häufigem Regen begünstigt die Verwitterung außerordentlich, die
gegenüber einer mechanischen Zerkleinerung den großen Vorteil hat, daß die gut
spaltbaren Diamanten nicht Gefahr laufen, mit zerkleinert zu werden.

Z u D e l é m o n t[1]) im Schweizer Jura, Kanton Bern, werden o o l i t h i s c h e
B o h n e r z k n a u e r n, welche eingebettet in ziemlich festem, roten Ton vorkommen, bergmännisch gewonnen. Wollte man den Ton nur durch Abläutern entfernen, so würde man sehr große Mengen Wasser brauchen, dessen Klärung schwierig
sein würde. Man verfährt daher folgendermaßen: Das Haufwerk bleibt auf Vorrats-
plätzen sechs bis acht Wochen der Verwitterung überlassen, wobei sich die tonige
Umhüllung der Erzknauern zum größten Teile loslöst.

Dann erst werden die Erzknauern der weiteren Reinigung in großen, zylindrischen Waschsieben und Bottichen mit Rührwerk unter stetem Zufluß von Waschwasser unterzogen. Die Trübe gelangt in Klärbecken zum Absatz; der Niederschlag
besteht aus reinem Tone und wird ebenso wie der früher trocken abgefallene Ton zu
Backsteinen verarbeitet. Die fertigen Eisenerze enthalten 63 bis 65% Fe^2O^3.

g) Die Schwimmverfahren (Flotationsverfahren).

A l l g e m e i n e s.

Bei der nassen Aufbereitung wird verschiedentlich beobachtet, daß fein zerteilte
Erze, die infolge guter Spaltbarkeit oder großer Weichheit durch die Sprengarbeit
in der Grube, durch die Zerkleinerung oder durch den unvermeidlichen Abrieb auf
den Sieben und Setzmaschinen die Form dünner Blättchen annehmen, auf dem
Wasser schwimmen und dadurch, namentlich bei der Herdarbeit, verlorengehen.

Zu diesen Erzen gehören z. B. Bleiglanz (daher die Bezeichnung S c h w i m m-
b l e i), Zinkblende, Molybdänglanz, Kupferkies und Buntkupferkies; auch Graphit
hat diese Eigenschaft.

Im folgenden habe ich zur Erklärung der Erscheinungen bei der Schwimmaufbereitung nur die O b e r f l ä c h e n s p a n n u n g, die B e n e t z u n g der
Mineralien einerseits d u r c h W a s s e r, anderseits durch Ö l e und ähnliche Stoffe,
ferner die A d h ä s i o n d e r G a s b l a s e n an den geölten Teilchen und die Bildung
des S c h a u m e s als Folge der schäumenden Bestandteile der Öle herbeigezogen.
Ich glaube, daß die Schwimmaufbereitung auch so verständlich ist. Von anderer
Seite wird betont, daß die Erztrübe zu den S u s p e n s i o n e n zu rechnen ist und
daß diese den Gesetzen der K o l l o i d c h e m i e unterworfen sind. Trotz einer
Reihe recht eingehender Untersuchungen sind jedoch Regeln, welche die Vorgänge
bei der Schwimmaufbereitung auf allgemein gültige Gesetze zurückführen, noch

---

[1]) Ö. Z. 1896, S. 203.

nicht nachgewiesen worden. Dagegen wurden eine große Zahl von Kunstausdrücken eingeführt, die den Anfänger nur verwirren. Ich habe es unterlassen hierauf einzugehen[1]).

Geschichtliche Entwicklung[2]).

Etwa um das Jahr 1900 beginnen die Versuche[3]), die bei der nassen Aufbereitung störende und zu Verlusten führende Schwimmfähigkeit gewisser Mineralien nutzbar zu machen. Schon frühzeitig hat man auf sächsischen Gruben, auf denen Molydänglanz in dünnen Lamellen in Quarz eingewachsen vorkommt, das zerkleinerte und trockene Korn auf die Wasseroberfläche gestreut und dann in Spitzkästen oder ähnlichen Vorrichtungen die niedersinkenden Berge und die sich schwimmend erhaltenden Molyglanzblättchen getrennt.

In England war zuerst Elmore in dieser Richtung tätig. Auf der Glasdir-Grube in Nordwales kommen Schwefel- und Kupferkies eingesprengt in Schiefer vor mit 1 bis 1½% Kupfergehalt und einem geringen Gehalte an Ag und Au. Die nasse Aufbereitung war außerordentlich verlustreich. Elmore bemerkte zufällig, daß die Kiese an Fettflecken haften blieben und gründete darauf die in Deutschland durch D. R. P. 123 515 geschützte Ölaufbereitung[4]). Das bis auf 0,6 *mm* zerkleinerte Gut wurde mit dem fünffachen Gewicht Wasser und Öl innig gemengt und dann diese Trübe über Spitzkästen geleitet, in denen die Gangart zu Boden sank, während das vom Öl aufgenommene Erz schwimmend die Sitzkästen durchlief, gesammelt und in einer Schleudervorrichtung tunlichst vom Öl befreit wurde.

Damals verwendete Elmore so große Mengen Öl (daher engl. bulk-oil-process; bulk = Menge), daß tatsächlich ein Schwimmen des Gemenges Öl + Erz stattfand, während die späteren Verfahren nur mit sehr geringen Mengen Öl arbeiten.

Die für das ältere Elmore-Verfahren nötigen Ölmengen lassen sich folgendermaßen angenähert rechnerisch ermitteln:

1 *ccm* Öl und Mineral zusammen darf im Wasser nicht ganz 1 Gramm wiegen, um zu schwimmen. Ist das sp. G. des Minerals ε, so ist das Gewicht eines *ccm* im Wasser $(\varepsilon - 1)$ Gramm. Wird das sp. G. des Öles zu 0,9 angenommen, so hält 1 *ccm* Öl etwa 0,1 Gramm Mineral schwimmend, die $(\varepsilon - 1)$ Gramm Mineral erfordern also:

$$\frac{(\varepsilon - 1)}{0,1} \text{ oder } 10 \cdot (\varepsilon - 1) \; ccm \text{ Öl}$$

---

[1]) Außer Vageler. — Traube. Die Theorie der Flotation. Met. u. Erz 1921, S. 405. — Traube und Nishizawa. Adsorption und Haftdruck. Kolloid-Zeitschrift 1923, S. 383. — Schäfer. Über Adsorptions- und Flotationsvermögen verschiedener Mineralien. Met. u. Erz 1924, S. 401. — Traube. Über Flotation und Adsorption. Met. u. Erz 1924, S. 520.

[2]) Herwegen, Dr. Leo. Die Schwimmverfahren, ihre Entwicklung und Bedeutung für die Erzaufbereitung. E. G. A. 1912, S. 1185. Mit Angabe der bis dahin erschienenen technischen Literatur über Schwimmaufbereitung. — Vageler, Dr. Paul. Die Schwimmaufbereitung der Erze. 1921. — Taggart, Arthur, F. A manual of flotation processes. New York, 1921.

[3]) Es verdient jedoch, hervorgehoben zu werden, daß die Gebrüder Bessel in Dresden im Jahre 1877 das deutsche Patent Nr. 42 und im Jahre 1886 das deutsche Patent Nr. 39 369 zur mechanischen Reinigung von Graphit erhielten, in denen die wesentlichsten Einzelheiten der jetzt üblichen Schwimmverfahren bereits erwähnt waren.

[4]) Blömeke, C. Das Elmorsche Extraktionsverfahren. Ö. Z. 1901, S. 307.

oder allgemein, da das sp. G. des Öles $\varepsilon_1 < 1$ ist, so bringen:

$$\frac{(\varepsilon-1)}{(1-\varepsilon_1)} \; ccm \text{ Öl etwa } (\varepsilon-1) \text{ Gramm oder } 1 \; ccm \text{ Mineral zum Schwimmen[1]}.$$ Um
ein bestimmtes Volumen eines Minerales im Wasser zum Schwimmen zu bringen,
ist ein Ölvolumen erforderlich, das etwa der 10fachen Menge des um 1 verminderten
spezifischen Gewichtes des Minerals entspricht.

	M i n e r a l	ε	ccm Öl
1 ccm	Bleiglanz	7,5	65
,,	Arsenkies	6,0	50
,,	Schwefelkies . . .	5,0	40
,,	Zinkblende . . .	4,0	30
,,	Steinkohle	1,4	4

Das geschilderte Verfahren würde für die Aufbereitung im großen wegen des
Ölverbrauches viel zu teuer sein, es wird daher nicht angewendet.

Neuerdings hat T r e n t ein ähnliches Verfahren für die Aufbereitung von
Kohlenschlämmen vorgeschlagen. Hierbei wird wegen des niedrigen spezifischen
Gewichtes der Kohle nur ein verhältnismäßig kleines Ölgewicht verwendet und
das in den Kohlenschlämmen etwa verbleibende Öl kann bei der Verkokung wiedergewonnen werden (vgl. Schwimmaufbereitung der Steinkohlen).

Fast gleichzeitig haben zunächst P o t t e r i. J. 1901, dann D e l p r a t zu
B r o k e n - H i l l (Australien) die dort massenhaft vorhandenen Rückstände der
nassen Aufbereitung, bestehend aus fein eingesprengtem Bleiglanz und Zinkblende,
verwachsen mit Granat, Rhodonit (Mn Si O₃ — sp. G. beider etwa 3,5) und Quarz
durch ein anderes Schwimmverfahren mit Erfolg aufbereitet. Weder durch die
nasse noch durch die magnetische Aufbereitung war eine Trennung von Zinkblende,
Granat und Rhodonit möglich, da die spezifischen Gewichte sich sehr nahe stehen
und alle drei Mineralien schwach magnetisch sind. Hier wurden v e r d ü n n t e
S ä u r e n ohne Öl verwendet. In dem Scheidebade bildeten sich G a s b l a s e n, die
an dem Bleiglanz und an der Zinkblende haften blieben und diese Mineralien an die
Oberfläche hoben, während Granat und Rhodonit, auch der Quarz unbeeinflußt blieben.

Delprat wandte außer Wasser zur Trübebildung nach dem D. R. P. 155 563 auch
eine Lösung von Natriumsulfat oder Natriumbisulfat mit einigen Prozent Schwefelsäure an, diese mußte, damit die Gasbildung eintrat, auf 100° C erwärmt werden. Nach
D. R. P. 156 450 kann auch ein k a l t e s Bad von einigen Prozenten Salpetersäure
in der Lösung eines salpetersauren Salzes (salpetersaures Natron, Kali oder Zink)
mit gleichem Erfolge angewendet werden. Durch die Verwendung der Salze erhöht
sich das spezifische Gewicht des Bades und der Auftrieb der Gasbläschen wird
dadurch wirksamer, auch wird die Bildung der Gasblasen verlangsamt, sie haften
dann fester an den Erzteilchen. (Über die spätere Ausbildung dieser Aufbereitung
vgl. S. 152.)

Die Zahl der späteren, namentlich deutschen, englischen und nordamerikanischen
Patente ist außerordentlich groß[2]). Wesentlich für die spätere Entwicklung ist die

---

[1]) G l a t z e l. Ein Beitrag zum Elmoreschen Extraktionsverfahren. Doktor-
Dissertation, Dresden-Freiberg, 1908, S. 56.

[2]) F r i e d e m a n n. Übersicht über die wichtigsten deutschen Patente auf dem
Gebiet der Schwimmaufbereitung unter besonderer Berücksichtigung der Patente der
Minerals Separation Ltd. Met. u. Erz 1921, S. 429.

Gründung der nordamerikanischen M i n e r a l s S e p a r a t i o n L t d. im Jahre 1903. Sie erwarb die wichtigsten, damals in den Vereinigten Staaten von Nordamerika geltenden Patente und nahm im Jahre 1905 das englische Patent 7803, welches später große Bedeutung erlangte: Aufbereitung von Erzen nach einem S c h a u m - s c h w i m m v e r f a h r e n, dadurch gekennzeichnet, daß w e n i g e r a l s 0,1% Ö l des Erzgewichtes verwendet wird, während durch s t a r k e s R ü h r e n d e r F l ü s s i g k e i t (engl. agitation) mechanisch Luft in die Trübe getrieben wurde, die in vielen kleinen Bläschen verteilt zur Bildung eines mit den Erzen beladenen S c h a u m e s (engl. froth) führt.

Weitere Bedeutung erlangte die Schwimmaufbereitung dadurch, daß sie auch auf die Veredlung von K o h l e n s c h l ä m m e n mit bestem Erfolge angewendet wurde (vgl. Behandlung der Feinkohlen).

In den Vereinigten Staaten von Nordamerika wandte man, wohl infolge der Reklame der Minerals Separation, das neue Verfahren unter Verdrängung anderer Verfahren der Aufbereitung in einem Umfange an, daß die angesehene Zeitschrift „Engineering and Mining Journal-Press" (1922, S. 643) die Frage stellte, ob man nicht in der Einführung der Schwimmaufbereitung zu weit gegangen sei.

Die neuesten Bestrebungen gehen dahin, nicht nur die Erze von den Gangarten durch Schwimmaufbereitung zu trennen, sondern auch eine Trennung der Erze voneinander zu erreichen. Besondere Wichtigkeit würden diese Verfahren für die häufig zusammen vorkommenden Bleizinkerze haben. Man spricht von w a h l - w e i s e r S c h w i m m a u f b e r e i t u n g oder d i f f e r e n t i e l l e r F l o t a t i o n (vgl. S. 158).

Einerseits die unklare, anderseits die sehr weitgreifende Fassung vieler der einschlagenden Patente führte zu häufigen Prozessen wegen Patentverletzung[1]). Wesentlich aus diesem Grunde wurde im Jahre 1923 zwischen der Minerals Separation Ltd. London und den folgenden deutschen Firmen: Elektro-Osmose A. G. (Graf Schwerin-Gesellschaft) Berlin, der Gelsenkirchener Bergwerks-A. G. Gelsenkirchen, der Maschinenbauanstalt Humboldt, Köln-Kalk und der Fried. Krupp A. G. Grusonwerk, Magdeburg-Buckau unter der Firma C e n t r a l - E u r o p ä i s c h e S c h w i m m - A u f b e r e i t u n g s - A. G. B e r l i n[2]) eine Interessengemeinschaft gebildet, so daß die genannten Firmen in der Lage sind, auch nach den Patenten der Minerals Separation Schwimmaufbereitungen zu bauen.

Dieser Interessengemeinschaft gehört die Erz- und Kohle-Flotation G. m. b. H. (E k o f) Bochum, die bisher in Mitteleuropa die meisten Schwimmaufbereitungsanlagen nach dem Verfahren Gröndal-Franz mit bestem Erfolge gebaut hat, nicht an (vgl. S. 155). Auch die Firma Heinrich Koppers, Essen, die das Verfahren Elmore-Diehl für Kohlen-Schwimmaufbereitung empfiehlt, gehört der Interessengemeinschaft nicht an (vgl. S. 153).

D i e T h e o r i e d e r S c h w i m m a u f b e r e i t u n g.

Allen Verfahren ist gemeinsam, daß nur Korn unter etwa 0,5 *mm* behandelt werden kann, da größere Körnchen von den Gasbläschen nur schwer zum Schwimmen gebracht werden. Es ist also als Vorbereitung für die Schwimmverfahren eine weitgehende Zerkleinerung nötig. Die Schwimmaufbereitung allein wird daher gewöhnlich nur für besonders fein eingesprengte Erze, namentlich Kupfererze angewendet. Häufig arbeiten andere Verfahren, z. B. die nasse Aufbereitung dem

---

[1]) R i c h a r d. Recent Flotation Litigation. E. M. I. Pr. Bd. 116, 20. Oktober 1923, H. 16 und M. u. E. 1924, S. 437. — T a g g a r t. Settlement of Flotation Litigation. E. M. I. Pr. Bd. 115, S. 113 u. M. u. E. 1924, S. 435.

[2]) Metall u. Erz 1923, S. 137.

Schwimmverfahren vor und es werden dann nur die erhaltenen Zwischenprodukte oder die Abgänge durch Schwimmverfahren weiter verarbeitet. Auch werden z. T. zur endgültigen Trennung die ersten Produkte der Schwimmaufbereitung noch anderweit z. T. durch wahlweises Schwimmverfahren, z. T. durch Herdaufbereitung behandelt. Unsere Kenntnis der Vorgänge ist noch eine mangelhafte und es kann nur selten vorhergesagt werden, welche Erfolge in einem bestimmten Falle die Schwimmverfahren haben werden. Meistens muß der Versuch entscheiden.

Die Grundlagen der Schwimmaufbereitung werden durch die folgenden drei Vorgänge gekennzeichnet, die meistens gleichzeitig angewendet werden:

Das Schwimmen auf Grund der O b e r f l ä c h e n s p a n n u n g;

die Verwendung von S c h w i m m i t t e l n, namentlich Ö l e n und ähnlich wirkenden Reagentien;

die Erzeugung von G a s b l a s e n in der Trübe.

Die Oberflächenspannung. Jedes Mineralkorn, das infolge der Oberflächenspannung schwimmt, wird vom Wasser nicht benetzt und muß, damit Gleichgewicht vorhanden ist, so viel Wasser verdrängen, als seinem Eigengewichte entspricht. Abb. 183 zeigt die Erscheinung stark vergrößert für platten- oder schuppenförmige

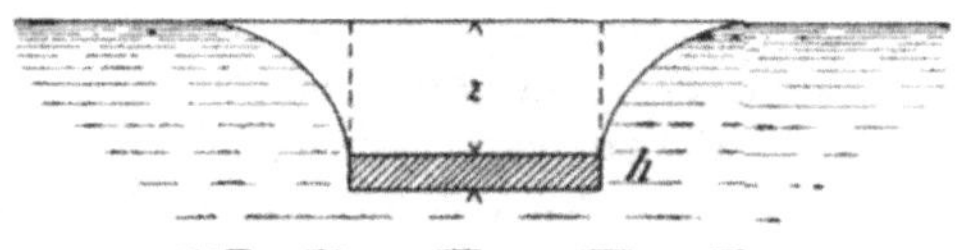

Abb. 183. Das Schwimmen infolge Oberflächenspannung.

Körner. Bei diesen ist erfahrungsgemäß die Schwimmfähigkeit am größten. Es sei F die ganze Fläche (Horizontalprojektion) des Kornes und h die mittlere Dicke, also $F \cdot h$ das Volumen. Dann wird das Korn bis zu einer gewissen Tiefe z in die Flüssigkeit einsinken. z ist zu messen als senkrechter Abstand der Kornoberfläche von der Flüssigkeitsoberfläche.

Am Kornumfang bildet die Wasseroberfläche eine gegen die Luft konvexe Fläche, deren eigentümliche Krümmung von der Beschaffenheit der Kornoberfläche, von der Art der Flüssigkeit und den Spannungsverhältnissen zwischen Körper und Flüssigkeit abhängt. Die im Verhältnis zu $F \cdot z$ kleine Wassermenge, die durch das Niederziehen des Wasserspiegels am Umfange des Korner ebenfalls verdrängt wird, kann hier unberücksichtigt bleiben, übrigens vermehrt sie den Auftrieb.

Hat das Korn das sp. G. ε, so muß, um das Gleichgewicht herzustellen, ein Wassergewicht verdrängt werden, das $= F \cdot h \cdot \varepsilon$ ist, dieses setzt sich zusammen aus dem von dem Korne selbst verdrängten Wassergewicht, $F \cdot h$ und demjenigen Wassergewicht, das verdrängt wird dadurch, daß das Korn in die Oberfläche der Flüssigkeit um das Maß z einsinkt, $F \cdot z$. Es muß die Gleichung bestehen:

$$F \cdot h + F \cdot z = F \cdot h \cdot \varepsilon$$

woraus sich ergibt

$$z = h \, (\varepsilon - 1),$$

das heißt also, das Korn sinkt um das $(\varepsilon - 1)$fache seiner Dicke ein.

Haben wir ein Molybdänglanzblättchen von 0,1 mm Dicke, so wird es, da $\varepsilon = 4{,}8$ ist, um $0{,}1 \cdot 3{,}8 = 0{,}38\,mm$ einsinken; ein Graphitblättchen von derselben Dicke (sp. G. $= 2{,}3$) würde nur $0{,}1 \cdot 1{,}3 = 0{,}13\,mm$ einsinken. Es ist auch sofort ersichtlich, daß dickere Körner tiefer einsinken müssen, um die Gleichgewichtslage zu erreichen. Hierbei wird aber leicht die Oberflächenspannung überschritten und das Korn sinkt unter.

Die Aufbereitung auf Grund dieser Erscheinung wird nur noch z. T. bei den beiden genannten Mineralien, Molybdänglanz und Graphit, angewendet, die beide sehr gut schwimmen, wie man durch Aufstreuen eines trockenen Mineralgemenges von Molybdänglanz und Quarz auf Wasser leicht nachweisen kann. In England nennt man dieses Verfahren im Gegensatz zum Schaumschwimmverfahren F i l m - p r o z e ß (Film = Häutchen), da die schwimmenden Körnchen auf dem Wasser eine dünne Haut bilden (vgl. auch das Macquisten-Verfahren, S. 150).

Auch für die G a s b l ä s c h e n i n d e r T r ü b e, deren Innenfläche zugleich eine, allerdings gekrümmte Wasseroberfläche bildet (hier besser G r e n z f l ä c h e genannt), gelten die Gesetze der Oberflächenspannung. Ein Erzkörnchen k hält sich, namentlich wenn es geölt ist, an der Innenfläche der Gasblase a schwebend, wie an der Oberfläche des Wassers. (Abb. 183 a.)

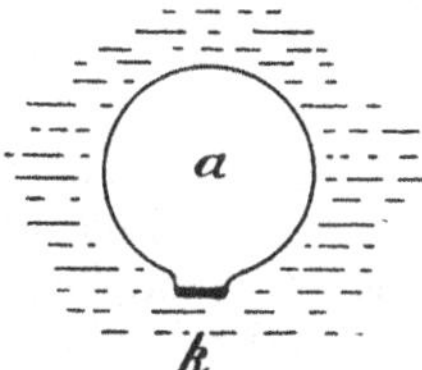

Abb. 183 a.

V a l e n t i n e r u n d S c h r a n z[1]) haben nachgewiesen, daß ein bestimmtes Mineral auf seine Schwimmfähigkeit dadurch untersucht werden kann, daß man auf eine frisch hergestellte Bruchfläche oder eine mittels Alkohol und Äther gereinigte Kristallfläche einen Tropfen Wasser fallen läßt. Behält dieser eine hochgewölbte Form, wie in Abb. 184 a, so ist das Mineral durch Wasser wenig benetzbar, daher

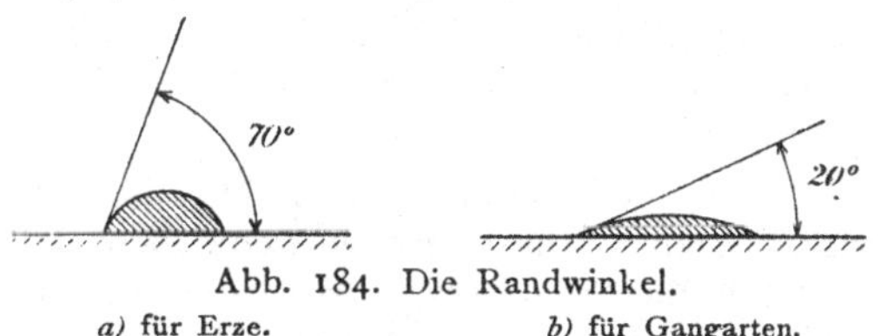

Abb. 184. Die Randwinkel.

a) für Erze.   b) für Gangarten.

schwimmfähig, breitet sich aber der Tropfen stark aus und nimmt eine flache Form an, wie in Abb. 184 b, so ist das Mineral stark benetzbar und daher nicht schwimmfähig. Den Winkel zwischen der Oberfläche des Wassertropfens und der Oberfläche des Minerals an der Berührungslinie nennt man R a n d w i n k e l, er beträgt z. B. bei Bleiglanz und Zinkblende 70 bis 75^0, bei den meisten Gangarten nur 20^0. Eine Ausnahme scheint F l u ß s p a t zu machen.

Übrigens ändert sich der Randwinkel mit der Vorbehandlung der Mineralien und mit Spuren von Verunreinigung der Trübe. So hat W e u s t e n f e l d[2]) zahlenmäßig nachgewiesen, daß ein Zusatz von 0,25% Schwefelsäure zum Bade den Randwinkel der Erze nur wenig verändert, dagegen den Randwinkel der Gangarten erheblich vermindert.

Mit der Dauer der Einwirkung der Flüssigkeit wird der Randwinkel kleiner. Diese Erscheinung wird H y s t e r e s i s genannt.

Die Schwimmittel. In erster Linie kommen die Ö l e, T e e r ö l e und F e t t e in Betracht. Es werden unterschieden s a m m e l n d e Ö l e, sie sind schwer oder nicht

---

[1]) Met. u. Erz 1914, S. 455 u. 462.
[2]) W e u s t e n f e l d. Die zahlenmäßige Festlegung des Einflusses von Ölen auf Mineralien im Hinblick auf die Schwimmaufbereitung. Doktor-Arbeit, Freiberg 1921.

in Wasser löslich. Hierher gehören vorwiegend die Mineralöle, namentlich die verschiedenen Destillationsprodukte des Rohpetroleums. In den Vereinigten Staaten von Nordamerika werden diese Öle an ihrem Ursprungsort mit sehr verschiedenen örtlichen Namen belegt, die im deutschen Handel nicht bekannt sind und daher auch nicht näher erklärt werden können (vgl. Vageler, S. 67 ff.).

Ferner werden unterschieden schaumbildende Öle, sie sind in Wasser oder in den sammelnden Ölen, kurz auch Sammler genannt, löslich. Es sind vegetabilische Öle. Hierher gehören Leinöl, Holzteeröle und die diesen verwandten, Kienöl (durch Destillation aus den Wurzelstöcken der Kiefer gewonnen), ferner Holzkreosot (Holzteerphenole) und die aus diesem gewonnenen Kresol und Terpentin, auch dessen Lösung in anderen Ölen Terpentinöl. In Australien wird vielfach Eukalyptusöl verwendet. Es gibt aber auch Öle, welche beide Eigenschaften mehr oder weniger miteinander verbinden, z. B. das Braunkohlen- und Steinkohlenteeröl und die hieraus dargestellten Kreosote.

Auch Fischöle, also animalische Öle sind empfohlen worden. Meistens werden Ölmischungen verwendet, um die sammelnden und schäumenden Eigenschaften tunlichst zu vereinigen. Besonders wichtig ist es, daß die Öle immer wieder in gleicher Beschaffenheit und zu mäßigen Preisen zu haben sind. Gerade, was die Öle betrifft, wird viel Geheimniskrämerei getrieben, so daß bestimmte Angaben über die verwendeten Öle nur selten gemacht werden können und es zweifelhaft ist, ob die Angaben, die gemacht werden, vollinhaltlich richtig sind.

Die sammelnden Öle benetzen die Erzteilchen, dagegen nicht die Bergeteilchen, erhöhen die Schwimmfähigkeit der ersteren und veranlassen deren Flocken. Ferner haften die Gasbläschen an den geölten Erzteilchen, aber nicht an den Bergeteilchen. Die schäumenden Bestandteile überziehen die Gasbläschen in dünnster Schicht, vermehren deren Oberflächenspannung, verhüten dadurch deren Platzen, wenn sie an die Flüssigkeitsoberfläche kommen und tragen zur Bildung eines die Erzteilchen tragenden Schaumes wesentlich bei.

Beispiele: Kiefernteeröl, wegen seiner Dickflüssigkeit mit anderen dünnflüssigen Ölen gemischt, wird für karbonatische Kupfererze empfohlen, Kohlenkreosot für sulfidische Kupfererze, Holzkreosot für Zinkerze. Kienöl und Terpentin liefern viel Schaum, aber unreine Konzentrate. Kresol (Hydroxyltoluol, $C_7 H_8 O$) wird zu gleicher Zeit als Sammler und Schaumbildner für Kupfererze benutzt. Kreosothaltiges Braunkohlenteeröl wird in der Graphitaufbereitung verwendet[1]). Eukalyptusöl kommt für die wahlweise Schwimmaufbereitung von Blei- und Zinkerzen, namentlich in Australien in Betracht.

Andere Schwimmittel. Von Anilin- und Naphthalinderivaten wird namentlich das Naphtylamin (engl. x-cake) gemischt mit Xylidin (einem roten Azofarbstoff) bei etwas höherer Temperatur in neutraler oder alkalischer Trübe mit Vorteil für Kupfererze benutzt. Der Zusatz beträgt weniger als 200 g/t Roherz. Zur Ersparung von Schwimmitteln wird das Wasser unter Zusatz geringer Mengen Schwimmittel im Kreislauf gehalten.

Die Consolidated Copper Mines in Kimberley, Nevada, haben bei der Verarbeitung armer Kupfererze mit vorwiegend Kupferglanz, untergeordnet Kupferkies und oxydischem Erz mit „x-cake und Xylidin" gegenüber dem Ölverfahren bessere Ergebnisse erzielt, wie die folgende Zusammenstellung nach Vageler, S. 72, zeigt.

---

[1]) Braunkohlen- u. Brikett-Industrie 1924, S. 451.

	Ölverfahren			x-cake + Xylidin		
	Cu, %	Au, U/t [1]	Ag, U/t	Cu, %	Au, U/t	Ag. U/t
Roherz	1,19	0,02	0,06	1,34	0,02	0,07
Konzentrat	13,62	0,14	0,33	18,33	0,21	0,44
Abgänge	0,28	0,01	0,04	0,21	0,01	0,04
Ausbringen in Prozenten .	78,22	52,95	38,11	82,31	69,30	40,34

[1] 1 Unze = 31,1 g.

A m y l a l k o h o l e, **P h e n o l e** und **S e i f e n** werden als Schwimmittel empfohlen, letztere auch für oxydische Erze.

K o l o p h o n i u m, gelöst in rohem Amylalkohol wird für Molybdänglanz empfohlen.

Aus dem alkalischen Ölverfahren hat sich die Anwendung von **N a t r i u m k a r b o n a t** allein in Konzentrationen von 1 bis 10% für Sulfide aller Art entwickelt. (D. R. P. der Min. Sep. Ltd.)

Ö l s ä u r e oder **O l e i n** werden für Zinkerze empfohlen.

Die vorstehende Zusammenstellung wurde namentlich gegeben, um zu zeigen, wie verschiedenartig die Schwimmittel sind. Alle die genannten und noch viele mehr sind durch Patente geschützt.

Übrigens wird auch betont, daß es nicht gleichgültig ist, wann und in welcher Reihenfolge die Schwimmittel und die sonstigen Reagentien zugesetzt werden; ob vor oder nach der Mahlung, ob die Säure zuerst und dann das Schwimmittel zugesetzt wird oder umgekehrt usw.

Für die gleichmäßige Zuführung der Reagentien stehen **T r o p f a p p a r a t e** verschiedener Bauart zur Verfügung (vgl. Met. u. Erz 1924, S. 4).

Gasblasen werden durch starkes Rühren in das Bad gebracht oder es wird Luft, fein verteilt, unter Überdruck in das Bad geführt, auch können sie, wie bereits erwähnt, durch die Einwirkung von Säuren auf Karbonate entwickelt werden. Während verdünnte Schwefelsäure aus Kalziumkarbonat schon bei gewöhnlicher Temperatur **K o h l e n s ä u r e** entwickelt, muß, falls ein anderes Karbonat z. B. Eisenspat, die Kohlensäure abgeben soll, die Trübe bis auf etwa 65° C erwärmt werden.

Die von **E l m o r e** (vgl. S. 151) angewendete Luftverdünnung bezweckt, die im Wasser enthaltene und die den Erzteilchen anhaftende Luft freizumachen, auch bewirkt sie eine Ausdehnung der Gasbläschen und dadurch eine Vergrößerung ihrer Tragfähigkeit.

D i e G r ö ß e d e r G a s b l a s e n. Nehmen wir an, daß es sich um **L u f t** handelt. Es läßt sich in gleicher Weise wie beim Öl ermitteln, wieviel Kubikzentimeter Luft nötig sind, um ein Erzkörnchen zum Schwimmen zu bringen.

1 *ccm* Mineral und Luft zusammen darf nicht ganz 1 Gramm wiegen. 1 *ccm* Luft wiegt 0,0012 Gramm, trägt also im Wasser etwa 0,999 Gramm Mineral. 1 *ccm* Mineral vom sp. G. ε, der im Wasser $(\varepsilon - 1)$ Gramm wiegt, erfordert daher

$$\frac{\varepsilon - 1}{0,999},$$ d. h. etwas mehr als $(\varepsilon - 1)$ *ccm* Luft. Oder: Für ein bestimmtes Mineralkörnchen ist ein Luftbläschen vom $(\varepsilon - 1)$fachen Volumen erforderlich. 1 *ccm* Bleiglanz vom sp. G. 7,5 erfordert also zum Schwimmen 6,5 *ccm* Luft. Weitere Beispiele sind aus der Zahlentafel ersichtlich.

Mineral				Luftbläschen	
Name	Durchmesser d mm	Volumen $d^3\frac{\pi}{6}$ cmm	sp. G. ε	$(\varepsilon-1)$faches Volumen cmm	Durchmesser d_1 mm
Bleiglanz	0,4	0,0335	7,5	0,21775	0,75
Schwefelkies . . .	„	„	5,0	0,1340	0,64
Steinkohle	„	„	1,4	0,01340	0,29

Besondere Reagentien.

Auch für diese Reagentien gilt im allgemeinen, daß nur kleine Mengen verwendet werden, ihre Wirkung läßt sich in den meisten Fällen theoretisch nicht begründen, es gelten hier nur Erfahrungssätze, auch ist von Fall zu Fall nachzuprüfen, ob die gewünschte Wirkung eintritt.

Wie schon bemerkt, verbessert zuweilen ein Zusatz von Säure oder Alkali das Ausbringen. Im besonderen wirkt ein Zusatz von 0,25% Schwefelsäure günstig auf die Benetzbarkeit der Berge durch Wasser und auf deren Abscheidung. In gleicher Weise wirken Weinsteinsäure, Wasserglas (lösliche Kieselsäure) und Seife. Derartige Stoffe, welche die Abscheidung gewisser Mineralien begünstigen, werden auch Schutzkolloide genannt.

Hierher gehört auch die Anwärmung der Trübe durch Einleiten von Wasserdampf.

Zinkblende schwimmt bei Zusatz von Kupfervitriol zur Trübe besonders gut.

Karbonatische Blei- und Kupfererze können für die Schwimmaufbereitung durch Behandlung der Trübe mit Schwefelwasserstoff oder Alkalisulfiden mit einer dünnen Sulfidschicht überzogen werden. Zur Sulfierung genügen 0,25 kg Schwefelinhalt je Tonne Erz.

Beim Bradford-Prozeß[1]) werden außer Ölen oder ohne dieselben 10% NaCl, angesäuert mittels Schwefelsäure dem Bade zugesetzt, um Konzentrate von Bleiglanz-Zinkblende zu trennen. Der Bleiglanz wird am Schwimmen verhindert, die Zinkblende schwimmt gut.

Störend auf den Gang der Schwimmaufbereitung wirken: Saponin, Eiweiß und humose Stoffe. Letztere sind oft in dem aus Torfmooren stammenden Wasser vorhanden. Saponine sind wässerige stark schäumende Abkochungen, z. B. von Seifenwurzel oder Quillajarinde.

Die Nachbehandlung der Schäume[2]).

Das große Volumen und der hohe Wassergehalt der Schäume bringt gewisse Unbequemlichkeiten mit sich. Man dickt sie am besten in Wippern[3]) (siehe dieses) oder in Filterpressen zu stichfesten Konzentraten ein. Die letzten noch schwimmenden Reste werden in Sümpfen durch Überbrausen mit Wasser zum Absitzen gebracht.

---

[1]) Vageler, S. 75.
[2]) Vgl. auch Friedemann, M. u. E. 1921, S. 437.
[3]) Met. u. Erz 1924, S. 5.

Schäume, die Bleiglanz und Zinkblende enthalten, hat man versucht, auf Herden zu trennen.

Für das Abrösten nach dem Dwight-Lloyd-Verfahren (vgl. Sintern der Erze) sind die Schäume gewöhnlich zu dicht, man mengt sie deshalb mit gröberen Erzen, z. B. Setzgraupen und Zuschlägen, z. B. Kalkstein, ebenfalls in Graupengröße (vgl. die Mitterberger Aufbereitung, Abschn. Anlagen).

Versuche über die Schwimmfähigkeit der Mineralien[1]).

Einfache Vorversuche lassen sich in folgender Weise anstellen: Man gibt etwa 1 *ccm* eines bis auf 0,5 *mm* zerkleinerten Gemisches von Erz und Gangart, welche sich der Farbe nach gut unterscheiden, z. B. Bleiglanz und Quarz oder braune Zinkblende und Kalkspat in ein Reagensglas und fügt Wasser von Zimmertemperatur hinzu. Da es zweckmäßig ist, zunächst in klarem Wasser zu arbeiten, um die Vorgänge gut beobachten zu können, schüttelt man, läßt kurze Zeit absitzen und gießt dann die Trübe ab. Wenn man dies etwa dreimal wiederholt, bleibt das Wasser klar. Man arbeitet weiter mit etwa 5 *ccm* Wasser und fügt ein bis zwei Tropfen des Schwimmittels hinzu, verschließt das Reagensglas in bekannter Weise mit dem Daumen und schüttelt nur einige Male kräftig. Hält man nun das Reagensglas unter 45° geneigt und dreht es langsam um seine Achse, so bemerkt man, daß sich die Erzteilchen, da sie vom Öl benetzt wurden, zusammenballen und Flocken bilden, während die Körnchen der Gangart unbeeinflußt geblieben sind. Bringt man durch längeres kräftiges Schütteln Luftblasen in das Bad, so heften sich diese an die geölten Erzteilchen und heben sie an die Oberfläche. Hier platzen sie wohl und die Erzteilchen sinken dann wieder zu Boden. Hat man jedoch eine Ölmischung gewählt, welche auch schäumende Bestandteile enthält, so bildet sich eine Schaumschicht an der Oberfläche, welche das Erz enthält, während die Gangart am Boden bleibt. Dann wird man, ohne das feinste Gut zu entfernen, arbeiten, da hierdurch der gebildete Schaum fester wird. Die Ergebnisse derartiger Vorversuche lassen sich mit bloßem Auge oder unter einer guten Lupe feststellen.

Wenn man dagegen Roherze auf diese Weise untersucht, wird es nötig werden, die Produkte chemisch zu untersuchen, um den Erfolg festzustellen. Hierbei werden sich unter Umständen Zwischenprodukte ergeben, die wie in der Praxis — falls nötig nach weiterer Aufschließung — nochmals behandelt werden müssen.

Weiter können diese Versuche unter Zusatz der S. 148 erwähnten Reagentien wiederholt werden, um zu untersuchen, ob in saurer (Hinzufügung einiger Tropfen verdünnter Schwefelsäure) oder in basischer Trübe (Hinzufügen von Kalkmilch oder Natronlauge) bessere Ergebnisse erzielt werden. Auch die Temperatur des Bades kann geändert werden. Wenn Erze mehrerer Metalle, z. B. Bleiglanz und Zinkblende, im Roherz vorhanden sind, können auch Versuche gemacht werden, die ein wahlweises Schwimmen anstreben. Nach derartigen Vorversuchen schreitet man unter Benutzung größerer Rührgefäße zu weiteren Proben.

Die Schwimmverfahren sind — in dieser Beziehung ähnlich wie die Elektrolyse — recht empfindlich. Die **Temperatur der Trübe** spielt eine wesentliche Rolle und muß daher tunlichst genau innegehalten werden. Auch geringe Änderungen in der Beschaffenheit des **Öles** können den Erfolg des Verfahrens erheblich beeinflussen, es ist daher besonders wichtig, daß immer Öl gleichen Ursprungs verwendet wird. Ferner hat die Beschaffenheit des **Wassers** eine gewisse Bedeutung. Es ist notwendig, daß bei Vorversuchen dasselbe Wasser benutzt wird, das für die

---

[1]) Vgl. auch G r o ß. Ausschäumen sulfidischer Erze im Laboratorium. Met. u. Erz 1921, S. 483.

Aufbereitung zur Verfügung steht. Weiter ist die Konzentration der Trübe zu beachten. Das Verhältnis der festen Bestandteile zum Wasser beträgt gewöhnlich 1 : 4 bis 1 : 5, und zwar nach Gewicht. Bei Bemessung der Menge der angewendeten Reagentien ist mit äußerster Genauigkeit zu verfahren, da die Erfahrung lehrt, daß eine bestimmte Konzentration (das Optimum oder der Schwellenwert) die besten Ergebnisse liefert. Auch ist große Sauberkeit nötig, da schon die kleinsten Mengen von Verunreinigungen des Bades, z. B. durch Schmieröl, einen wesentlichen Einfluß auf den Verlauf des Prozesses ausüben können. Auch die Durchsatzmenge eines Apparates in der Zeiteinheit ist genau innezuhalten. Das aufzubereitende Erz ist nur bis zu völliger Aufschließung zu zerkleinern, dagegen ist feinste Verteilung der Reagentien anzustreben.

Auch die dem Schwimmverfahren vorhergehende Behandlung der Erze kann einen wesentlichen Einfluß auf den Erfolg haben. So werden die Erze im Laboratorium gewöhnlich trocken zerkleinert, dagegen in der praktischen Aufbereitung naß. Frisch aus der Grube geförderte Erze verhalten sich bei der Schwimmaufbereitung zuweilen anders als solche, die längere Zeit, etwa als Vorräte, auf der Halde gelagert haben und dem Einflusse der Atmosphärilien ausgesetzt gewesen sind. Selbst Erze gleicher Zusammensetzung, aber verschiedener Herkunft, die äußerlich keine wesentlichen Unterschiede zeigen, z. B. Bleiglanz oder Schwefelkies, können sich bei der Schwimmaufbereitung abweichend verhalten. Alle diese Gesichtspunkte sind bei Vorversuchen sorgfältig zu beachten.

Im folgenden sind diejenigen Schwimmverfahren beschrieben, die nach den vorliegenden Veröffentlichungen am besten bekannt sind.

Die Schwimmverfahren.

Das Macquisten-Verfahren.

Lediglich auf der Schwimmfähigkeit des Erzes an und für sich beruht das Verfahren von Macquisten[1]). Die Trübe wird in rotierenden Trommeln behandelt, die festen Teilchen werden durch die Drehung der Trommeln immer wieder an die Oberfläche gebracht und die Erzteilchen schwimmen mit dem Wasserstrome in einen Sammelbehälter, während die Bergeteilchen zu Boden sinken und für sich ausgetragen werden. In einer Anlage in Nevada werden kupferkieshaltige Erze mit einem Ausbringen von 90% nach diesem Verfahren aufbereitet.

Verfahren von Leuschner.

Auf den Gruben der Bergbau-A. G. Friedrichssegen[2]) hat man das magnetische Aufbereitungsverfahren (vgl. S. 125) der Abgänge der nassen Aufbereitung, welche aus Zinkblende und Spateisenstein bestehen, aufgegeben, weil die Schlämme sich nur schwer trennen ließen und hatte dafür ein von dem Ingenieur Leuschner dort ausgebildetes Schwimmverfahren eingeführt, nachdem in einer Versuchsanstalt günstige Erfolge erzielt worden waren.

Im Sommer des Jahres 1911 wurde auf der Grube Ludwigseck bei Salchendorf im Kreise Neunkirchen (Bez. Arnsdorf) nach dem neuen Ver-

---

[1]) Ö. Z. 1908, S. 15.
[2]) Holtmann. Das Schwimmaufbereitungsverfahren der Grube Friedrichssegen nach System Leuschner. E. G. A. 1912, S. 388.

fahren eine Anlage gebaut. Auch hier wird zunächst die nasse Aufbereitung angewendet und es werden aus dem Haufwerk der Bleiglanz und die Berge abgeschieden. Die blendehaltigen Zwischenprodukte werden nötigenfalls zerkleinert und der Schwimmaufbereitung zugeführt.

Sande und Schlämme von o bis 0,75 *mm* werden gemischt verarbeitet, und zwar wird ein Scheidebad von 1 bis 2⁰ Be durch Zuleiten von Schwefelsäure hergestellt und durch Einleiten von Frischdampf bis auf 60 bis 80 C⁰ erwärmt, sodann das Erz mit Öl vermischt den eigentlichen Scheidern zugeführt. Diese bestehen (Abb. 185) aus Holzkästen *k* von quadratischer Form und etwa 1300 *mm* Kantenlänge, die Höhe beträgt 1500 *mm*. Unten sind die Kästen zu einer vierseitigen Pyramide zusammengezogen wie ein Spitzkasten. Die Trübe fließt durch das Rohr *f* zu, es ist seiner Höhenlage nach verstellbar, unten umgebogen und oben mit einem Trichter versehen. Zu einer Einheit gehören zwei solche Kästen, sie sind mit Bleiblech ausgekleidet. Die Trennung der Blende von dem Spateisenstein geht in der Weise vor sich, daß unter dem Einfluß der Schwefelsäure auf den Spateisenstein Kohlensäurebläschen gebildet werden, die an den geölten Blendeteilchen haften und sie zum Schwimmen bringen, sie fließen infolge des beständigen Zuströmens neuer Trübenmengen über den Rand des Kastens in die Überfallrinne *h*. Der Spateisenstein dagegen sinkt zu Boden und wird durch das Rohr *i* unter dem Einflusse eines Strahlapparates ausgetragen. Das Scheidebad wird zu erneuter Benutzung mittels einer aus Hartblei hergestellten Zentrifugalpumpe zurückgehoben.

Bei einem Zinkgehalte von 10 bis 15% beträgt der Verbrauch an Säure auf eine Tonne Erz 40 bis 60 *kg*, der Ölverbrauch 4 bis 6 *kg*. Der Verbrauch steigt und fällt mit dem Metallgehalt der Erze. Sind mehrere Einheiten im Betriebe, so genügen für jede 2 Mann zur Bedienung. Die Aufbereitungskosten betrugen ohne Verzinsung und Tilgung 4 bis 6 *M* auf 1 *t* aufgegebenes Erz. Da die Anschaffungskosten einer

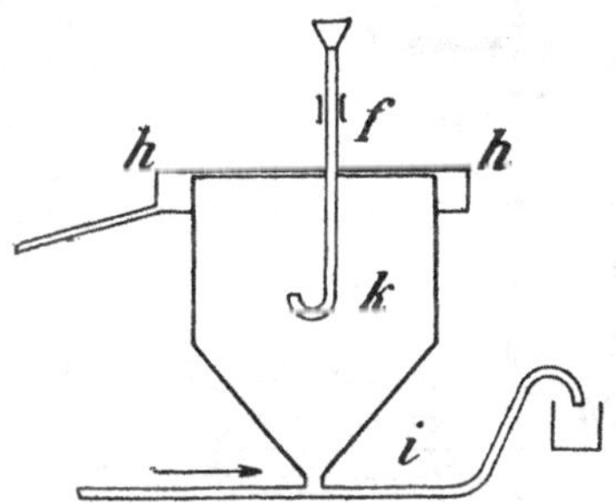

Abb. 185. Scheider für Schwimmverfahren, Bauart Leuschner.

Einheit 5000 bis 6000 *M* betragen und jährlich 3000 bis 4500 *t* durchgesetzt werden, entfallen, wenn man auf Verzinsung und Tilgung zusammen 10% rechnet, nur etwa 0,20 *M* auf 1 *t* aufgegebenes Erz. Für eine Einheit werden 2 bis 3 PS gebraucht. Unter Umständen muß zur innigen Mischung eine Rührvorrichtung dem Scheider vorgeschaltet werden.

Die Zurückgewinnung des Öles fällt fort, die Verhüttbarkeit des Erzes wird dadurch nicht beeinflußt. Eine Verunreinigung der Abwässer tritt nicht ein, da das Scheidebad immer wieder in den Kreislauf eintritt. Bei Störungen neutralisiert man die austretenden Scheidebadmengen. Die Anlage wurde durch die Maschinen-Bau-Anstalt Humboldt in Köln-Kalk gebaut.

Der gewonnene Zinkschlieg ist bis zu 47 bis 50% Zink angereichert, in den Abgängen verbleiben noch 0,3% Zink. Das Ausbringen an Zink beträgt 90 bis 97%.

Verfahren von Elmore.

Der Vacuum-Apparat von Elmore[1]) (Abb. 186) wirkt in folgender Weise: In der Mischtrommel 1 wird das zerkleinerte Gut mit Wasser und wenig Öl, das bei 2 zugegeben wird z. T. auch mit etwas Säure, innig gemischt, das

---

[1]) Drucksachen der „The ore concentration Comp. limited, London".

Gemenge tritt bei 3 aus und steigt durch das Zuführungsrohr 4 in die Glocke 5 auf; letztere dient als Scheider. Im obersten Teile, der aus Glas hergestellt sein kann, um die Trennung sichtbar zu machen, wird durch eine kleine Luftpumpe ein luftverdünnter Raum erhalten. Dasjenge Gut, das in der Glocke zum Schwimmen gelangt, wird durch das Gerinne 6 aufgefangen und durch das Rohr 7 abgeführt. Das im Scheider niedersinkende Gut, die Berge, wird durch den mittels des Getriebes 10 angetriebenen Rührer 8 aufgerührt, dabei schwimmt noch etwas Gut auf, die Berge verlassen durch das Rohr 9 den Scheider. Die Austragsrohre 7 und 9 sind länger als das Zuführungsrohr 4, infolgedessen tritt eine Heberwirkung ein. Der luftverdünnte Raum erleichtert das beständige Aufschwimmen des Erzes.

Als Beispiele für die Anwendung des Elmore-Verfahrens seien die folgenden angeführt:

Auf der Dolcoath-Grube in Cornwall kommt das Zinnerz z. T. zusammen mit Sulfiden des Kupfers vor. Nach entsprechender Zerkleinerung wird

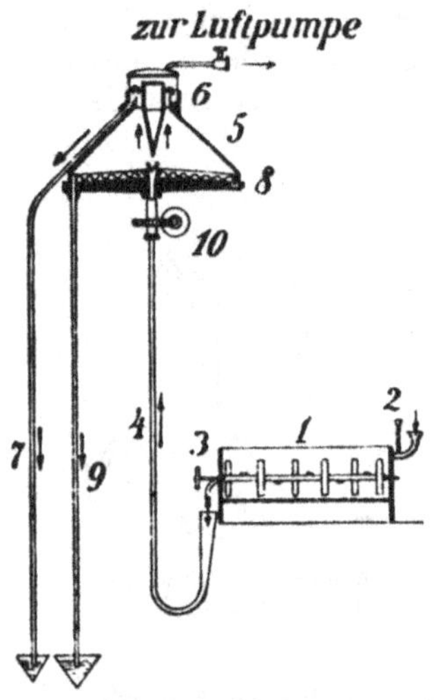

Abb. 186. Vakuum-Apparat
von Elmore.

durch das Elmore-Verfahren ein Kupfer-Konzentrat gewonnen, das neben 90% des Kupfergehaltes nur 0,1% Zinn enthält. Die Rückstände werden auf Schüttelherden auf Zinn verwaschen, wobei die geringfügigen Mengen von Öl und Säure keine Schwierigkeiten bereiten.

In der Dolgelley-Grube in Nord-Wales enthalten die Erze Kupfer- und Schwefelkiese mit 1,2% Kupfer und geringem Gehalt an Gold und Silber in schiefriger Gangart. Da letztere sehr hart, die Kupfersulfide sehr weich sind, entstanden durch die nasse Aufbereitung sehr erhebliche Verluste. Durch das Elmore-Verfahren wird ein Konzentrat mit 12% Kupfer erhalten, in dem der allergrößte Teil des Goldes und Silbers enthalten ist, während in den Rückständen noch 0,25% Kupfer neben geringfügigen Resten von Gold und Silber verbleiben.

Die Abgänge der nassen Aufbereitung zu Broken-Hill in Neu-Süd-Wales enthalten neben Zinkblende und etwas Bleiglanz erhebliche Mengen von Granat und Rhodonit (Mn SiO$_3$). Das spezifische Gewicht der beiden letzteren steht demjenigen der Zinkblende so nahe, daß eine nasse Trennung nicht möglich ist. Auch die magnetische Scheidung läßt sich nicht anwenden, da alle drei Mineralien schwach magnetisch sind. Der mittlere Gehalt ist 20% Zink, 5,75 Blei und 0,027% Silber. Zunächst werden durch das Elmore-Verfahren Granat und Rhodonit entfernt und man erhält ein Produkt mit 43% Zink, 11% Blei und 0,058% Silber.

Wird dieses Konzentrat getrocknet und so weit erhitzt, daß die geringen Ölmengen verdampfen, so kann es auf Schnellstoßherden verwaschen werden. Es ergibt dann ein Zinkkonzentrat mit 46,5% Zink, 7,5% Blei und 0,055% Silber und ein Bleikonzentrat mit 58% Blei, 15% Zink und 0,133% Silber. In den nunmehr fallenden Abgängen verbleiben im Mittel nur 3,5% Zink, 2,2% Blei und 0,007% Silber.

Im Jahre 1909 bestand dort eine Anlage, die mit 16 Elmore-Scheidern aus monatlich 18 000 t Rückständen 7000 t Konzentrate erzeugte.

Die Erze von Sulitjelma in Norwegen enthalten neben viel Schwefelkies wenig Kupferkies in Glimmerschiefer. Der Schwefelkies wird tunlichst durch Handscheidung ausgehalten, das übrige Haufwerk einer sorgfältigen nassen Aufbereitung unterworfen. Die bei dieser fallenden Abgänge, täglich etwa 500 bis 600 t, enthalten noch 1 bis 1,5% Kupfer neben etwas Schwefelkies und Magnetit.

Davon wurden mittels 12 Elmore-Scheidern etwa 2400 t wöchentlich verarbeitet, nachdem in Konzentrations-Spitzkästen die größten Mengen Wasser abgeschieden waren. Es ergeben sich wöchentlich 250 t Konzentrate mit 6 bis 11% Kupfer, während in den Abgängen noch 0,2% Kupfer verbleiben.

Arbeitsweise nach Elmore-Diehl.

Das abgeänderte Elmore-Verfahren wird von der bekannten Firma H e i n r i c h K o p p p e r s , E s s e n , namentlich zur Veredelung von Kohlenschlämmen empfohlen[1]). Es beruht darauf, daß das Rührwerk in der Glocke fortfällt, statt dessen wird durch tangentiale Lage des Zuführungsrohres die Trübe in der Glocke in kreisende Bewegung versetzt. Die Abführung der Berge wird dadurch bewirkt, daß der untere Teil der Glocke trichterförmig gehalten ist und in ein zentrales Abfallrohr übergeht. Es sind also in der Glocke keine beweglichen Teile vorhanden, dadurch wird die Aufrechterhaltung des Vakuums erleichtert.

Nach den neuesten Ergebnissen erfordert 1 t Kohlenschlamm 70 bis 130 ccm Öl. Aus Kohlenschlamm mit 25% Asche wurde Reinkohle mit 6% Asche und Rückstand mit 70% Asche erhalten, anderseits aus durchwachsener Kohle mit 41% Asche Reinkohle mit 8% Asche und Rückstand mit 67% Asche. Ein Apparat verarbeitet stündlich 6 bis 10 t Rohkohle und braucht 2 bis 2½ PS/st je Tonne Reinkohle. Ein Arbeiter kann eine größere Anzahl Apparate überwachen.

Verfahren der Minerals Separation Ltd., London[2]).

Die Trennung geschieht, nachdem das genügend zerkleinerte Erz mit Wasser angemengt, dieses mit Schwefelsäure angesäuert und dann etwas Öl hinzugefügt worden ist, durch starkes Durchrühren der Trübe. Die Erzteilchen schwimmen, wenn die Flüssigkeit zur Ruhe kommt, in einem Schaume (E m u l s i o n s s c h a u m genannt) auf.

Das Roherz soll bis auf ein Sieb von 40 bis 60 Maschen auf den laufenden englischen Zoll zerkleinert werden. Es wird dann mit der vierfachen Menge Wasser gemengt, die Trübe mit Schwefelsäure aus dem Gefäße V (Abb. 187 bis 189) angesäuert und aus dem Gefäße W ½ kg Öl (die Beschaffenheit dieses Öles wird geheim gehalten) auf eine Tonne Roherz zugesetzt. Das so vorbereitete Erz fließt in das Gefäß L^1 und wird dort mittels des vierflügeligen Rührers N stark durchgerührt. Letzterer sitzt an der senkrechten Welle M mit der Riemenscheibe K. Die sechs Behälter L^1 bis L^6 sind durch Schlitze so miteinander verbunden, daß in allen der Flüssigkeitsstand gleich hoch ist. Jedem der Behälter L ist ein Gerinne T und ein Spitzkasten O vorgebaut, an letzteren schließt das Überfallgerinne F an. Durch das Rührwerk gelangt ein Teil des Erzes in das Gerinne T und muß dort aufsteigen, um in den Spitzkasten O zu gelangen. Der Erzschaum fließt über den Spitzkasten hinweg in das Gerinne F und durch das Abfallrohr U in die Sammelrinne R, während das nicht schwimmende Gut im Spitzkasten O zu Boden sinkt und durch das eigenartig gebogene Rohr P in den Behälter L^2 aufsteigt. Hier wiederholt sich unter der Wirkung des zweiten Rührwerkes derselbe Vorgang, es schwimmt immer mehr Erz auf, im letzten Spitzkasten O^6 sollen nur noch Berge zu Boden sinken, die durch das Rohr Q ausgetragen werden. Die übrigen Abflußrohre Q^1 bis Q^5 dienen nur bei Betriebsstörungen zur Entleerung der betreffenden Spitzkästen.

---

[1]) Nach Veröffentlichungen der Firma vom April 1924. — Z. V. d. J. 1294, S. 478.
[2]) Nach Drucksachen der T e l l u s A. G. für Bergbau und Hüttenindustrie, Frankfurt a. Main.

Ein sechsteiliger Apparat, wie der abgebildete, verarbeitet in 10 Stunden 100 *t* Erz, die Anlagekosten betragen, einschließlich der nötigen Zerkleinerungsanlage und Pumpen rund 100 000 Mk., an Kraft werden 100 PS erfordert, die Betriebskosten einschließlich Zerkleinerung belaufen sich auf 2,16 Mk. für die Tonne. Werden Schlämme, die in der nassen Aufbereitung erhalten wurden, weiter verarbeitet, so sind die Kosten erheblich geringer, da die Zerkleinerung wegfällt. Durch das

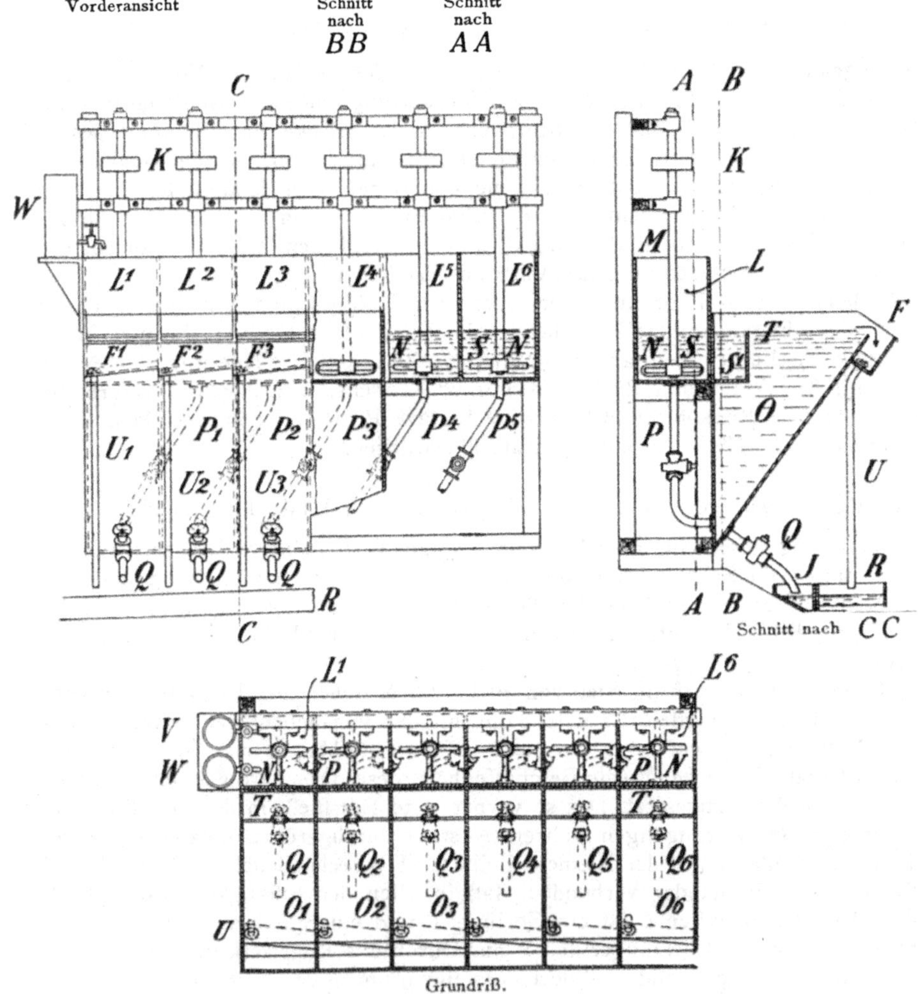

Abb. 187 bis 189. Schwimmapparat der Minerals Separation, Limited London.

Schwimmverfahren erhaltene Mischerze können durch nasse Aufbereitung noch weiter verarbeitet werden. Die Kosten für die Lizenzabgaben sind in den weiter oben angegebenen Beträgen nicht mit enthalten.

Das Erzausbringen soll bei sulfidischen Kupfererzen etwa 80% betragen, es können aber auch oxydische Kupfererze verarbeitet werden. Bei zinkblendigen Erzen wurden 82 bis 85% ausgebracht, bei Molybdänerzen 85%.

Das Verfahren gründet sich auf Patente von Sulman und Picard und von Ballot.

Das Schwimmverfahren Gröndal-Franz.

Grundsätzlich in ähnlicher Weise arbeitet das Verfahren von Gröndal-Franz, jedoch hat dasselbe den Vorteil, daß bewegliche Teile nicht vorhanden sind, es wird Druckluft durch Düsen in die Trübe geführt.

Der Schwimmapparat besteht (Abb. 190 bis 192) aus einem aus starken Bohlen hergestellten Holzkasten mit zwölf gleich großen, in zwei Reihen zu je sechs an-

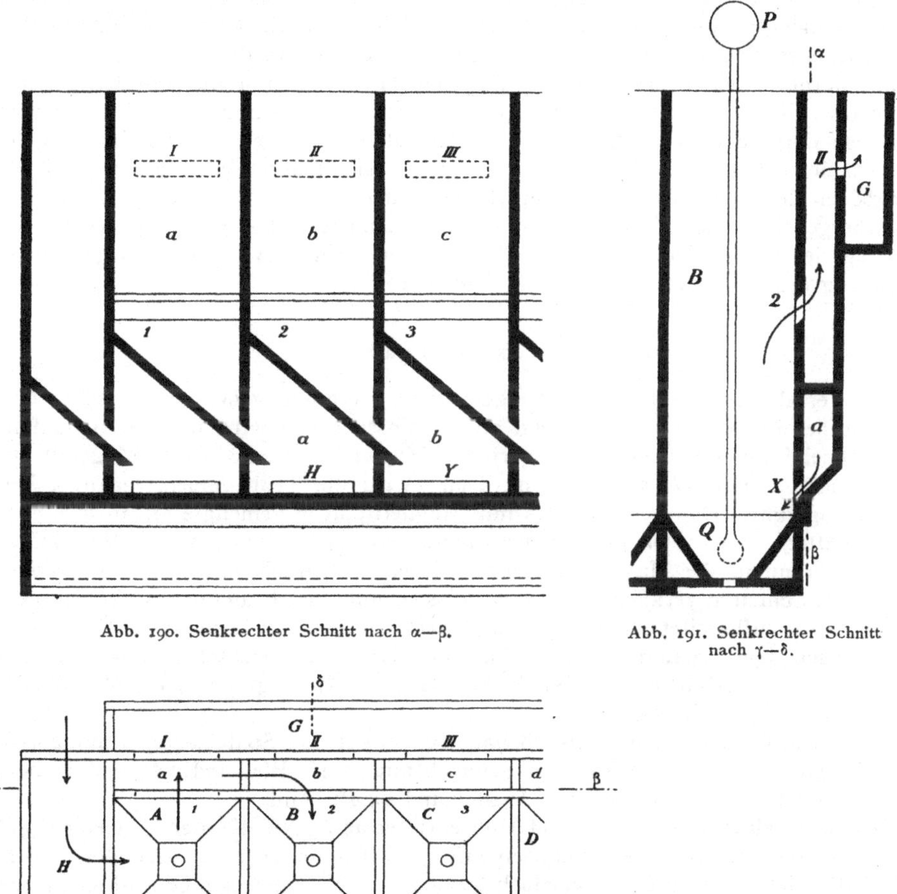

Abb. 190. Senkrechter Schnitt nach α—β.

Abb. 191. Senkrechter Schnitt nach γ—δ.

Abb. 192. Grundriß.

Abb. 190 bis 192. Schwimmapparat nach Gröndal-Franz für Erzaufbereitung.

geordneten Rührkammern *A, B, C* usw. Neben jeder Rührkammer befindet sich die zugehörige Schaumkammer *a, b, c* usw., an letzteren entlang führt ein Gerinne *G*, welches die Schäume aufnimmt und gemeinsam abführt. Die Abbildungen geben nur drei Kammern wieder. Die Höhe des ganzen Kastens beträgt 2 *m*, die Weite jeder Rührkammer 0,5 × 0,5 *m*. Der Boden ist zu einem Pyramidenstumpf zusammengezogen, in dessen Mitte eine gewöhnlich geschlossene Ablauföffnung vorgesehen ist. Über dem Apparat liegt ein kleiner Druckluftsammler *P*, von dem aus in die Mitte-

jeder Rührkammer bis nahe an den Boden ein Rohr mit Luftverteiler Q geführt ist. Die austretenden Luftblasen erhalten die Trübe in ständiger Wallung. Bei Betriebsunterbrechungen kann, um Verstopfungen des Apparates zu verhindern, Wasser durch die Düsen zugeführt werden.

Der Einlauf der Trübe, welcher die nötigen Mengen Öl und Säure vorher zugesetzt wurden, erfolgt aus der vorgelegten Einlaufkammer X mit schrägem Boden zur tiefsten Stelle der Rührkammer A, an deren Boden die erste Düse die Trübe durchlüftet. Von hier aus tritt die Trübe durch den seitlichen Schlitz 1 in die daneben liegende Schaumkammer a, sie trennt sich dort in einen Schaum, der durch den höher gelegenen Schlitz I in das Gerinne G übertritt und in die entlüftete und entschäumte Trübe, welche über den Schrägboden der Kammer a und durch den tiefgelegenen Schlitz x unmittelbar zur Düse der zweiten Rührkammer B läuft, um dort von neuem durchlüftet zu werden. Die Trübe tritt dann durch den Schlitz 2 in die Schaumkammer b usw. Wie aus der Abb. 190 ersichtlich ist, überdecken sich die Schrägböden der Schaumkammern derart, daß einerseits der Eintritt der Trübe aus der vorhergehenden Rührkammer in die Schaumkammer, aber auch der Abfluß der Trübe aus der Schaumkammer in die nächste Rührkammer erfolgen kann. (Über die Anwendung des Verfahrens vgl. S. 217 und 240.)

Das Murex-Verfahren[1]).

Das Verfahren besteht aus einer eigenartigen Verbindung der magnetischen und der Öl-Aufbereitung. Das entsprechend aufgeschlossene Erz wird in einer umlaufenden Trommel innig mit Ölen, denen geringe Mengen fein zerkleinerter Magnetit zugesetzt sind und mit Wasser gemischt. Dann wird die Trübe einem magnetischen Scheider zugeführt. Dadurch, daß das mit Magnetitpulver gemengte Öl an den Erzteilchen haftet, an den Gangarten aber nicht, wird die Trennung bewirkt. Später findet eine Trennung des Magnetites von den Erzen statt. Auch sehr fein eingesprengte Erze, die zu Schlamm zerkleinert werden müssen, sollen nach diesem Verfahren ohne große Verluste aufbereitet werden können. Karbonate und oxydische Erze lassen sich ebenfalls nach dem Verfahren behandeln. Der Ölverbrauch richtet sich wie bei den übrigen Verfahren nach dem Erzinhalte des Gutes, er beträgt bei 4 bis 6% Metallgehalt etwa 0,8% des Erzgewichtes.

Aus einem Gemenge von Bleikarbonat, Zinksilikat und Spateisenstein mit 28,4% Blei und 19,0% Zinkgehalt wurde ein Schliech mit 52,9% Blei und 9,25% Zink hergestellt. Die Abgänge enthielten 1,01% Blei und 24,4% Zink.

Aus silberhaltigen Schwefel- und Kupferkiesen mit 1,5% Kupfer und einem geringen Silbergehalte wurde ein Schliech mit 7,2% Kupfer erzeugt, auch der Silbergehalt hatte sich etwa auf das vierfache angereichert. Die Abgänge enthielten nur 0,3% Kupfer.

Ein Erz, bestehend aus Kupferkarbonaten und Kupferoxyden in verwitterter Feldspatgangart mit 8,85% Kupfer wurde bis auf 33,9% Kupfer angereichert, in den Abgängen verblieben noch 1,62% Kupfer.

Weitere Beispiele für Schwimmaufbereitung.

Zu Talache, Idaho, werden die Erze durch Zugabe von Kalk in alkalischer Lösung und unter Zugabe von Dampf bei 18 bis 22° C behandelt. Das Flotationsmittel wird verschwiegen[2]).

---

[1]) Witter. Das Murex-Verfahren. Österreichische Zeitung 1914, S. 43.
[2]) Eng. Min. J. Pr. Bd. 114, 1922, S. 288. — Met. u. Erz 1923, S. 288.

	Gold g/t	Silber g/t	Blei %	Kupfer %
Aufgabe	2,025	530	0,72	0,67
Berge	0,156	31,1	0,08	0,02
Konzentrate	20,52	5920	7,3	6,55
Ausbringen % . .	93	94,5	89,9	97,6

Auf der Silver King Coalition's New Mill in Park City, Utah[1]) werden Herdkonzentrate von Silber-Blei-Erzen durch Schwimmaufbereitung angereichert, und zwar sulfidische und spätige Erze getrennt. Das Gewichtsverhältnis des Wassers zum Erz beträgt 4:1. Als Flottationsmittel dient eine Mischung von 50 g Kiefernöl und 1000 g Kohlenteerkreosot auf 1000 kg Erz. Das Ausbringen beträgt bei den sulfidischen Erzen 82 bis 85% des Blei- und Silbergehaltes, bei den spätigen Erzen etwa 75%.

Die Grube Magistral-Ameca[2]) in Mexiko, Staat Jalisco, fördert in Quarz fein eingesprengte Erze, in den oberen Teufen Schwefelkies und Kupferkies, in größerer Teufe an Stelle des letzteren Buntkupferkies und Kupferglanz. Da die nasse Aufbereitung nur ein Kupferausbringen von 50% aus den Erzen mit 5 bis 9% Kupfer lieferte, ging man zur Schwimmaufbereitung über mit dem Ziele, nur die Kupfererze, aber nicht den Schwefelkies mit zu gewinnen. Zur Zerkleinerung dient eine Marcy-Mühle (vgl. S. 35), es werden 100 t im Tage verarbeitet und dazu in der Minute 70 Tropfen sammelndes und 30 Tropfen schäumendes Öl verbraucht. Als sammelndes Öl dient ein mexikanisches, wohlfeiles, schweres Rohöl, dort Chapapote genannt, es wird, da es dickflüssig ist, mit $^1/_3$ Gasoline vermischt und tropft dann gut. Als schäumendes Öl wird ein im Handel mit G. N. S. Nr. 5 bezeichnetes Öl verwendet. Auf die Tonne Erz werden verbraucht 0,3 Pfund Chapapote, 0,1 Pfund Gasoline und 0,1 Pfund G. N. S. Nr. 5, zusammen 0,5 Pfund zum Preise von 2 Cents. Das mittlere Ausbringen beträgt 93 bis 95% mit einem Gehalte von 26 bis 28% Kupfer. Für das Schwimmverfahren dienen drei Apparate. Der erste liefert ein Reinprodukt und Abgänge, die auf dem zweiten Apparat in Mittelprodukt und Abgänge zerlegt werden. Die letzteren werden abgesetzt, das Mittelprodukt wird, falls nötig, auf dem dritten Apparat nochmals behandelt und es wird dort ein Reinprodukt erhalten, während die Abgänge zur Mühle zurückgehen.

Beim Blei-Zinkerzbergbau Haufenreit[3]) (östlich von Graz in Steiermark gelegen) wurde von der Elektro-Osmose-A. G. in Wien eine Schwimmaufbereitung gebaut. Es handelt sich um Haldenerze eines Gangbergbaues in paläozoischen Schiefern in der Nähe des Kontaktes mit darüberliegenden Kalken, der Bleigehalt beträgt im Mittel 5%. Die Bleikonzentrate enthalten 200 bis 250 g Ag./t.

Die Erze werden zunächst geklaubt und einer nassen Aufbereitung durch Setzarbeit unterworfen. Die hierbei erhaltenen Mittelprodukte werden der Schwimmaufbereitung übergeben nach Zerkleinerung in einer Kruppschen Naßrohrmühle. Diese hat 4 m Rohrlänge bei 1,10 m lichtem Durchmesser, die Füllung besteht aus 2630 kg Stahlkugeln von 60 bis 30 mm Durchmesser und 520 kg Lochbutzen

---

[1]) Lewis. Eng. Min. J. Pr., 1923, Bd. 116, S. 369.
[2]) Payne. Selective flotation a feature at the Magistral-Ameca Plant. Eng. a. Min. J. Pr., Bd. 116, Heft 26, S. 1105.
[3]) Mayer und Schön. Die Betriebsergebnisse einer Bleierz-Flottationsanlage in Haufenreit. M. u. E., 1923, S. 385.

von 25 bis 15 *mm*, die Trübe wird mit einem Teile Mittelprodukt < 4 *mm* auf zwei Teile Wasser eingetragen. Es werden stündlich 1190 *kg* Mittelprodukt mit im Durchschnitt 5% Blei zerkleinert.

Nach der Vermahlung wird die Trübe auf 1 : 5 verdünnt und 0,5% der Erzmenge an Öl — dessen Zusammensetzung natürlich verschwiegen wird — zugesetzt. In dem vierzelligen Schwimmapparat wird die Trübe durch mechanisches Verrühren — also nach dem Verfahren der Minerals Separation — behandelt, und zwar ergeben die erste und zweite Kammer Fertigerzeugnisse mit 59,6 und 50,4% Blei, die dritte und vierte Kammer Mittelprodukte mit 17,0 und 7,8% Blei. Die Fertigerzeugnisse sind 80% des Ausbringens, die Mittelprodukte werden angesammelt und von Zeit zu Zeit in demselben Apparate nochmals behandelt. Die Fertigprodukte werden in einer Filterpresse bis auf 17% Feuchtigkeit entwässert und dann noch einer Lufttrocknung unterworfen. Die Ausbeute an Blei betrug 70%, der Gehalt der Berge noch 1,3% Blei. Über den Zinkgehalt fehlen die Angaben. Das geklärte Wasser wird der Schwimmaufbereitung wieder zugeführt und dadurch an Öl gespart.

Die frühere naßmechanische Aufbereitung hatte im Mittel aus Erzen mit 12,2% Blei Konzentrate mit 41,5% Blei bei einem Ausbringen von nur 50,6% geliefert.

Die wahlweise Schwimmaufbereitung.

Bei der Kimberley-Grube, Kanada[1]) kommen an Erzen vor: Bleiglanz, Zinkblende, Schwefelkies und Magnetkies, innig verwachsen miteinander und mit den Gangarten Quarz und Kalkspat. Die Erze enthalten: 10/11% Blei, 12/13% Zink, 32/33% Eisen, 30/32% Schwefel und 4/6% Unlösliches, außerdem drei Unzen Silber je *t*.

Wollte man die Erze roh verschmelzen, so würde das ganze Zink verloren gehen, durch nasse Aufbereitung wurde nur ein kleiner Teil des Bleiglanzes ausgebracht, auch ist eine Trennung der Zinkblende vom Schwefel- und Magnetkies wegen des geringen Unterschiedes in den spezifischen Gewichten nicht durchführbar. Die magnetische Trennung der Eisensulfide vom Bleiglanz und von der Zinkblende wurde versucht, stieß aber auf Schwierigkeiten. Endlich wurde die wahlweise Schwimmaufbereitung durchgeführt. Zunächst wurde eine Anlage für 600 *t* täglich gebaut, es ist aber bereits eine Anlage für 3000 *t* täglich ins Auge gefaßt.

Die Aufbereitung besteht im Vorbrechen im Steinbrecher und Feinmahlen in Rohrmühlen, so daß 95% des Gutes durch das 200 Maschen-Sieb geht. Die Schwimmaufbereitung (vgl. den Stammbaum) findet zunächst in alkalischer Trübe in drei je 18 zelligen Apparaten der Minerals Separation statt, diese ergeben ein erstes Blei-Konzentrat, das jedoch noch nacheinander drei achtzellige Apparate zur Reinigung durchläuft. An Öl wird Wassergasteer und Kohlenteer-Kreosot zu gleichen Teilen verwendet, die Temperatur der Trübe wird auf 22 bis 24° C (im Winter durch Heizung) gehalten. Das Rein-Blei-Konzentrat enthält außer 60% Blei noch 7,5% Zink und 7% Eisen. Die Abgänge aus den ersten drei Schwimmapparaten gehen zu den vier Zink-Schwimmapparaten, die Abgänge der drei Reinigungsapparate gehen nochmals durch die Rohrmühlen.

In den Zinkschwimmapparaten, die ebenfalls je 18 Zellen haben, wird nochmals Wassergasteer und außerdem Kupfersulfat zugesetzt, sie ergeben ein Blei-Zink-Konzentrat, ein Zink-Konzentrat und Abgänge. Die letzteren gehen über eine Mühle wieder in die Zink-Schwimmapparate zurück. Das Zink-Konzentrat geht über eine Harding-Mühle und einen achtzelligen Schwimmapparat zur Reinigung, dieser liefert Zink-Konzentrat und kiesige Abgänge. Das erhaltene Blei-Zink-Produkt und das Zink-

---

[1]) Young. Selektiv Flotation of a Complex Zink-lead Ore. Engg. Min. J. Pr., Bd. 116, Nr. 11, S. 453. Mit ausführlichem Stammbaum.

Vereinfachter Stammbaum 7.

Kimberley-Aufbereitung (Kanada).

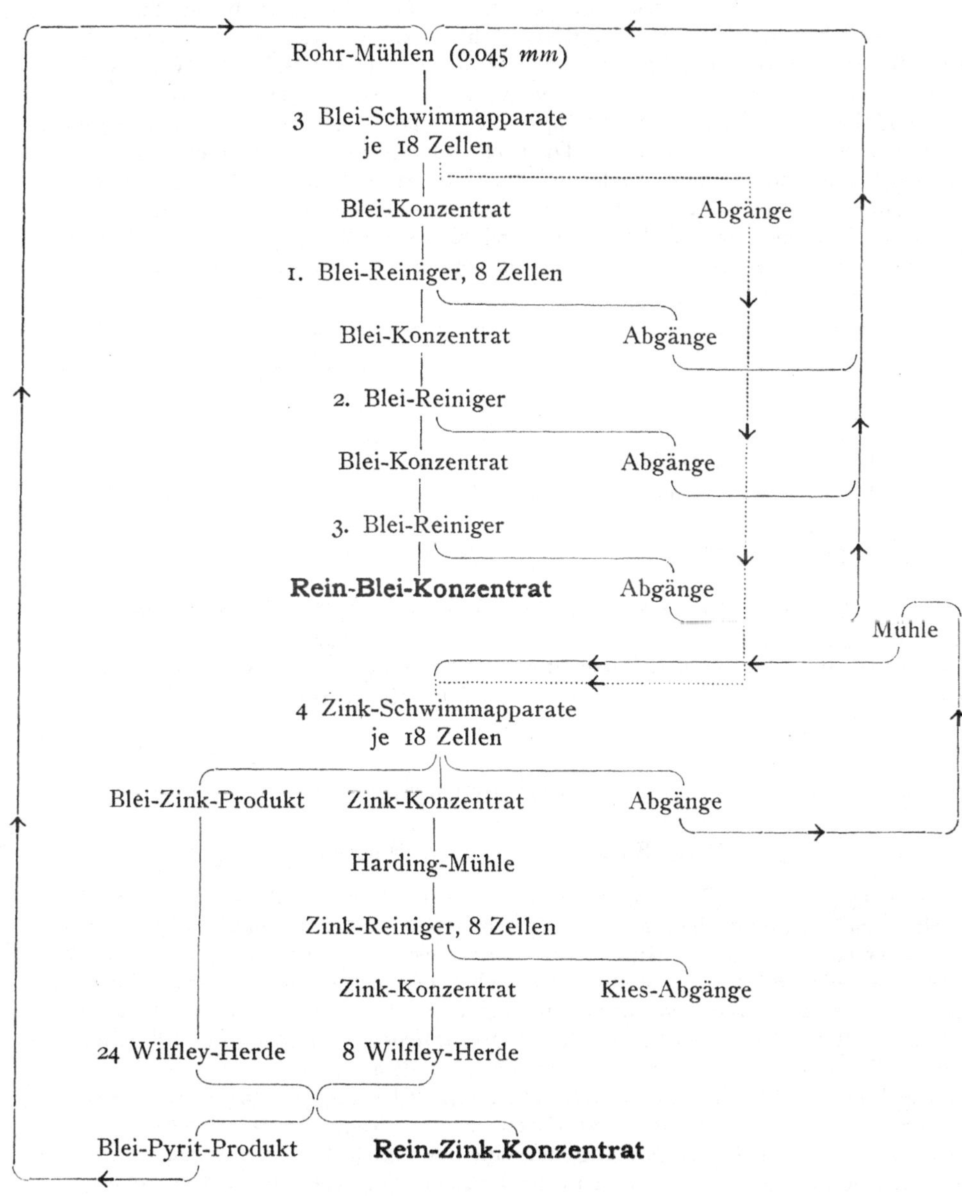

Konzentrat werden jedes für sich auf Wilfley-Herden verwaschen und liefern ein Blei-Pyrit-Produkt, welches das ganze Schwimmverfahren nochmals durchläuft und ein Rein-Zink-Konzentrat mit mehr als 40% Zink. Die Reinkonzentrate werden in Verdichtungstrichtern und Filtern entwässert und auf Dwigth-Lloyd-Apparaten geröstet und gesintert. Das in den Blei-Konzentraten enthaltene Zink geht im Bleihochofen verloren, dagegen verbleibt das in den Zink-Konzentraten enthaltene

Blei in den Rückständen, die in die Bleiarbeit gegeben werden. Die Abgänge der Schwimmaufbereitung enthalten noch 1,8% Blei und 2,7% Zink, das entspricht etwa 17% Bleiverlust und 26% Zinkverlust.

Die Elektrolytic Zinc Co. hat in Tasmanien bei Behandlung von schwefelkieshaltigen Blei-Zinkerzen mittels wahlweiser Flotation in Apparaten der Minerals Separation gute Erfolge erzielt[1]). Es wurden in der Schicht etwa 110 *kg* Erz verarbeitet. Das Bad wird zunächst auf 40° C gehalten, es werden 0,06% Schwefelsäure und bis zur Sättigung schweflige Säure zugegeben. Dazu wird Holzteer mit wenig Eukalyptusöl verwendet. Dadurch schwimmt der Bleiglanz und der Schwefelkies, während die Zinkblende und die Gangart zu Boden sinken. Dann wird die Zuleitung von schwefliger Säure unterbrochen, die Temperatur auf 48° C erhöht und ein Gemisch von Steinkohlenteer und Kreosot mit etwas Eukalyptusöl und weiter etwas Schwefelsäure zugegeben. Dann schwimmt die Zinkblende Die Ergebnisse waren die folgenden:

Produkte	% Metallgehalt		
	Zn	Pb	Fe
Aufgabe	32	10	12
Pyrit-Bleiglanz-Konzentrat . .	12	21	30
Zinkblende-Konzentrat	55	5	5
Abgänge	4	3	2
Ausbringen 85%			

Bei der Schwimmaufbereitung kanadischer Zinkerze[2]), deren Gangart aus weichem graphithaltigem Schiefer besteht, wurde zur Erzielung eines genügend angereicherten Zink-Konzentrates ein Zusatz von $CuSO_4$ angewendet, da sonst der Graphit in den Schaum übergeht und die Konzentrate verunreinigt (vgl. auch den Nachtrag).

5. Hilfseinrichtungen.

A. Das Entleeren der Hunde.

Die Wipper. Die Entleerung der Hunde erfolgt in den Aufbereitungen nur noch selten nach Öffnung einer als Tür gearbeiteten Endwand durch Kippen des Hundes, vielmehr werden die Hunde, um Zeitverlust zu vermeiden, gewöhnlich in besondere Gestelle, Wipper genannt, welche über den betreffenden Vorratsräumen, den Sieben oder Zerkleinerungsmaschinen liegen, geschoben und mit ihnen zusammen bis zur völligen Entleerung gedreht. Am häufigsten werden Kreiselwipper verwendet. Ein solcher ist auf S. 64, Abb. 66, über dem Eintragschuhe des Pendelrätters abgebildet, er besteht aus zwei starken eisernen Ringen, welche durch Winkeleisen miteinander verbunden sind und durch je zwei Rollen gestützt werden. Die Winkeleisen erhalten bei der Drehung um eine ideelle, senkrecht zu den Hundeachsen gelegene Drehachse den Hund in seiner Lage. Die Kreiselwipper werden gewöhnlich durch Einrücken einer Kuppelung mittels Handhebel maschinell angetrieben, nach erfolgter Umdrehung wird die Kuppelung selbsttätig wieder ausgerückt, sie gestatten eine schnelle Entleerung der Hunde, da diese durch den Wipper hindurchgestoßen werden können. Bei flotter Bedienung können mittels eines Kreisel-

---

[1]) Eng. Min. J. Pr. Bd. 113, Nr. 22. S. 951. — Met. u. Erz 1923, S. 126.
[2]) Eng. Min. J. Pr. Bd. 114, S. 838. — Met. u. Erz 1923, S. 289.

wippers sechs Hunde in der Minute entleert werden. Auch Wipper von entsprechender Länge zur gleichzeitigen Entleerung mehrerer Hunde kommen vor.

Der Doppelwipper von S c h w i d t a l (Abb. 193) nimmt zwei Hunde nebeneinander auf. Nachdem der Wipper mit einem vollen Hunde eine halbe Umdrehung gemacht hat, wird er festgestellt und in die andere Hälfte ein zweiter voller Hund eingeschoben, worauf der Wipper wieder in Umdrehung versetzt wird. Das Übergewicht des vollen Hundes erleichtert hier die Drehung.

S e l b s t t ä t i g e W i p p e r[1]) sind so gebaut, daß das Gewicht des eingefahrenen vollen Hundes die Feststellung des Wippers löst und den Antrieb einrückt. Nach einer vollen Umdrehung wird der Wipper ebenfalls selbsttätig wieder festgestellt.

Viel angewendet ist zurzeit der K a r l i k'sche K r e i s e l w i p p e r[2]) (Abb. 194 und 195) mit ungleichen Umfangsgeschwindigkeiten, da durch denselben eine gleichmäßigere Beschickung von Siebapparaten ermöglicht wird. Dieser Wipper dreht sich selbsttätig langsam, wenn der Hund das Gut ausschüttet, während der übrigen Zeit dagegen schnell. Bei der gezeichneten Ausführung wird die auf der vorgelegten Welle W sitzende Stufenscheibe S durch einen Riemen angetrieben. Ist ein Hund in den Wipper eingeschoben, so zieht der Arbeiter den auf der Welle w sitzenden Handhebel h zurück und rückt mittels des ebenfalls auf dieser Welle sitzenden gegabelten Hebels g, welcher in eine Kehlung der Kuppelung eingreift, die letztere in die Stufenscheibe ein. Die eigentliche Antriebswelle W^1 wird durch das Zahnradvorgelege Z in Umdrehung versetzt, auf ihr sitzen die beiden Friktionsrollen f und f^1; diesen entsprechen die am vorderen Wipperkranze angebrachten Friktionskränze F und F^1. Während f und F zum Eingriff gelangen, dreht sich der Wipper schnell, wenn f^1 und F^1 ineinander eingreifen, dreht sich der Wipper langsam.

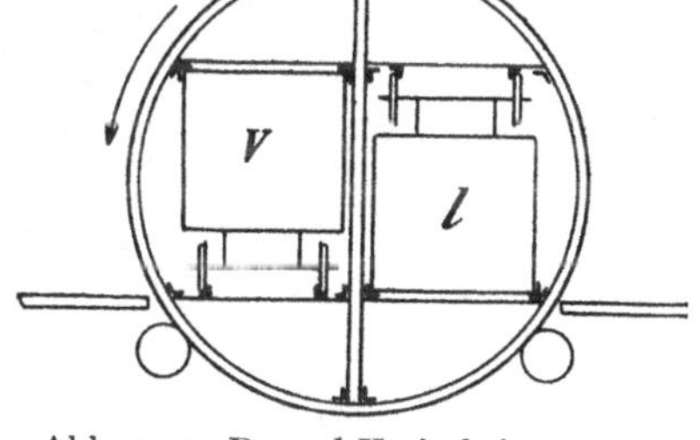

Abb. 193. Doppel-Kreiselwipper von Schwidtal.

Die erste Viertelumdrehung findet schnell statt, sobald der Hund zu schütten beginnt, dreht er sich langsam, bis er entleert ist; dann richtet sich der Hund während der letzten halben Umdrehung wieder schnell auf. Die am Handhebel h angebrachte Rolle e gleitet bei der Umdrehung des Wippers an der vorderen Fläche entlang und fällt infolge der Gewichtsbelastung Gg, nachdem die Umdrehung beendet ist, wieder in die für sie bestimmte Aussparung ein. Hierdurch wird die Kuppelung wieder ausgerückt und der Wipper steht still. Der leere Hund wird durch einen vollen hinausgestoßen und der geschilderte Vorgang beginnt von neuem. Gewöhnlich erhält die angetriebene Welle 17 Umdrehungen in der Minute, dann dauert

die erste Viertelumdrehung	2	Sek.
„ zweite „	19	„
die dritte und vierte „	$4^1/_2$	„
also die ganze Umdrehung	$25^1/_2$	Sek.
Rechnet man hierzu für das Auswechseln des Hundes .	$4^1/_2$	„
so kann ein Hund in	30	Sek.

abgefertigt werden; hiervon entfallen fast $^2/_3$ auf die Entleerung.

K o p f w i p p e r drehen sich mit dem Hunde um eine Achse, welche zu den Hundeachsen parallel liegt, sie sind seltener im Gebrauch, da die Entleerung eines Hundes

---

[1]) Z. V. d. J. 1921, S. 115.
[2]) L a m p r e c h t. Kohlenaufbereitung S. 13.

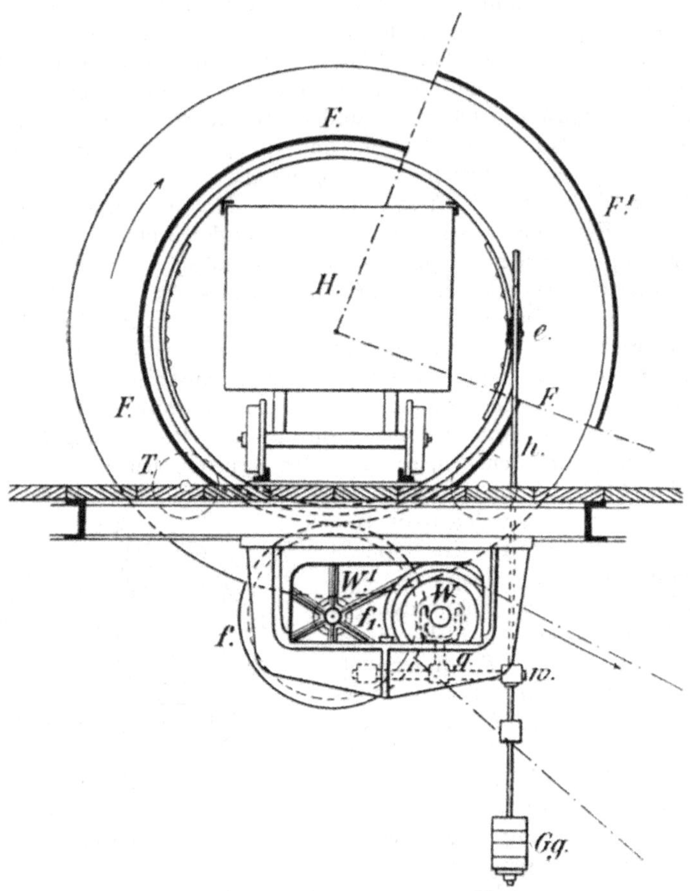

Abb. 194. Karliks Kreiselwipper, Vorderansicht.

längere Zeit erfordert als beim Kreiselwipper. Ein Durchstoßen des entleerten Hundes ist nicht möglich, der leere Hund muß beim Auswechseln gegen einen vollen zurückgezogen werden.

Als Beispiel ist in Abb. 196 bis 198 der Kopfwipper von Rigg[1]) abgebildet. Die Kohle wird beim Stürzen möglichst geschont und gleichmäßig auf den Rost S aufgetragen, die Kleinkohle fällt auf die Rutsche R durch. Das Wippergestell hängt an den Wellenstutzen W, die an seitlich aufgestellten Böcken verlagert sind, es besteht aus der Plattform p, der Vorderwand v und den Seitenwänden s; die Winkeleisen t und die aufgebogenen Schienenenden halten den Hund im Wipper in seiner Lage fest. Seitlich an dem einen Wellenstutzen ist die Bremsscheibe B angebracht. Ist ein voller Hund eingeschoben und wird der Brems gelöst, so kippt der Hund selbsttätig infolge entsprechender Verteilung der Gewichte. Die Kohlen werden hierbei zunächst (Abb. 197) von der Vorderwand v aufgenommen und durch die mit Gegengewicht Gg versehene Klappe T zurückgehalten. Erst wenn sich der Kopfwipper (Abb. 198) noch weiter neigt, rutschen die Kohlen allmählich auf das Sieb ab, während der Brems angezogen wird. Haben sich die Kohlen entleert, so wird der Brems geöffnet und der Wipper richtet sich selbsttätig wieder auf.

---

[1]) Rigg. Tipping and Screening Coal. Institution of Civil Engineers. London 1897.

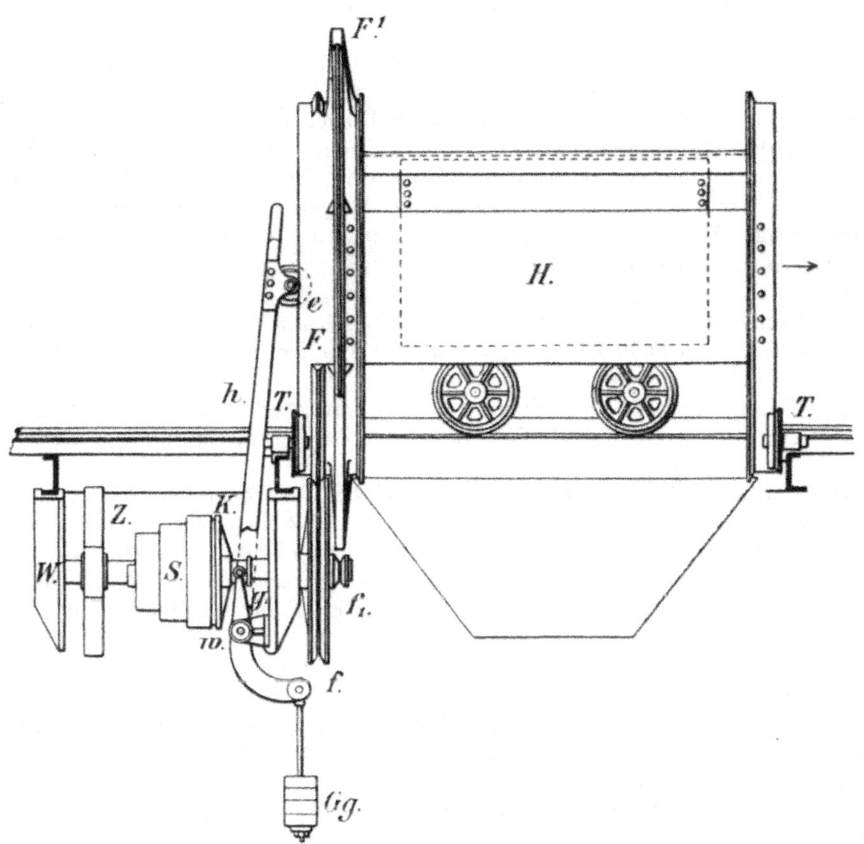

Abb. 195. Karliks Kreiselwipper, Seitenansicht.

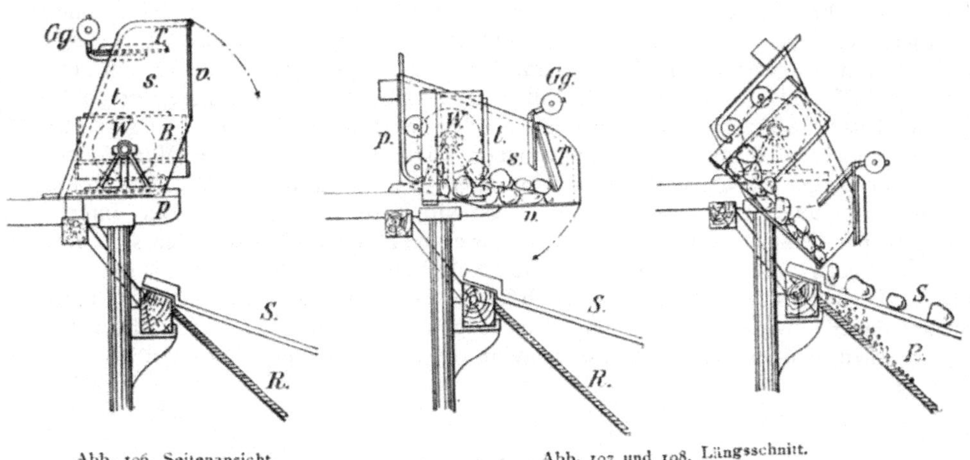

Abb. 196. Seitenansicht.   Abb. 197 und 198. Längsschnitt.

Abb. 196 bis 198. Riggs Kopfwipper.

B. Die Förderung in der Aufbereitung[1]).

Die Beförderung der Produkte und Zwischenprodukte soll von der einen Maschine zur anderen und zur Verladung tunlichst selbsttätig erfolgen. Man ordnet daher die Aufbereitungsapparate gewöhnlich in mehreren Etagen untereinander an, so daß die Produkte in der Hauptsache abwärts zu befördern sind. Sie gelangen durch die eigene Schwere in Abfallrohren (Lutten), in geneigten Gerinnen oder Rutschen an den Ort ihrer Bestimmung. Bei nassem Kohlenklein genügt für das selbsttätige Abrutschen auf glatten Flächen ein Neigungswinkel von 35°, größere Korngrößen trockener Kohle rutschen noch auf Eisenblech von etwa 25° Neigung.

Müssen Gerinne so flach gelegt werden, daß ein selbsttätiges Gleiten des Gutes nicht mehr stattfindet, so kann durch Zuführen von Wasser oder Schüttelbewegung des Gerinnes nachgeholfen werden.

Um steile Neigungen und damit ein zu schnelles Abwärtsgleiten und Zerschlagen des Gutes zu vermeiden, werden (vgl. Tafel IV) nach der Spirale geführte Rutschen (Wendelrutschen) verwendet.

Zum Heben der Produkte auf größere Höhen dienen in den meisten Fällen Becherwerke, zuweilen Heberäder, auch Schöpfräder genannt. Trübe für die Herdarbeit wird auch durch Zentrifugalpumpen (vgl. Bd. 1, S. 517) gehoben, doch findet hierbei ein nachteiliges Zerschlagen der Erzteilchen statt. Dagegen kann die konzentrierte Bergetrübe durch Zentrifugalpumpen in die Klärteiche gedrückt werden.

Auch zur Wasserversorgung werden in den Aufbereitungen häufig Zentrifugalpumpen angewendet.

Zum Heben der Zwischenprodukte und Berge in Hunden werden Aufzüge verschiedenster Bauart, zurzeit am häufigsten mit elektrischem Antriebe, benützt. Sie sind weniger ausbesserungsbedürftig als Becherwerke, erfordern aber zum Anschlagen und Abnehmen der Hunde Bedienung, daher werden sie nur in größeren Anlagen verwendet.

Ein Becherwerk[2]) (Abb. 199 bis 201), früher auch Paternosterwerk genannt, besteht aus zwei gleich gebauten, durch Bolzen b verbundenen Ketten (oder einem Bande) ohne Ende a, an denen in gleichen Abständen Becher c zur Aufnahme des Fördergutes befestigt sind. Die Ketten sind über zwei Trommeln C, C^1 gelegt und gleiten mit aufgesetzten Röllchen r auf Führungsschienen F, die auf einem aus Längsbalken B^2 und B^1 und aus Querbalken B bestehenden Gerüst befestigt sind. Häufig wird das Gerüst auch aus einer entsprechenden Eisenkonstruktion hergestellt. Die Achse der oberen Trommel wird angetrieben. Diese und die Achse des Vorgeleges sind in einem gemeinsamen Schlitten verlagert und können mittels der Stellschrauben St gehoben und gesenkt werden, um die Ketten zu spannen. Der untere Führungskörper befindet sich in der Becherwerksgrube G, hier füllen sich die Becher, während die Entleerung bei der Drehung um die obere Trommel stattfindet. Die an letzterer befestigten Schüttbleche s halten das ausgeschüttete Korn zusammen und geben ihm die Richtung zum Austrage A. Die Becherwerke wurden früher vorzugsweise geneigt gebaut, um das Ausschütten zu erleichtern.

---

[1]) Buhle, M. Lager- und Transportanlagen für Massengüter. Z. V. d. J. 1890, S. 85, 225 u. 255. — Derselbe. Technische Hilfsmittel zur Beförderung und Lagerung von Eisenerzen. Z. V. d. J. 1899, S. 1245, mit mehreren Fortsetzungen auch im Jahrgang 1900.

[2]) Nach Lamprecht, Kohlenaufbereitung, Tf. XI.

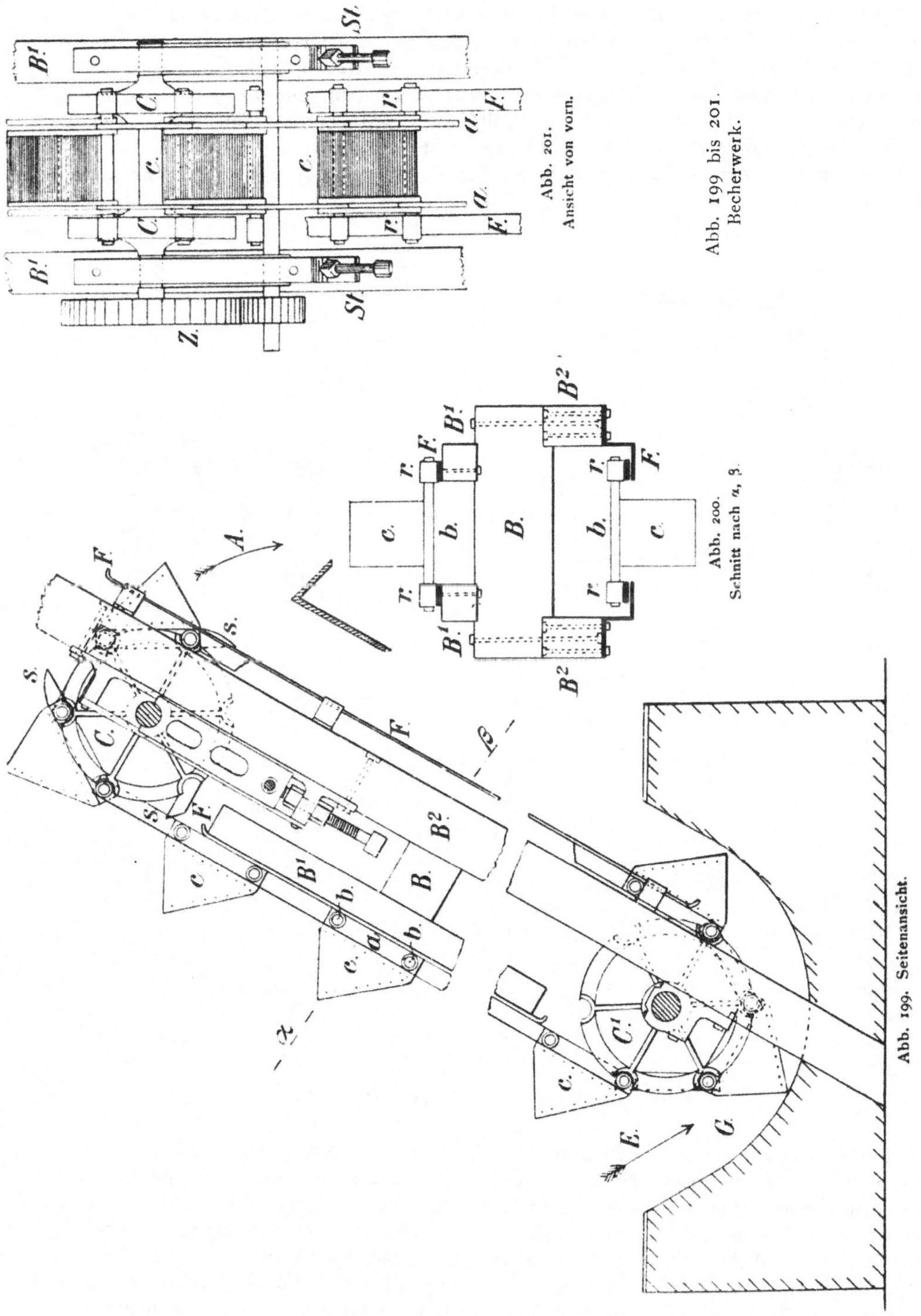
B¹
St.
C.
c.
a.
c.
a.
C.
r. F.
F. r.
Z.
St.
B¹
Abb. 201.
Ansicht von vorn.

Abb. 199 bis 201.
Becherwerk.

B²'
B¹
B²
r. F.
F. r.
c.
b.
B.
b.
c.
r.
r.
B¹
B²
Abb. 200.
Schnitt nach a, b.

F.
A.
s.
s.
C.
s.
F.
c.
B¹
b.
c.
a.
b.
F.
B²
B.
C¹
c.
E.
G.
Abb. 199. Seitenansicht.

Jetzt baut man namentlich hohe Becherwerke, die durch mehrere Stockwerke hindurchgehen, auch s e n k r e c h t (Abb. 202 und 203). Die Drehkörper bestehen nicht aus Trommeln, sondern aus zwei auf die Welle aufgekeilten Scheiben, zwischen denen für die Becher und für den Austrag der Platz frei bleibt. Die Becher erhalten dadurch eine eigenartige Form, daß die Füllkante f, mit der das Gut in der Becherwerksgrube geschöpft wird, steiler, die Schüttkante s flacher gestellt ist. Die Austragschnauze wird in der Richtung der Achse der Drehkörper aus dem Becherwerk hinausgeführt.

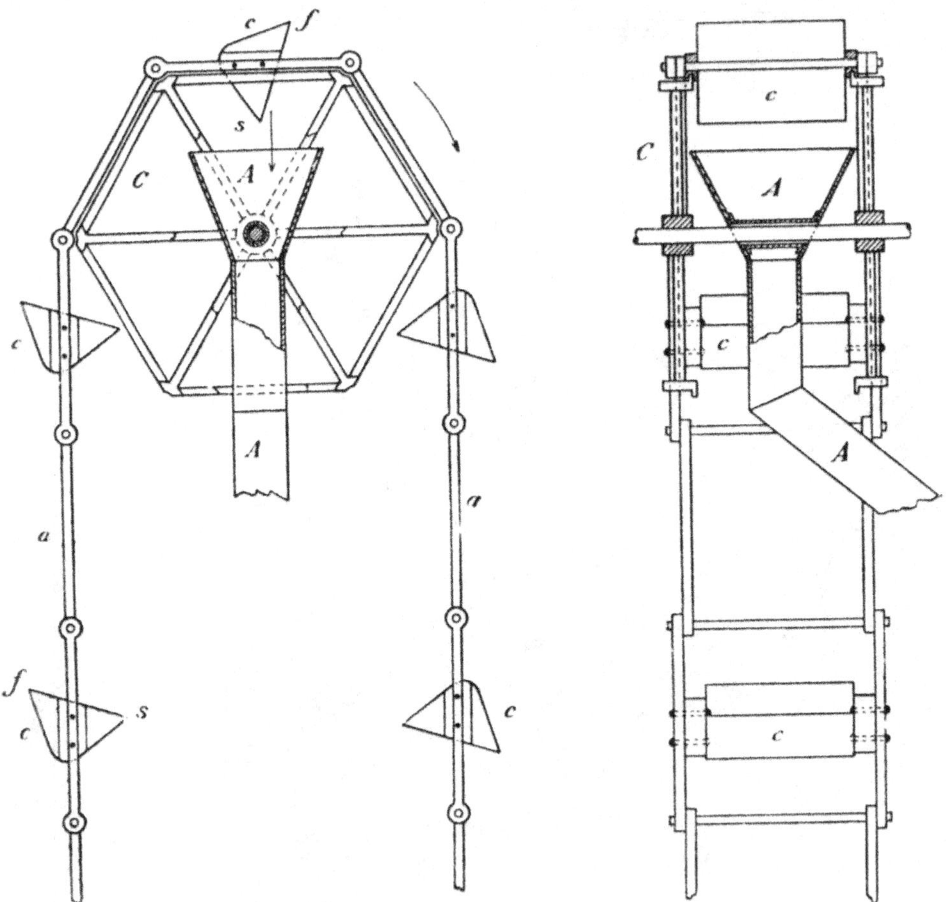

Abb. 202 und 203. Senkrechtes Becherwerk.

S c h a u k e l b e c h e r w e r k e (engl.: C o n v e y o r, Abb. 204) werden dort angewendet, wo es erwünscht ist, das Becherwerk in verschiedenen Richtungen zu führen, von einer oder auch mehreren Beladestellen aus das Gut zu heben und je nach Bedarf an mehreren Stellen zu entladen. Ein solches Schaukel-Becherwerk ersetzt dann ein gewöhnliches Becherwerk und ein anschließendes Förderband. Die Kettenbolzen sind wie üblich mit Laufrollen r versehen, die durch Führungsschienen f geführt werden. Die muldenförmig gebauten Becher c sind um Bolzen d drehbar aufgehängt und behalten durch ihr Eigengewicht und das des Gutes stets die gleiche Lage bei. Jeder Becher ist mit einem Anschlag e versehen. Trifft dieser auf den versetzbaren Entladefrosch *st,* so kippen die Becher, entleeren sich und fallen dann in die frühere Stellung zurück.

Solche Schaukelbecherwerke werden z. B. verwendet, um gesiebte oder gewaschene Kohlen, die nicht gleich verladen werden können, größeren Vorratsräumen zuzuheben. Das Becherwerk läuft unter den Verladekästen entlang, dann senkrecht aufwärts, weiter über den Vorratskästen entlang, dann wieder abwärts. Jede Kohlengröße kann dem für sie bestimmten Vorratsraume zugeführt werden. Auch die zerkleinerte Brikettkohle kann auf diese Weise von den verschiedenen Systemen im Naß-dienst gesammelt, auf den Vorratsboden gehoben und hier auf die einzelnen Trocken-öfen verteilt werden (vgl. Taf. X).

Zuweilen kommen Becherwerke mit g e t e i l t e n B e c h e r n vor, um zwei Produkte nebeneinander zu heben.

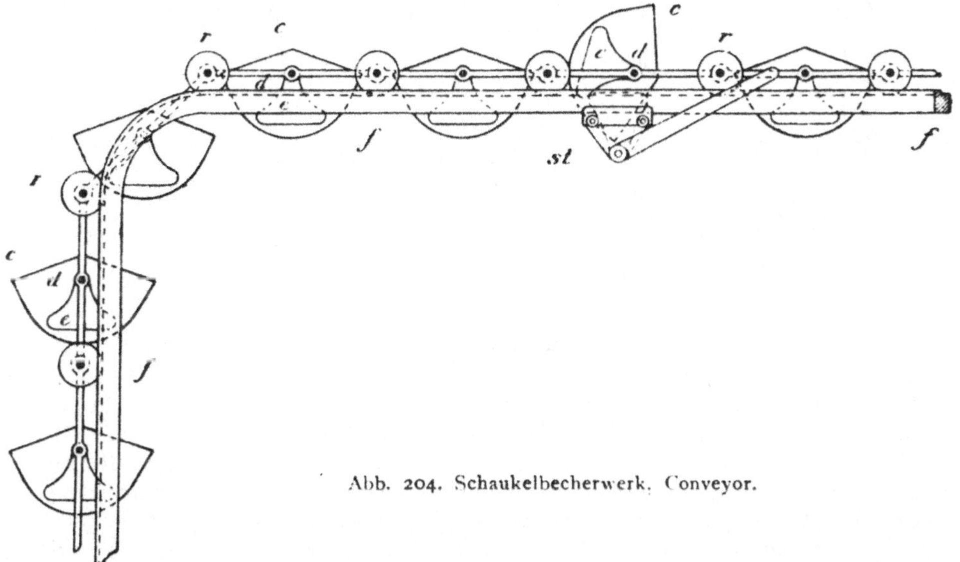

Abb. 204. Schaukelbecherwerk. Conveyor.

F a h r b a r e B e c h e r w e r k e, mit Hilfe von Kabel und Steckkontakt elektrisch angetrieben, werden zur Verladung vom Vorrat, und zwar entweder zum Einsacken, z. B. der Kalisalze, oder in Verbindung mit ebenfalls f a h r b a r e n F ö r d e r-b ä n d e r n zur Verladung in die Eisenbahnwagen verwendet.

Die H e b e r ä d e r (S c h ö p f r ä d e r, Abb. 205 und 206) sind an ihrem Umfange mit Zellen versehen, die sich am tiefsten Punkte füllen und nahe dem höchsten Punkte entleeren. Um das Ein- und Austragen bequem zu ermöglichen, sind die Heberäder meistens nur auf der einen Seite mit Armen versehen, der Radkranz steht nach der anderen Seite über. Sie werden namentlich für kleine Hubhöhen bis zu 2 *m,* z. B. zum Austragen der Berge an den Kohlensetzmaschinen verwendet, doch kommen, wenn auch wegen des großen Raumbedarfes seltener, Heberäder mit Durchmessern bis zu 10 *m* vor. Die Hubhöhe beträgt ²/₃ des äußeren Durchmessers. Werden die Zellen eines Heberades mit S i e b e n bespannt, so kann es auch zur E n t w ä s s e-r u n g von Feinkorn dienen.

Zur Beförderung in wagrechter oder wenig geneigter Richtung dienen T r a n s-p o r t b ä n d e r, ferner T r a n s p o r t s c h n e c k e n (T r a n s p o r t s c h r a u b e n) und F ö r d e r r i n n e n.

Die T r a n s p o r t- o d e r F ö r d e r b ä n d e r wurden bereits S. 9 besprochen, da die gleichen Einrichtungen auch als Klaubebänder Verwendung finden. Die Klaubebänder laufen verhältnismäßig langsam und werden nur mit wenig Gut beschickt, um die Übersicht zu erleichtern. Den Förderbändern gibt man Geschwindigkeiten bis zu 1 *m/sek.*, auch wendet man verschiedene Mittel an, um die Fördermenge zu steigern. So kann ein ebenes Band erheblich stärker beschickt werden, wenn es in einer Rinne entlang geführt wird, in den Rinnenboden können zur Verminderung der Reibung Walzen eingelegt sein. Anderseits gibt man dem Bande einen muldenförmigen Quer-

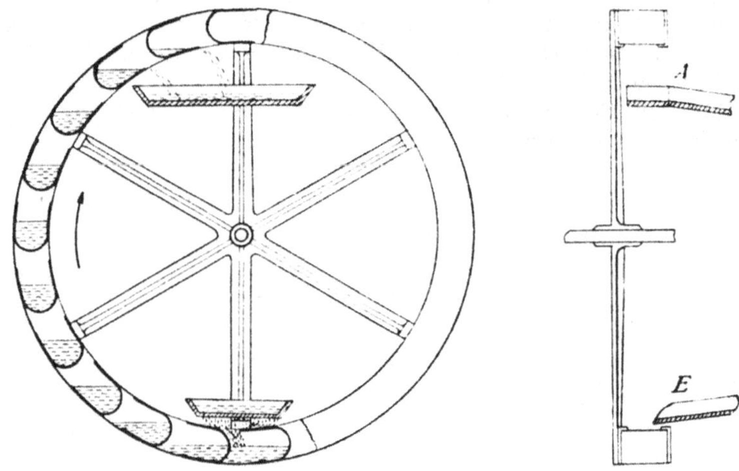

Abb. 205 und 206. Heberad.

schnitt[1]). Einfache, entsprechend ausgekehlte Walzen (Abb. 207) haben sich nicht bewährt, da sie wegen der ungleichen Umfangsgeschwindigkeit das Band stark abnutzen. Sie werden für das obere Bandtrum besser ersetzt durch drei Rollen (Abb. 208), von denen die mittlere wagrecht liegt, während die seitlichen unter etwa 30° geneigt sind. Derartige Einrichtungen wurden zuerst unter dem Namen R o b i n s G u r t f ö r d e r e r oder auch C o n v e y o r bekannt. Der Rollenbock besteht aus zwei

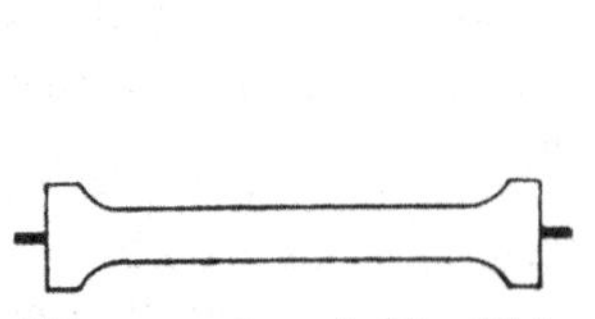
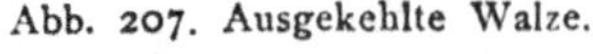
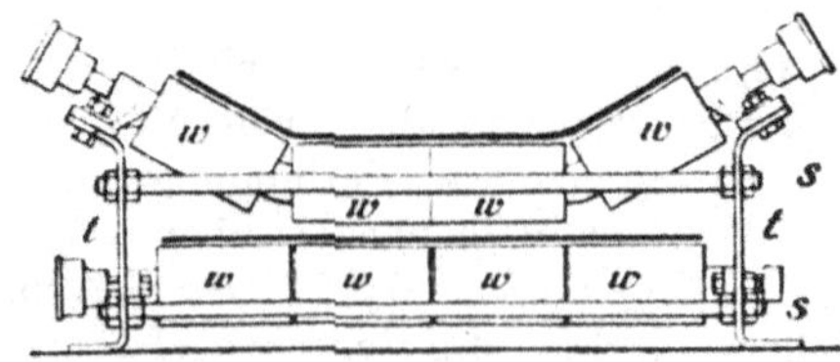

Abb. 207. Ausgekehlte Walze.   Abb. 208. Rollenbock des Schalker Gruben- und Hüttenvereines.

angenähert U-förmigen Stützen *t,* die durch Querstangen *s* verbunden sind, die untere Achse für die Walzen *w* ist gerade, die obere entsprechend gebrochen.

     Jedes Förderband gibt das Gut an seinem Ende selbsttätig ab. Soll an einer beliebigen anderen Stelle das ganze Gut oder ein Teil davon entladen werden, so geschieht das bei ebenen Bändern am einfachsten, indem über dem Bande zu seiner Längsrichtung schräg gestellte A b s t r e i c h e r befestigt werden. Reichen sie über die ganze Breite des Bandes hinweg, so wird das ganze Gut abgestrichen, reichen sie

---

[1]) B a u m. Kohle und Eisen in Nordamerika. E. G. A. 1908, S. 340. — F o r s t m a n n. Maschinelle Fördereinrichtungen vor Ort auf rheinisch-westfälischen Gruben. E. G. A. 1908, S. 1288.

von der einen oder anderen Seite her nur über einen Teil der Bandbreite, so wird auch nur ein Teil des Gutes abgetragen. Bei muldenförmig geführten Bändern legt man dort, wo abgetragen werden soll, eine gerade Walze mit genügend starker Neigung unter das Band, oder es wird auch ein A b w u r f w a g e n (Abb. 209 und 210) benutzt; er läuft auf einem Gleise und kann durch die Vorrichtung *st* an beliebiger Stelle festgestellt werden. Das Band *b* wird über die beiden Walzen *w* und w^1 so hinweggeführt, daß es ein *S* bildet, dadurch fällt das Gut über die Walze *w* ab und wird

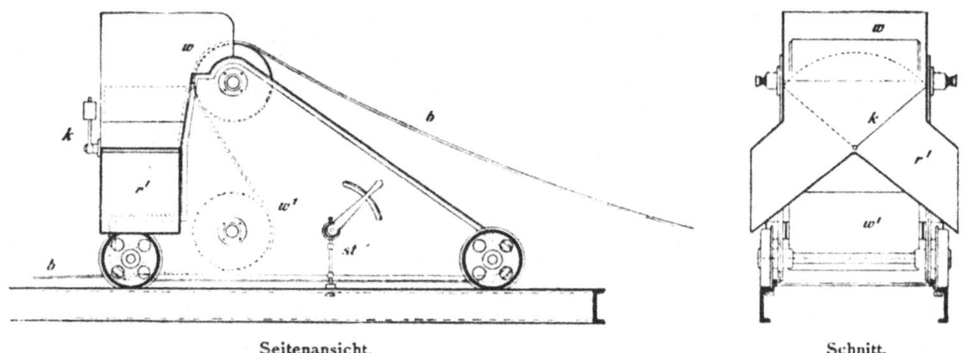

Abb. 209 und 210. Abwurfwagen für Förderbänder.

durch die stellbare Klappe *k* nach einem der beiden seitlichen Austräge *r* oder r^1 gewiesen. Zum Verstellen des Abwurfwagens kann durch eine der Walzenachsen ein ausrückbares Wendegetriebe betätigt werden. Das Gewicht der mittels Förderbänder oder Conveyor zugeführten Mineralien kann durch s e l b s t t ä t i g e   W ä g u n g[1]) festgestellt werden.

Steiler a n s t e i g e n d e Förderbänder werden mit Q u e r l e i s t e n versehen, um das Zurückgleiten des Fördergutes zu verhindern.

F a h r b a r e, elektrisch angetriebene Förderbänder wurden bereits weiter oben, zusammen mit den fahrbaren Becherwerken erwähnt.

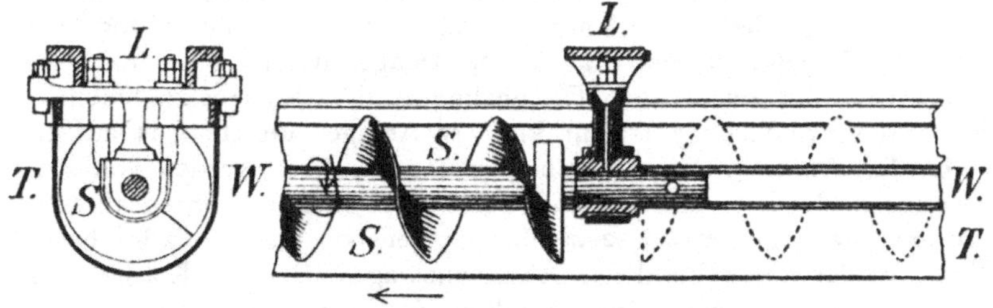

Abb. 211 und 212. Transportschnecke.

Die Förderschnecke (Abb. 211 und 212) besteht aus einer trogartigen R i n n e *T* mit halbkreisförmigem Boden, in derselben hängt an L a g e r n *L*, welche von dem Deckel getragen werden, eine W e l l e *W*. Auf dieser sind S c h r a u b e n f l ä c h e n *S* aus Eisenblech befestigt, welche bei der Drehung der Welle das Gut von dem einen Ende, an dem eingetragen wird, in der Rinne entlang bis an das andere Ende zum Austrag schieben. Die Transportschnecken werden auch benützt, um fertiges Gut nach Bedarf in eine Anzahl Vorratsräume zu verteilen, dann findet der Austrag durch im Boden der Rinne angebrachte, mittels Schieber verschließbare Öffnungen statt.

---

[1]) E. E. A. 1921, S. 265.

Kreiss' Förderrinne (Abb. 213) hat gewöhnlich rechteckigen Querschnitt, die Rinne G stützt sich beiderseits auf schräg gestellte Blattfedern *f*, welche auf dem Rahmen *F* befestigt sind. Durch Exzenter *e* und Zugstange *z* wird die Rinne in Schwingungen versetzt; die aufgetragenen Körner erhalten eine Wurfbewegung und werden gleitend in der zur Federneigung entgegengesetzten Richtung fortbewegt. Die Welle macht etwa 400 Umdrehungen in der Minute, der Hub beträgt 25 *mm*.

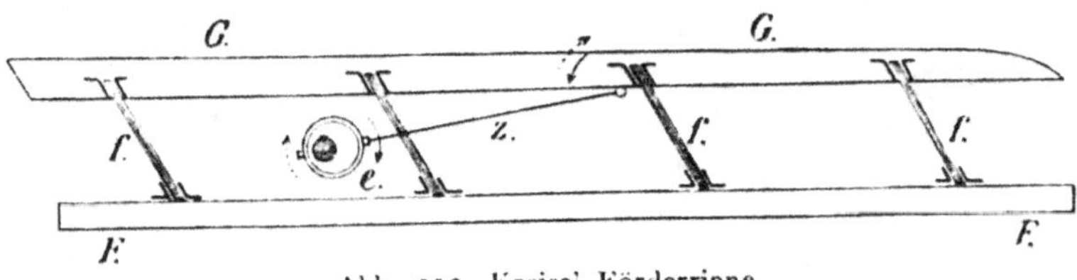

Abb. 213. Kreiss' Förderrinne.

Ähnlich wirkt die Förderrinne von Marcus (D. R. P. 127 129), die jedoch auf Rollen läuft und sich durch ruhigen Gang auszeichnet.

Die pneumatische Beförderung der Berge auf die Halde wurde in den Aufbereitungen beim pennsylvanischen Anthrazitbergbau schon zeitig angewendet. Die Berge werden zerkleinert und durch eine Transportschnecke einer Rohrleitung von 30 *cm* Durchmesser zugeführt. In diese bläst ein Root-Ventilator (vgl. Bd. I, S. 585) einen Luftstrom von 0,3 *kg* Pressung auf 1 *qcm*, die Berge können hierdurch auf mehr als 100 *m* Länge fortgeführt werden. Anderen Beförderungsmitteln gegenüber haben sich durch dieses Verfahren bedeutende Ersparnisse ergeben[1]).

C. Die Verladung.

Die Verladung der Aufbereitungsprodukte ist namentlich dort, wo es sich um Bewältigung größerer Mengen handelt, außerordentlich wichtig. Es sind zu unterscheiden, die Verladung von Rampen aus, die Verladung aus Füllrümpfen und die Verladung mittels Band ohne Ende. Überall dort, wo die Verladung in Eisenbahnwagen in Frage kommt, ist beim Bau dieser Anlagen das Profil nach den allgemeinen Vorschriften der zuständigen Eisenbahnverwaltungen frei zu halten.

Die Rampenverladung ist für kleinere Anlagen üblich. Das aufbereitete Gut gelangt von den Aufbereitungsmaschinen in Hunde, diese werden von Plattformen (Rampen) aus in die Eisenbahnwagen entleert. Die Rampen führen an den Verladegleisen entlang, sie liegen etwa 3,2 *m* über Schienenoberkante; dadurch sind sie etwa 1 *m* höher als der obere Rand der Eisenbahnwagen. Bei der Kohlenverladung müssen die Rampen beträchtliche Länge erhalten, da die verschiedenen Korngrößen getrennt zu verladen sind. Ein 10 *t*-Wagen hat etwa 9 *m* Länge zwischen den Puffern, für sechs Wagen muß die Rampe also bereits 54 *m* Länge haben. Bei größeren Anlagen werden die Rampen so angelegt, daß zwei Gleise bedient werden können. Über ein Gleis hinweg sind die Rampen durch Klappbrücken verbunden, diese sind mit Gegengewichten versehen (Taf. I) und können beim Verschieben der Wagen leicht hochgeklappt werden, um das Profil (Bremsersitze usw.) frei zu machen. Die Rampen sind so breit zu bauen, daß neben einem Hunde, der ausgestürzt wird, ein anderer durchgestoßen werden kann, sie werden mit Eisenplatten belegt und mit Randbalken versehen.

---

[1]) Broja K. Der Steinkohlenbergbau in den Vereinigten Staaten von Nordamerika, Leipzig 1894, S. 70.

Das Verladen von Rampen aus ist wegen der Verwendung einer größeren Anzahl Arbeiter teuer, auch wird Stückkohle leicht zerschlagen (vgl. S. 172). Im Winter wird die Verladung von den Rampen aus durch Eisbildung wesentlich erschwert, es müssen dann zuweilen zwei Arbeiter an einen Hund gestellt werden.

Bei der Füllrumpfverladung sind die Aufbereitungsapparate so hoch aufgestellt, daß die verschiedenen Produkte (falls nötig nach Abscheidung des Wassers auf Sieben) unmittelbar in gesonderte Behälter (Füllrümpfe, Kümpfe, Taschen, Vorratskästen, Silos, Bunker) gelangen, aus denen sie in Eisenbahnwagen abgelassen werden können, zuweilen wird das Gut mittels ansteigender Förderbänder (vgl. Taf. II) in die Füllrümpfe befördert, oder es werden die mit den Aufbereitungsprodukten gefüllten Hunde mittels Aufzug gehoben, über die Füllrümpfe gefahren und entleert. Dieses letztere Verfahren wird namentlich bei der Verladung auf Fuhrwerke angewendet und dort, wo größere Mengen Kohlen oder Erze für spätere Verladung aufgespeichert werden sollen. Die Füllrümpfe sind meistens aus Eisen und Holz oder ganz aus Eisen gebaut, der Boden ist nach einer Austragöffnung, die gewöhnlich durch Schieber verschlossen gehalten wird, von allen Seiten her etwa 35° geneigt, so daß nach dem Öffnen das Gut selbsttätig herausrutscht. Ein kippbares Gerinne, das durch Schieber oder Klappe geschlossen werden kann, führt das Korn bis etwa in die Mittellinie der Lowry. Das Beladen eines Eisenbahnwagens nimmt nur wenig Zeit in Anspruch; auch Schiffe werden auf diese Weise beladen[1]

Der Rauminhalt der Bunker muß dem Ladevermögen der Eisenbahnwagen entsprechen, außerdem muß die Höhe der Wagenborde über Schienenoberkante berücksichtigt werden. Im besonderen bei der Neuanlage von Steinkohlenwäschen und der Verladeanlagen für Eisenerze dürfte zu beachten sein, daß das Bestreben der Werke und der Eisenbahnverwaltungen darauf gerichtet ist, statt der bisherigen 20 t-Wagen für den Verkehr mit Massengütern 50 t-Wagen, gebaut als Selbstentlader einzuführen. Das Verhältnis der toten Last zur Nutzlast ist bei größeren Wagen ein viel günstigeres als bei kleineren. 50 t-Wagen baut z. B. die Waggonfabrik Gustav Talbot in Aachen[2].

Der Böschungswinkel von Schüttgütern β kann auf folgende einfache Weise ermittelt werden[3]: In einen auf eine wagrechte Unterlage gestellten Blechzylinder ohne Boden und Deckel von 1 m Höhe und 1,13 m Durchmesser — das entspricht einem Querschnitt von 1 qm — füllt man 1 cbm des zu untersuchenden Stoffes von bestimmtem Feuchtigkeitsgrad und bestimmter Temperatur. Bei langsamem Heben des Zylinders nimmt das Schüttgut durch seitliches Abfließen die Gestalt eines Kegels an. Aus der Höhe des Kegels h und dem Durchmesser der Kegelgrundfläche d ergibt sich:

$$\mathrm{tg}\,\beta = \frac{h}{\frac{d}{2}} \quad \text{oder} \quad \mathrm{tg}\,\beta = \frac{2 \cdot h}{d}$$

Sind die Füllrümpfe sehr hoch, so kann ein Zerschlagen weicher Mineralien dadurch vermieden werden, daß das Abstürzen auf eingebaute Gerinne erfolgt, die entweder absatzweise unter 35° geneigt sind oder nach einer Schraubenfläche in dieser Neigung verlaufen (Wendelrutschen, vgl. Taf. IV).

Für die Schiffsbeladung unmittelbar aus Eisenbahnwagen gibt es selbsttätige Kipper[4], bei denen die überschießende Arbeit, welche von dem vorn nieder-

---

[1] Buhle. Neuere Behälterverschlüsse für Massengut. E. G. A. 1921, S. 156.

[2] Laubenheimer. Die Organisation des Großmassenverkehrs usw. E. G. A. 1921, S. 1005. — Wintermeyer. Die erhöhte Bedeutung des Selbstentladewagens für unser Wirtschaftsleben. Fördertechnik 1922, S. 319.

[3] Köhler. Z. V. d. I. 1919, S. 129.

[4] Selbsttätiger Kohlenkipper für Eisenbahnwagen. E. G. A. 1896, S. 661.

sinkenden beladenen Wagen, der mit einer Klappe an der Vorderwand versehen ist,
geleistet wird, in einem hydraulischen Kraftsammler aufgespeichert und dann benützt
wird, um den leeren Wagen wieder aufzurichten; eine besondere Betriebskraft ist
nicht erforderlich.

Um weiche Stückkohle möglichst schonend zu verladen, ist das Cornet'sche
Verladeband besonders geeignet. Abb. 214 zeigt im Längsschnitt die gewöhnliche Anordnung bei der Stückkohlenverladung. Die Hunde werden im Kreiselwipper W
auf den bewegten Rost R entleert, die Stückkohlen gelangen auf das Cornetband BB,
die Kleinkohlen fallen in den Füllrumpf F und werden entweder, wie in der Abbildung, in Hunde abgezogen oder einem Becherwerke zur Beförderung in die Separation zugeführt. Das Cornetband besteht aus zwei Gliederketten, zwischen denen
Querstäbe befestigt sind, auf letzteren sind senkrecht stehende Eisenbleche quer zur
Richtung des Bandes und an dessen Rändern befestigt. An den wagrechten Teil des
Bandes schließt ein kippbarer Teil an, der an dem Haspel k und den Ketten K

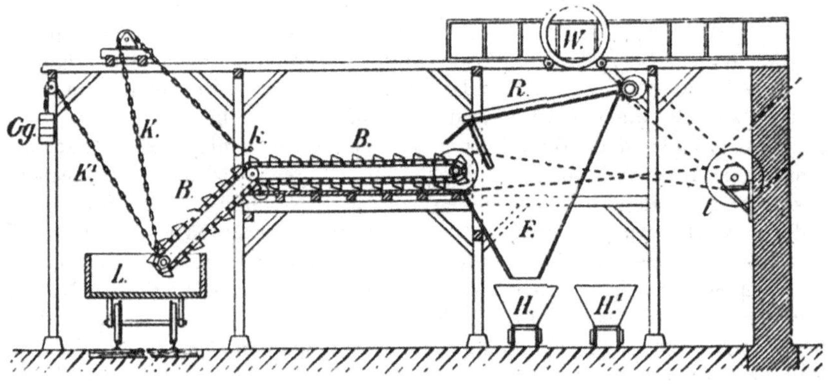

Abb. 214. Cornets Lese- und Verladeband.

leicht gehoben und gesenkt werden kann, während das Eigengewicht durch die an den
Ketten K^1 befestigten Gegengewichte Gg ausgeglichen wird. Die Abbildung
zeigt das Band in der für den Beginn der Beladung eines Eisenbahnwagens L
geeigneten Stellung; die auf das Band aufgesetzten Eisenbleche verhüten, daß die
Kohlen auf dem geneigten Teile abwärts rutschen oder seitwärts heruntergleiten, sie
fallen am unteren Ende nur über eine kleine Höhe herab. Beim Verschieben der Eisenbahnwagen wird der kippbare Teil des Bandes wagrecht gestellt und dadurch das
Bahnprofil (3,2 bis 4,5 m Höhe) frei gemacht.

Kleine abgestoßene Kohlensplitter, welche durch die Zwischenräume zwischen
den Querstäben der beiden Trümer des wagrechten Teiles des Bandes hindurchfallen,
werden von den Blechen des unteren Bandtrumes dem Fülltrichter F zugeführt.

In der Abbildung liegt das Cornetband quer zum Verladegleise, es kann aber auch
parallel zum Gleise gelegt werden. Diese Anordnung wählt man namentlich dann,
wenn in einer Anlage mehrere Verladebänder benutzt werden sollen (vgl. Taf. IV).
Die Gleise werden unter der Separation hindurchgeführt. Im letzteren Falle kann
übrigens das Cornetband etwas tiefer in den Eisenbahnwagen hinabgelassen werden,
die Schütthöhe wird etwas kleiner.

Das Verschieben der Eisenbahnwagen von den Leergleisen, auf denen
die Züge eingefahren werden, auf die Verladegleise und dann das Zusammenstellen
der vollen Züge nach dem Wiegen jedes Wagens erfolgt außer mittels Weichen
häufig unter Verwendung von Schiebebühnen, welche quer zu den Gleisen

laufen. Am Ende der Gleisanlagen sind auch v e r s e n k t e S c h i e b e b ü h n e n zu-
gelassen, dort wo die Gleise durchgehen, dürfen nur ü b e r h ö h t e S c h i e b e b ü h-
n e n verwendet werden. Das Rücken der Wagen geschieht am besten mit Hilfe von
S e i l o h n e E n d e.

Abb. 215[1]) gibt die wesentlichen Teile einer ü b e r h ö h t e n S c h i e b e b ü h n e.
Der geschlossene Gleichstrom-Serienmotor M wird durch den Umkehranlasser U ge-
steuert. St ist die Stromzuführung, G sind die Eisenbahngleise, G^1 die dazu quer ver-

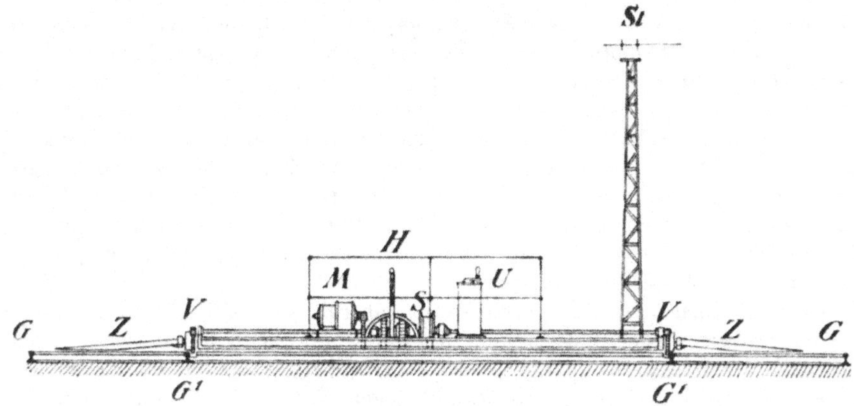

Abb. 215. Überhöhte Schiebebühne.

laufenden Gleise der Schiebebühne. Z sind die Zungenpaare, die das Auflaufen der
Wagen von den Gleisen auf die Plattform der Schiebebühne vermitteln, sie werden
durch Blattfedern mit ihren Enden 20 *mm* über den Gleisen gehalten, der auffahrende
Wagen drückt sie nieder. Die Überhöhung der Bühne beträgt 230 *mm*. Mittels des
Handhebels H erfolgt die Umstellung der Vorgelege auf Fahren der Bühne mittels
des Antriebes V oder Antrieb der Seiltrommel S für den Wagenzug. Das mit ge-
federtem Zughaken versehene Seil läuft über Rollen auf senkrechten Achsen. Um die
Wagen auf die Schiebebühne zu ziehen, wird es unmittelbar am Wagen befestigt, um

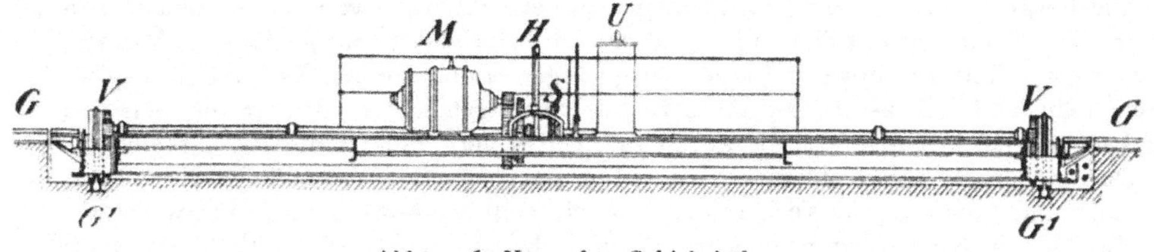

Abb. 216. Versenkte Schiebebühne.

den Wagen von der Bühne abzuziehen, wird es über die im mehrfachen Wagenab-
stand neben den Gleisen befindlichen Wenderollen geführt. Eine Fußbremse zum genauen Einstellen der Bühne auf jedes Gleis und Klappriegel zum Feststellen sind vorhanden. Das Wellblechhäuschen für den Führerstand ist in der Zeichnung fortgelassen.

In Abb. 216, welche eine v e r s e n k t e S c h i e b e b ü h n e darstellt, haben die
eingesetzten Buchstaben die gleiche Bedeutung wie in Abb. 215.

Zur Schneebeseitigung im Winter h e i z t man die Eisenbahngleise durch in
den Boden verlegte Dampfleitungen; hierdurch wird auch verhindert, daß das von den
Kohlenrümpfen und Eisenbahnwagen abtropfende Wasser gefriert.

---

[1]) T h i e m e. Schiebebühnen mit elektrischem Antrieb. Z. V. d. I. 1916, S. 581.

6. Die Wasserwirtschaft, im besonderen die Wasserklärung [1]).

Wie bereits S. 57 auseinandergesetzt wurde, ist es bei den großen Wassermengen, die eine neuzeitliche Wäsche braucht (8—10 *cbm* in der Minute und mehr) meistens ausgeschlossen, nur mit **F r i s c h w a s s e r** zu arbeiten. Auch dort, wo etwa Wasser in diesen Mengen zur Verfügung steht, wird man mit Rücksicht auf die Notwendigkeit, das Waschwasser zu klären, ehe es den öffentlichen Wasserläufen zugeführt werden darf, die Hauptmenge des Wassers nach ausreichender Klärung durch Pumpen zurückheben und wiederholt zum Waschen benutzen (**U m l a u f w a s s e r**). Das Frischwasser hält man getrennt und verwendet es dort, wo es besonders erwünscht ist, z. B. in Erzwäschen zum Abläutern des Klaubegutes, für die Feinkornsetzmaschinen und für die Herdarbeit. In Steinkohlenwäschen wird das Frischwasser namentlich zum Abspritzen der im Umlaufwasser gesetzten Würfel-, Nuß- und Kokkohlen verwendet. Demgemäß sind in den meisten Wäschen zwei Behälter und zwei Netze Wasserrohre, jedes mit mindestens einer Pumpe, vorhanden, nämlich für das Frischwasser und für das Umlaufwasser.

Übrigens muß, auch wenn das Tropfwasser überall sorgfältig gesammelt wird, beständig eine gewisse Menge Wasser dem Kreislaufe der Wäsche zugefügt werden, da fortlaufend Wasser verloren geht. Von der Verdunstung soll hier, da sie nur eine geringfügige Rolle spielt, abgesehen werden, dagegen werden den Wäschen dauernd mit den Waschprodukten ansehnliche Mengen Wasser entzogen.

Zur Beurteilung des Wasserverbrauches diene das Folgende: In den Steinkohlenwäschen in Rheinland-Westfalen rechnet man auf jede Tonne Waschgut eine durchlaufende Wassermenge von 4 bis 7 *cbm*/Min. Falls 1000 *t* in zehn Stunden, also 1,33 *t* in der Minute durchgesetzt werden, ergibt das 5—9 *cbm* Wasser in der Minute.

Es ist noch darauf hinzuweisen, daß die das Wasser verunreinigenden Stoffe in derselben Wäsche verschiedenartig sein können und daher eine getrennte Behandlung gewisser Wassermengen zweckmäßig sein kann. So werden in Erzwäschen diejenigen Wassermengen getrennt gehalten, die vorwiegend nur mit den Erzen in Berührung gekommen sind, und daher feine Erzteilchen in größerer Menge enthalten, und anderseits die Bergewasser. Als **E r z t r ü b e** sind zu betrachten die von den Setzmaschinen und Herden zusammen mit den Erzen und den Mittelprodukten ausgetragenen Wasser, als **B e r g e t r ü b e** die mit den Bergen ausgetragenen und die als Überfälle der Spitzkästen abfließenden Wasser. Die Absätze aus der Erztrübe werden gewöhnlich den Spitzkästen wieder zugehoben, sie durchlaufen also noch einmal die Herdarbeit.

Das gilt auch für Kohlenwäschen. Man unterscheidet hier häufig **K o h l e n w a s s e r** und **B e r g e w a s s e r**, außerdem auch wohl noch das **A b s p r i t z w a s s e r** der Würfel- und Nußkohlen, da es vorwiegend Fehlkorn und Abrieb enthält. Das letztere wird häufig für sich gehoben, über ein Sieb gegeben und dann das Grobe den Grobkornsetzmaschinen, das Feine den Feinkornsetzmaschinen zugeleitet. Aus dem Kohlenwasser setzen sich verwertbare **K o h l e n s c h l ä m m e** ab, während die **B e r g e s c h l ä m m e** gewöhnlich als Brennstoff nicht mehr verwertbar sind.

Die Wasserklärung.

Die Wasserklärung erfolgt in Spitzkästen und Klärbecken (Klärsümpfen). Aus den **S p i t z k ä s t e n** werden die gröberen Verunreinigungen durch die Spitzen aus-

---

[1]) Vgl. auch den Abschnitt: „Die Behandlung der Feinkohlen", S. 167. — **M ü l l e r , D r . F r i t z.** Über die kohlenhaltigen Abwässer der Braun- und Steinkohlenbergwerke. Doktor-Arbeit. Berlin 1912.

getragen, sie setzen sich in Behältern leicht ab und werden gewöhnlich durch Becherwerke mit durchlochten Bechern herausgehoben. Diese Einleitung der Klärung wird
wohl auch als V o r k l ä r u n g bezeichnet. In den Klärbecken gelangen die feinsten
Schwebestoffe (Schlämme) zum Absitzen. Nachdem die Becken bis zu gewisser Höhe
mit Schlamm gefüllt sind, müssen sie ausgeschaltet werden, das über den Schlämmen
stehende Wasser wird abgezogen, man läßt dem Schlamm einige Zeit zum Austrocknen,
bis er s t i c h f e s t ist; dann wird er ausgeschlagen. Der Begriff stichfest, d. h. der
Schlamm läßt sich mit der Schaufel abstechen und verladen, ohne daß er von der
Schaufel herunterläuft, ist nach der Natur des Schlammes recht verschieden. Gröbere
Schlämme werden früher stichfest als feine Schlämme. Bei Kohlenschlämmen rechnet
man etwa, daß sie bei 28% Wassergehalt e b e n s t i c h f e s t werden und daß sie bei
15% Wassergehalt g u t s t i c h f e s t sind. Falls man die Kohlenschlämme zur Kesselfeuerung benutzen will und man in der Lage ist, trockenen Kohlenstaub oder Kok-
grus zuzusetzen, läßt man sie mit 20—25% Wassergehalt ausräumen.

Das Umlaufwasser wird gewöhnlich in Becken geklärt, es fließt noch mehr oder
weniger stark getrübt in die Pumpensümpfe zurück, wird in Behälter gehoben und beginnt seinen Lauf durch die Wäsche von neuem. Hierbei verunreinigt es sich trotz
des Zusatzes von Frischwasser mehr und mehr durch Schlamm, auch nimmt es, namentlich in Kohlenwäschen, salzige Bestandteile auf, so daß das ganze Wasser endlich erneuert werden muß.

Ist nämlich das Wasser zu schlammreich, so überziehen sich in den Kohlenwäschen die gesetzten Kohlen mit einer, wenn auch nur dünnen Schlammschicht, der
Aschengehalt wird hierdurch kaum vermehrt, aber die Kohlen werden unansehnlich,
daher das Abspritzen der Kohlen vor der Verladung mit Frischwasser. In Erzwäschen
würde in dem schlammigen Wasser namentlich bei der Herdarbeit die freie Beweglichkeit der einzelnen Körnchen leiden. Die Anreicherung des Waschwassers an Salzen läßt man in Kohlenwäschen nicht über 1 g im Liter steigen, da sonst die Wandungen der Koköfen, in die dieses Wasser mit den Kokkohlen eingeführt wird, schnell
zerstört werden. Auch wird wohl zur Entfernung des Salzes auf die Kokkohlen in
den Vorratsbehältern, nachdem das Waschwasser zum größten Teil abgetropft ist,
nochmals Frischwasser zugeleitet.

Gewöhnlich findet die Erneuerung des Wassers während der Zeit von Sonnabend
abends bis Montag früh statt; das gebrauchte Wasser kann sich durch ruhiges Stehen
in den Sümpfen klären, anderseits wird in dieser Zeit Frischwasser angesammelt und
am Montag früh beginnt das Waschen nur mit Frischwasser. Das abgelassene Wasser
muß unter Umständen, ehe es in die öffentlichen Gewässer abgeleitet werden kann,
einer N a c h k l ä r u n g (siehe weiter unten) unterworfen werden.

Übrigens kann in gewissen Fällen der zu starken V e r s c h m u t z u n g d e s
W a s s e r s w i r k s a m v o r g e b e u g t werden. So wird der Letten, der mit den
Blei- und Zinkerzen Oberschlesiens zusammen vorkommt, beim Klauben tunlichst ausgelesen. Dort, wo man die Steinkohlen trocken fördert, wird der feinste Staub trocken
abgezogen (vgl. S. 209), ehe die Kohle mit dem Wasser in Berührung kommt. Wenn
der Kohlenschlamm aschenarm ist, kann er auf die bereits in Rümpfen abgelagerte
zur Verkokung bestimmte Kohle gepumpt werden. Das Wasser sickert durch die Feinkohlen hindurch, der Kohlenschlamm wird zurückgehalten und die Kohlentrübe hierdurch zugleich geklärt.

D i e A n l a g e d e r K l ä r s ü m p f e.

In denjenigen Fällen, in denen die Klärsümpfe m i t d e r H a n d ausgeschlagen
werden sollen — das ist die Regel bei kleineren Erzgruben und z. B. auf denjenigen
Steinkohlengruben, die die Kohlenschlämme unter den eigenen Kesseln verfeuern —

werden die Sümpfe gewöhnlich in Beton mit ebenem Boden über der Erdoberfläche angelegt, als Beispiel diene das Klärbecken der Emscher Genossenschaft (siehe weiter unten). Es müssen dann Einrichtungen vorhanden sein, um einzelne Becken zum Zweck der Abtrocknung und Entleerung des Schlammes ausschalten zu können.

Falls die Entleerung durch P u m p e n erfolgen soll, werden die Klärbecken gewöhnlich in den Erdboden eingelassen und die Sohle in Reihen von Trichtern zerlegt.

Selten steht, und dann nur zur Entleerung der gröberen Schlämme, ein unter Umständen fahrbarer E i m e r k e t t e n b a g g e r in Verwendung. Auch in diesem Falle ist die Beckensohle eben zu halten[1]).

H e r m a n s beschreibt die folgende Verladeeinrichtung für Klärschlamm[2]) von H e i n z e l m a n n u n d S p r a m b e r g, H a n n o v e r, die für die Entnahme stichfester Schlämme aus den Klärsümpfen geeignet sein dürfte. Die ganze Einrichtung ist über den Klärsümpfen entlang verfahrbar und wird durch einen Elektromotor betrieben, dem der Strom durch ein entsprechend langes Anschlußkabel zugeführt wird. Der Schlamm wird durch eine ansteigende Kratzerkette gehoben; auf der unteren, über die Breite des Sumpfes verlängerten Umführungswelle sitzen zwei seitliche Zuführungsschrauben. Die Verladung des Schlammes kann in Kippwagen erfolgen.

In allen Fällen müssen die Kläreinrichtungen gegen das E i n f r i e r e n in der Winterkälte, namentlich bei Stillständen des Betriebes, geschützt werden. Das geschieht durch die bauliche Anlage (Einbau in den unteren Räumen der Wäsche, leichte Überbauung, Abdecken mit Brettern auf eingemauerten Schienen) oder durch Anwärmen des Wassers mittels Einleiten von Dampf. Bei Betriebsunterbrechungen läßt man unter Umständen die Pumpen langsam weiter laufen, damit das Wasser in Bewegung bleibt und dabei angewärmt werden kann.

Der notwendige R a u m i n h a l t der Klärbecken ergibt sich zunächst aus der stündlichen Menge Umlaufwasser a in cbm und der Anzahl Stunden b, während welcher erfahrungsgemäß ein Aufenthalt des Wassers in den Klärsümpfen zur ausreichenden Klärung notwendig ist. Es folgt dann der notwendige Beckeninhalt $= a \times b\ cbm$. Überdies muß man mit einem gewissen Überschuß an Klärraum rechnen, weil die Niederschläge sehr bald einen Teil des Raumes anfüllen, wodurch dann der Durchflußquerschnitt kleiner und die Wassergeschwindigkeit größer wird. Man pflegt daher den Beckeninhalt mit $\frac{4}{3} \cdot a \cdot b\ cbm$ zu bemessen.

Beträgt z. B. die stündliche Wassermenge 360 cbm und genügen 1½ Stunden Aufenthalt in den Klärbecken, so würden: $\frac{4}{3} \cdot 360 \cdot \frac{3}{2} = 720\ cbm$ Rauminhalt erforderlich sein. Bemißt man die nutzbare Beckentiefe zu 1,5 m, so ergeben sich 480 qm Fläche, also etwa zwei Becken zu 240 qm, beispielsweise $7 \times 35 = 245\ qm$. Da der Durchflußquerschnitt jedes einzelnen Beckens $7 \cdot 1{,}5 = 10{,}5\ qm$ und die Wassermenge 6 cbm in der Minute beträgt, so ergibt sich, wenn die Trübemenge gleichmäßig auf die beiden Becken verteilt wird, ein Durchflußquerschnitt von 21 qm und die Wassergeschwindigkeit in der Minute beträgt nur $\frac{6}{21} = 0{,}286\ m$.

Außerdem sind dann, wenn Entleerung der Sümpfe mit Hand vorgesehen ist, W e c h s e l b e c k e n vorzusehen, damit von Zeit zu Zeit ein Becken ausgeschaltet und entleert werden kann (siehe weiter unten).

Das Zusammensetzen der feinsten Schlämme kann durch das S e n k e n beschleunigt werden. Man versteht darunter die folgende Arbeit: Solange das Wasser noch über dem Schlamme steht, wird ein beliebiges Werkzeug ruhig senkrecht in den

---

[1]) Pr. Z. 1910, S. 124.
[2]) Z. V. d. I. 1923, S. 39.

Schlamm hinabgesenkt und dann ebenfalls ruhig am Stiele so bewegt, daß dieser einen umgekehrten Kegel beschreibt. Das muß über die ganze Beckenfläche wiederholt werden. Dadurch entweicht das im Schlamm zunächst festgehaltene Wasser, zuweilen auch eingeschlossenes Gas, der Schlamm setzt sich fester zusammen und das darüber stehende Wasser kann verhältnismäßig klar abgezogen werden.

Über die D r a i n a g e d e r B e c k e n s o h l e zum schnellen Abtrocknen des Schlammes, über die T a u c h b r e t t e r und die S c h w i m m r i n n e n, die beide eine tunlichst gleichmäßige Wasserbewegung im ganzen Beckenquerschnitt bewirken sollen, vergleiche den folgenden Absatz.

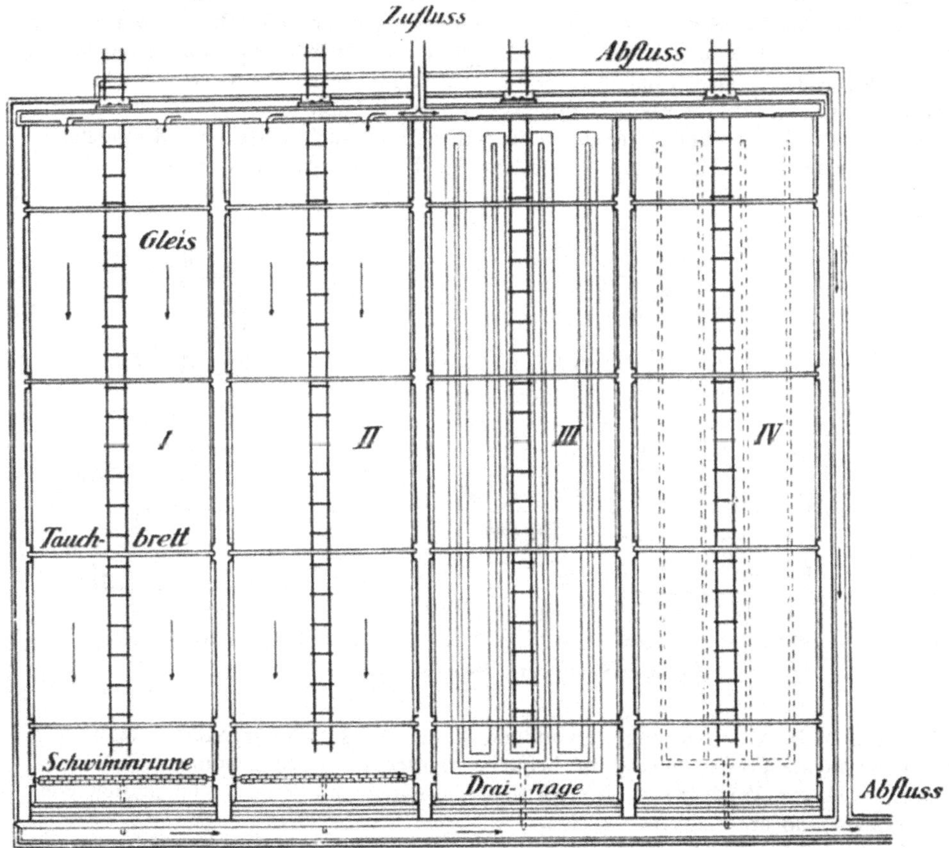

Abb. 217. Klärbecken der Emscher Genossenschaft. — Grundriß.

Als Beispiel diene das viel benutzte K l ä r b e c k e n d e r E m s c h e r G e n o s s e n s c h a f t[1]) (Abb. 217). Es besteht hier aus vier Abteilungen, die in Beton über der Erdoberfläche erbaut sind. Davon können stets zwei zur Klärung des Waschwassers dienen, während zwei abtrocknen und entleert werden. Auf der einen Stirnseite ist das mit stellbaren Schiebern versehene Z u f l u ß g e r i n n e entlang geführt, an der anderen Seite ist das A b f l u ß g e r i n n e in den Boden eingelassen. Dorthin münden auch die später zu erwähnenden Drainagen. Da jedoch die Abfuhröffnungen auf der Seite des Trübezuflusses liegen, ist auch hier ein Abflußgerinne vor-

---

[1]) M ü l l e r. Klärung von Zechenabwässern im Emschergebiet. E. G. A. 1910, S. 1573.

gesehen. Durch diese Lage der Abfuhröffnungen kann die Abfuhr des Schlammes etwas beschleunigt werden, da sich am Einfluß die gröberen Schlämme ablagern, die am leichtesten abtrocknen. Die Schienenstränge sind durch in der Vorderwand belassene Öffnungen hindurchgeführt. In Abb. 219 ist ein Verschluß *V* mittels einer einfachen in Schlitze eingesetzten und mit Spunden versehenen Bohlenwand gezeichnet. Zuweilen werden auch zwei Bohlenwände in etwa 10 *cm* Abstand vorgesehen und zwischen diese Kohlenklein oder Kokasche geschüttet.

Das Wasser soll den ganzen Beckenquerschnitt tunlichst mit gleichmäßiger Geschwindigkeit durchfließen. Deshalb ist es zweckmäßig, das Wasser auf der Einflußseite nicht nur durch einen, sondern durch mehrere Schieber zuzuführen, auf der Abflußseite soll das Wasser nicht durch ein schmales Gerinne das Becken verlassen, sondern in ganzer Beckenbreite über eine Überfallkante überfließen. Am besten kann dies dauernd erreicht werden, indem in den Beton eine hölzerne Pfoste, *P* in Abb. 218, eingelassen wird, die, falls nötig, nachgearbeitet werden kann.

Durch T a u c h b r e t t e r, die, in Schlitzen geführt, auch schwimmend eingebaut werden, damit sie beim Füllen und Entleeren der Becken dem Wasserstande folgen,

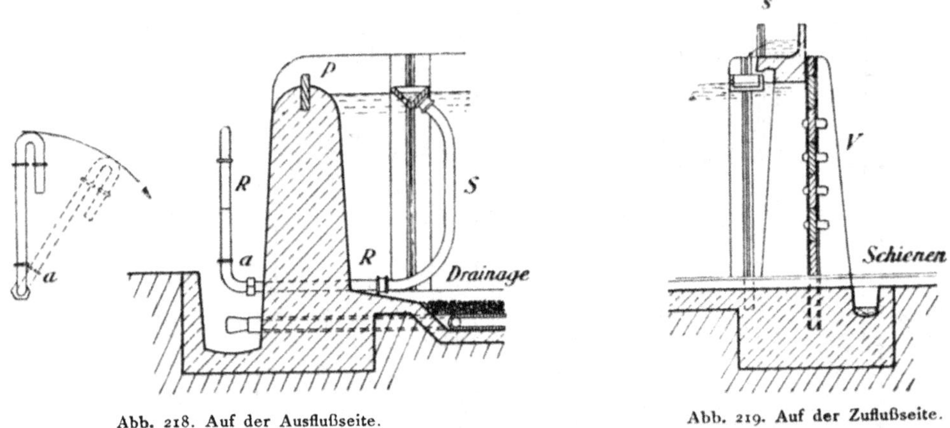

Abb. 218. Auf der Ausflußseite.   Abb. 219. Auf der Zuflußseite.

Abb. **218** und **219**. Schwimmrinne.

wird nicht nur die Oberflächengeschwindigkeit des Wassers vermindert, sie halten auch schwimmende Stoffe zurück, die bequem abgeschöpft werden können, außerdem erzeugen sie leichte Wirbel, so daß etwa von Gasblasen getragene Teilchen sich von diesen trennen und untersinken.

Auf Zeche Hagenbeck hat man versucht, durch S c h w i m m r i n n e n die Gleichmäßigkeit der Wasserbewegung zu erhöhen. Auch die Schwimmrinne ist mit seitlichen Führungen versehen, so daß sie dem Wasserstande folgen kann. Die an der Einflußseite befindliche Schwimmrinne (Abb. 219) hat in der Richtung des Wasserstromes zahlreiche Durchbrechungen, durch welche sie das aus den Schiebern *s* zufließende Wasser über die ganze Beckenbreite gleichmäßig verteilt. Auch hindert sie beim Wiedereinschalten eines Beckens nach Betriebsunterbrechungen das Aufwühlen des bereits abgesetzten Schlammes. Die auf der Abflußseite angebrachte Schwimmrinne ist ebenfalls senkrecht geführt, sie ist mehrfach durchbrochen und führt das Wasser mittels des Schlauches *S* und des Rohres *R* ab. Letzteres ist bei *a* mit einem Gelenke versehen, so daß bei der Ausschaltung eines Beckens das über dem Schlamme stehende Wasser erheblich gleichmäßiger abgelassen werden kann, als durch die weiter oben erwähnten Spunde. (Abb. 218.)

Die Drainage der Klärsümpfe.[1])

Die Drainage nach Imhoff-Lagemann bezweckt ein schnelleres Abtrocknen des abgesetzten Schlammes, bis er stichfest ist und mit der Hand fortgefüllt werden kann. Es wird hierdurch die Trockenzeit erheblich abgekürzt und dadurch eine Anzahl Klärbecken erspart. Der betonierte Boden der Becken (Abb. 220) ist mit vertieften Längsrinnen versehen, nach denen hin die Bodenfläche beiderseits schwach geneigt ist. In die Längsrinnen werden Drainröhren (zweizöllige Tonrohre, stumpf aneinander gestoßen) verlegt und mit einer Filterdecke von Kokasche von nicht über 5 *mm* Korngröße bedeckt, die in ihren oberen Lagen feiner wird. Der Boden des Beckens soll noch von der Filtermaße bedeckt sein, damit der niedergeschlagene Schlamm sich leichter löst. Zwischen den Längsrinnen liegen die Gleise für die Abfuhr des Schlammes. In der Längsrichtung des Beckens haben der Boden und die Längsrinnen nach der Abflußseite hin eine schwache Neigung; die Längsrinnen vereinigen sich zu einem Abflußrohre. Letzteres wird vor der Inbetriebnahme des Beckens geschlossen, ebenso ist die Ausfahrt verschlossen, die Drainage wird mit reinem Wasser gefüllt und darauf erst das Waschwasser in das Becken gelassen, das nun so lange benutzt wird, bis sich eine etwa 50 *cm* hohe Schicht Schlamm gebildet hat. Dann wird der Zufluß abgestellt, den schwebenden Teilchen noch kurze Zeit zum Absitzen gelassen und endlich

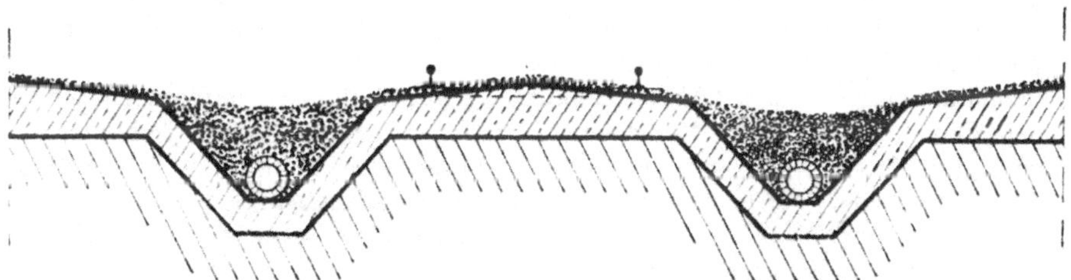

Abb. 220. Drainage der Klärbecken nach Imhoff-Lagemann.

das über dem Schlamm stehende Wasser durch die Spunde oder die Schwimmrinne allmählich abgezogen. Erst darauf wird der Abfluß der Drainage geöffnet, durch die fast reines Wasser abfließt.

Die Betriebszeit für ein Becken und auch die Trockenzeit ist nach der Wasserbeschaffenheit (Art und Menge des Schlammes) außerordentlich verschieden. Will man der Reihe nach je ein Becken zum Ausräumen ausschalten, während die anderen gefüllt werden, so muß die Betriebszeit etwa gleich der Trocken- und Ausräumungszeit sein. Hat z. B. das Becken die Grundfläche $7 \times 35\ m = 245\ qm$, soll sich der Schlamm nur 0,5 *m* hoch im Mittel ansammeln und werden täglich 20 *cbm* Schlamm in jedes Becken zugeführt, so dauert die Betriebszeit sechs Tage, rechnet man drei Tage für das Abtrocknen, so bleiben drei Tage für das Entleeren. Da 120 *cbm* Schlamm auszuräumen sind, also etwa 170 Hunde zu 0,7 *cbm* Inhalt, so wird das beim richtigen Zusammenarbeiten zweier Arbeitsgruppen auch ausführbar sein. Inzwischen ist ein zweites Becken gefüllt, das nun ausgeschaltet wird.

Schaltung der Becken parallel oder hintereinander.

Für den mechanischen Erfolg der Klärung ist es nahezu gleichbedeutend, ob man, wie bisher angenommen, die verfügbaren Becken parallel oder ob man sie hintereinander schaltet. Im ersteren Falle wird z. B. bei zwei Becken jedes derselben von der Hälfte der Trübmenge durchflossen, während im zweiten Falle die gesamte Trübmenge

---

[1]) K ö h n e. Klärung von Zechenabwässern im Emschergebiet. E. G. A. 1909. S. 1907.

die beiden Becken nacheinander durchfließt; hierbei ist die Geschwindigkeit doppelt so groß wie im ersteren Falle, aber auch der Weg ist doppelt so lang, also die Zeit des Aufenthaltes der Trübe in den Becken in beiden Fällen der gleiche. Das Hintereinanderschalten der Becken wird gewöhnlich nur dann gewählt, wenn es erwünscht ist, die gröberen Schlämme getrennt von den feineren zu erhalten. Das kann bei Erzaufbereitungen der Fall sein, wenn die Schlämme einer nochmaligen Verarbeitung unterworfen werden sollen. Es müssen zu diesem Zwecke an beiden Stirnseiten der Becken Gerinne mit Schiebern angebracht sein, um die Überleitung der Trübe aus dem einen in das andere Becken zu vermitteln.

Kläranlagen mit Entleerung durch Pumpbetrieb.

Die bisher beschriebene Entleerung der Klärsümpfe mit Hand hat, namentlich wenn die Abtrocknung des Schlammes durch Drainage zur Anwendung kommt, den Vorteil, daß man verhältnismäßig trockenen Schlamm erhält, der z. B. bei Kohlengruben ohne weiteres verfeuert werden kann, aber die Betriebskosten sind wegen Verwendung der Handarbeit hoch und auch die Anlagekosten und der Raumbedarf sind wegen der Wechselbecken beträchtlich.

Demgegenüber hat das Verfahren der Entleerung der Klärsümpfe durch Pumpbetrieb den großen Vorteil der Billigkeit, da die Handarbeit fast ganz wegfällt und auch die Wechselbecken erspart werden, allerdings wird der Schlamm mit wesentlich mehr Wassergehalt gefördert, so daß zum Teil noch besondere Vorkehrungen für die Ablagerung dieser Schlämme notwendig werden (vgl. S. 186)[1].

Die Schlammteiche werden (Abb. 221 und 222) gewöhnlich vertieft im Erdboden so angelegt, daß der Boden aus Reihen von Trichtern besteht, deren Seitenflächen etwa unter 45^0 geneigt sind. Über der Anlage verläuft ein Hauptsaugrohr H, von dem in die Spitze jedes Trichters ein durch Ventil verschließbares Rohr abzweigt. Das Absaugen und Fortdrücken des abgelagerten Schlammes kann entweder mittels Pumpen oder mittels Saug- und Druckluft erfolgen.

Als Pumpen wurden Schleuderpumpen, Membranpumpen und auch Kolbenpumpen, im besonderen die sogenannten Hannibalpumpen[2]) empfohlen. Der Plunger besteht aus Porphyr-Granit, als Ventile dienen Kugelventile mit Sitzen aus Gummi oder von Pappelholz, sie sollen Schlämme mit nur 27—35% Wasser fördern, während im allgemeinen bei Verwendung mechanischer Pumpen recht dünnflüssige Schlämme mit mindestens 70% Wasser gefördert werden und daher viel mechanische Arbeit aufgewendet werden muß.

Das pneumatische Verfahren (Schubert-Borsig) benutzt einen Luftkessel L von 2,5 bis 10 *cbm* Inhalt, der einerseits durch Schaltung von Ventilen mit dem Hauptsaugrohr und andererseits mit einem Druckrohr verbunden werden kann. Bevor das Saugrohr an den Kessel angeschlossen wird, ist durch Saugwirkung der Pumpe P die Luft im Kessel stark verdünnt worden. Nachdem der Kessel gefüllt ist, wird einerseits die Druckleitung für den Schlamm D, die hier die Verlängerung der Hauptsaugleitung bildet, angeschlossen und andererseits Preßluft in den Kessel gegeben, der sich nun entleert. Der Betrieb der Klärsümpfe geht ununterbrochen weiter. Das Verbindungsrohr V zwischen dem Kessel und der Pumpe P ist mit einem mehr als 10 *m* hohen Bogen geführt, damit das Ansaugen von Schlamm in die Saugpumpe auf alle Fälle vermieden wird. Der Wassergehalt der beförderten Schlämme beträgt etwa 30%. Der Arbeitsbedarf hängt von der zu bewältigenden Schlammenge und im besonderen davon ab, bis auf welche Entfernung und Höhe der Schlamm befördert werden muß.

---

[1]) Meyer. Die Schlammförderung auf pneumatischem Wege und ihre Vorteile für den Bergwerksbetrieb. E. G. A. 1911, S. 293. Mit Kostenberechnung.
[2]) Montanistische Rundschau. 1917, S. 406.

Zur weiteren Entwässerung der eingedickten Schlämme können F i l t e r p r e s s e n oder Z e l l e n f i l t e r verwendet werden (vgl. Entstaubung der Braunkohlen-Brikettfabriken).

In der D ö h l e n e r W ä s c h e d e s S t a a t l i c h e n S t e i n k o h l e n w e r k e s, die in den Jahren 1922/23 nach dem Grundsatze „erst Setzen, dann Sieben" umgebaut wurde (es werden Braunsche Setzmaschinen verwendet), werden die Waschwasser mittels Pumpen großen Spitztrichtern von 350 *cbm* Inhalt, bei 12 *m* Länge und 6,5 *m* Breite zugehoben. Die aus den Spitzen austretenden Schlämme sammeln sich in einem Behälter, werden dann in zwei Druckkessel von 2 *m* Durchmesser und 2,85 *m* Höhe geführt und aus diesen durch Preßluft von 4 *at.* Druck in drei F i l t e r p r e s s e n gedrückt. Der zugehörige Kompressor braucht 15 PS. In den Kesseln befinden sich Rührwerke, damit der Schlamm sich nicht absetzt, sie brauchen ebenfalls 15 PS.

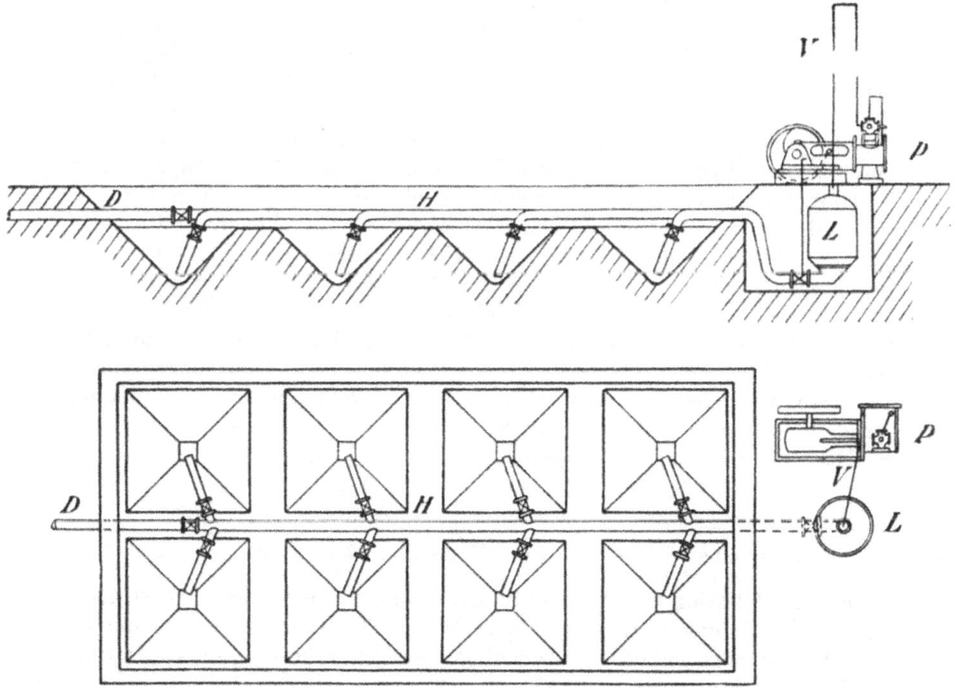

Abb. 221 und 222. Schlammförderung auf pneumatischem Wege.

Die Filterpressen bestehen aus je 25 Kammern mit je 1 *hl* Inhalt, die Filterrahmen sind mit Haarsieben von 0,1 *mm* belegt. Das Füllen jeder Presse dauert 30 Minuten, das Durchblasen mit Preßluft und das Entleeren ebenfalls 30 Minuten. In 10 Stunden können also mit jeder Presse 250 *hl* trockener Schlamm erzeugt werden. Der Schlamm tritt etwa mit 92 bis 75% Wassergehalt in die Pressen ein und verläßt sie mit 18 bis 25%. Die Kosten dieses Verfahrens[1]) sollen sich nur auf 1,23 *M/cbm* stellen, während das Ausschlagen der Schlämme aus Schlammsümpfen 4 *M/cbm* kostet. Der getrocknete Schlamm fällt zunächst in Spitztrichter, wird mit Hunden abgefahren und gelangt zum Verkauf.

Der Überlauf des großen Spitztrichters wird in Klärteiche geführt, die nur selten mit der Hand ausgeschlagen werden.

---

[1]) M e y e r. E. G. A. 1911, S. 300.

Kurz sei noch das Neustädter Becken[1]) erwähnt. Es wird auf einer größeren Zahl von Eisenhüttenwerken verwendet, um das Wasser zu klären, das zur Reinigung der Hochofengase (Gichtgase) von den feinsten Flugstaubteilchen verwendet wurde. Auch diese Bauart gestattet eine Entfernung des angesammelten Schlammes ohne Unterbrechung des Betriebes. Die Anlage dürfte jedoch nur in den Fällen zu empfehlen sein, in denen geringe Mengen von Schlamm vorhanden sind, aber nicht bei den großen Schlammengen, wie sie in der Aufbereitung vorkommen.

Klärbecken, Bauart Posseyer[2]).

Die Kläranlage Posseyer verbindet die Vorteile der pneumatischen Entleerung und des Filters. Das Klärbecken (Abb. 223 und 224) ist kreisrund, hat einen Durchmesser bis zu 23 m und 3,65 m Tiefe, also einschließlich des in der Mitte gelegenen Pumpenschachtes von 2,7 m Durchmesser einen Inhalt von rund 1500 cbm. Das Becken ist durch radiale Wände in sechs Abteilungen zerlegt. Der Boden ist zu Spitztrichtern ausgestaltet, in welche die einzeln abschaltbaren Saugrohre s hineinreichen. Die Trübe wird durch die Gerinne b zugeleitet, über Verteilungstafeln geführt und durchfließt die einzelnen Becken von innen nach außen. Da die Geschwindigkeit dabei erheblich abnimmt, tritt eine unter Umständen erwünschte Trennung in gröbere und feinere Bestandteile ein. 2,2 m vom Außenrande entfernt, ist eine Tauchwand h eingebaut, unter der die Trübe hindurchfließen muß. Hier werden Öle, Fette und andere Schwimmkörper zurückgehalten. Dann steigt die Trübe durch Koksfilter i von etwa 50 cm Stärke und 2 m Breite am Rande des Beckens auf in das Überfallgerinne d. Die zu klärenden Wasser, die zum Teil eine Vorklärung durchlaufen haben, enthalten 0,02 bis 0,06% feste Bestandteile, hiervon werden 99% in der Kläranlage zurückgehalten. In der Stunde können 350 bis 550 cbm Wasser geklärt werden. Die Schlämme werden entweder unmittelbar der Kokskohle hinzugefügt oder in Filterpressen soweit abgetrocknet, daß sie der Feuerkohle beigemengt werden können.

Besondere Mittel zur Wasserklärung.

Dort, wo auf die Klärung der Aufbereitungswasser ganz besonderer Wert gelegt werden muß, etwa weil andere Industrien das Wasser benutzen müssen, kann das Filtrieren des Wassers und das Niederschlagen der Schwebestoffe durch chemische Mittel in Frage kommen.

Die Vorgänge, die sich bei der chemischen Fällung abspielen, sind noch nicht völlig klargestellt, ein tieferes Eingehen hierauf würde über den Rahmen der Grundzüge erheblich hinausgehen. Es sei hier nur das Folgende bemerkt: Zunächst ist es zweifelhaft, ob in den Fällen, in denen sich Wasser nur sehr schwer durch Absitzen im Ruhezustande klärt, nur eine mechanische Aufschwemmung oder ein kolloidaler Zustand[3]) der Schwebestoffe (z. B. Tone) vorhanden ist.

Nimmt man das erstere an, so dürfte die Klärung darauf beruhen, daß flockig ausfallende Stoffe, wie z. B. Eisenhydroxyd, schwebende Teilchen einhüllen und beim Niedersinken mitreißen. Nimmt man dagegen kolloidalen Zustand an, so sind für das Ausflocken (Koagulieren) zwei Erklärungen vorhanden: Entweder, gewisse kolloidale Lösungen lassen auf Zusatz sehr geringer Mengen von Elektrolyten (z. B.

---

[1]) Stahl und Eisen, 1915, Nr. 32.
[2]) Sehmer. Die Kläranlage, Bauart Posseyer, der Zeche Friedrich Heinrich. E. G. A. 1922, S. 1372.
[3]) Ostwald, Dr. Wo. Grundriß der Kolloidchemie, 2. Aufl., S. 16.

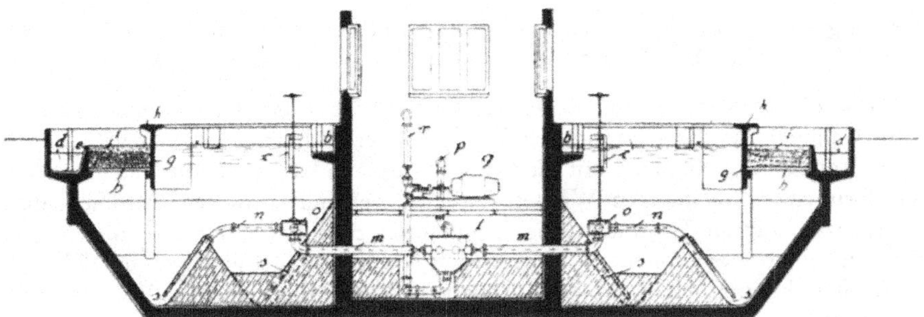

Abb. 223. Senkrechter Schnitt.

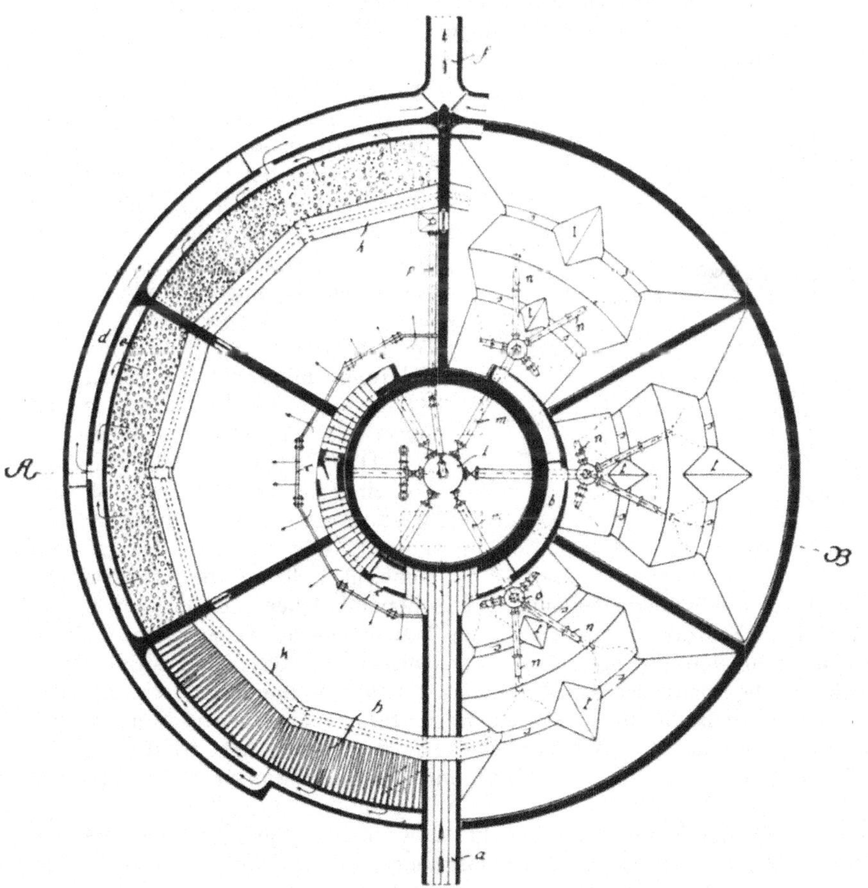

Abb. 224. Links Grundriß, rechts Schnitt in halber Höhe.

Abb. 223 und 224. Klärbecken Bauart Posseyer.

Chlormagnesium, Alaun, Schwefelsäure), im besonderen von Neutralsalzen den kolloid gelösten Stoff ausfallen, sie flocken aus; oder, die meisten kolloid gelösten Stoffe zeigen eine elektrische Ladung, und zwar entweder positiv oder negativ. Bringt man zwei entgegengesetzt geladene Kolloide zusammen, so fallen sie aus.

Die folgenden Beispiele mögen das erläutern.

Anwendung von Filtern und von Chlormagnesiumlauge bei der Grube Bergwerks-Wohlfahrt[1]).

Zur Aufbereitung der Erzgrube Bergwerks-Wohlfahrt bei Grund gehören sehr umfängliche Anlagen für die Klärung der Waschwasser. Zunächst ist bemerkenswert, daß bei der Vorklärung die nur mit den Erzen und andererseits die nur mit den Bergen in Berührung kommenden Wasser tunlichst getrennt gehalten werden, damit die in den Sümpfen für die Erzwasser, die sogenanntes S c h w i m m b l e i führen (das ist Bleiglanz in feinsten Schüppchen), erfolgenden Niederschläge nochmals der Wäsche zugeführt werden können. Die Wäsche braucht in der Minute 9 *cbm* Wasser, von dieser Menge läuft der größte Teil nach erfolgter Klärung um, d. h. er wird gehoben und wieder benutzt, so daß nur ein schwankender, nach der verfügbaren Menge Frischwasser bemessener Teil des Waschwassers die weiteren Klärungsanlagen durchläuft.

Das Nebengestein der dortigen Erzgänge besteht aus dunklem, bituminösem Schiefer, dessen dünne Schüppchen sich nur sehr schwer aus dem Wasser niederschlagen. Hinter den Klärsümpfen — es sind im ganzen 1180 *qm* Sumpffläche mit 2200 *cbm* Inhalt vorhanden — in denen ein Niederschlagen auschließlich durch die Schwere erfolgen soll, sind daher noch besondere F i l t e r angeordnet. Auch hierdurch wurden nur 89% aller Schwebestoffe zum Niederschlag gebracht. Man hat daher schließlich noch die Klärung mittels C h l o r m a g n e s i u m angewendet und dadurch 99,55% Niederschläge erhalten.

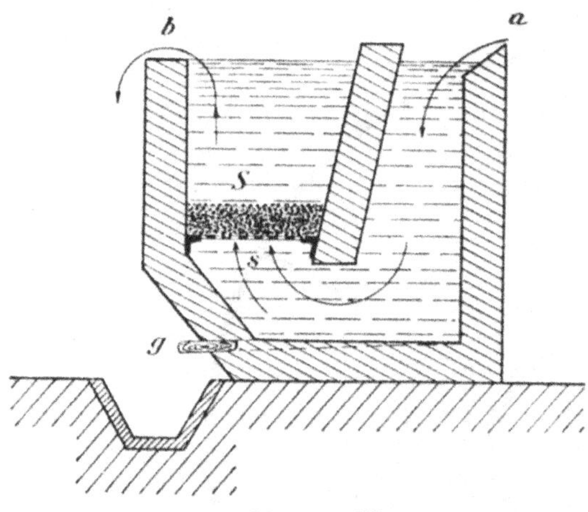

Abb. 225. Filter.

Die F i l t e r (Abb. 225) sind so eingerichtet, daß das Wasser, welches bei *a* vom Sumpfüberlauf kommt, durch eine etwa 400 *mm* hohe, über dem Siebe *s* ausgebreitete Schlackenschicht *S* hindurchsteigen muß. Die Schlammteilchen bleiben zum Teil an dem scharfkantigen Klärmaterial hängen, zum Teil bilden sie darüber eine Schicht. Hat diese eine Höhe von 100 bis 150 *mm* erreicht, so muß das Filter ausgeschaltet und der Schlamm abgespritzt werden. Nach vier bis fünf Monaten hat sich das Filter aber so vollgesetzt, daß die Schlackenschicht entfernt und erneuert werden muß. Die Bedienung erheischt also Sorgfalt und erfordert auch Arbeitsaufwand. Für 5,5 *cbm* Trübe in der Minute sind vier Filter mit zusammen 400 *qm* Filterfläche vorhanden.

Die Erneuerung der Filter wird erleichtert, wenn die Wand *b* mit einigen für gewöhnlich wasserdicht zugesetzten Arbeitsöffnungen versehen ist, die bis auf das Sieb herunterreichen. Dadurch wird das Herausschaffen der alten Filtermasse und das Hineinschaffen der neuen wesentlich erleichtert. Auch unter dem Siebe setzt sich Schlamm ab, er kann durch Rohre *g*, die gewöhnlich durch Spunde verschlossen sind, abgelassen werden. Zweckmäßig sind zwei gleiche Filter zum Wechseln vorhanden.

Nach dem Durchgang durch die Filter gelangen die Wasser noch in einen großen Klärteich mit Kies- und Schlackendämmen. Da aber auch diese Klärung noch nicht

[1]) P o l s t e r. Die Klärung der Abwässertrübe der Aufbereitung Bergwerks-Wohlfahrt. Technische Blätter. Wochenbeilage der Deutschen Bergwerks-Zeitung. Essen-Ruhr, 1913. S. 81.

genügte, um das Wasser in die Innerste ablassen zu können, so wurden noch Versuche gemacht, der Trübe vor Eintritt in den großen Klärteich Abfallsalze oder Abfallauge einer Chlorkaliumfabrik zuzusetzen. Sie führten schließlich dazu, auf 25 *cbm* Trübe 1 *l* gesättigte C h l o r m a g n e s i u m l a u g e zu verwenden. Diese wird durch ein Schöpfrad zugeführt, das durch den Trübestrom selbst in Umdrehung versetzt wird. Hierdurch wurde das oben angegebene befriedigende Ergebnis erreicht, so daß das geklärte Wasser nur noch 0,45% schwebende Teilchen enthält.

Klärung durch Elektrolyte.

N i c o l a i[1]) hat eine Reihe von Versuchen über die Klärung von Erzaufbereitungswassern auf chemischem Wege gemacht und dabei A l a u n, A b f a l l a u g e der Kaliwerke, C h l o r m a g n e s i a und r o h e S c h w e f e l s ä u r e verwendet. Je nach der Lage der Werke zu den Bezugsquellen wird mit Rücksicht auf die Anschaffungs- und Beförderungskosten das eine oder das andere Mittel den Vorzug verdienen.

Nach den Versuchen im Kleinen hatten etwa die gleiche Wirkung auf 1 *cbm* Trübe 40 *g* Alaun oder 0,4 *l* Abfallauge oder 1 *l* Chlormagnesialauge oder 0,1 *l* 50-grädige Schwefelsäure.

Für eine Oberharzer Aufbereitung stellten sich die Verhältnisse derart, daß beim Großbetriebe schon 0,4 *l* Lauge auf 5 *cbm* Trübe (entsprechend 0,056 Pfennig Unkosten auf 1 *cbm* Trübe) recht gute Klärwirkung erzielten. Im Mittel enthielt die geklärte Trübe nur noch 0,2 *g* feste Bestandteile im Liter.

Klärungsversuche mit kolloidalen Humussubstanzen und Eisenvitriol und mit Kalkmilch.

Im Příbramer Erzrevier wurden bei der B i r k e n b e r g e r Aufbereitung Versuche gemacht, um durch geeignete Zusätze eine Klärung der aus den Klärteichen abfließenden Trübe zu bewirken. Es handelt sich um eine Wassermenge von 8 *cbm*/Min., die trübenden Bestandteile sind so fein, daß sie durch ein Filter hindurchgehen.

Schon seit längerer Zeit ist das D e g e n e r sche Verfahren bekannt und bei der Klärung von häuslichen Abwässern in Anwendung. Es besteht darin, daß auf 1 *cbm* zu reinigendes Wasser 10—20 *l* Torfbrei und 120 *g* Eisenvitriol zugesetzt werden. Dadurch entsteht ein flockiger Niederschlag, der die schwebenden Teilchen mit zu Boden reißt. Der Nachteil des Verfahrens würde darin bestehen, daß erhebliche Mengen von Zusätzen erforderlich sind und auch große Schlammassen erhalten werden.

Entsprechend dem von W e l l e n s i e k (D. R. P. 226 430) angegebenen Verfahren wurde von Fleißner[2]) Torf in der Wärme mit 1%iger Sodalösung behandelt, die Lösung abfiltriert und eingedampft. Man erhält dann eine in warmem Wasser wieder lösliche Humussubstanz, hauptsächlich aus Humussäuren bestehend, die durch Zusatz von Salzen, deren Basen mit den Humussäuren Verbindungen eingehen, flockige voluminöse Niederschläge bildet. Man sagt auch, die Lösung wird zum Gerinnen (koagulieren) gebracht. In Birkenberg wurde Eisensulfat verwendet. Die beste Wirkung tritt ein, wenn man die Humussubstanz löst, mit Eisensulfat versetzt und dann die gerinnende Lösung der Trübe zusetzt.

Für 1 *cbm* Trübe genügen 25 *g* Torfauszug und 20 *g* Eisensulfat. Da der niedergesunkene Schlamm wieder aufgerührt nochmals zur Klärung eines weiteren Kubik-

---

[1]) N i c o l a i C. Zur Klärung von Erzaufbereitungswässern. Metall und Erz. 1915, S. 135.

[2]) F l e i ß n e r, Dr. Hans. Studien zur Klärung der Aufbereitungswässer in Birkenberg. Österreichische Zeitschrift 1913. S. 531.

meter Trübe benutzt werden kann, so genügen also für je einen Kubikmeter Trübe 12,5 *g* Torfauszug und 10 *g* Eisensulfat.

Der niedergeschlagene Schlamm kann übrigens durch Erhitzen von der Humussubstanz wieder befreit werden und es steht nichts im Wege, ihn einem Aufbereitungsverfahren zu unterwerfen.

Weitere Versuche bezogen sich auf die Verwendung von Kalziumhydroxyd in Form von K a l k m i l c h, es ist dies die billigste Base. Setzt man auf 1 *cbm* Trübe so viel Kalkmilch zu als 150 *g* Ca O entsprechen, so setzt sich die Hauptmenge der ausgeflockten Substanzen in drei Minuten zu Boden, die noch verbleibende Trübung wird durch zarte Flocken verursacht, die sich bald zu Boden setzen. Übrigens erfolgt die Klärung um so schneller, je dicker die Trübe ist. Es könnte daher in Frage kommen, dieses Verfahren nicht erst als Nachklärung zu verwenden, sondern z. B. beim Austritt der Trübe aus den Spitzkästen. Auch bei diesem Verfahren kann der ausgeflockte Schlamm zur Klärung weiterer Trübemengen benutzt werden.

Klärung durch schwefelsaure Tonerde[1]).

Auf der G e r t r u d - F u n d g r u b e in T i r p e r s d o r f im Vogtlande wurden wolframitführende Quarzgänge abgebaut. Die Betriebe gingen bis jetzt nur in den oberen Teufen der Gänge um, die Gangmasse ist hier stark zersetzt und enthält viel Eisenoxydhydrat in lettiger Form. Hierdurch wird bei der Aufbereitung das Waschwasser derart verunreinigt, daß es nur einmal benutzt werden kann und dann abgelassen werden muß. Der feine gelbliche Schlamm setzt sich nur schwer aus dem Wasser ab. Es handelt sich in einer Schicht um etwa 1700 *cbm* Waschwasser, also um 3 *cbm* in der Minute. Da die Klärung durch Absitzenlassen in Klärteichen auch unter Einfügung von Dämmen aus Fichtenreisig, Kies- und Kalkfiltern (letztere zur Neutralisierung von Spuren von Säure) den Zweck nicht vollkommen erfüllte, so hängt man beim Übertritt des Wassers aus dem ersten in den zweiten Klärteich in die Gefluter Säcke mit schwefelsaurer Tonerde. Es sind im Tage 30 *kg* erforderlich, die einen Aufwand von 2 Mark verursachen. Die Klärung ist nunmehr eine zufriedenstellende.

Die im vorstehenden angeführten Beispiele zeigen, daß auch von demselben Stoffe (Chlormagnesium) recht verschiedene Mengen zur Wasserklärung angewendet wurden und auch, daß eine ganze Anzahl von Mitteln in Frage kommen können. In jedem einzelnen Falle wird der Versuch entscheiden müssen, immer aber ist eine fortlaufend sorgfältige Bedienung solcher Anlagen erforderlich.

Die Behandlung der Waschberge und Waschschlämme.

Das Aufstürzen der Waschberge und Waschschlämme führt zu manchen Unzuträglichkeiten. Die gröberen Berge der Kohlenwäschen neigen leicht zur Selbstentzündung und der dadurch entwickelte Rauch und Qualm belästigen die Umgegend. Durch reichliches Bewässern dieser Halden kann man die Selbstentzündung verhüten, auch das Überdecken der groben Berge mittels Bergeschlämme und der dadurch bewirkte Luftabschluß dienen demselben Zwecke. Bei denjenigen Erzwäschen, bei denen weitgehende Aufschließung nötig ist, werden die großen Mengen feinster Sande oft dadurch lästig, daß sie durch den Wind verweht und durch den Regen fortgespült werden. Man vermeidet das am besten durch Abstürzen an geschützten Stellen, z. B. in etwa vorhandene Schluchten.

Die feinen Schlämme, die durch Pumpbetrieb aus den Klärbecken entfernt werden, fließen wegen des hohen Wassergehaltes breit und bedecken daher verhältnis-

---

[1]) Jahrbuch für das Berg- und Hüttenwesen im Königreiche Sachsen, 1910. S. 177. — Akten des Königl. Bergamtes Freiberg, November 1909.

mäßig große Flächen, falls nicht etwa alte Tagebaue damit ausgefüllt werden können, oder besondere Schlammteiche angelegt werden.

Auf Gruben, die reichlich Berge vom Grubenbetrieb liefern, empfiehlt sich das folgende Verfahren: Es wird das Aufstürzen der groben Berge derart ausgeführt

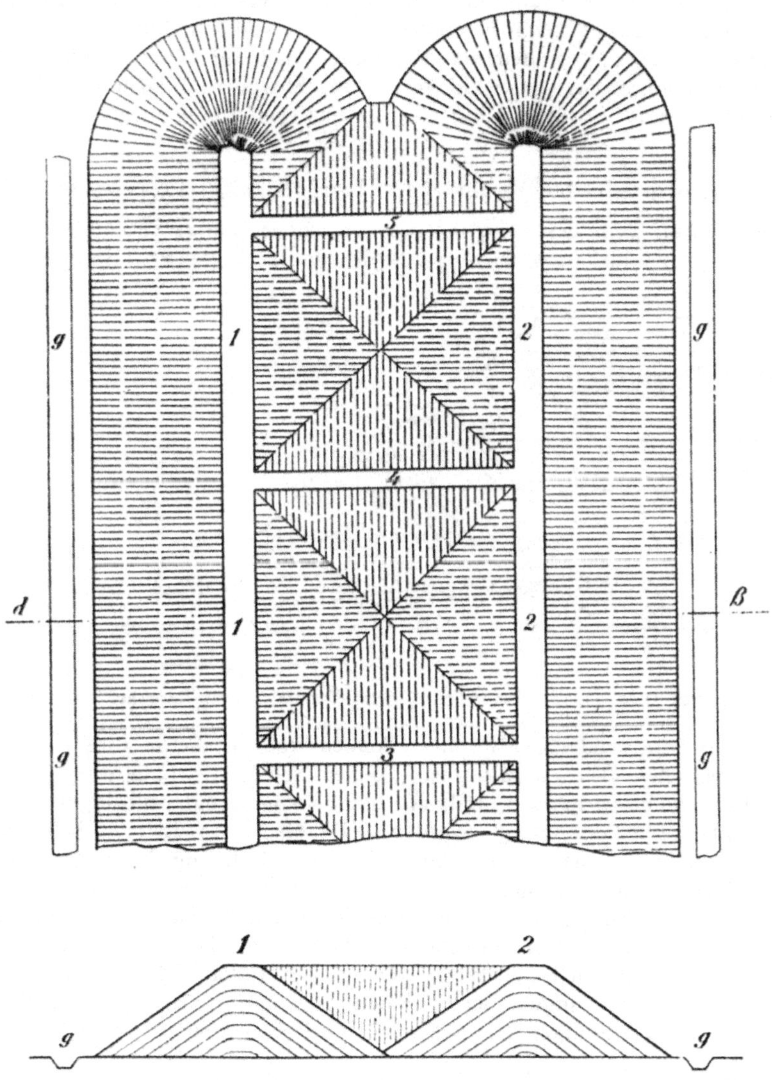

Abb. 226. Bildung von Klärbecken durch Aufstürzen der Halden.

(Abb. 226), daß parallele Wälle *1* und *2* entstehen, diese werden dann durch Querwälle *3*, *4* und *5* miteinander verbunden. Hierdurch werden Behälter gebildet, die zur Aufnahme der Schlämme dienen. Das Wasser der letzteren sickert durch die Haldenmassen hindurch und kann geklärt in den Gräben *g* wieder gesammelt werden. Die Schlämme trocknen ab und können später z. B. auf Kohlengruben ausgestochen und verfeuert werden.

Recht zweckmäßig ist es, wenn man die Anhäufung großer Bergehalden dadurch verhindern oder doch einschränken kann, daß Berge und Schlämme Verwendung finden. Auf das Verfeuern der Kohlenschlämme nach entsprechender Abtrocknung und auch auf das Zusetzen zur Kokkohle ist schon mehrfach hingewiesen worden. Waschberge können ferner, falls sie nicht zur Selbstentzündung neigen, zum Spülversatz (vgl. Bd. I, S. 235) dienen, die feinsten Schlämme zum wetterdichten Ausschlämmen des Handversatzes. Waschsande von Erzgruben, die frei von schädlichen Beimengungen, z. B. Schwefelkies sind, finden als Mörtelsand und zur Kunststeinherstellung Absatz. Dann hat man grobe, genügend feste Waschberge und auch die Schachtberge nach entsprechender Zerkleinerung als Stopfmaterial für die Eisenbahnen verwendet.

Die Schlammteiche beim Basalteisenstein-Bergbau.

Das im westlichen Teile des Vogelsberges gewonnene Roherz enthält im Durchschnitt der Jahre 1913 bis 1920 nur etwa 25% absatzfähiges Erz, während 75%

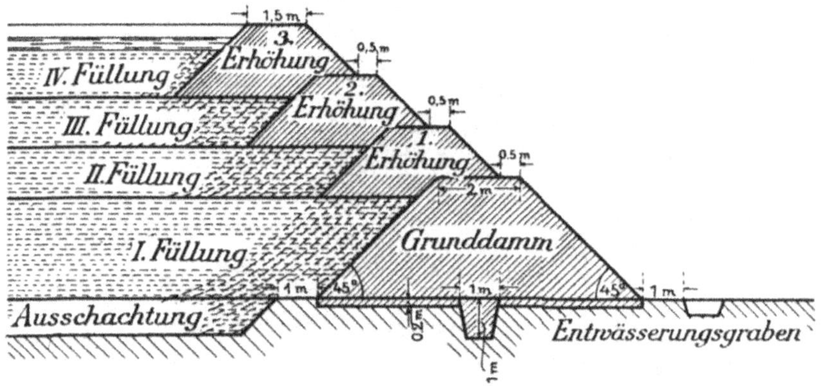

Abb. 227. Bau von Schlammteichen beim Basalteisenstein-Bergbau.

Schlamm sind. Auf die rund 5,8 Millionen Tonnen Roherz, die in dieser Zeit gefördert wurden, entfielen also 4,4 Millionen Tonnen Schlämme. Falls alte Tagebaue in geeigneter Lage nicht vorhanden sind, um die Schlämme unterzubringen, müssen umfängliche Schlammteiche angelegt werden. Die sieben in Betrieb befindlichen Wäschen hatten im Jahre 1921 70 *ha* künstliche Teichfläche im Betriebe. Um die Grundfläche möglichst gut auszunutzen, erhöht man die Dämme auf besondere Art nach und nach (Abb. 227), indem an den Grunddamm zur Verbreiterung allmählich Schlamm herangezogen und dann der Damm erhöht wird. Das geschieht mehrere Male und es entstehen so nach und nach Dämme von 10 *m* Höhe und mehr. Die Schlammtrübe wird durch Pumpen den Teichen zugehoben, das geklärte Wasser läuft durch Überlaufvorrichtungen ab und wird wiederholt zum Waschen benutzt[1]).

7. Das Entwerfen von Aufbereitungsanlagen[2]).

In den früheren Abschnitten sind die verschiedenen Mittel behandelt worden, deren sich die Aufbereitung bedienen kann. Im folgenden soll an gut gekennzeichneten

---

[1]) H u n d t. Über die Schlammteichwirtschaft im oberhessischen Basalteisenstein-Bergbau. Pr. Z. 1921, S. 248.
[2]) Vgl. auch: S c h m i d t, Dr. Walter. Grundzüge für die Anlage und Betriebsführung von Erzaufbereitungen. Bergbau und Hütte 1917, S. 257.

Beispielen gezeigt werden, wie die Entwürfe von Aufbereitungsanstalten auszuarbeiten sind. Es handelt sich hierbei um die Wahl des G a n g e s der Aufbereitung, er wird am besten in Gestalt eines S t a m m b a u m e s dargestellt, sodann ist die G r ö ß e der Anlage zu bemessen, die M a s s e n v e r t e i l u n g zu schätzen, es sind die für den besonderen Fall geeignetsten Maschinen auszuwählen, ihre Anzahl und Größe ist festzulegen. Weiter ist die b a u l i c h e A n o r d n u n g mit Rücksicht auf das Gelände und auf die anschließende Verladung zu bearbeiten. Auch der Antrieb, die Wasserbeschaffung, Heizung und Beleuchtung sind von großer Wichtigkeit.

Gang der Aufbereitung.

Der Gang der Aufbereitung richtet sich nach der Natur des Fördergutes und der Art der beabsichtigten Verwendung. So sind S a l z e gewöhnlich nur zu zerkleinern, daher die Bezeichnung S a l z m ü h l e. Rein geförderte K o h l e n sind durch Sieben in Korngrößen zu zerlegen, dabei ist auf die Verladung weitgehende Rücksicht zu nehmen. Diese Anlagen werden daher häufig S i e b e r e i, S e p a r a t i o n oder auch t r o c k e n e V e r l a d u n g genannt. In den Anthracitaufbereitungen Nordamerikas findet vor dem Sieben eine Zerkleinerung statt, die Anlagen heißen hiernach B r e c h e r (breaker). Unrein geförderte Kohlen bedürfen außer der Trennung nach Korngrößen noch der Entfernung der Berge, bei den gröberen Kohlen durch Scheiden und Klauben, bei den Feinkohlen durch S e t z e n. Die Anlagen werden daher häufig als K o h l e n w ä s c h e n bezeichnet. Übrigens ist bei weichen und trockenen Kohlen Rücksicht auf E n t s t a u b u n g zu nehmen.

Die R o h e r z e werden in einzelnen Fällen so rein gefördert, daß ein Überklauben vor der Verladung genügt, das ist z. B. der Fall bei gewissen Eisenerzvorkommen, Manganerzen und Schwefelkiesen. Aber auch bei manchen recht armen Erzen genügt diese einfache Behandlung, da die Hüttenprozesse so durchgebildet sind, daß eine vorteilhafte Verarbeitung möglich ist. Das gilt z. B. von den Mansfelder Kupferschiefern, trotzdem der Kupfergehalt nur etwa 2½% beträgt, dazu kommt allerdings ein kleiner Silbergehalt. Auch Quecksilbererze können bis zu einem Gehalte von etwa ¼% abwärts ohne weiteres verhüttet werden. Golderze können durch nasse Verfahren auch bei Gehalten von nur einigen Gramm in der Tonne Erz ohne vorhergehende Anreicherung verarbeitet werden. 10 g in der Tonne sind = 0,001% Gold.

Die Hauptmenge der Erze, z. B. die des Bleies, des Zinks und des Kupfers kommt in der Natur nur zum kleinen Teile als Derberze vor, daneben sind große Mengen von Erzen mit der Gangart grob oder fein verwachsen. Solche Erze lassen sich wegen der Höhe der Kosten, die durch das Verschmelzen entstehen würden, nicht ohne weiteres verhütten, sie müssen vorher durch Aufbereitung angereichert werden.

Stellen sich z. B. die Hüttenkosten für 100 kg Bleierze auf 4 Mark und steht der Bleipreis für 100 kg Blei auf 30 Mark, so würde das Verschmelzen von Bleierzen mit 13,3% Blei (von Schmelzverlusten abgesehen) die Hüttenkosten gerade nur decken, denn 13,3 kg Blei zu 0,3 Mark gibt 4 Mark. Es muß einerseits aber die Hütte mit Gewinn arbeiten, andererseits will auch der Bergbau zur Deckung seiner Kosten und zur Erzielung eines Gewinnes eine Erzbezahlung erhalten. Folglich muß die Aufbereitung ein so reiches Erz herstellen, daß der Metallwert nicht nur die Hüttenkosten deckt, sondern auch einen Hüttengewinn ermöglicht und eine Erzbezahlung gestattet. Oder mit anderen Worten, die Erzbezahlung kann um so höher sein, je größer der Metallwert in 100 kg Erz ist. Ein 60%iges Bleierz enthält z. B. in 100 kg 18 Mark Bleiwert, ein 75%iges 22,5 Mark Bleiwert. Dabei ist allerdings nicht zu vergessen, daß auch die Aufbereitungskosten gedeckt werden müssen, und daß gewisse Aufbereitungsverluste unvermeidlich sind. Übrigens enthalten die meisten Bleierze etwas Silber, wodurch der Wert natürlich erhöht wird. Über die Bewertung der Erze geben die Einkauftarife der größeren Hüttenwerke Auskunft (vgl. auch S. 5).

Die Aufbereitung solcher Erze, die zum Teil als Derberze, zum Teil aber auch grob bis fein eingesprengt vorkommen, zerfällt in die trockene Aufbereitung, d. h. das Scheiden und Klauben der Derberze, dann das Sieben und Setzen des Grubenkleins, desgleichen des durchwaschenen Gutes nach entsprechender Zerkleinerung, und in die Herdarbeit, die Verarbeitung des feinsten Gutes. Grubenklein und durchwachsenes Gut werden in gleicher Weise, jedoch am besten getrennt, verarbeitet, weil die Zusammensetzung doch etwas verschieden ist, und zwar werden die beiden Posten bei kleineren Anlagen nacheinander auf denselben Maschinen, bei größeren Anlagen gleichzeitig nebeneinander auf verschiedenen Maschinen behandelt.

Für sehr fein eingesprengte Erze kommt auch Laugen (namentlich bei Kupfererzen) und Schwimmaufbereitung des ganzen Haufwerkes in Frage.

Beim Zusammenvorkommen von Erzen verschiedener Metalle, die durch denselben Hüttenprozeß nicht ausgebracht werden können, z. B. von Blei- und Zinkerzen, soll die trockene Aufbereitung der nassen dadurch vorarbeiten, daß die vorwiegend bleihaltigen und die vorwiegend zinkhaltigen Erze getrennt verarbeitet werden können, auch wird die nasse Aufbereitung einerseits bleireiche, andererseits zinkreiche Zwischenprodukte liefern, die am besten getrennt weiter verarbeitet werden. Die große Wäsche der Bleyscharleygrube ist hierfür ein gutes Beispiel[1]).

Die Aufbereitung hat auch die in den Erzen vorhandenen Nebenbestandteile zu berücksichtigen. So sind z. B. beim Verschmelzen sulfidischer Bleierze für einen guten Ofengang bestimmte Gehalte an Eisen, Kieselsäure und Basen erwünscht. Fehlt einer dieser Bestandteile in den Erzen, so muß er durch anzukaufende Zuschläge ersetzt werden.

Besondere Schwierigkeiten bieten diejenigen Erzvorkommen, bei denen Mineralien gleichen spezifischen Gewichtes voneinander getrennt werden sollen. Die durch die nasse Aufbereitung erzeugten Konzentrate müssen hier durch magnetische oder chemische Verfahren oder auch durch Schwimmaufbereitung weiter behandelt werden. Gute Beispiele hierfür sind die magnetische Trennung des Zinnerzes vom Wolframit, die chemische Trennung der Zinn-Arsen-Wismut-Wolframerze zu Altenberg im Erzgebirge (vgl. S. 137) und die Schwimmaufbereitung der Zinkblende und Eisenspat enthaltenden Konzentrate von Friedrichssegen (vgl. S. 150).

Die geographische Lage ist zu berücksichtigen. Große Entfernung des Bergbaues von den Verkehrsstraßen wird dazu führen, daß man mit den einfachsten Mitteln, zum Teil nur mit Handarbeit, auszukommen sucht.

Je wertvoller die Erzeugnisse sind, desto schärfer muß die Aufsicht geführt werden, um etwaige Entwendungen zu verhüten. Unter Umständen können die Apparate, in denen sich die reichsten Produkte ansammeln, verschlossen gehalten werden, so die Pochtröge und Mühlen bei der Amalgamation der Golderze, die Sammelbehälter der Setzmaschinen und Herde in manchen Erzwäschen. Die Entleerung findet stets in Gegenwart zweier Beamten statt.

Auch bei weniger wertvollen Erzen (Wolframit, Bleiglanz usw.) kommt Diebstahl vor, da sich auch hier Hehler finden, die zur Entwendung kleiner Erzmengen verleiten, um allmählich größere Posten anzusammeln. Zuweilen muß körperliche Untersuchung der Arbeiter Platz greifen. Am ausgeprägtesten sind diese Maßnahmen bei den Diamantgruben in Südafrika. Die in der Aufbereitung beschäftigten Arbeiter werden in Lagern während der Zeit ihres Arbeitskontraktes von der Außenwelt völlig

---

[1]) Franke, G. E. G. A. 1912, S. 1865.

abgeschlossen gehalten und genau untersucht, ehe sie das Lager verlassen dürfen. Es geht das so weit, daß der Mund, Nase und Ohren untersucht werden, ja, man fahndet durch kräftige Abführmittel sogar auf etwa verschluckte Diamanten.

In den Steinsalzmühlen müssen den Anordnungen der Steuerbehörden entsprechend Vorkehrungen für den zollamtlichen Verschluß der Produkte und Einrichtungen für das Denaturieren des Industriesalzes getroffen werden.

Daß der Zweck der Aufbereitung bei demselben Mineralvorkommen verschieden sein kann, erhellt z. B. daraus, daß die Kalisalzmühlen darauf eingerichtet sind, entweder für die Landwirtschaft bis auf etwa 1 *mm* zerkleinerte Salze als Düngesalz zu liefern oder an die Fabriken, welche hochwertige Kalisalze erzeugen, die Rohsalze nur bis auf etwa 25 *mm* zerkleinert abzugeben.

Auch bei der Aufbereitung der Steinkohle kann entweder — und das war bisher die Regel — in Aussicht genommen werden, tunlichst grobstückige Kohle zu erhalten und sie als Lokomotiv-, Hausbrand- und Industriekohle zu verwerten oder es liegt die Absicht vor, die gesamte Kohle unter Gewinnung der Nebenprodukte zu verkoken. In letzterem Falle muß die Zerkleinerung und Mischung der gewaschenen Kohle vorgesehen werden.

Größe der Anlage.

Naturgemäß wird die Größe einer Aufbereitungsanlage in erster Linie durch die in Aussicht genommene jährliche Förderung bedingt, es kommt aber auch die Anzahl der jährlichen Arbeitstage in Frage; es ist zu erwägen, ob nur Tag- oder auch Nachtarbeit in Betracht kommt und weiter ist zu berücksichtigen, ob für das betreffende Mineral Zeiten besonders starker Nachfrage durch die Marktlage bedingt sind.

In Deutschland ist die Zahl der jährlichen Arbeitstage 300. Werden also z. B. auf einer Anlage 300 000 *t* Erze im Jahre gefördert, so würden täglich 1000 *t* zu verarbeiten sein. Nimmt man nur Tagbetrieb in Aussicht, was meistens der Fall ist, so würden bei täglich 8 Stunden Arbeitszeit je 125 *t* in der Stunde zu verarbeiten sein. Würde man auch Nachtarbeit einführen wollen, so würde zwar die Anlage nur halb so klein, nämlich für 62 *t* in der Stunde, zu bemessen sein, die Anlagekosten würden also etwas niedriger ausfallen, dagegen würden die Betriebskosten höhere sein, da die Löhne für zwei Schichten bezahlt werden müssen. Die Zahl der Arbeiter in einer Schicht wird auch für die kleinere Anlage ungefähr die gleiche sein wie für die größere. Übrigens fällt die Nachtarbeit gewöhnlich weniger sorgfältig aus als die Tagarbeit, dann dürfen die billigen weiblichen Arbeitskräfte nachts nicht beschäftigt werden, und endlich behält man die Nachtschicht gern für etwaige Ausbesserungen und auch für Überschichten frei. Die Regel bleibt daher Arbeit in den Aufbereitungen nur in der Tagschicht.

Nur dort, wo eine Wasserkraft benutzt werden soll, ohne daß Sammelbecken geschaffen werden können, wird man unter Umständen genötigt sein, auch die Nachtschicht zu Hilfe zu nehmen.

Die Zahl der Arbeitstage kann durch örtliche Gewohnheit, z. B. durch kirchliche Feiertage wesentlich beschränkt werden, sie beträgt im zentralen Rußland nur 267 im Jahre. Auch können die klimatischen Verhältnisse, etwa im Hochgebirge oder in regenarmer Gegend während eines Teiles des Jahres Mangel an Waschwasser mit sich bringen, so daß hierdurch die Zahl der für die Aufbereitung verfügbaren Arbeitstage erheblich eingeschränkt wird. Es müssen dann die Erze während eines Teiles des Jahres angesammelt und während einer verhältnismäßig kurzen Arbeitsperiode verarbeitet werden. Die Aufbereitungsanlage muß also entsprechend größer gebaut werden.

Dann ist bei manchen Bergbauen darauf Rücksicht zu nehmen, daß zu bestimmten Zeiten im Jahre eine v e r s t ä r k t e N a c h f r a g e an dem betreffenden Mineral aufzutreten pflegt. Das ist bei der Steinkohle regelmäßig im Herbste der Fall, wenn die Haushaltungen sich mit dem Winterbedarf eindecken; beim Kalisalzbergbau sind die Jahreszeiten unmittelbar vor der Feldbestellung im Frühjahr und Herbst Zeiten stärkerer Nachfrage. Für den rheinländischen Steinkohlenbergbau und den nordwestböhmischen Braunkohlenbergbau z. B. ist für den Absatz die V e r f r a c h t u n g m i t t e l s S c h i f f für jenen auf dem Rhein, für diesen auf der Elbe von Bedeutung, die wiederum von der Höhe des Wasserstandes abhängt und daher in gewissen Jahreszeiten schwächer, in anderen stärker ist. Dementsprechend wählt man in solchen Fällen die Leistungsfähigkeit der Aufbereitung größer als dem mittleren Jahresdurchschnitte entspricht, z. B. statt für 1000 t für 1250 t, und andererseits sieht man die Möglichkeit vor, größere Mengen versandfertiger Kohle stapeln und maschinell wieder verladen zu können (vgl. S. 220). Der Grubenbetrieb wird sich derartigen Verhältnissen ebenfalls anpassen müssen.

Die Massenverteilung.

Außerordentlich wichtig ist es, ein sicheres Urteil darüber zu gewinnen, in welcher Weise sich die Massen auf die einzelnen Abteilungen der Aufbereitung verteilen werden. Es handelt sich hier namentlich um die t r o c k e n e A u f b e r e i t u n g, das S i e b e n u n d S e t z e n, die H e r d a r b e i t und um die N a c h a r b e i t mit dem durch besondere Verfahren zu trennenden Gute (magnetische Trennung, chemische Behandlung, Schwimmaufbereitung). Erfolgt diese Schätzung nicht richtig, so ist leicht die Überlastung einer Abteilung und die nicht vollständige Ausnutzung einer anderen die Folge. Auch die A n z a h l und der A n t e i l d e r e i n z e l n e n K o r n g r ö ß e n an der ganzen zu verarbeitenden Menge der Abteilungen muß festgestellt werden.

So schwankt z. B. der Anteil der Stückkohlen an der Rohkohlenförderung zwischen 5 und 30%, dementsprechend verbleiben für die Setzarbeit 95 oder nur 70%.

Im besonderen darf bei der Schätzung der Massenverteilung nicht übersehen werden, daß sich bei der Setzarbeit stets (vgl. d. Stammbaum Taf. V), bei der Herdarbeit häufig Z w i s c h e n p r o d u k t e ergeben. Das bei der Setzarbeit fallende durchwachsene Gut wird nach erfolgter Aufschließung den für die entsprechende feinere Korngröße bestimmten Setzmaschinen zugeführt oder auf besonderen N a c h s e t z m a s c h i n e n verarbeitet; die Zwischenprodukte der Herde müssen ebenfalls nachgewaschen werden. Der bei der ersten Trennung entfallende Anteil an Durchwachsenem kann je nach dem Grade der Verwachsung recht erheblich sein. Bei großen Aufbereitungen werden unter Umständen für die Verarbeitung der Zwischenprodukte besondere Abteilungen eingerichtet (vgl. die Stammbäume Taf. V und VII). Bei der Aufbereitung von Erzen, die zum Schwimmen neigen, z. B. Bleiglanz oder Kupferkies, kommt zurzeit die Nachbehandlung der sämtlichen Abgänge durch S c h w i m m a u f b e r e i t u n g in Frage (vgl. Mitterberger Wäsche S. 240).

Bei einfachen Verhältnissen gibt schon die Verarbeitung einer größeren Mineralmenge durch Handarbeit ein ausreichendes Anhalten (Scheiden, Klauben, Zerkleinern der Zwischenprodukte mit Hand, Handsetzen, Schlämmen in Gräben und auf Handherden).

Handelt es sich um eine Neuanlage auf einem bereits längere Zeit in Förderung stehenden Werke, so werden die Unterlagen durch die bisherigen Aufbereitungsergebnisse gewonnen oder es werden die Ergebnisse von Anlagen zu Hilfe genommen, die unter gleichen Verhältnissen arbeiten. Auch besitzen die größeren Maschinenfabriken, die Aufbereitungsanlagen bauen, umfängliche Versuchsanstalten, in denen diese Unterlagen gewonnen werden können.

Diese Firmen sind daher auch in der Lage, bei der Übernahme des Baues einer Aufbereitungsanlage die Gewähr zu übernehmen, daß die Reinheit der erhaltenen Erzeugnisse den üblichen oder besonderen Ansprüchen genügt, daß das Ausbringen ein entsprechend hohes ist und die Verluste sich in gewissen Grenzen halten.

Die Wahl der Aufbereitungsmaschinen.

Durch die bisherigen Erwägungen ist der allgemeine Gang der Aufbereitung und auch die Leistung der einzelnen Abteilungen festgelegt. Es kann nun zur Wahl der Aufbereitungsmaschinen geschritten werden. Es sind hierfür vor allem die besonderen Eigenschaften des Mineralvorkommens maßgebend, z. B. ob die Kohle fest oder zerreiblich ist, ob die Erze besonders wertvoll sind (Wolfram-, Molybdänerze), ob Hart- oder Weichzerkleinerung in Frage kommt (quarzige oder spätige Erze), ob die Verwachsung eine ausnahmsweise innige ist (vgl. das Beispiel S. 239).

Aber auch auf die besonderen Erfahrungen in den betreffenden Revieren oder bei den Maschinenfabriken ist Rücksicht zu nehmen. So pflegt die erste Zerkleinerung allgemein durch Steinbrecher zu erfolgen, es könnte aber auch der Gatesbrecher Verwendung finden. Für die zweite Zerkleinerung können ebensogut Walzwerke wie auch Kugelmühlen in Frage kommen, für die Zerkleinerung zu Sand Pochwerke, Rohrmühlen, Pendelmühlen. Von Sieben werden in manchen Revieren Schwingsiebe, in anderen Kreiselrätter, sonst auch Trommelsiebe bevorzugt. Bei den Setzmaschinen für die Erzaufbereitung ist im besonderen zu entscheiden, ob drei-, vier- oder fünfteilige aufzustellen sind. Bei den Herden können verschiedene Bauarten in Frage kommen usw.

Immer wird es zweckmäßig sein, namentlich in größeren Anlagen, die Siebflächen groß zu wählen und die Anzahl der einzubauenden Maschinen, z. B. der Setzmaschinen, und Herde reichlich zu bemessen, denn es ist vorteilhafter, wenn z. B. eine oder die andere Setzmaschine zeitweilig unbenutzt bleibt, als wenn die vorhandenen Maschinen überlastet werden müssen.

Übrigens muß man auf Schwankungen in der Zusammensetzung des Gutes, namentlich der Erze, gefaßt sein, im besonderen was das Vorwiegen des einen (z. B. des Bleiglanzes) oder des anderen Erzes (z. B. der Zinkblende) betrifft. Dem kann durch Einstellen der Austräge an den Setzmaschinen und Herden, bei den letzteren auch durch Änderung der Läuterwassermengen entsprochen werden. Auch ändern sich zuweilen die Anteile der einzelnen Kornklassen im Grubenklein. Nehmen einzelne Kornklassen erheblich zu, und andere ab, so ändert man die Siebweiten in engen Grenzen und bewirkt dadurch wieder eine gleichmäßige Verteilung auf die einzelnen Setzmaschinen. Die Austräge an den Spitzlutten und Spitzkästen regelt man am besten durch geringfügige Änderungen des Klarwasserstromes.

Die einzelnen Aufbereitungsapparate werden zwar in abgestuften Größen und damit für verschiedene Leistungsfähigkeit gebaut, man geht aber über gewisse Abmessungen nicht gern hinaus. Daher müssen, wenn besonders hohe Leistungen verlangt werden, mehrere gleichartige Apparate aufgestellt werden, z. B. mehrere Steinbrecher für die erste Zerkleinerung. Ebenso muß die Anzahl der Setzmaschinen und der Herde entsprechend gewählt werden. In solchen Fällen ist es aber auch zweckmäßig, die Zahl der Korngrößen (vgl. S. 60) zu vermehren und die Nacharbeit auf besonders für diesen Zweck bestimmten Maschinen vorzunehmen. Daraus ergibt sich dann wieder die Gliederung der ganzen Anlage in mehrere Abteilungen, nämlich solche für Grubenklein und für Durchwachsenes, unter Umständen auch für reiches und für armes Zwischenprodukt. Es entspricht das auch dem Umstande, daß das Grubenklein häufig reicher an Erz ist als das durchwachsene Gut, und daß naturgemäß im reichen Zwischenprodukt das Erz, im armen Zwischenprodukt die Berge vorwalten. Im allgemeinen wird aber der Gang der Aufbereitung in diesen Abteilungen der gleiche sein[1]).

Mit Rücksicht darauf, daß gewisse Teile der Aufbereitungsmaschinen starker Abnutzung unterworfen sind, z. B. die Brechbacken der Steinbrecher, die Walzenmäntel, die Siebe in den Siebapparaten und Setzmaschinen, die Antriebvorrichtungen der Schnellstoßherde, die Becherwerke und Schlammpumpen, ist eine ständige Beobachtung des Ganges der Maschinen und rechtzeitige Auswechslung schadhafter Teile notwendig. Nur so können größere Störungen vermieden werden. Dementsprechend müssen Ersatzteile in der nötigen Zahl vorrätig gehalten werden.

Gegenseitige Anordnung der Apparate.

Die einzelnen Abteilungen einer Aufbereitung, z. B. die trockene Aufbereitung, die Setzwäsche, die Herdwäsche und ebenso die Maschinen jeder Abteilung, werden tunlichst so untereinander angeordnet, daß die Massen in der Hauptsache abwärts von einem zum anderen Apparat gelangen, z. B. in der Setzwäsche vom Zerkleinerungsapparat über die Siebe zu den Setzmaschinen, auch die Sammelbehälter für die verschiedenen Produkte der Setzarbeit finden neuerdings unmittelbar unter den Setzmaschinen ihren Platz.

Dabei wird die Übersichtlichkeit erhöht, wenn die gleichartigen Maschinen, z. B. alle Setzmaschinen auf gleicher Sohle aufgestellt werden. Nur die Zwischenprodukte müssen in der Regel zur Zerkleinerung und weiteren Verarbeitung gehoben werden.

Im ebenen Gelände ergibt sich hieraus meistens ein Hochbau mit mehreren Stockwerken übereinander (Beispiel, S. 223), während im Gebirge die Neigung des Talgehänges vorteilhaft ausgenutzt werden kann, um mehrere Sohlen untereinander zu schaffen. (Beispiel, S. 231.) Außer dem Platzbedarf für die einzelnen Maschinen ist dazwischen ausreichender Raum zur Bedienung frei zu lassen, die Transmissionen müssen gut zugänglich sein. Das Tageslicht ist durch zweckmäßige Verteilung der Fenster, auch Oberlicht und dementsprechende Aufstellung der Maschinen auszunutzen (z. B. Stellung der Siebseite der Setzmaschinen nach der Fensterseite), auch ist ausreichende, wenn möglich elektrische Beleuchtung vorzusehen. Auf geeignete Ansammlung der Berge und bequeme Abfuhr ist Rücksicht zu nehmen.

Oberhalb der trockenen Aufbereitung, dann zwischen den einzelnen Abteilungen der Wäsche, z. B. über der Setzwäsche und über den Zerkleinerungsmaschinen für das Durchwaschene sind möglichst große Vorratsräume anzuordnen, um dadurch Stockungen in der Zufuhr aus der Grube auszugleichen und tunlichste Unabhängigkeit der einzelnen Gruppen einer Abteilung zu sichern.

Die Transmission wird am einfachsten und erfordert am wenigsten Kraftaufwand, wenn die Hauptwellen durchgehen und parallel zueinander verlaufen. Bei Aufstellung der Maschinen ist hierauf Rücksicht zu nehmen.

In großen Anlagen, in denen sich viele verschiedenartige Produkte und Zwischenprodukte ergeben, wird die Übersicht dadurch wesentlich erleichtert, daß z. B. alle Siebapparate und Setzmaschinen mit den entsprechenden Korngrößen bezeichnet sind, also 20/15 *mm*, 15/12 *mm* usw. Den einzelnen Spitzen der Stromapparate und den zugehörigen Herden werden fortlaufende Nummern gegeben. Unter Umständen werden auch farbige Zahlen benutzt, um die Apparate und Produkte

---

[1]) Franke, G. Die neue Bende- und Bleierzaufbereitung usw. der Bleischarleygrube bei Beuthen (O.-Schl.). E. G. A. 1912, S. 1865.

der einzelnen Abteilungen zu unterscheiden, z. B. weiß für Roherz, blau für Bleierz, rot für Zinkerz und dergl. Die Hunde werden bei der Beförderung mit entsprechenden Marken besteckt.

Der Antrieb[1]).

Nur kleine und entlegene Anlagen sind lediglich auf Menschenkraft oder Tierkraft am Göpel angewiesen[2]). Wenn tunlich, wird Wasserkraft durch Wasserräder oder Turbinen je nach der Gefällhöhe nutzbar gemacht.

Während früher naturgemäß die Dampfmaschine bei dem Antriebe der Aufbereitungen vorherrschte, wird jetzt vielfach elektrischer Antrieb bevorzugt, besonders in der Form des Gruppenantriebes, so daß etwa die Vorzerkleinerung, die Setzwäsche, die Herdwäsche, die Nachwäsche, auch die Pumpen und Aufzüge besonderen Antrieb erhalten. Die Transmission wird hierdurch einfacher.

Auch wird vermieden, daß sich Schwankungen in der Umlaufzahl, die etwa bei schwächerer oder stärkerer Belastung der Vorzerkleinerung, auch durch Einschaltung eines Aufzuges oder dergl. entstehen, auf die empfindlichen Setzmaschinen und Herde übertragen.

Die Wasserwirtschaft.

Die reichliche Wasserversorgung einer Aufbereitung muß unbedingt sichergestellt werden. Große Wäschen brauchen 10, selbst 20 *cbm* in der Minute. Solche Mengen an Klarwasser können nur selten beschafft werden, es muß daher dafür gesorgt werden, daß das Waschwasser, nachdem es einmal durch die Wäsche gegangen ist, gut geklärt[3]) und dann zur Wiederverwendung immer wieder gehoben wird (Umlaufwasser). Das zur Verfügung stehende Klarwasser wird gewöhnlich getrennt gehalten, um dort, wo es besonders nötig ist, verwendet zu werden, z. B. zum Überbrausen der fertigen Kohlen oder der Erze, bevor sie zum Klauben gelangen, dann zur Herdarbeit. Die Pumpen beanspruchen einen recht erheblichen Arbeitsaufwand. Die Wasserverteilung findet von größeren Wasserbehältern aus durch Rohrleitungen, die mit Stellhähnen versehen sind, statt.

Um das sehr lästige Einfrieren der Wäsche zu verhüten, ist Heizung, und falls nötig, Anwärmung des Waschwassers mittels Dampf vorzusehen.

Anfuhr und Verladung. Verwiegen und Probenehmen[4]).

Die Anfuhr gestaltet sich am einfachsten, wenn die Hunde unmittelbar vom Schachte oder aus dem Stollen in die oberste Sohle der Aufbereitung befördert werden können. Es kommt aber auch die Anfuhr durch Fuhrwerk, Eisenbahn oder durch Hochseilbahn vor. Bei der Übergabe an die Aufbereitung wird zweckmäßig das Verwiegen und wenn nötig, auch die Probenahme des Fördergutes vorgesehen. Ebenso notwendig ist das Verwiegen und die Probenahme der Fertigpro-

---

[1]) Die Schätzung der notwendigen Betriebskraft und des Wasserbedarfes hat nach den bei den einzelnen Apparaten gemachten Angaben zu erfolgen. Leicht zerreibliches und lettiges Haufwerk bedingt reichliches Läuterwasser. (Als Beispiel vergleiche die Angaben S. 233.)

[2]) Pütz, O. Vorkommen, Gewinnung und Aufbereitung der Blei- und Kupfererze in Süd-Spanien. Pr. Z. 1906, S. 675 bis 683.

[3]) Vgl. den Abschnitt: Klärung des Waschwassers, S. 174.

[4]) Vgl. im Abschnitt Anlagen „Die Mitterberger Kupferkies-Aufbereitung", S. 240. — Graumann. Allgemeine Richtlinien für die Ausführung von Probenahmen an Erzen. Met. u. Erz 1921, S. 97.

dukte und auch zur Bestimmung der ·Verluste die Probenahme bei den Bergen. Zuweilen ist vorgesehen, fortlaufend selbsttätig Proben zu nehmen und sie auch für die Untersuchung entsprechend zu zerkleinern und zu verjüngen. Es ist dann ein Laboratorium zur Vornahme der chemischen Untersuchungen notwendig. Auch die mikroskopische Untersuchung der Produkte (vgl. S. 13) ist erwünscht.

Die Verladung der Fertigprodukte erfolgt entweder auf Fuhrwerke, auf Hochseilbahnen oder auf Eisenbahnen. Hierzu sind die nötigen Vorratsbehälter und Gleisanlagen, auch die Einrichtungen für den Verschiebedienst und das Verwiegen vorzusehen (vgl. S. 171).

Im besonderen auf Kalisalz- und Steinkohlenwerken sind auch Vorkehrungen zu treffen für das Stürzen auf Vorrat und das Wiederverladen (vgl. S. 220).

Verwendung der Berge.

Zuweilen können die Berge Verwendung finden, z. B. die Tonschiefer von der Kohlenaufbereitung zur Herstellung von Ziegeln, die Sande der Erzaufbereitung, falls sie frei von Schwefelmetallen und dergl. sind, zur Herstellung von Mörtel, Beton oder Kunststeinen. Auf vielen Gruben werden die Berge aus der Aufbereitung, zum Teil nach entsprechender Zerkleinerung, zum Spülversatz verwendet.

Die Anlage- und Betriebskosten.

Die Anlagekosten setzen sich im wesentlichen zusammen aus der Vorbereitung des Geländes, den Kosten für die Gebäude, einschließlich Beleuchtung und Heizung, für die Maschinen mit Transmission und für deren Aufstellung. Dazu kommen die Einrichtungen für die Anfuhr der Rohprodukte und die Abfuhr der fertigen Produkte und der Berge. Auch das Einlaufen einer größeren Anlage erfordert Zeit, Geld und Geduld.

Die Betriebsdauer einer Aufbereitungsanlage dürfte nur selten 10—15 Jahre überschreiten, da dann die meisten Maschinen völlig abgenutzt sein werden, auch vielleicht neue Verfahren der Aufbereitung oder Änderung der Erzführung, auch Steigerung der Förderung einen durchgreifenden Umbau nötig machen. Zu den Betriebskosten sind daher außer einer angemessenen Verzinsung des Anlagekapitals jährliche Abschreibungen in der Höhe von 10 bis 7% des Anlagekapitals zu rechnen.

Im übrigen sezten sich die Betriebskosten aus den Löhnen, dem Kraftbedarf, den Materialien für Ausbesserungen und Schmierung und dem Aufwande für Beleuchtung und Heizung zusammen.

Die Aufbereitungskosten (vgl. S. 197) sind wesentlich abhängig von dem Grade der Verwachsung und der Härte des Gutes, auch von der Zahl der zu trennenden Mineralien. Je inniger die Verwachsung und je höher die Härte, desto mehr Zerkleinerungsarbeit wird erfordert. Ist die Zahl der voneinander zu trennenden Mineralien eine große, so müssen unter Umständen zur Weiterverarbeitung der Zwischenprodukte besondere Verfahren angewendet werden, wodurch die Arbeit verteuert wird. Große Anlagen arbeiten im allgemeinen billiger als kleinere, da bei den ersteren sowohl die Anlagekosten als namentlich die Löhne auf die Tonne verarbeitetes Gut berechnet, niedriger sind. Deshalb sucht man jetzt auf Werken, die eine größere Zahl örtlich getrennter Betriebe umfassen — sobald nur die Beschaffenheit des Haufwerkes überall die gleiche ist — Zentralaufbereitungen zu schaffen, denen die gesamte Förderung zugeführt wird.

Die Aufbereitungskosten bezieht man entweder auf 1 t lieferbares Gut, z. B. Kohle oder auf 1 t Rohhaufwerk, z. B. in der Erzaufbereitung, da auch die

Grubenkosten hier auf 1 *t* Rohhaufwerk bezogen werden. Die Kosten schwanken in sehr weiten Grenzen, da die Arbeitslöhne einen wesentlichen Teil ausmachen und diese nach dem Gange der Aufbereitung und den Lohnsätzen in den einzelnen Revieren recht verschieden sind. Auch kommt wesentlich in Betracht, ob die billigere Frauenarbeit verwendet werden kann.

Für die Separation und Verladung der B r a u n k o h l e im n o r d w e s t l i c h e n B ö h m e n galten etwa folgende Erfahrungswerte:

Eine R a m p e n v e r l a d u n g für 90 *t* Leistung in der Stunde kostete um 1905 etwa 70 000 Kronen. Bei Arbeit nur in einer Schicht (zehn Stunden) wurden im Jahre 1913 rund 190 000 *t* verladen und dabei verausgabt:

an Löhnen	19,6 Heller/*t*
„ Material	0,5 „ „
„ Verschiedenem	0,1 „ „
15 % Verzinsung und Tilgung des Anlagekapitals . .	5,5 „ „
Zusammen . .	25,7 Heller/*t*

Eine Separation mit B a n d v e r l a d u n g für die gröberen und F ü l l r u m p f v e r l a d u n g für die feineren Korngrößen bei 100 *t* Stundenleistung kostete um 1900 einschließlich Dampfantrieb, Dampfaufzug und Gebäude in Eisenfachwerk rund 155 000 Kronen. Es wurden im Jahre 1913 ebenfalls bei Arbeit nur in einem Drittel (10 Stunden) rund 310 000 *t* verladen und dafür verausgabt:

an Löhnen	16,5 Heller/*t*
„ Material	0,5 „ „
„ Verschiedenem	0,1 „ „
15 % Verzinsung und Tilgung des Anlagekapitals . .	7,7 „ „
Zusammen . .	24,8 Heller/*t*

Nach Umbau für elektrischen Antrieb dürften sich die Kosten etwas verringert haben.

Im Jahre 1913 setzte eine mittlere Steinkohlenwäsche in Sachsen, deren Anlagekosten angenähert 600 000 Mark betragen hatten, bei zehn Stunden täglicher Arbeitszeit, 525 000 *t* Rohkohle durch und erzeugte 467 000 *t* verkäufliche Kohle, es fielen also 12% Berge und Schlämme. Die Aufbereitungskosten, bezogen auf 1 *t* verkäufliche Kohle und auf 1 *t* Rohkohle betrugen:

	Kosten im ganzen	Kosten auf 1 *t* verkäufliche Kohle		Kosten auf 1 *t* Rohkohlen
			%	
Löhne	259 500 Mk.	0,55 Mk.	40	0,49 Mk.
Betriebskraft	24 000 „	0,05 „	3	0,05 „
Maschinenteile	47 000 „	0,10 „	7	0,09 „
Materialien und Geräte . .	196 800 „	0,42 „	30	0,38 „
Verschiedenes	40 000 „	0,10 „	7	0,08 „
Verzinsung 7 % und Tilgung 7 %	84 000 „	0,18 „	13	0,16 „
Summe . . .	651 300 Mk.	1,40 Mk.	100	1,25 Mk.

Für die Aufbereitung der o b e r s c h l e s i s c h e n B l e i - Z i n k e r z e werden folgende durchschnittliche Angaben gemacht[1]): Die Kosten stellen sich auf 3 bis 4 Mark für 1 *t* Rohhaufwerk. Der Wasserbedarf beträgt für je 1 *t* Erz, die in der

---

[1]) P ü t z. Ö. Z. 1912, S. 596.

Minute durchgesetzt wird, 20—23 *cbm*, der Kraftverbrauch auf 1 *t* in der Stunde durchgesetztes Gut 8—13 PS, die Leistung 1—3 *t* auf einen Mann der Belegschaft in der Schicht. Die Anreicherung im Zinkgehalte findet von 7 bis 12% Zinkgehalt im Roherze auf 40 und mehr Prozent im Liefererze statt bei einem Ausbringen bis 89% des Zinkgehaltes.

Für die größte oberschlesische Aufbereitungsanstalt und wohl die größte Erzaufbereitung in Europa, diejenige der B l e i s c h a r l e y g r u b e b e i B e u t h e n, macht Franke[1]) die folgenden Angaben: Die Leistung beträgt 1000 *t* in 10 Stunden, der Kraftverbrauch auf je 1 *t* Roherz in 1 Stunde 13 PS, der Zusatzwasserverbrauch in der Minute 10—13 *cbm*. Das Roherz enthält im Mittel 26% Zink, 3,25% Blei und 7% Schwefelkies, die Lagerart ist zinkhaltiger Dolomit, auch kommt Vitriolletten vor. Die Zinkblendeprodukte enthalten im Mittel 46—47% Zink, daneben etwa 1,35% Blei, die Bleierzprodukte 78—80% Blei, daneben etwa 2,8% Zink, die Schwefelkiesprodukte 11% Zink und 1,5% Blei. Das Ausbringen beträgt 48,5% Erz und 51,5% Berge, dabei wurden 88% des Zinkgehaltes und 70% des Bleigehaltes in den Zink- und Bleierzen ausgebracht. Die Klaube- und Setzberge enthalten noch 2,8% Zink und 1,3% Blei, die Herdberge und Flutschlämme 10% Zink und 2% Blei, es ist dieser verhältnismäßig hohe Verlust zum Teil auf den Zinkgehalt des Dolomites zurückzuführen.

Die Betriebskosten auf 1 *t* Roherzhaufwerk sezten sich folgendermaßen zusammen:

15% Tilgung und Verzinsung des Anlagekapitals . 3,00 Mark =	54,5%
Waschlöhne, Schmier- und Putzstoffe . . . . . 1,35 ,, =	24,5 ,,
Löhne für die Außenarbeiten . . . . 0,12 ,, =	2,2 ,,
Kraftverbrauch, 1 KWst. = 3 Pfennig . . . . . 0,45 ,, =	8,2 ,,
Ersatz- und Ausbesserungsarbeiten etwa . . . . 0,33 ,, =	6,0 ,,
Arbeiterversicherung und allgemeine Unkosten . . 0,25 ,, =	4,6 ,,
Summe . . . 5,50 Mark =	100,0%

ohne die Dampfkosten für Beheizung der Wäsche im Winter.

8. Besprechung von Aufbereitungsanlagen.

Im folgenden sind eine Anzahl gut gekennzeichneter Anlagen besprochen. Bei den Steinkohlenwäschen ist auch auf die immer wichtiger werdende Behandlung des Staubes und der F e i n k o h l e und die S t a p e l u n g u n d W i e d e r v e r l a d u n g von Vorräten näher eingegangen worden.

Außerdem ist in den vorhergehenden Abschnitten an mehreren Stellen auf den Gang der Aufbereitung Bezug genommen. Die Wichtigkeit der trockenen Aufbereitung als Vorarbeit für die nasse, besonders bei schwierig zusammengesetzten Roherzen, wurde an den Freiberger Verhältnissen erläutert (S. 10), auf das Wesen der stufenweisen Zerkleinerung wurde S. 14 hingewiesen. Die Verarbeitung der südafrikanischen Golderze wurde S. 34 besprochen. Die nasse und chemische Aufbereitung der arsen-, wismut- und wolframithaltigen Zinnerze von Altenberg im Erzgebirge wurde S. 137 behandelt. Die Laugung der Kupfererze von Chuquicamata findet sich S. 139. Die Kupferschlammwäsche der Washoe-Werke ist S. 118 erwähnt. Die Aufbereitung der diamantführenden Kimberlite Südafrikas wurde S. 124

---

[1]) F r a n k e, G. Die neue Blende- und Bleierzaufbereitung, Haldensturz- und Wiederverladeanlage der Bleischarleygrube bei Beuthen, O.-Schl. E. G. A. 1912, S. 1865.

erwähnt. Der allgemeine Gang der magnetischen Aufbereitung ist S. 126 besprochen worden. Für die Schwimmaufbereitung finden sich Beispiele S. 156 und folgende.

Die Kalisalzmühlen[1]).

Für die Kalisalzmühlen ist kennzeichnend, daß lediglich eine Zerkleinerung der bei der Verladung in der Grube bereits überklaubten Rohsalze stattfindet. Da der Verkauf der Salze, dem Bedarfe der Landwirtschaft an Düngesalz entsprechend, im Frühjahr und Herbst erhebliche Steigerung erfährt, sind große Vorratsräume für die trockene Lagerung der gemahlenen Salze vorzusehen.

Als Rohsalze kommen namentlich in Frage Karnallit und Hartsalz. Ist der Karnallit rein, so entspricht seine Zusammensetzung der Formel KCl, $MgCl_2$, $6 H_2O$ und er enthält 27% $KCl = 17\%$ K_2O. Häufig ist er jedoch durch Kieserit und Steinsalz verunreinigt. Guter Karnallit enthält etwa 12,5% K_2O. Das Gemenge von Karnallit — oder auch Sylvin (KCl) — mit Kieserit ($MgSO_4 + H_2O$) und Steinsalz wird Hartsalz genannt. Gutes Hartsalz enthält 18—20% K_2O.

Die Zerkleinerung — es handelt sich hier um Weichzerkleinerung — muß aus zwei Gründen stufenweise erfolgen, einmal gibt es keinen Zerkleinerungsapparat, der das geförderte, grobstückige Gut von 500 *mm* Korngröße und darüber bis auf Mehlfeine zerkleinert, dann wird aber gefordert, daß dasjenige Salz, das in den Fabriken auf hochprozentige Kalisalze, namentlich für die Ausfuhr verarbeitet wird, mit etwa 25 *mm* Korngröße geliefert wird, während die unmittelbar an die Landwirtschaft gelieferten Düngesalze bis zu 2 und 1 *mm* zerkleinert werden müssen.

Gewöhnlich werden daher (vgl. den Stammbaum) 1 Steinbrecher und der geringeren Leistungsfähigkeit entsprechend 2 Glockenmühlen und 4 Schlagleistenmühlen oder dergl. untereinander angeordnet. Dazwischen finden Siebe ihren Platz, die den Zweck haben, das Unterkorn auszuhalten, um die Zerkleinerungsapparate zu entlasten. Zuweilen werden auch zwischen Steinbrecher und Glockenmühlen Klaubebänder angeordnet, um Steinsalz und dergl. auszulesen. Das zerkleinerte Gut wird durch Becherwerke gehoben — dabei ist gewöhnlich eine selbsttätige Probenahme vorgesehen — und durch Fördereinrichtungen, z. B. rechtwinklig gekreuzte Förderbänder, auf die einzelnen Lagerböden verteilt. Ein derartiges System verarbeitet 500—600 *dz* in 1 Stunde und braucht 125 PS. Falls zeitweise eine geringere Leistung genügt, werden 1 Glockenmühle und 2 Schlagleistenmühlen ausgeschaltet.

An Neuerungen im Betriebe der Kalisalzmühlen sind namentlich zwei zu nennen. Einmal bemüht man sich, statt der im Stammbaum angegebenen dreistufigen Zerkleinerung mit zwei Stufen auszukommen, nämlich Zerkleinerungsmaschinen anzuwenden, die zu gleicher Zeit entweder den Steinbrecher und die Glockenmühle oder andererseits die Glockenmühle und die Schlagleistenmühle ersetzen (vgl. Titanmühle, S. 44 und Scheibenmühle, S. 41)[2]). Außerdem sind Zerkleinerungsanlagen unter tage geschaffen worden[3]). Es soll hierdurch der Förderwagenumlauf beschränkt werden, die Schachtförderung geschieht nicht in Hunden auf Fördergestellen, sondern in Schachtfördergefäßen (Tonnen). Durch eine Zusammenlegung der Salzgewin-

---

[1]) L ö w e, Dr. L. Die mechanische Aufbereitung der Kalisalze. Pr. Z. 1903, S. 330. — Salzmühlenanlage der Gewerkschaft Alexandershall. Z. V. d. I. 1904, S. 335. — Deutschlands Kalibergbau, Festschrift 1907, S. 134.

[2]) F r a n k e. Mechanische Aufbereitung der Kalisalze. Bericht über die Kalitagung in Hannover, 1922, S. 110.

[3]) C a b o l e t, P. Die unterirdischen Mahl- und Speicheranlagen der Kaliwerke Heimboldshausen und Ransbach und die entsprechende Gestaltung der Förderung. E. G. A. 1916, S. 105. — M e u s k e n s, Cl. Neuerungen und Fortschritte auf dem Gebiete der Stein- und Kalisalzaufbereitung. Kali, 1917, S. 133.

8. Stammbaum für eine Kalisalzmühle.

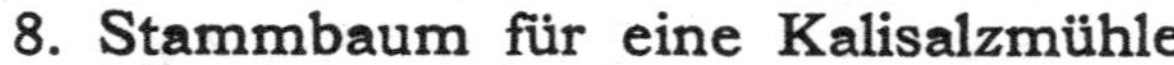

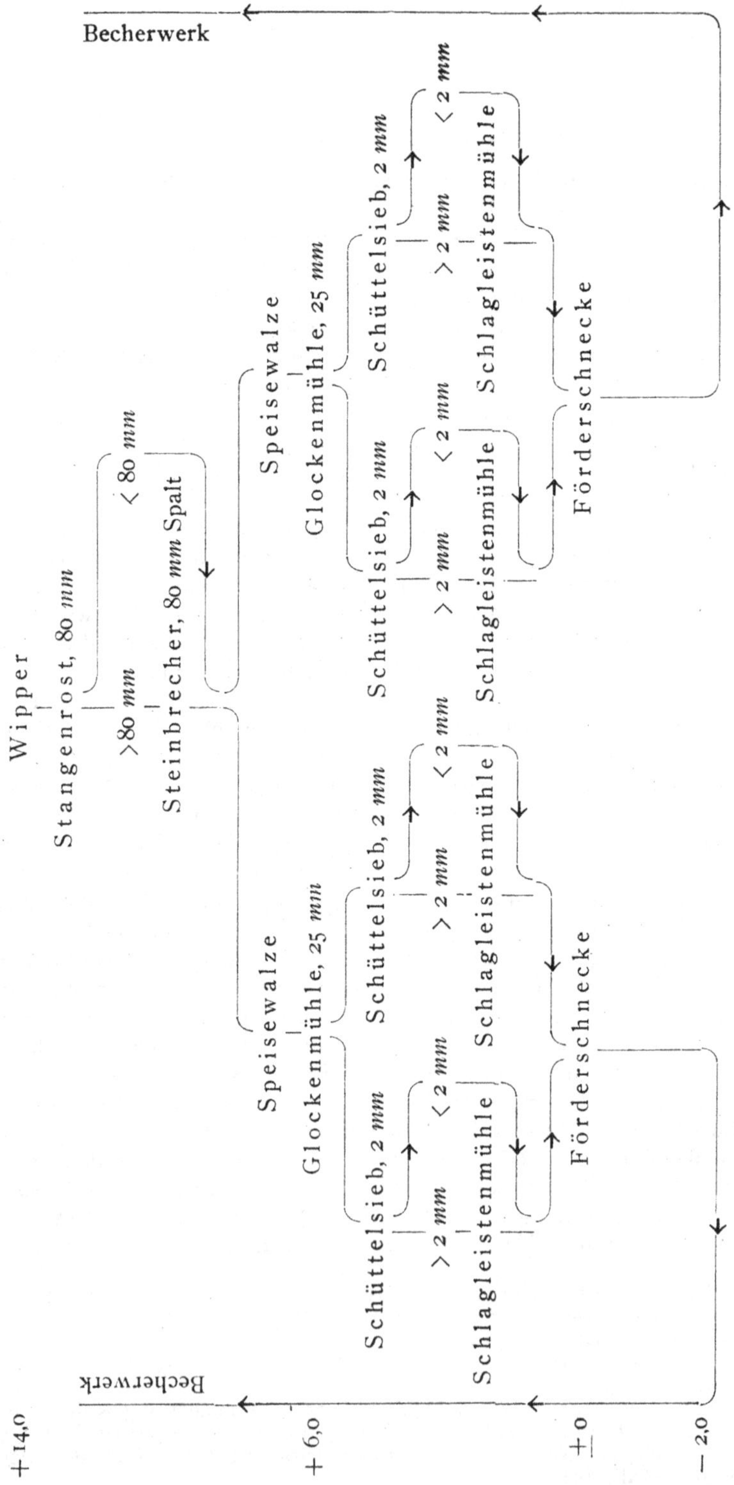

Leistung einer Gruppe 500 bis 600 dz in 1 st.

nung auf die Frühschicht und das Mahlen, Fördern und Verladen der Salze auf die Mittagsschicht können die Kraftanlagen des Werkes besonders günstig ausgenutzt werden. Anlage, Unterhaltung und Betrieb der untertägigen Anlagen ist billiger als die der Anlagen über tage.

Aufbereitung der Braunkohle.

Die für Deutschland wichtigsten Braunkohlenvorkommen sind: Die norddeutsche erdige Braunkohle, die oberbayrische Glanzkohle und die nordwestböhmische Pechbraunkohle.

Die erdige Braunkohle wird entweder als Förderkohle verkauft oder auch durch einfache Siebe in Knörpel- und Kleinkohle getrennt. Die Knörpelkohle wird verkauft, die Kleinkohle für den eigenen Verbrauch als Kesselkohle verwendet oder der Brikettierung zugeführt. Über die Zerkleinerung im Naßdienst der Brikettfabriken vgl. S. 257.

Bemerkenswert sind die Versuche, die eine Veredelung der sandigen Kohle bezwecken[1]). Der Sand vermehrt nicht nur den Aschengehalt der Kohle, sondern zerstört bei der Brikettierung außerordentlich schnell die Formen der Pressen, deren Erneuerung zeitraubend und teuer ist. Es wird daher schon bei der Gewinnung der Sand mit besonderer Sorgfalt vor Beginn der Baggerarbeit durch Handarbeit entfernt.

Beim Auftreten des Sandes in dünnen Lagen oder schmalen Adern ist das Aushalten jedoch unmöglich. Es sind in solchen Fällen zur Entfernung des Sandes aus den getrennt geförderten sandigen Kohlen die folgenden Verfahren vorgeschlagen worden: Am einfachsten ist das Absieben der Kohlen auf Schwingsieben mit 8 mm Lochung. Die Kohle muß allerdings tunlichst trocken sein. Mit dem Sande gehen etwa 25% der Kohle verloren.

Dann ist das Setzen auf Setzmaschinen mit Feldspatbett wie in der Steinkohlenaufbereitung vorgeschlagen worden. Die ausgetragene Kohle wird auf einem Schwingsiebe mit 0,5 mm Lochung zum Teil vom Wasser befreit, enthält aber immer noch 60% Wasser, der Gehalt an Sand wird von 20 bis 30% bis auf etwa 4% herabgemindert. In dem Feldspatbett sammeln sich die größeren Quarzgeschiebe und die Schwefelkiesknollen, das Bett muß daher jede Woche erneuert werden. Man hat wohl vor dem Setzen der Kohle das Korn unter 5 mm durch Sieben entfernt, um den Wassergehalt der gesetzten Kohle zu erniedrigen, auch hat man die gesetzte Kohle, ehe sie in die Brikettfabrik abgegeben wurde, in einem Röhrenofen (siehe dieses) mit Wendeleisten bis auf 45% Wasser vorgetrocknet.

Die oberbayrische Glanzkohle ist in den Flözen stark mit Bergen (Stinkstein) verunreinigt und wird daher in neuerer Zeit in Wäschen genau wie Steinkohle behandelt.

Braunkohlen-Separationen in Nordwestböhmen[2]).

Es werden in Nordböhmen von dem mächtigen Flöze in der Regel nur die reinen Bänke abgebaut, so daß eine Trennung der Förderkohle nach Korngrößen genügt, um Handelsware herzustellen.

---

[1]) Kämmerer. Die mechanische Aufbereitung sandiger Braunkohle in der Niederlausitz unter besonderer Berücksichtigung der geologischen Verhältnisse, Braunkohle 1922, S. 285.
[2]) Führer durch das Nordwestböhmische Braunkohlenrevier. 2. Aufl. Brüx, 1908, S. 359 ff.

Die üblichen Korngrößen sind:

Stückkohle . . . . über 120 *mm*
Mittelkohle I . . . . 120— 64 „
    „   II . . . . 64— 32 „
Nußkohle   I . . . . 32— 16 „
    „   II . . . . 16— 8 „
    „   III . . . . 8— 4 „
Lösche (Klarkohle) . . . . unter 4 „

Nußkohle III wird nur auf einigen Anlagen hergestellt, fällt sie fort, so umfaßt die Lösche die Korngrößen unter 8 *mm*.

Es werden gewöhnlich die folgenden Aufbereitungsapparate verwendet: Zum Entleeren der Hunde Kreiselwipper, zum Teil mit verlangsamter Sturzpause der Hunde, zum Aushalten der Stückkohlen die Roste von Briart, Distl-Susky oder Seltner, dann zum Trennen der kleineren Korngrößen der Kreiselrätter von Seltner. Die Verladung findet bei den älteren und kleineren Anlagen mittels Hunden von Rampen aus in die Eisenbahnwagen statt (Taf. I), bei den größeren und neueren Anlagen werden die Stück- und Mittelkohlen durch Verladebänder in Eisenbahnwagen, die auf Wagen stehen, verladen, die Nußkohlen und die Lösche werden durch Förderbänder in Vorratstaschen befördert und von dort in die Eisenbahnwagen über die Füllschnauzen abgelassen. Der Gewichtsausgleich wird später auf einer besonderen Gleiswage vorgenommen, die in das Vollgleis eingebaut ist. Für den Fall von Absatzstockung können die Verladebänder hochgewunden und die Kohlen etwa 5 *m* über Schienengleis in Hunde verladen werden, ebenso können Hunde aus den Verladetaschen gefüllt und dann auf den Sturzplätzen von Auslaufbrücken aus entleert werden. Wegen der Gefahr der Selbstentzündung darf die Kohle nur etwa 5 *m* hoch aufgestürzt werden, am besten in parallelen Wällen, zwischen denen genügender Raum für Hundegleise frei bleibt. Zur Wiederverladung wird die Kohle in Hunde geschaufelt, diese werden mittels Aufzug auf eine Bühne gehoben, von der aus das Verladen in die Eisenbahnwagen möglich ist. Lagert die Kohle lange, so zerfällt sie zum Teil und muß dann die Separation nochmals durchlaufen.

Die T a f e l I verdeutlicht die R a m p e n v e r l a d u n g. Die Hunde werden im Wipper *W* entleert und gehen über den Stückkohlenrost *D*, die Stückkohlen werden durch das Becherwerk *F* in Hunde *St* gehoben. Die durch den Rost gefallenen Kohlen werden durch das Becherwerk *B* auf den Kreiselrätter *K* gestürzt und in Mittelkohle I und II, Nußkohle I, II und III und Lösche getrennt. Zur Überführung der Mittelkohle in die Hunde *M* und *M¹* dienen die Bänder *f* und *f¹*, die Hunde *N¹*, *N²* und *N³* nehmen die Nußkohlen, der Hund *O* die Lösche auf. Die Hunde werden auf die Rampen *R*, deren Höhe 2,8 *m* über Schienenoberkante beträgt, hinausgestoßen und in die Eisenbahnwagen entleert. Die leeren Hunde *l* können auf besonderen Gleisen zurückbefördert werden. *Br* ist eine Klappbrücke zur Verbindung der beiden Rampen. Beim Verschieben der Eisenbahnwagen muß sie hochgeklappt werden, daher sind Gegengewichte vorhanden.

Die Verladung von Rampen ist zwar in der Anlage billig, besonders deshalb, weil die Hängebank des Schachtes verhältnismäßig nicht hoch zu liegen braucht und die maschinellen und baulichen Einrichtungen einfach sind, sie erfordert aber laufend hohe Lohnkosten bei der Bedienung der Hunde, auch wird die Leistung durch schlechte Witterung ungünstig beeinflußt.

T a f e l II zeigt eine Doppelanlage für B a n d - u n d F ü l l r u m p f v e r l a d u n g. Links liegt der Schacht, von den Wippern *W* geht die Kohle über die Stück-

kohlenroste *D*, die Stückkohlen vereinigen sich auf dem Verladebande *C*. Die Kohle unter 120 *mm* fällt auf die Kreiselrätter *K*. Mittelkohle I und II werden durch die Sammelbänder *s* und *s¹* auf die Verladebänder *C¹* und *C²* geführt. Die Nußkohlen und die Lösche werden durch die ansteigenden Bänder *f* in die Füllrümpfe *E* befördert. Die Vollgleise gehen zum Teil unter der Separation hindurch. Der Antrieb erfolgt elektrisch, es sind etwa 60 PS erforderlich, auch der Aufzug erhält elektrischen Antrieb. Das Gebäude ist in Eisenfachwerk (in neuerer Zeit Eisenbeton) ausgeführt. Es werden Hunde mit etwa 1 *t* Inhalt verwendet, die Höchstleistung der Anlage beträgt etwa 300 *t* in die Stunde.

An Bedienung sind erforderlich: 1 Aufseher, 4 Mann an den Wippern, eine der Reinheit der Kohle entsprechende Anzahl von Leuten zum Klauben an den Verladebändern, 1 Mann zur Überwachung des maschinellen Teiles, zur Verladung 3 Mann an den Verladebändern und 2 Mann an den Füllrümpfen. Soll Kohle gestapelt werden, so ist hierfür gesondert Mannschaft einzustellen, ebenso, wenn vom Vorrat verladen werden soll.

Die Steinkohlenwäschen.

Dort, wo die Steinkohle rein gefördert wird, z. B. von den mächtigen Sattelflözen in Oberschlesien, genügt für den Verkauf ein Trennen durch Sieben nach Korngrößen, wie bei der böhmischen Braunkohle. Da aber in den meisten deutschen Revieren die Flöze durch Zwischenmittel verunreinigt sind, oder das Hangende leicht nachbricht, so muß dort außer dem Sieben nach Korngrößen zur Entfernung der Berge auch noch das Setzen der Kohle Platz greifen, und zwar siebt man gewöhnlich zuerst und setzt dann, oder man setzt auch erst und siebt dann. Im ersteren Falle braucht man so viele Setzmaschinen als Korngrößen vorhanden sind, die Setzarbeit ist daher eine recht gründliche, man kann aber zur Erzielung gleichmäßiger Korngrößen das Nachklassieren, d. h. ein nochmaliges Sieben nach dem Setzen doch nicht entbehren. Im zweiten Falle, der rein in den Baumschen Wäschen vertreten ist (vgl. S. 205), sind gewöhnlich nur zwei große Setzmaschinen vorhanden, eine für die Grob- und eine für die Feinkohle. Die Grobkohle wird nach dem Setzen gesiebt. Die Anlage wird verhälnismäßig einfach. Es gibt aber auch ein gemischtes System, d. h. vor dem Setzen wird in weiten Grenzen klassiert, es werden etwa drei Korngrößen für das Grobsetzen hergestellt, so daß auch drei Grobsetzmaschinen vorhanden sind. Nach dem Setzen wird das ganze grobe Setzgut in fünf Korngrößen getrennt (vgl. Wäsche Jakobi, S. 204). Besonders sind die Maßnahmen zu erwähnen, die bezwecken, außer Kohle und Bergen auch d u r c h w a c h s e n e s G u t zu erhalten. Dieses wird zerkleinert und auf besonderen Setzmaschinen nachgesetzt (vgl. Setzmaschine der Königin Marien-Hütte, die Baumsche Setzmaschine und andere, S. 85).

Erhöhte Aufmerksamkeit wird, seitdem ein großer Teil der Kohlen zur Kokerei und zum Brikettieren Verwendung findet, dem W a s c h e n u n d d e r E n t w ä s s e r u n g d e r F e i n k o h l e geschenkt, um den Aschengehalt und auch den Feuchtigkeitsgehalt herabzusetzen (S. 208). Zum Teil wird in den Steinkohlenwäschen auch S c h w e f e l k i e s gewonnen (S. 207). Die S c h w i m m a u f b e r e i t u n g ist zur Veredelung der Feinkohle eingeführt worden (vgl. S. 217). Auch die mechanische S t a p e l u n g u n d W i e d e r v e r l a d u n g der Kohle spielt eine wichtige Rolle (S. 220). Über die Zerkleinerung von Nußkohlen zu Kokskohle mittels schräg geriefter Walzen vgl. S. 22. Die R h e o l a v e u r genannten Kohlenwäschen sind S. 103 kurz erwähnt.

Die Aufbereitungsanlage der Gewerkschaft des Steinkohlenbergwerks Jacobi bei Oberhausen[1]).

Die Anlage wurde von der Maschinenfabrik Schüchtermann und Kremer erbaut, sie besteht aus vier gleichen Abteilungen für Trockenverladung, von denen jede 150 *t* in der Stunde leisten kann, und zwei ebenfalls gleichgebauten Abteilungen in der Wäsche mit je 125 *t* stündlicher Leistung.

Jede Abteilung der Trockenverladung besteht wie üblich aus Wipper *3*, Stückkohlenrost *6* mit 80 *mm* Durchfallöffnung und anschließendem Klaube- und Verladeband *8*. Die zu beladenden Eisenbahnwagen stehen auf Wagen, die von der Bühne 5 *m* über Schienenoberkante aus bedient werden können. Von den Stückkohlenrosten sind zwei mit einem unter dem Siebe eingebauten Boden versehen, so daß auch Förderkohle verladen werden kann. Soll Stückkohle verladen werden, so kann der Boden heruntergeklappt werden. Die Kleinkohle unter 80 *mm* fällt von je zwei Rosten in Vorratsräume *9* von je 75 *t* Inhalt, aus denen Aufgabebecherwerke *16* die Beförderung in die Wäsche vermitteln. Die ausgeklaubten Berge werden auf der 5 *m*-Bühne abgefördert, die durchwachsene Kohle wird gehoben, zerkleinert und in einen der Vorratsräume *9* befördert (die hierzu nötigen Einrichtungen sind auf den Zeichnungen nicht ersichtlich).

Der beim Stürzen über die ummantelten Wipper aufgewirbelte Staub wird durch einen Strahlapparat *14* abgesaugt und in der Kammer *15* durch zerstäubtes Wasser niedergeschlagen. Das letztere wird als Waschwasser in der Wäsche verwendet.

W ä s c h e. Das Aufgabebecherwerk *16* hebt die Kleinkohle unter 80 *mm* auf die Vorklassiersiebe *17*, dort werden drei Kornklassen Grobkorn und das Feinkorn unter 10 *mm* abgeschieden. Das Grobkorn wird mit Wasser auf die Grobkornsetzmaschinen *20* geschwemmt, die dort erhaltene reine Kohle wird ebenfalls mittels Wasser auf die Nachklassiersiebe *21* befördert, dort in fünf Korngrößen zerlegt und den fünf Verladetaschen *22*, die mit Spiralrutschen (Wendelrutschen) ausgerüstet sind, zugeführt. Bei der Verladung gehen die Kohlen über Schwingsiebe und werden dort mit Klarwasser überbraust, so daß das Fehlkorn entfernt wird. Unterhalb der Verladetaschen *22* ist eine weitere Wage eingebaut. Durch seitlich eingebaute Schieber kann die Kohle aus den Verladetaschen auf der 5 *m*-Bühne für den Landverkauf auch in Hunde abgezogen werden.

Die auf den Grobkornsetzmaschinen *20* getrennten Berge und auch die durchwachsenen Kohlen werden mittels Schnecke *25* und Becherwerk *26* zur Nachsetzmaschine *29* befördert und dort in reine Berge und durchwachsene Kohle getrennt. Die reinen Berge werden durch die Schnecke *30*, das Becherwerk *31* und das Förderband *27* nach dem Bergetrichter *28* befördert. Die durchwachsene Kohle fließt entweder für Kesselheizung in den Behälter *32* und wird durch das Becherwerk *33* in den Abzugstrichter *34* gehoben oder sie wird durch ein Walzwerk zerkleinert, gelangt in den Sammelrumpf *60* und durch das Becherwerk *36* auf das Sieb *37*, von wo die Gröbe den Setzmaschinen *20*, das Feine den Feinkornmaschinen *38* zugeleitet wird.

Bei etwaigem Stillstand der Wäsche kann die von den Becherwerken *16* gehobene Rohkohle unter Umgehung der Siebe *17* über Spiralrutschen in die Rohkohlentürme *18* von je 600 *t* Fassungsraum abgegeben werden. Aus diesen kann sie mittels der Förderbänder *19* wieder in die Behälter *9* zurückbefördert werden.

Die auf den Sieben *17* abgeschiedene Feinkohle von 10 bis 0 *mm* wird, um den allerfeinsten Staub etwa bis zu 0,2 *mm* trocken herauszuziehen, durch das Becherwerk *39*

---

[1]) Nach den von der Firma zur Verfügung gestellten Unterlagen. Hierzu 1 Stammbaum (Taf. III), 1 senkrechter Schnitt und ein Grundriß (Taf. IV), dessen obere Hälfte die 20 *m* Sohle, dessen untere Hälfte die 12 *m* Sohle der beiden symmetrischen Hälften darstellt.

Additional material from *Grundzüge der Bergbaukunde,*
ISBN 978-3-7091-9782-0 (978-3-7091-9782-0_OSFO3),
is available at http://extras.springer.com

den Schleuderapparaten (Windsichtern) *40* zugehoben. Der Staub sammelt sich in den Taschen *41* und kann entweder in Hunden zu den Kesseln gefördert oder mittels eines Bandes der Kokkohle auf den Bändern *43* zugesetzt werden.

Die entstaubte Feinkohle wird in Rinnen mittels Wasser den Bettsetzmaschinen *44* zugeführt, von wo die gewaschene Feinkohle in die Sammelrümpfe *45*, welche mit Entwässerungsrohren versehen sind, geschwemmt wird. Nachdem die Feinkohle abgetrocknet ist, kann sie in Eisenbahnwagen verladen oder mittels der Förderbänder *46* und *43* der Kokerei zugeführt werden.

Soll Nußkohle zu Kokkohle zerkleinert werden, so geht sie über das Entwässerungssieb *51* zum Desintegrator *52* und fällt dann auf das Förderband *43*.

Die auf den Feinkornsetzmaschinen ausgeschiedenen Feinberge werden durch die Schnecke *53* und das Becherwerk *54* auf die Feinkornsetzmaschine *38* gehoben und hier zusammen mit der auf dem Walzwerk gebrochenen durchwachsenen Grobkohle nachgewaschen. Die hier gewonnene Kohle fließt ebenfalls in die Trockentürme *45*; während die reinen Berge gemeinsam mit den reinen Bergen der Setzmaschinen *44* durch die Schnecke *30* und das Becherwerk *31* auf das Bergeband *27* befördert werden, um in die Bergetrichter *28* zu den Grobbergen zu gelangen.

Die K l ä r u n g d e r W a s c h w a s s e r ist wie folgt vorgesehen: Die oben von den Schwemmsümpfen *45* sowie die von den Sieben *21* abfließenden Wasser sammeln sich in dem Saugbehälter *55* der großen Pumpe *56* und werden durch diese in die hochliegenden Klärbehälter *57* gehoben.

Die aus den Schwemmsumpfverschlüssen und den Entwässerungsrohren unten abfließenden Wasser sammeln sich mit dem Abrieb der Nußverladetaschen *22* im Behälter *24* zwischen den Gleisen, werden durch die Sickerwasserpumpe *59* in den Sumpf *60* für Abrieb befördert und fließen dann ebenfalls dem Saugbehälter der großen Pumpe *56* zu. Alle Wasser werden schließlich in den Hochbehältern *57* vereinigt. Haben die aus den Spitzen dieser Behälter durch Schlammhähne abgelassenen Schlämme einen entsprechend niedrigen Aschengehalt, so fließen sie zur Feinkohle in die Trockentürme *45*. Ist der Aschengehalt ein höherer, so werden sie in den Mittelproduktsumpf *32* abgelassen. Die geklärten Wasser fließen zur Wäsche zurück.

Der A n t r i e b der Wäsche erfolgt gruppenweise durch Elektromotore.

Die G e b ä u d e sind ganz in Stein und Eisen ausgeführt.

B a u m s c h e S t e i n k o h l e n w ä s c h e. (Hierzu der Stammbaum, S. 206.)

Die Firma Baum in Herne, Westfalen, hat das schon früher in ähnlicher Weise auf französischen und belgischen Gruben übliche Verfahren neuerdings wieder in vervollkommneter Weise mit gutem Erfolge beim deutschen Steinkohlenbergbau zur Anwendung gebracht. Die Baumschen Wäschen sind gekennzeichnet durch das Schlagwort: E r s t S e t z e n, d a n n S i e b e n.

Die Stückkohle wird in der üblichen Weise durch Stürzen der Förderkohle mittels W i p p e r auf einen S t ü c k k o h l e n r o s t abgeschieden und mittels eines C o r n e t b a n d e s, das zu gleicher Zeit zum Klauben dient, in die Eisenbahnwagen verladen. Die durch den Rost durchfallende Kleinkohle, hier von 70 *mm* abwärts, sammelt sich in einem geräumigen F ü l l r u m p f und wird durch das H a u p t b e c h e r w e r k einem K r e i s e l r ä t t e r mit 12 und 2 *mm* Lochung zugehoben. Das Korn 70/12 *mm* geht auf die G r o b k o r n s e t z m a s c h i n e, diese trennt in üblicher Weise reine Kohle, Durchwachsenes und Berge. Die ausgetragene Kohle wird mit dem Waschwasser in einem Gerinne dem N a c h k l a s s i e r s i e b e zugeführt, das sechs Korngrößen abscheidet. Sie gelangen in die mit Spiralrutschen versehenen Kohlentürme. Bei der Verladung in Eisenbahnwagen gehen sie über feste Siebe, auf denen sie mit Klarwasser überbraust werden und über eine Rutsche.

10. Stammbaum einer Baumschen Steinkohlenwäsche.

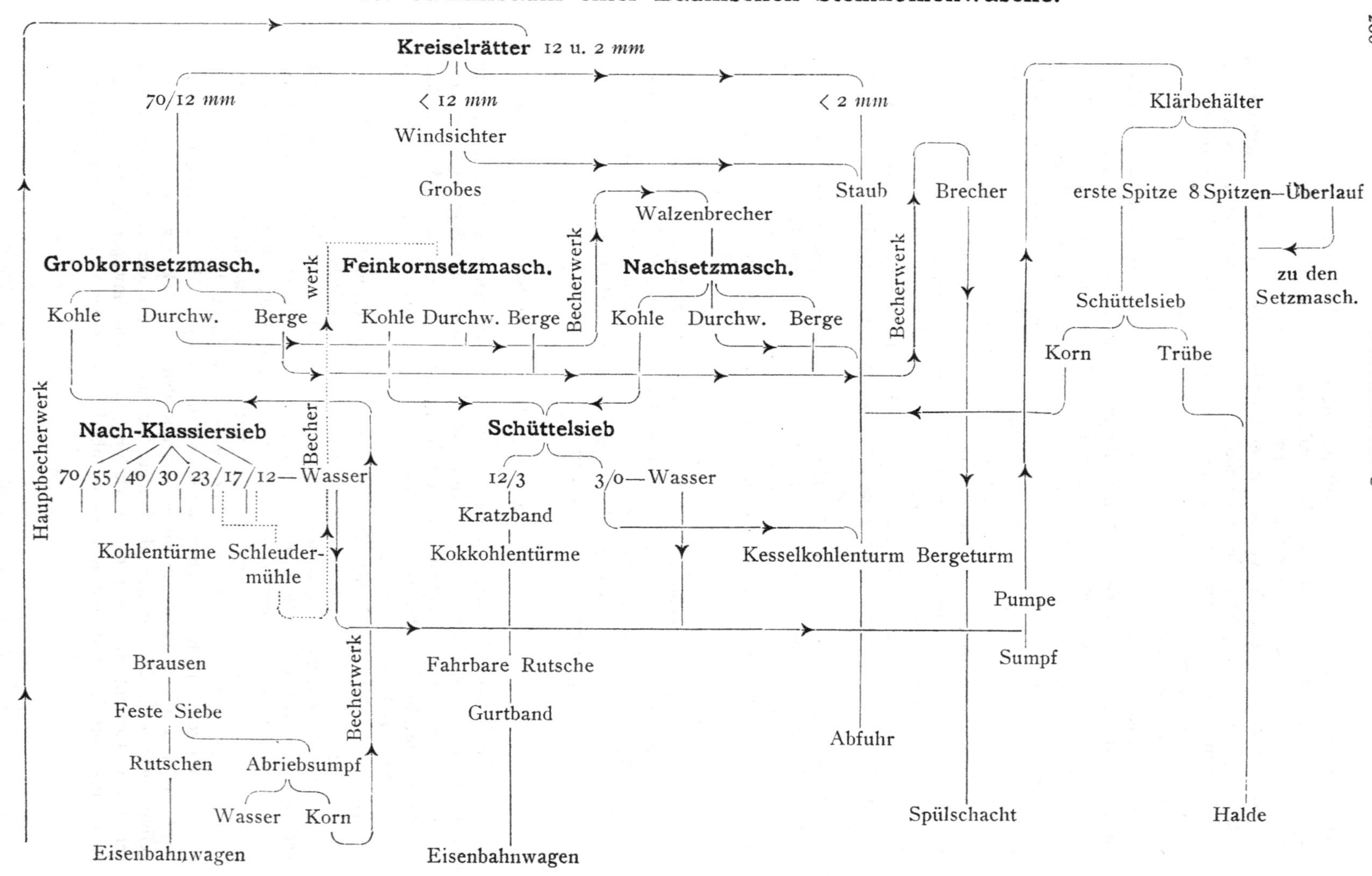

Die Feinkohle < 12 *mm* wird in einem Windsichter entstaubt und das Grobe auf der F e i n k o r n s e t z m a s c h i n e in Kohle, Durchwachsenes und Berge getrennt.

Das d u r c h w a c h s e n e G u t, sowohl von der Grob- als auch von der Feinkornsetzmaschine wird durch ein Becherwerk einem W a l z e n b r e c h e r zugehoben und auf der N a c h s e t z m a s c h i n e in Kohle, Durchwachsenes und Berge getrennt. Die Kohle wird mit der von der Feinkornsetzmaschine ausgetragenen zusammen auf ein S c h ü t t e l s i e b aufgegeben und in Kokkohle, Korngröße $^{12}/_3$ *mm* und in Korn < 3 *mm* getrennt. Letzteres wird zusammen mit dem schon vom Kreiselrätter und vom Windsichter abgeschiedenen Staube als Feuerkohle für die eigenen Kessel verwendet.

Die Berge der drei Setzmaschinen werden durch ein Becherwerk auf einen Brecher aufgegeben, in einem Bergeturme gesammelt und können als Spülgut verwendet werden. Das Wasser vom Nachklassiersieb und vom Schüttelsiebe sammelt sich in einem verhältnismäßig hoch gelegenen Sumpfe und wird durch eine Pumpe geräumigen, über den Setzmaschinen eingebauten Klärspitzkästen zugehoben. Der Austrag der ersten Spitze geht über ein Schüttelsieb. Das abgeschiedene Korn wird der Kesselkohle zugesetzt, die Trübe wird mit dem Austrage der übrigen Spitzen vereinigt und geht in die Bergesümpfe. Das geklärte Wasser wird den Setzmaschinen wieder zugeführt. Die übrigen Wasser sammeln sich in einem besonderen, kleinen Sumpfe und werden durch eine zweite Pumpe dem früher erwähnten, höher gelegenen Hauptpumpensumpfe zugehoben.

Sollte ein höherer Bedarf an Kokkohlen eintreten, so können Nußkohlen auf einer Schleudermühle zerkleinert und durch ein Becherwerk der Feinkornsetzmaschine zugehoben werden.

Zu erwähnen ist noch das für den Betrieb der Setzmaschinen nötige Gebläse.

Gewinnung von Schwefelkies in Steinkohlenwäschen, Verarbeitung von Kohlenschlämmen auf Herden.

Schon früher war man bemüht, aus schwefelreichen Steinkohlen dadurch den Schwefelkies zu gewinnen, daß man den gewöhnlich zweiteiligen Feinkornsetzmaschinen eine kurze Abteilung vorschaltete, in der sich ein Bett ebenfalls von Schwefelkies befand.

Diese Bestrebungen haben größeren Umfang angenommen. In der Wäsche der Zeche M o n t - C e n i s[1]) werden die Berge der Setzmaschinen unter 1,5 *mm* durch eine Schleuderpumpe einem Verdichtungstrichter zugehoben, dessen Überlauf den Setzmaschinen wieder zugewiesen wird. Der aus der Spitze ausgetragene Schlamm dagegen wird einem Schüttelherde mit Querrillen zugeführt und dort in Kokkohle mit 10—13% Asche, Kesselkohle mit 30—35% Aschengehalt, Schlammberge mit 50—55% Aschengehalt, Schwefelkies-Zwischenprodukt und Schwefelkies zerlegt. Das Schwefelkies-Zwischenprodukt geht nochmals über den Herd.

Die Wäsche setzt in 10 Stunden 120 *t* Rohkohle durch, dabei wird 1 *t* Schwefelkies mit 43—44% Schwefelgehalt gewonnen mit einem Verkaufswerte (vor dem Kriege) von 11 Mark/*t*.

Auf den Kohlenwäschen der staatlichen Zechen B u e r und W e s t e r h o l d[2]) in Westfalen wird der Schwefelkies durch Setzarbeit gewonnen, die hierzu dienenden Anlagen sind von der Firma F r a n z M é g u i n u. Co. A. G. in Dillingen a. d. Saar geliefert worden.

---

[1]) C a b o l e t. Kohlensichtanlage und Schlammaufbereitung mit Schwefelkiesgewinnung der Zeche Mont-Cenis. E. G. A. 1916, S. 1.
[2]) Pr. Z. 1917, S. 51.

Die Berge der Feinkornsetzmaschinen enthalten dort bis zu 5% Schwefelkies in Knollen, sie werden zunächst zur Anreicherung durch einen Stromapparat geführt, der Überlauf geht auf die Nachsetzmaschinen der Feinkohlenwäsche. Der Spitzenaustrag wird durch ein Becherwerk gehoben, durch ein Walzwerk auf 4—5 *mm* zerkleinert und dann auf einer dreiteiligen Setzmaschine verarbeitet. Auf den beiden Wäschen werden auf diese Weise monatlich zusammen 100 *t* Schwefelkies gewonnen.

Die Aufbereitung der Steinkohlenschlämme auf Q u e r s c h ü t t e l h e r d e n[1]) scheint namentlich in den Vereinigten Staaten von N o r d a m e r i k a weiter ausgebildet zu werden. Damit tritt allerdings die S c h w i m m a u f b e r e i t u n g in lebhaften Wettbewerb (vgl. S. 217).

Die Behandlung der Feinkohlen[1]).

Allgemeines.

Bis Ende der Sechziger- und Anfang der Siebzigerjahre des vorigen Jahrhunderts wurde die Steinkohle in den Separationen fast allgemein nur trocken klassiert und auch die abgesiebte Feinkohle, etwa unter 8—10 *mm*, trocken verwendet, sei es zur Feuerung, sei es zur Verkokung. Es steigerten sich aber die Ansprüche der Verbraucher von Kohle und Kok mehr und mehr und namentlich der Ingenieur L ü h r i g machte damals die ersten Versuche, außer den Grobkohlen auch die Feinkohlen durch Setzen zu veredeln. Damit zugleich traten aber auch die wichtigen Fragen der E n t w ä s s e r u n g d e r F e i n k o h l e n , d e r K l ä r u n g d e r W a s c h w a s s e r und G e w i n n u n g u n d V e r w e r t u n g d e r K o h l e n s c h l ä m m e auf, die sich naturgemäß mit der Zunahme der Größe der Anlagen immer dringlicher gestalteten. Es erscheint daher auch in dem engen Rahmen der Grundzüge gerechtfertigt, auf diese Fragen näher einzugehen.

Die Ansprüche, welche man zurzeit an die Beschaffenheit der Feinkohlen stellt, sind etwa die folgenden: Die zur K o k e r e i bestimmte Feinkohle soll einen Aschengehalt nicht über 6% haben, der Wassergehalt darf bei Fettkohlen von mittlerem Gasgehalt beim Einsetzen 10—12%, bei Gas- und Gasflammkohlen bis zu 17% betragen. Für das B r i k e t t i e r e n ist ein tunlichst niedriger Gehalt an Asche und Wasser erwünscht. Das gleiche gilt für die Verheizung in Kohlenstaub- und Schlammfeuerungen.

Schon früher wurde darauf hingewiesen (vgl. S. 120), daß die Leistung der Feinkohlensetzmaschinen erheblich gesteigert und die Feinkohle verbessert wird, wenn der feinste Staub vorher aus der Kohle entfernt ist. Außerdem wird hierdurch eine schnellere Entwässerung der Feinkohle und der Vorteil erreicht, daß die Anlagen zur Entwässerung weniger Raum und Anlagekapital erfordeen, endlich wird eine leichtere Klärung des Waschwassers ermöglicht. Weiter hat J ü n g s t (vgl. weiter unten) nachgewiesen, daß der feinste Schlamm nach dem Setzen den höchsten Aschengehalt hat, es ist daher zweckmäßig, ihn aus der Feinkohle zu entfernen.

---

[1]) E. G. A. 1922, S. 83. — S t r a i n. Concentrating tables turn incombustible sludge from pond into good fuel. Coal Age. 1921, S. 741. (Verarbeitung von 250 *t* Kohlenschlämmen in acht Stunden.)

[2]) H a s e b r i n k. Vorrichtungen zum Abscheiden von Kohlenstaub auf den Zechen des Ruhrkohlenreviers. E. G. A. 1908, S. 1245. — S c h w i d t a l. Einige Verfahren zur Aufbereitung von Steinkohlenfeinstaub und Steinkohlenschlämmen. E. G. A. 1911, S. 1207. — J ü n g s t F. Untersuchungen über die Aufbereitung der Feinkohlen. E. G. A. 1913, S. 1321, ferner 1914, S. 6 und S. 913. — S t r a t m a n n. Über die Entwässerung der Steinkohle in den Steinkohlenwäschen. Bergbau, 1915, S. 1. Die Arbeit ist auch als Doktor-Dissertation erschienen. Aachen 1915.

Je nach dem Feuchtigkeitsgehalt der Rohkohle können zwei Wege beschritten werden, um die erwähnten Vorteile zu erzielen, d. h. um eine aschenarme, schnell abtrocknende Feinkohle zu erhalten. Ist die Förderkohle verhältnismäßig t r o c k e n, so kann der Staub auf trockenem Wege entfernt werden, durch Absaugen, Absieben, Abblasen oder durch Windsichter. Ist dagegen die Förderkohle für diese Verfahren zu n a ß, so bleibt nichts anderes übrig, als auf nassem Wege aus der Feinkohle vor oder nach dem Setzen den feinsten Schlamm zu entfernen. Bei sehr aschenreicher Kohle wird außer der Trockenentstaubung zuweilen auch noch die Entschlammung nach dem Setzen erfolgen müssen.

Die trockene Trennung des Staubes von der Rohkohle.

Ist der trocken erhaltene Kohlenstaub verhältnismäßig a s c h e n a r m, so wird er ganz oder doch zum Teil der gewaschenen Feinkohle, die für die Verkokung oder das Brikettieren bestimmt ist, zugesetzt und dient dann gleichzeitig dazu, den Wassergehalt der gewaschenen Kohle herabzudrükken[1]). Kleinere Mengen von trokken gewonnenem Kohlenstaub werden auch als Reduktionsmittel, z. B. auf den Zinkhütten und ferner als Zusatz zum Formsand in den Eisengießereien verwendet. Dieser Kohlenstaub wird sogar gut bezahlt, vor dem Kriege bis zu 16 Mark/*t*.

Ist der Kohlenstaub a s c h e n - r e i c h, so ist zwar das Zusetzen zur Kok- oder Brikettkohle ausgeschlossen, er wird dann gewöhnlich, mit Kohlenschlämmen gemischt, unter den eigenen Kesseln verfeuert. Trotzdem ist es erwünscht, ihn vor dem Setzen der Feinkohle herauszuziehen, da hierdurch die schon weiter oben erwähnten, recht gewichtigen Vorteile erreicht werden.

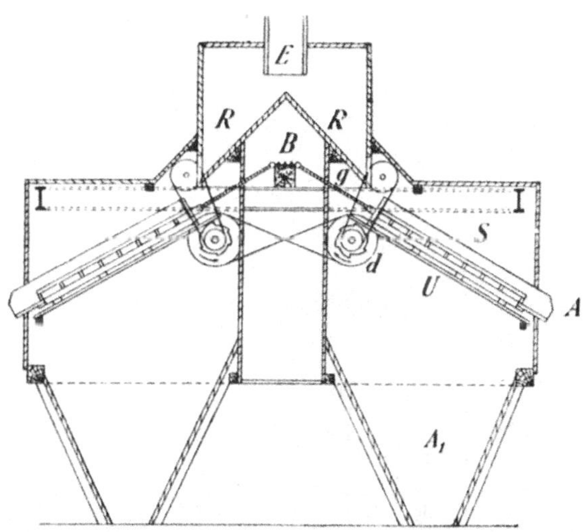

Abb. 228. Schlagsiebe nach Humboldt-Wißmann.

Durch das A b s a u g e n d e s K o h l e n s t a u b e s aus der trockenen Förderkohle kann ein großer Teil des feinsten Staubes entfernt werden, indem diejenigen Einrichtungen, die die Staubbildung befördern, die Wipper, die Siebe, die Becherwerke usw. ummantelt werden und durch einen Ventilator mittels anschließender Rohrleitungen der Staub abgesaugt wird. Da hier immer neue Luftmengen angesaugt werden, müssen besondere Vorkehrungen zum Niederschlagen des Staubes getroffen werden (vgl. den Abschnitt: Entstaubung der Braunkohlenbrikettfabriken)[2]).

Außerdem ist das A b s i e b e n des Kohlenstaubes angewendet worden, z. B. mittels der von der Maschinenfabrik H u m b o l d t empfohlenen S c h l a g s i e b e. Es wird vor dem Setzen aus der Korngröße 0—8 *mm* die Kohle bis zu etwa 1 *mm* Korngröße abgesiebt (Abb. 228). Die Kohle wird bei *E* eingetragen und über die Rutschen *R*

---

[1]) Rechnerisch verfolgt wurde dieser Gegenstand von: R e i n h a r d t. Charakteristik der Feinkohlen und ihrer Aufbereitung mit Rücksicht auf das größte Ausbringen. E. G. A. 1911, S. 221.

[2]) E s c h e n b r u c h. Neuere Fortschritte auf dem Gebiet der Kohlenaufbereitung. Pr. Z. 1912, S. 12.

den Sieben S zugeführt. Diese sind etwa unter 30⁰ Neigung auf Holzfedern U ver-lagert. Der Siebrahmen ist mittels der gelenkigen Stangen g an einem starken Bal-ken B befestigt, am oberen Teile greifen die mehrzahnigen Daumenräder d an und versetzen das Sieb in eine kräftig schlagende Bewegung (600 Hübe in der Minute von 5 *mm*), da es nach dem Anheben durch sein Eigengewicht wieder auf die Federn fällt. Gewöhnlich werden die Siebe paarweise angeordnet, sie müssen wegen der starken Staubentwicklung ummantelt werden. Die entstaubte Kohle wird bei A aus-getragen, der Staub sammelt sich in den Behältern A_1, aus denen er z. B. durch einen Schieber auf ein Förderband abgelassen und abgefördert werden kann. Die Wirkung der Siebe ist bei trockener Kohle eine recht gute, aber der verursachte Lärm störend und ihre Abnutzung erheblich.

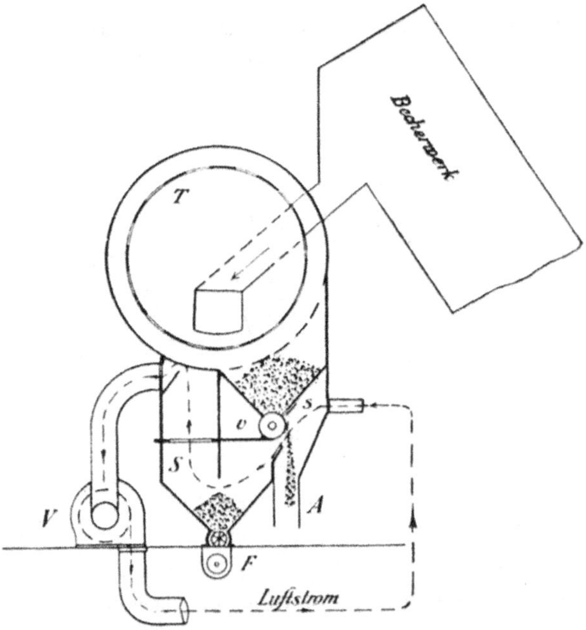

Ferner ist das **Abblasen des Staubes** mehrfach in Anwendung, es wurde zuerst von Hochstrate auf der Zeche Rheinpreußen im Jahre 1902 durchgeführt und ist seitdem weiter ausgebildet worden, so daß heute alle Maschinenfabriken derartige Einrichtungen bauen. Die Kohle unter 80 *mm* wird durch ein Becherwerk ge-hoben und daraus die Fein-kohle etwa unter 10 *mm* durch ein ummanteltes Trommel-sieb T abgesiebt (Abb. 229). Dann wird die Feinkohle durch eine Verteilungswalze v in gleichmäßigem, durch den Schieber s geregeltem Strom einem von einem Ventilator V erzeugten Luftstrome ausge-setzt, der je nach seiner Stärke das feinste Korn mit fortreißt. In einer Staubkammer S

Abb 229. Entstaubung der Feinkohle durch Luftstrom.

schlägt sich dieses nieder und wird je nach dem Aschengehalte in Säcke abgezogen und verkauft oder mittels Schnecke F der Kokkohle zugesetzt. Die Luft läuft in dem Apparat um, so daß sonstige Einrichtungen zum Niederschlagen des Staubes nicht nötig werden. Die bei A ausgetragene staubfreie Feinkohle geht zu den Feinkohlen-setzmaschinen[1].

Auch die S. 122 bereits eingehend beschriebenen **Schleuderapparate**, so-genannte **Windsichter**, werden zum Herausziehen des feinsten Staubes aus der trockenen Feinkohle in vielen Wäschen angewendet.

Entschlammung und Entwässerung der Feinkohle[2].

Ist die Förderkohle für trockene Entstaubung zu naß, so bleibt nur die Entfernung des feinsten Staubes auf nassem Wege übrig. Das geschieht am besten vor dem Setzen,

---

[1] Eschenbruch. Pr. Z. 1912, S. 12.
[2] Thau. Mechanische Entwässerungsvorrichtungen für Kohle. E. G. A. 1922, S. 1515.

indem die Kohle über feine Siebe, sogenannte Messersiebe, von etwa 0,2—0,3 *mm*
Spaltweite geführt und reichlich mit Klarwasser abgespritzt wird. Das Wasser muß
allerdings geklärt werden, der abgesetzte Schlamm kann, wenn er aschenarm ist, der
Kokkohle zugesetzt werden, wird aber deren Wassergehalt vermehren. Ist er aschen-
reich, so kann er unter den eigenen Kesseln verfeuert werden.

Lehrreich sind in dieser Beziehung die Untersuchungen von Jüngst über den
Aschengehalt der verschiedenen Korngrößen nach dem Setzen und die Versuche
Stratmanns über den Einfluß der Korngröße auf die Dauer der Entwässerung.

Die Untersuchungen von Jüngst[1]) haben ergeben, daß in den verschiedenen
Kornklassen der Rohkohle, z. B. 1,0—0,5 *mm*, 0,5—0,3 *mm*, 0,3—0,2 *mm*, 0,2—0,1 *mm*,
0,1—0,0 *mm*, der Aschengehalt fast der gleiche ist. Wenn man aber nach dem Setzen
die Feinkohle in die gleichen Kornklassen teilt und auf ihren Aschengehalt untersucht, so findet man, daß die feinsten Kornklassen, etwa unter 0,3 *mm* erheblich mehr
Aschengehalt haben als die gröberen. In einzelnen Fällen stieg der Aschengehalt von
4% in den gröberen Kornklassen bis auf 40% in den feinsten, in anderen Fällen von
9 auf 22%. Jüngst führt das darauf zurück, daß sich auf den Setzmaschinen je nach
der Weichheit der Schiefer Abrieb bildet, der aber nicht durch das Bett geht, sondern
bei der Kohle verbleibt. Das feinste Korn, etwa unter 0,3 *mm*, entzieht sich dem
Setzvorgange, es geht unbeeinflußt über die Setzmaschine. Will man eine aschenarme
Kokkohle erhalten, so ist es zweckmäßig, die gesetzte Feinkohle über Schüttelsiebe
von etwa 0,3 *mm* Lochung zu führen und nachdem das Setzwasser zum größten Teile
abgeschieden ist, mit Klarwasser reichlich abzuspritzen, um das allerfeinste Korn
auszuscheiden. Die abfließende Trübe muß natürlich geklärt werden.

Die Untersuchungen Stratmanns[2]) über die Entwässerung der Feinkohlen
durch Abtropfen ergaben das Folgende: Es muß zunächst hervorgehoben werden, daß
die Menge des infolge der hygroskopischen Eigenschaften der Kohlen festgehaltenen
Wassers nur gering ist, nämlich je nach der mineralogischen Beschaffenheit der Kohlen 1—5%[3]). Die Hauptmenge des Wassers wird von den Feinkohlen nach dem
Waschen zurückgehalten infolge der Kapillarwirkung, und zwar um so mehr, je
größer der Anteil des feinsten Kornes in der Mischung ist. Auch die Entwässerung
durch Abtropfen findet um so langsamer statt, je mehr Feinkorn in der Kohle vorhanden ist.

Dies wurde durch Versuche erwiesen: Kohle von der Korngröße von 10 bis
7,5 *mm* enthält einige Minuten, nachdem man den Abfluß des Wassers durch ein Sieb
freigegeben hat, nur noch 12% Feuchtigkeit, nachdem das Abtropfen drei Stunden
gedauert hat, noch 9%.

Bei Kohle von 1 bis 0 *mm* Korngröße stellen sich die entsprechenden Zahlen
folgendermaßen: nach wenigen Minuten 48%, nach drei Stunden noch 35%.

Endlich beträgt bei gemischter Feinkohle von 10 bis 0 *mm* Korngröße der Wassergehalt, nachdem das Abtropfen einige Minuten gedauert hat, 34%, nach drei Stunden
20%, nach 10 Stunden 18% und nach 28 Stunden 15%. Die letzten Anteile Wasser
tropfen also nur sehr langsam ab und es sind viele in der Anlage teure Behälter erforderlich, um für eine größere Kokerei stets die nötige Menge entwässerte Kohle
zur Verfügung zu haben.

---

[1]) Jüngst. Untersuchungen über die Aufbereitung der Feinkohlen. E. G. A. 1913,
S. 1321.

[2]) Stratmann. Die Entwässerung der Feinkohle in den Steinkohlenwäschen.
Doktor-Dissertation Aachen, 1915.

[3]) Entwickelung des Niederrheinisch-westfälischen Steinkohlenbergbaus. Bd. I, S. 260.
— Steinkohlenbergbau des Preußischen Staates in der Umgegend von Saarbrücken.
Bd. I, S. 89.

Es wird sich die Entwässerung um so schneller vollziehen, je weniger allerfeinstes Korn in der Kokkohle vorhanden ist. Das kann erreicht werden durch Entstauben der Kohlen vor dem Setzen und durch Entfernung des feinsten Schlammes nach dem Setzen.

Stratmann hat durch Versuche weiter festgestellt, daß ein Pressen der Kohle mit mäßigem Druck (0,5 kg/qcm) auf die Entwässerung keinen wesentlichen Einfluß hat, daß dagegen die Zuführung von Preßluft von oben her durch die Kohle und in gleicher Weise das A n s a u g e n v o n L u f t von unten her, die Entwässerung wesentlich beschleunigt. Es wurde eine Druckdifferenz von 540 mm Wassersäule angewendet. Feinkohle von 10 bis 0 mm Korngröße entwässerte nur durch Abtropfen innerhalb 10 Stunden von 41 bis auf 18% Feuchtigkeit, bei Anwendung von Luftdruck oder Absaugen in 4 Stunden von 41 bis auf 11,5%. Die Anwendung dieses Verfahrens im großen hat aber keinen befriedigenden Erfolg gehabt.

Auch die V e r d a m p f u n g des Wassers etwa auf Telleröfen (vgl. den Abschnitt Brikettieren) dürfte bei den großen in Betracht kommenden Mengen kaum wirtschaftlich sein.

Die Durchleitung eines elektrischen Stromes (Gleichstrom von 220 V. und 0,003 Amp.) durch die feuchte Kohle (E l e k t r o o s m o s e oder K a t h a p h o r e s e) hatte keinen bemerkenswerten Einfluß auf die Entwässerung.

Aus den Untersuchungen Jüngsts und Stratmanns geht also hervor, daß die Abscheidung des allerfeinsten Kornes aus der gesetzten Feinkohle wünschenswert ist, einmal, da hierdurch der Aschengehalt der Kohle erheblich herabgesetzt wird, und dann, weil die Abtrocknung der Kohle günstig beeinflußt wird.

Die von den Setzmaschinen ausgetragene Feinkohle enthält, auch nachdem sie, um das Waschwasser zu entfernen, über feine Siebe geführt worden ist, je nachdem das feinste Korn mehr oder weniger vorwaltet, bis zu 25 und 30% Wasser, zum Teil noch mehr. Von diesem muß, wie schon einleitend bemerkt wurde, der größte Teil vor weiterer Verwendung zur Verkokung oder Brikettierung entfernt werden. Die früher schon beschriebenen S t a u c h k ä s t e n (vgl. S. 99) und auch die bei der Klärung der Abwässer der Braunkohlen-Brikettfabriken beschriebenen F i l t e r p r e s s e n können hier nicht in Frage kommen, da die zu behandelnden Mengen zu groß sind.

Die Entwässerung der Feinkohle geschieht zurzeit auf zweierlei Wegen, entweder durch das B a g g e r v e r f a h r e n, d. h. auf dem Wege von den Setzmaschinen zu den Vorratsbehältern oder durch das S c h w e m m v e r f a h r e n, nämlich ausschließlich in den Behältern.

Beim Baggerverfahren wird die gesetzte Kohle in einen Sumpf geschwemmt, der zugleich die Grube eines geneigten B e c h e r w e r k e s bildet, dieses hat g e l o c h t e B e c h e r, so daß beim Herausheben der Kohle ein großer Teil des Wassers abläuft. Allerdings genügt diese Entwässerung nicht, sie kann nur als eine Art Vorentwässerung betrachtet werden, die Feinkohlen werden daher durch Förderbänder in Füllrümpfe befördert, in denen das weitere Abtrocknen stattfindet (vgl. weiter unten).

Zu erwähnen ist noch das G e l e n k b e c h e r w e r k der Maschinenfabrik M é g u i n[1]). Die Rückseiten der ebenfalls gelochten Becher bestehen aus zwei gelenkig miteinander verbundenen Platten, außerdem sind in die Führungsschienen des aufwärtsgehenden Trums kleine Rollen so eingebaut, daß durch die gelenkigen Teile abwechselnd eine Pressung und dann durch deren Zurückgehen in die frühere Lage eine Lockerung der Kohle erfolgt. Aber auch hier genügt die Entwässerung durch das Becherwerk allein nicht, es muß eine weitere Entwässerung in Füllrümpfen stattfinden.

---

[1]) E s c h e n b r u c h. Pr. Z. 1912, S. 24.

Das Baumsche Entwässerungsband (D. R. P. 144 481 und 145 371 vom Jahre 1903) soll während der Beförderung der gewaschenen Feinkohle von der Wäsche zu den Bunkern der Kokerei oder zur Brikettierung zugleich eine ausreichende Entwässerung bewirken, außerdem ermöglicht es auch die Klärung desjenigen Teiles des Waschwassers, welcher aschenarme Kohle enthält. Das Band (Abb. 230 bis 232) besteht aus zwei besonders starken, mehrfachen Gliederketten ohne Ende a, die durch starke Bolzen miteinander verbunden sind. Die einzelnen Glieder sind mit Siebböden b belegt, auf welche Seitenbleche c aufgesetzt sind, diese sind verbunden durch quergestellte, aus zwei gegeneinander geneigten Flächen bestehende Siebkörper d. Dabei haben die einzelnen Glieder abwechselnd derart verschiedene Breite, daß sie sich gegenseitig übergreifen (vgl. Abb. 197) und daß je zwei Hälften auf dem oberen und unteren Teile des Bandes einen Behälter bilden.

Das Band wird mit der von den Feinkornsetzmaschinen kommenden Feinkohle beschickt, die Kohle füllt die einzelnen Abteilungen in etwa 0,8—1,0 m hoher Schicht an. Erfolgt die Zuführung der Kohle mittels Wasser im Gerinne, so wird die Kohle vom Wasser durch ein Sieb S getrennt und letzteres erst auf die gefüllten Abteilungen des Bandes gut verteilt geleitet. Auch kann Kohlentrübe zugepumpt werden. Die bereits abgelagerte Feinkohle dient als Filter für den Schlamm. Bei der langsamen Fortbewegung des Bandes über eine aus zahlreichen Rollen gebildete Bahn werden einzelne Gelenke des Bandes etwas angehoben, während andere niedersinken. Dadurch verschieben sich die Seitenwände des Bandes gegeneinander, die Kohle wird durch die Siebkörper d abwechselnd gelockert und gepreßt und so die Entwässerung befördert. Das abtropfende Wasser sammelt sich in einem unter dem unteren Bandtrume eingebauten Gerinne. Bei steigend angeordnetem Bande kann der unterste Teil in einem Wasserkasten W geführt sein, dessen Boden Spitzkästen Sp bildet. Das oben abfließende Wasser wird dann als Waschwasser in die Wäsche zurückgehoben, während die aus den Spitzen austretende Trübe zur weiteren Klärung durch eine Schleuderpumpe P auf das gefüllte Band gepumpt wird.

Der verlangten Leistung und der Kohlenbeschaffenheit entsprechend, werden die Abmessungen des Bandes gewählt. Für eine Leistung von 30 t in der Stunde und Entwässerung der Kohle von 25 bis 30% auf 10—13% Wassergehalt, erhält ein Band etwa 2 m Breite und 25 m Länge bei 20° Neigung. Die Geschwindigkeit in der Minute beträgt 1,5—2,0 m, der Kraftbedarf 12 PS. Das Baumsche Entwässerungsband soll anderen Verfahren gegenüber verhältnismäßig billig arbeiten.

Dagegen hatten auf verschiedenen Stinnes-Zechen[1]) die großen, schweren und in der Erhaltung teuren Baumschen Entwässerungsbänder bei salzhaltigem Wasser eine Lebensdauer von nur fünf bis acht Jahren, sie gaben zu Betriebsstörungen Veranlassung und wurden daher durch andere Einrichtungen ersetzt. Die von den Feinkornsetzmaschinen kommende Kohle wurde durch die Baumschen Bänder bis auf 13 bis 16% Wasser entwässert und hatte einen Aschengehalt zwischen 7 und 8½%.

Die neue Entwässerung wurde folgendermaßen eingerichtet: Die Kohle von 0 bis 9 mm geht über ein bewegliches Entwässerungssieb (Spaltsieb), wo die Hauptmenge des Wassers abgeschieden wird, dann wird sie auf einer Kreißschen Rinne (dort Federsieb genannt) mit Klarwasser überbraust und sodann einem Becherwerk mit gelochten Bechern übergeben. Das auf den Sieben entfallende Wasser wird in Klärbehälter gehoben, deren Schlämme gehen über einen Verdickungstrichter und werden auf einem weiteren Federsiebe mit Klarwasser überbraust. Die Kohle wird dann demselben Becherwerk zugeführt und durch ein Kratzband in die verschiedenen Kokkohlenrümpfe verteilt. Hier findet die endgültige Entwässerung durch Abstehen-

---

[1]) Lwowski. Kohlenentwässerung und -veredelung auf verschiedenen Stinnes-Zechen. E. G. A. 1924, S. 475. Mit Abb. der alten und der neuen Entwässerung.

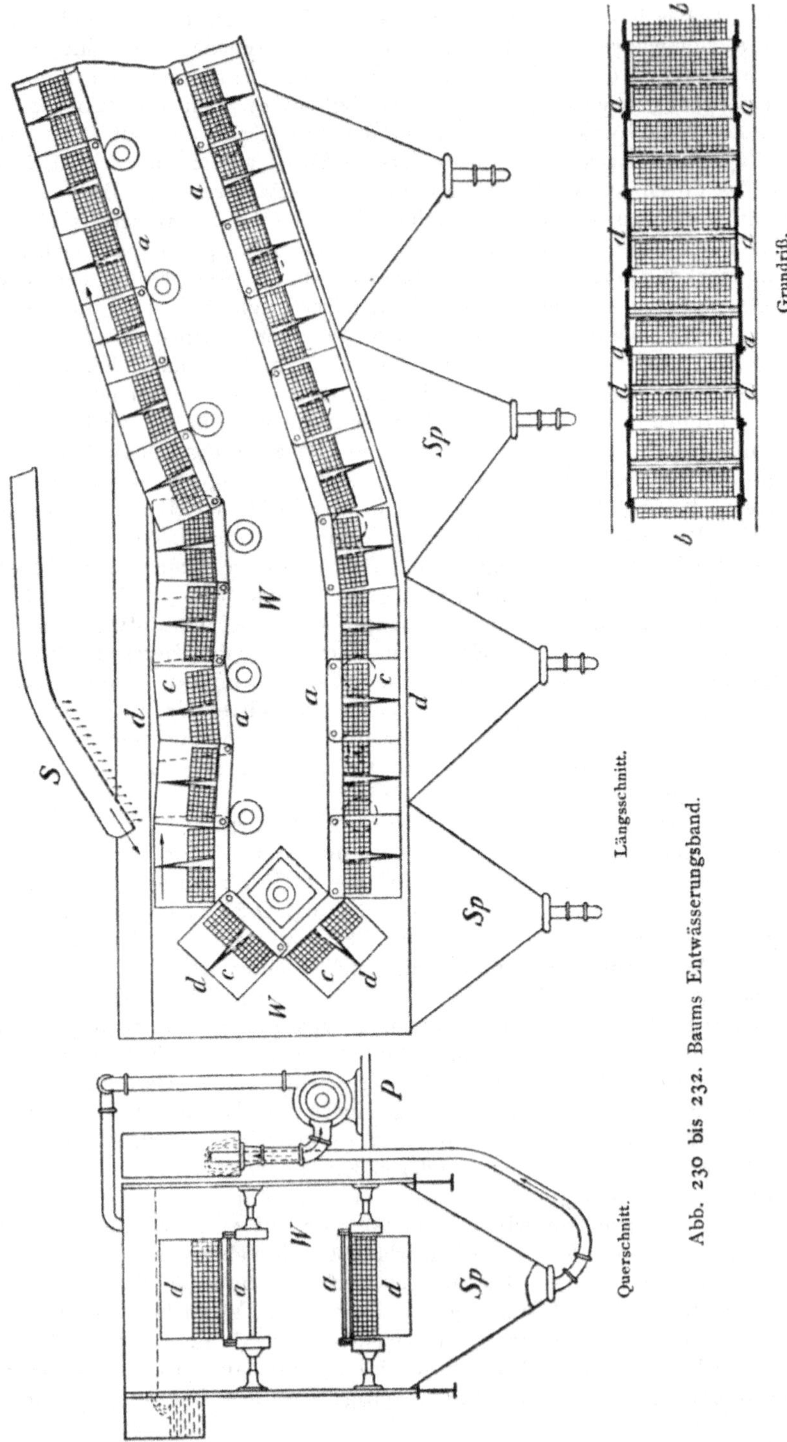

Abb. 230 bis 232. Baums Entwässerungsband.

lassen und Abtropfen des Wassers durch gelochte Schieber statt. Es kann ein Aschengehalt von 6,5% und ein Wassergehalt von 10% erreicht werden. Es ist noch zu bemerken, daß eine Entstaubung der geförderten Kohle noch nicht vorgesehen war. Durch deren Einführung würde die Entwässerung noch beschleunigt werden.

Beim S c h w e m m v e r f a h r e n wird die gesetzte und entschlammte Feinkohle mittels Wasser und Gerinne in Füllrümpfe (Schwemmsümpfe) geschwemmt (vgl. Taf. IV). Diese sind in entsprechender Anzahl, und zwar um gegen Einfrieren im Winter geschützt zu sein, in den unteren Geschossen der Wäsche eingebaut, jedoch so hoch, daß die abgetrocknete Kohle entweder in Eisenbahnwagen verladen oder der Kokerei zugeführt werden kann. Die einzelnen Füllrümpfe sind gewöhnlich aus Eisenbeton hergestellt, haben quadratischen Querschnitt und sind unten zu einer umgekehrten Pyramide zusammengezogen. Die Bodenöffnung ist durch einen mittels Kurbel, Zahnrad und Zahnstange beweglichen Schieber verschlossen. Der obere Rand jedes Füllrumpfes ist allseitig genau wagrecht abgeglichen, so daß beim Füllen, während sich die Kohle absetzt, gleichzeitig das Wasser in ein den Füllrumpf umgebendes Gerinne abfließen kann. Es wird einem Pumpensumpf zugeführt und durch eine Pumpe in Klärbehälter gehoben.

Das Abtrocknen der Kohle erfolgte früher lediglich dadurch, daß das Wasser allmählich durch die Undichtheiten des Schiebers abtropfte. Es wird jetzt befördert, indem über dem Schieber ein Siebring eingebaut wird, der zum Sammeln des Wassers mit einem Mantelblech umgeben ist, an das ein Abflußrohr anschließt. Ferner werden in die Schwemmsümpfe mehrere senkrechte, unten mit Verschlußhähnen versehene E n t w ä s s e r u n g s r o h r e eingebaut. Während der Füllung der Behälter bleiben die Hähne geschlossen und werden erst später geöffnet. Die Entwässerungsrohre sind aus mehreren Lagen sogenannter gestreckter Bleche in einem aus Eisenschienen hergestellten Gerüste gebildet (Abb. 233) oder sie bestehen aus jalousieartig übereinander greifenden Blechringen. Der Umfang der Schwemmsumpfanlage ist außer von der täglich erzeugten Menge Feinkohle wesentlich abhängig von der Dauer der Trockenzeit. Kann diese kurz bemessen werden, so folgt daraus eine wesentliche Erniedrigung des Anlagekapitals der Wäsche, es empfiehlt sich daher, auch aus diesem Grunde eine Entschlammung der gesetzten Feinkohle.

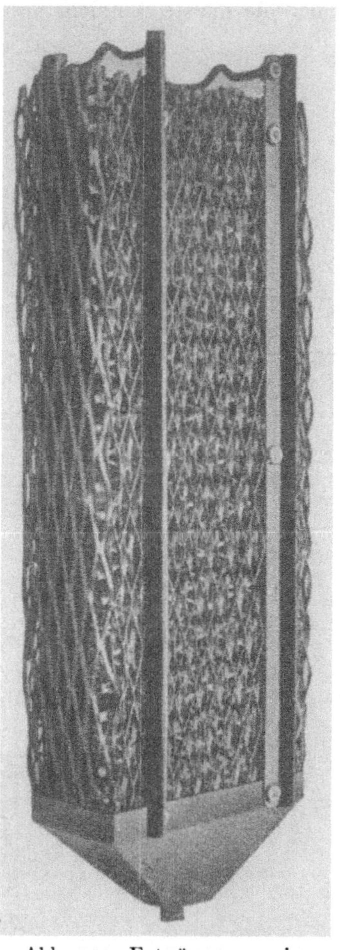

Abb. 233. Entwässerungsrohr aus gestrecktem Blech.

Das Schwemmverfahren scheint sich bei der Steinkohlenaufbereitung immer mehr einzuführen.

Enthält die gewaschene Kohle so große Mengen von S a l z e n, daß ein schädlicher Einfluß auf die Öfen bei der Verkokung zu befürchten ist, so können die Kohlen dadurch ausgelaugt werden, daß, nachdem die Hauptmenge des Waschwassers aus den Schwemmsümpfen abgeflossen ist, nochmals Frischwasser auf die Kohlen gegeben wird. Allerdings wird hierdurch die Zeit für das Abtrocknen erheblich verlängert.

Das Entwässern in Zentrifugen.

Zentrifugen mit unterbrochenem Betriebe, d. h. Füllung — Betrieb — Entleerung, sind wegen der hohen verlangten Leistung für die Feinkohlenentwässerung nicht ausreichend. Von den mehrfachen Versuchen, Zentrifugen mit ununterbrochenem Betriebe zu verwenden, dürfte derjenige der Maschinenfabrik Schüchtermann und Kremer die meiste Aussicht auf Erfolg haben.

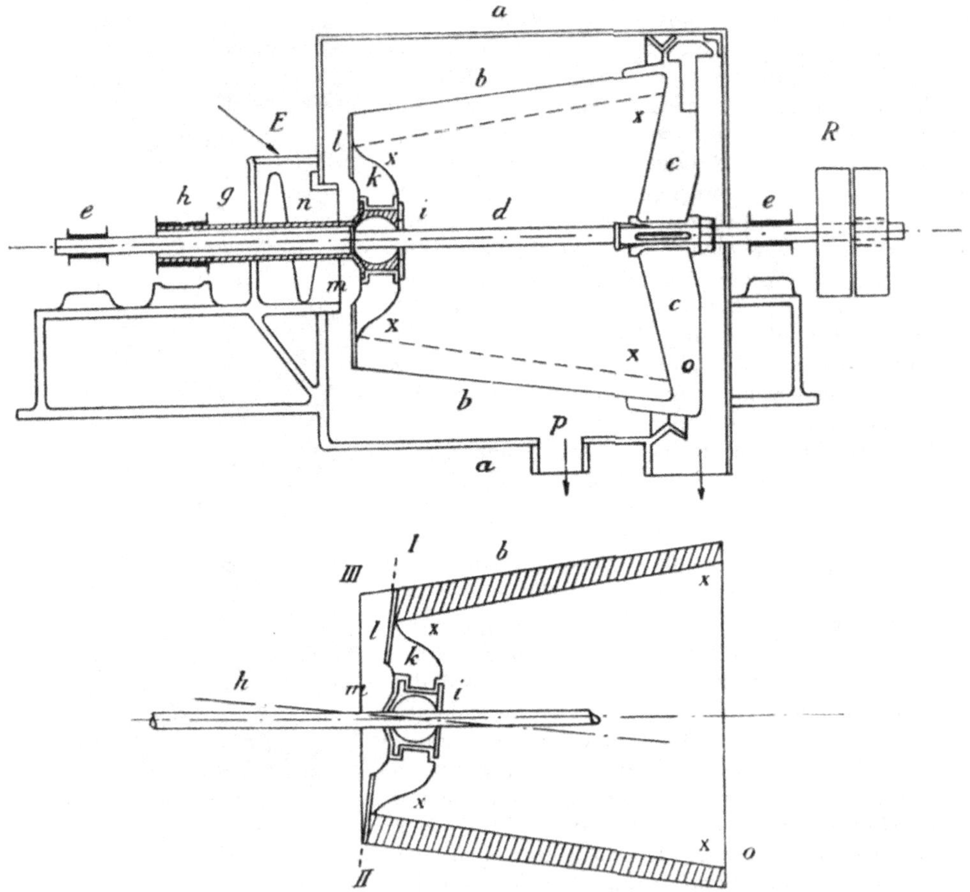

Abb. 234 und 235. Zentrifuge zur Feinkohlenentwässerung.

Die Zentrifuge (Abb. 234) ist mit wagrechter Welle d gebaut, die bei e verlagert ist und durch die Riemenscheibe R angetrieben wird. Der Zentrifugenmantel b ist mit der Welle durch die starken Arme c verbunden und von dem Gehäuse a umgeben, welches das ausgeschleuderte Wasser aufnimmt und bei p abführt. Die zu entwässernde Kohle wird bei E eingetragen und durch die Schnecke n gleichmäßig zugeführt, sie bildet in der Zentrifuge eine Lage, die etwa durch die Linien xx begrenzt wird. Um eine ununterbrochene Arbeit zu ermöglichen, ist folgende Einrichtung getroffen: Die Zentrifugenwelle ist mit einer Kugel i versehen, diese und der am Eintragende liegende Teil der Welle d ist von der konzentrischen, röhrenförmigen Welle g, auf der die Schnecke n sitzt, mit so viel Spielraum umgeben, daß das Lager h sich wagrecht um etwa 10 mm verschieben läßt. Auf dem kugelförmigen Teile der Welle g

sitzen die Arme k mit der Ringscheibe l, welche letztere die Zentrifuge links verschließt bis auf die für das Eintragen des Gutes frei bleibende zentrale Öffnung m. Die Welle g und die Scheibe l laufen durch Mitnehmer mit der gleichen Umlaufzahl wie die Zentrifuge selbst.

Die Wirkung ist aus Abb. 201 (wagrechter Schnitt) zu ersehen, die Schiefstellung der Welle g mit der Scheibe l ist übertrieben gezeichnet. Es dreht sich nämlich die Scheibe l in einer zur Zentrifugenachse schwach geneigten Ebene I—II. Dadurch wirkt sie auf die Zentrifugenfüllung vorwärts schiebend, da sie bei jeder Umdrehung einen ringförmigen Keilraum I—II—III freilegt. Die diesem Raume entsprechende Menge Gut wird bei o am rechten Ende der Zentrifuge ausgetragen und eine gleiche Menge kann durch die Schnecke wieder zugeführt werden.

Nach Mitteilung der Firma hat die Zentrifuge bis jetzt drei Monate lang im Betriebe zufriedenstellend gearbeitet. Bei einem mittleren Durchmesser von 1500 mm, einer Länge von 800 mm und 300 Umläufen in der Minute konnten stündlich 30 t Kohle von etwa 30% Wassergehalt auf 12% entwässert werden. Zum Betriebe waren 16 PS erforderlich. Diese Ergebnisse dürften zu weiteren Versuchen anregen.

Über die Verwendung von Filterpressen und von Zellenfiltern vgl. unter Brikettieren den Abschnitt „Die Klärung des zur Naßentstaubung verwendeten Wassers".

Anwendung der Schwimmaufbereitung nach dem Verfahren Gröndal-Franz auf Steinkohle[1]).

Die Anlagen bei den Schächten II und III der Gewerkschaft Mont Cenis bei Sodingen sind für eine Jahresleistung von je 21 000 t Feinkohle unter 0,4 mm, das sind bei 14stündiger Arbeitszeit 5 t/st, errichtet worden. Die Staubkohle wurde vorher abgesaugt.

Die Kohle $< 4\,mm$ wird aus einem Sumpfe (vgl. den Stammbaum) von einer Pumpe in den ersten Schlammtrichter gehoben, in dem sich die gröberen Bestandteile absetzen, während die feineren mit der Trübe in den zweiten Schlammtrichter übertreten. Die Kohle aus dem ersten Schlammtrichter wird über eine Verdichtungsspitze und über Schüttelsiebe von 0,4 mm Maschenweite geleitet, die Gröbe über die Entwässerungssiebe zur Kokkohle abgegeben, während das Feine $< 0,4\,mm$ mit dem Austrage des zweiten Schlammtrichters vereinigt und aus einem Sumpfe durch die zweite Pumpe über einen Eindicker dem Schäumer zugeführt wird. Dieser gibt Kokkohlen auf die Entwässerungssiebe, ferner gesondert Kesselkohle und Berge ab. Die letzteren gehen über einen Schnellstoßherd, der Schwefelkies und Berge trennt. Das Wasser der Entwässerungssiebe fließt in den Sumpf zurück.

Die gestellten Bedingungen wurden erfüllt: Der Ölverbrauch sollte 500 g/t nicht übersteigen. Bei einem Aschengehalt der Rohkohle von 25 bis 30% sollte der Aschengehalt der Kokkohle weniger als 8, derjenige der Kesselkohle weniger als 30% und derjenige der Berge mindestens 70% betragen. Ferner sollte das Verhältnis der Kokkohle zur Kesselkohle wie 2 : 1 sein.

Die Abnahmeversuche ergaben: Kokkohle mit 7,47%, Kesselkohle mit 14,54 und Berge mit 75,79% Asche. Die Durchsatzmenge konnte nicht erreicht werden, da die Wäsche nur 2,27 t/st Schlamm lieferte. Übrigens wurde auch der Schwefelgehalt von 2,6% im Rohschlamm auf 0,77% in der Kokkohle herabgesetzt.

Bei dem Bau der Schwimmvorrichtung (dort zweckmäßig Schäumer genannt) war zu berücksichtigen, daß im Vergleich zur Erzaufbereitung verhältnis-

---

[1]) Wüster. E. G. A. 1924, S. 19. — Thau. Die Schwimmaufbereitung der Kohle E. G. A. 1923, S. 940.

11. Stammbaum der Kohlenschlamm-Aufbereitung

der Gewerkschaft Mont Cenis,
Schwimmverfahren nach Gröndal-Franz.

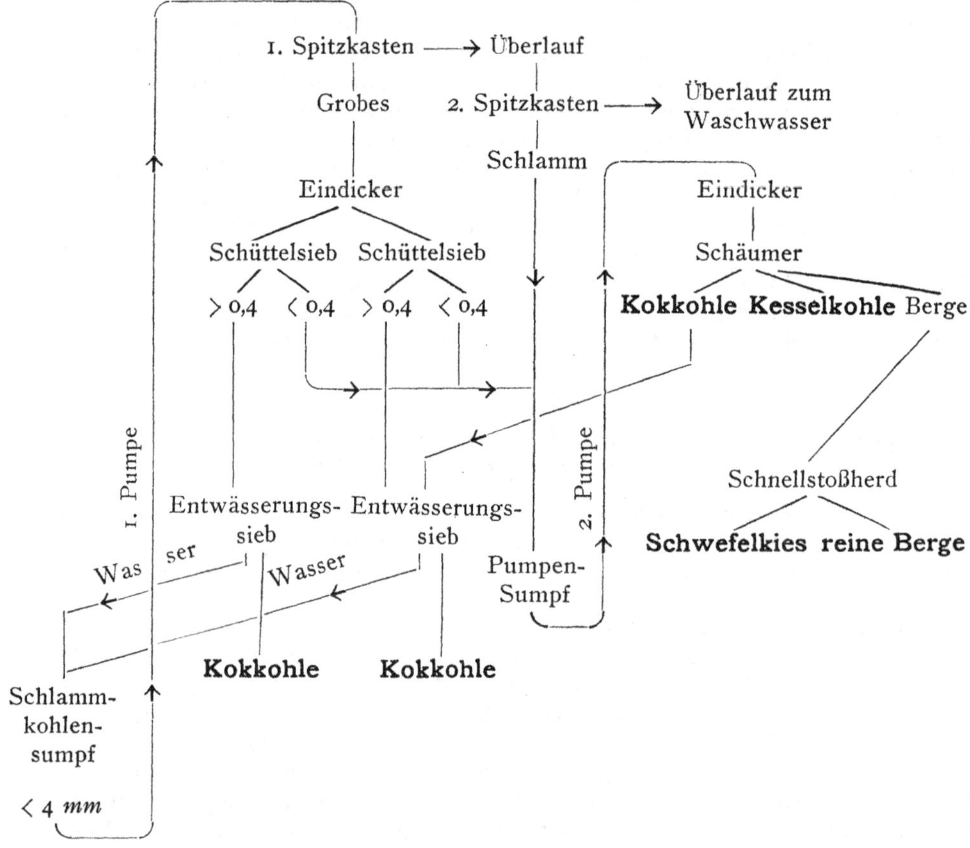

mäßig große Schaummengen abzuscheiden sind. Im Schäumer (Abb. 236 u. 237) wurden daher für jede Rührkammer drei Schaumkammern vorgesehen. Die Trübe tritt aus dem Eintrag durch den Schlitz a in die Vorrührkammer b, in der das Öl durch den bekannten Tropfapparat hinzugefügt wird und eine kräftige Durchrührung durch die aus der Düse c austretende Preßluft stattfindet. Durch einen Schlitz e, über das Schrägbrett d und durch den weiteren Schlitz f gelangt die Trübe in die erste Rührkammer g, in der die aus der Düse h austretende Preßluft eine erneute Durchmischung und Schaumbildung bewirkt. Der größte Teil des Schaumes fließt durch die Schlitze i, k und l in die drei Schaumkammern m, n, und o, in denen er ruhig emporsteigt, während etwa mitgerissene Bergeteilchen auf die Schrägböden p niedersinken. Infolge der Trübebewegung gelangen sie zum größten Teile in die zweite Rührkammer, in der sich dieselben Vorgänge wiederholen. Ein Teil des Schaumes steigt in der Rührkammer selbst hoch und tritt über die hoch liegenden Überfallkanten q in die Schaumrinnen, in die auch der Schaum aus den Schaumkammern eintritt. Von hier aus gelangt er in die Abführungsrinnen, die zur Trennung von Kok- und Kesselkohle beliebig angeordnet werden können. Die beiden seitlichen Schaumkammern sind für je zwei Rührkammern vereinigt. Die Anzahl der Rührkammern richtet sich nach der Kohlenbeschaffenheit. Die Vorrichtungen können ein- oder zweiseitig gebaut werden. Alle Überfallkanten lassen sich durch Aufsatzleisten höher oder tiefer einstellen. Die Preßluftmenge für eine Vorrichtung mit 10 Rührkammern und 5 t Stundenleistung beträgt etwa 10 $cbm/min.$ bei einem Druck von 2500 bis 3000 mm Wassersäule. Jedes Luftzuführungsrohr ist mit einem Drosselventil versehen. Der Arbeitsbedarf beträgt 10 bis 12 PS am Motor.

Um etwaige Verstopfungen zu beseitigen, können die Zuführungsrohre mit den Düsen leicht ausgewechselt werden, außerdem kann bei stärkeren Verstopfungen die Preßluft abgestellt und durch ein besonderes Ventil Druckwasser in die Vorrichtung gegeben werden.

Über die Zusammensetzung des Öles und der sonstigen Reagentien wird in üblicher Weise geschwiegen.

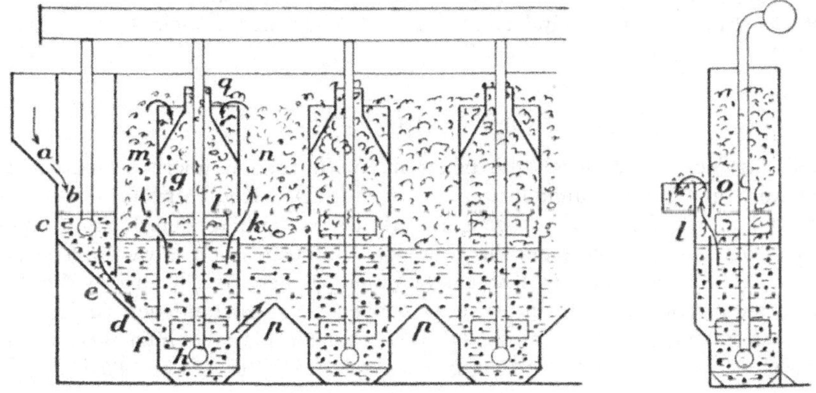

Abb. 236 und 237. Schäumer für Steinkohlenaufbereitung von Gröndal-Franz (Ekof).

Schwimmaufbereitung nach dem Verfahren der Minerals Separation Ltd.

Die Kohlenwäsche am Vertrauenschachte des Erzgebirgischen Steinkohlen A. Vs.[1]) zu Schedewitz bei Zwickau in Sachsen wurde in den Jahren 1919 und 1920 von der Maschinenfabrik Baum in Herne erbaut für eine stündliche Verarbeitung von 190 t Rohkohle.

Die Waschwasser werden in einer Reihe von 9 großen Spitzkasten so weit geklärt, daß sie unmittelbar für den Wäschebetrieb wieder verwendet werden können. Die aus dem Spitzkasten 1 ausgetragenen Schlämme werden nach entsprechender Entwässerung der Kesselfeuerkohle zugesetzt. Die aus den Spitzen 2 bis 9 erhaltenen Schlämme wurden bis zum November 1923 in Klärteiche gepumpt und aus diesen mit etwa 35% Wassergehalt ausgeschlagen, um entweder zum Verkauf zu gelangen oder zur Kesselfeuerung verwendet zu werden. Dann entschloß man sich jedoch zur besseren Verwertung dieser Schlämme eine Schwimmaufbereitung zu bauen, nach der Bauart der Zentraleuropäischen Schwimmaufbereitungsgesellschaft Berlin. Die Anlage besteht aus einer Vorwäsche von 7 und einer Nachwäsche von 3 Zellen nach Art der Minerals Separation. Die Rührer machen 200 Umläufe in der Minute. Das Kohlenkonzentrat der Vorwäsche wird der Nachwäsche durch eine Pumpe zugehoben.

---

[1]) Festschrift des Erzgebirgischen Steinkohlen A. Vs. vom 1. Juli 1924, S. 178.

Die Anlage sollte imstande sein, 70 *t* Rohschlamm (auf Trockensubstanz bezogen) in 10 Stunden zu verarbeiten. — Der Ölzusatz sollte höchstens 10 *kg* auf die Tonne gewonnene, trockene Kohle betragen. Der Kraftbedarf sollte nicht mehr als 70 *PS* betragen. Die gewonnenen Kohlen sollten nicht mehr als 8% Aschengehalt, die Berge nicht weniger als 80% Aschengehalt haben.

Die Anlage arbeitet in bezug auf die Aschengehalte der gewonnenen Kohlen und Berge befriedigend, in bezug auf Durchsatzmenge, Kraft- und Ölbedarf besser als nach den Garantien zu verlangen gewesen wäre. Es sind bis zu 90 *t* Rohschlamm in 10 Stunden durchgesetzt worden, der Ölzusatz hat nur etwa 2 bis 3 *kg* je *t* gewonnene Kohle betragen. Die gewonnenen Kohlen haben 8 bis 9%. Die Berge 75 bis 83% Aschengehalt. Die der Schwimmaufbereitung aufgegebene Schlammtrübe weist eine Verdünnung von 1 : 5 bis 1 : 4 auf. Der Kraftbedarf der Anlage beträgt 50 *PS*. Die Bedienung erfolgt durch einen Mann.

Die reine Kohle wird in Form eines dünnflüssigen Konzentrates gewonnen und zur Entwässerung auf die Kokkohlenentwässerungssiebe geleitet. Die Kokkohlen dienen hierbei als Filter und verhindern ein Durchgehen der feinen Kohlenteilchen durch das Sieb.

Das Trent-Verfahren.[1]

Obgleich das Verfahren durch die neueren Ausführungen überholt sein dürfte, wird es hier kurz der Vollständigkeit wegen erwähnt. Der Kohlentrübe werden 30% dünnflüssiges Öl, z. B. Petroleum (bezogen auf die zu reinigenden Kohlen) zugemischt und das Gemenge so lange gerührt, bis sich Klümpchen von etwa 5 *mm* Durchmesser bilden, die vorwiegend aus Kohlenstaub und Öl bestehen, während die Verunreinigungen zum größten Teile im Wasser bleiben. Der entstandenen Masse kann (ähnlich wie der Butter das Wasser) das Öl durch Kneten bis auf einen Rest von 5% leicht entzogen werden. Die Verminderung des Aschengehaltes beträgt 80%.

Die Stapelung und Wiederverladung von Kohlenvorräten.

Bei denjenigen Bergbauen, bei denen der Absatz schwankend ist, oder die Möglichkeit der Verfrachtung nicht während des ganzen Jahres gegeben ist, müssen Vorkehrungen getroffen werden, um größere Mengen von Vorräten aufstürzen und wieder verladen zu können. Schwankender Absatz ist beim Steinkohlenbergbau die Regel, da der Verbrauch an Hausbrandkohle, das sind die Korngrößen etwa von 20 bis 60 *mm* im Sommer erheblich nachläßt und dann jedesmal im Herbst zur Deckung des Winterbedarfes größere Nachfrage einsetzt. Manche Gruben sind auch zum Teil auf die Verfrachtung auf dem Wasserwege angewiesen, die wieder vom Wasserstande und von den Eisverhältnissen abhängig ist. Das letztere trifft z. B. auch zu bei den Eisenerzgruben in der Umgebung des Oberen Sees in Nordamerika, da mindestens während fünf Monaten im Jahre die Schiffahrt unmöglich ist. Das in dieser Zeit gewonnene Erz muß auf Vorrat gestürzt und in den übrigen sieben Monaten der ganze Jahresbedarf der Hütten verladen oder umgeladen und verfrachtet werden[2]). Diesen Verhältnissen sucht man beim Steinkohlenbergbau schon dadurch Rechnung zu tragen, daß im Grubenbetriebe im Sommer vorzugsweise Aus- und Vorrichtungsarbeiten belegt werden, der Abbau aber eingeschränkt wird. Trotzdem muß das Aufstürzen von Vorräten vorgesehen werden, wenn die Absatzstockungen sich,

---

[1]) Z. V. d. I. 1921, S. 1123.
[2]) Eikel, E. Z. V. d. I. 1911, S. 561.

wie bei der Hausbrandkohle, nur auf einige Korngrößen erstrecken, während Stückkohlen für Lokomotivheizung und Kleinkohlen für die Industriefeuerung, für Kokerei
und Brikettierung während des ganzen Jahres fast gleichmäßig abgesetzt werden.
Auch der Mangel an Eisenbahnwagen oder Störungen im Betriebe der Wäsche können,
im ersteren Falle zum Stapeln gewaschener Kohle, im zweiten Falle zum Aufstürzen
von Förderkohle Veranlassung geben, um einen Förderausfall zu vermeiden. Außerdem ist es erwünscht, über Vorräte zu verfügen, falls Betriebsstörungen oder Arbeiter-
ausstände die Förderung beeinträchtigen.

Zunächst muß entsprechender Platz in der Nähe der Wäsche und der Verladegleise vorhanden sein. Da wegen der Gefahr der Selbstentzündung der Vorräte, die
namentlich bei Förderkohle groß ist, eine gewisse Sturzhöhe — etwa 5 m bei Förderkohle und 6—7 m bei aufbereiteter Kohle — nicht überschritten werden darf, werden
ziemlich große Flächen benötigt. Übrigens ist die Größe dieser Anlagen auf den einzelnen Werken recht verschieden. Im allgemeinen dürfte es schon ein hoher Betrag
sein, wenn man die Stapelung der 20fachen Tagesförderung vorsieht.

Das einfachste Mittel ist das Abstürzen der Kohlen von festen Förderbrücken aus
zu Wällen nach Korngrößen getrennt, zwischen denen Platz für Gleise zur Wiederverladung mit Hand in Hunde verbleibt. Es erfordert das geringste Anlagekapital, veranlaßt aber hohe Betriebskosten an Löhnen und ist unbequem, da diese Arbeitskräfte
nur vorübergehend gebraucht werden und dem Grubenbetriebe entzogen werden müssen. Die wiederbeladenen Hunde werden durch einen Aufzug gehoben und zur Bahn-
verladung befördert oder die gelagerte Kohle muß wohl nochmals durch die Wäsche
gehen, weil sie unansehnlich geworden ist und sich durch Verwitterung Unterkorn
gebildet hat. Je nach der Kohlenbeschaffenheit und der Dauer der Lagerung ist das
Verhalten gelagerter Vorräte recht verschieden, auch ist auf die Ansprüche der Kund-
schaft Rücksicht zu nehmen, die in hohem Maße von der Geschäftslage abhängen.

Die Aufspeicherung in besonderen V o r r a t s b u n k e r n, natürlich nach Korngrößen getrennt, aus denen die Kohle unmittelbar in Eisenbahnwagen verladen werden kann, ist wegen der hohen Anlagekosten nur für kleine Mengen tunlich.

Auf denjenigen Gruben, auf denen erfahrungsgemäß alljährlich große Mengen
Kohlen auf Vorrat gestürzt werden müssen, sind Stapelplätze mit mechanischen Einrichtungen für das Stürzen auf Vorrat und die Wiederverladung vorgesehen, um die
Kosten tunlichst zu vermindern und die Verwendung von Handarbeit einzuschränken.[1] Es sind namentlich folgende Verfahren üblich: Das Stürzen der Kohle auf die
K o h l e n h a l d e über eine große Fläche erfolgt dadurch, daß im rechten Winkel zu
einer feststehenden Förderbrücke auf der einen oder auch auf beiden Seiten längere,
durch elektrischen Antrieb fahrbare Brücken in Eisenbau vorhanden sind. Die Hunde
werden mittels zweigleisiger Seilbahn befördert, die auch auf die fahrbare Brücke
abzweigt. Die Wiederverladung erfolgt entweder mittels G r e i f b a g g e r, der auf
dem Platze fährt, oder es ist unter dem Stapelplatze ein Streckennetz vorgesehen, in
dessen Firste zahlreiche, durch Schieber verschließbare Schurren eingebaut sind, um
die aufgestürzte Kohle in Hunde abzulassen. Mittels Seilbahn in den Hauptstrecken
ist auch eine mechanische Rückbeförderung der Hunde tunlich. Ferner kann die
Wiederverladung der Kohlen durch elektrisch betriebene Greifbagger erfolgen, die
auf einer höheren Sohle der fahrbaren Brücke ebenfalls durch elektrischen Antrieb

---

[1] N a h n s e n. Einige moderne Haldenstürz- und Wiederverladeeinrichtungen auf
oberschlesischen Steinkohlengruben. E. G. A. 1909, S. 1361. Mit Angabe der Leistungen,
Anlage- und Betriebskosten. — B u h l e, M. Die Verladeanlage der Radzionkaugrube in
Oberschlesien. Z. V. d. I. 1910, S. 748. — B a e n t s c h. Haldensturz- und Rückverladungs-
anlage auf dem Steinkohlenwerke Hedwigs-Wunsch bei Borsigwerk O. S. E. G. A. 1918,
S. 225. Schwenkbare Brücke.

Abb. 238. Gesamtansicht der Anlage mit einer festen, viergleisigen und zwei fahrbaren, zweigleisigen Brücken nebst zwei Laufkatzen mit Greifern für die Rückverladung.

verschiebbar sind. Durch diese Mittel können auch Teile der Vorräte, die sich zu erwärmen beginnen, schnell beseitigt werden. Die Anlagekosten sind bei derartigen Anlagen zwar hoch, zur Bedienung sind aber nur wenig Arbeiter erforderlich, so daß die Gesamtkosten niedriger sind als bei den in der Anlage billigeren Verfahren, bei denen viel Handarbeit aufgewendet werden muß.

Die Abb. 238—240 stellen die Anlagen auf der Radzionkaugrube in Oberschlesien dar. Sie wurden durch die Gesellschaft für Förderanlagen Ernst Heckel, Saarbrücken, für die Stapelung und Wiederverladung von Kohle in acht Korngrößen geschaffen. Es sind vorhanden, eine feste, viergleisige und daran rechtwinklig anschließend zwei fahrbare zweigleisige Brücken. Die Seilbahnen können auch während die Brücken fahren in Betrieb bleiben.

Die Überführung der Wagen von der festen auf die fahrbare Brücke findet mittels Führungsscheiben für das Seil und übergreifender Kletterweichen statt. Die Wagen sind Bodenentleerer, die Entleerung der einzelnen Korngrößen an den bestimmten Stellen wird dadurch bewirkt, daß an den Wagen in acht Lagen einstellbare Hebel und auf den Entladestellen entsprechende, ebenfalls einstellbare Anschläge vorhanden sind. Die Wiederverladung geschieht dadurch, daß mittels Laufkatzen fahrbare Greifbagger die Kohlen aufnehmen — hierfür ist (Abb. 239) auf den fahrbaren Brücken zwischen den Gleisen entsprechender Platz vorgesehen — und die Kohlen dann in Fülltrichter entleeren, aus denen die Hunde gefüllt werden. Sollte ein Hund nicht verschlossen sein, so geschieht das Verschließen der Seitenplatten vorher selbsttätig durch neben den Gleisen seitlich angebrachte Schließbleche (vgl. Abb. 204).

Die Aufbereitung der Erze[1]).

Die Anlagen sind, der großen Mannigfaltigkeit des natürlichen Vorkommens der Erze entsprechend, nach sehr verschiedenen Gesichtspunkten ausgebildet (vgl. die Ausführungen S. 188). Die größte Wichtigkeit hat für Deutschland zurzeit die Aufbereitung der bleiisch-zinkblendigen Erze, bei der neben der trockenen Aufbereitung die Setz- und die Herdarbeit voll entwickelt sind. Im folgenden sind eine Anzahl Anlagen beschrieben, außer auf die nasse ist auch auf die magnetische Aufbereitung und auf die Schwimmaufbereitung Rücksicht genommen.

Die Blendeaufbereitungsanlage des Zink- und Bleierzbergwerks „Neue Helene" bei Scharley (Oberschlesien)[2]).

Das Grubenfeld des Zink- und Bleierzbergwerks „Neue Helene" bei Scharley (Oberschlesien) liegt in dem nordöstlichen Teil der durch ihre reichhaltigen Blei-, Zink- und Eisenerzmittel bekannten Beuthener Erzablagerung.

Die Aufbereitung der Erze beginnt wie gewöhnlich schon in der Grube, indem, soweit es die Art der Ablagerung zuläßt, solche Lagen, die vorzugsweise G a l m e i enthalten, getrennt von den blendehaltigen gewonnen und gefördert, während die B e r g e nach Möglichkeit ausgehalten und unter Tage versetzt werden. Die galmeihaltige Förderung wird in einer älteren Galmeiwäsche aufbereitet, während das blendehaltige Haufwerk in der neuen Blendeaufbereitungsanlage verarbeitet wird.

Diese ist eine der größten Deutschlands und wurde in der

Abb. 239. Laufkatze mit Greifer auf einer der fahrbaren Brücken.

Zeit von Mai 1906 bis November 1907 von der Firma Fried. Krupp, A. G. Grusonwerk in Magdeburg-Buckau für eine Verarbeitung von 280 *t* Haufwerk in zehn Arbeitsstunden erbaut.

---

[1]) Es sei noch auf die folgende Literatur hingewiesen: P ü t z. Vorkommen, Gewinnung und Aufbereitung der Blei- und Kupfererze des Pinar de Bédar in Süd-Spanien. (Beschreibung zum Teil sehr einfacher Verfahren mittels Handarbeit.) — W ü s t e r. Die neue Aufbereitungsanlage der Grube Rosenberg bei Braubach. E. G. A. 1919, S. 501. — D o r s t e w i t z. Mitteilungen aus den Aufbereitungen des Siegener Spateisensteins. Pr. Z. 1919, S. 451. — G l a t z e l. Die Erzaufbereitungsanlage der Rheinisch-Nassauischen Bergwerks- und Hütten-A. G. Abteilung Nassau, in Laurenburg a. d. Lahn. Met. u. Erz. 1922, S. 161.

[2]) P i e g z a. E. G. A. 1909, S. 804. — Hierzu Stammbaum auf Taf. V und Zeichnung auf Taf. VI.

Sie ist zurzeit regelmäßig zwei zehnstündige Schichten täglich in Betrieb und verarbeitet in dieser Zeit etwa 704 t Rohhaufwerk. Die Belegschaft beträgt in der Tagschicht 201, in der Nachtschicht dagegen, da die Außenarbeiten wegfallen und wegen des Fehlens der weiblichen Arbeiter die Lesetische schwächer besetzt sind, nur 114 Arbeiter.

Abb. 240. Innen-Ansicht der einen fahrbaren Brücke mit Rückverladetrichter und selbsttätiger Schließvorrichtung (links) für die entleerten Hunde.

Abb. 238 bis 240. Stapel- und Rückverladeanlage System Heckel auf der Radzionkaugrube, O.-S.

Das zu verarbeitende Haufwerk besteht in der Hauptsache aus Blende, Galmei, Bleiglanz, Schwefelkies, Dolomit und vielfach sehr zähem Letten. Der Gehalt des Haufwerkes an Zink beträgt 12—16%, wovon 1,5—3,1% im Galmei und 2% im Dolomit enthalten sind, das entspricht 13—16,5% Zinkblende. Der Bleigehalt beläuft sich auf 4—7%, das entspricht 5—8% Bleiglanz, der Gehalt an Schwefelkies auf 9,8—11%. Zinkblende enthält 67% Zink, Bleiglanz 86,6% Blei.

Der an Dolomit gebundene Teil des Zinks muß verloren gegeben werden und geht auf die Bergehalde, aber auch der Galmeigehalt des Blendehaufwerkes führt zu Verlusten, da Galmei sehr weich ist und sich bei der Zerkleinerung zu feinem Schlamm zermahlt, der mit dem Wasser zu den Bergen schwimmt.

Endlich bereitet auch der mit Blende und Bleiglanz meist innig verwachsene Schwefelkies der Aufbereitung insofern Schwierigkeiten, als wegen des fast gleichen spezifischen Gewichtes von Schwefelkies und Zinkblende entweder die fertige Blende verunreinigt werden oder die Blende zum Teil mit dem Schwefelkies verloren gehen kann.

Trotz dieser mannigfachen Schwierigkeiten wird durch zweckmäßige Anordnung und richtige Wahl der einzelnen Aufbereitungsvorrichtungen ein günstiges Ausbringen erzielt. Es werden 76—80% vom Gesamtzinkgehalt des Haufwerkes gewonnen, wobei vom gesamten Galmeigehalt aus den angeführten Gründen nur etwa 42% erhalten werden, während von der Blende etwa 85% gewonnen werden.

Dabei fallen folgende Erzeugnisse:

Stückblende . . . . mit 58—60% Zink
Grobkornblende . . . . „ 39—42% „
Feinkornblende . . . . „ 41—43% „
Schliechblende . . . . „ 44—46% „
Schlammblende . . . . „ 34—36% „

Der Bleigehalt dieser Blenden bleibt unter 2%.

Von dem Bleigehalt des Rohhaufwerkes werden 81% gewonnen, und zwar enthalten die fertigen Bleierze im Grobkorn 75—80, im Fernkorn etwa 73 und in den Schliechen 65—71% Blei.

Diese verhältnismäßig günstigen Ergebnisse im Verein mit der großen Durchsatzmenge der Wäsche werden durch verschiedene Maßnahmen erreicht; in erster Linie dadurch, daß sowohl die armen wie die reichen Zwischenprodukte aus der Grubenkleinabteilung ausgeschaltet und besonderen Abteilungen zugewiesen werden; ferner durch eine zweckmäßige Anwendung der Klaubarbeit, indem z. B. Schwefelkies schon in den gröberen Stücken ausgeklaubt wird, so daß die Setzwäsche bedeutend entlastet wird. Außerdem wird große Sorgfalt auf die Durchführung der stufenweisen Zerkleinerung verwendet. Auf diese Weise werden die S. 12 entwickelten Vorteile erreicht, es wird die Zerkleinerungsarbeit möglichst beschränkt, und gleichzeitig werden die Aufbereitungsverluste vermindert, die erfahrungsgemäß um so größer werden, je kleiner das aufzubereitende Korn ist.

Im weitesten Sinne ist auch den in der Versuchsanstalt des Grusonwerkes ermittelten besonderen Eigentümlichkeiten des aufzubereitenden Haufwerkes Rechnung getragen. Bei diesen Versuchen war z. B. festgestellt worden, daß das bei einer Vorzerkleinerung des Haufwerkes im Steinbrecher fallende feine Korn unter 22 mm, das sogenannte Brechklein, im allgemeinen reicher ist als das weiter aufzuschließende gröbere Korn, das sogenannte Walzerz. Außerdem hatte sich gezeigt, daß das Grubenklein schon bei 22 mm Korngröße freie Blei- und Zinkerze enthält, so daß in den Setzmaschinen schon bei diesem Korn fertige Bleierze gebildet werden können, während beim Walzerz dies gewöhnlich erst unter 15 mm Korngröße möglich ist.

Unter Berücksichtigung dieser Wahrnehmungen ist die Anlage folgendermaßen eingerichtet (siehe Taf. VI).

Die Setzwäsche ist in zwei gleiche Roherzabteilungen eingeteilt, die je eine besondere Abteilung zur Verarbeitung der armen, blendigen Zwischenprodukte haben, jedoch eine gemeinsame Abteilung zur Verarbeitung der reichen bleiischen Zwischenprodukte.

Die **H e r d w ä s c h e** zerfällt in vier Abteilungen, von denen die erste die feineren Sande und Schlämme aus den beiden Grubenkleinabteilungen der Setzwäsche, die zweite die feineren Sande und Schlämme der armen Zwischenproduktabteilungen der Setz- und Herdwäsche, die dritte die der reichen Zwischenproduktabteilung der Setz- und Herdwäsche erhält; die vierte Abteilung schließlich verarbeitet die in den Klärspitzkästen niedergeschlagenen Schlämme sämtlicher Überlaufwasser.

Um den Betrieb möglichst übersichtlich zu gestalten, sind die zu einer Abteilung gehörigen Trommeln, Setzmaschinen usw. gruppenweise zusammengestellt; die Klaubetische, Brech- und Walzwerke sowie die Setzmaschinen stehen in je einem gesonderten Stockwerke zusammen; auch die Spitzkästen und Herde in der Herdwäsche sind in besonderen Gebäudeteilen gruppenweise angeordnet. Ferner sind die einzelnen Trommeln und Setzmaschinen durch Tafeln mit Angabe der Lochweiten gekennzeichnet. Endlich werden zur Vermeidung von Verwechslungen und zur Erleichterung für die an der Abfuhrbrücke beschäftigten Arbeiter die mit den Doppelaufzügen zu hebenden fertigen Erzeugnisse und Zwischenprodukte durch farbige Tafeln gekennzeichnet, die durch einen Vorarbeiter an die einzelnen Wagen angesteckt werden; so bedeutet z. B. eine hellblaue Tafel fertiges Bleierz, eine gelbe Tafel Grobkornblende usw.

W a s s e r v e r s o r g u n g. Das für die ganze Anlage notwendige Waschwasser, 15—20 *cbm* in der Minute, wird durch zwei Pumpenanlagen in getrennten Rohrleitungen teils dem Brinitza-Fluß entnommen, teils werden die geklärten Abwässer der Klärteiche nochmals benutzt. Die beiden Rohrleitungen gießen in zwei Hochbehälter F im dritten Stockwerke der Anlage aus, von denen aus das Wasser den einzelnen Verbrauchsstellen zugeführt wird.

K r a f t a n l a g e. Zum Betriebe der Anlage, die einen Kraftbedarf von etwa 360 PS hat, dient Drehstrom von 500 V. Spannung, der von den Oberschlesischen Elektrizitätswerken bezogen wird. Jede der beiden Hälften der Zerkleinerung nebst Setzwäsche wird von einem besonderen Motor G_1 bezw. G_2, die Schüttelherdwäsche von dem Motor H, die Rundherdwäsche von dem Motor J und jeder der beiden Doppelaufzüge von einem Motor K angetrieben.

Zur Vermeidung von Unfällen, zur Schonung der Maschinenanlagen und zur Erleichterung der Aufsicht über die Belegschaft sind die Hauptkraftübertragungen durch Gitter von den übrigen Betriebsvorrichtungen abgeschlossen; die Motoren sind in gesonderten Räumen aufgestellt.

G a n g d e r A u f b e r e i t u n g. Der Gang der Aufbereitung ist folgender: Die aus der Grube kommenden Wagen werden durch zwei einfache Aufzüge von der Hängebank aus auf die Höhe der Anfuhrbrücke gehoben und durch eine unterlaufende Kette über die Brücke dem obersten Stockwerk der Blendeaufbereitungsanstalt zugeführt. Nach dem Verlassen der Kettenbahn laufen die Wagen auf etwas geneigter Bahn ab und werden einem der beiden **W i p p e r** *a* (siehe Tafel) zugeführt. Sind die beiden gleichen Abteilungen der Wäsche vorläufig mit Aufbereitungsgut versehen, so kann eine Anzahl von Wagen auf einem besonderen Gleise aufgestellt werden, um im Bedarfsfalle in einen der Wipper verstürzt zu werden. Bei außergewöhnlich starker Schachtförderung wird das Rohhaufwerk auf die Halde gestürzt, und andererseits wird bei schwächerer Schachtförderung das Haldenrohgut je nach Bedarf durch die erwähnten beiden Aufzüge an der Schachthängebank auf die Zufuhrbrücke der Wäsche gehoben.

Durch dieses Verfahren wird verhindert, daß Störungen in der Wäsche sich auf den Grubenbetrieb übertragen oder Störungen in der Grube den Wäschebetrieb beeinträchtigen, gleichzeitig wird auf der Halde durch Ausklauben der Berge eine Anreicherung herbeigeführt; auf diese Weise ist die Vorschaltung größerer Vorratstaschen, die sich bei anderen neueren Wäschen gut bewährt hat, in diesem Falle aber aus technischen Gründen nicht durchführbar war, entbehrlich, zumal die Beschaffenheit des Haufwerkes großen Schwankungen nicht unterworfen ist.

Das auf der obersten Bühne durch den Kreiselwipper a verstürzte Haufwerk fällt auf einen Rost b von 85 mm Spaltweite, der es in Stücke über 85 mm und Grubenklein unter 85 mm Größe trennt. Die groben Stücke rutschen über den Rost auf die Bühne B herab, wo die reinen Bleiglanz-, Schwefelkies- und Blendestücke ausgehalten werden, während die verwachsenen Stücke durch den Steinbrecher c vorgebrochen werden und mit dem durch den Rost hindurchgefallenen Grubenklein zusammen in den Füllrumpf d fallen.

Die Grubenkleinabteilung. Aus dem Füllrumpf wird das ganze Haufwerk mittels der verstellbaren Schubaufgabe e der Läutertrommel f aufgegeben, in der das Gut durch reichliches Bespülen mit Wasser von den lettigen Bestandteilen befreit wird; die Trübe der Läutertrommel geht durch die Kopfsiebe in die beiden Trommeln i_4 und i_5 mit den anschließenden Spitzlutten und weiter nach der Herdwäsche. Mit der Läutertrommel sind zwei Siebmäntel von 45 und 22 mm Lochweite verbunden, aus denen das Korn von 85 bis 45 mm auf den Lesetisch h_1, das Korn von 45 bis 22 mm auf den Lesetisch h_2 und das unter 22 mm in die Trommeln i_{1-3} mit den anschließenden Spitzlutten k_{1-2} der Grubenkleinabteilung gelangt.

Auf den beiden Lesetischen h_1 und h_2 werden fertiger Bleiglanz, Blende, Galmei, reiner Schwefelkies und Berge ausgelesen, während die durchwachsenen Brech- und Walzerze abgestrichen werden und zu der Abteilung für arme Zwischenprodukte gehen. Die fertigen Erzeugnisse, Bleiglanz, Blende, Galmei und Schwefelkies werden von den am Klaubetisch beschäftigten jugendlichen Arbeitern und Arbeiterinnen, die je ein bestimmtes Erzeugnis auszulesen haben, zur Erleichterung der Nachprüfung des ausgeklaubten Gutes zunächst in kleine Holzkästen gesammelt und sodann in die für die einzelnen Erzeugnisse bereitstehenden Kippwagen geschüttet. Die Kippwagen mit den fertigen Erzeugnissen gehen nach einem der Doppelaufzüge n, um auf die Bühne D gehoben und über die Abfuhrbrücke nach den Lagerplätzen abgefahren zu werden. Die ausgelesenen Berge werden durch Trichter auf die untere Platte des Lesetisches geschüttet und selbsttätig in eine Absturzlutte abgestrichen, die sie den im Erdgeschosse angeordneten Sammeltaschen L zuführt.

Das Korn unter 22 mm aus den Siebmänteln g wird durch die Trommelreihe i_{1-3} mit den anschließenden Spitzlutten k_{1-2} in neun Kornklassen von 22 bis 1½ mm sowie in röschere Sande, feinere Sande und Schlämme zerlegt. Sämtliches Korn von 22 bis 1½ mm und die röscheren Sanden werden auf 16 Setzmaschinen m_{1-16} gesetzt, während die feineren Sande und Schlämme der Herdwäsche zugeführt werden. Die Setzmaschinen m_{1-2} für das gröbste Korn, deren Hauptzweck das Abscheiden der Berge ist, sind dreiteilig und liefern fertigen Bleiglanz, ein Blei-Blende- und ein Blende-Berge-Zwischenprodukt und Berge. Die übrigen Setzmaschinen haben fünf Abteilungen und liefern fertiges Bleierz, Blei-Blende-Zwischenprodukte, fertige Blende, Blende-Berge-Zwischenprodukte und Berge. Die Bewegung der Kolben erfolgt durch Kniehebelübertragung, der Austrag bei den Grobkornsetzmaschinen ununterbrochen durch ein Austragrohr mit verstellbarer Glocke, bei den Feinkornsetzmaschinen durch ein Graupenbett. Die ausgetragenen Erzeugnisse werden in Taschen L unterhalb der Setzmaschinenbühne C gesammelt und durch Schurren in Wagen abgezogen.

Die Sammeltaschen dienen gleichzeitig zur Entwässerung und laufen nach unten in Lutten aus, die bis dicht über den Boden eines Sumpfes reichen, so daß das überschüssige Wasser durch das in der Lutte angesammelte Gut hindurch abfließen kann.

Durch den selbsttätigen Austrag der Setzmaschinen nach den tiefer stehenden

Sammeltaschen wird neben einer wesentlichen Ersparnis an Arbeitskräften auch eine gedrängte Anordnung der Setzmaschinen erreicht, da die Handarbeit an den Maschinen fortfällt und die Abfuhr der Setzerzeugnisse in der tieferen Sohle stattfindet. Auf diese Weise genügt ein jugendlicher Arbeiter zur Bedienung von drei Austragsetzmaschinen oder von zwei Bettsetzmaschinen.

Die Wagen mit den aus den Sammeltaschen abgezogenen fertigen Erzeugnissen werden mittels eines der beiden zweischaligen Aufzüge n, von denen jeder leistungsfähig genug ist, um die Förderung der ganzen Wäsche zu bewältigen, auf die Bühne D gehoben und von hier über die Abfuhrbrücke zum Lagerplatz gefahren. Die Zwischenprodukte werden auf demselben Wege entweder als Blei-Blende-Zwischenprodukte der Abteilung für reiche oder als Blende-Berge-Zwischenprodukte der Abteilung für arme Zwischenprodukte zugeführt.

Abteilung für arme Zwischenprodukte. Die von den Lesetischen h_{1-2} abgestrichenen durchwachsenen Stücke und die armen Zwischenprodukte der Setzmaschinen m_{1-16} der zugehörigen Grubenkleinabteilung gelangen nach den Zerkleinerungsmaschinen, Siebtrommeln und Setzmaschinen der Abteilung für arme Zwischenprodukte, und zwar rutscht das von dem Lesetisch h_1 abgestrichene Korn von 85 bis 45 mm durch eine Lutte nach dem Steinbrecher O und das von dem Lesetisch h_2 abgestrichene Korn von 45 bis 22 mm nach der Walzenmühle P_1.

Die armen Zwischenprodukte der Grubenkleinabteilung werden durch den Aufzug n nach der Bühne D gehoben und dort in die Absturzlutten q_{1-2} gestürzt, durch die die Produkte über 5 mm der Walzenmühle P_2, diejenigen unter 5 mm dem Feinwalzwerk P_3 zur weiteren Aufschließung aufgegeben werden.

Das von dem Steinbrecher und den Walzwerken zerkleinerte Gut fließt zu dem Becherwerk r_1, das es in die Trommelreihe s_{1-6} mit den anschließenden Spitzlutten t_{1-2} hebt. Diese Trommelabteilung mit den Siebweiten 15, 12, 9, 7, 5, 4, 3, 1,5 und 1 mm zerlegt das Gut in neun Kornklassen von 22 bis 1 mm, Sande und Schlämme. Das bei zu starker Beanspruchung der Zerkleinerungsmaschinen etwa entstehende Überkorn über 22 mm geht zu dem Lesetisch h_1 und das Korn von 22 bis 15 mm zum Grobwalzwerk P_2; die Kornklassen von 15 bis 1 mm und die röscheren Sande werden auf den zehn Setzmaschinen m_{17-26} gesetzt, während die feineren Sande und Schlämme zur Herdwäsche fließen.

Die Setzmaschine für das gröbste Korn ist wie bei der Grubenkleinabteilung dreiteilig, alle übrigen sind fünfteilig und liefern die gleichen Erzeugnisse wie die der Grubenkleinabteilung.

Die fertigen Erzeugnisse werden in der oben beschriebenen Weise auf die Lagerplätze geschafft, die Blende-Berge-Zwischenprodukte gehen zur weiteren Aufschließung in dieselbe Abteilung zurück auf das entsprechende Mittel- oder Feinkornwalzwerk und die Blei-Blende-Zwischenprodukte in die gemeinsame Abteilung für reiche Zwischenprodukte.

Abteilung für reiche Zwischenprodukte. Diese Abteilung erhält die reichen Blei-Blende-Verwachsungen (in denen sich auch der Schwefelkies findet) aus den beiden Grubenkleinabteilungen und den beiden Abteilungen für arme Zwischenprodukte.

Als Zerkleinerungsmaschinen dienen hier ein Mittelkornwalzwerk P_4 für Korn über 5 mm und ein schnellaufendes Feinkornwalzwerk P_5 für Korn unter 5 mm. Diesen beiden Walzwerken werden die durch den Doppelaufzug n auf die Bühne D gehobenen Blei-Blende-Zwischenprodukte mittels der Lutten q zugeführt.

Das von den beiden Walzwerken zerkleinerte Gut wird durch das Becherwerk r_2 der Trommelabteilung u_{1-4} mit der anschließenden Spitzlutte v aufgegeben und in Überkorn über 5 mm, Korn von 5 bis 3, 3 bis 2 und 2 bis 1½ mm, Sande und Schlämme zerlegt.

Das Überkorn fällt auf das Walzwerk P_4 zurück, die Korngrößen von 5 bis 1½ *mm* und die röscheren Sande werden auf den sechs fünfteiligen Setzmaschinen m_{27-32} gesetzt, während die feineren Sande und Schlämme der Herdwäsche zugeführt werden. Die Setzmaschinen m_{27-28} liefern fertigen Bleiglanz, ein Bleiglanz-Schwefel-kies-Zwischenprodukt, fertigen Schwefelkies, ein Schwefelkies-Blende-Zwischen-produkt und fertige Blende. Die Zwischenprodukte gehen zur weiteren Aufschließung nochmals in dieselbe Abteilung zurück. Die Setzmaschinen m_{29-32} ergeben fertiges Bleierz, ein Bleiglanz-Schwefelkies-Blende-Zwischenprodukt, ein Schwefelkies-Blende-Zwischenprodukt, fertige Blende und ein Blende-Berge-Zwischenprodukt.

Die Bleiglanz-Schwefelkies-Blende-Verwachsungen werden auf den vier Nach-setzmaschinen w_{1-4}, die Schwefelkies-Blende-Verwachsungen auf den beiden Nach-setzmaschinen w_{5-6} und die Blende-Berge-Verwachsungen auf der Nachsetz-maschine w_7 nachgesetzt.

Die bei den Nachsetzmaschinen etwa fallenden Zwischenprodukte gehen zurück in dieselbe, bezw. in die arme Zwischenproduktabteilung.

Die Berge sämtlicher Setzmaschinen werden in Rinnen nach den beiden Ent-wässerungsheberädern x geleitet, durch diese entwässert und in die Sam-meltaschen L im Erdgeschoß gehoben. Aus diesen Taschen werden die Berge in gleicher Weise wie die fertigen Erze zur Abfuhrbrücke gehoben und zur Bergehalde gefahren. Das abfließende Bergewasser fließt in die Klärteiche.

Die Herdwäsche. Die Trübe der Setzwäsche fließt in drei verschiedenen Rinnen nach den erwähnten drei Abteilungen der Herdwäsche, und zwar zuerst nach den oberen großen Verdichtungsspitzkästen a_{1-3}, in denen ein Teil des Wassers abgezogen und nach den Klärteichen abgeleitet wird. Die aus diesen Kästen ausgetragene verdichtete Trübe gelangt in die darunter stehenden Spitzlutten und Spitzkästen der einzelnen Abteilungen.

In der ersten Abteilung, für die feineren Sande und Schlämme des Gruben-kleins, wird die verdichtete Trübe in den Spitzlutten und Spitzkästen b_{1-4} sor-tiert und darauf auf den zugehörigen sechs Schüttelherden, Patent Fer-raris c_{1-6} verwaschen (vgl. S. 111). Die Produkte werden in Sümpfen aufgefangen.

Der Überlauf des Spitzkastens b_4 geht in den neben den Rundherden aufgestell-ten Spitzkasten b_5 und wird hier weiter verdichtet, die ausgetragene Trübe wird durch die Kreiselpumpe d in den oberen Spitzkasten b_6 gepumpt und fließt den bei-den Linkenbachschen Rundherden e_{1-2} von 8 *m* Durchmesser zum Klassieren zu (vgl. S. 115).

In der zweiten Abteilung, für die armen Zwischenprodukte, wird die in den Spitzkästen und Spitzlutten f_{1-4} sortierte Trübe auf den zugehörigen sechs Schüttelherden g_{1-3} verwaschen. Der Überlauf des Spitzkastens f_4 geht zur weiteren Verdichtung in den Spitzkasten f_5 in der Rundherdhalle, die ausgetragene Trübe wird durch die Kreiselpumpe h in den oberen Spitzkasten f_6 gepumpt und fließt zum Ver-waschen auf den Rundherd i.

In der dritten Abteilung der Herdwäsche wird die Trübe der reichen Zwischenprodukte in den Spitzlutten und Spitzkästen k_{1-3} sortiert und deren Austrag auf den zugehörigen vier Schüttelherden l_{1-4} klassiert. Der Überlauf des Spitz-kastens k_3 geht in den Spitzkasten k_4; die hier ausgetragene Trübe wird durch die Kreiselpumpe m in den darüberliegenden Spitzkasten k_5 gehoben und auf dem Rund-herd n verwaschen.

Die Schlammwäsche. Sämtliche Überlaufwasser der Erzsammeltaschen, Sümpfe und Spitzkästen aus der Setz- und Herdwäsche werden zur Klärung einem aus Eisenbeton hergestellten 20 *m* langen Klärspitzkasten A zugeführt. Dieser

Spitzkasten steht mit der Oberkante etwa 3 m über Flur, so daß die Überlaufwasser der Setzmaschinenunterfässer ihm unmittelbar zufließen, während ihm die Wasser aus den unter der Setzmaschinenbühne gelegenen Sammeltaschen sowie die Überlaufwasser der Produktensümpfe durch eine Kreiselpumpe zugehoben werden. Die übertretenden geklärten Wasser aus diesem Kasten fließen mit den Bergen der Schlammwäsche zu den Klärsümpfen. Um das Einfrieren während des Winters zu verhindern, ist der Klärspitzkasten mit einem Holzgebäude umgeben worden, das durch Dampfheizung erwärmt wird.

Die aus dem Klärspitzkasten ausgetragene Trübe fließt zu der Kreiselpumpe q, wird durch diese zur Verdichtung in den hochstehenden Spitzkasten a_4 gehoben, in den Spitzlutten und Spitzkästen o_{1-3} der vierten Abteilung der Herdwäsche sortiert und auf den zugehörigen vier Schüttelherden p_{1-4} klassiert.

Der Überlauf des Spitzkastens o_3 geht mit in den Spitzkasten f_5 der Abteilung für arme Zwischenprodukte.

Die armen Zwischenprodukte der Schüttelherdwäsche fließen zu der Kreiselpumpe r, die sie in den Spitzkasten a_2 der armen Zwischenproduktabteilung hebt, während die reichen Zwischenprodukte der Schüttelherde durch die Kreiselpumpe s dem Spitzkasten a_3 der reichen Zwischenproduktabteilung zugehoben werden.

Die Zwischenprodukte der Rundherde werden auf denselben Rundherden weiter verarbeitet.

Die Kläranlage. Die übertretenden Wasser des Klärspitzkastens sowie die Berge der Schlammwäsche fließen in vier langgestreckte Vorsümpfe, von denen immer zwei in Betrieb sind, während die beiden anderen trocken gelegt sind und ausgeschlagen werden. Der größte Teil der mitgerissenen Schlämme setzt sich in diesen Vorsümpfen ab und wird dort fortlaufend auf seine Haltigkeit untersucht. Das aus den Vorsümpfen übertretende Wasser wird in den einen von zwei großen Klärteichen geleitet, in denen sich die letzten Reste von Schlamm absetzen; das Überlaufwasser des Teiches wird zum Teil als Waschwasser wieder nach der Aufbereitung gepumpt, das übrige fließt in den Brinitzafluß ab. Nach Verschlämmung des einen Klärteiches wird das Überlaufwasser der Vorsümpfe in den zweiten Teich geleitet, während der erste ausgeschlämmt wird.

Zum Schlämmen der Teiche wird das pneumatische Verfahren von Schubert-Borsig (vgl. S. 180) angewendet. Die Schlämme werden durch ein Druckrohr in den alten Scharleyer Tagebau gedrückt.

Umbau der Wäsche. Die Leistungsfähigkeit der Wäsche ist im Jahre 1911 durch Einbau von Setzmaschinen mit Schuchardtschen Wellensieben (vgl. S. 89) und einer entsprechenden Zahl von Herden erheblich vermehrt worden[1]). Sie verarbeitet seitdem in 10 Stunden in jeder Hälfte 300 t, also im ganzen 600 t gegen früher 350 t. Das Rohhaufwerk ist gegen früher ärmer geworden, es enthält 9—10% Zink, 3—4% Blei und erhebliche Mengen Schwefelkies.

Von den 300 t Aufgabe auf jeder Hälfte entfallen auf Korn $>$ 60 mm 40,5 t, von diesen werden durch Klauben ausgehalten 27 t Berge und 13,5 t verwachsenes Erz für den Steinbrecher. Von dem Korn $<$ 60 mm (259,5 t) entfallen auf Korngröße 60—25 mm 44 t, auf diejenige $<$ 25 mm 215,5 t. Aus ersterem werden durch Klauben 5 t fertige Erze, 23 t Berge und 16 t Mittelprodukte zum Walzen gewonnen. Das Korn $<$ 25 mm geht in die Setzwäsche. Die fünfteiligen Grobkornsetzmaschinen (Korn $>$ 4 mm) leisten 2—3 t in 1 Stunde, die Feinkornsetzmaschinen (Korn $<$ 4 mm) leisten 1,4—1,9 t in 1 Stunde.

---

[1]) Freundliche Mitteilung der Betriebsleitung.

Die neue Bleiglanz- und Blendeaufbereitung in Mieß, Kärnten[1]).

Der Bau einer neuen Aufbereitungsanlage machte sich notwendig, nachdem es gelungen war, den Betrieb einer größeren Anzahl von Gruben zu vereinigen. Das Haupterz ist **Bleiglanz**, der innig verwachsen mit **Zinkblende** und mit etwas **Markasit** vorkommt. Auch mit dem Nebengestein, **Wettersteinkalk**, sind die Erze zum Teil innig verwachsen. Dazu kommt, daß nach Einführung der maschinellen Gesteinsarbeit auch größere Mengen armer Erze einen lohnenden Abbau gestatten.

Der Wettersteinkalk tritt meistens hell auf, er kommt aber zuweilen auch dunkel vor und erschwert dann die Klaubearbeit erheblich. Außerdem kommt lettiges Haufwerk vor, wodurch reichliches Abläutern bedingt ist. Auch werden hierdurch Bleiglanzverluste in der Herdwäsche veranlaßt.

Die innig verwachsenen Erze bedingen weitgehende Aufschließung. Blende kann erst auf den Schnellstoßherden gewonnen werden. Mit einbrechender **Galmei** wird bei der Klaubearbeit ausgehalten. Das spärlich auftretende **Gelbbleierz** wird wegen des hohen Wertes der Molybdänsäure in der Grube ausgehalten und in einer gesonderten kleinen Anlage aufbereitet.

Der Bleigehalt im Haufwerk beträgt 12—18%, im Mittel 14,66, der Zinkgehalt beträgt 4—6%, im Mittel 5,34 daneben sind 0,5% Markasit vorhanden.

Der Bau der Anlage wurde von der Maschinenbauanstalt Humboldt ausgeführt für eine Leistung von 312 t Roherz in 10 Stunden. Es wurde angestrebt, möglichste Anreicherung der bleiischen Erze, billige Verarbeitung bei Einschränkung der Handarbeit und Vermeidung von Verlusten in den Abgängen.

Die Anlage ist am **Talgehänge** erbaut worden, der Höhenunterschied zwischen der Oberkante der Aufgabefüllrümpfe und der Grundsohle beträgt 55,5 m, die Gründung konnte unmittelbar auf den Felsen erfolgen, das Gebäude besteht aus Beton und Eisenfachwerk. Zur Förderung der Zwischenprodukte dienen in der Hauptsache zwei Aufzüge a; in der Herdwäsche zwei Schlammpumpen p. Die Abförderung aller Berge geschieht in einem der Neigung des Gehänges folgenden **Bergekanal** BK.

Es ist in der Anlage die getrennte Verarbeitung des Grubenkleins und der Zwischenprodukte grundsätzlich durchgeführt. Für das Grubenklein sind zwei, für die Zwischenprodukte ist eine Abteilung vorhandenn, jedoch wird die Arbeit in allen drei Abteilungen in gleicher Weise durchgeführt. Im **Stammbaum** ist nur eine Grubenkleinabteilung vollständig eingetragen.

An Frischwasser stehen 2000 l/Min. zur Verfügung, im übrigen wird das gebrauchte Wasser wieder verwendet (vgl. weiter unten).

Die Wäsche kann durch eine im Erdgeschoß gelegene Zentralheizung Z beheizt werden.

Es ist **elektrischer Antrieb in acht Gruppen** vorgesehen, und zwar ist je ein Motor für die beiden Grubenklein- und für die Zwischenproduktabteilung vorhanden, ein weiterer Motor für die ganze Schlammwäsche, dann zwei Motoren für die beiden Waschwasserpumpen und zwei für die Aufzüge.

Der Gang der Aufbereitung[2]) ist in großen Zügen der folgende: Die Anfuhr des Erzes von der Grube erfolgt mittels der Hochseilbahn S, deren Gefäße in die unter der obersten Bühne eingebauten Füllkästen F entleert werden. Aus diesen

---

[1]) Holler, Robert. Berg- und Hüttenmännisches Jahrbuch 1915, S. 247.
[2]) Es sind zu vergleichen der Stammbaum auf Taf. VII, dann die Abbildungen auf Taf. VIII sowie die angefügten Zusammenstellungen über Kraftverbrauch, Wasserbeschaffung und Verteilung, ferner über den Lohnaufwand.

gelangt das Gut auf die geneigten Roste R^1) von 60 mm Spaltweite und weiter das Grobe auf die darunter befindliche Scheidebühne, auf der Scheidegut, Brechgut und Berge ausgehalten werden. Das Scheidegut geht weiter auf die etwas tiefer gelegenen Scheideplätze, der ausgeschiedene Bleiglanz wird in Taschen gesammelt, die auf die oberste Aufzugsohle (39,80 m) münden. Dort werden die Erze in Hunde abgezogen, mit dem Aufzuge auf die 15,30 m Sohle hinabbefördert und dort in die Taschen für die Seilbahn S^1 gestürzt, welche die Abfuhr der Produkte besorgt. Die Berge finden ihren Weg durch den Bergekanal ebenfalls zu den Taschen der Abfuhrseilbahn.

Das Verwachsene vom Scheidetisch, zusammen mit dem auf der Scheidebühne ausgehaltenen, wird dem Grobbrecher B mit 36 mm Maulweite zugestrichen, sammelt sich nach der Zerkleinerung zusammen mit dem Durchfall des Rostes in Vorratstrichtern und wird durch die Aufgabevorrichtung A (vgl. S. 19) der großen Vortrommel T mit 36 mm Lochung zugeführt. Das Korn 60/36 mm gelangt auf ein Klaubeband K und wird hier in Bleiglanz, Scheidegut, Brechgut und Berge zerlegt. Das Scheidegut wird wieder auf dem Scheidetische getrennt in Bleiglanz, Verwachsenes und Berge. Das Verwachsene wird zusammen mit dem Brechgut durch den Feinbrecher B^1 mit 25 mm Spaltweite zerkleinert und dann der Z w i s c h e n p r o d u k t a b t e i l u n g zugeführt.

Das von der Vortrommel abgeschiedene Gut unter 36 mm geht auf die Doppeltrommel T^1 mit 25 und 18 mm Lochung. Das Korn 36/25 mm wird auf einer einsiebigen Vorsetzmaschine M in Erzgut und armes Gut zerlegt, beide Produkte werden dann auf einem rotierenden Klaubetische K^1 ausgelesen und in Bleiglanz, Verwachsenes und Berge zerlegt. Das Verwachsene geht zur Zerkleinerung auf das Walzwerk W für das Korn 36/18 mm.

Das aus der Vortrommel ausgetragene Gut 25/18 mm wird auf einer dreisiebigen Vorsetzmaschine M^1 in Bleiglanz, Reicherz, Zwischenprodukt und Berge zerlegt, das Reicherz wird nachgeklaubt und liefert Bleiglanz und Zwischenprodukt, dieses zusammen mit dem auf der Vorsetzmaschine gefallenen wird ebenfalls dem schon genannten Walzwerk W zugeführt.

Das Gut unter 18 mm wird den Stufentrommeln der Grubenkleinabteilung zugeleitet.

Das vom Feinbrecher zerkleinerte Gut wird in der zum Zwischengutsystem gehörigen Doppeltrommel T^2 mit den Sieben 25 und 18 mm in Korn über 25 mm zerlegt (dieses durchläuft die einsiebige Vorsetzmaschine und die Klaubearbeit des Grubenkleinsystems), ferner in Korn 25/18 mm (dieses wird in gleicher Weise wie das entsprechende Korn der Grubenkleinabteilung behandelt, vgl. den Stammbaum) und in Korn unter 18 mm. Letzteres wird dem Trommelsystem der Zwischenproduktabteilung T^3 zugeführt. Von hier ab arbeiten die beiden Grubenkleinsysteme und das Zwischenproduktsystem völlig gleich, es genügt daher, hier lediglich die Arbeiten des einen Grubenkleinsystems in großen Zügen weiter zu verfolgen (wie das auch auf dem Stammbaum geschehen ist).

D i e   S e t z w ä s c h e. Durch eine Doppeltrommel, zwei Reihen von Stufentrommeln und zwei anschließende Spitzlutten L wird das Setzgut in die Korngrößen 18/14, 14/9, 9/6, 6/4, 4/2,5, 2,5/1,5, Sand I und II zerlegt und dann auf Setzmaschinen M^2 (zum Teil drei-, zum Teil vier-, zum Teil fünfsiebig) gesetzt. Hier ergibt sich: Bleiglanz, Nachsetzgut, Walzgut und Berge. Die Produkte werden in Taschen t aufgefangen und entwässert. Das Nachsetzgut aller drei Aufbereitungssysteme wird (selbstverständlich nach Korngrößen gesondert) vereinigt, entsprechenden Nachsetzmaschinen NM zugeführt und hier wiederum in Bleiglanz, Zwischenprodukt, Walzgut und Berge getrennt.

---

^{1}) Rost, Scheidebühne und Scheideplätze sind im Grundriß nicht gezeichnet.

Dieses Zwischenprodukt und das vorher auf der ersten Reihe der Setzmaschinen erhaltene Walzgut wird den betreffenden Walzwerken *W* für Korn 18/14, 14/9, 9/4 und das Korn unter 4 *mm* der Pendelmühle *P* zur Zerkleinerung zugewiesen. Die Korngrößen 9/6 und 6/4 werden hierbei vereinigt. Das Korn 18/14 wird in Hunden mittels des Aufzuges befördert, die kleineren Korngrößen gehen zunächst über die Entwässerungsheberäder *E* und dann in Hunden über die Aufzüge. Oberhalb der Walzwerke und der Pendelmühle befinden sich geräumige Vorratstaschen und Aufgebevorrichtungen.

Die Herdwäsche besteht nur aus zwei Abteilungen, nämlich der Grubenkleinabteilung und der Zwischenproduktabteilung. Jeder Abteilung werden der Überfall der Spitzlutten und die Abwässer der Entwässerungsheberäder zugeleitet. Sie treten zunächst in einen 17teiligen Verdichtungsspitzkasten *Sp* ein. Der Überlauf ist taub, wird in dem großen Eisenbetonspitzkasten *ESp* geklärt und das Wasser dann zurückgehoben. Der Austrag aus den ersten elf Spitzen geht über sieben Stromapparate *St* und dann das gröbere Gut auf drei Schüttelherde *H*, das feinere über vier Schnellstoßherde *H¹*. Die Produkte sind: Bleiglanz, reiches und armes Zwischengut und Berge. Das Zwischengut geht, reiches und armes getrennt, durch Verdichtungsspitzkästen und dann über Nachwaschschüttelherde *NH*. Diese geben Bleiglanz, Zwischenprodukt (zum Teil reiches und armes) Blende, die nur hier als lieferbares Produkt erhalten wird, und Berge. Das reiche Zwischenprodukt sämtlicher Nachwaschherde fließt einem Behälter zu, wird dort ausgehoben und dann mittels einer Drehgumpe auf einem Schnellstoßherd nochmals verwaschen. Der Überlauf der Verdichtungsspitzkästen fließt der Schlammpumpe für reiches Gut zu und wird dem 17teiligen Spitzkasten des Grubenkleinsystems wieder zugehoben. Ebenso wird das arme Zwischenprodukt gesammelt und durch eine Schlammpumpe dem 17teiligen Spitzkasten des Zwischenproduktsystems zugehoben.

Der Austrag aus den sechs letzten Spitzen des 17teiligen Spitzkastens wird einem fünfteiligen Spitzkasten *St¹* zugeführt, der Austrag durchläuft noch einen Verdichtungsspitzkasten und wird dann auf einem Linkenbachherde *L¹* verarbeitet.

Die sämtlichen Bleiglanz- und die sämtlichen Blendeschlieche sammeln sich in Sümpfen, aus denen die Erze ausgeschlagen werden.

Das Ausbringen. Es werden 87,7% des Bleies ausgebracht, und zwar als Bleiglanz mit 77,8% Blei und 3% Zink, es verbleiben also 12,3% des Bleies in den Bergen (auch wohl einschließlich des in der ausgebrachten Blende enthaltenen Bleies). Die ausgebrachte Blende enthält 42% Zink und 6,5% Blei. In den Bergen verbleiben im großen Durchschnitt 1,7% Blei und 5% Zink, bei der schwierigen Beschaffenheit des Haufwerkes ein recht gutes Ergebnis.

Da die feinsten Bergeschlämme den höchsten Metallgehalt aufweisen, ist übrigens eine Erweiterung der Herdwäsche geplant.

Kraftverbrauch.

I. Vorscheide- und Brechanlage.

2 Steinbrecher . . . . je 7 PS	14 PS
2 Aufgabevorrichtungen . . . . „ 2 „	4 „
2 Vortrommeln . . . . „ 1,5 „	3 „
2 Klaubebänder . . . . „ 2 „	4 „
2 Feinbrecher . . . . „ 6 „	12 „
4 Doppeltrommeln . . . . „ 2 „	8 „
2 einsiebige Vorsetzmaschinen . . . . „ 1,5 „	3 „
4 dreisiebige Vorsetzmaschinen . . . . . . „ 1 „	4 „
2 drehende Klaubetische . . . . „ 1,5 „	3 „
Transmission	7 „
Zusammen . .	62 PS

2. Die beiden Grubenkleinabteilungen.

2 Doppeltrommeln . . . . je 1,5 PS   3 PS
8 einfache Trommeln . . . . „ 1 „   8 „
10 dreisiebige Setzmaschinen . . . . . . „ 1 „   10 „
8 viersiebige Setzmaschinen . . . . . . „ 1,25 „   10 „
4 fünfsiebige Setzmaschinen . . . . . . „ 1,5 „   6 „
10 dreisiebige Nachsetzmaschinen . . . . „ 1 „   10 ..
3 einsiebige Nachsetzmaschinen . . . . „ 0,3 „   1 „
1 Bergeheberad . . . .   3 „
Transmission . . . .   7 „
                          Zusammen . .   58 PS

3. Die Zwischenproduktabteilung.

4 Grobwalzwerke . . . . je 6 PS   24 PS
2 Schüttelsiebe . . . . „ 1 „   2 „
3 Feinwalzwerke . . . . „ 5 „   15 „
1 Pendelmühle . . . .   6 „
1 Doppeltrommel . . . .   1,5 „
4 einfache Trommeln . . . . . . „ 1 „   4 „
5 dreisiebige Setzmaschinen . . . . . „ 1 „   5 „
4 viersiebige Setzmaschinen . . . . . . „ 1,25 „   5 „
4 fünfsiebige Setzmaschinen . . . . . „ 1,5 „   6 „
1 doppeltes Zwischenprodukt-Heberad . . .   2,5 „
Transmission . . . .   9 „
                          Zusammen . .   80 PS

4. Schlammwäsche.

10 Schüttelherde . . . . je 0,5 PS   5 PS
14 Schnellstoßherde . . . . „ 0,5 „   7 „
2 Rundherde . . . . „ 1,5 „   3 „
2 Schlammpumpen . . . . „ 10 „   20 „
Transmission . . . .   5 „
                          Zusammen . .   40 PS

5. Aufzüge und Pumpen.

2 Aufzüge . . . . je 8 PS   16 PS
1 große Waschwasserpumpe . . . .   38 „
1 kleine Waschwasserpumpe . . . .   6 „
                          Zusammen . .   60 PS

Zusammenstellung.

Vorscheide- und Brechanlage . . . . 62 PS
Die beiden Grubenkleinsysteme . . . . 58 „
Die Zwischenproduktabteilung . . . . 80 „
Schlammwäsche . . . . 40 „
Aufzüge und Pumpen . . . . 60 „
                          Gesamtkraftbedarf . . 300 PS

Wasserbeschaffung und Verteilung.

Als Frischwasser wird das Wasser eines Seitenzuflusses des Mießbaches benutzt, das einem großen, in alten Grubenräumen hergerichteten Behälter mit 2000 *cbm* Fassungsraum Tag und Nacht zufließt und von hier aus durch eine Leitung dem

B e h ä l t e r I auf der Bühne 49,50 zugeführt wird. Der Zufluß beträgt 11 *l*/Sek., infolge der Aufspeicherung können aber 2000 *l*/Min. der Wäsche zugeführt werden. Übrigens wärmt sich das Wasser durch die Gesteinswärme so weit an, daß auch im strengen Winter ein Einfrieren nicht zu befürchten ist. Das Frischwasser (vgl. die Zusammenstellung weiter unten) wird zum Abläutern des Gutes benutzt. Im übrigen wird geklärtes Waschwasser wieder verwendet.

Der B e h ä l t e r II auf der Bühne 39,80 wird außer durch den Überfall des Behälters I von einer sechspferdigen Schleuderpumpe gespeist, die das Wasser dem großen Behälter III auf der Bühne 28,30 entnimmt und 13 *m* hoch hebt.

Der Bedarf für B e h ä l t e r III (das sind 4500 *l*/Min., einschließlich des Bedarfes für Behälter II, das sind 2000 *l*/Min., also im ganzen 6500 *l*/Min.) wird von der großen Schleuderpumpe von 38 PS, die unter der Bühne 15,30 eingebaut ist, aus einem Sumpfe gehoben, welcher das in dem großen südlichen Betonspitzkasten geklärte Wasser aufnimmt. Die Wasserhebungshöhe beträgt 18,50 *m*.

B e h ä l t e r IV auf Bühne 12,0, der die Schlammwäsche versorgt, erhält sein Wasser aus dem großen nördlichen Betonspitzkasten.

Die Bergewässer der Herdwäsche gehen durch Klärsümpfe in die wilde Flut.

Wasserverteilung.

Vom Behälter I auf Bühne 49,5 *m* werden in der Minute 2000 *l* Frischwasser verteilt auf:

2 Vortrommeln	je 120 *l*	240 *l*
2 Feinbrecher	„ 30 „	60 „
4 Doppeltrommeln	„ 90 „	360 „
2 Doppeltrommeln	„ 100 „	200 „
8 einfache Trommeln	„ 80 „	640 „
Überlauf zu Behälter II		500 „
Zusammen . .		2000 *l*

Vom Behälter II verteilt sich in der Minute das Waschwasser auf:

2 einsiebige Vorsetzmaschinen	je 110 *l*	220 *l*
4 dreisiebige Vorsetzmaschinen	„ 80 „	320 „
3 einsiebige Nachsetzmaschinen	„ 40 „	120 „
6 dreisiebige Setzmaschinen der Großkornklasse 18—9 *mm*	„ 90 „	540 „
7 Walzwerke	„ 30 „	210 „
1 Pendelmühle	„ 170 „	170 „
1 Doppeltrommel	„ 100 „	100 „
4 einfache Trommeln	„ 80 „	320 „
Zusammen . .		2000 *l*

Vom Behälter III fließen in der Minute auf:

19 dreisiebige Setzmaschinen	je 80 *l*	1520 *l*
12 viersiebige Setzmaschinen	„ 110 „	1320 „
8 fünfsiebige Setzmaschinen	„ 140 „	1120 „
8 Stromapparate	„ 40 „	320 „
ferner auf:		
2 Linkenbachherde	„ 110 „	220 „
Zusammen . .		4500 *l*

Vom Behälter IV werden in der Minute verteilt auf:

14 Stromapparate . . . . je 60 l 840 l
10 Schüttelherde . . . . „ 60 „ 600 „
14 Schnellstoßherde . . . . „ 50 „ 700 „

Zusammen . . 2140 l

Es fließen also über die Apparate in der Minute 10 140 l Wasser (in den vorstehenden Hauptsummen sind die 500 l Wasser, die von Behälter I nach Behälter II überfließen, zweimal enthalten). Das macht auf jede Tonne Haufwerk, die in zehn Stunden verarbeitet wird, 32 l.

Lohnaufstellung.

Zahl der Arbeiter	Einzellohn Kronen	Gesamtlohn Kronen
2 Aufseher	4,—	8,—
4 Männer an den Rosten, Zerkleinerungsmaschinen und Trommelbrausen	3,—	12,—
46 Frauen an der Grobscheidung, an den Klaubebändern und Klaubetischen	1,60	73,60
19 Frauen an den Setzmaschinen	1,75	33,25
2 Mann an der oberen Aufzugbühne	3,20	6,40
4 Mann zur Förderung der Produkte	3,60	14,40
8 Frauen an den Herden, Spitzkästen und Drehgumpen	1,75	14,—
1 Mann zum Ausschlagen der Herdprodukte	—	3,—
1 Schmierer	—	3,40
1 Maschinist	—	3,80
15 Männer und 73 Frauen. Zusammen . .		171,85

Bei einer täglichen Durchsetzmenge von 312 t macht das auf 1 t 55 Heller Lohnkosten.

Auf den Kopf und die Schicht werden 3,55 t Rohhaufwerk verarbeitet.

Die Ergebnisse der Antoni-Aufbereitung der Bleiberger Union.[1])

Die Aufbereitung ist unter Ausnutzung von 36,60 m Gefälle terassenförmig am Talgehänge erbaut. Geplant sind zwei ähnlich gebaute Hälften, von denen die eine zur Verarbeitung der vorwiegend bleiischen, die andere der vorwiegend zinkischen Erze dienen soll. Es ist zurzeit nur die Abteilung für die bleiischen Erze ausgebaut worden.

In der Aufbereitung werden die Korngrößen von 60 bis 14 mm trocken verarbeitet. Die Setzmaschinenabteilung für das Grubenklein verarbeitet die Korngrößen von 14 bis 1 mm abwärts, eine zweite Setzmaschinenabteilung verarbeitet nach entsprechender Aufschließung die Zwischenprodukte. Die Herdaufbereitung zerfällt in eine Abteilung für die reichen und eine weitere Abteilung für die armen Schlämme.

Die Hälfte für die bleiischen Erze ist für eine Leistung von 125 t in 10 Stunden bemessen, sie wird gruppenweise durch 4 Elektromotore von zusammen 100 PS angetrieben.

---

[1]) Der Franz Joseph-Stollen und die damit zusammenhängenden Betriebsanlagen in Bleiberg. Klagenfurt 1911. Antoni-Aufbereitung. S. 82 bis 87 mit Tafel VI und VII. — Reitzenstein, v. Technische, wirtschaftliche Untersuchungen über die Bleiberg-Kreuther Aufbereitungsanlagen. Österr. Berg- u. Hüttenm. Jahrbuch 1918, S. 1/107.

Das Hauwerk besteht aus weißlichgrauem, zuweilen dunkler gefärbtem W e t - t e r s t e i n k a l k oder -d o l o m i t, dazu kommt etwas s c h w a r z e r S c h i e f e r, der das unmittelbare Hangende der Abbaue bildet, dann G i p s, zum Teil hellblau, zum Teil schneeweiß. Untergeordnet tritt grünlicher F l u ß s p a t, milchig trüber, gut spaltbarer S c h w e r s p a t und etwas K a l k s p a t auf. An Erzen kommen B l e i - g l a n z und Z i n k b l e n d e, daneben nur in ganz geringen Mengen M a r k a s i t vor. Die Erze sind zum Teil in konzentrisch-schaligen Lagen innig miteinander verwachsen.

Der B l e i g l a n z tritt zum Teil grobkristallin, zum Teil aber auch als feinkristalliner Bleischweif auf und wird dann S t a h l e r z genannt, da der Bruch demjenigen des Werkzeugstahles sehr ähnlich ist.

Die Farbe der Z i n k b l e n d e schwankt von hellgelb bis dunkelbraun, sie tritt nur selten derb auf, der größte Teil der Zinkblende kommt in den schalig struierten Erzen vor. Da bisher ein Verfahren, die Zinkblende von dem gleich schweren Schwerspat zu trennen, nicht durchgeführt werden konnte, wird nur wenig Zinkblende, und zwar gelegentlich als Stuffblende und dann als Farbblende bei der Herdarbeit mit nur 27% Zink gewonnen.

Der G e h a l t d e s R o h e r z e s an Blei betrug im Jahre 1913 8,56%, derjenige an Zink 4,32%. Der Feuchtigkeitsgehalt wurde zu 1,2% bestimmt. Das A u s b r i n g e n an Blei betrug 83 bis 86% mit einem Bleigehalte von 74,6%. Die Verluste entstehen namentlich dadurch, daß durch den Abrieb auf den Sieben und Setzmaschinen äußerst fein verteilter Bleiglanz entsteht, der sich auch der Herdaufbereitung entzieht und als sogenanntes Schwimmblei verloren geht.

Die M a s s e n v e r t e i l u n g ergab Folgendes: Zur T r o c k e n - A u f b e r e i t u n g gelangten an Korn bis zu 14 *mm* abwärts fast genau 50% des Roherzes, daraus erfolgten 0,93% fertiger Bleiglanz, 19% Durchwachsenes und 30,1% Taubes.

In die G r u b e n k l e i n - S e t z w ä s c h e kamen 35% des Roherzes in den Korngrößen 14/9/6/4/2/0,5 *mm*, daraus erfolgten 1,87% fertiges Erz, 16% Durchwachsenes und 17% Taubes. Zur H e r d w ä s c h e f ü r G r u b e n k l e i n kamen 8% des Roherzes.

Da 50 + 35 + 8 = 93% sind, ist im Nachweise eine unerklärte Differenz von 7% vorhanden.

Von den in die Z w i s c h e n p r o d u k t - S e t z w ä s c h e gelangenden 35% Durchwachsenem werden 5,16% fertiges Erz erhalten, während die H e r d w ä s c h e im ganzen 1,67% fertiges Erz gibt.

Es entfallen also im ganzen: 0,93 + 1,87 + 5,16 + 1,67 = 9,63% Bleierz.

Die Zwischenprodukt-Setzwäsche ist jedoch wesentlich stärker belastet, als die Grubenklein-Setzwäsche, weil die in ersterer sich ergebenden Zwischenprodukte nach erneuter Aufschließung wieder mit aufgegeben werden. Es ist das namentlich bemerkbar bei den kleineren Körnungen.

Die A n l a g e k o s t e n für die ganze Aufbereitung setzten sich zusammen aus:

Baukosten . . . . *K*	730 569
Maschinen . . . . „	326 744
Montage . . . . „	123 164
Summe . . *K*	1 180 477

Die B e t r i e b s k o s t e n ergaben sich folgendermaßen:

Es entfielen auf 1 *t* Roherz . . . . *K*	1,62
auf 1 „ Fertigerz . . . . „	17,08
auf 1 „ Bleimetall . . . . „	22,87

In der Aufbereitung wurden beschäftigt:

35 Frauen mit einem durchschnittlichen Taglohne von . K 1,70
15 Männer mit einem durchschnittlichen Taglohne von . „   3—4
1 Aufseher mit einem Monatsgehalte von . . . . . „ 125

Tilgung und Verzinsung der Anlagekosten. Berechnet man von den Baukosten und den Montagekosten 10%; von den Kosten für die Maschinen 15% jährlich an Tilgung und Verzinsung, so ergeben sich im ganzen 134 385 Kronen. Hiervon kann aber nur die Hälfte, also 67 193 Kronen in Rechnung gestellt werden, da nur die eine Hälfte der Wäsche in Betrieb war. Es entfallen dann:

auf 1 *t* trockenes Roherz . . . . K 2,69
auf 1 *t* Fertigerz . . . . „ 28,32 und
auf 1 *t* ausgebrachtes Bleimetall . . . . „ 38,36

Sowohl bei der Beurteilung der Betriebskosten als auch der Beträge für Tilgung und Verzinsung ist zu berücksichtigen, daß die Leistungsfähigkeit der Wäsche nicht völlig ausgenutzt war, da statt 125 *t* nur rund 114 *t* Roherz täglich verarbeitet wurden.

Die Eisenerzwäschen der Ilseder Hütte[1]).

Wegen ihrer besonderen Wichtigkeit für die deutsche Eisenerzeugung soll hier die Aufbereitung der Erze der Ilseder Hütte kurze Erwähnung finden. Die Erze bilden Trümmerlagerstätten der Kreideformation und zerfallen in drei Gruppen:

1. Die Erze von Bülten-Adenstedt zeichnen sich durch hohen Kalkgehalt (bis 17%) und bis zu 6% Mangangehalt aus.

2. Die Ablagerungen bei Salzgitter und Dörnten haben bis zu 20 und mehr Prozent Kieselsäuregehalt. Die Erze dieser beiden Vorkommen werden gemischt verhüttet und sind wegen eines durch das Vorkommen von Phosphoritknollen bedingten Phosphorgehaltes ein vorzügliches Thomaserz.

3. Die Erze von Lengede-Broistedt enthalten neben etwa 30% Eisen in nuß- bis faustgroßen Roll- und Bruchstücken von Brauneisenerz (sp. G. 3,4 bis 3,9) und Phosphoritknollen (sp. G. 3,2) 25 bis 30% tonigen Mergel, der durch Aufbereitung entfernt werden muß. In den Jahren 1917 bis 1921 wurden drei Wäschen mit 550, 750 und 1300 *t* Leistung je Schicht erbaut. Wäsche 1 enthält zwei, Wäsche 2 drei, Wäsche 3 vier gleiche Abteilungen. Es werden Wascherze mit 44 bis 45% Eisen, und Phosphorite mit 7% Phosphor und 20% Eisen erzeugt. Die Berge und Schlämme enthalten noch 10 bis 11% Eisen.

Das Fördergut wird in den neueren Wäschen durch Walzenbrecher vorzerkleinert, dann nach kräftiger Abläuterung (Läutertrommeln von 5 bis 6 *m* Länge und 2 bis 2,2 *m* Durchmesser mit Rührschaufeln und Kopfsieben) in Siebtrommeln klassiert (Siebweiten 50/22/13/8/4,5/1,8 *mm*). Die Korngrößen unter 1,8 mm werden in Spitzlutten und Stromgerinnen sortiert. Die Trübe mit dem Korn etwa unter 0,5 *mm* geht in die Klärteiche. Die weitere Trennung geschieht durch Klauben, durch Setzen auf dreiteiligen Setzmaschinen und durch Verwaschen auf Schnellstoßherden. Nur beim Klauben und zum Teil auf den Grobkornsetzmaschinen wird Phosphorit ausgehalten, im übrigen werden nur Berge und Eisenerze getrennt.

---

[1]) The iron ore resources of the world. Geological congress, Stockholm 1910, Bd. II, S. 687. — Beck. Erzlagerstättenlehre, dritte Auflage, Bd. II, S. 417.

Der Verbrauch an Läuterwasser zur Lösung der tonigen Bestandteile ist groß, er beträgt 2 *cbm*/Min. je 100 *t* durchgesetztes Erz in der Schicht. Infolgedessen ist auch eine umfängliche Wasserklärung notwendig, die nach dem Verfahren S c h u b e r t - B o r s i g (vgl. S. 180) durchgeführt wird. Zur letzten Klärung wird dem Wasser beim Eintritt in die Klärteiche 0,04% Abfallauge aus Kalifabriken zugesetzt.

D i e   M a g n a - W ä s c h e   d e r   U t a h   C o p p e r   Co[1]).

Die größte Erzwäsche überhaupt dürfte die Magna-Wäsche sein. Sie verarbeitet Kupfererz mit 1,55% Kupfergehalt, daneben ist ein geringer Gold- und Silbergehalt

14. Stammbaum einer Abteilung der **Magna-Aufbereitung.**

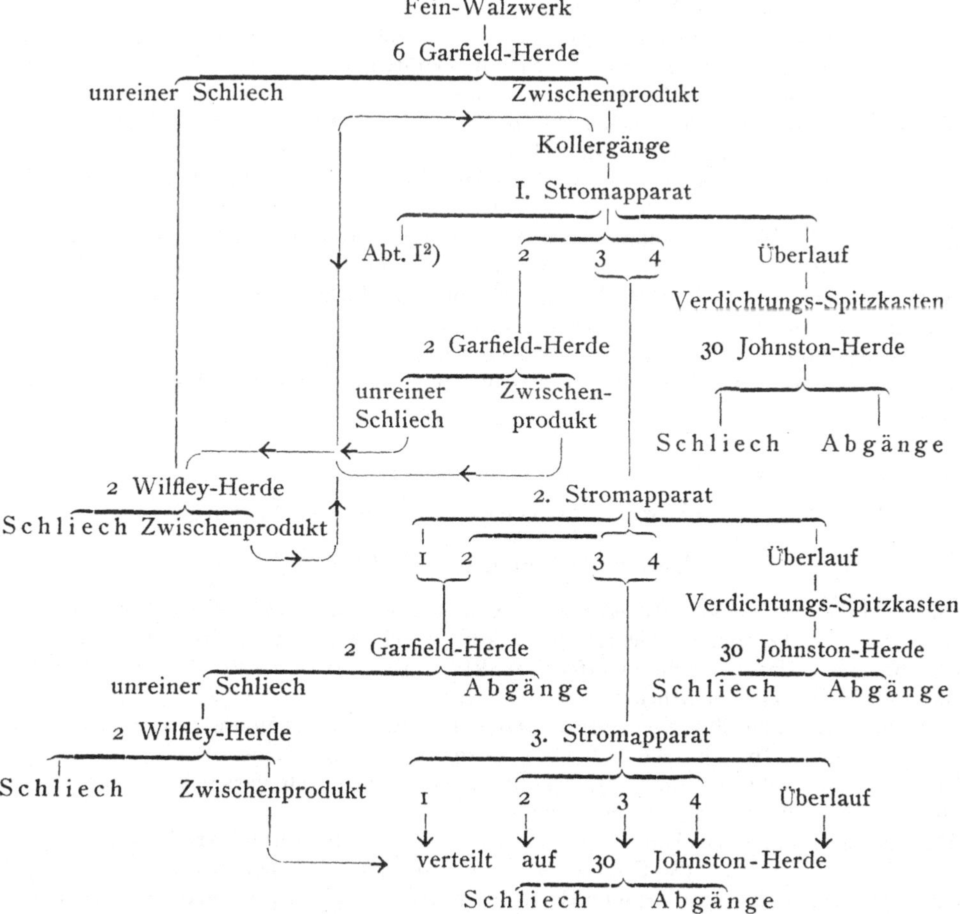

---

[1]) R o s e. Vorkommen und Gewinnung der an Durchbruchgesteine gebundenen Kupfererze in den Wüstengebieten des nordwestlichen Nordamerikas E. G. A. 1911, S. 1. (Magna-Wäsche S. 1890.) — Hierzu ein Stammbaum.

[2]) Es ist nicht angegeben, wie dieses Gut weiter verarbeitet wird, vermutlich findet Verarbeitung auf Garfield-Herden statt. — Die S c h l i e c h e sind lieferbar, die A b g ä n g e gehen in die wilde Flut.

vorhanden. Die Erze bestehen aus Kupferglanz, Kupfer- und Schwefelkies in porphyrischer, quarziger und schiefriger Gangart, sie sind so fein eingesprengt, daß nach entsprechender Vorzerkleinerung durch Gates-Brecher (vgl. S. 39) und Feinwalzwerke nur Herdarbeit angewendet wird. Ursprünglich war die Wäsche für eine Leistung von 6000 t in 24 Stunden gebaut, sie leistete aber 9000—10 000 t, nachdem für das Verwaschen der gröberen Sande, die früher noch weiter aufgeschlossen wurden, Herde der Bauart G a r f i e l d (ein Rillenherd, dem Ferrarisherde ähnlich) eingestellt worden sind. Im übrigen verarbeiten W i l f l e y - H e r d e (ebenfalls ein Rillenherd) die feineren Sande, während die Schlämme auf J o h n s t o n - H e r d e n (dem Frue-Vanner ähnlich gebaut) verwaschen werden.

Die Anlage besteht aus zwölf gleichen Abteilungen, von denen jede etwa 800 t täglich verarbeitet, sie enthält im ganzen 1248 Herde, zum Antrieb sind 8500 PS, zur Bedienung 800 Mann erforderlich. Die Anreicherung der Erze erfolgt im Mittel auf 26% Cu, das Ausbringen beträgt 68,5%. Auf 1 t Rohhaufwerk entfallen 38 c = etwa 1,60 Mark an Aufbereitungskosten.

Die Eigenart der eigentlichen Schlammwäsche beruht auf einer sorgfältigen wiederholten Sortierung des Schlammes in Stromapparaten, verbunden mit einer fortwährenden Regelung der Dichtigkeit der Trübe in Verdichtungsspitzkästen, bevor das Verwaschen auf den Planenherden beginnt. Die Stromapparate (J a n n e y m e c h a n i k a l c l a s s i f y e r, die dem Betriebsleiter der Wäsche patentiert sind), bestehen aus vier Abteilungen von zunehmender Größe, deren Besonderheit darauf beruht, daß in den Spitzen der einzelnen Abteilungen ein intermittierender Wasserstrom aufsteigt, der den hier erfolgenden Austrag des sortierten Gutes in Zwischenräumen von wenigen Sekunden auf Augenblicke unterbricht. Dadurch wird das Gut vor dem Austritt noch einmal aufgewirbelt, die leichtesten Schlammteilchen werden ausgesondert und in die nächste Abteilung übergeführt, wo sich derselbe Vorgang wiederholt. Der Ansatz des Austragrohres besteht aus Glas, so daß sich der Vorgang ständig beobachten und durch Einstellung der Stärke des Wasserstromes regeln läßt.

Die Mitterberger Kupferkies-Aufbereitung[1]).

(Schwimmverfahren der Ekof.)

Das Haupterz des Mitterberger Gangbergbaues, der K u p f e r k i e s [(Cu, Fe) S_2, sp. G. 4,2, Cu-Gehalt 35%] kommt teils derb, teils grob, teils fein eingesprengt vor. Daneben tritt kupferkieshaltiger Schwefelkies auf. Die Gangart war in den oberen Teufen neben Quarz vorwiegend E i s e n s p a t (sp. G. 3,8), so daß sich zur Trennung des Kupferkieses eine magnetische Scheidung mit Ullrich-Scheidern bewährte. In den jetzt gebauten Teufen ist an die Stelle des Eisenspates A n k e r i t [(Ca, Fe) CO_3, sp. G. 3,0] getreten, der sich durch nasse Aufbereitung vom Kupferkies, soweit nötig, trennen läßt.

Die Aufbereitung wird dadurch erleichtert, daß für den Hüttenbetrieb eine Anreicherung bis zu 13 oder 15% Kupfer ausreichend ist. Der bei dem Kupferkies verbleibende Ankerit ist für das Verschmelzen der sauren Erze ein geeigneter basischer Zuschlag. Die Aufbereitung ist am Steilgehänge als Terrassenanlage erbaut, so daß fast die ganze Zwischenförderung nur abwärts stattfindet. Die Wasserführung des Geländes ist so groß, daß stets mit frischem Wasser gearbeitet werden kann. Die abfließende Bergetrübe kann, ohne Klärsümpfe zu durchlaufen, dem wasserreichen,

---

[1]) T r e p t o w. Met. u. Erz. 1924, S. 1.

viel Sand und Gerölle führenden Mühlbach zugeleitet werden. Erschwert wurde die nasse Aufbereitung dadurch, daß der Kupferkies in dünnen Blättchen zum Schwimmen neigt und die Abgänge auch einer sorgfältigen Herdaufbereitung immer noch reichlich 1% Kupfer enthalten würden, was gegenüber dem mittleren Gehalte des Roherzes von 2,65% einen sehr erheblichen Verlust bedeuten würde.

Dadurch, daß die in der nassen Aufbereitung fallenden Mittelprodukte durch Schwimmaufbereitung verarbeitet werden, wird dieser Verlust bis auf etwa 0,15% herabgesetzt, außerdem fällt das stufenweise Aufschließen der Mittelprodukte durch verschiedene Walzwerke fort, Setz- und Herdarbeit werden wesentlich eingeschränkt und eine Anzahl Becherwerke, welche viel Ausbesserungen erfordern, wird erspart. Dagegen muß ein mehr an Zerkleinerungsarbeit in den Kauf genommen werden.

Die Aufbereitung ist für 300 *t* Roherz mit 2,65% Cu in 16 Stunden bestimmt (vgl. den Stammbaum). Durch Scheiden des Gutes über 65 *mm* werden etwa 6 *t* Erz mit 12 bis 15% Cu und 2 *t* Berge mit 0,1% Cu erhalten. Geklaubt werden drei Korngrößen an umlaufenden Tischen 65/50 und 50/24 *mm* Walzerz und 35/24 *mm* Grubenklein; das tägliche Ergebnis ist etwa 30 *t* Erz mit 12,5% Cu und 36 *t* Berge mit 0,15% Cu. Setz- und Herdarbeit ergeben etwa 9 *t* Erz täglich mit 13% Cu und 57 *t* Berge mit 0,2 bis 0,25% Cu. Nur der größte Teil der Setzmaschinen in der Grubenkleinabteilung liefert Berge, in der Walzerzabteilung und auf den Herden wird außer Erz nur Mittelgut erzeugt. Dem Schwimmverfahren werden 160 *t* Mittelerze mit etwa 1,2% Cu zugeführt, das Ausbringen beträgt etwa 8 *t* Erz mit 20 bis 23% Cu, das sind 20 bis 22% des gesamten Kupfergehaltes, während 152 *t* Abgänge des Schwimmverfahrens noch 0,1 bis 0,15% Cu enthalten. (Vgl. die Zusammenstellung.)

Besonders bemerkenswert bei der Aufbereitung in Mühlbach ist: das Klauben bei Quecksilberdampflampen (vgl. S. 11), ferner die Schwimmaufbereitung der Mittelerze durch Schwimmverfahren nach Gröndal-Franz (vgl. S. 155) und die sehr sorgfältig durchgeführte mechanische Probenahme bei den Roherzen, den ausgebrachten Erzen und den Bergen.

Zusammenstellung der Ergebnisse der Aufbereitung.

Roherz	300 *t*	2,65 % Cu	7950 *kg* Cu	100 %
Ausbringen etwa:				
Scheiden	6 *t* Erz	12,0—15,0 % Cu	810 *kg* Cu	10,2 %
Klauben	30 „ „	12,5 „ „	3750 „ „	47,2 „
Setzen und Herde . .	9 „ „	13,0 „ „	1170 „ „	14,7 „
Schwimmverfahren . .	8 „ „	20,0—23,0 „ „	1720 „ „	21,6 „
	53 *t* Erz	14,1 % Cu	7450 *kg* Cu	93,7 %
Abgang in den Bergen etwa:				
Scheiden und Klauben .	38 *t* Berge	0,15 % Cu	57,0 *kg* Cu	0,7 %
Setzen und Spitzkästen .	57 „ „	0,20—0,25 „ „	128,3 „ „	1,6 „
Schwimmverfahren . .	152 „ „	0,10—0,15 „ „	190,0 „ „	2,4 „
	247 *t* Berge	0,15 % Cu	375,3 *kg* Cu	4,7 %
Erzausbringen	53 *t*	14,1 % Cu	7450 *kg* Cu	93,7 %
Bergefall	247 „	0,15 „ „	∼375 „ „	4,7 „
Summe	300 *t*		7825 *kg* Cu	98,4 %
Differenz			125 „ „	1,6 „

15. Allgemeiner Stammbaum der Mitterberger Aufbereitung.

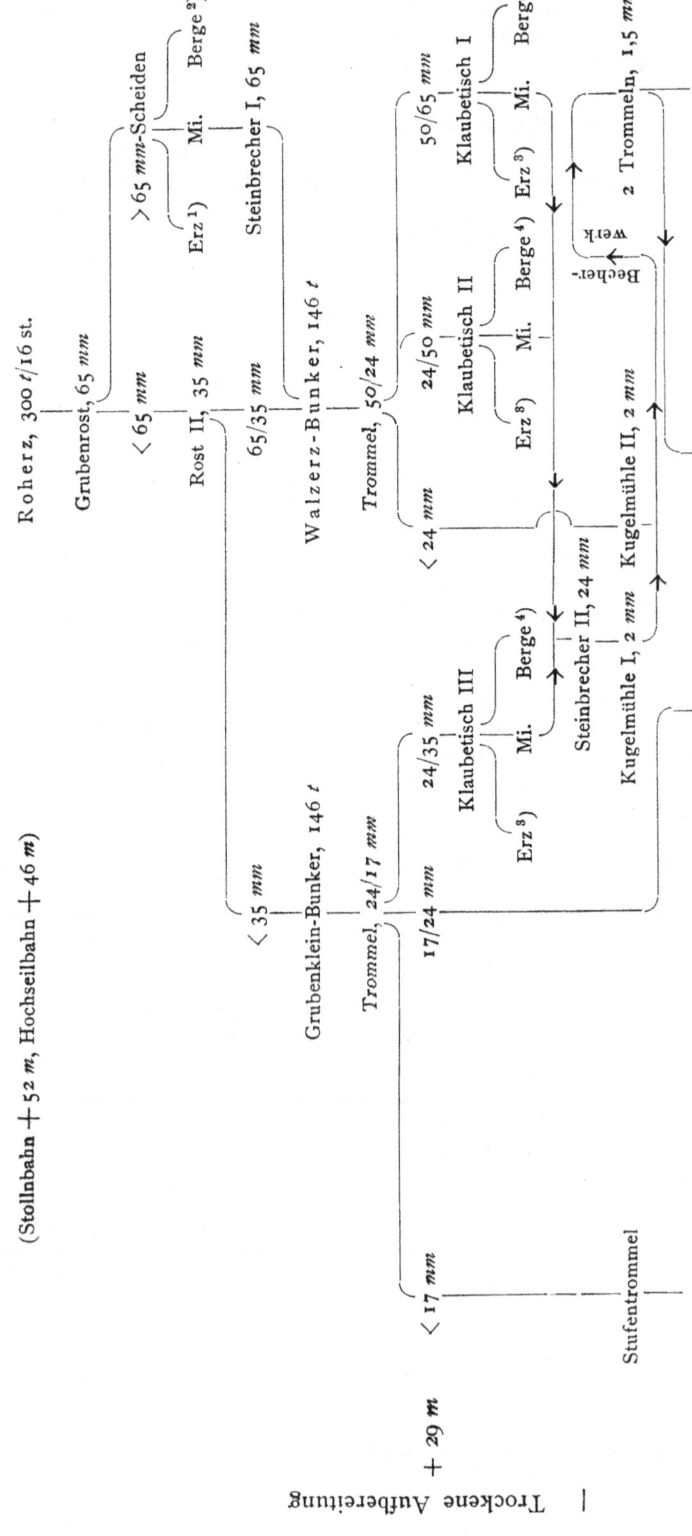

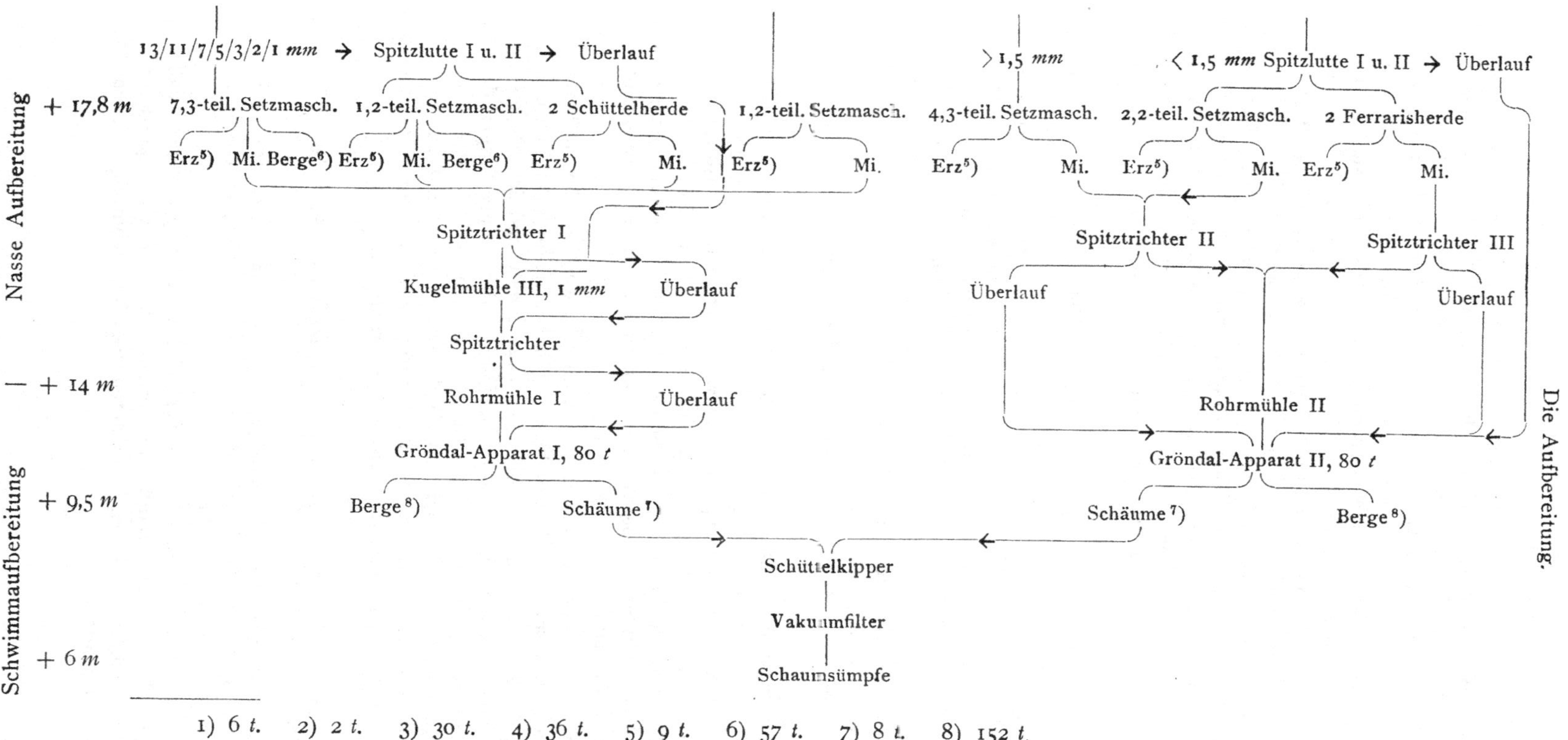

Nasse Aufbereitung
Schwimmaufbereitung
+ 17,8 m
+ 14 m
+ 9,5 m
+ 6 m
13/11/7/5/3/2/1 mm → Spitzlutte I u. II → Überlauf
> 1,5 mm
< 1,5 mm Spitzlutte I u. II → Überlauf
7,3-teil. Setzmasch.　1,2-teil. Setzmasch.　2 Schüttelherde
1,2-teil. Setzmasch.　4,3-teil. Setzmasch.　2,2-teil. Setzmasch.　2 Ferrarisherde
Erz⁵) Mi. Berge⁶) Erz⁵) Mi. Berge⁶) Erz⁵) Mi.
Erz⁵) Mi.
Erz⁵) Mi. Erz⁵) Mi. Erz⁵) Mi.
Spitztrichter I
Spitztrichter II
Spitztrichter III
Kugelmühle III, 1 mm　Überlauf
Überlauf
Überlauf
Spitztrichter
Rohrmühle I　Überlauf
Rohrmühle II
Gröndal-Apparat I, 80 t
Gröndal-Apparat II, 80 t
Berge⁸)　Schäume⁷)
Schäume⁷)　Berge⁸)
Schüttelkipper
Vakuumfilter
Schaumsümpfe
Die Aufbereitung.
1) 6 t.　2) 2 t.　3) 30 t.　4) 36 t.　5) 9 t.　6) 57 t.　7) 8 t.　8) 152 t.

Das Schwimmverfahren von Gröndal-Franz zeichnet sich vor dem Verfahren der Minerals-Separation-Limited dadurch aus, daß im Schwimmapparat bewegte Teile nicht vorhanden sind. Ein kleines Gebläse bewirkt die Luftverdichtung auf etwa 1,2 *at* abs. Die Mittelerze werden in einer Überlaufmühle (Füllung mit Stahlkugeln) vorzerkleinert, der Austrag geht durch einen Spitztrichter. Die von diesem ausgetragenen gröberen Bestandteile werden weiter in Naßrohrmühlen mit Futter aus glatten Hartgußplatten und Füllung mit Flintsteinen bis auf Sieb 120 ($= 0,12$ *mm*) zerkleinert. Die den Gröndal-Franz-Apparaten zugeführte Trübe enthält etwa $^1/_5$ Gewichtsteile feste Bestandteile. Für die Flotation wird ein Mischöl von der Ekof geliefert, von dem 190 *g* je Tonne Erz mittels eines Tröpfelapparates zugesetzt wurden. Außerdem wurden je Tonne Roherz drei Liter konzentrierte Schwefelsäure zugegeben, nachdem sie auf das vierfache Volumen mit Wasser verdünnt ist. Die Flotation verläuft kalt. Die Schäume werden in Schüttelkippern (Wippkästen), dann in einem Vakuumfilter und endlich in zementierten Sümpfen niedergeschlagen.

Der Tröpfelapparat (Präzisionsöler) besteht aus einem zylindrischen Gefäß mit Einguß. Im Deckel und Boden des Gefäßes ist eine stehende Welle geführt, oben ist ein Schnurenrad für den Antrieb aufgesetzt. Der untere Teil der Welle ist als Kolben ausgebildet, er trägt bei jeder Umdrehung durch eine Öffnung die abgemessene Ölmenge aus. Die Auf- und Abwärtsbewegung der Welle wird dadurch bewirkt, daß das Schnurenrad unten mit einem abgeschrägten, zylindrischen Ringe versehen ist, der auf einer Rolle schleift. Durch das Gewicht der mit der Rolle verbundenen Teile tritt die senkrechte Bewegung ein. Mit der Welle ist ein Rührkorb fest verbunden, der nicht nur an der Drehung, sondern auch an der Auf- und Abwärtsbewegung der Welle teilnimmt und die Entmischung des Öles verhindert.

Die Wäsche wird gruppenweise durch acht Drehstrommotoren angetrieben. Die hüttenmännische Verarbeitung der Schäume vollzieht sich glatt, sie werden auf dem Tellerapparat von Dwight-Lloyd abgeröstet. Allerdings sind die Schaumkonzentrate zu dicht, um für sich allein geröstet zu werden, sie lassen nicht genügend Luft durch. Nach Mengung mit Setzgraupen und Kalkstein, der sich als Zuschlag bei der Verarbeitung der sauren Erze an und für sich nötig macht, geht die Abröstung glatt von statten.

Die Probenahme. Sorgfältig durchgeführt ist die Überwachung der Aufbereitung durch ständige, meist mechanische Probenahme, durch Feststellung der Gewichte und der Kupfergehalte der Roherze, der verschiedenen Erzeugnisse und der Abgänge. Von dem zugeführten Roherz wird jeder zehnte Hund und jeder zehnte Wagen der Hängebahn einem besonderen Steinbrecher zugestürzt. Von dem zerkleinerten Gute wird durch einen Probenehmer etwa $^1/_{30}$ auf ein Walzwerk gegeben und von dem hier zerkleinerten Gute ebenfalls wieder $^1/_{30}$ mechanisch weggenommen, so daß man $^1/_{10} \times {}^1/_{30} \times {}^1/_{30}$, also $^1/_{9000}$ der aufgegebenen Menge erhält, also in 16 Stunden $^{300\,000}/_{9000} = 33{,}3$ *kg*.

Steinbrecher und Walzwerk sind so eingebaut, daß das übrige Gut dem Füllrumpf für das Roherz zufällt.

Die beiden Probenehmer bestehen jeder aus je zwei, an einer stehenden Welle befestigten und diametral gestellten Gerinnen mit etwa 35^0 Neigung, deren Breite einem Zentriwinkel von etwa 20^0 entspricht.

Von den Klaubetischen wird fortlaufend in der Weise Probe genommen, daß an je zwei Stellen etwa 8 *cm* breite Gerinne angebracht sind, die einen gewissen Teil der abgestrichenen Produkte in einen besonderen Behälter schütten, während das übrige in die großen Rümpfe fällt.

Bei den Setzmaschinen und Herden erübrigt sich die mechanische Probenahme, es wird vielmehr mit der Hand an den Austrägen zu bestimmten Zeiten eine Probe weggenommen und diese gesammelt. Für die Probenahme der Berge am Überlauf der Setzmaschinen sind kleine Holzkästchen mit Siebboden und Handgriff vorhanden, die dem Ausmaß der Abfallutte entsprechen.

Von den Schäumen sowie von den Abgängen der Schwimmaufbereitung wird mechanisch Probe genommen, indem unter dem Abflusse oberhalb der Schüttelkipper, beziehungsweise unter den Gröndal-Apparaten durch ein sich drehendes schmales Gerinne bei jeder Umdrehung ein entsprechender Teil weggenommen wird.

Die Aufbereitung der Zinnobererze am Monte Amiata[1]).

Der Zinnober tritt am Monte Amiata zu zwei Drittel der Förderung als Imprägnation in Tonen und Mergeln auf, zu einem Drittel als Anflug oder Krusten auf größeren und kleineren Kalksteinstücken, die sich in den Tonen finden. Der durchschnittliche Quecksilbergehalt beträgt 1,1%. Erz mit weniger als 0,3% wird als nicht bauwürdig betrachtet. Reicherz mit mehr als 6% Quecksilber wird nur in kleinen Mengen gefördert. Die Jahreserzeugung an Quecksilber im Jahre 1918 betrug 760 t.

Es ist besonders zu berücksichtigen, daß ein Feuchtigkeitsgehalt der tonigen Erze von 15% die Verhüttung stören würde, es sind daher umfängliche T r o c k e n v o r r i c h t u n g e n vorgesehen, um den Feuchtigkeitsgehalt bis auf 5% herabzusetzen. Dabei darf die Temperatur, um Metallverluste zu vermeiden, nicht über 150° C steigen.

Wollte man naß aufbereiten, so müßten einmal die ganzen Erze sehr weit zerkleinert werden, andererseits würden große Metallverluste die Folge sein. Das ergibt sich auch daraus, daß der bei der Trocknung in den Trockentrommeln fallende Staub — etwa 6 bis 7 t in der Woche mit 0,2 bis 0,4% Hg — da er für die Verhüttung ungeeignet ist, auf Ferrarisherden verwaschen wird. Es werden zwar drei Produkte mit 28,15 und 6% Hg erhalten, aber in den Abgängen verbleiben 25% des Quecksilbers.

Für die Verhüttung muß das Erz entsprechend den verschiedenen Öfen in G r o b e r z, meist Kalkstein, Korngröße 200/40 mm mit 0,3 bis 0,5% Hg für die Schachtöfen, in M i t t e l k o r n, 40/5 mm mit 0,6 bis 0,9 Hg für die Spirek-Schüttöfen und in F e i n k o r n < 5 mm mit 1,0 bis 1,4% Hg für die Rösttrommeln getrennt werden. Es macht sich nur die Trocknung der tonigen Erze nötig.

Zur Trocknung wurden der Reihe nach Sonnendarren, Trockenböden, heizbare Plandarren, der Fantoni-Trockner, Trockenkanäle (Kanalöfen) und endlich Trockentrommeln verwendet. Dabei mußte besonderer Wert zwar auch auf schnelle Trocknung aber wegen des hohen Preises der Brennstoffe auf sparsame Verwendung der letzteren gelegt werden.

Die S o n n e n d a r r e n bestanden aus etwa 12 m breiten und 20 m langen Flächen, die unter 30° Neigung an den nach Süden gelegenen Gehängen errichtet wurden. Sie waren aus Holz erbaut und mit 2 bis 3 mm starken Eisenblechen belegt. Das Erz wurde oben aufgestürzt und allmählich über die Darre abwärts gezogen. Die Trockenzeit hängt wesentlich von der Sonnenwärme und der Windrichtung ab. Später wurden, namentlich in der ungünstigen Jahreszeit, T r o c k e n b ö d e n über den Öfen benutzt, ferner P l a n d a r r e n, überdachte Heizkanäle, die mit 12 mm

---

[1]) Die Verhüttung der Zinnobererze am Monte Amiata. E. G. A. 1918, S. 513.

starken, gußeisernen Platten belegt waren. Bei 120 *qm* Heizfläche betrug die Leistung in 24 Stunden bei achtstündiger Heizdauer etwa 10 *t* Trockengut.

Dann wurden **Fantoni-Trockner**, nach Art des Spirek-Schüttofens verwendet, die aber zu viel Handarbeit erforderten. Weiter wurden 60 *m* lange **Trockenkanäle** (vgl. Kanalöfen) versucht. Jeder Ofen faßte 40 Wagen mit je acht Trockenblechen mit 25 *mm* großen Löchern. Sie leisteten in je 16 Stunden 120 *t* fertiges Gut. Endlich wurden **Trockentrommeln** (vgl. Röhrenöfen), die durch Einbau radialer und kreisförmiger Zwischenwände in eine große Anzahl Zellen geteilt waren, eingeführt, jedoch durchzogen die Feuerungsgase die Trommel im Gleichstrom mit den Erzen. Der Brennstoffverbrauch war sehr viel günstiger als bei den Kanalöfen, er betrug 30 *kg* Brennstoff auf 1000 *kg* Trockengut. Es wurde eine stündliche Wasserverdampfung von 625 *kg* erreicht und in jeder Trommel in 16 Stunden 100 *t* Trockengut geliefert.

Die magnetische Aufbereitung der Lazyhütte in Oberschlesien[1]).

Es werden hier durch Markasit stark verunreinigte Zinkblenden, die durch nasse Aufbereitung erhalten wurden, mittels magnetischer Aufbereitung erheblich angereichert. Die Produkte der nassen Aufbereitung werden auf Böden durch die Abgase der Röstöfen gut getrocknet und dann zur Zerkleinerung einer **Maxeconmühle** zugeführt, die an Stelle von Kugelmühlen aufgestellt wurde. Das zerkleinerte Gut wird durch ein Becherwerk einem mechanischen Röstofen zugehoben, dort angeröstet und dann gekühlt. Darauf wird es in zwei Kornklassen, nämlich 1,5 bis 0,5 *mm* und unter 0,5 *mm* getrennt und gleichzeitig mittels eines Luftstromes entstaubt. Die beiden Korngrößen werden getrennt auf zwei **Schnelleschen Separatoren**[2]) trocken verarbeitet und das fallende Mittelgut auf einem dritten Separator weiter geschieden. Die als nichtmagnetisches Gut fallende Zinkblende wird zum Totrösten abgegeben.

Der abgezogene **Staub** wird durch Wasser niedergeschlagen, die entstehende Trübe über einen Verdichtungsspitzkasten geführt und der Spitzenaustrag auf einem **Naßseparator** (der ähnlich wie der S. 127 beschriebene Walzenapparat gebaut ist) getrennt, das Mittelprodukt geht auf einen zweiten Separator.

In 24 Stunden werden 15 *t* Erz mit 15% Zink, 35% Eisen und 35% Schwefel verarbeitet. Daraus werden erzeugt 3,5 *t* Blende mit 35 bis 50% Zinkgehalt, 6,5 *t* Rückstände mit 4 bis 5% Zink und 5 *t* Staub, die zur naßmagnetischen Scheidung gehen. Letztere verarbeitet in 24 Stunden 100 *q* Staub und liefert 20 *q* Blende mit 40% Zink und 80 *q* magnetisches Gut mit noch 5% Zink.

Der magnetische Rückstand wird chlorierend geröstet, das gebildete Zinkchlorid ausgelaugt und der Rückstand als Eisenerz verkauft.

Die Anlage ist von der Firma Humboldt gebaut worden.

Verschiedenes.

Diamanten.

Bekanntlich beherrschen die beiden Vorkommen, das von Südwest-Afrika und das von Südafrika den Weltmarkt.

---

[1]) **Pütz.** Der gegenwärtige Stand der Aufbereitung von Zink- und Bleierzen in Oberschlesien. Oberschl. Z. 1913, S. 1. — Studienreise im Jahre 1913.

[2]) Andere Bezeichnung für den S. 107 beschriebenen Walzenapparat der Metallurgischen Gesellschaft.

In S ü d w e s t a f r i k a[1]) finden sich die Diamanten in den Sanden und Schutthalden, die durch die Verwitterung des Untergrundes, der aus Gneis, Schiefer, Quarzit und Dolomit besteht, und die aufbereitende Kraft des Windes gebildet worden sind. Diese Verwitterungsdecke ist sehr verschieden stark, im Mittel 1,5 bis 2,0 m, zuweilen mehrere Meter aber zuweilen auch nur 10 bis 30 cm. Da infolge der hohen Steuer die Verarbeitung des Gutes unter 1,25 mm nicht lohnt und erfahrungsgemäß Diamanten, die größer als 5 mm sind, hier nicht vorkommen, wird gewöhnlich an Ort und Stelle durch ein Trommelsieb das Gut von 1,25 bis 5 mm gesondert und dann bei den größeren Anlagen zu den Wäschen befördert. Auf 6 cbm Rohgut entfällt gewöhnlich nur 1 cbm Waschgut. An schweren Mineralien kommen außer den Diamanten Granat und Eisenerze vor. Die Aufbereitung erfolgt durch Setzen des Gutes in Seewasser, dadurch wird aus 1 cbm Waschgut etwa 10 l Konzentrat erhalten. Dieses wird auf Nachsetzmaschinen nochmals behandelt, dann getrocknet und Magnetseparatoren zugeführt. Hier ergeben sich schließlich von 1 cbm Waschgut 1 bis 2 l Konzentrat, aus dem die Diamanten mit der Hand ausgelesen werden. 1 cbm Rohgut enthält etwa 0,1 bis 0,3 Karat Diamanten, wobei im Durchschnitt fünf bis sieben Steine auf ein Karat entfallen. Ein Karat $=$ 0,2 g. Die Wäschen enthalten in der Regel zwölf Vorsetzmaschinen, zwei Nachsetzmaschinen, eine Trockenvorrichtung, zwei Magnetscheider und die nötigen Becherwerke. Der Arbeitsbedarf beträgt 25 PS, der Antrieb erfolgt elektrisch oder durch Benzinmotor. Die Bedienung besteht aus drei Weißen und zwölf Eingeborenen. Auffallenderweise lassen sich die in Südafrika gebrauchten Fettherde hier nicht verwenden.

Die s ü d a f r i k a n i s c h e n D i a m a n t e n[2]) kommen eingewachsen in dem nach dem ersten Fundorte K i m b e r l i t genannten Gesteine vor. Nach dem mit 50 bis 70% vorwaltenden O l i v i n, auch P é r i d o t genannt, heißt das Gestein auch P e r i d o t i t. An schweren Mineralien finden sich außer Diamant und Olivin (sp. G. beider 3,5) noch die grünen Abarten des Augit, D i o p s i d (sp. G. 3,3) und E ns t a t i t (sp. G. 3,2), ferner P y r o p, roter Granat (sp. G. 3,7) und T i t a n e i s e ne r z (sp. G. 4,8). Der Gehalt des Kimberlits an Diamanten ist auf den einzelnen Gruben recht verschieden und wechselt zwischen 40 und 6 Karat auf eine Wagenladung von 726 kg. Außer gut kristallisierten Diamanten, kommen häufig Bruchstücke von Diamanten vor. Außerdem finden sich oft bis zu 50% der Diamanten unreine, fleckige und unvollkommen kristallisierte Steine, R u b b i s c h genannt, die nicht schleifwürdig sind und B o r t, Aggregate von sehr kleinen Kristallen in kugeliger Form, die für Bohrzwecke sehr gesucht sind. Von den schleifwürdigen Steinen werden vollständig ausgebildete Oktaeder am höchsten bewertet, weil sie beim Schleifen zu Brillanten am wenigsten Abfall ergeben. Ferner wird rein weiße Farbe besonders geschätzt.

Für die Gewinnung der Diamanten ist von Bedeutung, daß der Kimberlit nahe der Oberfläche zu einem weichen Gestein von gelber Farbe (y e l l o w g r o u n d) zersetzt ist, der allmählich in den weniger zersetzten b l u e g r o u n d und endlich in den frischen K i m b e r l i t, H a r d e b a n k genannt, übergeht. Der Gelbgrund verwittert an der Luft schnell zu einer tonigen Masse, schon längere Zeit braucht der Blaugrund. Beim frischen Kimberlit würde die Verwitterung mehrere Jahre in Anspruch nehmen. Das Gestein wurde, um die Zersetzung zu beschleunigen, auf großen, ebenen, eingezäunten Flächen, „f l o o r s" genannt, ausgebreitet, mit Eggen von Zeit zu Zeit gewendet und in der trockenen Jahreszeit bewässert. Das südafrikanische Klima befördert die Verwitterung, da es zwei Regenzeiten im Jahre gibt und auf heiße Tage kalte Nächte zu folgen pflegen.

---

[1]) G l o c k e m e i e r. Die Aufbereitung der südwestafrikanischen Diamantkiese. Met. u. Erz. 1921, S. 507. Enthält eingehende Beschreibung der verwendeten Setzmaschinen.
[2]) T r e p t o w. Met. u. Erz. 1924, S. 397.

Die ursprüngliche Aufbereitung des verwitterten Gelb- und Blaugrundes bestand im Auflösen in Rührpfannen, im Setzen der Konzentrate und im Auslesen der Diamanten mit der Hand. 1896 wurde die Trennung auf Fettherden eingeführt (vgl. S. 119). Zur Zeit gibt es schon mehrere Gruben, die sich zur mechanischen Zerkleinerung des Kimberlites haben entschließen müssen, da die Verwitterung zu lange Zeit in Anspruch nehmen würde.

In diesen neuen Anlagen erfolgt die Aufschließung zunächst durch Steinbrecher und zwei Walzwerke, dann wird das Gut auf Grobkornsetzmaschinen gesetzt und deren Konzentrat in Siebtrommeln klassiert, das Korn $> 15,9\,mm$ geklaubt, das Feinere in Rohrmühlen behandelt, um die letzten Verwachsungen aufzuschließen und dann auf Feinkornsetzmaschinen nochmals gesetzt. Die Abgänge der Grobkornsetzmaschinen werden durch ein drittes Walzwerk aufgeschlossen und dann ebenfalls den Feinkornsetzmachinen zugeführt.

Die Konzentrate der letzteren werden in besonderen Wäschen zunächst über Magnetscheider geführt, um das Titaneisenerz und Eisenteile auszuscheiden. Dann geht das Gut über Fettherde und endlich zu den Klaubeständen.

Die Wäschen der südafrikanischen Diamantengruben sind ungewöhnlich groß. So besitzt die P r e m i e r g r u b e nur für die erste Konzentration eine ältere, im Jahre 1905 erbaute Anlage, die in 24 Stunden 19 000 t noch auf Fluren verwittertes Gut verarbeitet, sie hat fünf gleich gebaute Abteilungen. Die zweite, im Jahre 1914 erbaute Anlage kann in 24 Stunden 20 000 t mechanisch zerkleinertes Gut verarbeiten, sie besteht aus sieben gleichen Abteilungen. Beide Wäschen zusammen liefern täglich etwa 500 t Konzentrate, die in einer besonderen Wäsche weiter verarbeitet werden und im Mittel etwa 2,7 kg Diamanten ergeben, von denen jedoch nur etwa 40% schleifwürdig sind.

Um die Diamantenpreise auf angemessener Höhe zu halten, wird nach Übereinkommen zwischen den südafrikanischen und den südwestafrikanischen Gruben die Erzeugung dem Bedarfe entsprechend geregelt.

T a l k [1]).

Die Aufbereitung des Talkes besteht in stufenweiser Zerkleinerung bis zu äußerster Feinheit. Die Windsichtung als letzter Vorgang ergibt Feines als Fertigerzeugnis und Grobes, welches die härteren begleitenden Mineralien enthält, als Abfall. Der Talk findet besonders bei der Farben- und Papierindustrie aber auch sonst ausgedehnte Verwendung[2]).

Besonders große Anlagen wurden zu G o u v e r n e u r im Staate N e w Y e r s e y geschaffen[3]) (vgl. den Stammbaum). Das Nebengestein des Talkes ist umgewandelter Tremolit von faseriger Struktur.

Es ist eine ältere Anlage vorhanden, die 40 t Rohaufwerk in 24 Stunden verarbeitet bei einem Arbeitsbedarf von 260 Kilowattstunden je Tonne erzeugten Talkes. Die Kosten für die Kraft stellen sich auf ein Dollar je Tonne. Eine neue Anlage verarbeitet 180 t je Tag.

---

[1]) S p e n c e, Hugh, S. Talc and Soapstone in Canada. Canadian Department of Mines, Ottawa. 1922. Im dritten Kapitel ist die Aufbereitung des Talkes eingehend an der Hand von Stammbäumen beschrieben.

[2]) Berichte über die Tätigkeit des Verbandes der Talkum-Interessenten in Österreich-Ungarn. Verlag des Verbandes der Talkum-Interessenten in Österreich-Ungarn. Wien, III., Schwarzenbergplatz 4.

[3]) R o b i e. A Modern Talc Mill at Gouverneur N. Y. Eng. a. Min. J. P. 1. 9. 1923, S. 359. Auszug in Met. u. Erz. 1924, S. 228.

Zum Stammbaum sei noch das Folgende bemerkt: Das Rohhaufwerk kommt nahezu trocken aus der Grube. Die sechsseitige Siebtrommel wird der zylindrischen vorgezogen, weil sich die Siebe leichter auswechseln lassen. — Die Verunreinigung des Talkes, der rein weiß sein soll, durch Eisen, muß sorgfältig vermieden werden, deshalb geht das Gut zwischen den einzelnen Zerkleinerungsstufen mehrfach über Magnetscheider; die Hardingmühle hat Flintsteinfutter, die Rohrmühlen haben Porzellanfutter, alle drei Mühlen arbeiten mit Flintsteinen, Stahlkugeln sind ausgeschlossen. Der Verbrauch an Kieselsteinen beträgt in jeder Mühle etwa 45 *kg* im Monat. — Die Windsichter werden den auf anderen Anlagen verwendeten Seidensieben vorgezogen, da letztere nur geringe Haltbarkeit haben. Die Korngröße 0,044 *mm* entspricht einem Siebe von 325 Maschen auf einen Zoll englisch.

16. Stammbaum für Talkvermahlung.

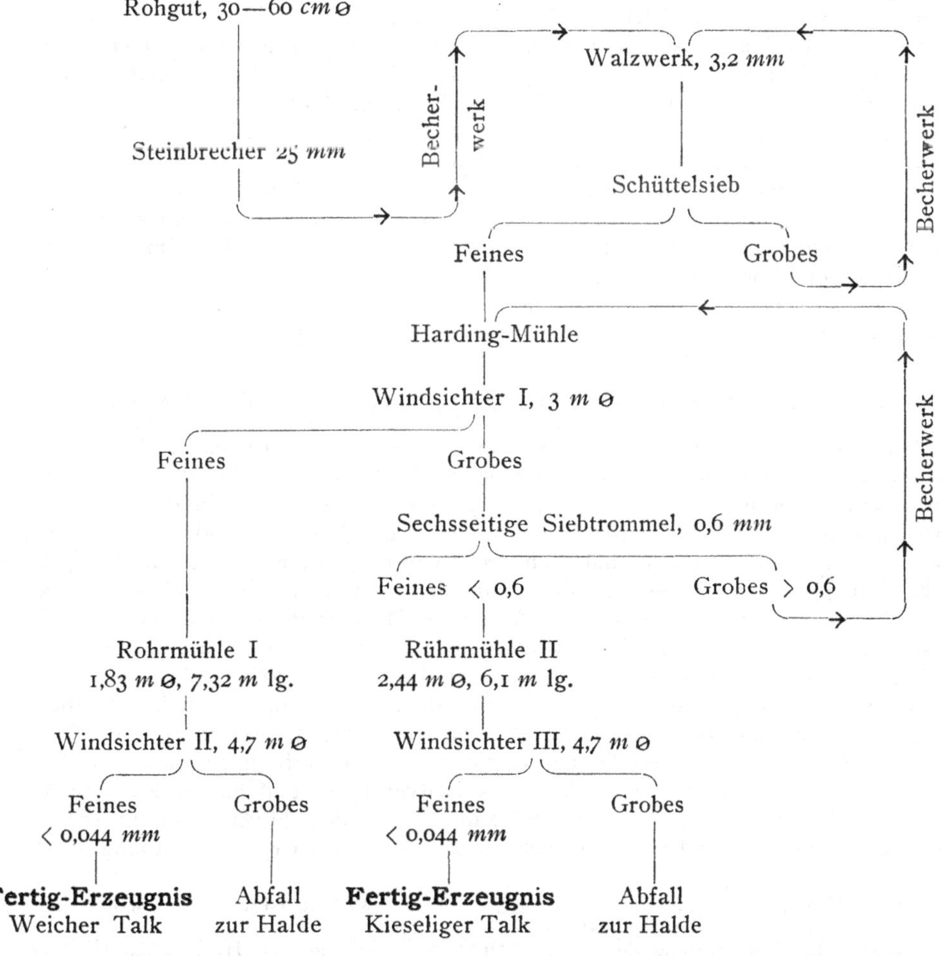

Asbest-Aufbereitung zu Quebeck, Canada[1]).

Das geförderte Gestein wird zunächst durch Steinbrecher bis auf 125 *mm* zerkleinert, dann in Trommeltrocknern, die mit Verbrennungsgasen beheizt werden, getrocknet und nochmals auf Steinbrechern bis zu 62 *mm* zerkleinert. Dann geht das Gut durch Siebtrommeln, um die Fasern frei zu machen und um das Gröbere und das Feinere zu trennen. Der Durchfall geht über Schüttelsiebe, von denen durch einen Luftstrom die Fasern abgesaugt werden. Das Gröbere wird in einer Schlagmühle, genannt Jumbo, deren Schläger so unter einen Winkel zur Achse gestellt sind, daß das an dem einen Ende eingetragene Gut zum anderen Ende befördert wird, weiter aufgeschlossen. Die Mühle macht 400 bis 800 Umläufe in der Minute. Dann geht das Gut nochmals über Schüttelsiebe, von denen die Fasern wiederum abgesaugt werden.

Die Fasern sammeln sich in Cyclonen und werden dann auf einem Siebsatze in die Längen > 12,5 *mm*, 12,5/6,35 *mm*, 6,35 *mm*/2,54 *mm* und < 2,54 *mm* getrennt. Die Bewertung findet außer nach der Faserlänge noch nach der Farbe und nach der Zerreißfestigkeit statt. Von Einfluß auf die Bewertung ist noch ein etwaiger Eisengehalt, der die Verwendung in der Elektrotechnik beeinträchtigt.

Die einzelnen Handelssorten werden in folgender Weise gekennzeichnet. Man gibt 1 Pfund der abgesaugten und noch gemischten Fasern auf den erwähnten Siebsatz, läßt diesen 2 Minuten in Gang und wiegt dann, wieviel Unzen auf die 4 Faserlängen entfallen. So bedeutet z. B. 4—7—4—1, daß in dem Pfund 4 Unzen > 12,5 *mm*, 7 Unzen 12,5 / 6,35, 4 Unzen 6,35 / 2,54 *mm* und nur 1 Unze < 2,54 *mm* vorhanden sind, diese Sorte heißt: Long spinning Fiber (lange Spinnfaser).

Andererseits bedeutet 0—0—10—6, daß Fasern von mehr als 6,35 *mm* Länge überhaupt fehlen und daß in einem Pfund 10 Unzen 6,35 / 2,54 *mm* und 6 Unzen kürzer als 2,54 *mm* vorhanden sind. Diese Sorte Paper stock genannt, dient zur Anfertigung von Asbestpapier und Asbestfasern.

Das mittlere Ausbringen an Fasern schwankt zwischen 5 und 7%.

Die Aufbereitung der Flinzgraphite[2]) in Südböhmen[3]).

Man unterscheidet schuppig-blätterige und dichte, tonige Abarten des Graphites. Meistens ist er verunreinigt durch Schwefelkies, Kalkspat, Silikate usw. Im besonderen unterscheidet man: Grauen Flinzgraphit, er kommt in graphitischen Gneisen mit 20 bis 35% Kohlenstoff vor, hat silbergrauen Glanz und knistert beim Reiben zwischen den Fingern, und schwarzen Flinzgraphit oder tonigen Graphit, mit 35 bis 45% C, er ist erdig, matt, ohne Metallglanz. Die Schuppengröße des Graphits schwankt zwischen 0,1 und 1,0 *mm*, sie beträgt meistens 0,3 bis 0,4 *mm*. Das spezifische Gewicht ist 1,9 bis 2,3, meistens 2,25, die Härte ist 0,5 bis 1,0. Vor dem Kriege wurden in Böhmen nur die reinsten Partien mit 70% C abgebaut. Erst, als während des Krieges die guten Ceylon- und Madagaskar-Graphite nicht erhältlich waren, ging man zum Abbau auch der ärmeren Teile der Lagerstätten über. Der Graphit ist wegen vieler Eigenschaften geschätzt: Schwerverbrennlichkeit, Abfärbevermögen, Glätte und Fettigkeit, elektrisches Leitvermögen und Säurebeständigkeit.

Die Aufbereitung des Graphites kann sowohl ausschließlich auf trockenem Wege erfolgen, sie kann aber auch durch nasses Vermahlen eingeleitet

---

[1]) Eng. Min. J. Pr. 1922, Bd. 113, S. 493 u. 670. — Met. u. Erz, 1922, S. 410.

[2]) Flinz, soviel wie Schuppe, Blättchen.

[3]) Lex. Die Aufbereitung der Flinzgraphite in Südböhmen. B. H. J. 1923, Heft 1, S. 19. — Über die Canadischen Graphite vgl. Hugh S. Spence. Le Graphite. 1921. Veröffentlichung des Bergbau-Ministeriums.

werden. Endlich ist auch die **S c h w i m m a u f b e r e i t u n g** bei den Flinzgraphiten möglich, und zwar mit **B u c h e n h o l z t e e r ö l**, nicht aber bei den tonigen Graphiten. Doch macht die Neutralisierung des Öles in den Produkten Schwierigkeiten.

Der Grundgedanke der trockenen Aufbereitung des Graphites ist der folgende: Die Mineralien des Nebengesteines werden wegen ihrer Sprödigkeit viel leichter zermahlen als die elastischen Flinzblättchen. Von den begleitenden Mineralien hat nur der Glimmer Blättchenform, er ist aber spröder als der Graphit. Nach dem Feinmahlen ist daher alles grobe Gut vorwiegend Graphit, alles feine Gut ist taub.

Die Güte des Graphites wird durch die **K o r n g r ö ß e** und durch den **K o h l e n -s t o f f g e h a l t** bestimmt, und zwar unterscheidet man gröber als:

Siebgase[1]) Nr.   5 Groß-Flinze   mit 85 bis 95 % C
„   „   7 Mittel-Flinze   „ 80 „ 85 „   „
„   „   10 Klein-Flinze   „ 75 „ 80 „   „
„   „   13 Kleinst-Flinze   „ 65 „ 75 „   „

Auch hieraus ergibt sich, daß je kleiner die Graphitblättchen sind, desto mehr Staub anderer Mineralien damit vermischt ist.

D i e t r o c k e n e A u f b e r e i t u n g. Zur Vorbereitung der Aufschließung wird das **R o h g u t**, dort **R o h e r z** genannt, Jahre lang auf den Halden den Einflüssen der Witterung ausgesetzt. Hierbei findet namentlich eine Zersetzung des Schwefelkieses statt. Man spricht von **a t m o s p h ä r i s c h e r R ö s t u n g**. Das Rohgut enthält dann 10 bis 15% Feuchtigkeit. Vor dem trockenen Vermahlen muß diese tunlichst entfernt werden. Das geschieht auf Planöfen, die mit Torf geheizt werden. Auf 100 *kg* Trockengut kommen 2 bis 4 *cbm* Torf von 2800 Kalorien Heizwert. Die Aufbereitung gliedert sich in die **R o h m ü h l e**, die **F l i n z m ü h l e** und die **S a n d m ü h l e**.

In der Rohmühle wird die Zerkleinerung durch einen Kollergang bis auf 20 *mm* eingeleitet. Ein Zentrifugalsichter trennt die taube Gröbe von dem Feinen $< 2\,mm$. Dieses geht nacheinander über vier Walzenstühle und nach jeder Zerkleinerung über Plansichter. Der Durchfall ist taub, die Gröbe wird weiter behandelt. Nach der vierten Sichtung ergeben sich als Durchfall Flinzsande für die Sandmühle und als Gröbe Rohflinze für die Flinzmühle. Hier wird das Vermahlen, und zwar des sandigen Zwischengutes auf Walzenstühlen, des graphitischen Zwischengutes auf Mahlgängen solange fortgesetzt, bis der gewünschte Gehalt an Kohlenstoff erreicht ist. Es muß daher mit dem Vermahlen ein ständiges Probieren auf Glühverlust Hand in Hand gehen. Dabei ist zu berücksichtigen, daß auch ein Gehalt des Graphites an Schwefelkies und an Karbonaten, sowie an Hydratwasser einen Anteil an dem Glühverlust bedingen kann.

Durch die Rohmühle werden zwischen 70 und 80% taube Bestandteile entfernt, die allerdings noch einen Glühverlust von 20% aufweisen. Das Ausbringen an Graphit schwankt zwischen 10 und 20%.

Als Nachteile der ausschließlich trockenen Verarbeitung ergaben sich: Hoher Aufwand an Brennstoff für die Trocknung des Rohgutes und Kosten für die hierbei nötige Beförderung, weiter starker Verschleiß der Rohmühle. Endlich enthalten die fertigen Flinze immer noch gewisse Mengen von Staub.

---

[1]) Die Züricher Beuteltuch A. G. Zürich überließ mir Proben von Seidengasen. Fadenstärken und Öffnungen sind nicht ganz gleichmäßig, so daß unter dem Mikroskop nur mittlere Werte geschätzt werden konnten. Es hatte:

Siebgase Nr. 5, Prima: Fadenstärke 0,11, Sieböffnung 0,24 *mm*
„ „ 7, „   „   0,11,   „   0,18 *mm*
„ „ 10, „   „   0,1,   „   0.13 *mm*
„ „ 13, „   „   0,1,   „   0,10 *mm*

Durch Ersatz der Rohmühle durch nasse Vermahlung, Siebung usw. entfiel naturgemäß die Trocknung des Roherzes, nur die erhaltenen Rohflinze und Mittelerzeugnisse, etwa ein Viertel der ganzen Masse, wurden getrocknet, um teils in der Flinzmühle, teils in der Sandmühle weiter verarbeitet zu werden.

Die Naßvermahlung findet in einem Kollergange statt, das feine Gut fließt als Trübe durch zwei mit Seidengaze bespannte Siebtrommeln, von denen die erste die größeren, die zweite die kleineren Rohflinze als Gröbe austrägt. Die Trübe wird entweder durch Absetzkästen geführt, in denen sich zuerst die tauben Sande, erst später die feinsten Schlieche mit den Graphitblättchen absetzen, oder man verwendet auch Querschüttelherde. Diese tragen die Flinze am schnellsten ab, erst später die Mittelprodukte und das Taube. Die gröbsten Sande werden von Zeit zu Zeit aus dem Naßkollergang ausgehoben, sie sind taub.

Trennung von Ton und Graphit[1]).

Setzt man zu einer Trübe, welche Ton und Graphit enthält, geringe Mengen von Alkali zu, so bleibt der Ton in Suspension, während der Graphit, welcher erst bei einer höheren Alkalikonzentration suspendiert wird, sich zu Boden setzt.

Kaolin[2]).

Kaolin (Porzellanerde) ist bekanntlich ein Zersetzungsprodukt feldspatreicher Gesteine. Die übrigen Mineralien sind zum Teil auf natürlichem Wege ausgelaugt, zum Teil hat eine Umlagerung durch Abschwemmen und dadurch eine natürliche Aufbereitung stattgefunden. Immer enthält der Rohkaolin noch fremde Bestandteile, er wird daher einem Schlämmverfahren unterworfen, bei dem sich meistens 20 bis 40% Feinkaolin ergeben. Dieser setzt sich in Klärbecken ab, das abfließende Wasser wird immer wieder benutzt, da gerade die allerfeinsten Teilchen den besten Kaolin bilden. Das letzte Wasser wird vorsichtig abgehebert und dem schlammförmigen Kaolin die größte Menge des Wassers in Filterpressen (siehe diese) entzogen. Die erhaltenen Preßkuchen werden noch an der Luft oder in Trockendarren bis auf 8 bis 10% Wasser abgetrocknet.

Auch das elektro-osmotische Verfahren wird zur Abscheidung aus der Trübe angewendet. Man erhält Feinkaolin mit 30% Wasser, so daß sich noch eine Nachtrocknung nötig macht.

---

[1]) Lottermoser. Die Kolloide und ihre Bedeutung für die Technik. Verbands-Mitteilungen, Dresden, 1924, Heft 15 und 16.
[2]) Michler. Schlägel u. Eisen, 1924, S. 9.

XII. Das Brikettieren[1].

Allgemeines.

Unter Brikettieren versteht man das Pressen erdigen oder feinkörnigen Gutes zu regelmäßig geformten festen Stücken. Von den Eigenschaften des Rohstoffes hängt es ab, ob hierbei die Verwendung eines B i n d e m i t t e l s nötig ist oder nicht.

Das Wort B r i k e t t ist abgeleitet von dem französischen „l a b r i q u e“, der Ziegel und der Verkleinerungsform „l a b r i q u e t t e“. Es sind heute auch die Ausdrücke K o h l e n z i e g e l, P r e ß k o h l e, D a r r s t e i n vielfach üblich.

Am häufigsten wird das Brikettieren beim Kohlenbergbau angewendet. Das bei der Gewinnung der Braun- und Steinkohlen fallende Kohlenklein, sowie die erdige, immer stark wasserhaltige Braunkohle haben in diesem Zustande wenig Wert, da die Verbrennung nur auf besonderen Rosten erfolgen kann. Während für backendes Steinkohlenklein die V e r k o k u n g, namentlich diejenige unter Gewinnung der Nebenprodukte, ein sehr geeignetes Mittel bietet, um einen höheren Wert zu erzielen, und erdige Braunkohle mit hohem Gehalt an Teer (S c h w e l k o h l e, P y r o p i s s i t) zur S c h w e l e r e i verwendet werden kann, hat für die Braunkohle mit niedrigem Teergehalt und für mageres, nicht backendes Steinkohlenklein erst das Brikettieren eine zweckmäßige Verwendung ermöglicht.

Auch auf andere Bergbau- und Hüttenerzeugnisse, nämlich Kokklein, Erze, Salz und Torf, dann Kiesabbrände, Gichtstaub, Metallspäne und Sägespäne wird das Brikettieren angewendet.

Das Brikettieren des S u d s a l z e s soll die Transportfähigkeit erhöhen und zu gleicher Zeit die hygroskopischen Eigenschaften vermindern[2].

Bei der Brikettierung des T o r f e s spielt der hohe Wassergehalt von 85% Wasser und mehr eine wesentliche Rolle, auch ist das Rohmaterial so verschieden, daß hierauf besondere Rücksicht genommen werden muß.

Das neuerdings für das Verpressen von Torf empfohlene M a d r u c k - V e r - f a h r e n[3] besteht darin, daß dem zerkleinerten, hoch wasserhaltigen Torf etwa 30% bis auf einen Wassergehalt von 30 v. H. vorgetrockneter und zerkleinerter Torf zugesetzt und dann das Wasser abgepreßt wird. Auf diese Weise erhält man Torfbriketts mit 50 bis 60 v. H. Wassergehalt, die für größere industrielle Feuerungen

---

[1] F r a n k e, G. Handbuch der Brikettbereitung. I. Bd. 1909. Die Brikettbereitung aus Steinkohlen, Braunkohlen und sonstigen Brennstoffen. II. Bd. 1909. Die Brikettbereitung aus Erzen, Hüttenerzeugnissen, Metallabfällen u. dergl. einschließlich der Agglomerierung. Nebst Nachträgen. 2. Aufl. in Vorbereitung.

[2] B a l t z, Carl, Edler von Balzberg. Die Siedesalzerzeugung von ihren Anfängen bis auf ihren gegenwärtigen Stand, nebst einem Anhang über Seesalinen. Pr. Z. 1896, S. 345. — G o l l n e r, Heinrich. Über die F. J. Müller'sche Salzbrikettpresse in Ebensee. Ö. Z. 1897, S. 139.

[3] Z. V. d. I. 1922, S. 190.

verwendet werden können, aber für den Versand und für häusliche Feuerungen nicht geeignet sind. Durch Trocknen mittels Abwärme kann der Wassergehalt bis auf 15% vermindert werden und durch Zerkleinern und erneutes Brikettieren erhält man Briketts mit einem Brennwerte von über 4400 Kal. je *kg*.

Das Brikettieren von M e t a l l s p ä n e n[1]) geschieht auf Pressen, die derjenigen von Coufinhall (siehe diese) ähnlich sind, es hat den Zweck, beim Wiedereinschmelzen die Metallverluste zu verringern. In Frage kommen besonders Dreh- und Feilspäne von Eisen, Stahl, Bronze, Messing und Aluminium. (Verfahren von R ó n a y, D. R. P. 158 472 nebst Zusatzpatenten und von L u d w i g W e i ß, D. R. P. 175 657 und 178 303.)

M e t a l l s p ä n e können o h n e P r e s s e[2]) folgendermaßen brikettiert werden: 100 *kg* Dreh-, Bohr- oder Hobelspäne werden auf einer Platte ausgebreitet, mit 4 bis 4,5 *kg* Zement und 1,2 *l* einer dünnen Lösung von Ammoniumchlorid (0,35 *kg* festes Ammoniumchlorid auf 10 *l* Wasser) gemischt wie bei der Herstellung von Beton. Danach wird die Mischung in hölzerne, innen schwach kegelig zulaufende Formen von 200 *mm* Durchmesser und 25 *mm* Höhe gestampft. Nach Entfernung der Formkästen werden die Formlinge an der Luft getrocknet, sie wiegen etwa 12 *kg*. Um täglich 700 Briketts herzustellen, sind ein Mann und zwei Frauen erforderlich. Die Briketts werden im Kupolofen bis zu 15 und 20 v. H. der Gesamtbeschickung zugesetzt, der Zement wird verschlackt und hat zu Störungen bisher keinen Anlaß gegeben.

Die Brikettierung von S ä g e s p ä n e n[3]) ist technisch möglich, jedoch dürfte kein Sägewerk so viel Sägespäne erzeugen, um auch nur eine Presse dauernd zu versorgen. Die Anlage einer Presse mit Zuförderung, Trocknung, Abförderung und Verladung dürfte etwa 100 000 Goldmark kosten. Wird sie nicht ständig ausgenutzt, so werden die allgemeinen Unkosten zu hoch. Dazu kommt, daß zurzeit in Deutschland an Brennstoffen durchaus kein Mangel ist.

1. Das Brikettieren der Braunkohle[4]).

Allgemeines.

Die norddeutsche, erdige Braunkohle kann schon bei der Gewinnung bis zu einem gewissen Grade für die Brikettierung vorbereitet werden. Durch Treiben von Strecken und durch Bohrlöcher mit Pumpbetrieb kann der Wassergehalt der anstehenden Kohle herabgesetzt werden. Außerdem werden Nester von Sand und Ton soweit möglich vor der Gewinnung mittels Bagger herausgenommen. Auch schwefelkieshaltige Kohle soll tunlichst ausgehalten werden. Sand, Ton und Schwefelkies setzen den Brennwert der Briketts herab, außerdem werden durch Sand und Schwefelkies die Formen der Pressen sehr stark abgenutzt. Schwefelkies zertreibt außerdem gelagerte Briketts und

---

[1]) M e h r t e n s. Die Herstellung von Qualitätsguß unter Verwendung von Metallspänen. Z. V. d. I. 1912, S. 1738.

[2]) Z. V. d. I. 1918. S. 650.

[3]) L a s s o n. Braunkohlen- oder Sägespäne-Brikettierung? Braunkohlen- und Brik.-Ind., 1924. S. 398.

[4]) R i c h t e r, C. und H o r n, P. Die mechanische Aufbereitung der Braunkohle. Separation, Naßpreßsteinfabrikation, Brikettfabrikation. 2. Bd. zu „Die deutsche Braunkohlenindustrie." Halle a. d. Saale. 2. Aufl. 1910. — Zeitschrift B r a u n k o h l e, Halle a. d. Saale, seit 1903.

trägt zu deren Erwärmung bei. Auch legnitische Kohle soll, wenigstens wenn sie in Stämmen und Stubben vorkommt, ausgehalten werden, da sie sich für das Brikettieren wenig eignet.

Stark bitumenhaltige Braunkohle kann zum Verschwelen und zur Extraktion der bituminösen Stoffe Verwendung finden. In Deutschland werden jährlich 3000 bis 4000 t Montanwachs aus Braunkohle extrahiert[1]), der Wachsgehalt schwankt zwischen 3 und 30 v. H. Außerdem werden sehr große Mengen Braunkohlenteer durch Verschwelen gewonnen und zu Ölen und Paraffin verarbeitet. Der Rückstand, die Grude, ist ein wertvoller Brennstoff. Übrigens sei hier bemerkt, daß die Rückstände der Extraktion auf gewöhnliche Weise brikettiert werden können[2]).

Auch die Verarbeitung von Rohkohle, vorgetrockneter Braunkohle und von Briketts in G e n e r a t o r e n ist Gegenstand vielfacher Versuche.

Neben der Brikettierung dürfte auch die Herstellung von hochwertiger T r o c k e n b r a u n k o h l e[3]) mit etwa 25 v. H. Wassergehalt und 4000 WE. mittels Abdampfwärme der Brikettfabriken in Zukunft von Bedeutung werden, da eine wesentliche Ersparung an Frachtkosten je WE. erreicht wird. Kurz sei auch noch auf die Herstellung von B r a u n k o h l e n s t a u b für Feuerungszwecke hingewiesen[4]).

A. D i e   H e r s t e l l u n g   v o n   H a n d s t r e i c h s t e i n e n.

Die älteste Art und Weise der Überführung des Braunkohlenkleins in Stückform ist die Herstellung von Handstreichsteinen. Die erdige Kohle wird mit Wasser angemengt, kräftig durchgearbeitet und wie bei der Handziegelei auf Tischen in Formen geschlagen. Gewohnlich sind Formen für fünf Stück Handstreichsteine im Gebrauch (vgl. Abb. 241). Die Steine werden an der Luft getrocknet. Ein Arbeiter liefert in

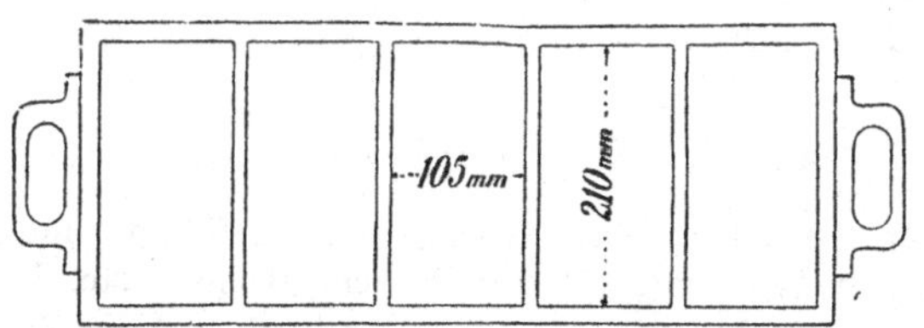

Abb. 241. Fünffache Form für Handstreichsteine.

10 Stunden etwa 1200 Steine, einschließlich Anrühren der Masse und Befördern auf den Trockenplatz. Die Steine haben 21 : 10,5 : 6 cm Größe, werden jedoch beim Trocknen rissig und sind daher wenig fest und transportfähig.

Da die feuchten Steine durch Frost zertrieben werden, ist die Herstellung nur in der wärmeren Jahreszeit möglich und muß bereits Mitte Oktober eingestellt werden, damit die fertigen Steine noch austrocknen, ehe Frost eintritt. Künstliche Trocknung ist nicht wirtschaftlich. Die Herstellung von Handstreichsteinen ist immer mehr im Abnehmen begriffen.

---

[1]) Z. V. d. I. 1918, S. 399.

[2]) P i e n i n g. Über die Brikettierung extrahierter Braunkohle. Braunkohle. Bd. XXII. 1923. S. 481 u. 506.

[3]) F r a n k e, Hermann. Über die Herstellung und Verwendung von Trockenbraunkohle. Braunkohle. Bd. XXII. 1923. S. 349.

[4]) B e h l i n g. Die Braunkohlenstaub-Erzeugungs- und Feuerungsanlagen der Stahlwerke Becker A. G. Willich. Stahl u. Eisen 1923. S. 393.

B. Die Herstellung von Naßpreßsteinen.

Seit dem Jahre 1863 wird die von S c h m e l z e r verbesserte H e r t e l s c h e P r e s s e zu größerer Erzeugung verwendet. Diese Presse (Abb. 242 u. 243) besteht aus dem Mischtroge T, in welchem sich auf der wagrechten Welle W befestigte Rührer bewegen und die Masse kräftig mit zugefügtem Wasser durcharbeiten. Diese tritt dann in den konischen Teil C der Presse, in welchem ebenfalls Rührer von der Welle W in Umdrehung versetzt werden. Um die Durcharbeitung der Kohle zu befördern, sind in diesen Teil auch feststehende Messer r eingesetzt. Die Kohle gelangt dann in die Sammelkammer K und tritt endlich stark zusammengepreßt aus dem doppelwandigen und durch Wasserdampf geheizten Mundstück M wie bei einer Ziegelpresse als zusammenhängender Strang aus. Durch eine Schneidevorrichtung, wie sie ebenfalls bei Ziegelpressen Verwendung findet, werden die einzelnen Steine abgeschnitten und dann unter Schuppen an der Luft getrocknet. Die Vorzerkleinerung der Kohle findet durch Walzen statt, auch ist gewöhnlich über der Presse noch ein zweiter Mischtrog angeordnet, in welchem die Kohle schon mit der nötigen Menge Wasser gemengt wird.

Auch die Herstellung der Naßpreßsteine kann nur während des Sommers stattfinden, da der Frost die nassen Steine zertreibt. Das Trocknen in Trockenschuppen an der Luft erfordert je nach der Witterung wenige Tage bis drei Wochen. Künstliche Trocknung wurde versucht, ist aber, weil zu teuer, nicht lohnend. Die Naßpreßsteine erfahren während der Pressung eine starke Verdichtung, außerdem tritt beim Trocknen noch eine Schwindung von 20 bis 25% ein; sie enthalten im lufttrockenen Zustande immer noch etwa 22 bis 30% Wasser. 100 *cbm* lockere Rohkohle geben etwa 40 bis 50 *cbm* trockene Naßpreßsteine. Eine Naßpresse braucht etwa 10 bis 20 PS und liefert in 10 Stunden bis 80 000 Stück Naßpreßsteine. 1000 Stück lufttrockene Naßpreßsteine wiegen etwa 1 *t*. Zur Herstellung sind etwa 1,54 *t* Preßkohle und 0,12 *t* Feuerkohle, also im ganzen 1,66 *t* Rohkohle erforderlich. Der Heizwert der Naßpreßsteine beträgt 3000 bis 4000 WE.

C. Das Brikettieren.

Durch das Brikettieren erhält man ein festes, transportfähiges und sehr bequemes Heizmaterial mit geringem Wassergehalt und hohem Brennwerte. Dieser steigt je nach dem Grade der Trocknung bis zu etwa 5000 WE, während die Rohbraunkohle in den meisten Fällen nur einen Brennwert von 2000 bis 3000 WE hat. In Deutschland begann das Brikettieren der Braunkohle in etwas größerem Maßstabe um 1855. Im Geschäftsjahre 1921/22 betrug die gesamte Erzeugung an Braunkohlenbriketts im Deutschen Reiche 27,9 Mill. Tonnen. Davon lieferte der mitteldeutsche Bezirk 11,6, Ostelbien 8,8 und das Rheinland 7,5 Mill. Tonnen.

Zur Erzeugung von 1 *t* Briketts sind im Durchschnitt 2,22 *t* Förderkohle und 0,87 *t* Feuerkohle erforderlich.

Die Pechbraunkohle Nordböhmens läßt sich ohne Bindemittel nicht brikettieren. Mehrfache Versuche, das geringwertige Braunkohlenklein, die sogenannte L ö s c h e, zu brikettieren, haben nur wenig Erfolg gehabt[1]).

Auch das zu W e s s e l n b e i A u s s i g längere Zeit hindurch ausgeführte Verfahren, durch Destillation des Kohlenkleins (unter gleichzeitiger Gewinnung von Gas und Braunkohlenteer) Braunkohlenkok herzustellen und diesen unter Zumengung von Hartpech auf der T i g l e r p r e s s e (siehe unter Brikettieren der Steinkohle) zu

---

[1]) S c h ö n d e l i n g, Wilhelm. Die Verwertung der Kohlenlösche auf den böhmischen Braunkohlengruben. Ö. Z. 1905, S. 257.

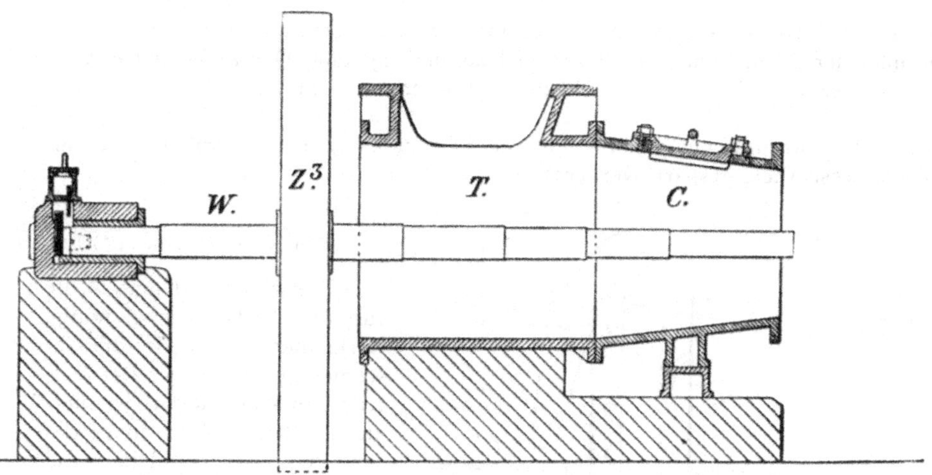

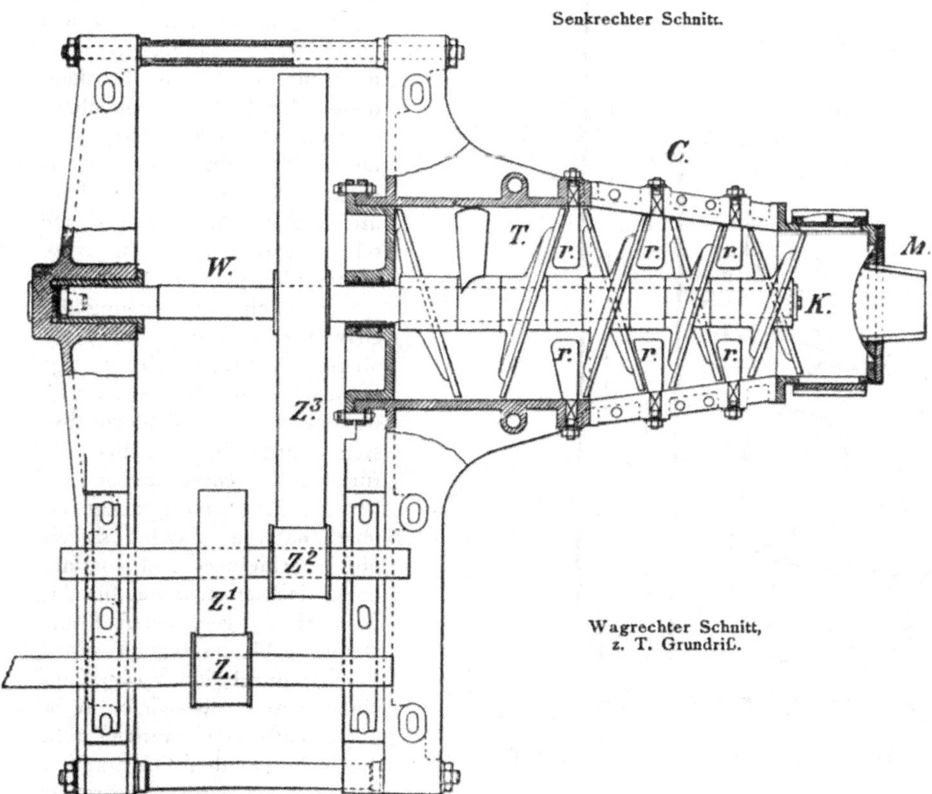

Abb. 242 und 243. Hertel Schmelzersche Naßpresse.

brikettieren, um auf diese Weise einen Brennstoff mit sehr schwacher Rauchentwicklung zu erzeugen, ist wieder aufgegeben worden. Der Brennstoff wurde K a u m a z i t genannt, nach dem griechischen το καυμα, Brand, Sonnenbrand.

Die Herstellung der Braunkohlenbriketts erfolgt allgemein auf folgende Weise: Die grubenfeuchte Kohle mit bis zu 55% Wassergehalt wird über Zerkleinerungsapparate und Schwingsiebe gegeben und bis auf etwa 6 *mm* zerkleinert. Diese Arbeiten werden unter der Bezeichnung N a ß d i e n s t zusammengefaßt. Das zerkleinerte Korn wird mittels Becherwerkes gehoben und durch Förderband dem T r o c k e n d i e n s t e zugeführt.

Durch Abtrocknung der Braunkohle im Tagbau kann in der Brikettfabrik an Kesselkohle wesentlich gespart werden[1]).

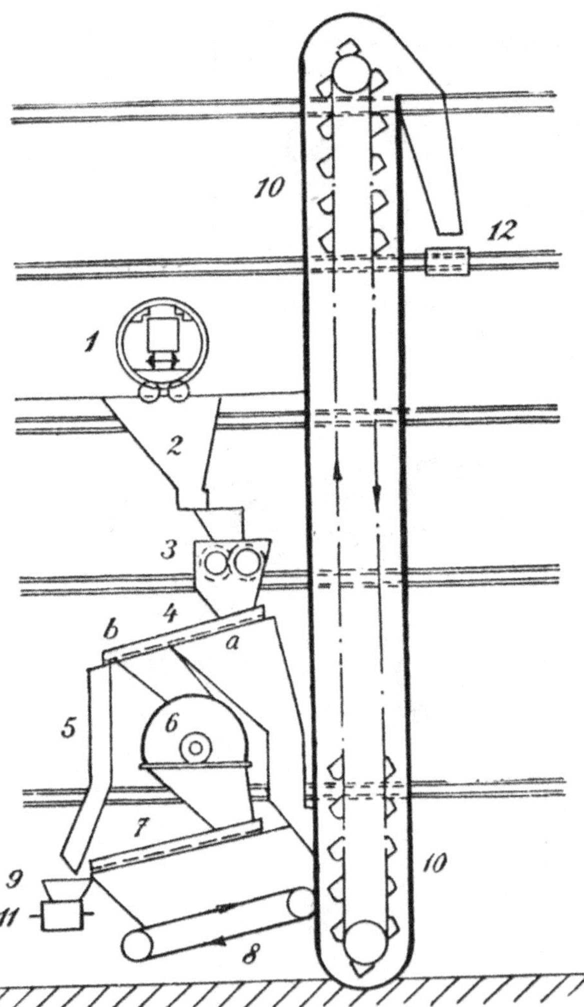

Abb. 244. Schnitt durch ein System des Naßdienstes.

D e r   N a ß d i e n s t[2]).

Der Naßdienst umfaßt die für die Brikettierung nötige Zerkleinerung, mit der die Abscheidung schädlicher Bestandteile, im besonderen der holzigen Braunkohle und des Schwefelkieses Hand in Hand geht. Die hierzu nötigen Einrichtungen werden in einem besonderen Gebäudeteile untergebracht, der vom Trockendienst durch das Treppenhaus getrennt ist (vgl. Taf. IX). Diese Vorsicht soll verhindern, daß etwa im Trockendienst eintretende Explosionen oder Brände auf den Naßdienst übergreifen.

Je nach der Leistung der Brikettfabrik sind im Naßdienst mehrere gleichartige Systeme vorhanden, es ist aber wohl auch ein besonderes System eingebaut, welches die für das Kesselhaus bestimmte, bei der Gewinnung ausgehaltene holzige Kohle soweit nötig zerkleinert und von der beigemischten erdigen, für das Brikettieren geeigneten Kohle trennt. Abb. 244 zeigt einen Schnitt durch ein System des Naßdienstes. Aus den im Wipper *1* entleerten Hunden fällt die Kohle in den Füllrumpf *2* und gelangt dann unmittelbar oder mittels Eintragvorrichtung auf das Stachelwalzwerk *3*, welches die Rohkohle bis auf 60—80 *mm* zerkleinert. Darunter liegt das Schüttelsieb *4*, welches in seinem oberen Teile *a* die dem gewünschten Feinheitsgrade, z. B. 6 *mm* entsprechenden

---

[1]) F r e r i c h s. Beziehungen des Kohlenverbrauches und der Leistung einer Braunkohlenbrikettfabrik zu dem Wassergehalt der Rohkohle und dem Restwassergehalt der Briketts, in Zahlentafeln und Schaulinien dargestellt. Braunkohle, 1924, Bd. XXIII, S. 32.
[2]) Festschrift zur Feier des 25jährigen Bestehens der Ilse Bergbau-A. G. S. 80.

Durchfallöffnungen hat. Das soweit bereits zerkleinerte Gut fällt unmittelbar dem Becherwerke *10* zu. Der untere Teil *b* des Siebes hat Durchfallöffnungen von $100 \times 100 \, mm$, Die hier durchfallende Kohle wird durch eine Schurre der Schleudermühle (Desintegrator) *6* zugeführt und weiter zerkleinert. Etwa noch vorhandene Holzstücke und Späne gehen über das Sieb *4* hinweg, fallen durch die Lutte *5* und den Trichter *9* auf das Förderband *11* und werden zur Kesselfeuerung befördert. Von der Schleudermühle — an deren Stelle treten häufig auch ein oder zwei Walzenpaare mit glatten oder gerieften Ringen — fällt die Kohle auf das Sieb *7* mit etwa 6 *mm* Maschenweite. Der Durchfall gelangt mit Hilfe des Förderbandes *8* zur Becherwerksgrube, während das Überkorn durch den Trichter *9* ebenfalls auf das Band *11* abgegeben wird. Auf diesem kann Schwefelkies, sofern er in Knollen vorkommt, ausgelesen werden.

Der Trockendienst.

Das durch das Becherwerk gehobene, zerkleinerte Korn gelangt mittels des Förderbandes *12* zum Trockendienste. Pneumatische Förderung hat sich noch nicht eingeführt[1]). Es sind untereinander angeordnet: Im Dachgeschosse der Vorratsraum für die Rohkohle, er soll etwa den Bedarf für 24 Stunden fassen, darunter die Trockenöfen und unter diesen die Pressen. Die Verteilung auf dem Vorratsboden zu den verschiedenen Öfen erfolgt durch eine entsprechende Zahl von Abstreichern am Förderbande oder durch einen verschiebbaren Abwurfwagen (vgl. S. 169). Das Gut sinkt in der Regel selbsttätig durch Abfallöffnungen auf die Öfen herunter, da jedoch Verstopfungen eintreten können, ist stete Beaufsichtigung nötig.

Bevor die Kohle von den Öfen zu den Pressen gelangt, wird sie neuerdings, um gleichmäßige Briketts zu erhalten, gut gemischt und in einem besonderen Gebäude gekühlt, wohl auch noch nachzerkleinert (vgl. Taf. IX und S. 269). Von größter Wichtigkeit für die Braunkohlen-Brikettfabriken ist auch die Entstaubung. Einmal hat der Staub einen erheblichen Wert, dann würde er die Umgebung belästigen und außerdem ist trockener Braunkohlenstaub explosibel.

Die Trockenöfen (Trockner)[2]).

In den zurzeit gebräuchlichen Trockenöfen wirkt indirekt heizend Dampf von etwa 2 *at* absolutem Druck, also von einer Temperatur von 120^0 C. Außerdem wird durch Essenzug ein Luftstrom über die bewegte Kohle geführt, welcher den entwickelten Wasserdampf aufnimmt. Meistens wird zur Beheizung der Trockenöfen der Abdampf der Pressen verwendet, wo er nicht ausreicht, muß gedrosselter Frischdampf hinzugegeben werden. Auf größeren Werken sind elektrische Zentralen vorhanden und so eingerichtet, daß die Dampfturbinen mit Abdampf von 2,5 *at* arbeiten, der als Trockendampf benutzt wird. Für den elektrischen Betrieb während des Sonntags ist eine kleinere Dampfturbine vorhanden, die mit Kondensation arbeitet. Die beiden üblichsten Bauarten von Trockenöfen sind die Dampftelleröfen und die Schulzschen Röhrenöfen[3]).

---

[1]) **Haarmann.** Neuere Erfahrungen über pneumatische Förderung in Brikett-Fabriken des rheinischen Braunkohlenreviers. Braunkohle, Bd. XXIII, 3. V. 24, S. 81.

[2]) In **Marr.** Das Trocknen und die Trockner, 4. Aufl., 1923, sind die Braunkohlentrockner leider nicht zeitgemäß behandelt.

[3]) **Steinert.** Kritische Betrachtung über die Trocknung der Rohbraunkohle. Braunkohle, 1924, Bd. XXIII, H. 8, S. 151 — empfiehlt mit Rücksicht auf bessere Wärmeausnutzung die Trocknung mittels Heizgase im Trommeltrockner (vgl. S. 298).

Rohkohle, Trockenkohle und Wassergehalte[1]).

Um die Lieferung der Trockner an Trockenkohle (Brikettierkohle) aus der aufgegebenen Menge an Rohkohle und aus der Wasserverdampfung der verfügbaren Heizfläche zu ermitteln, lassen sich die folgenden Gleichungen aufstellen:

Es sei $k =$ dem Gewicht der Rohbraunkohle mit w % Wassergehalt.

$k_1 =$ dem Gewicht der daraus hergestellten Trockenkohle mit w_1 % Wassergehalt:

$$\text{dann ist } w_R = \text{dem Wasserinhalt der Rohkohle} = k\,\frac{w}{100}$$

$$\text{und } w_B = \text{dem Wasserinhalt der Trockenkohle} = k_1\,\frac{w_1}{100}.$$

Das beim Trocknen zu verdampfende Wassergewicht W ist dann:

$$W = w_R - w_B = k\,\frac{w}{100} - k_1\,\frac{w_1}{100},$$

außerdem ist aber auch: $W = k - k_1$.

Aus $k - k_1 = k\,\dfrac{w}{100} - k_1\,\dfrac{w_1}{100}$ ergibt sich:

$$k = k_1\,\frac{100 - w_1}{100 - w} \text{ und } k_1 = k\,\frac{100 - w}{100 - w_1}. \qquad [1]$$

Setzt man diese Werte in $W = k - k_1$ ein, so erhält man:

$$W = k - k\,\frac{100 - w}{100 - w_1} \text{ und } W = k_1\,\frac{100 - w_1}{100 - w} - k_1 \text{ und weiter:}$$

$$W = k\,\frac{w - w_1}{100 - w_1} \text{ und auch } = k_1\,\frac{w - w_1}{100 - w}. \qquad [2]$$

$$\text{Daraus folgt auch: } k = W\,\frac{100 - w_1}{w - w^1} \text{ und } k_1 = W\,\frac{100 - w}{w - w_1} \qquad [3]$$

$$\text{und aus } W = k - k_1 : k = W + k_1 \text{ und } k_1 = k - W. \qquad [4]$$

Beispiele: 1. Die Rohkohle enthält 55% Wasser, die Trockenkohle soll mit 15% Wasser den Trockner verlassen. Wieviel Rohkohle ist auf je 1000 kg Wasserverdampfung des Trockners aufzugeben und wieviel Trockenkohle erhält man?

Es ist $W = 1000\ kg$, $w = 55\%$, $w_1 = 15\%$, gesucht werden k und k_1.

$$\text{Aus } k = W\,\frac{100 - w_1}{w - w_1} = 1000\,\frac{85}{40} = 1000 \cdot 2{,}125 \text{ folgt:}$$

$$\boldsymbol{k = 2125\ kg} \text{ und aus}$$

$$k_1 = k - W = 2125 - 1000 \text{ folgt:}$$

$$\boldsymbol{k_1 = 1125\ kg.}$$

Es sind 2125 kg Rohkohle aufzugeben und man erhält 1125 kg Trockenkohle. Zur Probe:

$$2125\ kg \text{ Rohkohle} \qquad \text{enthalten } 2125\,\frac{55}{100} = 1168{,}75\ kg \text{ Wasser,}$$

$$1125\ kg \text{ Trockenkohle} \qquad \text{,,} \qquad 1125\,\frac{15}{100} = 168{,}75\ kg \qquad \text{,,}$$

$$\text{Es sind zu verdampfen: } \boldsymbol{1000{,}0\ kg \textbf{ Wasser.}}$$

---

[1]) Schöne. Die Wirtschaftlichkeit der Briketterzeugung. Braunkohle, Bd. XIX, 1921, S. 632.

Bei den angenommenen Feuchtigkeitsgehalten ergibt sich also das Verhältnis der Gewichte der Rohkohle, zur Trockenkohle und zum zu verdampfenden Wasser wie:

$$2,125 : 1,125 : 1,0.$$

2. Man gibt 1000 kg Rohkohle mit 55% Wassergehalt auf. Wieviel Trockenkohle mit 15% Wassergehalt erhält man und wieviel Wasser ist zu verdampfen?

Es ist $k = 1000\,kg$; $w = 55\%$; $w_1 = 15\%$, gesucht werden w und k_1.

Aus $W = k \dfrac{w - w_1}{100 - w_1} = 1000\,\dfrac{40}{85} = 1000 \cdot 0{,}471$ ergibt sich:

$$W = 471\ kg\ \text{und aus}$$

$$k_1 = k - W = 1000 - 471 : k_1 = 529\ kg.$$

Probe: $W = k - k_1 = 1000 - 529 = 471.$

Das Verhältnis der Rohkohle zur Trockenkohle und zum zu verdampfenden Wassergewicht ist also:

$$1,0 : 0,529 : 0,471.$$

Hierzu ist zu bemerken: Der Wassergehalt der Trockenkohle, wie sie vom Trockner geliefert wird, ist nicht gleichbedeutend mit dem Wassergehalt der fertigen Briketts. Es findet nämlich wegen der hohen Temperatur der Trockenkohle und wegen der steten Berührung mit der kühleren Luft auf dem Wege vom Trockner bis zum fertigen Brikett eine Nachtrocknung statt, durch die sich der Wassergehalt noch um etwa 2% vermindert.

Ferner ist in den entwickelten Gleichungen der unvermeidliche Abgang an Staub, der etwa 5% des Gewichtes der Trockenkohle beträgt, nicht mit berücksichtigt worden. Es ist das auch zutreffend, da in der Regel die Hauptmenge des Staubes durch eine gute Trockenentstaubung wiedergewonnen und der Brikettierkohle zugesetzt wird (vgl. S. 277). Sollte aber der trocken gewonnene Staub in anderer Weise, etwa zur Staubfeuerung verwendet werden, so ist eine entsprechende Vermehrung der aufzugebenden Rohkohlenmenge nötig.

Die Verwertung der in den großen Wrasenmengen enthaltenen Abwärme wird durch den Gehalt an Luft und feinstem Staub erschwert, wird aber angestrebt[1]).

Die Dampftelleröfen (Dampftellertrockner).

Die Dampftelleröfen (vgl. z. T. die Abb. 245 und 246) bestehen aus einer größeren Anzahl kreisrunder hohler Scheiben aus Schmiedeeisen a, die auf Stützen, welche an den vier Tragsäulen T befestigt sind, ruhen. Zwei der Säulen sind zu gleicher Zeit mit den nötigen Einrichtungen versehen, um den Dampf durch die Scheiben strömen zu lassen und das Kondensationswasser abzuleiten. Die Scheiben haben abwechselnd am äußeren und inneren Rande Abfallöffnungen f. An der stehenden Welle W, welche durch Zahnradvorgelege Z angetrieben wird, ist über jeder Scheibe ein Armkreuz befestigt, an welchem sich Rührschaufeln r befinden. In der Abbildung sind nur eine kleine Anzahl von Rührern gezeichnet. Bei der Drehung der Welle lockern die Rührer die Kohle auf und schieben sie gleichzeitig auf der obersten Dampfscheibe allmählich von innen nach außen hin. Vom Ober-

---

[1]) Gensecke. Über die Verwendung der Abwärme in Brikettfabriken. Braunkohle, Bd. XXII, Dez. 1923, S. 601.

boden rutscht beständig durch den Eintrag *E* frische Kohle nach. Am äußersten
Rande der obersten Dampfscheibe fällt die Kohle durch die Öffnungen *f* auf die
zweite Dampfscheibe, hier sind die Rührer so gestellt, daß die Kohle von außen

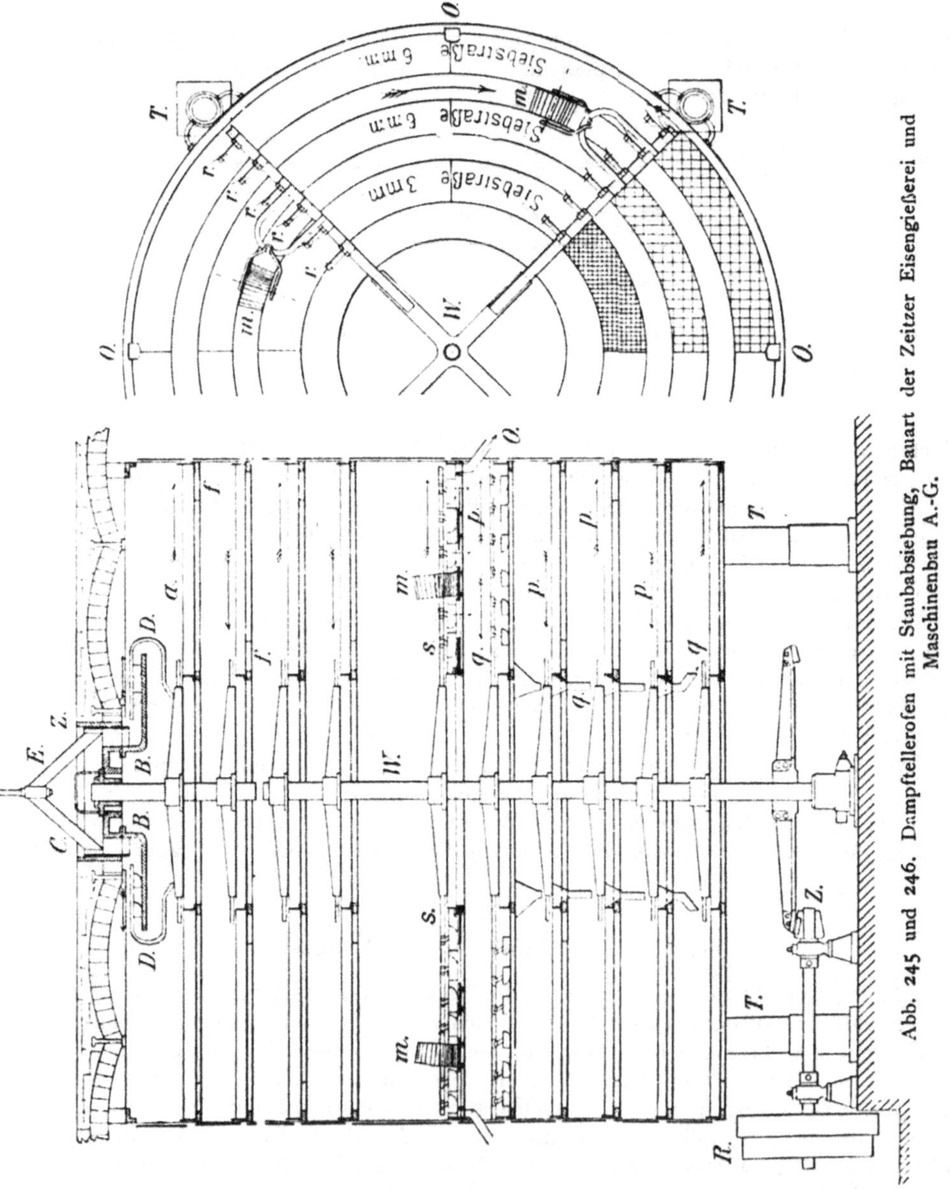

Abb. 245 und 246. Dampftellerofen mit Staubabsiebung, Bauart der Zeitzer Eisengießerei und
Maschinenbau A.-G.

nach innen zu den Abfallöffnungen fortbewegt wird. In dieser Weise wird die Kohle
über die sämtlichen Dampfscheiben fortgeführt und fällt von der untersten in eine
Transportschnecke, um weiterbefördert zu werden. Außen ist der Ofen mit beweglichen Verschlußblechen versehen, von denen immer einige, um der Luft den Zutritt
zu gewähren, geöffnet sind. Eine an den Ofen seitlich angebaute Esse (der S c h l o t,

in den Abb. nicht gezeichnet, vgl. Abb. 272, S. 279) führt die feuchte Luft, den W r a s e n oder B r ü d e n ins Freie und saugt beständig frische Luft an, diese wird durch die unteren Böden der Dampfteller angewärmt.

Die größten Dampftelleröfen bestehen aus etwa 30 Dampftellern, sie brauchen etwa 8 PS. Die Teller haben $5\,m$ äußeren und $2\,m$ inneren Durchmesser. Demnach hat jeder Teller $16{,}8\,qm$ kohlenberührte Fläche. Auf $1\,qm$ rechnet man 7 bis $8\,kg$ Wasserverdampfung je Stunde. Das ergibt bei 30 Tellern eine Gesamtheizfläche von $504\,qm$ und bei einer mittleren Verdampfung von $7{,}5\,kg/qm : 504 \cdot 7{,}5 = 3780\,kg$ Wasserverdampfung je Stunde und

$$24 \cdot 3580 = 90\,000\,kg/24 \text{ St.}$$

Legt man die S. 261 unter Beispiel 1 ermittelten Verhältniszahlen zugrunde: Rohkohle $= 2{,}125$: Trockenkohle $= 1{,}125$: Wasserverdampfung $= 1{,}0$, so können bei $90\,t/24\,st$ Wasserverdampfung $191\,t$ Rohkohle aufgegeben werden und man erhält $101\,t$ Trockenkohle.

Der Dampfverbrauch beträgt je kg verdunstetes Wasser etwa $1{,}4\,kg$ von $2\,at$ Überdruck.

Die neueren Dampftelleröfen (in Abb. 245 und 246 ist nur eine kleine Anzahl Teller gezeichnet) sind nach M a n n mit Einrichtungen versehen, um Schwefelkiesknollen und Stücke holziger Kohle abzuscheiden, ferner kann die Zufuhr der Kohle genau geregelt werden und endlich wird eine gleichmäßige Trocknung des Kohlenstaubes und der körnigen Kohle angestrebt. Hierzu dient der S i e b t e l l e r s, er ist nahe dem inneren Rande mit einer Siebstraße von etwa $3\,mm$ Lochung belegt, dann folgt eine Walzenstraße, eine weitere Siebstraße mit etwa $6\,mm$ Lochung, noch eine Walzenstraße und noch eine Siebstraße mit $6\,mm$ Lochung. Die Rührer r schieben das Korn allmählich von innen nach außen über den Siebteller. Dabei fällt das feinere Korn durch die $3\,mm$ Lochung auf den inneren Teil des darunter befindlichen Tellers. Auf der ersten Walzenstraße gehen konische Walzen m über das Korn hinweg, ihr Gewicht ist so bemessen, daß sie nur die erdige Braunkohle zerdrücken. Das Gleiche wiederholt sich auf der zweiten Walzenstraße. Dasjenige Korn, welches nicht durch die Siebstraßen mit $6\,mm$ Lochweite hindurchfällt, wird durch die Öffnungen o ausgetragen, es besteht fast nur aus Schwefelkiesknollen und holziger Kohle. Auf dem unter dem Siebteller gelegenen Dampfteller ist ein Teil der Rührer so gestellt, daß sie das feine Korn in der Richtung q, d. h. nach dem inneren Rande des Tellers bewegen, die übrigen Rührer stehen so, daß sie das gröbere Korn in der Richtung p, d. h. nach dem äußeren Rande des Dampftellers führen. Dieses geht dann in der üblichen Weise noch über einige Dampfteller, um weiter entwässert zu werden. Das feine Korn dagegen fällt durch eine Anzahl untereinander angebrachter Trichter q direkt auf den untersten Teller und vereinigt sich dort wieder mit dem Grobkorn.

Die Einrichtung für das E i n t r a g e n ist die folgende: Das obere Ende der stehenden Welle wird von einem fest eingebauten eisernen Zylinder Z umgeben, innerhalb dieses läßt sich der bewegliche Zylinder C, welcher an Armen und einer Tragstange aufgehängt ist, der Höhe nach verschieben. Je nachdem seine Stellung höher oder tiefer ist, fällt mehr oder weniger Braunkohle bis auf die fest eingebaute kreisförmige Platte B, und dementsprechend führen auch die an den gekrümmten Armen D befestigten Rührer mehr oder weniger Kohle dem obersten Teller zu.

Das R ü h r w e r k der Dampftelleröfen soll so eingerichtet sein, daß ein leichtes Auswechseln möglich ist. Zu diesem Zwecke sind auf die senkrechte Welle vierarmige gußeiserne Kreuze aufgesetzt, die aus zwei gleichen Hälften zusammengeschraubt werden. An diesen sind die Arme befestigt, die die Rührschaufeln tragen.

Abb. 247 zeigt eine der üblichen Befestigungen. Die R ü h r s c h a u f e l *r* hat am oberen Rande einen umgebogenen Lappen mit zwei länglichen Öffnungen und wird mittels zweier Schraubenbolzen an dem Blechstreifen *b* befestigt; hierdurch ist die Schrägstellung in gewissen Grenzen veränderlich. Der Blechstreifen seinerseits ist durch Scharnier *s* mit dem Arme *A* verbunden. Die Rührschaufeln liegen durch ihr Eigengewicht auf dem Dampfteller auf. Soll an dem Rührwerk etwas geändert werden, so kann jeder einzelne Arm mit den Rührschaufeln leicht herausgenommen und durch einen anderen, bereit gehaltenen in wenigen Minuten ersetzt werden.

Die senkrechte Welle macht 3 bis 6 Umdrehungen in der Minute. An jedem Arme befinden sich etwa 12 Rührschaufeln, also sind für jeden Teller 48 Stück und bei 30 Tellern im ganzen Ofen 1440 Stück vorhanden.

Statt der Rührschaufeln werden für die Zeitzer Dampftellertrockner auch S c h l e p p - u n d W e n d e l e i s t e n, Bauart B r e d n o w (Abb. 248), verwendet. Sie bestreichen jede die ganze Tellerfläche, und zwar sind sie unter spitzem Winkel zum Radius nach innen oder nach außen verlaufend angeordnet, je nachdem sie nach innen oder außen fördern sollen. Die Arme *r* sind durch einen Ring *a* miteinander verbunden und die Schleppleisten *b* mittels der Halter *c* zum Teil an dem Arme, zum Teil an dem Ringe befestigt. Die in der Abbildung hinter den Wendeleisten *b* angeordneten kurzen Leisten b^1 sind Nachschlepper, die zur Erhöhung der Förderleistung benötigt werden.

Während bei der Förderung mit Schaufeln die Kohle in ringförmigen Häufchen auf dem Teller zurückbleibt, also einen beträchtlichen Teil der Heiz-

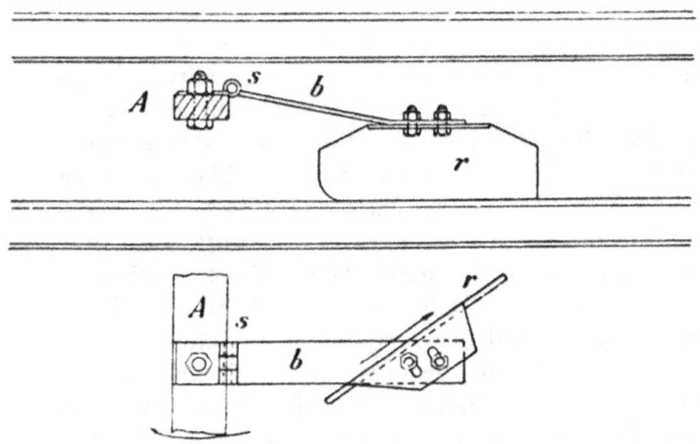

Abb. 247. Rührschaufel für den Dampftellerofen. (Ansicht und Grundriß.)

fläche unbedeckt läßt, verteilt die Schleppleiste die Kohle ganz gleichmäßig über die Telleroberfläche. Es wird also in letzterem Falle die auf der ganzen Telleroberfläche ausstrahlende Wärme der Kohle zugeführt, während bei der Förderung mit Schaufeln die aus der unbedeckten Tellerfläche ausstrahlende Wärme nur an die Luft abgegeben wird.

Die Schleppleisten haben einen flach keilförmigen Querschnitt (Abb. 248), schieben zunächst die Kohle vor sich her und lassen sie dann über sich hinweggehen und auf den Teller zurückfallen. Die Kohle wird also gewendet, gemischt und hierdurch ganz gleichmäßig getrocknet. Bei der Verwendung von Schleppleisten sind erheblich weniger bewegte Teile vorhanden als bei Verwendung von Schleppschaufeln. Bei Verwendung von Brednowschen Leisten wird die Leistung der Telleröfen um 10 v. H. gesteigert, der Kraftverbrauch aber gleichzeitig um 40 v. H. erhöht. Es wird empfohlen, auf den obersten Tellern, solange die Kohle noch naß ist, die Rührschaufeln beizubehalten, für die unteren Teller dagegen die Brednowschen Leisten zu verwenden. Allerdings erfordern sie völlig ebene Teller, da sonst die Kohle festbrennt.

Zur besseren Ausnützung der Dampfwärme werden wohl die Dampfteller (Abb. 249) mit eingebauten kreisförmigen Rippen versehen, durch die dem Dampfe ein bestimmter Weg vorgeschrieben wird.

Bei der **Heckmannschen Dampfführung**[1]) sind die Teller derart zu vier Gruppen zusammengeschlossen, daß nur die oberste Gruppe Frischdampf erhält und der nassen und kalten Kohle die größte Wärmemenge zugeführt wird.

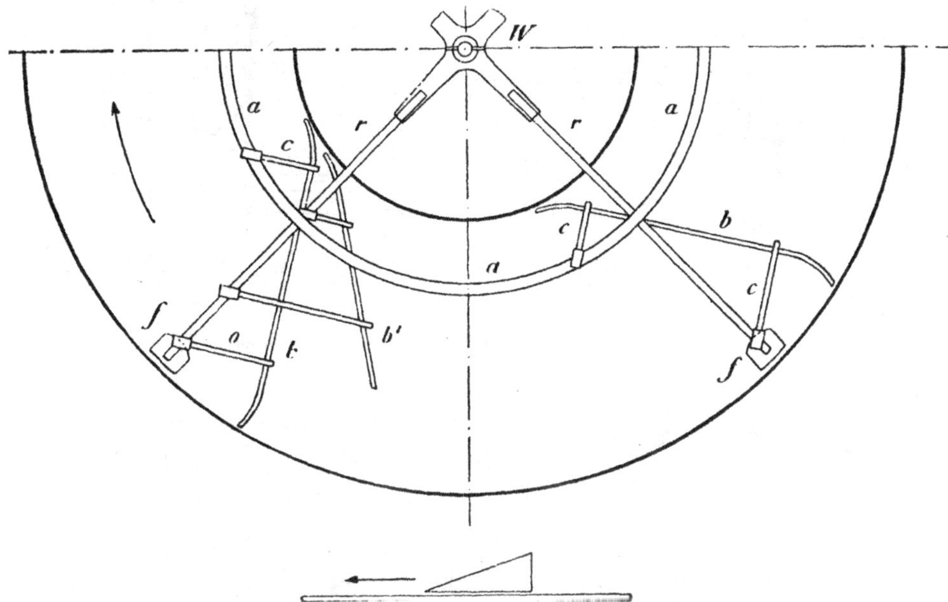

Abb. 248. Schlepp- und Wendeleisten, Bauart Brednow.

Dieser Dampf durchströmt dann die zweite, dritte und endlich die vierte Gruppe von Tellern. An die bereits getrocknete Kohle wird daher nur noch wenig Wärme abgegeben. Die Trockenleistung wird hierdurch um etwa 20% verbessert und steigt bis auf 8 bis 9 kg Wasserverdampfung je qm Heizfläche, auch verläßt die Kohle den Ofen 15 bis 20⁰ kühler, als bei der gleichmäßigen Dampfzuführung zu allen Tellern.

Kraushaar schlägt eine Verbesserung der Dampfausnutzung durch Einbau von **Wasserverschlußkrümmern** an den Austrittsstutzen der Teller vor. Derselbe empfiehlt zur Überwachung des Dampfverbrauches einen **Mündungsdampfmesser**[2]).

Von den obersten Tellern der Trockenöfen entweicht aus der Kohle ausschließlich Wasserdampf, erst nachdem die Kohle erhebliche Mengen von Feuchtigkeit abgegeben hat, wird sie so trocken, daß von der darüberstreichenden Luft mit dem Wasserdampf auch Kohlenstaub fortgeführt wird. Um die Wrasenentstaubung zu ent-

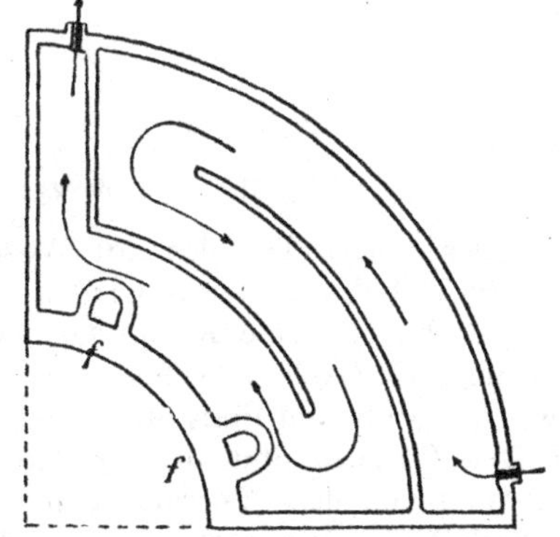

Abb. 249. Schnitt durch einen Dampfteller mit vorgeschriebenem Dampfwege.

lasten, kann daher die Esse der Trockenöfen in zwei Teile geteilt werden, von denen der eine den reinen Wasserdampf der obersten Teller unmittelbar ins Freie führt,

---

[1]) **Linke.** Dampfzirkulation, Patent Heckmann-Zeitz. Braunkohle, Bd. XX, 1921, S. 297. — **Kraushaar.** Die Erhöhung der Heizwirkung beim Dampftellertrockner. Braunkohle, Bd. XX, 1921, S. 721.

[2]) Braunkohle, Bd. XXII, 1923, S. 161.

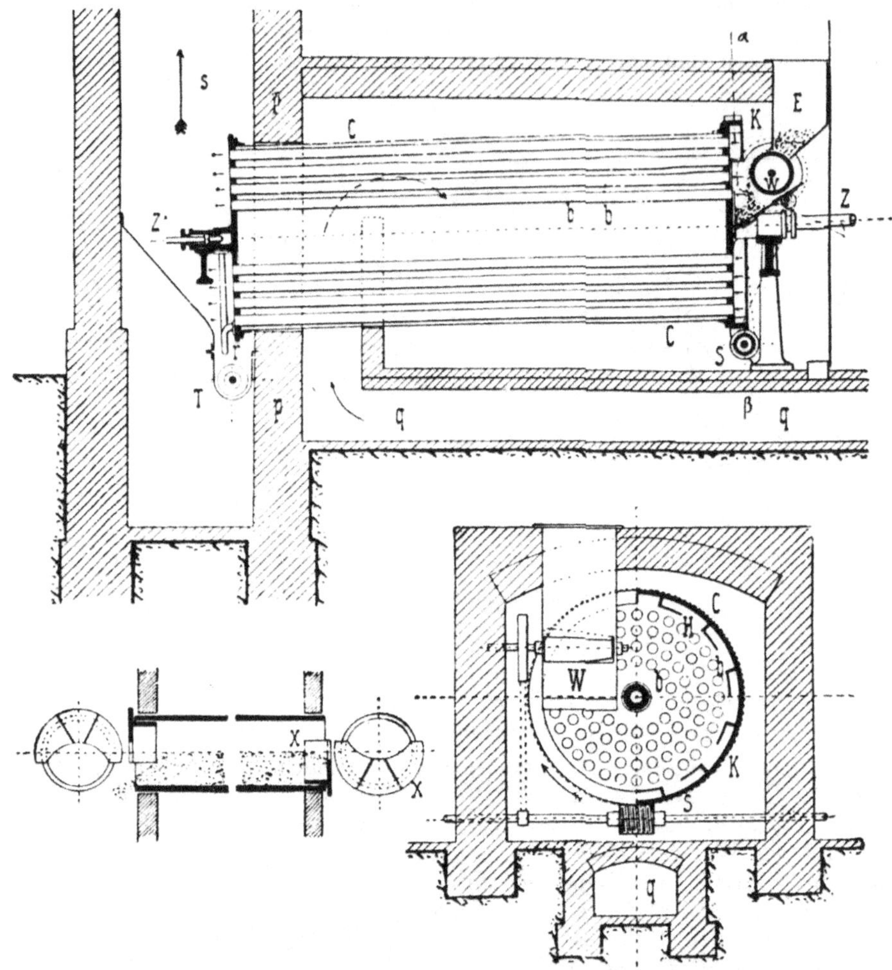

Abb. 250 bis 252. Schulzscher Röhrenofen.

während der andere Teil den mit Wasserdampf vermischten Kohlenstaub aufnimmt. Nur dieser Teil des Wrasens wird der Entstaubung unterworfen.

Der S c h u l z s c h e R ö h r e n o f e n (Röhrentrockner) besteht aus dem Eisenblechzylinder *C* (Abb. 250 bis 252), der eine große Anzahl von Röhren *b* enthält, welche rechts und links offen sind, ähnlich wie die Feuerröhren in einem Dampfkessel. Der Zylinder sitzt auf der unter etwa 5° geneigten Welle $Z\,Z^1$. Das Kohlenklein gelangt von dem Vorratsboden durch den Eintrag *E* zur Speisewalze *W* und wird durch diese dem rechten Ende der Röhren zugeführt. Der Ofen wird durch die Schnecke *S* und das Schneckenrad *K* in langsame Umdrehung versetzt, dabei wandert die Braunkohle allmählich durch die Rohre bis zur linken Zylinderseite und fällt hier in die Transportschnecke *T*. Besondere Einsätze verschließen sichelförmig die Rohrenden (Abb. 252) und halten auf der rechten Seite bei der Füllung das Kohlenklein zusammen, während sie auf der linken Seite (dort A u s f a l l k a p s e l n genannt) das Ausschütten der Kohle nur an der unteren Zylinderseite gestatten und dadurch die Staubbildung vermindern. Falls etwas Kohle bei der Füllung herunterfällt, wird sie durch die Schaufeln des Heberades *H* erfaßt und der Speisewalze wieder zugehoben.

Um die Staubentwicklung auf der Austragseite weiter zu vermindern, werden in Verbindung mit den Austragkapseln radial gestellte G l e i t r i n n e n an der Stirnseite des Ofens befestigt. Diese nehmen die ausfallende Kohle zunächst auf und lassen sie bis an den Umfang des Ofens gleiten, dort erst fällt sie herab und wird mittels einer D o p p e l k l a p p e (vgl. S. 291) an die Förderschnecke abgegeben.

Der Heizdampf tritt durch den hohlen Zapfen Z in den Zylinder ein und umspült die Röhren b allseitig. Das Kondensationswasser wird durch gekrümmte Rohre r gesammelt und dem im Zapfen Z^1 befindlichen Austrittsrohre zugeführt. Eine bessere Ausnutzung der Dampfwärme wird erreicht, wenn man den Dampf aus Lochungen nur im ersten Drittel der Achse ausströmen und zunächst auf die nasse und kalte Kohle wirken läßt. Außerdem wird von einem Ventilator warme Luft durch den Kanal q in den Ofenraum geblasen, umspült äußerlich den Zylinder C und streicht dann durch die mit Kohle zum Teil gefüllten Rohre b in den Schlot s, da die gemauerte Wand p den Ofenraum vom Schlote trennt. Seit etwa 1900 werden in die Rohre der ganzen Länge nach Wende- oder Wurfleisten (Abb. 253 und 254) eingesetzt. Hierdurch wird die Leistung des Ofens um etwa 20% erhöht, da mehr Kohle den Rohren zugeführt werden kann, die Bewegung der Kohle vermehrt und namentlich die Oberfläche vergrößert wird, wodurch ein leichteres Entweichen des Wasserdampfes stattfindet. Die Wendeleisten sind in verschiedenen Ausführungen üblich. Abb. 253 zeigt eine Wendeleiste, die den Rohrquerschnitt auf die ganze Länge in drei

 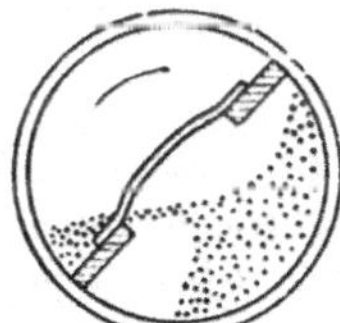

Abb. 253 und 254. Wende- oder Wurfleisten.

Räume teilt. Abb. 254 gibt eine Wendeleiste, die aus zwei durchgehenden Blechen und mehreren verbindenden Federn besteht.

Die H o c h l e i s t u n g s - W e n d e l e i s t e n , Bauart Z e i t z , bestehen aus Bandeisenspiralen, die sich den inneren Wandungen der Rohre anschmiegen, die Mitte dagegen freilassen, ihre Breite beträgt etwa $^1/_3$ des Rohrhalbmessers. Am Rohreintrag hat jede Spirale eine Windung, die, der Drehrichtung des Ofens entsprechend, fördernd auf die Kohle wirkt. Es wird hierdurch das Rohr gut mit Kohle gefüllt. Im weiteren Verlauf jedoch, dort, wo sich das Volumen der Kohle durch die beginnende Verdampfung des Wassers schon etwas vermindert hat, die Kohle also trockener geworden ist und sich leichter fördern läßt, erhält die Spirale eine entgegengesetzte Windung, die Kohle wird in der Weiterbewegung etwas aufgehalten, die Rohrheizfläche besser mit Kohle belegt und die tote Rohrheizfläche verringert[1]).

Die Öfen werden in der Regel in den folgenden Abmessungen gebaut. Ein kleinerer Röhrentrockner enthält 420 Röhren von 95 mm Durchmesser, der Zylinder hat 2500 mm Durchmesser bei einer Länge von 7000 mm; die Heizfläche beträgt etwa 870 qm, die Zahl der Umdrehungen fünf in der Minute. Der Ofen verdampft je qm 3,5 kg Wasser/st, also etwa in einer Stunde 3000 kg Wasser und braucht 7 PS. Die größten Röhrenöfen enthalten bis zu 468 Röhren von 100 mm Durchmesser, der Zylinderdurchmesser beträgt 3000 mm, bei einer Länge von 8000 mm und bis zu etwa

---

[1]) Über weitere Einzelheiten vgl.: J o r d a n . Der Röhrentrommeltrockner von Schulz und seine Hilfsvorrichtungen. E. G. A. 1918, S. 701.

1170 *qm* Heizfläche. Dadurch, daß die Umdrehungszahl in der Minute auf 5½ und die Dampftemperatur durch Zugabe von Frischdampf auf 150° C, entsprechend 4,9 *at* absolut, erhöht wurde, leistet ein Ofen in 24 Stunden 160 *t* trockene Kohle, der Kraftbedarf beträgt 10 PS.

Vergleich zwischen Tellertrockner *(T)* und Röhrentrockner (*R*).

Der *T* ist in der Anlage und auch in der Unterhaltung, namentlich durch das Rührwerk teurer als der *R*.

Der *T* ist für blähende Kohlen und auch für schmierige Kohle allein verwendbar. Der Verlauf der Trocknung läßt sich leicht überwachen und regeln.

Der Sieb- und Walzenteller des *T* ermöglicht die Abscheidung der Holzkohle und der Schwefelkiesknollen, ferner die gleichmäßige Trocknung des Staubes und des gröberen Kornes.

Der *T* hat je *qm* Trockenfläche etwa die doppelte Leistung wie der *R*.

Nur beim *T* ist die getrennte Abführung des staubfreien Wrasens möglich.

Dagegen ist der Einbau des *R* über den Pressen namentlich wegen der geringeren Bauhöhe bequemer.

Der *R* liefert ungleichmäßiger getrocknetes Gut als der *T*. Es ist deshalb die Absiebung der Gröbe und deren Nachzerkleinerung meistens erforderlich (vgl. S. 269).

Trotz der mancherlei Vorteile des *T* werden jetzt gewöhnlich *R* eingebaut.

Im Halleschen Revier gibt es Braunkohlen, die beim Trocknen zunächst bis zu 5% an Volumen zunehmen, sie b l ä h e n, erst dann schwinden sie um etwa 30% des ursprünglichen Volumens. Für solche Kohlen sind *T* geeigneter als *R*, da sich in letzteren die Rohre leicht verstopfen[1]).

Mischen, Kühlen und Nachzerkleinern der getrockneten Kohle.

Während bei den Dampftelleröfen ein Kühlen der getrockneten Kohle gewöhnlich auf den unteren, nicht mehr beheizten Tellern stattfindet, auch durch den Sieb- und Walzenteller die Nachzerkleinerung bereits durchgeführt ist, müssen bei den Röhrenöfen für diesen Zweck besondere Einrichtungen geschaffen werden. Früher wurden Tellerapparate, die aus etwa fünf Tellern bestehen, verwendet.

In neuerer Zeit legt man besonderen Wert darauf, daß die getrocknete Kohle tunlichst gemischt und gekühlt wird, ehe sie verpreßt wird, es ergeben sich dann Briketts von gleichmäßigerer Beschaffenheit. Bei starkem Regen kommt z. B. die Kohle stärker durchfeuchtet zur Verarbeitung, bei nebliger Luft arbeiten die Trockenöfen ungünstiger als bei trockener Luft. Solche Ungleichheiten können durch das Mischen einigermaßen ausgeglichen werden.

Aus den Röhrenöfen tritt die Kohle mit etwa 90° C aus. Ehe sie zu den Pressen gelangt, soll sie bis auf etwa 30 bis 40° abgekühlt werden. Bei größeren Anlagen sind hierzu die folgenden Einrichtungen vorhanden (vgl. auch den Abschnitt „A n l a g e   v o n   B r a u n k o h l e n - B r i k e t t f a b r i k e n").

---

[1]) K e g e l. Die Volumenveränderung der Braunkohle infolge der Trocknung. Braunkohle, Bd. XX, vom 18. VI. 1921, S. 161. — Derselbe. Die graphische Ermittelung der erforderlichen Heizflächen von Röhren- und Tellertrocknern, sowie der Leistungsverhältnisse der einzelnen Apparate. Braunkohle, Bd. XXIII, S. 553.

Eine an den sämtlichen Trockenöfen entlang laufende Förderschnecke (vgl. Taf. IX) nimmt die Kohlen auf und führt sie einem Schwingsiebe von etwa 6 *mm* Lochung zu, die Gröbe geht zur Nachzerkleinerung über ein Walzwerk. Dann wird die Kohle durch ein ansteigendes Förderband in das gesondert gelegene **K ü h l h a u s** geschafft. Hier sind eine größere Anzahl **G l e i t- b l e c h k ü h l e r** aufgestellt (Abb. 255), in diesen gleitet die Kohle zwischen paarweise angeordneten eigenartig gebogenen Blechen allmählich herab und gibt dabei ihre Wärme an die umgebende Luft ab. Die Kühlhäuser sind daher gut zu ventilieren.

Unten ist dadurch für regelmäßigen Austritt der Kohle gesorgt, daß ein nach einer Zylinderfläche gebogener Schieber *S* hin und her bewegt wird und dabei abwechselnd links und rechts einen Schlitz frei macht. Die Gleitblechkühler haben etwa 3,5 *m* Länge und bis zu 5 *m* Höhe. Für zwölf Pressen sind etwa neun derartige Kühler notwendig.

Die ausgetragene Kohle sammelt sich in einem gemauerten Behälter, dessen Wände 45° Neigung haben und gleitet durch eine mittels Schieber einstellbare Öffnung auf ein zweites steigend angeordnetes Förderband; dieses trägt in eine Förderschnecke aus, die über den Füllrümpfen der Pressen entlang geführt ist. In diesen verweilt die Kohle auch noch einige Zeit und hat Gelegenheit, sich weiter abzukühlen.

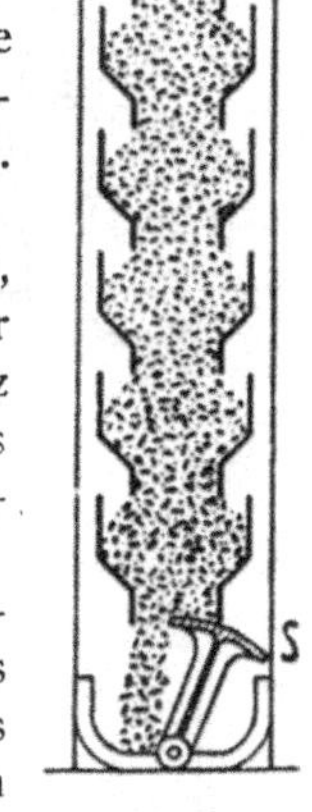

Abb. 255. Gleitblechkühler.

Diese Einrichtungen ermöglichen zu gleicher Zeit die Ansammlung größerer Mengen getrockneter Kohle, so daß kleinere Betriebsunterbrechungen beim Trocknen der Kohlen ohne Einfluß auf den Betrieb der Pressen bleiben.

Das Pressen.

Die für das Brikettieren der Braunkohle angewendeten Pressen arbeiten mit offener Form, es wird bei jedem Hub des Kolbens ein neues Brikett erzeugt und der in der Form steckende Brikettstrang um eine Brikettstärke vorgeschoben. Infolge der Reibung in der Form entsteht der nötige Gegendruck, der 1200 bis 1500 *at* beträgt. Über den eigentlichen Brikettierungsvorgang[1]), d. h. die Bindung des Kohlenkleins zum Brikett waren die Ansichten geteilt. Einerseits nahm man an, daß bei der durch die starke Pressung eintretenden Erhitzung das in der Kohle enthaltene Bitumen erweicht und die Bindung bewirkt. Andererseits glaubte man, daß durch den hohen Druck die Berührung der einzelnen Kohlenteilchen in Gegenwart von etwas Feuchtigkeit eine so innige wird, daß allein durch die Adhäsion die Bindung bewirkt wird.

P i e n i n g s[2]) vergleichende Versuche haben einwandfrei ergeben, daß Kohle, aus der das benzol- und spritlösliche Bitumen entfernt wurde, bei gleicher Pressung ein festeres Brikett ergibt, als Rohkohle. Weiter: Werden auch die sodalöslichen Huminsäuren herausgenommen, so nimmt die Festigkeit der Preßkuchen stark ab. Sind schließlich auch die in Natronlauge löslichen Huminstoffe beseitigt, so ergibt das rückständige, gegen chemische Agentien sehr widerstandsfähige Material sogar die festesten Briketts.

---

[1]) J o e s t e n. Theorien über den Brikettierungsvorgang bei der deutschen Braunkohle. Braunkohle 1917, S. 141.

[2]) P i e n i n g. Über die Brikettierung extrahierter Braunkohle. Braunkohle, Bd. XXII, H. 31, S. 481 und 506. — Ergebnisse S. 510.

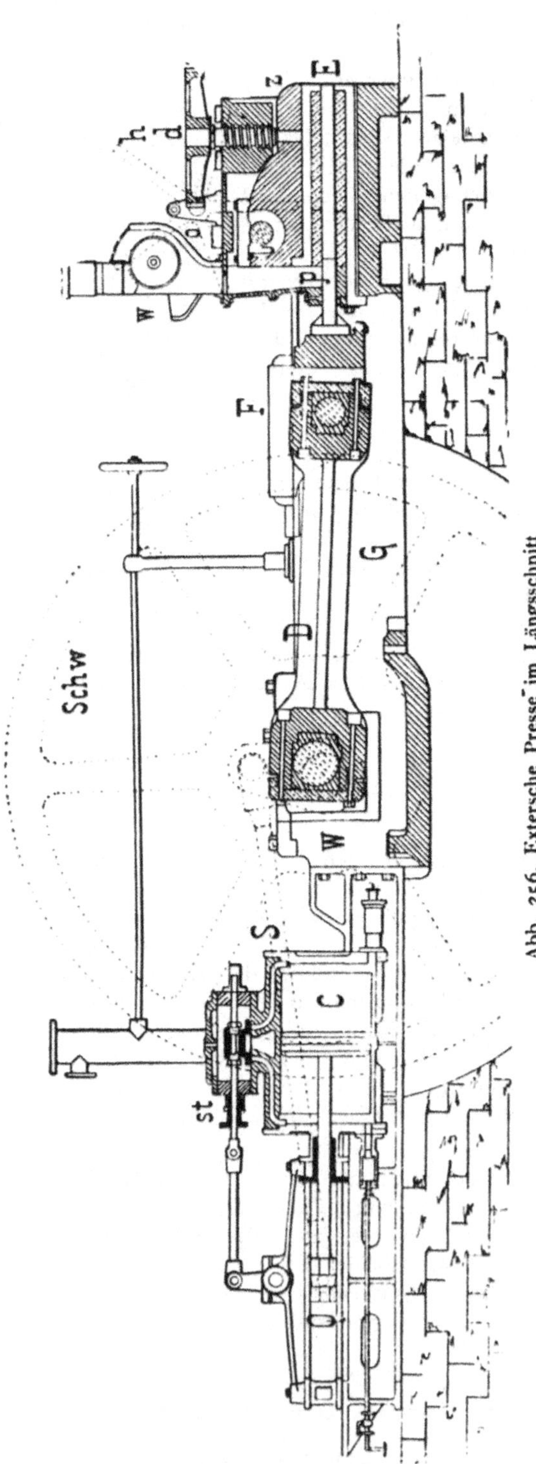

Abb. 256. Extersche Presse im Längsschnitt.

Für die Brikettierung der Braunkohle hat sich allgemein die E x t e r sche P r e s s e (Abb. 256 und 257) eingebürgert, jedoch sind die Abmessungen der einzelnen Teile entsprechend der Erhöhung der Spielzahl und der Anwendung immer größeren Druckes (im Augenblicke der stärksten Pressung bis 1500 at) nach und nach stärker geworden. Auf einem Grundrahmen und starken Fundament G ist der liegende D a m p f z y l i n d e r C verlagert. Die Kolbenstange bewegt in Führungen das Querstück Q, von dessen Enden die Schubstangen S zu den Kurbelwarzen der beiden schweren S c h w u n g räder $Schw$ abgehen. Die Schwungradwelle W bewegt einerseits mittels eines Exzenters und eines zweiarmigen Hebels die S t e u e r u n g st des Dampfzylinders, andererseits ist die Welle zwischen den Schwungrädern gekröpft und treibt von hier aus durch die Schubstange D den P r e ß s t e m p e l p, sein Querschnitt entspricht der Form der Briketts, auf der Vorderseite trägt er vertieft die Brikettmarke. Der Schlitten F vermittelt die Gradführung des Verbindungsbolzens. Bei jedem Spiele des Preßstempels fällt eine durch die Zuführungswalze w (von den Arbeitern auch K a f f e e m ü h l e genannt) abgemessene Menge Kohlenklein in den hinteren Teil der F o r m E, deren vordere Öffnung durch einen Strang bereits gepreßter Briketts ausgefüllt ist. Gegen das zuletzt gepreßte Brikett drückt der Preßstempel bei der Vorwärtsbewegung das Kohlenklein zu einem neuen Brikett zusammen, während die Reibung der in der Form bereits befindlichen Briketts den Gegendruck gibt. Dieser wird während des letzten Teiles des Hubes überwunden und der Brikettstrang um eine Brikettdicke durch die Form in ein anschließendes Gerinne vor- und in diesem weiter fortgedrückt. Dieses Gerinne kann in leichten Kurven bis zur Verladung oder bis zu den Vorratsräumen verlegt werden; bei der Bewegung trennen sich die einzelnen Briketts voneinander und werden durch die umgebende Luft gekühlt. Die Preßform (Abb. 257) ist in den vorderen, sehr starken Teil des Rahmens, den Preßkopf *P*, eingebaut, sie besteht aus vier Stahlplatten (Schwalbungen genannt). Von diesen sind die obere und untere an den Rändern leicht aufgebogen, um die Kanten des Briketts abzurunden, während die beiden seitlichen Platten eben sind. Hinter den Schwalbungen befinden sich Platten aus Schmiedeeisen (Formhaken) und unter dem unteren Formhaken außerdem eine Platte aus Bronze. Diese Unterlagen sollen einer Formveränderung des Preßkopfes infolge des Druckes, der sich durch die Schwalbungen hindurch äußert, vorbeugen. Die einzelnen Teile der Form werden durch die Zunge *z*, die um den Bolzen *b* drehbar ist, zusammengehalten. Das Handrad *h*, die Schnecke *o* und das Schneckenrad *r* ermöglichen mittels des senkrechten Schraubenbolzens *d* in engen Grenzen ein Niederdrücken oder eine Entlastung des vorderen Teiles der Zunge. Dadurch wird die Form etwas niedriger oder höher und der Gegendruck bei der Pressung verstärkt oder vermindert. Zu gleicher Zeit werden die Briketts etwas stärker oder etwas schwächer. Die Form hat in ihrem mittleren Teile durch allmähliche Verstärkung der oberen und der unteren Schwalbung eine Verengung um wenige Millimeter, welche man Buckel nennt. Hierdurch wird der Gegendruck bei der Pressung mehr oder weniger erhöht, er kann bis zu 1200 und 1500 *at* betragen. Bei harter Kohle beträgt der Buckel auf jeder Seite 1,5 *mm*, die Ver-

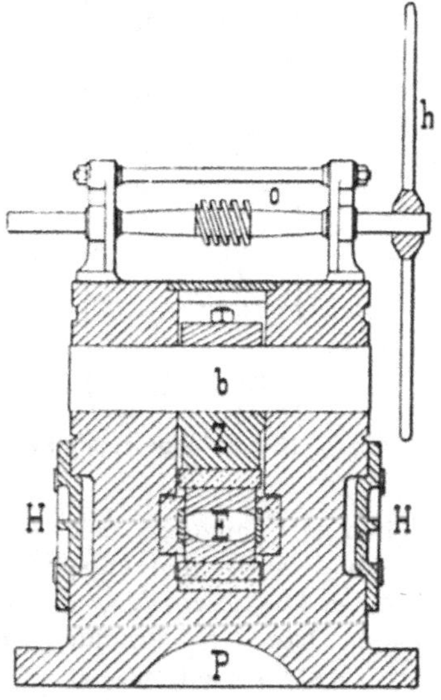

Abb. 257. Preßkopf der Exterschen Presse im Querschnitt.

engung der Form also im ganzen 3 *mm*, bei weicher Kohle beträgt er bis zu 5 *mm* auf jeder Seite, also die Verengung bis zu 10 *mm*. Dabei verteilen sich die 1,5 *mm* auf eine verhältnismäßig größere, die 5 *mm* auf eine kleinere Länge. Man sagt: bei harter Kohle ist der Buckel lang und niedrig, bei weicher Kohle kurz und hoch. Die Schwalbungen erleiden eine schnelle Abnutzung, die besonders stark wird, wenn sandige oder schwefelkiesreiche Kohle verpreßt wird. Es müssen dann die Teile der Preßform zuweilen schon nach zwei Wochen, ja selbst nach wenigen Tagen ausgewechselt werden. Sie werden, so lange es die Metallstärke gestattet, auf besonderen Maschinen, welche ähnlich wie die Hobelmaschinen gebaut sind, zunächst nachgehobelt und dann mittels rotierender Schmirgelscheiben nachgeschliffen. Während des Pressens erhitzt sich die Form stark, es wird daher durch die an den Seiten des Preßkopfes angebrachten Wasserkammern *H*

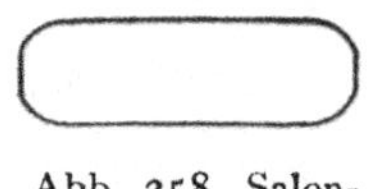

Abb. 258. Salonbrikett.

(Abb. 257) Kühlwasser mittels einer Preßpumpe hindurchgeführt. Beim Beginn des Pressens (Anpressen) dagegen muß die Form mittels warmen Wassers angewärmt werden. Der fehlende Gegendruck wird dadurch erzeugt, daß die Form mit Holz ausgekeilt wird.

Die Braunkohlenbriketts wurden früher allgemein in den Abmessungen 150 × 60 × 35 *mm* (sogen. 6-Zöller) hergestellt, die Kanten sind, wie die Form *E* in Abb. 257 und die Abb. 258 es zeigen, etwas abgerundet; ein solches Brikett wiegt 330 *g*. Durch Vergrößerung der Briketts hat man die Leistung der Pressen wesentlich gesteigert. Weitere übliche Größen sind 178 × 60 × 55 *mm*, Gewicht 660 *g* (7-Zöller), und 200 × 70 × 50 *mm*, Gewicht 820 *g* (8-Zöller).

Besonders die 330 g-Briketts sind für den Hausbrand gesucht, sie werden im Kleinhandel nicht nur nach Gewicht, sondern auch nach 1000 Stück verkauft. Deshalb sind die Händler genötigt, gleichmäßiges Stückgewicht zu verlangen. Die Pressen müssen daher gerade bei Herstellung dieser Briketts (auch Salonbriketts genannt) gut beaufsichtigt, die Stärke der Briketts öfters geprüft und die Zuführung der Kohle in die Pressenform durch die Speisewalze entsprechend nachgestellt werden.

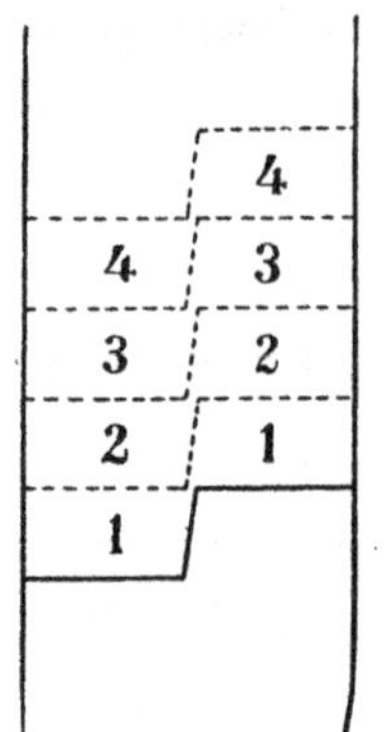

Abb. 259. Einmal abgesetzter Stempel.

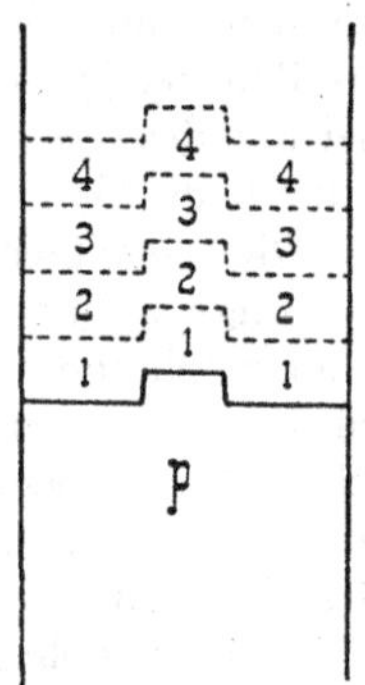

Abb. 260. Zweimal abgesetzter Stempel.

Schon seit längerer Zeit ist man bemüht, auch kleinere Briketts, welche den Würfel- und Nußkohlen entsprechen und Industriebriketts genannt werden, herzustellen. Das ältere Verfahren bestand darin, daß man den austretenden Brikettstrang am Orte der Verladung gegen zwei in einen Rahmen eingespannte stumpfe Messer drückte, es teilten sich die Briketts hierdurch, wenn auch etwas unregelmäßig, in drei etwa gleich große Stücke. Zurzeit wendet man entweder Stempel p an, deren Vorderfläche, wie Abb. 259 und 260 zeigen, abgesetzt ist. Die Briketts werden auf diese Weise zwei- oder dreiteilig; nach dem Austreten aus der Form lösen sich die

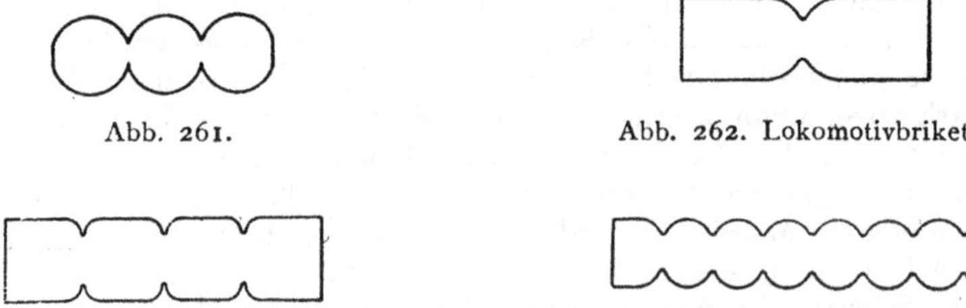

Abb. 261.

Abb. 262. Lokomotivbrikett.

Abb. 263. Vierteiliges Würfelbrikett.

Abb. 264. Achtteiliges Nußbrikett.

einzelnen Teile leicht voneinander, namentlich wenn man die Gerinne, in denen die Briketts fortgeschoben werden, etwas gekrümmt verlegt. Endlich stellt man auch Briketts vom Querschnitt der Abb. 261 bis 264 her, sie geben zugleich das Größenverhältnis der verschiedenen Briketts. Abb. 261 zeigt ein dreiteiliges Würfelbrikett in den Abmessungen $180 \times 65 \times 40\,mm$ und von $575\,g$ Gewicht, Abb. 262 stellt ein zweiteiliges Lokomotivbrikett dar in den Abmessungen $195 \times 62 \times 55\,mm$ und $750\,g$ Gewicht (sogen. 10-Zöller), Abb. 264 ein achtteiliges Nußbrikett von $315 \times 55 \times 35\,mm$ und $260\,g$ Gewicht (sogen. 12-Zöller). Auch 14- und 20-Zöller kommen vor.

Bei den dreiteiligen Briketts führt man wohl den Brikettstrang unter zwei stumpfen Messern hindurch, so daß jedes Brikett in eine entsprechende Anzahl Stücke zerfällt. Die mehrteiligen Briketts läßt man bei der Verladung durch eine kleine Höhe herabfallen, wodurch sie sich teilen. Die zuletzt erwähnte Herstellung von Industriebriketts wird vielfach angewendet, ist aber dadurch teuer, daß die Bearbeitung der Schwalbungen und Stempel viel Zeit in Anspruch nimmt.

Indem unter entsprechender Verstärkung des Antriebes, namentlich auch durch Erhöhung der angewendeten Dampfspannung die Zahl der Hübe gesteigert und die Größe der Briketts vermehrt wurde, gelangte man allmählich zu immer größeren Leistungen der Pressen.

Eine Brikettpresse macht in der Minute 60 bis 80 und selbst 130 Hübe und stellt ebensoviel Briketts her, das entspricht je nach deren Abmessungen einer täglichen Leistung von etwa 60 bis 100 und selbst 140 t.

Elektrisch angetriebene Pressen.

Wie Seite 270 erwähnt, wurden bis vor kurzem die Brikettpressen ausschließlich durch Dampf angetrieben, sie arbeiteten mit etwa 2 at Gegendruck, der Abdampf wurde zum Trocknen der Kohle verwendet, reichte jedoch gewöhnlich nicht aus, so daß gedrosselter Frischdampf zugesetzt werden mußte. Bei der Frage des elektrischen Antriebes der Pressen[1]) ist zu unterscheiden zwischen Werken, die eine eigene elektrische Zentrale besitzen und solchen — es sind meistens die kleineren Werke — die den Strom aus einem fremden Netze beziehen müßten. Die Letzteren würden zur Beschaffung des Trockendampfes immer noch eine Dampfkesselanlage brauchen und werden daher Dampfantrieb der Pressen vorziehen. Werke mit eigener elektrischer Zentrale erzeugen große Mengen elektrischer Energie, um außer der Brikettfabrik auch die anderen Maschinen, z. B. beim Tagebau die Bagger, Lokomotiven usw. zu versorgen. Für den Antrieb der Generatoren dienen jetzt Dampfturbinen mit hohen Dampfspannungen, deren Hochdruckteil ebenfalls mit Gegendruck von etwa 2 at arbeitet. In diesem Falle stehen dann die nötigen Abdampfmengen für die Trockner zur Verfügung.

Beim Antrieb der Pressen ist das Folgende zu berücksichtigen: Eine der üblichen Pressen macht beim laufenden Betriebe 100 bis 120 Umdrehungen in der Minute und verbraucht 120 bis 150 KW, das sind rund 160 bis 200 PS. Beim Anlassen der Presse mit gefüllter Form sind bei Dampfbetrieb 25 bis 30 Umdrehungen in der Minute üblich, aber auch etwa 50 zulässig, dabei wird der Motor anfänglich mit 50% überlastet. Nach dem Einlegen einer neuen Form gibt man der Presse nur 5 bis 10 Umdrehungen in der Minute. Diesen Forderungen entspricht am besten der asynchrone Drehstrommotor, er wird daher meistens für den Antrieb gewählt. Um die Umdrehungszahl beim Anpressen auf 50 herabzusetzen, ist der Anlaßwiderstand reichlich zu bemessen, und um nach dem Einlegen einer neuen Form die Umdrehungszahl auf 5 bis 10 herabzusetzen ,wird noch ein Zusatzwiderstand in den Läufer-Stromkreis eingeschaltet.

Der unmittelbare Antrieb der Pressen durch den Motor würde der geringen Umlaufzahl wegen unzweckmäßig sein. Man gibt vielmehr dem Motor 500 bis 600 Umdrehungen in der Minute und läßt ihn die Presse mittels Riemen oder Seile antreiben. Die Motoren finden, um gegen den feinen Staub geschützt zu sein, in einem besonderen, hinter den Pressen gelegenen Maschinenraum Aufstellung. Die Regelung der Motoren erfolgt von einer mit den nötigen Einrichtungen versehenen Schaltsäule aus, die am vorderen Ende der Presse aufgestellt ist, wo sich der Arbeiter aufhält.

Durch Vervollkommnung des Hochdruckteiles der Dampfturbinen mit Gegendruck sind gegen früher 20 bis 30% Dampf erspart worden und durch die Verwendung

---

[1]) P h i l i p p i. Elektrizität im Bergbau. 1924, S. 275.

von Dampfdrücken von über 30 *at* kann noch weiter an Dampf gespart werden. Derartig hohe Dampfspannungen sind aber in den verhältnismäßig kleinen Dampfmaschinen der Brikettpressen nicht anwendbar. Dazu kommt, daß der Abdampf der Dampfturbinen ölfrei ist, während der Dampf der Kolbendampfmaschinen erst vom

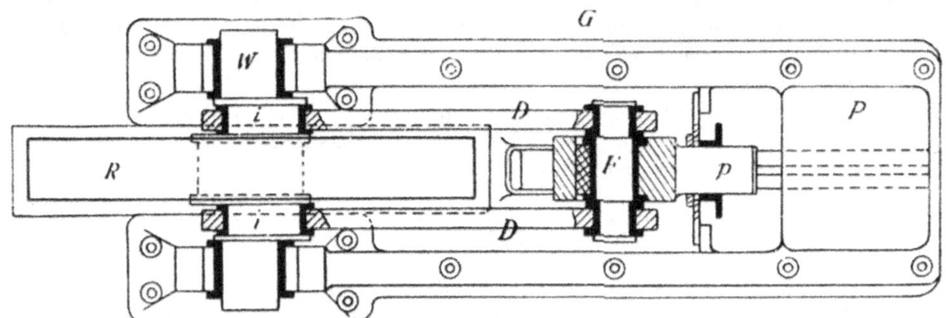

Abb. 265. Brikettpresse für elektrischen Antrieb (Grundriß, z. T. Schnitt).

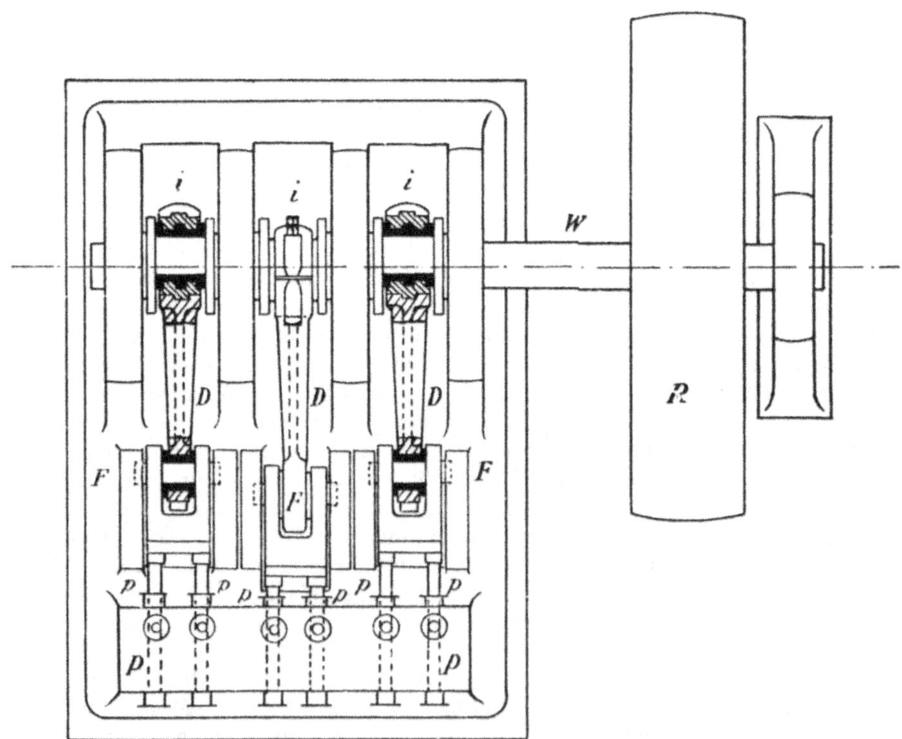

Abb. 266. Braunkohlen-Brikettpresse mit 6 Formen. Grundriß.

Öl befreit werden muß. Aus diesen Gründen sind jetzt neuere Anlagen mit elektrischem Antrieb der Pressen versehen worden.

Abb. 265 zeigt im Grundriß die wesentlichen Teile einer Presse für elektrischen Antrieb. Die Einrichtung des Preßkopfes ist die gleiche wie in Abb. 256. Wesentliche Änderungen sind nur die folgenden: Das Riemenschwungrad R sitzt in der Mittelebene der Presse auf der Welle W. Die Druckstange D, welche mittels des wagrecht geführten Bolzens F den Preßstempel p hin- und herbewegt, ist gegabelt, infolgedessen mußte die Welle W zweimal bei i gepröpft werden (D. R. P. 281 555 der Maschinenfabrik Buckau A. G. in Magdeburg-Buckau).

Die Zeitzer Eisengießerei- und Maschinenbau-A. G. baut nach den Angaben der Bayrischen Industrie-Aktiengesellschaft in Schwandorf eine elektrisch angetriebene Braunkohlen-Brikettpresse (Abb. 266), was den Preßkopf P betrifft, ebenfalls nach der Bauart der Exterschen Presse, jedoch vereinigt sie 6 Preßformen für zylindrische Briketts von 45 mm Durchmesser und 22 mm Höhe im Gewichte von je 40 g. Die Hauptwelle W ruht in 5 sehr kräftigen Lagern, sie trägt zwischen dem ersten und zweiten Lager das schwere Riemenschwungrad R, zwischen dem zweiten, dritten, vierten und fünften Lager liegen die 3 Kröpfungen i. Jede auf diesen sitzende Schubstange D betätigt mittels der Führungen F zwei nebeneinander liegende Stempel p. Die Welle macht 180 Umdrehungen in der Minute, so daß $180 \times 6 = 1080$ Briketts im Gesamtgewicht von 4,32 kg hergestellt werden. Der Pressendruck soll 2500 at. betragen. Die Briketts können noch dadurch geviertelt werden, daß jeder Brikettstrang gegen kreuzweise gestellte Messer gedrückt wird. Diese Briketts werden auf Bändern zur Verladung befördert.

Besondere Bauweise von Brikettpressen.

Zwillingspresse[1]). Um Gewicht und Preis der Pressen zu erniedrigen und gleichzeitig die Aufstellungskosten zu verbilligen, hat die Buckauer Maschinenfabrik eine Zwillingspresse gebaut, bei der zwei 10 zöllige Preßknöpfe zu einem Gußstück vereinigt, mit gemeinsamer, zweimal geschröpfter Welle versehen und durch eine seitlich angeordnete Ventildampfmaschine angetrieben werden. Die Hallesche Pfännerschaft A. G. hat auf ihrem Werke Pfännershall diese Presse in zweijährigem Betriebe erprobt. Die Presse macht 70 bis 120 Umdrehungen in der Minute. Leistung 100 bis 120 t Briketts in 24 Stunden, Arbeitsbedarf 160 bis 200 PS.

Ferner werden die neueren Pressen mit Ölumlaufschmierung für die einzelnen Lager versehen. Das abtropfende Öl wird gereinigt und gekühlt und wiederholt benutzt. Um Verschmutzung zu verhindern, sind sämtliche geschmierte Teile der Presse von einem Eisenblechmantel umgeben; in diesem wird, um die umgebende Staubluft abzuhalten, ein Luftüberdruck erzeugt. (Patent Michaelis)[2]).

Kühlen, Stapeln und Verladen der Briketts.

Für das Stapeln und Verladen der Briketts ist es wesentlich, daß sie vorher gut gekühlt werden, da sonst Selbstentzündung eintreten kann. Die Briketts verlassen die Form etwa mit 70^0 C und werden in allmählich sich lockerndem Strange durch den Pressendruck in Rinnen zu den Vorratsschuppen, den Stapelplätzen oder unmittelbar bis zu den Eisenbahnwagen geschoben. Diese Rinnen können auch in Kurven verlegt werden, sie bestehen aus Sätzen, die leicht miteinander verbunden werden können. Jeder Satz wird gebildet aus einer Anzahl Bandeisen in der Längsrichtung mit Zwischenräumen, ihre Lage entspricht der Brikettform, sie sind jedesmal etwa in 1 m Abstand durch Eisenbänder verbunden. Die Rinnen erhalten 100 bis 150 m Länge,

---

[1]) Simon. Die Buckauer 20″ Zwillingsbrikettpresse. Braunkohle. Bd. XXII. H. 28, S. 472.

[2]) Simon. Ölumlaufschmierung für Braunkohlenbrikettpressen. Braunkohle, Bd. XX. H. 8, S. 119.

um die beabsichtigte Kühlung zu erreichen. Im'heißen Sommer werden wohl in der Nähe der Pressen besondere Kühlrinnenanlagen in Gebrauch genommen, die in einem etwa 10 m langen Gerüste über- und nebeneinander 12 Rinnen vereinigen. Zwei Schwenkrinnen stellen die Verbindung mit der Presse und der Hauptrinne her. Diese 12 Rinnen werden der Reihe nach gefüllt, erst dann werden die in der ersten Rinne lagernden Briketts durch frische ersezt und zur Verladung befördert.

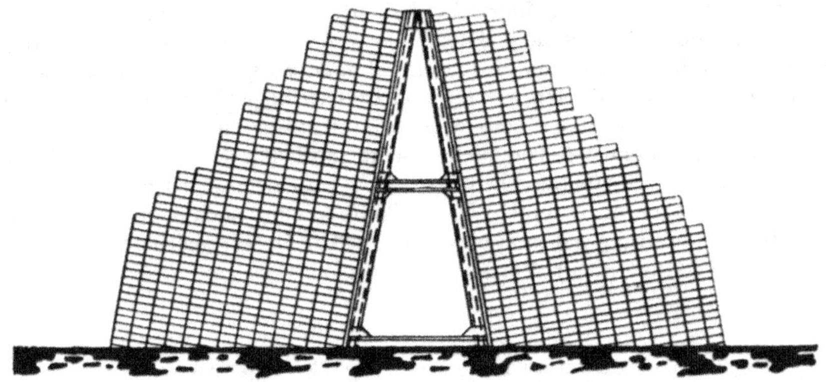

Abb. 267. Stapeln der Briketts gegen Böcke.

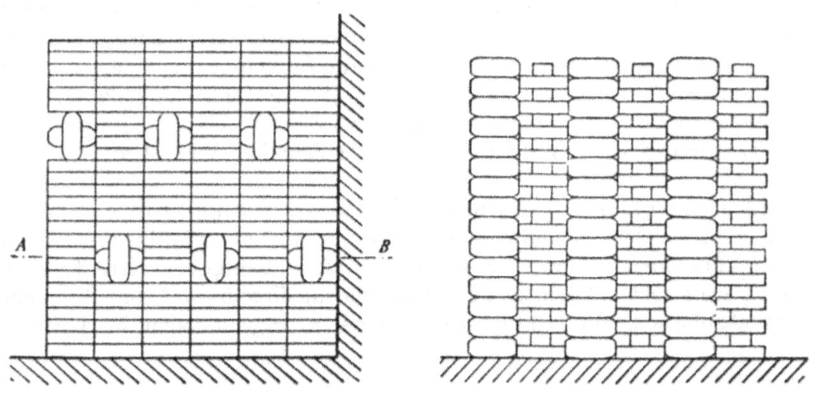

Abb. 268 und 269. Stapeln der Briketts mit Luftschächten. (Grundriß und Schnitt.)

In den Vorratsschuppen und auf den Stapelplätzen werden die Briketts entweder auf Haufen gestürzt oder so geschichtet, daß die Luft Zutritt hat. Die Schichtung findet beiderseits gegen Böcke statt, deren Seiten etwa unter 80° geneigt sind (Abb. 267), außerdem werden beim Stapeln durch kreuzweise gelegte Briketts (Abb. 268 und 269) kleine Luftschächte hergestellt.

Beim Verladen in Eisenbahnwagen, namentlich der Hausbrandbriketts, unterscheidet man das S e t z e n, d. h. die Briketts werden lagenweise mit der Hand geschichtet und das S c h ü t t e n, d. h. man läßt sie aus den Rinnen in die Wagen fallen. Das letztere Verfahren ist natürlich billiger, da die Handarbeit fortfällt, erzeugt aber einige Prozent Bruch. Über die Art der Verladung ist mit den Abnehmern entsprechende Vereinbarung zu treffen.

Im allgemeinen können gut gekühlte Briketts sowohl im Freien als auch in geschlossenen Räumen bei genügender Luftzufuhr durch Böcke und Luftschächte bis zu 3 und 4 *m* Höhe geschichtet und auch ebenso hoch in Haufen geschüttet werden, ohne daß Gefahr für Selbstentzündung eintritt[1]).

Die Entstaubung der Braunkohlen-Brikettfabriken und die Verhütung von Explosionen.

Die Entwicklung von Staub läßt sich in den Brikettfabriken dort, wo trockene Kohle befördert wird, nicht ganz vermeiden. Schon auf den unteren Tellern der Trockenöfen und in den Röhrenöfen reißt die durchströmende Luft außer dem Wasserdampf auch Kohlenteilchen mit fort, und zwar umsomehr, je stärker die Kohle bewegt wird und je größer die Luftgeschwindigkeit ist. Da man die mit Wasserdampf geschwängerte Luft W r a s e n (auch B r a s e n, im Rheinland auch B r ü d e n) nennt, und die Luftbewegung durch den Schlot veranlaßt wird, so heißt dieser Teil der Entstaubungseinrichtungen W r a s e n - oder S c h l o t e n t s t a u b u n g.

Außerdem bildet sich staubige Luft überall dort, wo die getrocknete Kohle von den Öfen in die Förderschnecken abfällt, bei der Fortbewegung in diesen selbst, bei der Nachzerkleinerung und Kühlung, in den Kaffeemühlen und an den Preßköpfen der Pressen. Alle Einrichtungen zur Beseitigung dieses Staubes faßt man unter dem Namen I n n e n e n t s t a u b u n g zusammen. Wrasenentstaubung und Innenentstaubung werden meistens getrennt gehalten, da die erstere mit kondensiertem Wasser gemischten, letztere trockenen Staub liefert. Der gröbere Staub läßt sich durch geeignete Verfahren trocken gewinnen (T r o c k e n e n t s t a n b u n g) und kann dem Betriebe wieder zugeführt werden, aber der allerfeinste Staub entzieht sich dieser Behandlung, er wird mittels Wasser, das durch Düsen möglichst fein verteilt wurde, oder durch Dampf niedergeschlagen (n a s s e E n t s t a u b u n g). Da sich dieses Wasser in Klärsümpfen nur sehr schwer klärt und der Kohlenschlamm ein recht lästiges Nebenprodukt ist, behandelt man das Wasser in n a s s e n F i l t e r n.

Im Mittel dürfte der entwickelte und durch die Entstaubungseinrichtungen wiedergewonnene Staub etwa 5% der getrockneten Kohle betragen, er stellt daher einen ziemlich hohen Wert dar, wodurch die gar nicht unbeträchtlichen Kosten für die Entstaubung mehr als gedeckt werdeen. Der Staub ist aber auch im Gemenge mit Luft e x p l o - s i b e l, weiter würde die fortgesetzte Einatmung der staubigen Luft die Gesundheit der Arbeiter beeinträchtigen. Diese Gefahren müssen tunlichst vermieden werden. Ferner belästigt der Staub, wenn man ihn ins Freie entweichen ließe, — namentlich bei der Größe der jetzigen Brikettfabriken — die Umgegend im besonderen dort, wo Gemüsebau in größerem Umfange getrieben wird. Aus allen diesen Gründen muß die Staubbildung tunlichst verhütet und der gebildete Staub aufgefangen werden.

D i e E r m i t t e l u n g d e s S t a u b g e h a l t e s[2] in der Luft oder im Wrasen geschieht am zweckdienlichsten mit den Einrichtungen der Siemens-Schuckertwerke. Mittels einer kleinen, elektrisch angetriebenen Saugpumpe wird der staubhaltige Wrasen angesaugt, die Versuchsdauer kann daher bequem beliebig ausgedehnt werden. Der Staub wird innerhalb des Schlotes durch ein Glaswollefilter in einem u-förmigen Rohre aufgefangen, während der Wasserdampf außerhalb des Schlotes in einem Kondenswasserfänger niedergeschlagen wird. Zugleich mißt eine Gasuhr die abgesaugten Wrasenmengen.

---

[1] H i n r i c h s e n und T a c s a k. Die Selbstentzündlichkeit von Braunkohlenbriketts. Mitteilungen aus dem Kgl. Materialprüfungsamt zu Groß-Lichterfelde-West, 1911, Heft 4. Auszug in Z. V. d. I. 1911, S. 1226.

[2] F r a n k e, G. Neuere Geräte und Verfahren zur Ermittelung des Staubgehaltes im Wrasen und in sonstiger Abluft von Braunkohlenbrikettfabriken. Braunkohle, Bd. XXII, H. 36, S. 565.

Die Wrasenentstaubung steht naturgemäß im engsten Zusammenhang mit dem Schlote, durch den der Wasserdampf schließlich ins Freie entweicht. Die Innenentstaubung wird tunlichst dadurch eingeleitet, daß die Fördereinrichtungen und Füllrümpfe, in denen sich der Staub entwickelt, verschlossen gehalten werden und aus ihnen durch einen Ventilator oder einen Strahlapparat und ein geeignetes Rohrnetz ständig etwas Luft abgesaugt und zu den Entstaubungseinrichtungen weiter befördert wird. Es kann also bei regelmäßigem Betriebe keine staubige Luft in die Fabriksräume austreten. Diese Rohre werden heberartig — umgekehrt V-förmig — angesetzt, damit der gröbere Staub gegen die Umbiegung des Rohres prallt und wieder zurückfällt.

Besondere Aufmerksamkeit ist der Stempelentstaubung zu schenken. Falls Stempel und Form nicht ganz genau zueinander passen, entweicht rückwärts am Stempel bei jedem Hube etwas feiner Kohlenstaub in die umgebende Luft. Da gleichzeitig zuweilen ein Funkenreißen am Stempel stattfindet, etwa durch ein Quarzkörnchen veranlaßt, so kann eine Entzündung des Kohlenstaubes eintreten. Es wird daher unter den Pressen entlang ein Stempelstaubkanal geführt (vgl. auch Tafel X) und der austretende Kohlenstaub in diesen abgesaugt. Um Entzündung zu verhüten, spritzt man wohl auch in diesen Kanal Wasser ein, wodurch allerdings die Schlammenge vermehrt wird.

Die Schirach-Entstaubung — Sammeln des Stempelstaubes jeder Presse in einer wagrechten Schnecke und Heben desselben mit stehender Schnecke bis in den Pressenrumpf — wird wegen ihrer Umständlichkeit nur noch wenig angewendet. Dagegen verspricht die Abdichtung des Pressestempels mittels der Böhmeschen Filzstopfbüchse Erfolg[1]).

Zur trockenen Staubgewinnung können die folgenden Verfahren angewendet werden, die allerdings auch zum Teil miteinander vereinigt werden: Die Abscheidung in Staubkammern. In dem großen Querschnitt bewegt sich die Luft langsam und die Staubteilchen gewinnen Zeit zum Niedersinken. Hiermit verbindet man wohl ein Ab- und Aufsteigen der Luft, auch läßt man sie bei Richtungsänderungen

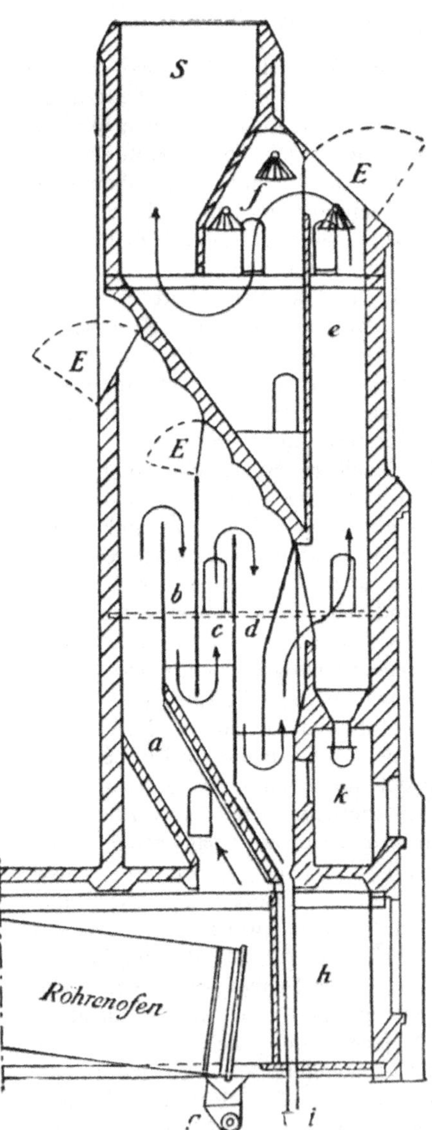

Abb. 270. Buckauer Kammerentstaubung.

---

[1]) Franke. Bd. I, S. 493.

gegen Flächen anprallen (P r a l l f l ä c h e n, S t a u b f ä n g e r v o n S c h u m a n n). Ferner werden trockene Filter verwendet (B e t h - F i l t e r), außerdem wird die F l i e h k r a f t zu Hilfe genommen im Z y k l o n (vgl. S. 121), dem B o r e a s und in den Z e n t r i f u g a l a b - s c h e i d e r n. Hieran schließt sich z. T. noch die e l e k - t r i s c h e W r a s e n e n t s t a u b u n g und die schon erwähnte nasse Entstaubung mit N a ß f i l t e r n zur Klärung des Wassers und Gewinnung des Staubes.

Mit den genannten ist die Zahl der zur Entstaubung vorgeschlagenen Einrichtungen nicht erschöpft, die folgenden Beispiele werden aber einen Überblick bieten.

Die B u c k a u e r K a m m e r e n t s t a u b u n g (Abb. 270) dient der Entstaubung des von einem Röhrenofen entweichenden Wrasens. Durch den Schlot S wird der nötige Zug erzeugt. Der Wrasen wird zunächst in einer Staubkammer durch eingebaute Zwischenwände bei a aufsteigend, bei b absteigend, dann wieder bei c aufsteigend und bei d absteigend geführt. Der im Raume a niederfallende gröbste Staub fällt unmittelbar in die Förderschnecke g des Röhrenofens zurück. Der bei b, c und d ausfallende Staub wird durch das Rohr h der Förderschnecke i zugewiesen und dann zur Brikettierkohle hinzugegeben. Wollte man auf diese Weise allein weiter verfahren, so würde einerseits durch die Abnahme der Temperatur des Wrasens mit dem Staube zugleich eine Ausscheidung von Kondenswasser eintreten, also nasser Staub

Abb. 271. Staubfänger von Schumann.

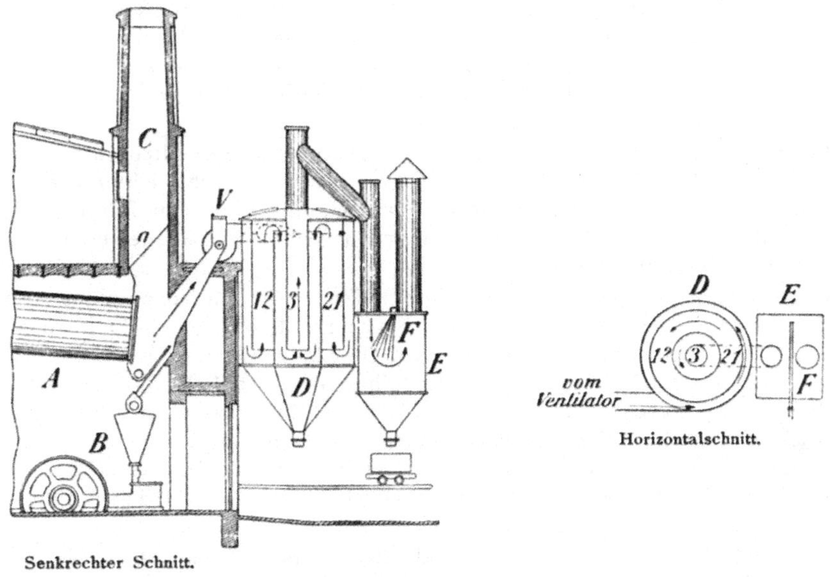

Senkrechter Schnitt.

Horizontalschnitt.

Abb. 272 und 273. Entstaubung durch Boreas und Staubkammer.

niedergeschlagen werden, andererseits würde die Entstaubung nicht vollkommen erfolgen. Deshalb wird durch die Düsen f feinzerstäubtes Wasser oder Dampf dem

Wrasenstrome entgegengeführt und der bei *e* niederfallende feuchte Staub mit dem Schlammwasser getrennt dem Gerinne *k* zugeführt.

Reicht der durch den Schlot verursachte Zug nicht aus, so wird ein Ventilator zu Hilfe genommen. Die Zeitzer Maschinenbauanstalt führt auch eine Wasserdüse in den Ventilator ein, durch den das Wasser noch weiter zerstäubt und mit der Luft innig gemengt wird.

Die Sicherheitsklappen *E* (Explosionsklappen) sollen sich, falls etwa in der Staubkammer eine Verpuffung eintritt, leicht nach außen öffnen und den Druck der Explosion ins Freie entweichen lassen.

In Verbindung mit den Staubkammern werden wohl sogenannte Staubfänger, auch Prallflächen genannt, verwendet, um das Niederschlagen des Staubes zu befördern. Abb. 271 zeigt einen wagrechten Schnitt durch den Staubfänger, Bauart Schumann. S-förmige Bleche sind senkrecht nebeneinander gestellt und an dem einen Ende mit zwei rechtwinkeligen Fortsätzen versehen. Hierdurch werden Fangkästen gebildet. Der staubführende Luftstrom wird in einzelne Teilströme zerlegt, jeder von ihnen wird seitwärts abgelenkt und streicht dann an den Fangkästen, die tote Winkel bilden, vorüber. Hier fängt sich der Staub und sinkt nieder. An den senkrechten Wellen *c* können die einzelnen Bleche gedreht und dadurch die Durchgangsquerschnitte geändert werden.

Im Zyklon (vgl. S. 121) wird der staubigen Luft eine kreisende Bewegung erteilt und hierdurch die Trennung des Staubes erreicht.

Im Boreas (Abb. 272 und 273) wird mit der kreisenden die auf- und absteigende Bewegung der Luft vereinigt. Der Schlot *C* ist für gewöhnlich durch die Klappe *a* abgeschlossen, der Wrasen des Röhrenofens *A* wird durch den Ventilator *V* abgesaugt und in den Boreas tangential hineingeblasen, hierdurch ist die kreisende Bewegung eingeleitet. Durch die eingebauten konzentrischen Wände 1 und 2 und das Rohr 3 wird die Luft außerdem gezwungen, schnell abwärts und langsam aufwärts zu steigen, der hierbei ausfallende trockene Staub sammelt sich bei *D*. Die Luft wird dann noch weiter durch die Staubkammer *E* geführt, in der aus dem Rohre *F* ausspritzendes Wasser oder ausströmender Dampf auch die feinsten Staubteilchen niederschlagen soll.

Auch die in schnellaufenden Schleuderrädern erzeugte Fliehkraft wird vielfach zur Trennung der schweren Staubteilchen von den wesentlich leichteren Luft- und Wasserdampfteilchen verwendet. Einer der ersten und einfachsten Zentrifugalseparatoren war der von Scheibe[1]), er arbeitete an senkrechter Welle, besondere Führungskanäle für die Luft fehlten.

Zur Wrasenentstaubung, aber bisher nur für Schulzsche Röhrenöfen, wird seit dem Jahre 1909 der Zentrifugalabscheider, Bauart Michaelis[2]) mit gutem Erfolge verwendet. Für jeden Röhrentrockner wird ein Staubabscheider mit zugehörigem Ventilator aufgestellt. Die Ausfallseite des Röhrenofens ist dicht abgeschlossen, um das Eindringen von Nebenluft zu vermeiden. Der Ventilator saugt die Luft durch den Röhrentrockner und durch den Staubabscheider und erzeugt im Zuströmungsrohr des letzteren einen Unterdruck von 40 *mm* WS. Der Staubabscheider macht 250 bis 300 Umläufe in der Minute und braucht einschließlich Ventilator und Transmission etwa 10 PS.

Die Bauart und Wirkungsweise des Staubabscheiders ist die folgende (Abb. 274 und 275, über den Einbau vgl. Taf. X): In dem Zuführungsrohr *a* zwischen Trocken-

---

[1]) Gertner. Über Entstaubungsanlagen in Braunkohlen-Brikettfabriken. Pr. Z. 1908, S. 298.

[2]) Pr. Z. 1910, S. 127. — Polster. Neuere Entstaubungseinrichtungen auf rheinischen Brikettfabriken. Braunkohle 1911, S. 600.

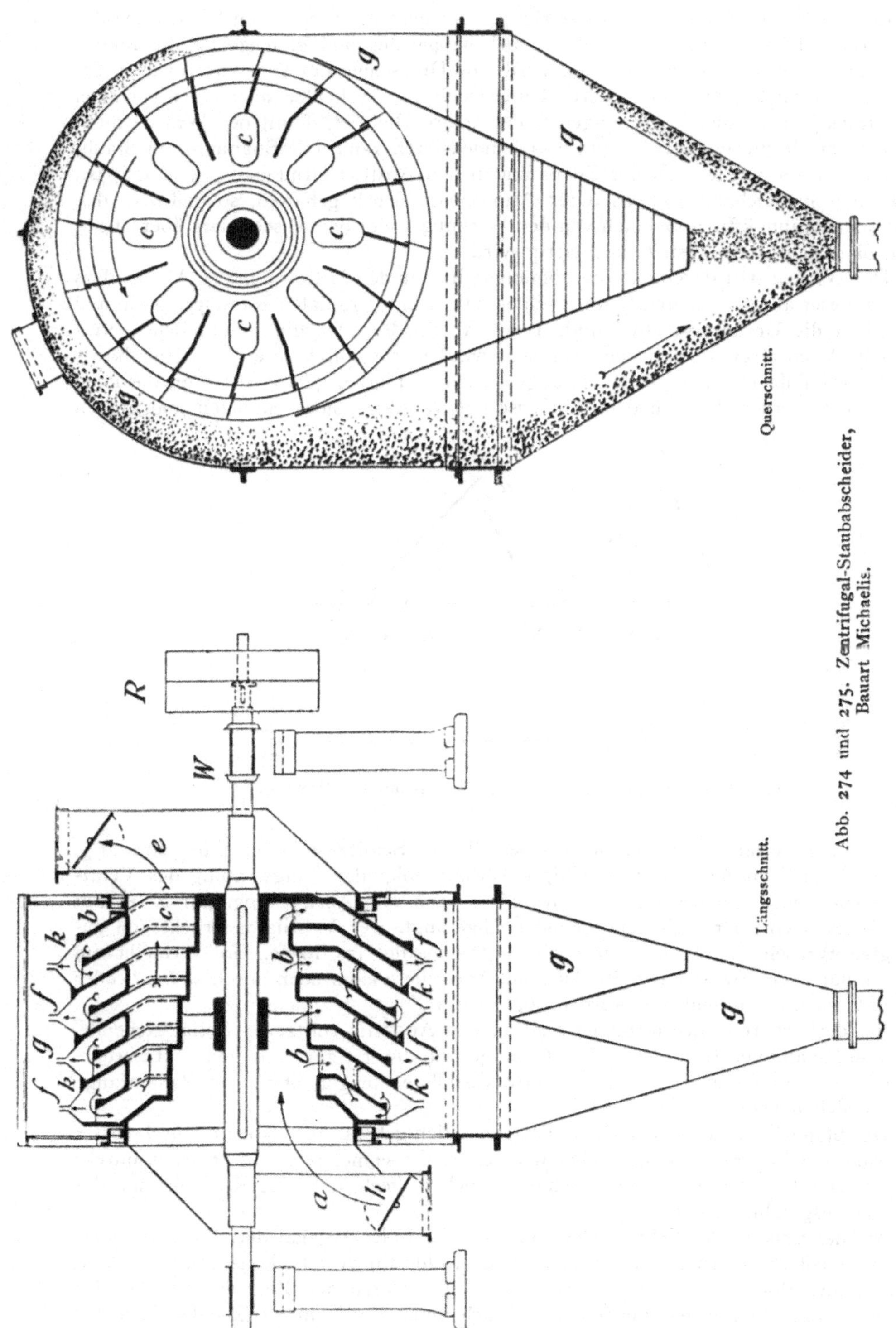

Abb. 274 und 275. Zentrifugal-Staubabscheider, Bauart Michaelis.

apparat und Abscheider ist die Drosselklappe *h* eingebaut, durch deren Einstellung der Unterdruck auf der Austragseite des Trockenapparates und gleichzeitig die Menge und Temperatur des Wrasens geregelt wird. Die Drosselung des Wrasens vor dem Abscheider bewirkt ferner einen höheren Unterdruck im Abscheider, aber einen geringen Unterdruck in den Austrittsöffnungen *f*, der erforderlich ist, damit der Wrasen nicht in den Sammelraum *g* austreten und dort kondensieren kann. Die Spannung im Staubsammelraum, die wieder von der Spannung in den Austrittsöffnungen *f* abhängig ist, wird dadurch gleichzeitig etwas unter Atmosphärendruck gehalten, so daß man den Staubsammelraum öffnen und sich von der Wirkungsweise des Abscheiders überzeugen kann, ohne daß Staub austritt und lästig wird.

Der Wrasen tritt durch das Zuströmungsrohr *a* in den Mittelraum des Abscheiders und, da dieser auf der rechten Seite geschlossen ist, in die radialen Kammern *b* ein und erhält hier die Umfangsgeschwindigkeit des Abscheiders. Da die Staubteilchen etwa tausendmal schwerer sind als der Wrasen, werden sie durch die Zentrifugalkraft stärker beeinflußt und nach dem Umfange gedrängt, hierbei gelangen sie an die Leitschaufeln *k*, werden dadurch dem Einflusse des Wrasenstromes entzogen und gleiten

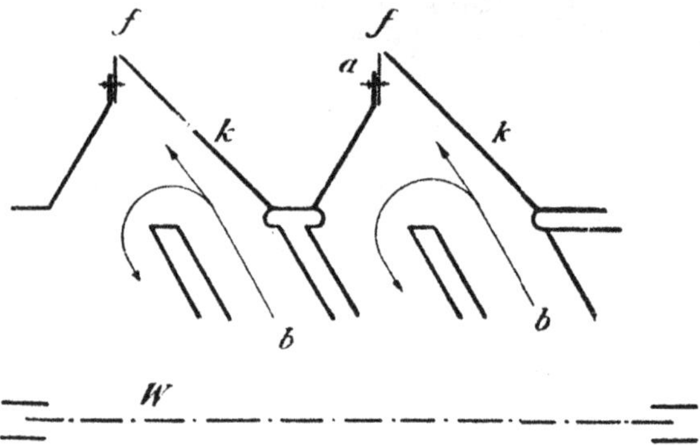

Abb. 276. Zentrifugal-Staubabscheider mit federnden Metallippen *a*.

durch die am Umfange des Abscheiders befindlichen Schlitze *f* in den Sammelraum *g*, in dem sie sich absetzen. Der gereinigte Wrasen folgt der Saugwirkung des Ventilators, lenkt um und wird durch die Kanäle *c* nach dem Abströmungsrohr *e*, in dem sich ebenfalls eine Drosselklappe befindet, abgesaugt. Der Ventilator drückt den gereinigten Wrasen gewöhnlich durch einen Abzugschlot ins Freie. Es verbleibt im Wrasen nur noch etwa 1% der Staubmenge. Auch diese kann noch durch Wasser- oder Dampfdüsen niedergeschlagen werden (vgl. Tafel X).

Bei den neueren Ausführungen sind an den Austrittsschlitzen *f* radial stehende, federnde Metallippen (*a* in der Abb. 276) eingebaut, die erst zur Seite gedrückt werden, und den Austritt freigeben, wenn sich etwas größere Mengen Staub am Radumfange angesammelt haben.

Der Staubabscheider Michaelis wird gewöhnlich gebaut mit 1850 *mm* Durchmesser und 2500 *mm* Lagerentfernung, dabei wird eine Wrasenmenge von 5 *cbm/sek.* durchgesaugt. Die Temperatur ist im Abscheider noch so hoch, daß eine Kondensation des Wrasens ausgeschlossen ist.

Auf der Brikettfabrik Hürtherberg (Bergrevier Cöln-Ost) hat der Röhrentrockner 845 *qm* Heizfläche und trocknet in 24 Stunden Kohle für 70 *t* Briketts von 60% Wassergehalt der Rohkohle auf 16% der Brikettkohle. Durch den Zentrifugalabscheider wurden je nach den Eigenschaften der verarbeiteten Kohle in 24 Stunden 2200 bis 3000 *kg* trockener Staub mit 10% Wassergehalt abgeschieden, das sind im Mittel

3,5% der getrockneten Kohle. Hierbei ist zu berücksichtigen, daß der Röhrentrockner mit Ausfalleisten (vgl. S. 267) arbeitet, wodurch die Staubbildung wesentlich vermindert wird.

Die Kosten für einen Michaelis-Staubabscheider einschließlich Zubehör und Einbau betrugen 12 000 Mark. Setzt man die Kosten für 1 KW/st. mit 2,5 Pfg. an, so betragen die jährlichen Betriebskosten für einen Staubabscheider rund 1400 Mark. Danach belaufen sich die gesamten jährlichen Betriebskosten auf:

$$
\begin{array}{lr}
\text{Verzinsung und Tilgung } 15\% \ \ldots\ldots\ldots & 1800 \text{ Mark} \\
\text{Bedienung und Schmierung} \ \ldots\ldots\ldots & 500 \text{ ,,} \\
\text{Betriebskosten} \ \ldots\ldots\ldots\ldots & 1400 \text{ ,,} \\
\hline
\text{Summe} \ \ldots & 3700 \text{ Mark}
\end{array}
$$

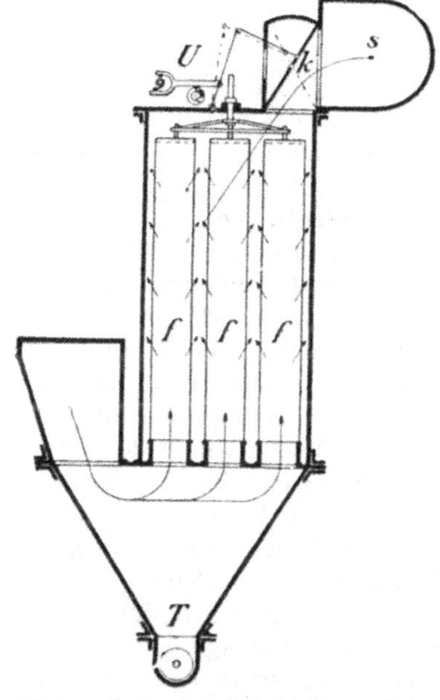

Abb. 278. Horizontalschnitt.

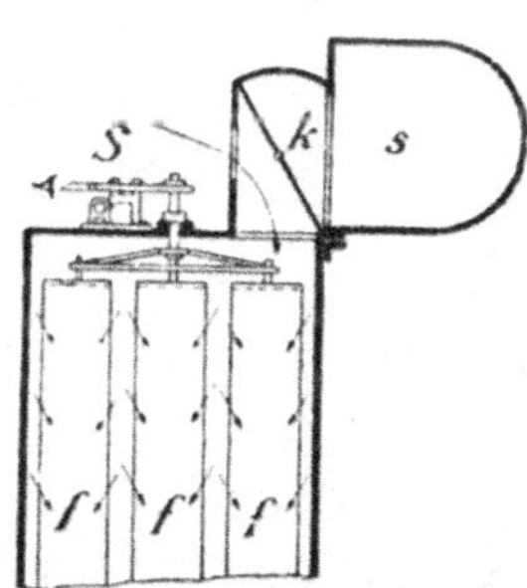

Abb. 277. Senkrechter Schnitt. Saugperiode.   Abb. 279. Senkrechter Schnitt. Schüttelperiode.

Abb. 277 bis 279. Beth-Filter.

Nimmt man andererseits wie im vorstehenden Falle an, daß täglich 2,8 t (in vielen Fällen ist es sogar erheblich mehr) brikettierfähige Kohle gewonnen werden, im Jahre also 840 t und bewertet man die Tonne mit 5,50 Mark, so ergibt sich ein Gegenwert von 4620 Mark.

Weit verbreitete Anwendung zur Innenentstaubung haben die S c h l a u c h - f i l t e r von B e t h, Lübeck, gefunden (Abb. 277 bis 279). Der Staub wird dadurch zurückgehalten, daß die staubige Luft mittels eines Ventilators durch Filterschläuche f hindurch angesaugt wird. Gewöhnlich sind 8 solcher Schläuche in einem Gehäuse aus Eisenblech angeordnet und diese sind wieder in Reihen zu etwa 6 Stück vereinigt. Jeder Satz enthält also 48 Schläuche. Während der Saugperiode (Abb. 277) bleibt der Staub in den Schläuchen hängen, die reine Luft wird durch den Kanal s vom Ventilator angesaugt. In bestimmten Zeitabschnitten treten die Umschalt- und Schüttelvorrichtung U und S in Wirksamkeit. Zunächst wird (Abb. 279) die Klappe k umgelegt und hierdurch für das betreffende Filter die Saugwirkung des Ventilators abgestellt. Andererseits strömt entsprechend der herrschenden Depression Außenluft in das

Filter. Gleichzeitig läßt die Schüttelvorrichtung mehreremale kurz hintereinander die Aufhängung der Schläuche etwas nach und zieht die Schläuche dann wieder straff. Der hierdurch abgeschüttelte Staub fällt in den unteren, trichterförmigen Raum und wird durch die Förderschnecke T weiter befördert. Dann wird die Klappe k wieder umgestellt und der Ventilator wirkt wieder. Sollen die Beth-Filter für Wrasenentstaubung verwendet werden, so muß der Filterraum so warm gehalten werden, daß die Kondensation des Wasserdampfes ausgeschlossen ist.

Die Beth-Filter haben den Nachteil, daß die nicht billigen Schläuche nur eine beschränkte Haltbarkeit haben, und daß sie bei etwa eintretenden Explosionen verbrennen und das Feuer weiter fortpflanzen. Letzteres kann durch Verwendung von Asbestschläuchen vemieden werden.

Elektrische Entstaubung. Die Bemühungen, das seit 1906 von Cottrell in den Vereinigten Staaten von Nordamerika eingeführte Verfahren der elektrostatischen Gasreinigung auch auf den entzündlichen Staub der Braunkohlen-Brikettfabriken anzuwenden, sind von Erfolg begleitet gewesen[1]), und zwar zunächst für die Wrasenentstaubung. Die Versuche werden auch für die Innenentstaubung fortgesetzt.

Der Wrasen wird zwischen zwei Elektroden hindurchgeführt, die mit den Klemmen einer Hochspannungsstromquelle verbunden sind. Der auf den Werken vorhandene Wechselstrom wird durch einen Transformator in seiner Spannung auf etwa 50 000 bis 100 000 V erhöht und dieser hochgespannte Wechselstrom durch einen mechanischen Gleichrichter in hochgespannten pulsierenden Gleichstrom verwandelt.

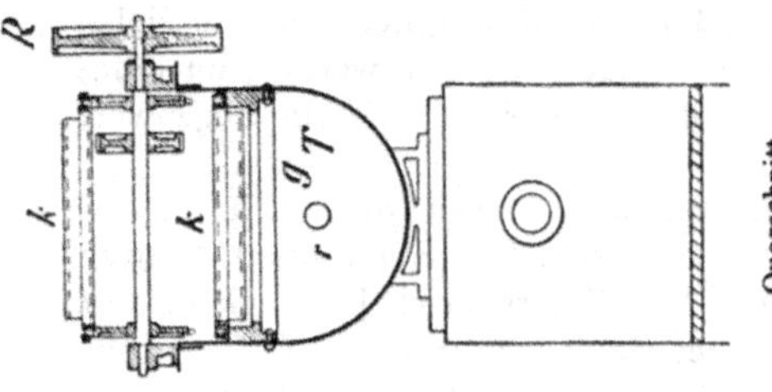

Abb. 280 und 281. Ribbertsches Planfilter.

Längsschnitt, z. T. Ansicht. Querschnitt.

Aus der Lade- oder Sprühelektrode strömt die hochgespannte negative Elektrizität unter schwachem Leuchten (Koronaerscheinung), begleitet von leise zischendem Geräusch aus, ladet die Staubteilchen auf und stößt sie ab. Sie werden von der gegenüberstehenden Niederschlags- oder Abscheideelektrode,

---

1) Braunkohle, H. 40 vom 3. Jänner 1925.

die geerdet ist, angezogen und schlagen sich dort zu einer Schicht von gewisser Dicke
nieder, die von Zeit zu Zeit abfällt oder durch eine Schüttelvorrichtung zum Abfallen
gebracht wird. Der e l e k t r i s c h e W i n d, der beim Ausströmen hochgespannter
Elektrizität aus Spitzen entsteht, trägt zur Bewegung der Staubteilchen bei.

Die Sprühelektrode wird aus glatten Drähten, aus kleinen Kettchen oder aus
Drahtnetzen, aus leicht gewellten Drähten gebildet, die aus Eisen, bei feuchten Gasen
verzinkt, bei sauren Gasen verbleit, seltener aus Bronze bestehen. Die Niederschlags-
elektroden sind in den Braunkohlenbrikettfabriken, wo es sich um verhältnismäßig
große Luftmengen handelt, Eisenplatten — beim Oski-Verfahren Betonplatten mit
Drahtnetzeinlagen, die als Halbleiter anzusprechen sind. Die Platten sind mit geneigten
Fangrinnen versehen, in denen der Staub ruhig in den Trog der Förderschnecke
abgleitet.

Die Elektroden stehen sich gruppenweise in etwa 200 mm Abstand gegenüber.
Ein Trockner liefert in der Sekunde etwa 8 *cbm* Wrasen mit je 2 bis höchstens
10 *g* Staub. Dieser soll mit nicht mehr als 0,8 *m* Geschwindigkeit durch den Staubabscheider hindurchgeführt werden. Es werden 75 bis 95% des Staubes trocken, d. h.
mit 10 bis 15% Wassergehalt abgeschieden. Der Energiebedarf beträgt 1 bis 2 KW
je Kubikmeter Staubluft/Sekunde. Die Unterhaltungs- und Bedienungskosten sind sehr
gering. Explosionsgefahr ist ausgeschlossen, solange die Temperatur des Staubabscheiders höher als der Taupunkt des Wrasens gehalten wird, so daß keine Kondensation
des Wasserdampfes eintritt. Die Gefahren durch die Hochspannung sind sehr gering,
da die Stromstärke nur wenige Milliampère beträgt.

Der Einbau der elektrischen Entstaubung erfolgt zum Teil unmittelbar in den
Schlot oder auch in besondere, an den Schlot angebaute Kammern. In diesem Falle
befördert ein Ventilator den Zug.

Die e r s t e r e größere elektrische Entstaubungsanlage wurde auf der den E i n -
t r a c h t w e r k e n gehörigen G r u b e W e r m i n g h o f f für je 20 Pressen Ende
1923 eingebaut.

Die N u t z b a r m a c h u n g d e r g r o ß e n W ä r m e m e n g e n[1]), die im Wasserdampf des Wrasens zur Zeit ungenutzt entweichen, wird vielfach erörtert. Man
schätzt die in den deutschen Brikettfabriken im Wrasen verloren gehende Wärme
gleich der in 9 000 000 *t* Rohbraunkohle enthaltenen.

D i e K l ä r u n g d e s z u r N a ß e n t s t a u b u n g v e r w e n d e t e n W a s s e r s.

Je besser die trockene Entstaubung arbeitet, um so kleiner wird die Menge des
allerfeinsten Staubes sein, der durch die nasse Entstaubung niedergeschlagen wird.
Auch der Wert ist gering, da es sich um nasse Kohle handelt. Wo Gelegenheit dazu
vorhanden ist, wird daher das Schlammwasser in verlassene Tagebaue oder alte
Grubenbaue geführt. Dort versickert das Wasser allmählich und der Schlamm bleibt
zurück. Oft ist aber diese Möglichkeit nicht vorhanden, auch zwingt zuweilen der
Mangel an Wasser dazu, Maßnahmen für eine baldige Klärung und Wiederbenützung
des Wassers zu treffen.

Wie schon erwähnt, setzt sich der allerfeinste Staub in Klärbecken nur sehr
langsam zu Boden, auch läßt sich der reichlich mit Wasser getränkte Schlamm nur
sehr schwer ausschlagen und verwenden. Es sind daher auf vielen Werken besondere
Verfahren zur Klärung des Schlammwassers in Gebrauch. Natürlich bemüht man sich,
die nasse Entstaubung so viel wie möglich einzuschränken.

---

[1]) G e n s e c k e. Über die Verwendung der Abwärme in Brikettfabriken. Braunkohle,
Bd. XXII, H. 39 vom 29. Dezember 1923, S. 601.

Zur Klärung des Wassers dienen allgemein die Naßfilter, und zwar dürften zurzeit nur in Frage kommen: das Ribbertsche Planfilter, das Trommel-filter Richter-Henke und die Filterpressen.[1]) Von den letzteren dürften nach Einführung der Dehneschen Filterpressen und ähnlicher das Buckauer und das Zeitz-Filter[2]) als veraltet anzusehen sein.

Das Ribbertsche Planfilter (Abb. 280 und 281) besteht aus einem lang-gestreckten, muldenförmigen Troge T aus Eisenblech von etwa 3,2 qm Oberfläche, der durch ein weitmaschiges, kräftiges Gitterwerk g und ein darüber gespanntes, feines Bronzegewebe abgedeckt ist. An dem einen Kopfende des Troges befindet sich unter dem Bronzegewebe ein Rohrstutzen r, der mit der Saugleitung einer Luftpumpe in Verbindung steht. Am Boden des Troges sind Abflußöffnungen mit Ventilen v vor-handen. Über das Bronzegewebe hinweg kann in etwa 2 mm Abstand eine Kratz-kette k entlang geführt werden.

Die Arbeitsweise des Filters ist die folgende: Das Schlammwasser wird durch eine Rohrleitung und ein besonderes Verteilungsrohr auf das Bronzegewebe aufgege-ben. Der Kohlenschlamm setzt sich auf diesem fest, während das Wasser durch das Gewebe abfließt. Dieser Vorgang würde bei allmählicher Zunahme der Schlammschicht auf dem Filter zu langsam vor sich gehen. Darum wird durch die Luftpumpe in dem Troge unter dem Filter ein Vakuum von ungefähr 8 m Wassersäule erzeugt, wodurch ein Absaugen des Wassers von dem Kohlenschlamm eintritt. Dieser Unterdruck herrscht in dem Troge dauernd; er dient dazu, zunächst während der Aufgabe des Schlammwassers, der ersten Filterperiode, das Abfließen des geklärten Was-sers zu beschleunigen. In der zweiten Filterperiode wird der Schlammwasser-zufluß abgestellt und infolge des Unterdruckes Luft durch den auf dem Filter liegenden Kohlenkuchen hindurch gesaugt. Auf diese Weise wird der Kohle ein weiterer Teil ihres Wassergehaltes entzogen. In der dritten Arbeitsperiode wird das auf dem Filter liegende Gut durch die Kratzkette abgestrichen und fällt über eine Schurre auf ein Förderband. Da die Kratzer jedoch in 2 mm Abstand von dem Bronzegewebe entlang geführt werden, bleibt eine 2 mm dicke feste Kohlenschicht dauernd auf dem Gewebe liegen, zu dessen Schutz und zu besserer Klärung des Wassers. Nach dem Abstreichen beginnt der ganze Vorgang von neuem. Die Dauer einer Filtrierung, d. h. der drei Arbeitsvorgänge zusammen beträgt 3 bis 3½ Minuten.

Die einzelnen Vogänge folgen selbsttätig aufeinander durch Vermittlung un-runder Scheiben und Hebelübertragung. Die stündliche Leistung beträgt etwa 0,7 t Filterkohle mit etwa 50% Wasser. Die Kosten für 1 t Filterkohle werden mit 1,05 Mark angegeben.

Das Trommelfilter (auch Zellenfilter, Abb. 282 bis 284). Das Schlammwasser wird hier einem muldenförmigen Troge T zugeführt, an dessen tief-ster Stelle ein Rührwerk W den Absatz des Schlammes verhindert. In diesen Trog taucht eine, auf wagrechter Achse verlagerte Trommel Z etwa mit dem vierten Teile ihres Umfanges ein, sie besteht aus eisernen Längsstäben, und ist mit durchlochtem Messingblech, darüber mit Filtertuch bespannt und hat etwa 1 m Durchmesser und 3 m Länge. Die Trommel ist ferner durch Querwände und zwei Längswände in Grup-pen zu je vier Kammern zerlegt. In jede von diesen mündet von der einen Endfläche her ein Rohr, außerdem schließt die Endfläche der Trommel luftdicht an einen fest-stehenden Saugknopf S an, der den vier Quadranten entsprechend mit vier kreisför-migen Schlitzen (Abb. 284) versehen ist. Hierdurch wird es ermöglicht, in den Kam-

[1]) Klingholz. Schlammfilteranlagen und Verwendung der Filterkohle im Rheini-schen Braunkohlenbergbau. Pr. Z. 1916, S. 51.
[2]) Gertner. Über Entstaubungsanlagen in Braunkohlen-Brikettfabriken. Pr. Z. 1908, S. 257. — Gumbrecht. Die Entwicklung der Schlammfilteranlagen im Rheinischen Braunkohlenbergbau. Braunkohle 1913/14, S. 579.

mern der Trommel, die in das Schlammwasser eintauchen und der Drehung entsprechend in den nächsten Kammern durch eine Saugpumpe Unterdruck zu erzeugen,
während der dritten und vierten Kammer Preßluft zugeführt wird.

Es stehen jedesmal die Kammern, die sich unter Wasser befinden unter Saugspannung, infolgedessen tritt das Wasser durch das Filtertuch in diese und die an-

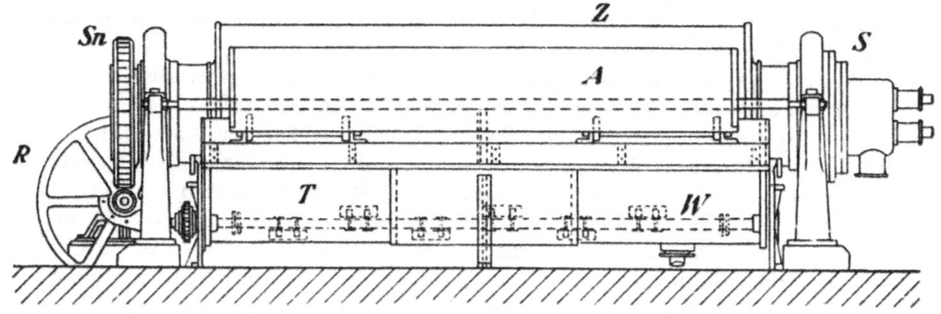

Abb. 282. Seitenansicht.

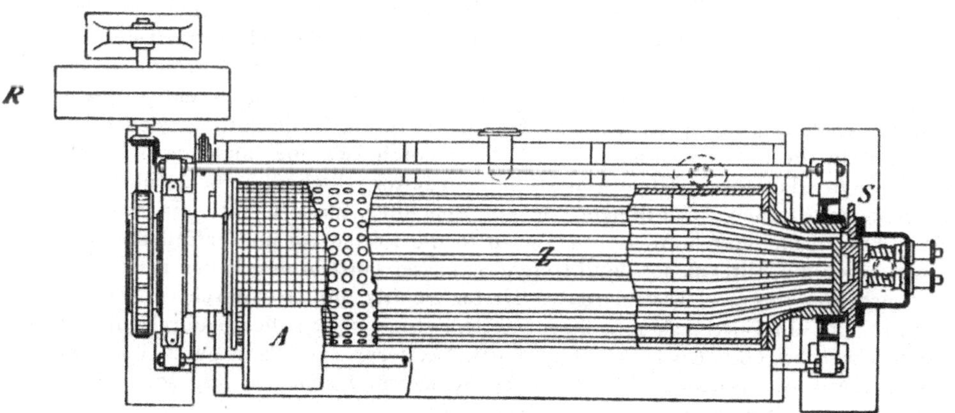

Abb. 283. Grundriß, z. T. Schnitt.

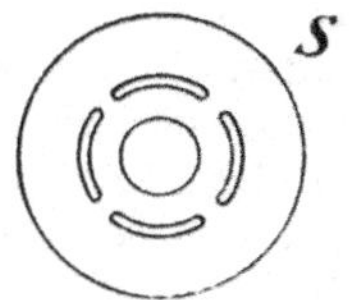

Abb. 284. Ansicht des Saugkopfes.

Abb. 282 bis 284. Trommelfilter von Richter-Hencke.

schließenden Rohre ein, während der Kohlenschlamm auf dem Filtertuche haften
bleibt. Die Saugspannung wird noch einige Zeit, nachdem die Kammern bereits das
Wasser verlassen haben, aufrecht erhalten und hierdurch die Kohle durch die angesaugte Luft nachgetrocknet. Bei weiterer Umdrehung der Trommel gelangen die
Rohrenden an den Schlitz, der mit der Druckluftleitung in Verbindung steht, dann
bläst von innen Luft durch die Kohle. Hierdurch wird die anhaftende Kohlenschicht
gelockert und kann nun leicht durch einen Abstreicher A abgestrichen werden, sie
fällt über eine Schurre in eine Förderschnecke. Die auf dem Filter verbleibende Koh-

lenschicht kann dadurch gelockert werden, daß sich die Stellung des Abstreichers von Zeit zu Zeit selbsttätig etwas ändert. Sobald die Kammer wieder in das Wasser eintaucht, beginnt der Vorgang von neuem. Der Antrieb erfolgt durch Schnecke und Schneckenrad Sn.

Ein Filter von den weiter oben genannten Abmessungen verarbeitet in der Minute 150 l Schlammwasser und liefert in der Stunde 0,84 t Filterkohle mit etwa 45% Wasser. Die Kosten auf 1 t Filterkohle betragen 1,50 Mark. Die Abgabe der Filterkohle erfolgt ohne Unterbrechung.

Die **Filterpressen** bestehen aus einem kräftigen, eisernen Gestell, dessen Endplatten durch zwei starke Stangen St miteinander verbunden sind (Abb. 285 bis 287). Die Presse ist gewöhnlich aus je 30 abwechselnd aneinander gereihten **Filterplatten** p, die mit Jutetüchern t überzogen sind und **Filterrahmen** k, welche die zu entwässernde Masse aufnehmen, zusammengesetzt. Filterrahmen und Filterplatten werden in dem Gestell durch Preßschrauben oder dergl. fest aneinander gepreßt und bilden eine Reihe nach außen gut abgedichteter Kammern. Außen tragen Filterrahmen und Filterplatten kräftige Handgriffe H, mit denen sie auf den Stangen St ruhen. Die Filterrahmen (Abb. 285) sind rechteckig und an beiden Seiten mit Dichtungsstreifen versehen. (Über den Ansatz n vgl. weiter unten.) Die Filterplatten p (Ansicht Abb. 286, Schnitt Abb. 287) bestehen aus dem vortretenden Rande und einem vertieft liegenden Boden, der im oberen und unteren Teile mit Unterbrechungen wagrecht, im mittleren Teile senkrecht gerillt ist, im oberen Teile ist ein rohrartiger Einsatz r vorgesehen. Beim Einbau wird über die Filterplatte ein Filtertuh gelegt, welches die Platte auf beiden Seiten völlig bedeckt und an dem Rohrstutzen r entsprechende Ausschnitte trägt. Das Filtertuch wird außen am Rande durch die aufliegenden Filterrahmen fest auf die Platte gepreßt, während bei r durch zwei ineinander verschraubte Rohrstutzen mit Flanschenansätzen (Abb. 287) ein fester Abschluß herbeigeführt wird. Zuweilen wird zwischen das Filtertuch und die gerillten Flächen noch ein Siebblech eingelegt. Die zu filtrierende Masse tritt bei a in die Presse ein und erfüllt die Kammern, das durch die Filtertücher durchtretende Wasser läuft in den Rillen nach unten, sammelt sich hier in einem besonderen vertieften Schlitz und tritt durch den Hahn b ins Freie. Sollte ein Filtertuch schadhaft werden, so zeigt sich dies dadurch, daß das Wasser aus dem betreffenden Hahne trüb läuft. Letzterer wird dann geschlossen, dadurch wird zwar die Wirkung der beiden benachbarten Kammern ausgeschaltet, die übrigen Kammern arbeiten jedoch ungestört weiter.

Die Trocknung der in den Rahmen abgeschiedenen Masse kann dadurch noch verbessert werden, daß nach Füllung der Presse durch die Masse **Preßluft** hindurchgeführt wird. Zu diesem Zwecke sind an die Kammern die Ansätze n angegossen, sie bilden, nachdem die Presse zusammengesetzt ist, ein fortlaufendes Rohr. Jede **zweite** Filterplatte hat eine Bohrung, welche zu den gerieften Flächen führt. Wird nun durch das Rohr n Preßluft von etwa 2 at Überdruck zugeführt, nachdem der Ablaßhahn derjenigen Filterplatten, in welche die Preßluft durch die Bohrungen eintreten kann, geschlossen wurde, so dringt die Preßluft von diesen Filterplatten aus durch die in den benachbarten Kammern angesammelte Masse bis in die nächste Filterkammer hindurch und nimmt auf diesem Wege entsprechende Mengen von Wasser mit. Zur Entleerung wird die Presse geöffnet, die Masse läßt sich aus den Filterkammern leicht herausnehmen, sie fällt gewöhnlich auf ein Transportband und wird der Kesselfeuerung zugeführt.

Die Füllung einer Presse dauert 3 bis 3½ Stunden, das Durchblasen der Kohlenkuchen mit Druckluft ¼ Stunde und das Entleeren einer Filterpresse ½ Stunde. Der Kraftbedarf der zugehörigen Luftpumpe beträgt etwa 20 PS. Zur Bedienung sind zwei Mann erforderlich, die jedoch auch noch Nebenarbeiten verrichten können.

Die genannten Filter liefern nicht völlig klares Wasser, jedoch kann es erneut zur Naßentstaubung verwendet werden. Da im Kohlenschlamm entsprechende Wassermengen verbleiben, muß Frischwasser zugegeben werden. Trotzdem ist darauf zu achten, ob sich infolge des Schwefelkiesgehaltes der Kohle das Wasser so stark mit Säure anreichert, daß hierdurch eine Schädigung der Filter eintritt.

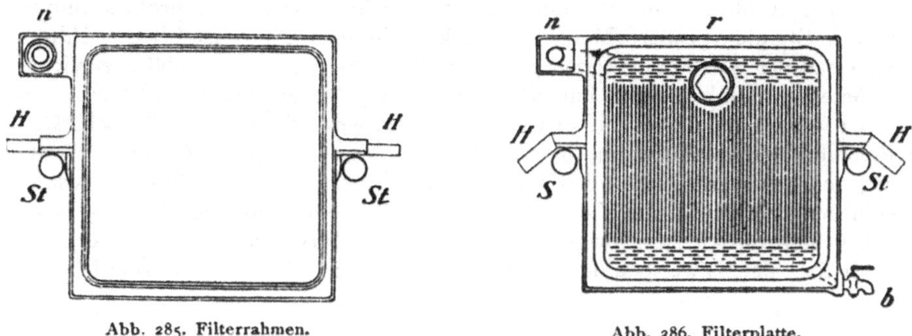

Abb. 285. Filterrahmen.　　　　　Abb. 286. Filterplatte.

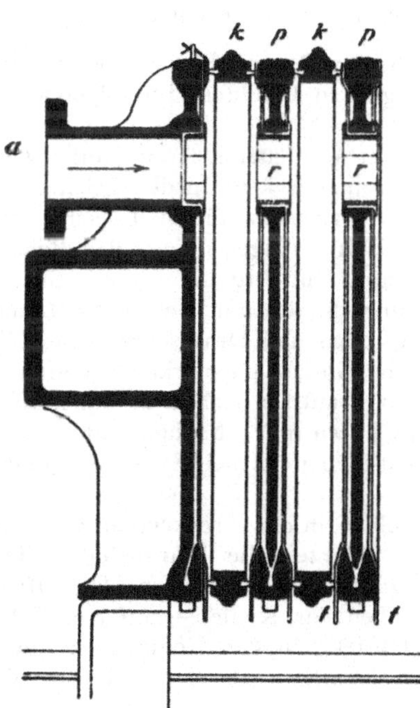

Abb. 287. Längsschnitt (im doppelten Maßstabe der Abb. 285 und 286).

Abb. 285 bis 287. Filterpresse, Bauart Dehne, Halle.

Vergleich zwischen Trommelfilter und Filterpresse[1]).

Auf Grube Erika bei Senftenberg lieferte ein Trommelfilter mit 11 *qm* Filterfläche je *qm/st* 35,6 *kg* Trockenkohle mit 55% Wassergehalt und 873,4 *kg* geklärtes Wasser mit 0,281 *g* Staub je Liter. Zur Bedienung von vier Trommelfiltern genügt ein Mann. — Eine Filterpresse mit 48 *qm* Filterfläche lieferte je *qm/st* 31,2 *kg* Trockenkohle mit 55% Wasser und 705 *kg* Wasser mit 0,404 *g* Staub je Liter. Vier Mann können vier

[1]) Pr. Z. 1924, S. 30. — Mitteilungen der Werksverwaltung.

Pressen bedienen, aber noch Nebenarbeiten verrichten. Die Leistung, bezogen auf je 1 *qm* Filterfläche ist also ungefähr die gleiche, der Verbrauch an Filtertüchern ist jedoch bei den Trommelfiltern erheblich geringer. Die Bedienung der Filterpressen ist teurer.

Ferner fällt es ins Gewicht, daß das Trommelfilter ohne Unterbrechung, das Ribbertsche Filter fast ohne Unterbrechung arbeitet, während die Filterpressen immer nach etwa vier Stunden größere Mengen Filterkohle liefern. Auch ist bei den Filterpressen der Grad der Trocknung etwas ungleichmäßig, die dem Wasserabfluß zunächst liegenden Teile der Kohlenkuchen haben den höchsten Wassergehalt.

Die Verwendung der Filterkohle hängt wesentlich von der Beschaffenheit der Rohkohle ab. Auf einzelnen Werken können bis zu 5% Filterkohle der Brikettkohle zugegeben werden; es geschieht das vor dem Mischen und Kühlen der Kohle. Auf anderen Werken ist nur die Verbrennung der Filterkohle unter den Kesseln möglich, die aber mancherlei Schwierigkeiten bietet. Ein Zurückgeben der Filterkohle zur Rohkohle ist nicht zweckmäßig, da hierdurch die Staubbildung wesentlich gesteigert wird.

Die Verhütung von Bränden und Explosionen[1]).

Beim Bau und beim Betriebe der Braunkohlen-Brikettfabriken sind die einschlagenden behördlichen Bestimmungen zu beachten. Im folgenden sind die wichtigsten zusammengestellt:

Die Gebäude sind tunlichst nur aus feuersicheren Stoffen (Stein und Eisen) herzustellen. Die Dächer sind leicht einzudecken. In den Dächern und in den Fenstern sind Sicherheitsklappen vorzusehen, die sich leicht nach außen öffnen, sie sollen dem Überdruck einer Explosion nachgeben. Aus den Behältern und Apparaten, in denen sich Staub entwickeln kann, sind Abzugsrohre mit Sicherheitsklappen bis ins Freie zu führen. Zur Beleuchtung dürfen nur elektrische Lampen benützt werden, deren Birnen durch starke Glasglocken und Drahtschutz gegen Zerschlagen tunlichst gesichert werden. Das Tabakrauchen in den Fabrikräumen und in deren Nähe ist untersagt. Die ins Freie führenden Türen müssen sich nach außen öffnen. In jedem Stockwerke müssen ins Freie führende Türen in Verbindung mit außen angebauten eisernen Treppen vorhanden sein, um den Arbeitern bei Explosionsgefahr die Flucht zu gestatten.

Um ein Übertrocknen der Kohlen in den Trockenöfen zu verhüten, sind an diesen Vorrichtungen anzubringen, die jederzeit die Wärme oder die Spannung des zur Heizung verwendeten Dampfes zu erkennen gestatten. Die Öfen sind gut zu beaufsichtigen, so daß ein Hängenbleiben der Kohle — auf den Telleröfen wegen ungenügender Wirkung der Rührschaufeln, in den Röhrenöfen wegen Verstopfung einzelner Rohre — vermieden wird. Die Staubabsiebung bei den Telleröfen wirkt auch in diesem Sinne.

In den Fabrikräumen sind Vorsprünge, Vertiefungen und freiliegende Träger, auf denen sich Staub ansammeln kann, zu vermeiden. Wo das nicht vermieden werden kann, ist Vorsorge zu treffen, daß etwa sich niederschlagender Staub leicht entfernt werden kann.

Die Seitenwände der Sammelräume für trockene Kohle dürfen keine Unebenheiten haben und müssen, um das restlose Abgleiten der Kohle zu ermöglichen, mindestens 45° Neigung haben. Bei Betriebsunterbrechungen von über 24 Stunden Dauer sind alle Sammelräume für trockene Kohle leer zu arbeiten.

---

[1]) Franke, Bd. I, S. 494 ff. — Ebeling. Eigentümliche Betriebsgefahren der Braunkohlenbrikettfabriken im Oberbergamtsbezirk Halle usw. Pr. Z. 1915. S. 338/389.

Auf die Mittel zur tunlichsten Verhinderung der Staubbildung ist bei früheren Gelegenheiten des öfteren hingewiesen worden, z. B. die Ausfallkapseln und Gleitrinnen auf der Austragseite der Röhrenöfen. Abfallrohre für trockene Kohle sind geneigt, nicht senkrecht zu führen. Alle zur Aufbewahrung und Beförderung trockener Kohle dienenden Einrichtungen sind verschlossen zu halten und der Austritt staubiger Luft in die Fabrikräume dadurch zu verhindern, daß aus ihnen beständig Luft abgesaugt und den Entstaubungseinrichtungen zugeführt wird.

Die Temperatur, bei der trockene Braunkohle sich von selbst entzündet, ist je nach der Natur der Rohkohle recht verschieden, sie liegt zum Teil schon unterhalb 138⁰ C, das ist die Temperatur des Dampfes bei 3½ at Überdruck. Um etwa, namentlich durch Übertrocknung ins Glimmen geratene Kohle abzulöschen, überdeckt man sie mit grubenfeuchter Kohle oder löscht sie mittels gut zerstäubten Wasserstrahles ab. Hierbei muß das Aufwirbeln von Kohlenstaub sorgfältig vermieden werden, da der feinste, in der Luft schwebende und daher mit Sauerstoff innig gemengte Kohlenstaub, namentlich wenn er übertrocknet ist, leicht entzündlich und explosibel ist.

Durch F u n k e n r e i ß e n in den Förderschnecken infolge der Reibung von Quarz, Schwefelkies oder Eisenteilen, z. B. Schienennägeln, an Eisen, können Entflammungen veranlaßt werden. Ferner haben die trockenen Entstaubungseinrichtungen, namentlich die Beth-Filter, zur Verbreitung von Entflammungen beigetragen. Man schaltet daher zwischen zwei Einrichtungen, in denen trockener Staub unvermeidlich ist, z. B. zwischen zwei Förderschnecken, die im folgenden beschriebenen Abschlüsse ein, um ein Überspringen der Entflammung zu verhüten. Es sind das: die Doppelklappe, das Sperrpolster und das Zellenrad.

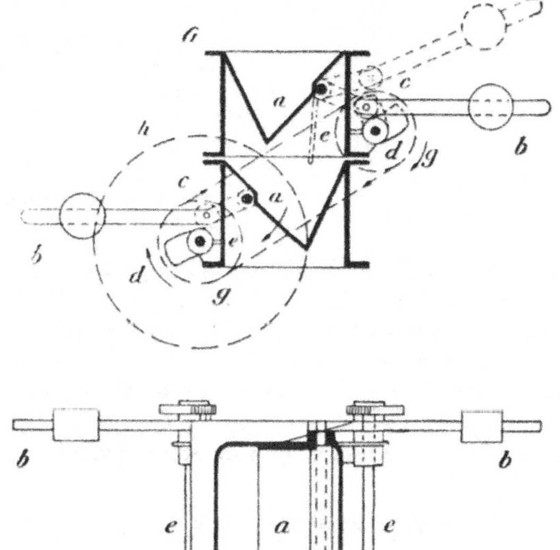

Abb. 288 und 289. Doppelklappe.

Die D o p p e l k l a p p e d e r M a s c h i n e n f a b r i k B u c k a u [1]). Die beiden Klappen (Abb. 288 und 289) liegen in einem gemeinschaftlichen Gehäuse mit Zwischenraum übereinander und werden abwechselnd zwangsläufig geöffnet und geschlossen, so daß stets eine von beiden geschlossen ist. Es wird dadurch verhindert, daß sich bei Feuersgefahr Verpuffungen, z. B. vom Staubsammelraum in die Förderschnecke oder umgekehrt, fortpflanzen.

Die beiden drehbaren Klappen *a* sind mit festaufgesetzten, etwas gekrümmten Gewichtshebeln *b* versehen. An der Krümmungsstelle sitzen Laufrollen *c*, die auf den Daumenscheiben *d* laufen, die ihrerseits auf den Wellen *e* so gegeneinander versetzt sind (etwa um 180⁰), daß, so lange eine Klappe geöffnet ist, die andere geschlossen ist. In der Abbildung hat sich die obere Klappe gerade geschlossen, die untere Klappe

---

[1]) N e i d h a r t. Neuerungen und Verbesserungen im Rheinischen Braunkohlenbergbau und in der Brikettfabrikation. Braunkohle 1910, S. 378.

beginnt sich zu öffnen. Der Antrieb findet von der Riemenscheibe *h* aus mittels Kette
und Kettenräder *g* statt.

Demselben Zwecke dient das sogenannte F e u e r v e r s c h l u ß - oder A b s p e r r-
p o l s t e r (Abb. 290). Zur Überführung der getrockneten Kohle aus der Förderschnecke I in die Förderschnecke II dient hier die insofern eigenartig gebaute Förder-

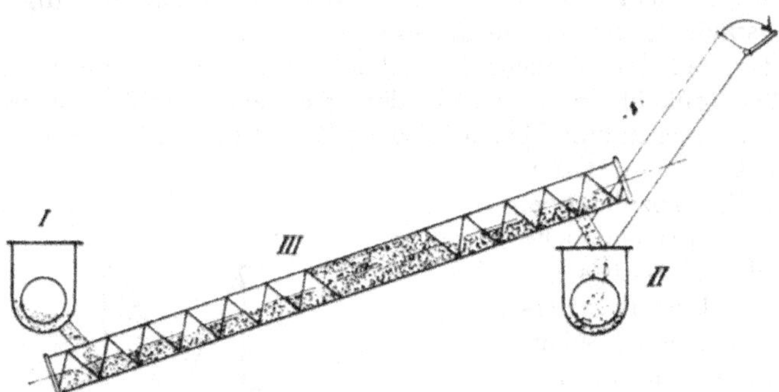

Abb. 290. Absperrpolster.

schnecke III, als ihr in der Mitte einige Schneckengänge fehlen. Infolgedessen häuft
sich an dieser Stelle die Kohle an und verschließt den Querschnitt der Schnecke vollständig, so daß das Überspringen einer Verpuffung von Förderschnecke I nach Förderschnecke II verhütet wird. *N* ist ein E x p l o s i o n s r o h r mit S i c h e r h e i t s-
k l a p p e, das von der Förderschnecke II ins Freie fortgeführt ist.

Auch die S. 21 abgebildete S p e i s e w a l z e, auch Z e l l e n r a d genannt, dient
dazu, um bei der Förderung von Staub zwei Räume voneinander zu trennen.

Die Anlage der Braunkohlen-Brikettfabriken[1]).

Eine Braunkohlen-Brikettfabrik besteht aus dem Raume für den N a ß d i e n s t
und dem Raume für den T r o c k e n d i e n s t, beide sind gewöhnlich durch das geräumige T r e p p e n h a u s voneinander getrennt, um die Wirkung eines etwa eintretenden Brandes oder einer Explosion auf den Trockendienst zu beschränken. Der
S a m m e l -, M i s c h - u n d K ü h l r a u m ist ein etwas abseits gelegenes Gebäude
für sich. Auch das K e s s e l h a u s und die e l e k t r i s c h e Z e n t r a l e werden
wegen der Feuersgefahr und zur Verminderung der Staubwirkung in einiger Entfernung vom Trockendienst angelegt. Gewöhnlich wird Vorsorge getroffen, daß auch
Rohkohle (als Knörpelkohle) aus Vorratstaschen in Eisenbahnwagen verladen werden
kann. Der K ü h l u n g, S t a p e l u n g und V e r l a d u n g der Briketts ist besondere
Aufmerksamkeit zu schenken. E n t s t a u b u n g s a n l a g e n sind in ausreichendem
Maße vorzusehen.

Taf. IX zeigt den Grundriß einer Brikettfabrik nach den Plänen der Z e i t z e r
Eisengießerei und Maschinenbau-A. G. Die Rohkohle gelangt mittels einer Kettenbahn auf schiefer Ebene in die Wippersohle des Naßdienstes, geht durch die Schütt-
trichter *A* über verschiedene Walzwerke und Siebe und wird dann den Becherwerken *B* zugeführt (vgl. S. 165). Diese heben die hinreichend zerkleinerte Kohle bis
in das höchste Stockwerk des Naßdienstes und geben sie über ein Sieb. Etwaige
Gröbe, namentlich bestehend aus holziger Kohle, geht zur Rohkohlenverladung oder
Kesselfeuerung mittels der Bänder T_5 und T_6. Übrigens ist auch unmittelbare Bekoh-

<hr>

[1]) H i l d e b r a n d. Graphische Reihentafel zur Untersuchung und zum Entwerfen
von Brikettfabriken. Braunkohlenarchiv, Freiberg, 1922, H. 3, S. 8.

lung des Kesselhauses durch vom Naßdienst herangeführte Hunde mittels der Wipper W vorgesehen. Die übrige, genügend zerkleinerte Kohle wird mittels des Förderbandes T_1 durch das Treppenhaus hindurch dem obersten Stockwerke des Trockendienstes zugeführt und durch Abstreicher gleichmäßig über den acht Öfen verteilt.

Die getrocknete Kohle wird unter den Trocknern durch die Förderschnecke S_1 gesammelt, durch das ansteigende Band ohne Ende S_2 der oberen Sohle des K ü h l - r a u m e s zugeführt und hier auf die einzelnen Kühler verteilt, darauf unter diesen wieder gesammelt und durch das Band ohne Ende S_3 der über den Pressenrümpfen liegenden Verteilungsschnecke S_4 übergeben. Die Ausstoßrinnen der Briketts liegen in der Richtung der acht strichpunktierten Linien. Die S c h l e i f e r e i dient zur Herrichtung der Stempel und Formen.

Für den Verschiebedienst auf den Geleisen der Brikettfabrik werden f e u e r - l o s e L o k o m o t i v e n verwendet, um die Brandgefahr infolge Funkenwerfens auszuschließen.

S c h e m a t i s c h e r   H a u p t s c h n i t t   d u r c h   e i n e   B r a u n k o h l e n b r i k e t t - f a b r i k   m i t   S c h u l z s c h e n   R ö h r e n ö f e n. (Hierzu Taf. X.)[1]

Die im Naßdienst entsprechend zerkleinerte Kohle wird mittels Schaukelbecherwerkes 1 auf den obersten Boden des Trockenhauses befördert[2], der Antrieb erfolgt durch den Motor M. Der Kohlenboden nimmt einen größeren Vorrat an Rohkohle auf, im unteren Teile sind die Seitenwände abgeschrägt, so daß der größte Teil der Kohle durch das Einfalloch 2 selbsttätig dem Trockner zufällt. Von der einen Wand aus springen Einbauten 3 über die Einfallöcher vor, die eine gefahrlose Beobachtung der letzteren gestatten. Durch die schräg eingesteckten Eisenstäbe 4 kann das Einfallloch im Bedarfsfalle gegen den Kohlenvorrat abgesperrt und gereinigt werden. Die Schutzstangen 5, die das Einfalloch umgeben, sollen den Arbeitern zum Festhalten dienen, falls beim Nachrutschen der Kohlen nachgeholfen werden muß.

Aus dem Einfalloch wird die Kohle durch die Zuführungswalze 6, welche mit Stelleinrichtung st versehen ist, dem Schwingsieb 7 zugeführt. Die genügend zerkleinerte Kohle fällt in den Füllrumpf 8 des R ö h r e n t r o c k n e r s 9 und gelangt weiter in die Trockenrohre (vgl. S. 266). Etwa zusammengeballte Kohlen und Fremdkörper werden von dem Siebe auf das Förderband 10 abgegeben und zur Kesselfeuerung befördert.

Die getrocknete Kohle wird auf der rechten Seite des Trockners ausgetragen, fällt in die Schnecke 11 und wird der Siebtrommel 12 zugeführt. Durch die Röhren des Schulzschen Trockners streicht beständig Luft, welche die aus den Kohlen entweichende Feuchtigkeit, den Wrasen, aufnimmt, aber auch Kohlenteilchen mit fortführt. Der Zug wird vom Ventilator 13 erzeugt. Ehe der Wrasen durch die Esse 14 ins Freie gelangt, ist mittels des Staubabscheiders 15 und der Wasserdüsen 16 eine E n t s t a u b u n g vorgesehen (vgl. S. 277). Der vom Staubabscheider trocken abgeschiedene Staub fällt in den Behälter 17 und durch die selbsttätige Doppelklappe 18 in die Staubschnecke 19, er wird in den Pressenrumpf abgegeben. Der Behälter 17 ist mit einem ins Freie geführten Abzugsrohre 20 versehen, das durch eine Explosionsklappe gewöhnlich geschlossen ist. Die durch den Ventilator weiter beförderte Luft enthält immer noch feinsten Staub, sie trifft gegen die jalousieartig angeord-

---

[1] Nach Zeichnung der Maschinenfabrik Buckau A. G., Magdeburg—Buckau.
[2] Gewöhnlich verläuft als Fördermittel für die zerkleinerte Kohle der ganzen Länge nach über den Kohlenboden ein Förderband, so daß sämtliche Trockenapparate gleichzeitig mit Kohle versehen werden. Die hier gewählte Darstellung wurde dadurch bedingt, daß in einem M o d e l l e eine möglichst gedrängte Anordnung aller wichtigen Teile einer Brikettfabrik gegeben werden sollte.

neten Prallbleche *21* und wird von dem feinzerstäubten Wasser der Streudüsen getroffen. Der gebildete Kohlenschlamm gleitet in die Schnecke *22* und wird von hier einem Filter zugeführt, der Kohle und Wasser trennt.

Die in dem feiner gelochten Teile der Siebtrommel *12* abgesiebte Kohle fällt in den Sammelrumpf *23* und weiter in die steigende Schnecke *25*, welche in das getrennt gelegene, hier nicht dargestellte Kühlhaus fördert. Die durch den gröber gelochten Teil der Siebtrommel fallende zusammengeballte Kohle wird durch das Nachwalzwerk *24* zerkleinert und fällt dann ebenfalls in die Förderschnecke *25*. Das von der Trommel ausgeschiedene Überkorn fällt in die Späneschnecke *26* und wird in das Kesselhaus befördert. Die sämtlichen bisher genannten Apparate (mit Ausnahme des Schaukelbecherwerkes) werden durch den Elektromotor M^1 angetrieben. Aus dem Kühlhause wird die bis auf etwa 40⁰ C abgekühlte Kohle durch die steigende Schnecke *27* zum Trockendienst zurückgeführt und mittels der Verteilungsschnecke *28* in die Vorratsrümpfe der P r e s s e n *29* verteilt. Sollten diese ausnahmsweise sämtlich gefüllt sein, so nimmt die Überlaufschnecke *30* die Kohle auf und gibt sie nochmals an die steigende Schnecke *25* ab. Aus dem Presserumpf gelangt die Kohle in bekannter Weise (vgl. S. 270) zur Presse *31*. Die fertigen Briketts werden durch die Brikettrinne *32* zum Stapelplatz oder zur Verladung geschoben.

Über den Pressen ist ein Laufkran *33* angeordnet, mit dem die schweren Pressenteile gehoben werden können.

Für die T r o c k e n e n t s t a u b u n g (vgl. S. 277) ist vorgesehen, daß aus den Förderschnecken beständig Luft durch einen Exhaustor abgesaugt und durch heberartige Rohre besonderen Staubschnecken zugeführt wird. Der sich in diesen niederschlagende Kohlenstaub wird in geeigneter Weise in die Pressenrümpfe befördert. Eine solche Staubabsaugung von der steigenden Schnecke *27* zur Staubschnecke *34* ist angedeutet. Der allerfeinste Staub muß auch in diesem Falle aus der Luft, bevor sie ins Freie entweicht, elektrisch abgeschieden oder durch Wasser- oder Dampfdüsen niedergeschlagen und dann durch Filter wiedergewonnen werden.

Der am Preßstempel austretende Staub fällt der Schnecke *35* zu, diese läuft jedoch wegen der Brandgefahr, die durch die Stempelreibung bedingt ist, in Wasser. Außerdem wird aber auch hier ein Unterdruck erzeugt, die Staubluft zur Schnecke *36* abgesaugt und dann, wie oben beschrieben, weiter behandelt.

Der in der Kesselanlage erzeugte D a m p f von etwa 14 *at* Spannung gelangt aus der Frischdampfleitung *37* zu den Brikettpressen, deren Dampfzylinder mit 2—3 *at* Gegendruck arbeitet. Dieser Abstoßdampf wird durch die Heizdampfleitung *38* mit eingeschaltetem Ölabscheider *39* zu den Röhrenöfen geführt. Der Dampfsammler *40* macht die einzelnen Pressen und Trockenapparate unabhängig voneinander. Das in den Röhrentrocknern kondensierte Wasser sammelt sich in einer Abwasserleitung und wird dem Sammelgefäße für die Speisepumpen zugeführt.

2. Das Brikettieren der Steinkohle[1]).

Allgemeines.

Die Anfänge der Steinkohlenbriketts sind in der Herstellung von K l ü t e n in der Rheingegend zu erblicken. Das Kohlenklein wurde mit 10—15% Lehm oder 8% Ton und dem nötigen Wasser mit der Hand gemengt und zu rundlichen Stücken geformt. Eine nennenswerte Herstellung von wirklichen Steinkohlenbriketts begann um 1860 zunächst in Frankreich, Belgien und England, während sich in Deutschland,

---

[1]) Die Entwicklung des niederrheinisch-westfälischen Steinkohlenbergbaues. Bd. IX, S. 593, Brikettfabrikation.

abgesehen von einigen kleineren Anlagen, das Brikettieren der Steinkohle erst um 1880 allgemein einbürgerte. Im Jahre 1915[1]) wurden im Deutschen Reiche 5 395 000 t Steinkohlenbriketts erzeugt, davon wurden allein im niederrheinisch-westfälischen Steinkohlenrevier etwa 4 324 000 t erzeugt[2]). In Großbritannien wurden im Jahre 1915 rund 1,7 Millionen Tonnen Steinkohlenbriketts im Werte von 1,76 Millionen Pfund Sterling erzeugt, davon entfallen etwas mehr als 80% auf Wales[3]).

Das Steinkohlenklein gelangt seltener unmittelbar aus der Grube, häufiger nach nasser Aufbereitung zur Brikettierung. Im letzteren Falle findet eine Trocknung, und zwar gewöhnlich auf Dampftelleröfen (siehe weiter oben) statt. Auch die durch Schwimmaufbereitung gewonnene Schlammkohle wird nach vorheriger Trocknung der Kokskohle zugesetzt. Außer in den Steinkohlenrevieren findet das Brikettieren von Steinkohlenklein auch in den Rhein-, den Nord- und Ostseehäfen statt, in denen Kohlen umgeladen werden. Hierbei fallen größere Mengen von Kohlenklein

Steinkohlenklein läßt sich in vorteilhafter Weise nur unter Zuhilfenahme von Bindemitteln zu Briketts verarbeiten, da eine Bindung nur unter einem außerordentlich hohen, praktisch nicht zweckmäßigen Drucke eintritt. Es sei jedoch bemerkt, daß als Vorbereitung für das von S u t c l i f f e und E v a n s in England vorgeschlagene Tieftemperaturverkokungsverfahren[4]) halb backende Steinkohlen mit mindestens 12% flüchtigen Bestandteilen auf etwa 4 mm zerkleinert und dann ohne Bindemittel auf einer Eierbrikettpresse (siehe weiter unten) bei einem Druck von 1260 bis 1575 kg/qcm zu Briketts von großer Festigkeit gepreßt werden. Dabei dürfte allerdings Voraussetzung sein, daß genügende Anteile kleinerer Körnungen, bis herab zu kolloidalfeinem Staube vorhanden sind, um eine Einbettung und Bindung der gröberen Teile zum Brikett zu ermöglichen. Das üblichste Bindemittel ist zurzeit H a r t p e c h. Dem Pressen geht die weitgehende Zerkleinerung der Kohle einerseits und des Hartpechs andererseits, sodann eine gleichmäßige und innige Mengung von Kohle und Bindemittel, außerdem meistens die Anwärmung der Masse durch Einführen von überhitztem Wasserdampf voraus. Steinkohlenbriketts werden vorwiegend in parallelepipedischer und in Eiform dargestellt. Das Gewicht der parallelepipedischen Briketts schwankt gewöhnlich zwischen 1 bis 15 kg, das Gewicht der Eierbriketts beträgt zwischen 50 und 250 g. Auch Würfelbriketts im Gewichte von 100 bis 500 g werden hergestellt. Man fertigt auch d u r c h l o c h t e E i e r b r i k e t t s, die infolge Vergrößerung der Oberfläche ein lebhafteres Feuer geben sollen. Die nachfolgende Zusammenstellung gibt einige der für Steinkohlenbriketts üblichen Abmessungen.

1 kg-Briketts	. . . .	150 × 70 × 70 mm	
3 „ „	. . . .	220 × 110 × 105	„ oder:
		160 × 160 × 105	„
5 „ „	. . . .	280 × 150 × 110	„ oder:
		185 × 185 × 135	„
10 „ „	. . . .	320 × 200 × 130	„
Würfelbriketts von 105 g	. . . . . .	50 × 50 × 33	„
220 „	. . . . . .	60 × 60 × 48	„
500 „	. . . . .	80 × 80 × 65	„

Bei der Stapelung und Versendung parallelepipedischer Briketts liegt ein besonderer Vorteil in der guten Raumausnützung, bei Schiffsverfrachtung kommt hinzu, daß Briketts eine festliegende Ladung bilden, während Stückkohlen bei den Bewegungen des Schiffes durch Abdrücken der Ecken und Kanten ihr Volumen vermindern und dann den Laderaum nicht mehr ganz ausfüllen.

---

[1]) E. G. A. 1916. S. 503.
[2]) P h i l i p p. Bergbau, 1924, S. 464.
[3]) E. G. A. 1917, S. 485.
[4]) T h a u. Tieftemperaturverkokung mit Preßkoksgewinnung. E. G. A. 1924, S. 192.

Die Eigenschaften der Briketts hängen außer von der Beschaffenheit der Kohle
von der Art und Menge des verwendeten Bindemittels und dem beim Pressen angewendeten Druck ab. Gute Briketts entwickeln bei niedrigem Aschengehalt eine hohe
Heizkraft, entzünden sich leicht, zerfallen nicht im Feuer und sollen wenig Rauch und
Ruß bilden. Sie müssen genügende Festigkeit besitzen, um bei der Beförderung und
Verladung nicht zu leiden, das Bindemittel darf nicht hygroskopisch sein und muß
einen so hohen Schmelzpunkt haben, daß die Briketts auch bei längerer Lagerung und
höherer Temperatur ihre Eigenschaften behalten.

Briketts aus Koks.

Aus Feinkoks können Briketts nach denselben Grundsätzen wie aus Steinkohlenklein hergestellt werden, doch ist ein höherer Pechzusatz erforderlich. Ein Zusatz
von etwa 20% Staub von Steinkohlen oder von 1% Teer erhöht die Festigkeit der
Briketts.

Unter dem Namen C a r b o c o a l[1]) wurde in Nordamerika ein rauchfreier Brennstoff folgendermaßen versuchsweise hergestellt: Zerkleinerte, gasreiche Kohle wird
bei einer Temperatur von nur 460 bis 480⁰ ein bis zwei Stunden destilliert, wobei Gas
und Teer entweichen. Der Rückstand wird mit aus dem Teer gewonnenem Pech vermischt und zu Briketts gepreßt, die einer zweiten Destillation bei rund 1000⁰ vier bis
fünf Stunden lang unterworfen werden und dabei einschrumpfen, ohne ihre Form zu
verlieren. Die so gewonnenen Briketts sind hart, grauschwarz und eben so dicht wie
Anthrazit. Die Ausbeute beträgt etwa 75% vom Gewicht der Rohkohle. Gas und
Ammoniak fallen in geringerer Menge als bei der üblichen Verkokung, dagegen
werden annähernd doppelt so viel Teer und wertvolle Öle gewonnen. Die Versuche,
die von der Marine und den Eisenbahnen angestellt wurden, hatten zwar ein günstiges
Ergebnis, trotzdem ist die Fabrikation wegen Unwirtschaftlichkeit nicht fortgesetzt
worden[2]).

Briketts aus Anthracitschlamm[3]).

Zu N e w a r k (New Jersey) wird Anthracitklein mit 18 bis 30% Asche fein
gemahlen und die Trübe nach dem T r e n t v e r f a h r e n (vgl. S. 220) behandelt. Die
so gewonnenen rundlichen Massen (englisch pellets) bis zur Größe eines kleinen
Hühnereies werden zu zylindrischen Briketts verpreßt und dann allmählich auf 90 und
540⁰ C erhitzt, um den Überschuß an Öl, Wasser und Nebenprodukten auszutreiben.
Man erhält harte, gegen Feuchtigkeit beständige Briketts mit nur 6% Asche, die
staubig ist und nicht sintert. Die Briketts sind in gleicher Weise für Dampfkessel-
wie für Stubenofenfeuerung geeignet.

Die Bindemittel.

Die B i n d e m i t t e l[4]) sind organische und anorganische, die ersteren verbrennen mit der Kohle, während die letzteren den Aschengehalt vermehren. Außer den
eigentlichen Bindemitteln werden zuweilen auch Stoffe den Briketts zugemischt,
welche ihre Eigenschaften beeinflussen sollen.

---

[1]) T h a u. Karbokohle. E. G. A. 1920, S. 726. — Z. V. d. I. 1922, S. 430.
[2]) Derselbe. Tieftemperaturverkokung in Amerika. E. G. A. 1923, S 490.
[3]) K n e e l a n d. Plant in Newark makes Briquets by Trent process. Coal Age. Bd. 26,
vom 20. XI. 1924. S. 715.
[4]) S t e g e r. Bindemittel für Brennstoffbriketts. Pr. Z. 1902, S. 311.

Zu den **o r g a n i s c h e n B i n d e m i t t e l n** gehört das zurzeit fast allgemein in Deutschland verwendete **H a r t p e c h**[1]). Es wird aus Steinkohlenteer durch Destillation hergestellt, indem die Temperatur allmählich bis 400° gesteigert wird. Hartpech erweicht bei etwa 100° C und schmilzt bei 150 bis 200° C. Versuche, welche gemacht worden sind, um Steinkohlenteer oder Weichpech zum Brikettieren zu verwenden, haben keinen Erfolg gehabt, da die Briketts bei größerer Wärme weich wurden. Weichpech erweicht bei 40° C und schmilzt bei 60° C, es wird bei der Destillation des Steinkohlenteers gewonnen, wenn die Temperatur nicht so weit wie bei der Hartpechherstellung gesteigert wird. In seinen Eigenschaften zwischen dem Weich- und Hartpech steht das **M i t t e l h a r t p e c h**, das beim Brikettieren ebenfalls verwendet wird. Je nach der Beschaffenheit der Kohle, dem beim Pressen angewendeten Druck und der gewählten Temperatur werden gewöhnlich 4 bis 10% Hartpech dem Steinkohlenklein zugesetzt. Zu hartes Pech erzeugt bei der Zerkleinerung einen Staub, der bei den Arbeitern Hautkrankheiten hervorruft. Als Ersatz für Hartpech wird zuweilen mit Vorteil **B a u m h a r z** benutzt, seine Bindekraft ist größer als diejenige des Hartpechs, so daß an Stelle von 2% Steinkohlenpech etwa 1% Harz genügt. Auch die Verwendung von 0,3% Naphthalin ($C_{10} H_8$) in Dampfform an Stelle von 1½% Hartpech wurde empfohlen[2]).

Außerdem sind als organische Bindemittel noch vorgeschlagen worden: **S t ä r k e k l e i s t e r** der durch Behandlung von Stärkemehl mit Wasser bei 40 bis 70° C entsteht, ferner **D e x t r i n (S t ä r k e g u m m i)**. Bei Erhitzung bis auf 150 bis 200° verwandelt sich der Stärkekleister in Stärkegummi. Ferner hat man die Abkochung von **C a r r a g h e n m o o s (A l g e**, welche in den irischen Gewässern vorkommt) mit Wasser als Bindemittel in Vorschlag gebracht. Hierdurch wird eine gallertartige Masse gebildet, die auf 1 *kg* Wasser nur etwa 4 *g* feste Bestandteile enthält.

In gewisser Beziehung auf der Grenze zwischen den organischen und anorganischen Bindemitteln stehen die **h a r z s a u r e n S a l z e** und die aus der Sulfit-Zelluloselauge hergestellten Klebemittel. Von den harzsauren Salzen, welche eine bedeutende Klebkraft haben, ist **h a r z s a u r e s M a n g a n** als Bindemittel für Briketts beim Eisenhochofenbetrieb in Aussicht genommen worden, da das Mangan als Legierungsmetall für das Eisen von Wert ist, außerdem das **h a r z s a u r e A m m o n i u m**, da es aschenfrei ist.

Die Lauge, welche sich bei der Behandlung von Zellulose ($C_6 H_{10} O_5$) mit Kalziumsulfit ergibt, ist ein lästiger Abfallstoff. **M i t s c h e r l i c h** schlägt folgende Verwertung dieser Lauge vor: Nach Zusatz von Kalkmilch oder Kalziumkarbonat wird die Flüssigkeit bis zum spezifischen Gewicht von 1,2 eingedampft und dann heißer Kalkbrei zugesetzt. Hierdurch entsteht ein Klebemittel, welches dem Gummiarabikum ähnlich ist, jedoch besonderen Geschmack hat und dunkel gefärbt ist. Es besitzt außerdem den Vorteil, daß es nicht hygroskopisch ist und sich billig herstellen läßt.

Als **a n o r g a n i s c h e s B i n d e m i t t e l** ist außer Ton noch **M a g n e s i a - Z e m e n t** (auch **S o r e l - Z e m e n t** genannt) von **G u r l t** empfohlen worden, er besteht aus 25% Magnesia, 25% Chlormagnesium und 50% Hydratwasser. Er wird durch Glühen und Schmelzen des Chlormagnesiums aus den Rückständen der Kalifabriken hergestellt und bildet mit Wasser einen sehr plastischen Teig, der an der Luft erhärtet. Ein Teil Magnesiazement vermag 20 Gewichtsteile Kohle zu harten Blöcken zu binden. 5% Magnesiazement, welche der Kohle zugesetzt werden müssen, ergeben wegen des Hydratwassers nur 2,5% Asche. Bei 150 bis 250 *at* Druck erhält man nach Trocknung an der Luft harte Briketts. Die Mischung mit der Kohle erfolgt kalt.

---

[1]) **T h a u.** Die Beschaffenheit des Brikettierpechs. E. G. A. 1923, S. 96.
[2]) **G r a h n.** Steinkohlenbrikettierung mit Naphthalinzusatz. E. G. A. 1912, S. 1536. 1764 und 1904.

Besondere Zusätze zu den Steinkohlenbriketts sind: Naphtharückstände, um die Entzündlichkeit zu erhöhen, außerdem werden gelegentlich zugesetzt: Salpeter, chlorsaures Kali oder Braunstein, welche als Sauerstoffträger zur rauchfreien Verbrennung der Briketts beitragen. So hergestellte Briketts haben für Lokomotivfeuerung in den langen Alpentunnels und bei der Kriegsmarine Verwendung gefunden.

Bemerkenswert ist noch, daß Utsch in Köln vorschlug, Steinkohlen- und Braunkohlenklein in solchem Verhältnis gemischt zu brikettieren, daß die Braunkohle die Bindung bewirkt und ein Bindemittel entbehrt werden kann[1]).

Vorbereitung für das Verpressen.

Hierher gehört das Trocknen der gewaschenen Kohle, das Zerkleinern des Hartpechs, das Mengen von Kohle und Bindemittel in dem vorgeschriebenen Verhältnis, das innige Mischen beider und das Vorwärmen, um das Pech zu erweichen.

Das Trocknen der gewaschenen Kohle findet häufig auf Dampftelleröfen (vgl. S. 261) statt, die ganz so gebaut werden, wie dies für die Braunkohlen-Brikettfabriken üblich ist. Auch werden Rohröfen (Trommeltrockner, Trockentrommeln) benutzt.

Die Trockentrommel (Abb. 291 bis 293) besteht aus einem zylindrischen, rotierenden Eisenblechmantel mit eisernem Einbau. Der Trommelquerschnitt wird hierdurch in einzelne Zellen geteilt (Abb. 293), deren gleichmäßige Füllung durch Anbringung besonderer Hubschaufeln gewährleistet ist[2]).

Die einer Zelle zugeführte Kohlenmenge bleibt während des Durchganges durch die Trommel in dieser Zelle und macht im Laufe einer Umdrehung der Trommel den Weg des in der Abbildung angedeuteten Pfeiles. Die Vorwärtsbewegung des Trockengutes wird durch Schräglegung der Trommel erreicht. Den Antrieb vermittelt ein am Trommelumfang angebrachter Zahnkranz mit Ritzel, die Umdrehungszahl beträgt etwa 5 i. d. Min.

Zur Aufnahme des Gewichtes der Trommel dienen vorn und hinten angeordnete, kräftige Laufkränze mit Rollen und Lagerungen. Das zu trocknende Gut gelangt durch den Eintrag E in die Trommel und durchwandert diese gewöhnlich in derselben Richtung wie der Gasstrom. Die zur Trocknung nötigen Feuergase mit etwa 200 bis 250^0 C werden in einer, der Trommel vorgelegten Feuerung F erzeugt.

Ein Notschornstein e dient zur Ableitung der Gase bei Unterbrechungen im Betriebe. Ein Ventilator V am Ausfallende der Trommel saugt die Gase durch die Trommel an und drückt sie zur Vermeidung von Staubbelästigung durch einen Zyklon C ins Freie (vgl. S. 121). Der hier noch gesammelte Staub wird durch die Schnecke s der bei A ausgetragenen getrockneten Kohle zugeführt.

Die Abmessungen der Trommel richten sich nach der Menge der in 24 Stunden zu trocknenden Kohle und nach deren Wassergehalt. Übliche Abmessungen sind 10 m Länge und 1,7 m Durchmesser.

Auch der S. 269 abgebildete Gleitblechkühler kann zum Trocknen von nassem Steinkohlenklein mittels Feuergasen Verwendung finden[3]).

Die Kohle kommt gewöhnlich ausreichend zerkleinert (10 mm) aus der Aufbereitung zur Brikettfabrik, auch wird sie bei den weiteren Vorbereitungen an und für sich noch weiter zerkleinert. Dagegen muß das Pech regelmäßig in der Brikettfabrik zerkleinert werden.

---

[1]) E. G. A. 1894, S. 1801.
[2]) Ein anderer Zelleneinbau ist abgebildet: Braunkohle, Bd. XXII, vom 9. VI. 23, S. 148.
[3]) E. G. A. 1922, S. 904.

An den Erzeugungsstellen wird das Pech flüssig in leichte Fässer gefüllt und erstarrt dann. In den Brikettfabriken werden die Fässer heruntergeschlagen und man erhält das Pech zunächst in großen Blöcken, der Faßform entsprechend. Diese werden mit schweren Hämmern vorzerkleinert, auf größeren Werken, auf denen der Bedarf ein entsprechender ist, nur bis zu handlicher Größe, so daß die weitere Vorzerkleinerung auf einem Steinbrecher (vgl. S. 17) erfolgen kann. Auf kleineren Werken wird die Zerkleinerung mit Hammer bis etwa zu Faustgröße fortgesetzt. Das Feinmahlen

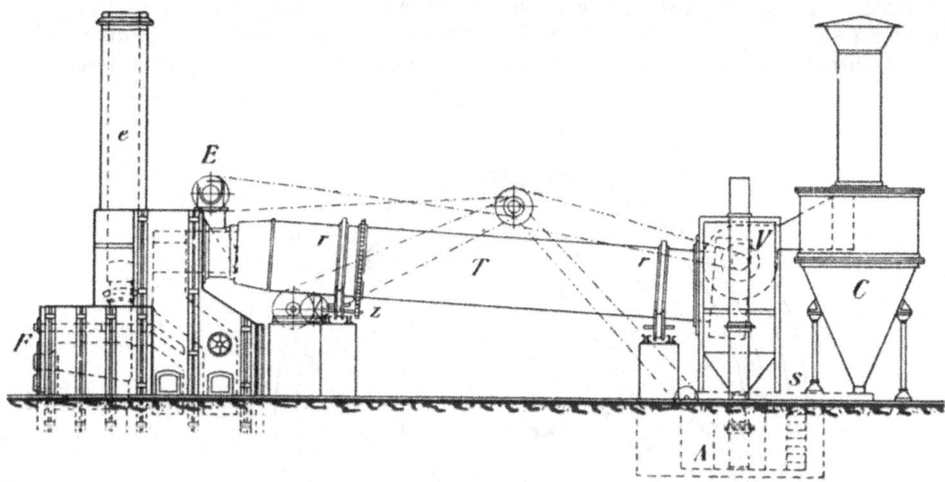

Längsansicht.

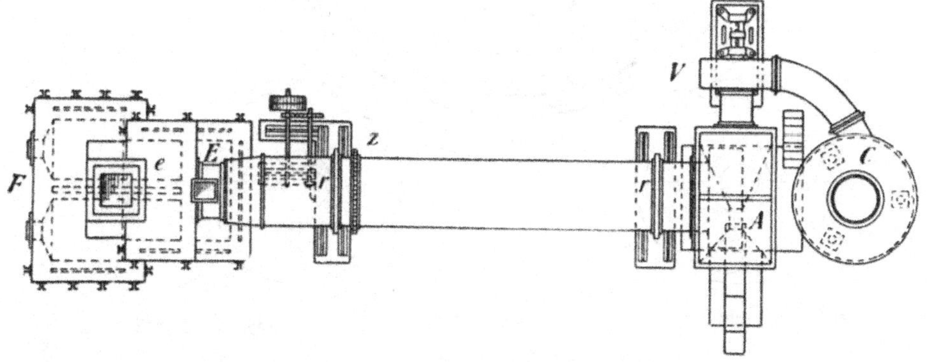

Grundriß.

Abb. 291 und 292. Trommeltrockner. Nach Zeichnungen der Maschinenfabrik Schüchtermann und Kremer, Dortmund.

findet durch einen Desintegrator (vgl. S. 43) oder auf dem Pech-Knackwerk (Abb. 294 und 295) statt. Es besteht aus einem Roste, der durch die fest eingebauten Stahlstäbe r gebildet wird, sie sind derart gekrümmt, daß die Welle unter ihnen Platz findet. Auf letzterer sitzen die Brechplatten l von etwa rhombischer Form, ihr Abstand wird durch die Ringe s, die auf die Welle aufgeschoben sind, bestimmt. Die Zerkleinerung erfolgt zum Teil durch Zerdrücken, zum Teil durch Abscheren. Das Pech wird mit der Hand eingetragen.

Die Firma Gebr. Pfeiffer, Kaiserslautern betont mit Recht, daß es zur Ersparung von Pech einerseits und zur Herstellung gleichmäßiger Briketts andererseits besonders wichtig ist, das Pech gleichmäßig fein zu vermahlen. Zu diesem Zwecke wird das zerkleinerte Pech durch ein Becherwerk einem **Windsichter** (vgl. S. 122) zugeführt, der das Feinmehl von etwa 0,2 *mm* Korngröße und darunter von dem Grieß trennt. Letzterer wird nochmals der Zerkleinerung zugeführt.

Um Kohle und Pech im richtigen Verhältnis zu mischen, dient gewöhnlich die folgende Einrichtung. Die trockene Kohle und das gemahlene Pech werden jedes für sich in einen Füllrumpf R eingetragen, unter jedem derselben ist ein sich drehender runder Tisch T eingebaut, auf den je nach seinem Abstande vom unteren Ende des Füllrumpfes (Abb. 296 und 297) und der Einstellung eines Schiebers eine bestimmte Menge Gut aufgetragen wird und einen konzentrischen Kegel bildet. An jedem Tische

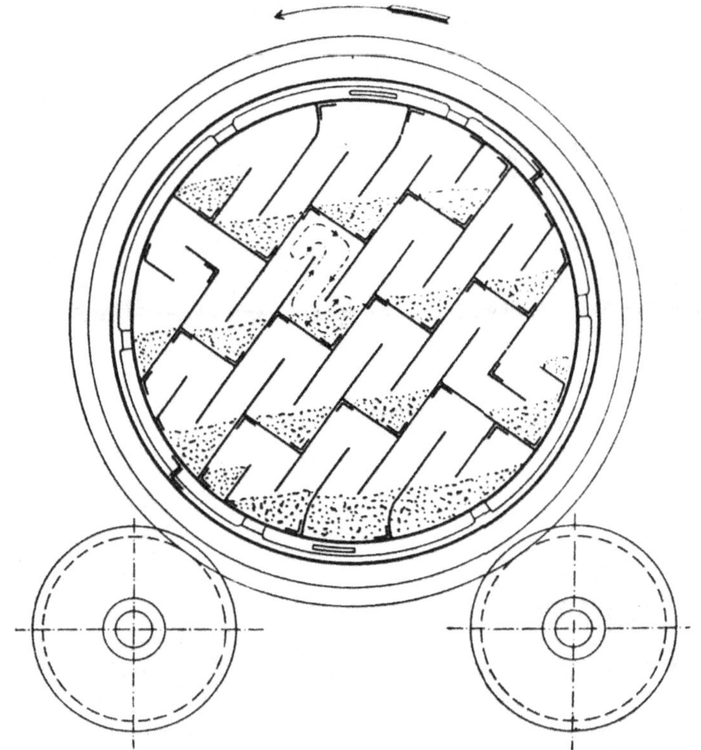

Abb. 293. Querschnitt der Kohlentrockentrommel, D. R. P. 277534, Eisenberg.

ist ein Abstreicher a eingestellt, der stets gleichbleibende Mengen Kohle und Pech (je nach der Kohlenbeschaffenheit zwischen 4 und 8%) abstreicht und in die tiefer liegende Förderschnecke F einträgt, hier beginnt die Mischung. Dann folgt meistens noch eine Nachzerkleinerung und weitere Mischung in einem Desintegrator. Von hier gelangt die Masse entweder in den Wärmofen oder mittels Becherwerk in das Rührwerk (Malaxeur) der Brikettpresse.

Wesentlich abweichend von diesem Vorgange sind die **Verfahren von Fohr-Kleinschmidt**[1]) und **Glawe**, beide verwenden **flüssiges Pech**.

In der Brikettfabrik der Zeche Engelsburg wird seit 1915 das Hartpech geschmolzen, dann äußerst fein zerstäubt und in einer Mischtrommel, die durch Feuer-

---

[1]) D a c h. Der Bindemittelzusatz nach dem Fohr-Kleinschmidtschen Verfahren in der Brikettfabrik der Zeche Engelsburg. E. G. A. 1915, S. 281.

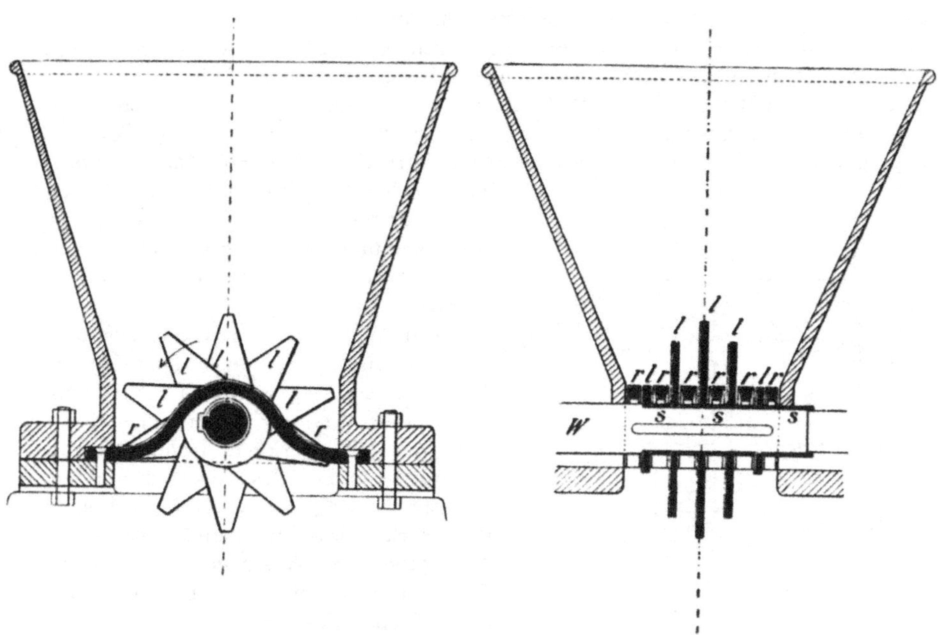

Abb. 294 und 295. Pechknackwerk.

gase beheizt wird, mit der getrockneten Kohle innig gemischt. Während früher 5,6%
Hartpech zugesetzt wurden, konnte der Pechzusatz auf 4% verringert werden, auch
3,5% Hartpech und 1% Teer ergeben
gute Briketts. Legt man einen Pech-
preis von 45 Mark für 1 *t* zugrunde, so
würde bei Verminderung des Pechzu-
satzes um 1,6% etwa eine Ersparung
von 70 Pfennig auf eine Tonne Briketts
erzielt werden. Dem steht allerdings
der Aufwand für das Schmelzen des
Hartpechs gegenüber. Es soll durch
das Verfahren eine besonders innige
Mischung von Kohle und Pech erreicht
werden. Das erwärmte Gut kann unmittelbar der Presse zugeführt werden.

Nach dem von dem Betriebsleiter
G l a w e auf der Brikettfabrik zu Z a -
b o r z e durchgeführten Verfahren[1])
kann auf solchen Brikettfabriken, die in
der Nähe von Kokereien mit Neben-
produktengewinnung gelegen sind, auch
f l ü s s i g e s Pech zur Brikettierung
verwendet werden. Es wird in Kessel-
wagen, die mit Wärmeschutzmasse um-
hüllt sind, angefahren und in der

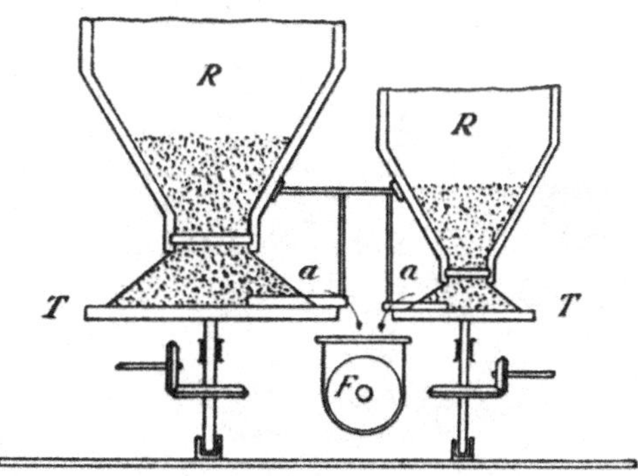

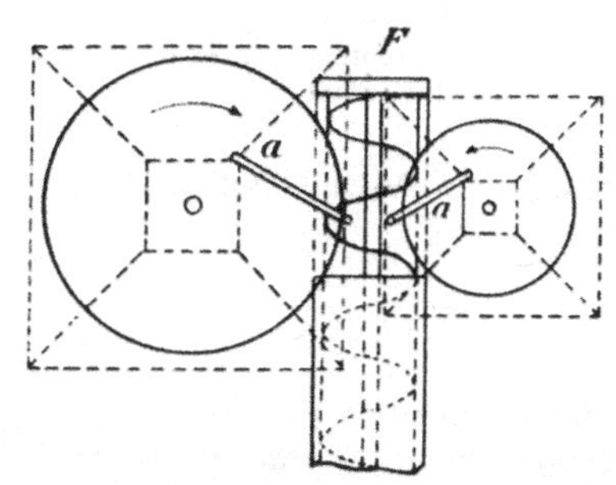

Abb. 296 u. 297. Mischvorrichtung für Kohle u. Pech.

[1]) D r ö g e. Ein neues Verfahren
der Steinkohlenbrikettierung unter Verwendung von flüssigem Pech. E. G. A.
1921, S. 1093.

Brikettfabrik in einen beheizten Kessel abgelassen. Aus diesem wird es mittels eines ummantelten Becherwerkes in einen ebenfalls durch Abgase beheizten Behälter gehoben und aus diesem in entsprechender Menge auf ein Band ohne Ende aufgegeben, das vorher mit der nötigen Menge Brikettierkohle beschickt war. Kohle und Pech werden in einen Desintegrator eingetragen, innig gemischt und dann der Brikettpresse zugeführt. Ein Verschmieren des Desintegrators tritt nicht ein. Dadurch, daß auf der Kokerei das Füllen des Peches in Fässer und in der Brikettanstalt das Ausladen und Mahlen des Peches fortfällt, werden Arbeitslöhne und Arbeit erspart.

Der W e i c h o f e n (Abb. 298 und 299) ist ein kreisrunder Flammofen, in dem sich ein wagrechter Teller T an senkrechter Welle W unter einem feststehenden Rührwerke R dreht. Das auf den mittleren Teil des Tellers durch den Eintrag E aufgegebene Gut wird vom Rührwerke durchgearbeitet und nach dem Rande zum Austrage A geschoben. Die Feuergase ziehen von der Feuerung F über den Tisch fort, fallen am Rande in den Raum unter dem Tische und verlassen durch den Fuchs G und die Esse H den Ofen. Die feststehenden Streichleisten a verhüten, daß das Korn vorzeitig vom Tische abfällt, der stellbare Abstreicher b führt die erwärmte Masse dem Austrage zu.

Die Erwärmung im M a l a x e u r, auch K n e t w e r k oder M i s c h e r genannt (H und Y in Abb. 301), der gewöhnlich unmittelbar über der Presse angebracht ist, findet durch überhitzten Wasserdampf statt, der am unteren Zylinderende in die Masse geleitet wird und auch mittels Dampfhemd den Zylinder äußerlich heizt. Das Überhitzen des Kesseldampfes geschieht in besonderen Schachtöfen in schlangenförmigen Eisenrohren durch Feuerungen bis auf 200, ja bis 350⁰ C. Die angewärmte plastische Masse wird mittels Rührern, die an einer senkrechten Welle befestigt sind, durchgearbeitet und tritt in die Formen der Pressen mit etwa 100⁰ C ein.

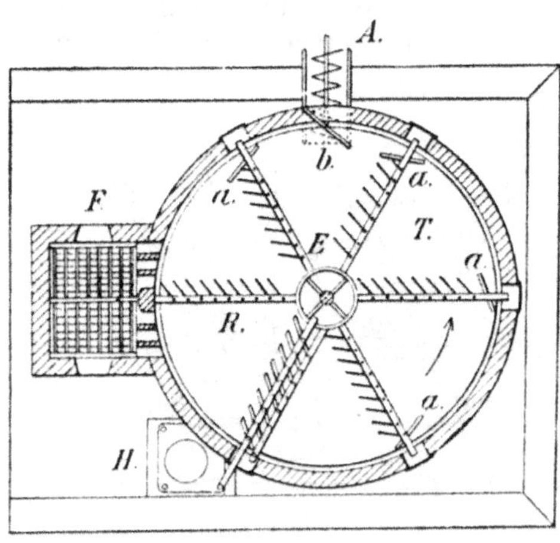

Senkrechter Schnitt.

Grundriß.

Abb. 298 und 299. Wärmofen von Schüchtermann und Kremer.

Die Steinkohlen-Brikettpressen.

Die Bauart der P r e s s e n ist sehr mannigfach, doch hat nur ein Teil ausgedehntere Anwendung gefunden und auch von diesen kommen nicht alle für deutsche Verhältnisse in Betracht. Man teilt die Pressen ein in Tangentialpressen, Pressen mit offenen Formen und solche mit geschlossenen Formen (Stempelpressen im engeren Sinne). Zu den **Tangentialpressen** gehören die **Eierbrikettpressen.** Bei der jetzt üblichsten Ausführung (Bauart **Zimmermann,** Abb. 300) drehen sich zwei Walzen, die am Umfange halbeiförmige Vertiefungen tragen, gegeneinander, die Masse gelangt in entsprechend starkem Strange zwischen die Walzen, die mit etwa 50 *kg* Druck auf 1 *qcm* die Eierbriketts pressen. Auf der unteren Seite der Walzen fallen die Briketts aus den Vertiefungen. Beim Verpressen verbleibt an den Briketts zunächst eine umlaufende Rippe, da die Walzen nicht ganz genau aneinander schließen können. Diese würde später abbröckeln und ein unbequemes Kohlenklein erzeugen. Man führt daher die Briketts vor der Verladung über ein Sieb,

Abb. 300. Eiformbrikettspresse.

beim Darüberrollen stoßen sich die Rippen zum größten Teile ab, außerdem werden die Briketts zur Abkühlung mit Wasser überbraust, das Kohlenklein fällt durch das Sieb und wird dem Preßgut wieder beigefügt, die Briketts fallen auf ein Förderband, das sie zur Verladung bringt. Die Firma Schüchtermann und Kremer baut diese Pressen gewöhnlich so, daß zwei Walzenpaare vorhanden sind, zwischen denen die Zahnräder liegen. Über den Walzen befindet sich ein Mischer.

Die **Gröppel-Rheinmetall** A. G. in Bochum empfiehlt unter dem Namen **Gnom** eine Kleinbrikettierungseinrichtung für eine Leistung von 3 *t* Eierbriketts in der Stunde. Die Kosten mit Hilfsapparaten sollen 14 000 Mark betragen, zur Bedienung sind zwei Arbeiter erforderlich. Bei einem Kohlenpreise von 15 M/*t* und 7% Pechzusatz bei einem Pechpreise von 60 M/*t* soll der Gestehungspreis je Tonne Briketts 20,40 Mark betragen[1]).

[1]) Pr. Z. 1924, S. 32.

L u c i e n   L i a i s (D. R. P. 344 592) schlägt vor, zwischen den sich drehenden Formwalzen einer Eierbrikettpresse an einem Querstück runde Stahlstäbe anzubringen, um auf diese Weise d u r c h l o c h t e   E i e r b r i k e t t s herzustellen[1]).

Von den P r e s s e n   m i t   o f f e n e r   F o r m ist diejenige von B o u r i e z zu nennen; sie arbeitet wie die bei der Braunkohlenbrikettierung eingehend beschriebene Extersche Presse. In Westfalen standen bis 1895 noch einige Bouriez-Pressen in Verwendung.

Bei den S t e m p e l p r e s s e n ist gewöhnlich ein drehbarer Tisch mit mehreren Formen vorhanden, er wird nach jeder Pressung um den entsprechenden Zentriwinkel gedreht und festgestellt. Die Masse wird gleichzeitig in eine Form gefüllt und zum Teil dabei vorgepreßt, an einer anderen Stelle wird die Masse von einem oder zwischen zwei Preßstempeln zum Brikett gepreßt, an einer dritten Stelle drückt ein besonderer Ausstoßstempel das Brikett aus der Form auf ein Transportband. Die Bewegung des Preßstempels erfolgt entweder durch Hebelübertragung oder durch hydraulischen Druck. Die Pressung mit einem Stempel hat den Nachteil, daß wegen der sehr starken Reibung der Masse in der Form beim Zusammenpressen die Festigkeit des Briketts keine gleichmäßige wird, vielmehr von der Seite des Stempeldruckes nach der anderen Seite hin allmählich abnimmt. Die neueren Pressen arbeiten daher sämtlich mit zwei Preßstempeln und erzeugen Drücke von 200 bis 300 Atmosphären; von diesen ist für Deutschland bei weitem die wichtigste die Presse von C o u f f i n h a l (Abb. 301—303, nach Zeichnungen der Firma S c h ü c h t e r m a n n   &   K r e m e r in Dortmund). Die Presse besteht aus dem wagrechten Formtisch Q mit 14 Formen, der um eine senkrechte Welle drehbar ist. Die Masse gelangt aus dem Mischzylinder X durch den Verteiler Y in die Formen; die R ü h r w e r k e, welche in beiden Zylindern arbeiten (vgl. Abb. 305), sind in Abb. 301 und 303 der Deutlichkeit wegen fortgelassen. Von einer vorgelegten Welle V aus werden mittels Zahnräder Z die beiden Hauptwellen W angetrieben, sie bewegen mittels Kurbeln K, Zugstangen F und Querstück H den oberen Preßhebel P auf und nieder; an diesem sind der obere Preßstempel J und der Ausstoßstempel L befestigt. Mit dem hinteren Ende des Preßhebels P ist durch die Zugstange M der untere Preßhebel P^1 verbunden, der bei d seine feste Drehachse hat und den unteren Preßstempel Y^1 trägt. Die Kugellager am Querstück bei G und die Stange T dienen zur Geradführung der Preßhebel, die Gummipuffer O gleichen etwaige Stöße und zu starke Beanspruchung aus. Statt der Gummipuffer ist zuweilen ein hydraulischer Zylinder vorgesehen, dessen Sicherheitsventil auf 200—300 at eingestellt ist[2]). Die Pressung jedes Briketts findet in der Weise statt, daß zunächst der obere Preßhebel mit dem Preßkolben J um den Drehpunkt d^1 auf die Masse niedergedrückt wird, während der untere Preßkolben nur den Gegendruck ausübt, aber in Ruhe verbleibt; wird die Reibung der Masse in der Form sehr groß, so bleibt der Preßkolben J in Ruhe und das Hebelsystem dreht sich nun um d; infolgedessen wird am Bolzen d^1 und an der Stange M der untere Preßhebel angehoben und der Preßkolben Y^1 vollendet von der Unterseite die Pressung[3]). Zu gleicher Zeit hat der Ausstoßkolben L aus der diametral gegenüberliegenden Form das fertige Brikett auf das Band ohne Ende U herausgestoßen (Abb. 301). Der Formtisch muß während der Preßperiode still stehen, dann aber gedreht werden, um eine andere Form zwischen die Stempel zu bringen. Dies wird durch folgende Einrichtung erreicht: auf den Wellen W sitzen Zylinder R mit eigenartigen Führungskurven s; in diese letzteren greifen je drei der unten am Formtische angebrachten Leitrollen S ein.

---

[1]) E. G. A. 1922, S. 123.
[2]) B o c k, F. Die Brikettierung der Steinkohlen. E. G. A. 1908, S. 10.
[3]) B e n e d i c t. Neuerungen an Couffinhal- und Eiformbrikettpressen. Feuerungstechnik, 1924, S. 167 — beschreibt eine Bauart mit zwangläufiger Betätigung des Unterstempels.

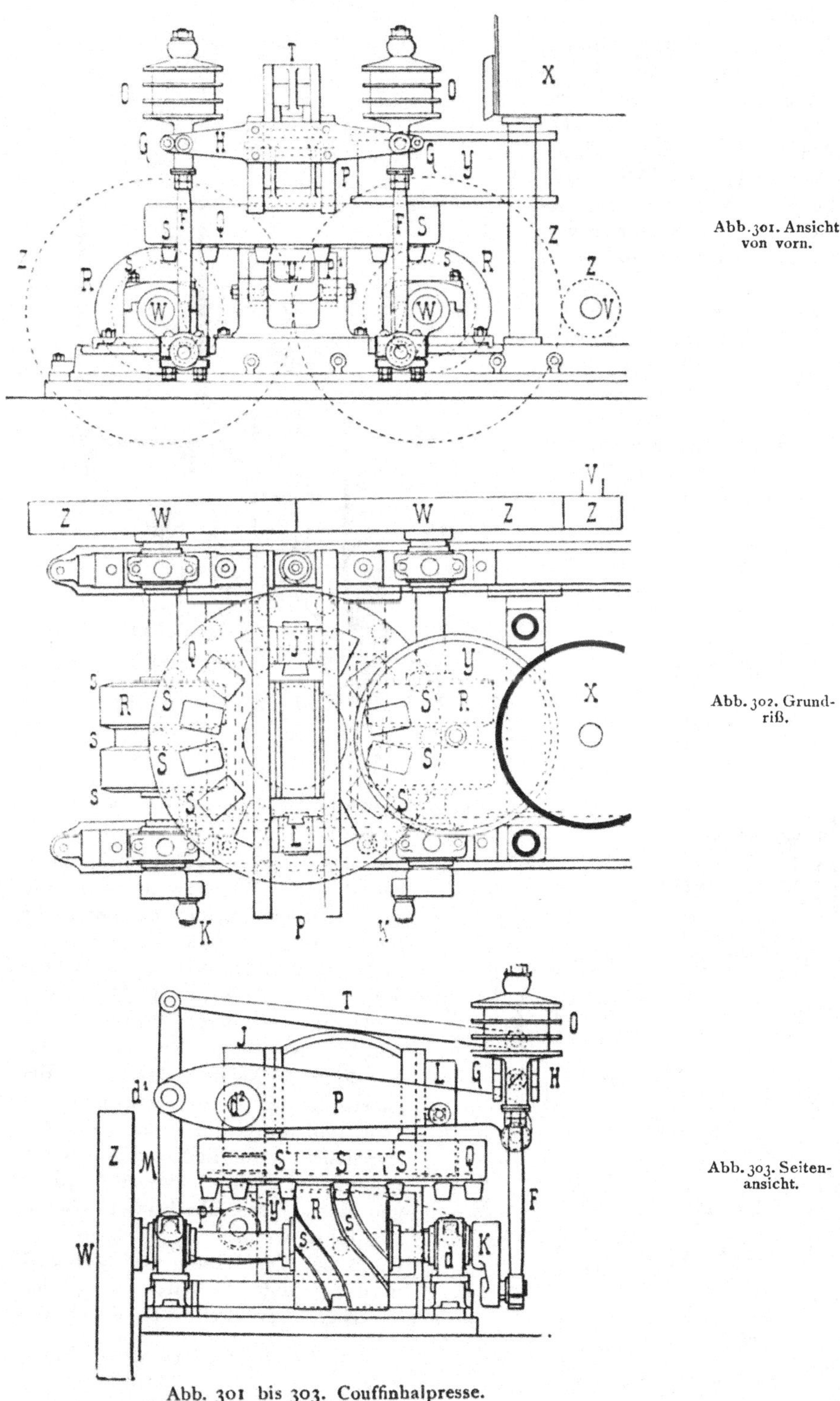

Abb. 301 bis 303. Couffinhalpresse.

Die Führungskurven verlaufen auf
den Teilen der Führungszylinder,
welche der Ruhepause des Formtisches entsprechen, in einer zur
Achse des Zylinders senkrechten
Ebene (Abb. 302), daran schließen
zwei Kurvenstücke an (Abb. 303),
welche die jedesmalige Drehung des
Formtisches um einen Sektor bewirken. In der Minute erfolgen etwa
35 Pressungen.

In neuerer Zeit ist auch die
englische Yeadon - Presse[1]
(sprich: Jiden, Abb. 304—308,
nach Zeichnungen der Königin
Marienhütte in Cainsdorf) in
Deutschland eingeführt worden. Sie
hat einen um die wagrechte Welle E
drehbaren Formtisch M (Abb. 304)

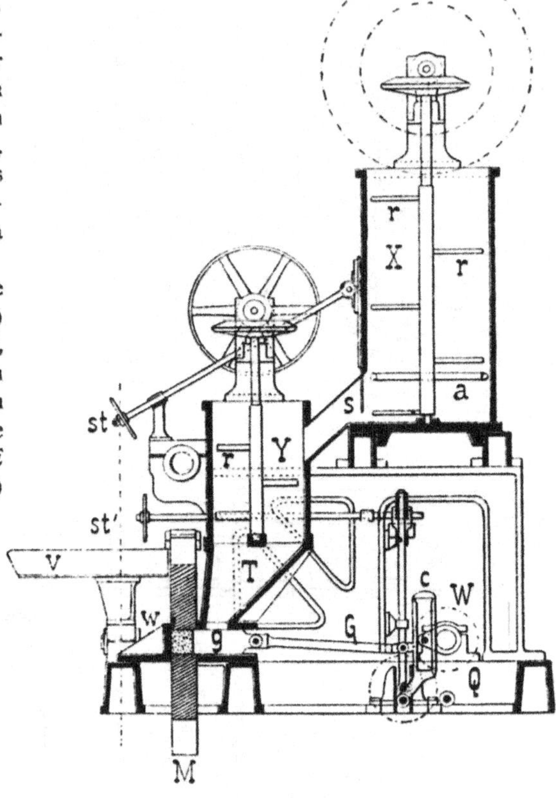

Abb. 305. Schnitt nach III—IV durch den Stopfkolben.

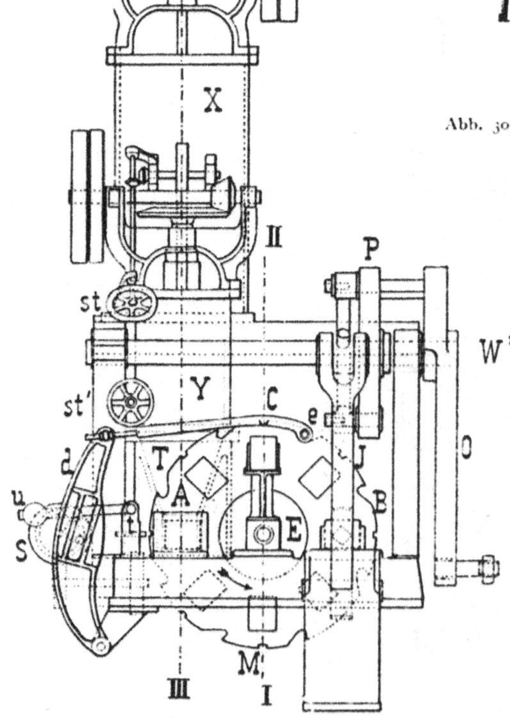

Abb. 304. Ansicht von vorn.

mit acht Formen; gleichzeitig findet
bei A das Füllen der Formen und
das Vorpressen, bei B das eigentliche
Pressen und bei C das Ausstoßen der
Briketts statt. Die stehenden Wellen
der Rührgefäße X und Y (Abb. 305)
sind mit besonderem Antrieb versehen; sie tragen Rührer r. Im
Mischgefäße X, dem durch ein Becherwerk die zerkleinerte und mit
dem Bindemittel gut gemengte Kohle
zugehoben wird, liegt außerdem ein
Dampfrohr a, durch dessen Lochungen der Masse überhitzter Dampf
zugeführt wird. Der Übertritt des
Gutes aus dem ersten Rührgefäß X
in das zweite Y wird durch den
Schieber s geregelt, der durch die

[1] Treptow, E. S. J. 1907,
S. 35.

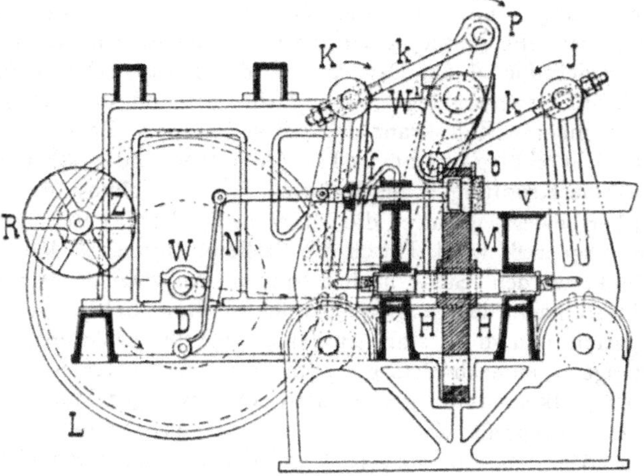

Abb. 306. Schnitt nach I—II von links gesehen, Zeitpunkt der stärksten Pressung.

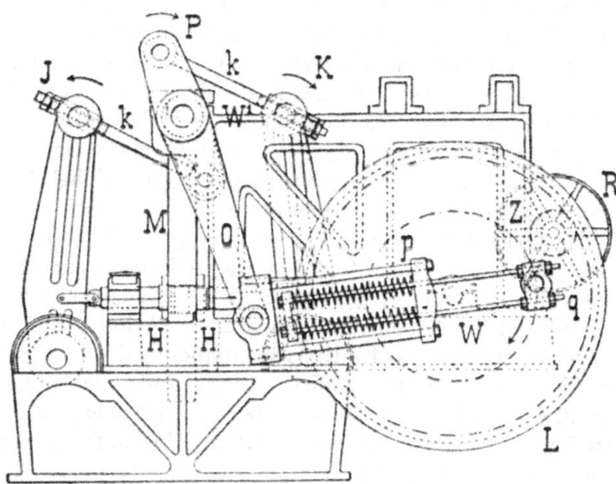

Abb. 307. Ansicht von rechts.

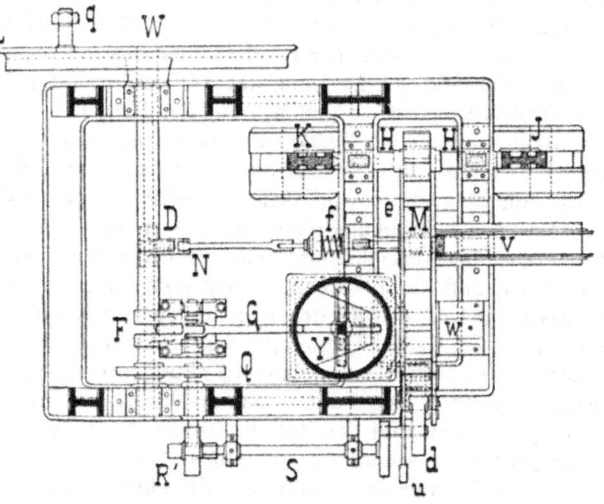

Abb. 308. Grundriß.

Abb. 304 bis 308. Yeadon-Presse.

20*

Stellvorrichtung *st* mit der Hand gehoben und gesenkt werden kann. Aus dem Rührwerk *Y* rutscht die Masse durch den unten anchließenden Trichter *T* der Stopf- und Vorpreßeinrichtung *A* zu. Der Antrieb der Presse selbst erfolgt durch die Riemenscheibe *R* auf eine vorgelegte Welle (Abb. 306 und 307). Diese trägt das Zahnrad *Z*, das in den inneren Zahnkranz der auf der Hauptwelle *W* sitzenden Kurbelscheibe *L* eingreift. Der S t o p f s t e m p e l *g* (Abb. 305 und 308) wird von der Hauptwelle aus durch die Kröpfung *F*, die Kulisse *c* und die Schubstange *G* unter dem Trichter *T* hin und her bewegt, wodurch die Masse in die Form geschoben und gegen das Widerlager *w* vorgepreßt wird. Durch die Stelleinrichtung *st'* kann die Kulisse *c* gehoben und gesenkt werden. Steht nach erfolgtem Anheben der Kulisse die Schubstange *G* wagrecht, so macht der Stopfstempel den größtmöglichen Weg, die Form wird mit viel Masse gefüllt und diese stark zusammengepreßt; senkt man die Kulisse, so daß die Schubstange *G* eine abwärts geneigte Lage wie in der Abb. 305 erhält, so wird der Weg des Stopfkolbens kleiner, es wird etwas weniger Masse in die Form geführt und schwächer vorgepreßt. Zum P r e s s e n werden von der Scheibe *L* aus mittels der Kurbel *q* (Abb. 304, 306 und 307) und der federnden Pleuelstange *p* der zweiarmige Schwinghebel *O*, der auf derselben Welle sitzende gleicharmige Schwinghebel *P* und durch die Zugstangen *k* die Hebel *J* und *K* angetrieben, welche die beiden wagrecht geführten P r e ß k o l b e n *H* betätigen. Diese werden durch beständiges Abspritzen mit Wasser rein gehalten und gekühlt. Die Federn der Pleuelstange *p* sind so bemessen, daß die zulässige Beanspruchung des Hebelsystems nicht überschritten werden kann. Ferner wird von der Hauptwelle *W* mittels des Daumens *D* (Abb. 306 und 308) die A u s s t o ß v o r r i c h t u n g angetrieben. Der Hebel *N* ist unter der Hauptwelle drehbar verlagert und bewegt gegen den Druck der Feder *f* den Ausstoßkolben so weit vor, daß das Brikett *b* in die Rinne *v* gelangt. Sobald der Daumen *D* den Hebel *N* wieder freigibt, drückt die Feder den Ausstoßkolben zurück. Zur absatzweisen D r eh u n g   d e s   T i s c h e s (Abb. 304 und 308) wird von der Hauptwelle *W* durch die Zahnräder *Q* und die beiden Schraubenräder *R¹* die seitlich verlagerte Welle *S* angetrieben. Von dieser aus wird mittels Gleitstückes die Kulisse *d* in Schwingungen versetzt. In Abb. 304 steht die Kulisse in der äußersten Stellung rechts, der aus zwei Stangen und der Walze *e* bestehende Überwurf ist über den Tischrand hinweggeglitten, die Walze hat sich in eine der am Rande des Tisches angebrachten Auskehlungen eingelegt und bei der Bewegung der Kulisse nach links dreht der Überwurf den Tisch um einen Sektor, so daß andere Formen vor die Stempel kommen. Festgestellt wird der Formtisch während der Pressung dadurch, daß der wagrecht spielende Riegel *t* durch den belasteten Hebel *u* in eine der rechteckigen Aussparungen des Tischrandes hineingerückt wird. Während der Drehung des Tisches wird der Hebel *u* durch ein auf der Welle *S* sitzendes Exzenter ausgehoben und der Riegel *t* in die in Abb. 304 gezeichnete Stellung zurückgezogen. Die Yeadon-Presse macht etwa 14 Pressungen in der Minute.

A b ä n d e r u n g   d e r   Y e a d o n - P r e s s e   d u r c h   B u s s e. Die Zeitzer Eisengießerei und Maschinenbau-Aktien-Gesellschaft hat nach Vorschlägen des Oberingenieurs Busse die Yeadon-Presse verbessert und den Bau erheblich verstärkt (Abb. 309—313; die Bezeichnungen entsprechen denjenigen in den Abb. 304—308). Zu bemerken ist, daß die Preßformen hier sechsteilig sind und daß der Tisch rechts herum gedreht wird. Die Zahl der Pressungen wurde auf 22 in der Minute erhöht, das ergibt, wenn bei jeder Pressung sechs Briketts zu 1 *kg* hergestellt werden, in zehn Stunden eine Höchstleistung von 79 *t*, und bei einem Brikettgewicht von 700 *g* eine Leistung von 55 *t*. Die Zahnkränze an den Haupttriebrädern wurden mit W i nk e l z ä h n e n versehen und der Zahnkranz der Kurbelscheibe *L* verstellbar gemacht, da bei jeder Pressung immer nur dieselben Zähne stark beansprucht werden. Nach Abnutzung einer Zahngruppe kann der Zahnkranz um $^1/_8$ des Umfanges verrückt werden.

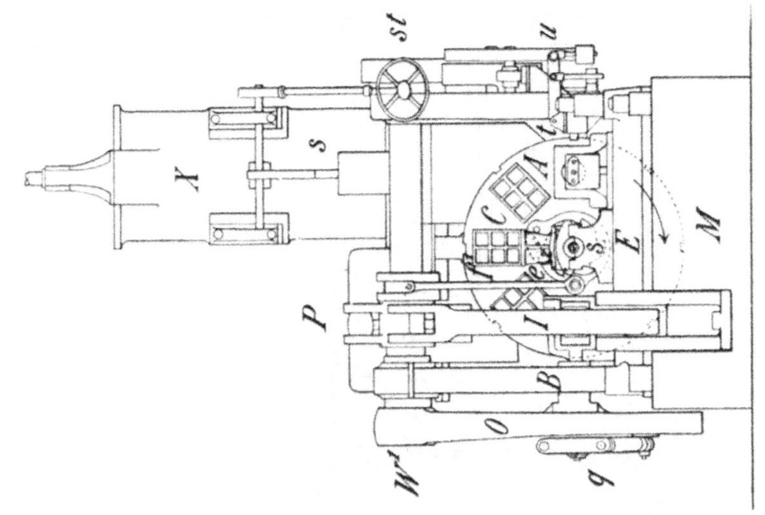

Ansicht von vorn.

Abb. 310. Yeadon-Presse, abgeändert durch Busse.

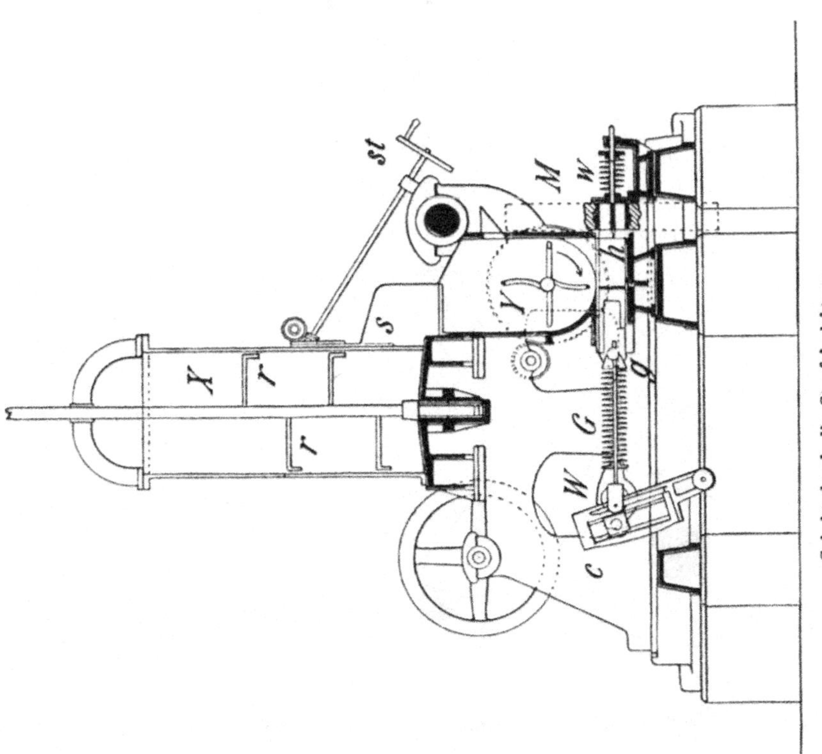

Schnitt durch die Stopfeinrichtung.

Abb. 309. Yeadon-Presse, abgeändert durch Busse.

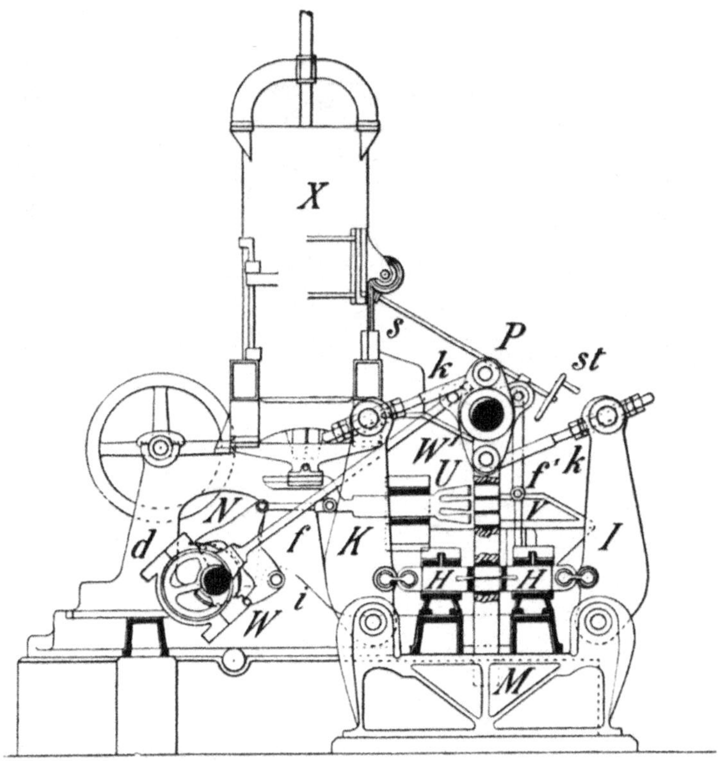

Abb. 311. Längsschnitt durch die Presse.

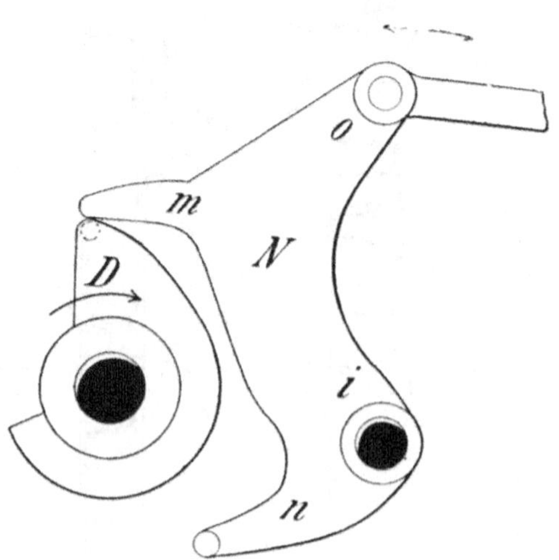

Abb. 312. Der Antrieb des Ausstoßstempels, vergrößert.

Abb. 313. Yeadon-Presse, Ansicht.

Das Vorpressen, Pressen und Ausstoßen der Briketts findet gleichzeitig bei *A*, *B* und *C* statt.

Das A n w ä r m e n der Masse geschieht wie bei der Yeadon-Presse in dem Mischzylinder *X*, der mit stehender Welle und Rührern *r* versehen ist. Außerdem wird dem Mischzylinder überhitzter Dampf zugeführt. Der Austritt der Masse wird durch das Stellrad *st* und den Schieber *s* geregelt, jedoch tritt die Masse hier in einen Behälter *Y* ein, in dem sich ein auf w a g r e c h t e r Welle sitzendes Rührwerk befindet, welches die Masse dem S t o p f s t e m p e l *g* zuführt. Der Antrieb des letzteren ist der gleiche, wie bei der Yeadon-Presse, nur ist in die Schubstange eine starke Feder eingeschaltet und auch das Widerlager *w* ist nicht fest eingebaut, sondern stützt sich gegen eine Feder.

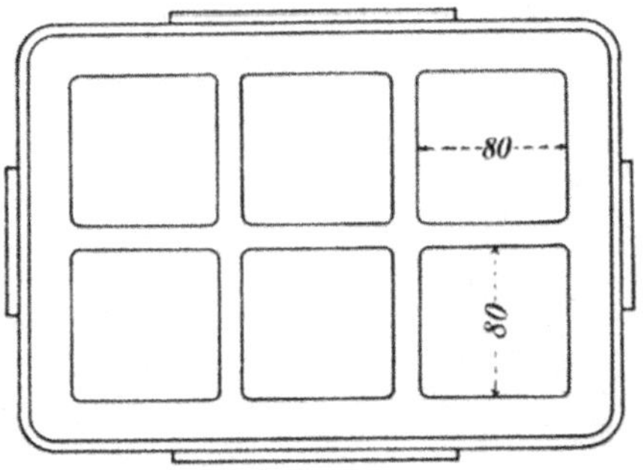

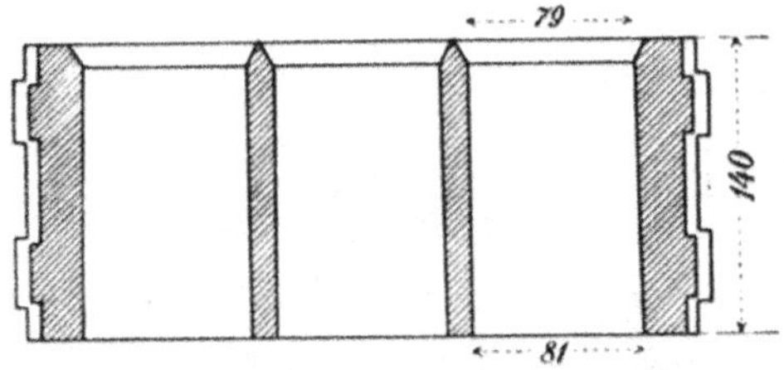

Abb. 314*a* und *b*.
Sechsmal geteilte Form für 1 *kg* Briketts.

Zwischen Form und Stopfstempel kann der in Abb. 310 gezeichnete V e r t e i l e r *h* eingebaut werden, ein Rahmen vom Querschnitt der Formen, die Rippen sind jedoch nach der Seite des Stopfstempels zugeschärft. Hierdurch findet eine gleichmäßigere Verteilung der Masse in die mehrteilige Form statt und die Rippen der letzteren sowie die Vorderflächen der Preßstempel können weniger abgeschrägt gehalten werden, wodurch die Wirkung der Pressung erhöht wird.

Das P r e s s e n findet in derselben Weise wie bei der Yeadon-Presse statt. Es ist deshalb auch der Antrieb selbst hier nicht abgebildet (vgl. Abb. 307). Um den starken Beanspruchungen besser zu widerstehen, sind die Hebel und Stempel aus Stahlguß hergestellt, die Wellen und Zugstangen aus Stahl geschmiedet.

Das A u s s t o ß e n d e r B r i k e t t s (Abb. 311 und 312). Der Ausstoßstempel *U* ist zweimal geführt, die Hin- und Herbewegung wird durch den Daumen *D* und den um den Zapfen *i* drehbaren, mit drei Lappen *m, n, o* versehenen Hebel *N* vermittelt. Der Lappen *m* dient lediglich zur sicheren Einführung der an dem Daumen befestigten Druckrolle. Indem sich letztere über den oberen Teil der Gleitfläche zwischen *m* und *n* hinbewegt, wird der Ausstoßstempel vorgestoßen. Hierdurch hebt sich der Lappen *n*, der dann bei der weiteren Drehung des Daumens wieder niedergedrückt wird und das Zurückziehen des Ausstoßstempels bewirkt. Federn sind hierbei nicht angewendet, die Bewegung ist zwangläufig.

D i e a b s a t z w e i s e D r e h u n g u n d F e s t s t e l l u n g d e s F o r m t i s c h e s (Abb. 311—313) wir durch ähnliche Mittel wie bei der Yeadon-Presse erreicht, jedoch ist die Übertragung von der Hauptwelle *W* aus eine einfachere. Zur absatzweisen Drehung des Formtisches dient das Exzenter *d*, die Zugstange *f*, ein auf der Welle *W¹* sitzender, gleicharmiger Hebel, die weitere Zugstange *f¹*, ein auf die Welle des Formtisches *E* aufgekeiltes Schaltrad *S* und die zugehörige Schaltklinke *e*. Das mit acht Zähnen versehene Schaltrad ist derart zweiteilig (in der Achsenrichtung) gebaut, daß ein die Schaltklinke *e* führender Gleitring Platz findet. Jedesmal, wenn sich infolge der Exzenterbewegung die Zugstange f^1 hebt, wird der Formtisch um einen Sektor gedreht, wenn sich die Zugstange senkt, greift die Schaltklinke in den nächsten Zahn des Schaltrades.

Die Feststellung des Tisches während des Pressens geschieht durch den belasteten Winkelhebel u, der den Riegel t in eine der am Umfange des Formtisches vorhandenen Rasten hineinschiebt (Abb. 309) und dann wieder zurückzieht, um den Formtisch für die Drehung freizugeben. Die Bewegung des Winkelhebels u wird von der Hauptwelle (Abb. 313) durch den Daumen x und den zweiarmigen Hebel y bewirkt.

Da für viele Zwecke Briketts von fünf oder noch mehr Kilogramm Gewicht unzweckmäßig sind und beim Zerschlagen viel Grus entsteht, andererseits aber kleine Formen die Leistungsfähigkeit einer Presse stark herabsetzen, so arbeitet man bei Herstellung kleiner Briketts, wie schon weiter oben bemerkt, mit geteilten Formen (vgl. Abb. 314 a und b). Zum Beispiel werden gleichzeitig sechs Briketts zu 1 kg gepreßt in den Abmessungen $140 \times 80 \times 80$ mm mit abgerundeten Längskanten. Nach der Richtung, in der die Briketts ausgestoßen werden, sind die Formen etwas weiter.

Zur Herstellung noch kleinerer Briketts (Würfelbriketts) ist es, um eine hohe Leistung zu erzielen, nötig, eine größere Anzahl auf einmal zu pressen. Hierzu wird die Doppelkniehebelpresse von Tigler empfohlen (Abb. 315—317), die in etwas anderer Ausführung schon früher als Ziegelpresse benutzt wurde. Der Antrieb erfolgt durch die Riemenscheibe R auf die Welle W und von dieser mittels der Zahnräder Z_1 bis Z_4 auf die Hauptwelle W_1; die Rührwerke r werden durch Riemenübertragung von W aus angetrieben. In den Abb. 315 und 317 ist die Presse in dem Augenblicke gezeichnet, in dem die 32 Preßformen Q gefüllt werden, in Abb. 316 ist die Füllform F unter den Füllrumpf H mit den beiden Rührwerken r zurückgezogen.

Die Teile der Presse sind in einem starken gußeisernen Gestell G verlagert, es besteht aus zwei gleich gebauten Hälften, die auf einem gemeinsamen Grundrahmen ruhen. Vorne trägt das Gestell zwei hohle Säulen, zwischen diesen ist die feste Achse u für die Kniehebel und der Preßtisch Q eingebaut, sie dienen außerdem den Stangen S zur Führung. Diese betätigen beim Pressen die Unterstempel, indem sie das obere Querhaupt O und das untere Querhaupt U verbinden.

Auf der Hauptwelle W_1 sitzen: die Kröpfung zur Betätigung der Preßhebel durch die Schubstange s und den Hebel t, die unrunde Scheibe f (Nutenscheibe) für die Bewegung des Formtisches F, die zweilappige Scheibe p für das Ausheben der Oberstempel J, die unrunde Scheibe l für die Bewegung des Zwischenstückes z und die einlappige Scheibe c für das Ausstoßen der Briketts mittels der Unterstempel Y.

Das Füllen der Formen geschieht auf die folgende Weise: Dem Füllrumpf X wird die gut gemischte und erhitzte Brikettmasse durch die Transportschnecke T zugeführt. Die im Füllrumpf befindlichen Streichflügel r drehen sich so schnell, daß sie die Masse mehrfach in die Füllform F einstreichen. Während letztere durch die Stange d und den Rollenhebel e mittels der unrunden Spurscheibe f (in ihrem verdeckten Teile gestrichelt gezeichnet) über die Preßformen vorgeschoben wird, verschließt eine rückwärts angesetzte Platte die untere Öffnung des Füllrumpfes.

Um die Masse aus den Füllformen in die Preßformen Q (sie sind in der Abb. 317 der Deutlichkeit wegen leer gezeichnet) zu drücken und sie vorzupressen, fallen die Oberstempel J nieder, weil die Rollen q der beiden Hebel n in die Aussparung v der zweilappigen Scheibe p eintreten. Dadurch senken sich die Stangen m mit dem oberen Block H und den Oberstempeln. Kurz vorher sind auch die Unterstempel, nachdem sie die vorhergepreßten Briketts ausgestoßen hatten, wieder niedergesunken, da der

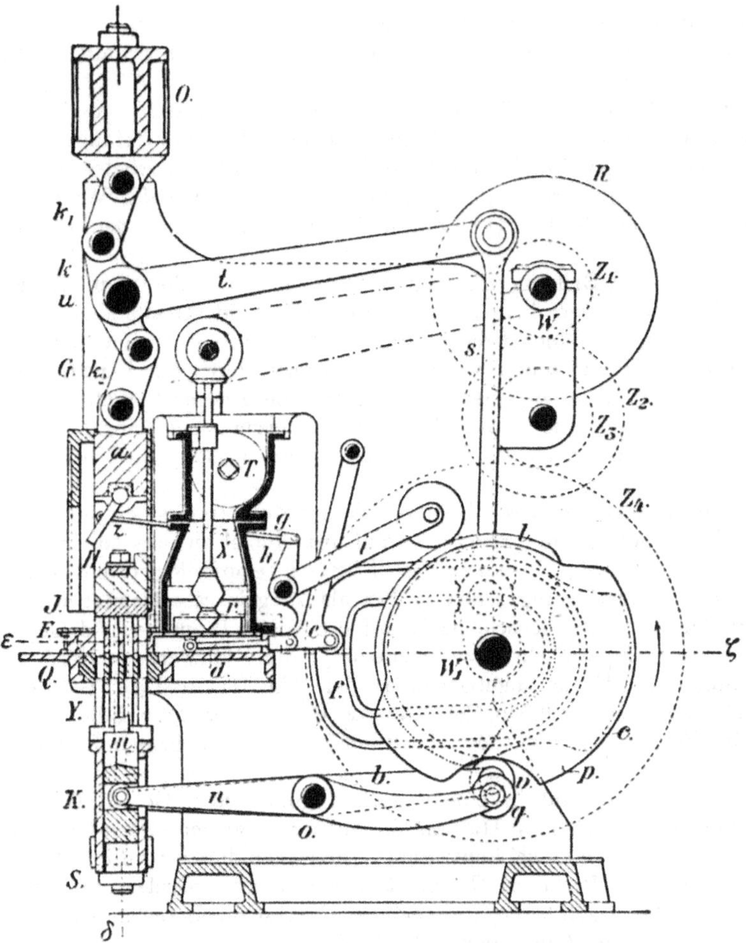

Abb. 315. Senkrechter Schnitt nach α β.

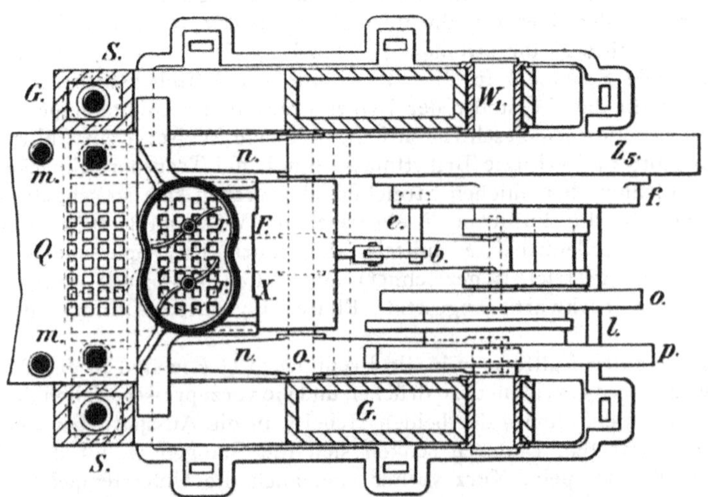

Abb. 316. Wagrechter Schnitt nach ε ζ, mit zurückgezogener Füllform.

Lappen der unrunden Scheibe c (strichpunktiert gezeichnet) die Hebel b freigegeben hatte. Damit die Füllform zurückgezogen werden kann, werden die Oberstempel durch den kleinen Lappen der Scheibe p und die Hebel n wieder angehoben.

Für die Pressung dienen die folgenden Teile: Durch die Kröpfung der Hauptwelle wird die Pleuelstange s und damit der um die feste Achse u drehbare Hebel t zunächst gesenkt, hierdurch werden die Kniehebel k, k_1 und k_2 gestreckt und der Oberstempelschlitten a niedergedrückt. Da inzwischen (vgl. weiter unten) das Zwischenstück z die senkrechte Lage angenommen hat, pflanzt sich der Druck auf den die Oberstempel J tragenden Block H fort. Gleichzeitig werden durch die Kniehebel das obere Querhaupt O mit den Stangen S und das untere Querhaupt U mit dem unteren Block K und den Unterstempeln Y gehoben und die beiderseitige Pressung der Briketts wird vollendet. Gehen die Kniehebel in die gezeichnete Lage zurück, so wird hierdurch zunächst nur der Oberstempelschlitten a angehoben und die Unterstempel senken sich.

Die Bewegung des Zwischenstückes z geschieht durch die Stange g, den Winkelhebel h, i, der an seinem rückwärtigen Ende mit einer zugleich als Belastung dienenden Rolle versehen ist und der unrunden Scheibe l (in ihrem verdeckten Verlauf punktiert gezeichnet).

Zum Ausstoßen der fertigen Briketts werden die Oberstempel J durch den größeren Lappen der unrunden Scheibe p mittels der um die Stange o drehbaren Hebel n (die an dem rückwärtigen Ende die Rollen q tragen) und die Stangen m gehoben, gleichzeitig werden auch die Unterstempel Y durch den ebenfalls um o drehbaren Hebel b und die unrunde Scheibe c angehoben (letztere ist, weil verdeckt, strichpunktiert gezeichnet), die Briketts werden ausgestoßen und von der vorgeschobenen Füllform nach links geschoben.

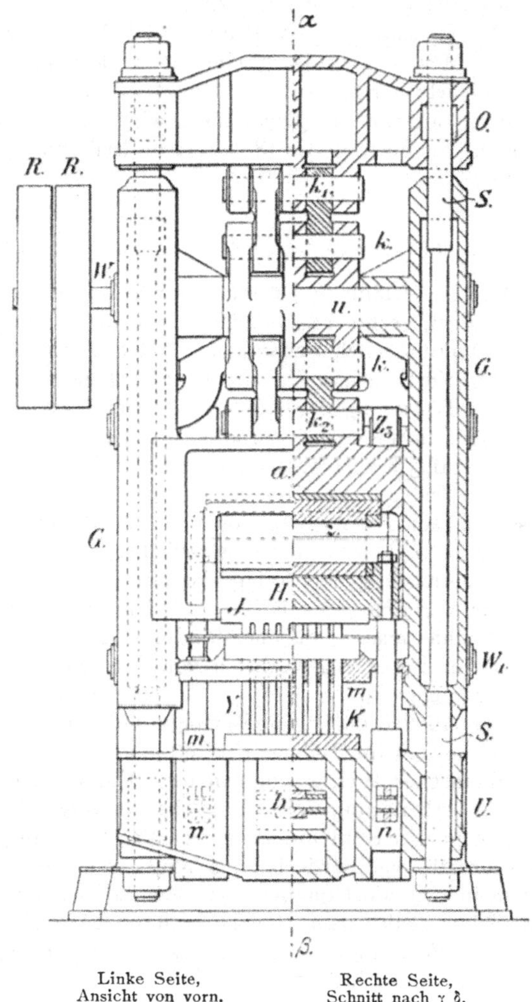

Abb. 315 bis 317. Tiglers Doppelkniehebelpresse.

Es werden also von der Tiglerpresse nacheinander die folgenden Arbeiten geleistet:

1. Vorschieben des gefüllten Formtisches und Entfernen der vorher ausgestoßenen Briketts.

2. Niederlassen der Unterstempel.

3. Niederlassen der Oberstempel zum Füllen der Preßformen.

4. Heben der Oberstempel.

5. Zurückziehen des Formtisches.

6. Wiederherunterlassen der Oberstempel.

7. Das Einlegen des Zwischenstückes.

8. Das Pressen.

9. Das Öffnen des Zwischenstückes.

10. Das Anheben der Oberstempel und das gleichzeitige Anheben der Unterstempel zum Ausstoßen der Briketts.

Die Maschinenfabrik Humboldt[1]) hat erstmalig bei der Gewerkschaft Wilhelmine Mevissen zu Bergheim, Post Oestrum, eine Brikettpresse eigener Bauart mit Kniehebelantrieb für die Preßstempel, ähnlich wie bei Tigler, und wagrechtem Drehtisch aufgestellt. Die Presse wird in kleinerer für 5 bis 7 kg-Briketts und in größerer Ausführung für 8 bis 12 kg-Briketts gebaut. Erstere erfordert 12, letztere 20 PS.

Die Brikettanlage für die Staatszeche Wilhelmina zu Heerlen.

Die Brikettanlage ist im Anschluß an eine vorhandene Kohlenwäsche (auf den Zeichnungen rechts anschließend) von der Firma Schüchtermann und Kremer, Dortmund, gebaut, ein Teil der vorhandenen Kohlentürme der Wäsche L wird als Vorratsraum für die neue Anlage benützt (Tafel XI).

Zur Trocknung der Kohle sind zwei Trockentrommeln k vorgesehen, von denen jede imstande ist, stündlich 35 t Feinkohle mit einem Wassergehalte von etwa 13% bis auf 3% zu trocknen. Es sind drei Couffinhalpressen H zur Herstellung von Industriebriketts von 6 oder 3 kg Stückgewicht und zwei Eiformbrikettpressen E zur Herstellung von 50 g-Hausbrandbriketts vorhanden. Die Leistung der ersteren beträgt je 12 t Industriebriketts, die der letzteren je 10 t Eiformbriketts, die Gesamtleistung der Anlage ist also 36 + 20 = 56 t in der Stunde.

Zur Verladung der Briketts sind zwei Gleise vorgesehen. Die Anlage ist bis zur Pressenbühne massiv, darüber hinaus in Eisenfachwerk ausgeführt. Über den Pressen ist zum leichteren Auswechseln von Pressenteilen ein Laufkrahn von 3 t Tragfähigkeit vorgesehen.

Der Antrieb der Anlage erfolgt durch Elektromotore M im Gruppenantrieb derart, daß sowohl die Industriebrikettanlage, als auch die Eiformbrikettanlage jede für sich allein oder auch zusammen betrieben werden können.

Der Arbeitsgang der Anlage ist der folgende:

Die in den Kohlentürmen der Wäsche L aufgespeicherte Feinkohle wird mittels Schieber auf das Förderband a abgezogen, dem Becherwerke b zugeführt und von diesem in eine Vortrommel c gehoben. In letzterer werden die für die Brikettierung schädlichen Teile, als Eisen, Holz und Schlammklumpen, ausgesiebt und mittels einer Lutte den Feuerungen P der Trockentrommeln zugeführt. Die abgesiebte Kohle fällt in den Vorratstrichter d_1.

Um der an Ort und Stelle vorhandenen Magerkohle Kohle von anderen Schächten, in diesem Falle Fettkohle, zusetzen zu können, ist ein Becherwerk e vorgesehen, welches die aus Eisenbahnwagen in eine Grube e_1 entladene Kohle unter Einschaltung der Vortrommel c_1 in den Vorratstrichter d_2 hebt.

Mittels der rotierenden Tische f_1 und f_2 wird Magerkohle oder Fettkohle in die Förderschnecken g_1 oder g_2 abgezogen, von diesen den Trockentrommeln k_1 oder k_2 zugeschraubt, in diesen getrocknet und von den Becherwerken l_1 oder l_2 den Vorratstürmen m für die Magerkohle und n für die Fettkohle zugehoben.

---

[1]) Philipp. Die Entwicklung der Brikettindustrie im Ruhrgebiet. Bergbau, 1924, S. 580.

Additional material from *Grundzüge der Bergbaukunde,*
ISBN 978-3-7091-9782-0 (978-3-7091-9782-0_OSFO10),
is available at http://extras.springer.com

Die Trockentrommeln sind zum Zweck einer guten Kohlenverteilung und Ausnutzung der Feuergase mit einem besonderen Einbau versehen (vgl. S. 300). Für den Fall einer Betriebsstörung an einer Trommel kann durch Benutzung der Schnecke h jeder Trommel aus jedem der Vorratstürme Kohle zugeführt werden. Ebenso kann die getrocknete Kohle unter Benutzung der Förderschnecke o, falls erforderlich, in jedem der beiden Vorratstürme m oder n aufgespeichert werden.

Die beiden Schnecken h und o erhalten zu diesem Zwecke Wechselvorgelege, da sich die Förderrichtung, je nachdem der eine oder der andere Turm gefüllt werden soll, ändert.

Die von den beiden Ventilatoren H_1 und H_2 angesaugten Feuergase gelangen nach möglichster Befreiung von Staubteilchen in den Staubabscheidern I_1 und I_2 ins Freie. Der niedergeschlagene Staub wird von den Schnecken K_1 und K_2 zur weiteren Verarbeitung den Vorratstürmen zugeschraubt.

Das auf dem Pechbrecher p vorgebrochene Pech wird durch Becherwerk q dem Pechdesintegrator r zur weiteren Zerkleinerung zugehoben und in dem Vorratstrichter s aufgespeichert (diese Teile der Anlage sind nur im Längsschnitte gezeichnet).

Mittels der drehenden Tische t_1, t_2 und t_3 wird Magerkohle, Fettkohle und Pech in den erforderlichen Mengen aus den Vorratsbehältern abgezogen und mittels Rutschen den Desintegratoren u und u_1 zur innigen Mischung zugeführt, und zwar ist die Anordnung der Rutschen derart, daß jede gewünschte Mischung sowohl für die Couffinhal- als auch für die Eierbrikettanlage vorgenommen werden kann. Becherwerk v hebt das für die Brikettherstellung fertige Gemisch in den staubdichten Verteiler v_2, aus dem es entweder unmittelbar oder unter Einschaltung des Bandes w den Knetwerken der Pressen H_1 bis H_3 zugeführt wird. Nach Schmelzung des Peches durch überhitzten Dampf aus den Überhitzern y_1 und y_2 und gründlicher Durchknetung des Gutes gelangt es in die Formen der Couffinhalpressen, um zu Industriebriketts verarbeitet zu werden.

Die fertigen Briketts werden mittels der Brikettbänder z_1 bis z_3 entweder in Eisenbahnwagen verladen oder sie werden auf Band z_4 abgestrichen und dem Stapelplatz zugeführt.

Das für die Eierbrikettanlage bestimmte Gut wird vom Becherwerk v_1 dem Förderband A zugehoben und von diesem dem Verteiler B zugeführt, aus welchem die Verteilung in die Knetwerke C_1 und C_2 und weiter mittels der Schnecken D_1 und D_2 in die Pressen E_1 und E_2 zur Verarbeitung zu Eierbriketts erfolgt.

Auf den unter den Pressen angebrachten Stangenrosten wird der den Eierbriketts anhaftende, zur Grusbildung Veranlassung gebende Preßrand abgestoßen und abgesiebt, dem Grusbecherwerk F zugeführt und von diesem wieder in den Verteiler B zur Weiterverarbeitung zurückgehoben.

Die fertigen Eierbriketts gelangen auf Band G entweder zum Stapelplatz oder werden auf Band G_1 zur Eisenbahnverladung abgestrichen.

3. Das Sintern und Brikettieren der Erze[1]).

Allgemeines:

Das Stückigmachen der Erze hat sich in neuerer Zeit in umfänglicherem Maße als wünschenswert erwiesen. In den früheren verhältnismäßig niedrigen Hochöfen mit mäßiger Windpressung, deren Gichtgase nur zur Winderhitzung und Dampferzeugung

---

[1]) W e i s k o p f Alois. Bericht über den Allgemeinen Bergmannstag zu Wien, 1912, S. 212.

Verwendung fanden, konnte man, wie z. B. in Oberschlesien, die dort vorkommenden mulmigen Brauneisenerze fast ausschließlich zusammen mit Kalkstein in Stücken und Stückkok verschmelzen. Dagegen bietet das Verschmelzen erdiger oder feinkörniger Erze in den neuen, viel höheren Hochöfen mit hochgepreßtem Gebläsewind, deren Gichtgase außerdem zum Betrieb von Motoren Verwendung finden sollen, Schwierigkeiten. Man kann in den neuen Hochöfen neben Stückerzen nur etwa 11% feinkörnige Erze verschmelzen. Trotzdem bildet sich viel G i c h t s t a u b, der noch erhebliche Mengen Eisen enthält und nur verschmolzen werden kann, nachdem er in Stückform übergeführt worden ist. Nur der Martinofen gestattet die Verwendung feinkörniger Erze in größeren Mengen.

Nun ist aber in den letzten Jahrzehnten der Anteil der feinkörnigen Erze an der Erzproduktion erheblich gestiegen. Schon bei der bergmännischen Gewinnung fällt durch das Schießen mit brisanten Sprengstoffen mehr Erzklein als früher beim Schießen mit Schwarzpulver. Auch der weite Eisenbahn- und Schiffstransport vieler Erze verursacht Abrieb, endlich werden die reichen Eisenerze seltener und man versucht mehr und mehr die ärmeren Erze nach vorheriger Zerkleinerung, im besonderen durch magnetische Aufbereitung, anzureichern. Außerdem sind die Rückstände von der Verarbeitung der Schwefelkiese auf schweflige Säure und Schwefelsäure, die K i e s a b b r ä n d e, nachdem sie der Kupferextraktion unterzogen worden sind, ein gesuchtes und wertvolles Eisenerz (wegen der roten Farbe P u r p u r e r z, engl.: purple ore genannt) geworden.

Aus diesen Gründen ist das Bedürfnis, namentlich feinkörnige und erdige Eisenerze, dann Manganerze, Kiesabbrände und Gichtstaub, aber auch Blei- und Kupfererze in Stückform überzuführen, immer dringender geworden. Hierzu bieten sich zwei Wege, das Sintern oder Agglomerieren und das Brikettieren. Das Sintern besteht darin, daß die Erze, zum Teil gemischt mit Brennstoff, einer so hohen Temperatur ausgesetzt werden, daß ein teigiger Erzkuchen erfolgt, der nach der Abkühlung in Stücke zerschlagen werden kann.

Die Erfordernisse, welche man an gute Erzbriketts stellt, sind die folgenden: Sie müssen sich im Freien, also der Nässe, der Wärme (Sonnenwärme) und Kälte ausgesetzt, längere Zeit aufbewahren lassen. Die Herstellung darf nicht wesentlich mehr kosten als der Unterschied des Preises für Stückerz gegenüber feinkörnigen Erzen beträgt (in Norddeutschland etwa 3 Mark für 1 t). Der Metallgehalt der Erzziegel muß trotz etwaiger Bindemittel ein genügend hoher bleiben, endlich dürfen sie im Hochofen nicht zerfallen oder durch die Last der Beschickung zerdrückt werden. Dabei ist zu berücksichtigen, daß in den Gichtgasen im oberen Teile des Ofens Wasserdampf von etwa 150° C vorhanden ist, auch müssen die Erzziegel trotz entsprechender Porosität im unteren Teile des Ofens bei Temperaturen von 800 bis 1000° C so lange zusammenhalten, bis die Reduktion durch das eindringende Kohlenoxydgas fast beendet ist.

Das Sintern der Erze.

Ein großer Vorteil des Sinterns gegenüber dem Brikettieren besteht darin, daß bei der hohen Temperatur flüchtige Bestandteile der Erze, im besonderen Sulfidschwefel, Arsen, Kohlendioxyd und Wasser ausgetrieben werden und dadurch zugleich eine Anreicherung des Metallgehaltes erreicht wird.[1]

Gelaugte Kiesabbrände mit 56,3% Eisen und 4,41% Schwefel enthielten nach der Sinterung 61,0% Eisen und nur 0,07% Schwefel. Magneteisenerz mit 51,10% Eisen und 3,5% Schwefel enthielt nach der Sinterung 56,0% Eisen und 0,88% Schwefel. In Spateisenstein mit 36,96% Eisen und 0,82% Schwefel stieg nach der Sinterung der Eisengehalt auf 53,08%, der Schwefelgehalt hatte sich auf 0,30% vermindert.

---

[1] E n d e l l. Zur Erforschung des Sintervorganges. M. u. E. 1921, S. 169.

Das Verfahren von Heberlein-Savelsberg[1]) zum Zusammensinternlassen von feinen oxydischen Erzen und Hüttenprodukten gehört zu den Verblaseverfahren, es besteht darin, daß das Gut mit dem erforderlichen Brennstoff — bei Eisenerzen genügen in der Regel 8—15% des Erzgewichtes an Mischkohle — gemischt, beispielsweise in einen Konverter (Birne) eingetragen, die Verbrennung eingeleitet und dann ein genügend starker Luftstrom durch das Gemisch hindurchgeblasen wird. Hierbei verbrennt der Brennstoff und durch die erzeugte Hitze sintern die Erzteilchen zusammen. Der nach Entleerung der Birne erhaltene Erzkuchen wird nach der Abkühlung in Stücke von geeigneter Größe zerschlagen, die ein sehr poröses, leicht reduzierbares Schmelzgut ergeben. Der Arbeitsvorgang erleidet also nach jeder Charge eine Unterbrechung. Eine Birne leistet 10—30 t in 24 Stunden, die Kosten auf 1 t Rohgut betrugen 1,20—2,00 Mark.

Das Sinterverfahren von Dwight-Lloyd[2]), auch in seiner nach v. Schlippenbach abgeänderten Form, und das Verfahren nach Greenavalt gehören zu

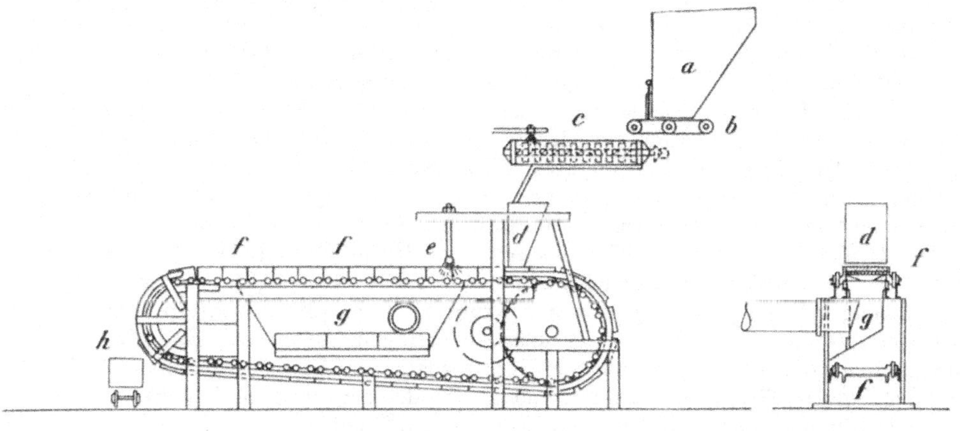

Längsschnitt.   Querschnitt.

Abb. 318 und 319. Sinterverfahren nach Dwight-Lloyd.

den Saugröstverfahren, da die nötige Verbrennungsluft durch das Gut hindurchgesaugt wird. Vorzüge des Dwight-Lloyd-Verfahrens sind, daß es ohne Unterbrechung und soweit selbsttätig arbeitet, daß die Kosten für die Bedienung außerordentlich gering sind. Das mit dem Brennstoff innig gemischte Gut wird entzündet, dann wirkt zur Unterhaltung der Verbrennung ein Saugluftstrom auf das Gut; dieses ist in gußeiserne Wagen von etwa 1 m Breite und 600 mm Länge verladen, deren Boden aus leicht auswechselbaren Rostplatten gebildet wird, die Längsseiten sind geschlossen, die Stirnseiten sind offen, dem Gut gibt man eine Schichthöhe von 150 mm. Eine Anzahl aneinandergereihter, aber nicht miteinander verbundener Wagen bildet ein Band ohne Ende, das über eine Gleitbahn geführt wird. Am Ende des wagrechten, oberen Teiles der Bahn stürzen die Wagen selbsttätig, aber zwangläufig geführt herab und entleeren sich hierbei, dann laufen sie über den unteren, geneigten Teil der Gleitbahn selbsttätig dem anderen Ende der Maschine zu und werden hier durch eine Zahntrommel erfaßt und wieder auf den oberen Teil der Gleitbahn gebracht.

Erze und Brennstoff gelangen am zweckmäßigsten mit Hilfe von Förderbändern (Abb. 318 und 319) in einen oberhalb der Maschine befindlichen Füllrumpf a und wer-

<hr>

[1]) Stahl und Eisen, 1911, S. 244.
[2]) Wüster. Verfahren von Dwight-Lloyd zum Rösten und Sintern sulfidischer Bleierze. E. G. A. 1921, S. 69.

den dann durch einen Aufgeber *b* in den Mischer *c* befördert. In diesem erfolgt neben
einer kräftigen Durchmischung gleichzeitig eine Annässung des Gutes. Das fertige
Erz-Brennstoffgemisch wird dann in die unmittelbar über dem Apparat befindliche
Füllutte *d* eingetragen. Infolge ihres stetigen Vortriebes auf der oberen Gleitbahn
streichen die einzelnen Wagen *f* andauernd unter dieser Füllutte hinweg und füllen
sich hierbei selbsttätig mit dem Rohgute. Unmittelbar nach der Füllutte gehen sie
unter einer mit Gas oder Öl betriebenen Zündvorrichtung *e* hinweg. Mit Hilfe des die
ganze Breite bestreichenden Brenners wird eine heiße Stichflamme gegen das Gut gerichtet, so daß die oberen Lagen sofort in helle Glut geraten. In demselben Augenblick,
in dem die Zündung erfolgt, gelangen die Wagen in den Bereich zweier Saugkästen *g*
und werden dadurch der Saugwirkung des Exhaustors ausgesetzt. Die durch die Beschickung angesaugte Luft bewirkt nunmehr, daß das Feuer bei dem stetigen Vortrieb
der Wagen immer tiefer in das Sintergut eindringt, so daß nach und nach der gesamte
Mischbrennstoff zur vollen Entzündung gelangt und als Endergebnis seiner Wärme-
wirkung schließlich ein hochporöses Sintergut zurückläßt. Nachziehende Kaltluft kühlt
das Sinterprodukt rasch ab. Am Ende der wagrechten Gleitbahn löst sich der ganze
gesinterte Block infolge seiner Schwere von dem selbsttätig abstürzenden Wagen
und rollt über einen Rost in den darunter stehenden Erzwagen *h*.

Ein Dwight-Lloyd-Apparat leistet in 24 Stunden 75 *t* und mehr Sintergut und
braucht einschließlich Exhaustor und den nötigen Misch- und Fördereinrichtungen
etwa 100 PS. Die Kosten eines Apparates sollen 48 000 Mark betragen.

Außer den beschriebenen, geraden Dwight-Lloyd-Apparaten werden nach
v. Schlippenbach[1]) auch runde, tischförmige Apparate verwendet, die nach
denselben Grundsätzen arbeiten. Nur das Abheben der gesinterten Masse von den
Rostplatten muß durch einen feststehenden, nach außen etwas schräg aufwärts gerichteten Pflug erfolgen. Es werden zwei Ausführungen gebaut mit mittlerem Durchmesser von 4,75 und von 8 *m*. Die Herdflächen betragen 11 und 25 *qm*, die Um-
drehungszeiten 90 und 100 Minuten, der Kraftbedarf der Antriebsmaschine für die
Drehbewegung des Tisches beträgt 2,7 und 4 PS, des zugehörigen Saugers 55 und
110 PS, die Durchsatzmenge an Erz 30 und 80 *t* in 24 Stunden.

Ein besonderer Vorteil dieser Bauart besteht darin, daß die reichen schweflig-
sauren Gase getrennt abgesaugt und zur Schwefelsäuredarstellung verwendet werden
können.

Das Verfahren von Greenawalt ist demjenigen von Dwight-Lloyd nach-
gebildet, es verwendet einen größeren Ofen, der um zwei Zapfen kippbar ist. In der
größten Ausführung ist der Ofen 3,7 *m* lang, 2,2 *m* breit und 0,3 *m* tief, er faßt bis
zu 5 *t* Beschickung.

Vielfach stehen auch Drehrohröfen zum Sintern von Eisenerzen und Gichtstaub in Gebrauch, sie sind in der ganzen Anlage ähnlich den S. 299 beschriebenen,
zur Trocknung von Brikettierkohle verwendeten Öfen. Es fällt jedoch der innere Aus-
bau fort, das Futter des Ofens besteht aus Schamotte und ist den hohen Temperaturen
(1200—1400° C) angepaßt, die für die Sinterung erforderlich sind, auch sind sie erheblich länger als jene. Es kommen Durchmesser von 1,6 bis 3,0 *m* und Längen von 30
und selbst 60 *m* vor, das tägliche Ausbringen beträgt 80—150 *t*. Bei einer Umdrehung
in der Minute braucht ein solcher Ofen etwa 10 PS Betriebskraft. Zum Teil ist mit
dem Sinterofen ein darunter verlagerter kleinerer Kühlofen von ähnlicher Bauart
verbunden.

Die Öfen werden mit Kohlenstaubfeuerung nach Fellner und Ziegler oder
nach Dellwick-Fleischer mit Gasfeuerung versehen. Da sich beim Betriebe
schon nach einigen Tagen in der Sinterzone störende Ansätze bilden, die nach und

---

[1]) Biernbaum. Die Stückigmachung von Feinerzen. M. u. E. 1922, S. 1.

nach immer mehr zunehmen, so muß ein Sinterofen etwa nach 7 Tagen Betriebszeit stillgelegt und dann ausgeputzt werden. Es sind daher gewöhnlich zwei Öfen vorhanden, die abwechselnd im Betrieb sind.

Das Brikettieren.

Die Verfahren zum Brikettieren von Erzen werden unterschieden in solche ohne und mit Bindemittel, letztere können unorganischer und organischer Natur sein.

Ohne Bindemittel können tonige Erze, auch mulmige Brauneisenerze wie sie z. B. in Oberschlesien in großen Mengen vorkamen, zu Ziegeln geformt und dann gebrannt werden. Auch kann man mit Hilfe toniger Eisenerze andere feinkörnige Eisenerze in der vorher beschriebenen Weise brikettieren. Dagegen wird es nur in seltenen Fällen angängig sein, Eisenerze mit Hilfe von gewöhnlichem Ton zu brikettieren, weil durch diese Beimischung der Eisengehalt zu niedrig wird. Auch die Schwefelkiesabbrände lassen sich entweder allein oder mit beigemengten Eisenerzen brikettieren, da ein gewisser Rückstand von Natriumsulfat, welcher aus der Kupferextraktion stammt, die Bindung herbeiführt.

Die Verfahren von Gröndal und Ramén (siehe weiter unten), durch welche Erze ohne Bindemittel zu Ziegeln geformt und dann im Kanalofen bis zum Sintern erhitzt werden, wodurch sie die nötige Festigkeit erlangen, ist nur für die leicht schmelzbaren Magnetiteisenerze, für Kiesabbrände und Gichtstaub anwendbar.

Zu den anorganischen Bindemitteln gehören auch, wie bereits erwähnt, tonige Eisenerze, der Ton und die Purpurerze. Dann sind von verschiedenen Seiten Kalkstein, und zwar entweder roh oder gebrannt oder auch gebrannt und gelöscht, außerdem auch Gips und Zement als Bindemittel, zum Teil auch unter Zusatz anderer Stoffe vorgeschlagen worden, ohne daß bisher ein Erfolg zu verzeichnen gewesen wäre. Nur das Verfahren von Schuhmacher soll sich bewährt haben. Es besteht darin, daß Quarz und schwach gelöschter Kalk, jeder für sich, außerordentlich fein gemahlen und dann zu gleichen Teilen innig gemengt werden. 6% dieses Gemisches werden mit dem Erze gut durchgearbeitet. Die geformten Ziegel werden längere Zeit mit überhitztem Wasserdampf behandelt, so daß sich Kalksilikat bildet. Schuhmacher hat auch mit Erfolg das Brikettieren von Gichtstaub mit Chlormagnesiumlauge als Bindemittel angewendet.

Oberingenieur Gruessner vom Grusonwerk schlägt vor, Feinsand von Zinkblende mit 10% Kieserit ($MgSO_4 + H_2O$) und so viel Wasser zu vermischen, daß die Masse mit der Hand geballt werden kann, und auf einer Ziegelpresse zu formen.

Ähnlich wirken fein gemahlene hochbasische Schlacken als Bindemittel. (Vorschlag Oberschulte, auch Scoria-Verfahren genannt.)

Von organischen Bindemitteln für Erzbriketts sind backende Kohlen vorgeschlagen worden. Die Briketts sollten nach der Herstellung einer Verkokung unterzogen werden. Das Verfahren hat sich als zu teuer erwiesen, auch können auf diese Weise nur verhältnismäßig geringe Mengen von Erzen brikettiert werden.

Gute Bindemittel sind: Teer, Pech, Asphalt, Masut, Stärkekleister, Harz und Harzseife, doch werden sie nur selten verwendet.

Auf den Hüttenwerken zu Oker[1]) werden auf einer den Eierbrikettpressen ähnlichen Presse Erzbriketts aus 100 Teilen geröstetem Rammelsberger Melierterzschlieg und 3,5 bis 4 Teilen Steinkohlenteerpech hergestellt.

Weiter werden Schlackenbriketts aus 100 Teilen gemahlenen, zinkreichen Schlacken von der Melierterzarbeit mit 20 Teilen Kokslösche, 5 Teilen Pech und 15 Teilen Kiesabbränden als Eisenzuschlag hergestellt.

---

[1]) Mitteilung des Hüttenamtes August 1921.

Auch gewisse Abfälle chemischer Fabriken, z. B. das sogenannte Z e l l p e c h (ligninsulfosaure Salze) sind als Bindemittel vorgeschlagen worden, ohne daß sich ein abschließendes Urteil darüber fällen läßt. (T r a i n e r, D. R. P. 133 897.)

Falls die Natur der Erze das Brikettieren ohne Bindemittel nicht gestattet, dürften also nur die Verfahren von S c h u h m a c h e r, O b e r s c h u l t e, von G r ö n d a l und R a m é n in Frage kommen.

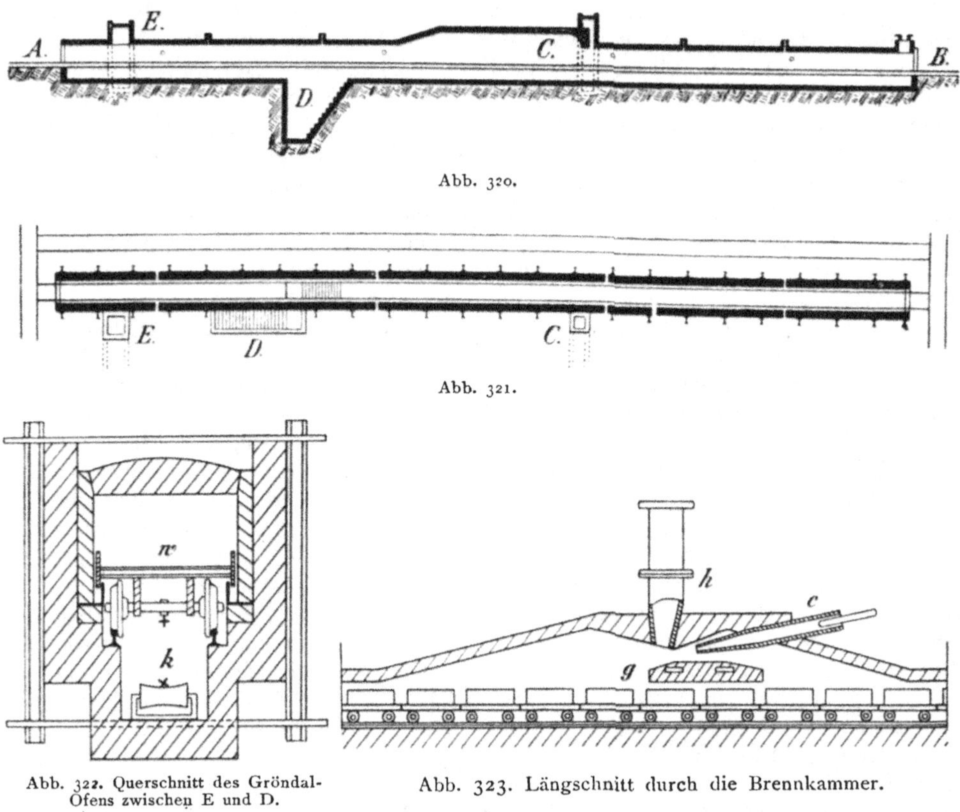

Abb. 320.

Abb. 321.

Abb. 322. Querschnitt des Gröndal-
Ofens zwischen E und D.

Abb. 320 bis 322. Gröndals
Brikett-Röstofen.

Abb. 323. Längschnitt durch die Brennkammer.

Abb. 323 und 324. Raméns Kanalofen.

Das P r e s s e n der Erzbriketts findet gewöhnlich auf Ziegelpressen statt, eine besondere Bauart liefert z. B. die bekannte M a s c h i n e n b a u a n s t a l t H u m - b o l d t z u K a l k b e i C ö l n a. Rh. Auch die beim Brikettieren der Steinkohlen be- schriebenen Pressen sind für diesen Zweck geeignet.

Die Kanalöfen.

Der von G r ö n d a l zuerst in P i t k ä r a n t a angewendete B r i k e t t - R ö s t - o f e n[1]) (Abb. 320 bis 322) ist ein Kanalofen von 46,5 m Länge, 2,3 m Höhe und 1,86 m Breite. Die Briketts aus Magneteisenerzschlieg werden mit gewissem Feuchtigkeits- gehalt, aber ohne Bindemittel gepreßt, dann auf Wagen w verladen und durchlaufen auf diesen den ganzen Ofen. Dieser ist stets mit solchen Wagen gefüllt und jedesmal, wenn bei A ein Wagen mit Briketts in den Ofen an einer Kette ohne Ende k(Abb. 322)

---

[1]) V o g e l Otto, Jahrbuch für das Eisenhüttenwesen. III. Jahrgang 1905. S. 254.

eingeführt wird, verläßt ein anderer mit gerösteten Briketts den Ofen bei *B*. Die Plattform der Wagen ist seitwärts mit senkrechten Blechen versehen, diese laufen beiderseits in u-förmigen Rinnen, die im Ofen durch eingebaute Eisenschienen hergestellt und mit feinem Sand gefüllt sind; dadurch wird der Ofenraum in einen oberen und einen unteren Teil getrennt. Auf der linken Seite bei *E* entweichen die Heizgase, in diesem Teile werden die Briketts angewärmt, der mittlere Teil des Ofens ist als Verbrennungsraum für die Gase, die bei *C* einströmen, etwas höher ausgebildet, zwischen *C* und *B* werden die Briketts allmählich abgekühlt. Die Verbrennungsluft tritt bei *D* unter den Wagen ein, kühlt sie und streicht nach *B* zu unter den erhitzten Wagen fort; bei *B* steigt der Luftstrom in die Höhe, wendet um und geht durch die auf den Wagen aufgestapelten Briketts hindurch zum Gaseintritt bei *C*. Auf diesem Wege werden die Briketts allmählich abgekühlt, während die Verbrennungsluft sich anwärmt. Nachdem die Verbrennung der Gase in dem mittelsten etwa 10,5 *m* langen Ofenteile vor sich gegangen ist, verlassen, wie schon erwähnt, die Verbrennungsprodukte den Ofen bei *E* und ziehen durch einen Fuchs zur Esse.

Beim Betriebe des Ofens soll eine Höchsttemperatur von 800 bis 900⁰ C eingehalten werden, damit die Briketts nur sintern, aber nicht zu schmelzen beginnen.

Das Pressen der Briketts findet auf einer D o r s t e n e r Ziegelpresse statt. Die ganze Anlage für Brikettieren und Rösten kostete 36 400 Mark. Für eine Jahres-

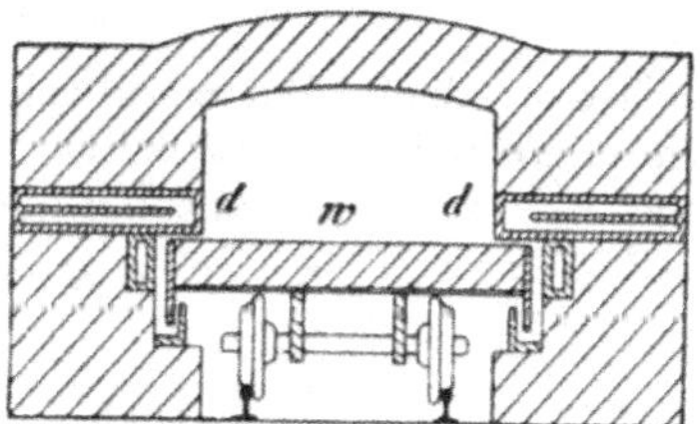

Abb. 324. Querschnitt.

leistung von 10 800 *t* Briketts entfielen auf eine Tonne Briketts nach neueren Feststellungen an Betriebskosten 4,60 Mark ohne Verzinsung und Tilgung.

Dieser Kanalofen ist durch R a m é n[1]) in H e l s i n g b o r g wesentlich vervollkommnet worden. Der Ofen erhält eine Länge von 70 bis 100 *m*. Hierdurch und durch die Anordnung der F e u e r u n g wird die Wärme erheblich besser ausgenutzt, die Hitze wird bis zu 1350 und 1450⁰ C gesteigert. Abb. 323 zeigt einen Längsschnitt durch die B r e n n k a m m e r. Über die Breite des Ofens sind eine Anzahl Luftdüsen *c* und auch eine Anzahl Gasdüsen *h* verteilt. Durch einen Ventilator wird eine geringe Menge Luft durch die Düsen eingeblasen, dadurch die im letzten Drittel des Ofens erwärmte Luft angesaugt und den Gasrohren zugeführt. Die Brücke *g* hält Gas und Luft zusammen, so daß eine innige Mischung und vollkommene Verbrennung stattfindet, auch kann die Temperatur gut geregelt werden.

Der Innenraum des Ofens (Abb. 324) ist durch Einbau wasserdurchflossener Kühlkästen *d* über den Seitenblechen der Wagen zusammengezogen, die letzteren sind dadurch gegen die Einwirkung der heißen Gase geschützt und die A u s b e s s e r u n g e n des Ofens und der Wagen erfordern sehr viel geringere Kosten als bei der Bauart Gröndal, ba bei dieser die ganze Oberfläche der Wagen einschließlich der Seitenbleche den heißen Gasen ausgesetzt ist. Die lichte Weite des Ofens, die ursprünglich 1,5 *m* betrug, wurde bis auf 3,0 *m* erhöht und dadurch die Leistungsfähig-

---

[1]) M a s c h i n e n b a u - A n s t a l t H u m b o l d t, Köln-Kalk. Zur Brikettierung von Eisenerzen. Erzbergbau, 1912, S. 233.

keit bis auf 70 und 90 *t* fertiger Briketts in 24 Stunden gesteigert. Hierdurch wurden
aber die anteiligen K o s t e n a n V e r z i n s u n g u n d T i l g u n g auf eine Tonne
Briketts wesentlich herabgemindert. Durch leistungsfähige Pressen (eine Presse liefert
stündlich 6 *t* Briketts, nämlich 1200 Stück zu 5 *kg*) und mechanische Entladung der
fertigen Briketts wurden auch die L ö h n e erheblich herabgesetzt.

Die Kosten betrugen auf eine Tonne fertige Briketts (jedoch ohne die geringfügigen Patentgebühren) 2 bis 2,50 Mark, dazu kamen 0,50 Mark für Tilgung und
Verzinsung. Der niedrigere Betrag entspricht der Verwendung von Hochofengas, der
um 50 Pfennig höhere der Generatorfeuerung. Diese Öfen werden jetzt auch als
R u n d ö f e n gebaut. Auf einem Kreise von 23 *m* Durchmesser würde die Mittellinie
eines 60 *m* langen Ofens einen Bogen von etwa 300⁰ einnehmen, für die Zu- und Abfuhr des Gutes, die hier nahe bei einander liegen, bleibt ein Raum von etwa 10 *m* verfügbar. Es wird wesentlich an Förderkosten gespart; allerdings erfordert die Durchführung der Wagen durch den Ofen auf der Kreisbahn etwas mehr Kraft.

Das Fritten der Eisenerzbriketts findet, namentlich in England und Schottland,
auch in H o f f m a n n s c h e n K a m m e r ö f e n[1]), das sind Rundöfen ähnlich den
zum Ziegelbrennen verwendeten, statt. Die Briketts fallen jedoch weniger regelmäßig
als bei den früher geschilderten Verfahren aus, da sie in den Kammern etwa 2 *m*
hoch geschichtet und die untersten Lagen daher starkem Drucke ausgesetzt werden.
Diese sintern auch zum Teil zusammen, das Ausräumen der Kammern wird hierdurch erschwert.

Zu H ö g a n ä s i n S c h w e d e n werden Eisenerzschlieche unter Zufügung min-
derwertiger Brennstoffe im Ringofen reduziert. Es wird ein Eisenschwamm mit bis
97% Eisengehalt erzeugt, der bei der Stahlerzeugung im Siemens-Martin-Ofen als
Ersatz für Schrot verwendet wird[2]).

---

[1]) Ö. Z. 1914, S. 155.
[2]) R e u s c h. Der Eisenerzbergbau Mittelschwedens. E. G. A. 1923, S. 38.

Nachtrag.

Zu S. 5 und 195.

Wertvolle Winke für die Überwachung der Ergebnisse von Aufbereitungen finden sich in der Arbeit von Kühlmann, M. u. E. 1925, S. 128.

Es ist nicht nur das Gesamtergebnis der Aufbereitung an Metallausbringen, Metallverlusten und Bergeaustrag zu berücksichtigen, sondern auch das Ausbringen usw. der einzelnen Abteilungen. Besonders zu überwachen ist die Zusammensetzung der Zwischenprodukte, um zu beurteilen, ob ein unmittelbares Nachwaschen Erfolg verspricht oder vorherige, weitere Zerkleinerung unbedingt notwendig ist. Jede unnötige Zerkleinerung ist schon wegen des Kraftaufwandes zu vermeiden, dann aber auch wegen der Erzeugung von Abrieb, der bei der Herdarbeit leicht zu Verlusten führt.

Zu S. 50

Chance. Sand Flotation[1]).

In einer Emulsion von Wasser und Sand findet die Trennung von Anthrazit und Schiefer mit großem Erfolg bereits auf sechs pennsylvanischen Gruben lediglich durch Aufschwimmen des Anthrazits in der schwereren Flüssigkeit statt. — In einem konischen Rührgefäß von 5 m oberem Durchmesser befindet sich eine Trübe, die aus Wasser und sehr feinem Sande besteht. In dieses wird der zu waschende Anthrazit eingetragen. Die Berge sinken sofort zu Boden und werden mit der Trübe vermischt durch eine Bergeschleuse in ein Sammelgefäß abgegeben und über einen schrägen Boden durch ein Kratzband auf Siebe ausgetragen, die den Sand und die Berge trennen. Die Schlammkohle scheidet sich in einem besonderen Behälter von der Sandtrübe und schwimmt ab. Die aus dem Rührgefäß ausgetragene Kohle wird auf Sieben in Korngrößen zerlegt und vom Sande befreit. Es können 200 t/st verarbeitet werden. Ein besonderer Vorteil wird darin gesehen, daß das Gut unklassiert in den Rührapparat eingetragen werden kann. Nimmt man das spezifische Gewicht des Anthrazits zu 1,5 an, so dürfte das spezifische Gewicht der Emulsion doch mindestens 1,7 betragen müssen. Das entspricht einer Mischung von 58 Volumenprozenten Wasser mit 42 Volumenprozenten Sand.

Für die Aufbereitung von Erzen wird je nachdem eine Trübe von Pyrit oder Magnetit (spezifisches Gewicht 5,0) in Wasser vorgeschlagen.

Eine gewisse Schwierigkeit dürfte in der Trennung der letzten Sandteile vom Anthrazit liegen, was wohl nur durch reichliches Überbrausen mit Wasser geschehen

---

[1]) E. M. J. Pr. Bd. 116, Nr. 15. 13. X. 23. — M. u. E. 1924, S. 434.

kann. Dadurch wird aber die Emulsion verdünnt und es ist ein einfacher Kreislauf nicht möglich, vielmehr muß eine entsprechende Eindickung eingeschaltet werden. Davon ist aber in den betreffenden Aufsätzen nicht die Rede.

17. Stammbaum der Schwimmaufbereitung der Grube Gottesgabe.

Stundenleistung 4 *t* mit 2,85 % Kupfer.

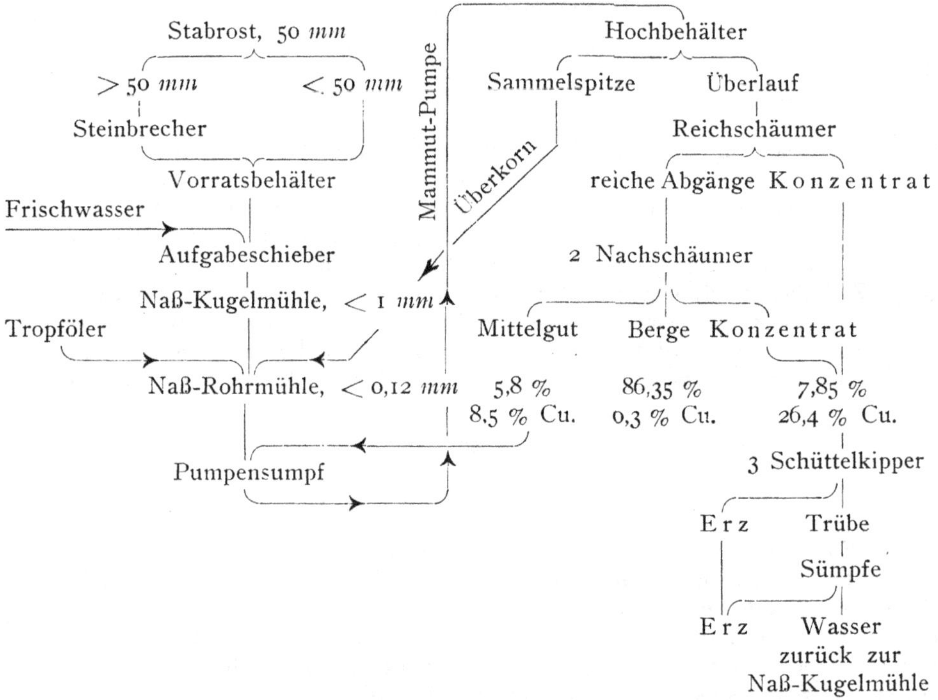

Zu Erzaufbereitung.

Schwimmaufbereitung auf der Fahlerzgrube Gottesgabe[1]).

Die Anlage ist ein gutes Beispiel dafür, daß die Schwimmaufbereitung auch sehr fein eingesprengte Erze, bei denen die nasse Aufbereitung versagt oder doch nur ein geringes Ausbringen ermöglicht, in wirtschaftlicher Weise anzureichern vermag.

Die Haupterze sind antimon- und silberhaltiges Fahlerz und Kupferkies. In den oberen Teufen der Gänge haben Umsetzungen in oxydische Kupfererze stattgefunden. Außerdem treten zum Teil Eisenerze auf, u. zw. Rot- und Brauneisenerz, Spateisenstein und Eisenocker, die mitgewonnen werden müssen, wenn sie Kupfererze fein eingesprengt enthalten. Die Gangart ist Quarz, ferner sind Grauwacke, heller und dunkler Schiefer zu berücksichtigen. Die ersteren gehen restlos in die Berge, von dem schwarzen Schiefer schwimmen die bitumenhaltigen Teilchen.

Bei den Gängen unterscheidet man einen braunen Gang, auf dem die Eisenerze häufig sind und helle Gänge, bei denen das nicht der Fall ist.

---

[1]) Glatzel. Die Nutzbarmachung der Schwimmaufbereitung für Fahlerze der Gewerkschaft Gottesgabe usw. nach dem Verfahren Gröndal-Dr. Franz. M. u. E. 1925, S. 1.

Als **Schwimmittel** kommen die durch D. R. P. 361 595 geschützten Öle der Ekof zur Verwendung, u. zw. als Sammler ein Steinkohlenteer von leichter Fraktion, der alkalisch reagiert oder reagierend gemacht wird, als Schaumbildner Derivate der Kreosotgruppe, die durch Elektrokolloide aktiv gemacht werden. Die Ölmischung enthält 80% des sammelnden und 20% des schäumenden Öles. Auf die Tonne Roherz werden 375 *g* Öl verwendet, dessen Preis für das Kilogramm 40 Pfennig beträgt. Sollen die Eisenerze mitgewonnen werden, so wird durch Zusatz von Ammoniakwasser die Basizität der Schwimmittel erhöht.

Die **Aufbereitung** (vgl. den zugehörigen Stammbaum) zerfällt in die Zerkleinerung durch Steinbrecher, Naßkugelmühle und Naßrohrmühle bis zu etwa 0,12 *mm*. Das Öl wird bereits in die Naßrohrmühle zugegeben. Die erzeugte Trübe enthält etwa 350 bis 200 *g* feste Bestandteile auf einen Liter. Es sind daher bei einer stündlichen Verarbeitung von 4 *t* 12 bis 20 *cbm* Wasser in der Minute erforderlich. Die Trübe wird durch eine Mammutpumpe — Scheuderpumpen haben sich nicht bewährt — in einen Spitztrichter von 1,6 *m* oberer lichter Weite und 2,5 *m* Höhe gehoben, der das etwaige Überkorn aus der Spitze an die Naßrohrmühle zurückgibt, und die fertige Trübe zum Reichschäumer leitet. Die Pumpe vermag 25 *cbm* Trübe in der Minute über 10,5 *m* zu heben, es wird ihr Preßluft von 3,5 *at* Spannung zugeführt.

Der **Reichschäumer** ist grundsätzlich, wie in den Abbildungen 190/2, S. 155, angegeben, gebaut, doch sind zehn Rührzellen in einer Reihe angeordnet und an diese **beiderseits** Schaumzellen angebaut. Er hat eine Länge von 6 *m*, eine Höhe von 2 und eine Breite von 0,9 *m*. Die **Nachschäumer** haben je neun Rührzellen bei entsprechend kleineren Abmessungen. Die Zusammenarbeit der Schäumer und der Schüttelkipper ist aus dem Stammbaum ersichtlich. Letztere halten 60 bis 70% der festen Bestandteile zurück und geben sie mit 14 bis 16% Feuchtigkeit ab.

Die Schaumleisten sind an den Schäumern der Höhe nach verstellbar, um den Austrag der Schäume regeln zu können. Für Probenahme der Roherze und der Erzeugnisse ist gut gesorgt. Zusammenstellungen des Arbeitsbedarfes, der nötigen Mannschaft und der Kosten sind gegeben.

Der Hochbehälter, der Reichschäumer, die Nachschäumer und der Schüttelkipper sind derart neben und untereinander eingebaut, daß die Trübe und die Produkte ihren Weg selbsttätig in Gerinnen zurücklegen.

Zuletzt wird die berechtigte Frage aufgeworfen, ob es richtig ist, das gesamte Roherz der Schwimmaufbereitung zuzuführen, oder ob die Zerkleinerungsarbeit dadurch eingeschränkt werden kann, daß eine trockene und nasse Aufbereitung der reicheren Erze der Schwimmaufbereitung vorgeschaltet wird.

Die Aufbereitung der Gold-Kupfer-Erze zu Tul Mi Chung, Korea[1]).

Das Rohhaufwerk hat einen mittleren Goldgehalt von 10 *g/t*, ebensoviel Silber und 1 bis 1,2% Kupfer. Außer Kupferkies und Pyrit, an den das Gold gebunden ist, kommt noch eine größere Anzahl Erze vor, nämlich: Arsenkies, Arsenikalkies, Antimonglanz, Molybdänglanz, Bleiglanz, Zinkblende und Magnetit, so daß die Aufbereitung hierdurch wesentlich erschwert wird. Als Gangart treten die bekannten Kontaktmineralien Granat usw. auf.

Vorversuche zur Gewinnung des Goldes und Kupfers mittels Amalgamation, Zyanlaugerei und nasser Aufbereitung schlugen fehl, deshalb entschloß man sich zur Schwimmaufbereitung, aber auch diese gab erst nach vielen Vorversuchen befrie-

---

[1]) **Madel**. M. u. E. 1925, S. 136, nach „Institution of Mining and Metallurgie". — Hierzu Stammbaum 18.

digende Ergebnisse, auch mußten mehrere, verschiedene Schäumer nacheinander angewendet werden. Von ihrer Beschreibung ist hier abgesehen worden, namentlich, da auch noch in letzter Zeit Änderungen im Bau derselben vorgenommen wurden.

Es werden täglich 400 bis 450 *t* Erz verarbeitet. Das Goldausbringen befriedigte erst, nachdem bis auf 0,08 *mm* (Sieb 200) zerkleinert und in alkalischer Trübe gearbeitet wurde. Als Schwimmittel dient Eukalyptusöl mit wenig Rohparaffin. Da Kupferkies schnell, Pyrit dagegen langsam flotiert, entschloß man sich, zwei Konzen-

18. Stammbaum der Gold-Kupfererz-Aufbereitung zu Tul Mi Chung, Korea.

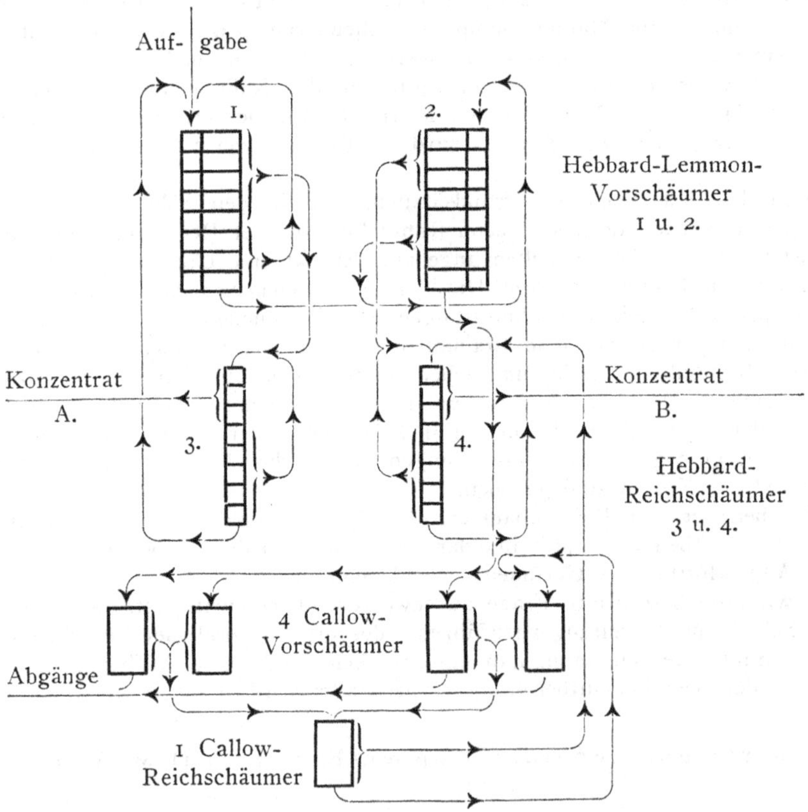

trate herzustellen. Konzentrat *A* enthält 150 *g* Gold je Tonne und 25,23% Kupfer, Konzentrat *B* 190 *g* Gold je Tonne, aber nur 18,32% Kupfer. Es werden etwa 90% Kupfer und 70% Gold ausgebracht.

Der Gang der Schwimmaufbereitung ist aus dem Stammbaum 18 ersichtlich. Die Aufgabe erfolgt auf den Vorschäumer *1*. Dieser gibt aus den ersten fünf Zellen das Produkt an den Reichschäumer *3* ab, der aus den drei ersten Zellen das fertige Konzentrat *A* liefert. Der Austrag aus den fünf letzten Zellen durchläuft denselben Schäumer *3* nochmals, während der Abgang auf den Schäumer *1* zurückgeht. Aus den drei letzten Zellen dieses Schäumers geht der Aus-

trag zur Aufgabe zurück. Der Abgang des Vorschäumers *1* wird dem z w e i t e n
V o r s c h ä u m e r zugeführt. Dessen Produkt aus den ersten drei Zellen geht auf
den R e i c h s c h ä u m e r *4,* das Produkt aus den fünf anderen Zellen durchläuft denselben Schäumer noch einmal. Der Reichschäumer *4* liefert aus den ersten drei
Zellen das K o n z e n t r a t *B.* Die fünf letzten Zellen geben das Gut auf denselben
Reichschäumer zurück. Der Abgang des Reichschäumers *4* geht auf den Vorschäumer *2* zurück. Die Abgänge dieses werden v i e r C a l l o w - V o r s c h ä u m e r n zugewiesen, deren Schaum geht auf einen C a l l o w - R e i c h s c h ä u m e r und dessen
Schaum auf den Reichschäumer *4* zurück. Die Abgänge der vier Callow-Vorschäumer
werden abgestoßen, die Abgänge des Callow-Reichschäumers gehen auf die Callow-
Vorschäumer zurück.

Das Verfahren erscheint recht umständlich, auch verlangt es viel Arbeitsaufwand, um die Abgänge und Schäume weiter zu befördern.

D i e   S c h w i m m a u f b e r e i t u n g s a n l a g e   d e r   G r u b e   B e r g w e r k s-
w o h l f a h r t,   G r u n d   a m   H a r z[1]).

Die Erzgänge der Grube Bergwerkswohlfahrt enthalten an nutzbaren Erzen zurzeit nur Bleiglanz. Der Bleigehalt beträgt 7 bis 10%. Zinkblende und Kupferkies
treten nur in Spuren auf. Begleitmineralien sind Quarz, Spateisenstein und Schwerspat. Als Nebengestein nehmen Grauwacke und Tonschiefer im Verhältnis 1:1 wesentlichen Anteil an der Zusammensetzung des Haufwerkes.

Grobspätiger, derber Bleiglanz tritt nur selten auf, der größte Teil des Bleiglanzes findet sich in feinster Verwachsung mit Quarz innerhalb der Gangmasse in
schmalen Schnürchen bis metermächtigen Lagen von bläulich-grauer Farbe. Das
Mengenverhältnis dürfte etwa 1 Bleiglanz auf 2 Quarz sein, dem entspricht ein mittleres spezifisches Gewicht von 4 bis 4,5. Das ist das spezifische Gewicht des Schwer-
spates. Der letztere muß daher beim Klauben tunlichst ausgehalten werden. Ebenso
innig ist die Verwachsung Bleiglanz-Spateisenstein.

Die Größe der einzelnen Bleiglanzteilchen ist meistens unter 0,2 *mm,* doch ist
das Gut bei Zerkleinerung bis auf 1,2 *mm* praktisch aufgeschlossen. Die hierbei fallenden Berge haben einen Bleigehalt von unter 1%.

Dieses Haufwerk wurde bis zum Herbst 1923 in einer im Jahre 1902 von der
Maschinenbauanstalt Humboldt errichteten Anlage für 100 *t* Durchsatz in etwa zehn
Stunden verarbeitet. Dabei entschloß man sich, die Bleiglanz-Quarzverwachsung mit
etwa 35% Bleigehalt im Hinblick auf die Zerkleinerungskosten und die Metallverluste bei der Herdarbeit so weit wie möglich durch Klaubung zu gewinnen. Da wegen
des derben Bleiglanzes ein stufenweises Zerkleinern zuletzt bis auf 1 *mm* stattfindet
mit weitgehender Klassierung und anschließender Setzarbeit, so gelangten erhebliche
Mengen der Quarz-Bleiglanzverwachsung in die Mittelprodukte der Setzmaschinen
und dann nach Sortierung in Spizkästen zur Herdarbeit auf 13 Schnellstoßherden
und vier Rundherden. Die hier fallenden Mittelprodukte wurden ohne nochmalige Zerkleinerung nochmals der Herdarbeit zugeführt, dadurch verlor man aber in den Bergen 3% Blei. Bei 600 *t* Herdbergen im Monat waren das 18 *t* Blei. Man beschloß
daher Versuche mit der Schwimmaufbereitung zu machen.

Diese führten dazu, daß die E k o f einen Entwurf ausarbeitete, der bei Zerkleinerung der Zwischenprodukte unter 1 *mm* bis auf 0,12 *mm* (entsprechend 120 Maschen auf einen englischen Zoll), bei Eindickung der Trübe bis auf 120 *g* feste Sub-

---

[1]) S c o t t i, v. Die Schwimmaufbereitungsanlage auf der Grube Bergwerkswohlfahrt
der Berginspektion Grund i. Harz. M. u. E. 1925, S. 195.

stanz im Liter und bei 4 bis 8% Blei in der Aufgabe einen Bleischlieg vón 50% Blei und Abgänge unter 2% in Aussicht stellte. An die Stelle der Herdaufbereitung trat daher die S c h w i m m a u f b e r e i t u n g. Sie arbeitet folgendermaßen:

Die von der Setzarbeit stammende Trübe wird in den von der alten Herdarbeit vorhandenen Spitzkästen bis auf 140 g/l verdichtet, in einem Pumpensumpf gesammelt und in zwei über den Schwimmapparaten eingebaute je 10 cbm fassende Sammelspitzkästen gehoben. Diese scheiden das Korn über 0,12 mm ab und führen es zu einer Flintsteinmühle, während das Korn $<$ 0,12 mm den beiden parallel geschalteten Schwimmapparaten zugeführt wird, die wie S. 155 beschrieben, arbeiten. An Schwimmitteln werden je t feste Masse 0,650 kg Öl und 0,9 kg Schwefelsäure zugesetzt. Die Flintsteinmühle erhält außerdem das grobe Gut aus den Gerinnen der Grubenklein-Setzwäsche und gibt das zerkleinerte Gut an die Aufgabepumpe ab. Etwa die ersten sechs Kammern der Schwimmapparate geben fertigen Schaum, während die anderen sechs Kammern ein Mittelprodukt liefern, das in den Pumpensumpf zurückgeht. Die Überläufe der zwei Sammelspitzkästen gehen je nach ihrer Konsistenz in den Pumpensumpf oder in die Spitzkästen der alten Herdwäsche. Die Schäume mit etwa 50% Blei werden in den alten Harzer Stauchkästen (vgl. S. 90) entwässert, der Überlauf mit Wasser überbraust und Sümpfen zum Absitzen zugeführt.

Die Betriebskosten der Schwimmaufbereitung sind einschließlich der Lizenz etwa die gleichen, wie diejenigen der alten Herdwäsche.

Die Betriebsergebnisse der Schwimmaufbereitung im Vergleich zum alten Herdbetrieb sind aus den beiden folgenden Zusammenstellungen ersichtlich, die sich auf die täglich verarbeitete Menge in elfstündiger Arbeitszeit während eines Jahres beziehen.

	Rohgut t	Blei %	Bleimenge im Tage t	Bleiausbringen %
Aufgabe	27	6,48	1,75	—
Schlicherzeugung	3	50,83	1,52	86,9
Berge	24	0,97	0,23	—

	Im Berg je Tag		Im Schlich je Tag	
	Bleiinhalt t	Silberinhalt kg	Bleiinhalt t	Silberinhalt kg
Herdbetrieb [1] . . . . . . April bis Oktober 1923	0,75	1,875	1,12	2,8
Schwimmbetrieb [1] . . . . März 1924 bis Februar 1925	0,23	0,575	1,52	3,8
Verringerung der Metallverluste im Berg um . .	0,52	1,3	—	—
Vermehrung der Metallmengen im Schlich um .	—	—	0,40	1,0

[1] Kleine Abweichungen in diesen Zahlen sind in der Verschiedenheit der Erze in beiden Zeitabschnitten begründet.

Zu „Verschiedene Aufbereitungsanlagen."

Die Aufbereitung des niederbayrischen Graphites.[1])

Der niederbayrische Graphit kommt auf unregelmäßigen Lagerstätten im Gneis, zusammen mit Silikaten, Ton, Glimmer und Schwefelkies vor. Der Rohstoff, dort Roherz genannt, enthält 20 bis 30% Kohlenstoff, während die Aufbereitungserzeugnisse bis zu 60 und 90% angereichert werden.

Das ältere Aufbereitungsverfahren bestand in trockener, stufenweiser Zerkleinerung auf Steinbrechern, Kollergängen und Walzwerken. Dann folgte die Röstung des Gutes in Drehöfen bei 400 bis 500⁰ C zur Zerstörung der begleitenden Sulfide, weiter das Mahlen auf Mahlgängen und das Absieben auf Seidensieben. Die Gröbe lieferte Flinze mit 80 bis 90% C, während der Abfall noch 20 bis 35% C enthielt. Die Großflinze werden zur Herstellung von Schmelztiegeln verwendet, die Kleinflinze werden bis zu feinstem Puder vermahlen und für Herstellung von Bleistiften, zu galvanischen Elementen usw. benutzt.

Seit kurzem wird der Abfall, der früher nur schwer verwertet werden konnte, äußerst fein gemahlen und durch Schwimmaufbereitung bis zu 70 und 95% C angereichert. Die letzten Abgänge enthalten nur noch 5 bis 6% C. Die schwach angewärmte Trübe wird in Rührbottige aufgegeben, als Schwimmittel kreosothaltiges Braunkohlenteeröl zugesetzt und Luft eingepreßt. Der Graphit wird als Schaum abgeschöpft, in Nutzschen (Saugtrocknern) bis auf 10 bis 20% Wassergehalt getrocknet und dann durch Rösten von dem Öl befreit und vollends getrocknet.

Ein neueres Aufbereitungsverfahren wird zunächst auf nassem Wege durchgeführt. Nach entsprechender Vorzerkleinerung wird das Rohgut in Rohrmühlen naß aufgeschlossen und dann auf Schüttelherden verwaschen. Die Graphitblättchen verlassen den Herd am schnellsten, werden in Nutzschen bis auf 10 oder 20% Wassergehalt vorgetrocknet, durch Rösten in Drehöfen völlig getrocknet und von dem restlichen Schwefelkies befreit. Das Erzeugnis enthält 80 bis 90% C.

Da die Nachfrage nach Graphitpuder stark zugenommen hat, wird ein Teil der gewonnenen Flinzgraphite auf Mühlen oder Mahlgängen bis zu größter Feinheit vermahlen. Der hierbei anfallende Staub, der etwa 30% C enthält, kann entweder durch Behandeln mit Flußsäure bis zu 99% C angereichert oder auch durch Schwimmverfahren gewonnen werden.

Die Berge der nassen Aufbereitung enthalten noch fein verteilten Kohlenstoff. Auch noch diesen zu gewinnen, sind Versuche im Gange.

---

[1]) Landgräber. Neues vom niederbayrischen Graphitbergbau. M. u. E. 1924, S. 582.

Nachschlage-Verzeichnis.

Die Zahlen bedeuten Seiten.

Die Bergwerksmaschinen

Eine Sammlung von Handbüchern für Betriebsbeamte. Unter Mitwirkung zahlreicher Fachgenossen herausgegeben von Dipl.-Ing. **Hans Bansen,** Bergingenieur, ord. Lehrer an der Bergschule zu Tarnowitz.

Dritter Band: **Die Schachtfördermaschinen.** Zweite, vermehrte und verbesserte Auflage. Bearbeitet von **Fritz Schmidt** und **Ernst Förster.**

I. Teil: **Die Grundlagen des Fördermaschinenwesens.** Von Privatdozent Dr. **Fritz Schmidt,** Berlin. Mit 178 Abbildungen im Text. (217 S.) 1923. 8.40 Goldmark.

III. Teil: **Die elektrischen Fördermaschinen.** Von Prof. Dr.-Ing. **Ernst Förster,** Magdeburg. Mit 81 Abbildungen im Text und auf 1 Tafel. (161 S.) 1923. 6 Goldmark.

Fünfter Band: **Die Wasserhaltungsmaschinen.** Von Dipl.-Ing. **Karl Teiwes.** Mit 362 Textfiguren. Vergriffen.

Sechster Band: **Die Streckenförderung.** Von Diplom-Bergingenieur **Hans Bansen.** Zweite, vermehrte und verbesserte Auflage. Mit 593 Textfiguren. (456 S.) 1921. Gebunden 18 Goldmark.

In Vorbereitung befinden sich:

Erster Band: **Das Tiefbohrwesen.** Zweite Auflage.

Zweiter Band: **Gewinnungsmaschinen.** Zweite Auflage. Mit etwa 393 Textfiguren.

Dritter Band: **Die Schachtfördermaschinen.** Zweite Auflage. II. Teil: **Die Dampffördermaschinen.** Bearbeitet von Dr. **Fritz Schmidt.**

Vierter Band: **Die Schachtförderung.** Zweite Auflage. Mit etwa 402 Textfiguren.

Das Sprengluftverfahren

Von Bergassessor **Leopold Lisse.** Mit 108 Textabbildungen. (116 S.) 1924. 5 Goldmark.

Die Förderung von Massengütern

Von Prof. Dipl.-Ing. **G. v. Hanffstengel,** Charlottenburg.

Erster Band: **Bau und Berechnung der stetig arbeitenden Förderer.** Dritte, umgearbeitete und vermehrte Auflage. Mit 531 Textfiguren. Unveränderter Neudruck. (314 S.) 1922. Gebunden 11 Goldmark.

Zweiter (Schluß-) Band: **Förderer für Einzellasten.** Dritte Auflage. In Vorbereitung.

Berechnung elektrischer Förderanlagen

Von Dipl.-Ing. **E. G. Weyhausen** und Dipl.-Ing. **P. Mettgenberg.** Mit 39 Textfiguren. (94 S.) 1920. 3 Goldmark.

Die Drahtseile als Schachtförderseile

Von Dr.-Ing. **Alfred Wyszomirski.** Mit 30 Textabbildungen. (98 S.) 1920. 3 Goldmark.

Made in the USA
Monee, IL
11 June 2026

53165361R00203